清华大学水利工程系列教材

麦家煊 编著

# 水工建筑物
## Hydraulic Structures

（第2版）

清华大学出版社
北京

## 内 容 简 介

本书为高等学校水利水电工程水工结构专业教学用书。全书共9章：第1章绪论主要叙述水利水电工程的作用和当前主要任务，尤其是在我国乃至在全球建造大量水电站和抽水蓄能电站，提供可再生清洁能源，担负调峰和低谷储能的重任、减少火电装机，使风电、光电、火电和核电可连续发电充分发挥作用，促进全球实现碳中和，任务很艰巨；第2章重力坝、第3章拱坝、第4章土石坝是对拦洪、蓄水和提高水头发电起重要作用的三大主要坝型；第5章岸边溢洪道和第6章水工隧洞是对大坝尤其是土石坝的施工导流和安全运行起重要作用的泄洪、输水建筑物；第7章水闸是兼作蓄水和泄水两用的水工建筑物；第8章水工闸门关系到大坝、泄水和输水建筑物能否安全和正常运行，是不可缺少的；第9章概括叙述大坝设计与安全监测工作的基本要求和内容。全书侧重于设计方面的内容，兼考虑施工和管理的要求，施工和管理工作人员也应懂得设计原理，按设计要求施工、运行和对已建大坝进行安全监测。

本书还可供水工结构专业的研究生以及从事水利水电工程设计、施工、运行和安全监测工作人员阅读参考。

版权所有，侵权必究。举报：010-62782989，beiqinquan@tup.tsinghua.edu.cn。

**图书在版编目(CIP)数据**

水工建筑物/麦家煊编著. —2版. —北京：清华大学出版社，2024.7
清华大学水利工程系列教材
ISBN 978-7-302-49764-6

Ⅰ.①水…　Ⅱ.①麦…　Ⅲ.①水工建筑物－高等学校－教材　Ⅳ.①TV6

中国版本图书馆CIP数据核字(2018)第037200号

责任编辑：张占奎
封面设计：常雪影
责任校对：王淑云
责任印制：曹婉颖

出版发行：清华大学出版社
网　　址：https://www.tup.com.cn，https://www.wqxuetang.com
地　　址：北京清华大学学研大厦A座
邮　　编：100084
社 总 机：010-83470000
邮　　购：010-62786544
投稿与读者服务：010-62776969，c-service@tup.tsinghua.edu.cn
质量反馈：010-62772015，zhiliang@tup.tsinghua.edu.cn

印 装 者：三河市科茂嘉荣印务有限公司
经　　销：全国新华书店
开　　本：203mm×253mm　　印　张：26.75　　字　数：697千字
版　　次：2005年6月第1版　2024年9月第2版　　印　次：2024年9月第1次印刷
定　　价：85.00元

产品编号：068279-01

# 前　言

　　从本书第 1 版出版至今将近二十年来，我国又建成很多高坝、水电站以及高水头作用的其他水工建筑物，人们在实际工程设计、施工和大坝安全监测管理等工作中总结出一些宝贵的经验和理论，很多规范也因此做了许多修改和补充。为了适应和反映这些重要的变化，有必要对本书第 1 版进行修改和补充，有利于对已建大量的水库大坝进行有效可靠的安全监测和维修，适应设计和建造更高难度的高坝和其他高水头水工建筑物的需要，更好更快地开发我国和世界可再生的、高质量的水电清洁能源，尽快实现碳达峰和碳中和，促进我国现代化建设健康持续发展，适应全球低碳经济发展和保护环境的需要，保护人类共同的地球家园。

　　全书仍分 9 章，各章内容都根据有关的新规范以及在设计、施工和运行等方面的发展资料、新的研究成果和作者结合实际工程中的问题所做的部分研究工作，对本书第 1 版做了较多修改和补充，全书着重做了如下一些增添和删除。

　　第 1 章"绪论"根据我国水电开发的一些数据，更加强调水电开发任务对实现碳达峰、碳中和、保护地球家园的重要性和艰巨性；按新规范修改和补充了水电工程等别和建筑物级别的划分标准和洪水标准。

　　第 2 章"重力坝"在 2.2 节中补充作者对校核或设计洪水位时扬压力计算的意见，强调应按渗透流速、从正常蓄水位到洪水位的作用时间计算相对于正常蓄水情况下扬压力作用的增量，不应笼统按上下游最高洪水位计算；在 2.3 节中对重力坝基本断面的优化再做了补充、完善和建议；在 2.5 节"重力坝的应力分析"中，作者采用有限元方法分析地基裂隙扩展对坝踵角缘点应力的影响，说明目前按连续地基算得坝体角缘点过大拉应力不符合地基有裂隙的实际情况。

　　第 3 章"拱坝"在 3.2 节"拱坝的荷载及其组合"中，增加了坝顶二维热传导对温度荷载的影响；在讨论拱坝封拱后整体温度应力的有限元计算中，补充说明应如何计算封拱前后坝体和坝基各点的温度；在讨论封拱后整体温度应力控制的内容中，增加了通过调整冷却水管间距和冷却时间改善拱坝应力或提高稳定性的内容；在讨论地震对拱坝应力影响的内容中，新增了拱坝两岸有时间差的振动影响地震响应的部分研究结果；对坝肩岩体稳定分析做了较大补充和修改；在拱坝的材料和构造中补充了灌浆横缝模板的快速施工工艺。

　　第 4 章"土石坝"按新规范对反滤层和被保护土的保护设计准则做了较大的修改，补充完善了反滤层设计；在土石坝稳定分析中，增加了"摩根斯顿-普赖斯"方法，增补了对坝高≥200m 的 1 级高土石坝稳定分析采用简化毕肖普方法及其最小安全系数的要求；在土石坝的应力应变分析中，增加了各种非线性模型和弹塑性模型；在 4.8.3 节"土石坝的抗震稳定分析"中，按新规范做了较大的修改和补充，以便研究生和教师进一步做深入的分析和研究；根据近些年来土石坝的发展实践，对堆石坝和土石坝的坝型选择做了较大的修改和补充，删去已多年不采用的小土石坝类型,重点阐述混凝土面板堆石坝的设计和施工及其优越性。

第 5 章"岸边溢洪道"对泄槽圆弧段与直线段之间增设的缓和过渡段底板横坡和两侧边墙高度做了修改和补充,使直线段与圆弧段处处连接光滑平顺;还对竖井式溢洪道补充了漂浮式圆筒闸门的内容,说明如何利用库水调节对圆筒的浮力提升圆筒闸门蓄水和降低闸门泄水,节省启闭设备和启闭动力。

第 6 章"水工隧洞"对衬砌的设计和计算做了很大的修改,并增加了高水头内水压力作用的预应力钢筋混凝土无黏结环向锚索的计算。

第 7 章"水闸"增补新方法快速求解闸门后下泄水流在消力池斜坡底处的收缩水深,根据水闸设计新规范对水闸的反滤、排水和防冲设计以及对闸室的结构计算做了很多修改和补充。

第 8 章"水工闸门"增加了弧形门总水压力及其水平分力和竖向分力计算式,以往规范分别按四种情况考虑,只因篇幅太多,未编入第 1 版,后来作者用积分方法导出计算式,可涵盖规范里的四种情况,只需占很短的篇幅而编入到第 2 版。

第 9 章"大坝设计与安全监测管理"讨论坝型和坝址选择的具体要求;强调大坝安全监测的重要性,对大坝安全监测按新规范增加了很多具体内容。

至于河道和渠道大堤所用的土石材料及构造、防渗要求、渗流稳定和边坡稳定计算与土石坝类似,河渠断面和纵坡设计以及水面线计算已在水力学课程中学过,河渠中的水闸与第 7 章内容相同。因学时较少,对于在工作实践中较容易学习的河渠输水建筑物仍未编入本书。至于船闸虽然对交通运输很重要,但一般只在南方水运很繁忙、很平缓的河道过坝使用,在我国大多数山区大坝工程中占的比例很小,而且船闸涉及的知识面很广,需要占很多篇幅才能写清楚,一般应由交通部门按交通部编制的规范设计,故这些内容仍未编入本书。

为便于中外水利水电工程项目合作以及中外同行科技工作者的交流,本书还对第 1 版的中英文专业词汇索引做了补充和修改。

本书内容较多,有深有浅,不一定全部安排课内教学,各院校可根据各自教学安排和学生接受能力,选择部分内容安排在课内教学,其余内容可安排学生自学或在工作中学习和深入研究。

由于作者水平有限,书中若有错误或不妥、不足之处,恳请广大读者批评指正。

作 者

2024 年 2 月于清华园

# 目 录

第 1 章 绪论 ............................................................................ 1
    1.1 水工建筑物和水利水电枢纽 ............................................ 1
    1.2 水利水电工程的重要作用、意义和对周围环境的影响 .......... 4
    1.3 水利水电工程面临的艰巨任务 ........................................ 6
    1.4 水利水电工程分等、水工建筑物分级与洪水标准 ................ 9
    1.5 水工建筑物的安全性与设计安全判别准则 ........................ 12
    思考题 ............................................................................ 15

第 2 章 重力坝 ........................................................................ 16
    2.1 概述 ........................................................................ 16
    2.2 重力坝的荷载及荷载组合 .............................................. 18
    2.3 重力坝的断面设计 ...................................................... 27
    2.4 重力坝的抗滑稳定分析 ................................................ 34
    2.5 重力坝的应力分析 ...................................................... 44
    2.6 重力坝的温度应力与温控设计 ........................................ 57
    2.7 重力坝的材料、分区、分缝及构造 .................................. 61
    2.8 碾压混凝土筑坝技术和碾压混凝土重力坝 ........................ 71
    2.9 重力坝的地基处理 ...................................................... 77
    2.10 重力坝的泄水建筑物 .................................................. 82
    2.11 其他类型重力坝 ........................................................ 105
    思考题 ............................................................................ 112

第 3 章 拱坝 ............................................................................ 113
    3.1 概述 ........................................................................ 113
    3.2 拱坝的荷载及其组合 .................................................... 116
    3.3 拱坝的体形和布置 ...................................................... 123
    3.4 拱坝的应力分析 ........................................................ 128
    3.5 坝肩岩体稳定分析 ...................................................... 141
    3.6 拱坝体形的优化设计 .................................................... 148
    3.7 拱坝的材料和构造 ...................................................... 152
    3.8 拱坝的地基处理 ........................................................ 161
    3.9 拱坝的坝身泄水建筑物 ................................................ 165
    3.10 连拱坝及其他形式支墩坝 ............................................ 173

思考题 ········································································································· 177

## 第4章　土石坝 ···································································································· 178

 4.1　概述 ······································································································· 178
 4.2　土石坝的基本断面、构造及筑坝土石料 ······················································· 182
 4.3　土石坝的渗流分析 ··················································································· 196
 4.4　土石坝的稳定分析 ··················································································· 206
 4.5　土石坝的应力应变分析 ············································································· 216
 4.6　土石坝的沉降与裂缝分析 ········································································· 221
 4.7　土石坝的地基处理 ··················································································· 227
 4.8　土石坝的抗震设计 ··················································································· 236
 4.9　混凝土面板堆石坝 ··················································································· 243
 4.10　土石坝的坝型选择 ················································································· 255
 思考题 ·········································································································· 257

## 第5章　岸边溢洪道 ···························································································· 258

 5.1　正槽式溢洪道 ·························································································· 258
 5.2　其他形式的溢洪道 ··················································································· 269
 5.3　非常泄洪设施 ·························································································· 273
 5.4　岸边溢洪道的布置和形式选择 ··································································· 275
 思考题 ·········································································································· 276

## 第6章　水工隧洞 ································································································ 277

 6.1　概述 ······································································································· 277
 6.2　水工隧洞的布置 ······················································································ 278
 6.3　水工隧洞进口建筑物 ··············································································· 284
 6.4　洞身段 ··································································································· 290
 6.5　出口段及消能设施 ··················································································· 295
 6.6　高流速泄水隧洞的空蚀及减蚀措施 ····························································· 299
 6.7　隧洞衬砌设计 ·························································································· 302
 思考题 ·········································································································· 314

## 第7章　水闸 ······································································································· 315

 7.1　概述 ······································································································· 315
 7.2　闸址选择和闸孔初步设计 ········································································· 319
 7.3　水闸的防渗、排水设计 ············································································· 322
 7.4　水闸的消能防冲设计 ··············································································· 333
 7.5　闸室的布置和构造 ··················································································· 339

  7.6 闸室地基接触面应力与稳定分析 ………………………………………………… 341
  7.7 闸室结构应力计算 ………………………………………………………………… 346
  7.8 闸室沉降校核和地基处理 ………………………………………………………… 354
  7.9 水闸与两岸连接的建筑物 ………………………………………………………… 360
  7.10 其他闸型 …………………………………………………………………………… 363
  思考题 ……………………………………………………………………………………… 366

## 第 8 章 水工闸门 ……………………………………………………………………………… 367

  8.1 概述 ………………………………………………………………………………… 367
  8.2 平面闸门 …………………………………………………………………………… 371
  8.3 弧形闸门 …………………………………………………………………………… 385
  8.4 阀门 ………………………………………………………………………………… 394
  思考题 ……………………………………………………………………………………… 397

## 第 9 章 大坝设计与安全监测管理 ……………………………………………………………… 398

  9.1 大坝设计工作的主要内容 ………………………………………………………… 398
  9.2 大坝安全监测管理 ………………………………………………………………… 404
  思考题 ……………………………………………………………………………………… 414

**主要专业词汇中英文对照和索引** ……………………………………………………………… 415

**参考文献** ………………………………………………………………………………………… 418

# 第1章 绪 论

## 1.1 水工建筑物和水利水电枢纽

### 1.1.1 水工建筑物的分类及其作用

水工建筑物按其功能可分为两大类：服务于多目标的通用性水工建筑物和服务于单一目标的专门性水工建筑物。在1992年国家技术监督局发布的学科分类中，前者称为一般水工建筑物，后者称为专门水工建筑物。

一般水工建筑物主要有以下五类：

（1）挡水建筑物，如大坝、堤防、水闸、海塘、围堰等。其中有些建筑物用来拦蓄洪水或暂时不用的河水以备后用，提高上游水位，既可加大发电出力或自流灌溉高地，还可淹没急流险滩而大大地改善航运条件；河堤、海塘用来抵挡洪水或海潮的袭击。

（2）泄水建筑物，如溢洪道、泄水孔、泄水隧洞、水闸、排水泵站等，用于宣泄水库、湖泊、涝区、河道、渠道等多余的水量或排放冰凌，增加防洪库容以防漫顶危及水工建筑物本身和下游的安全，还可放水降低上游水位，以便检修和排沙。

（3）输水建筑物，是指为灌溉、发电和供水等用途需要从上游向下游输水的水工建筑物，如引水隧洞、引水涵管、坝内输水孔或输水管、渠道、渡槽、倒虹吸管等。

（4）取水建筑物，是输水建筑物的首部结构，如坝身输水孔或引水隧洞的进口段（包括进水口、进水塔）、灌溉渠首、进水闸、扬水站等。

（5）整治建筑物，是用来改善河道的水流条件，调整水流对河床及河岸的作用，避免或减少水流的冲刷和淘刷而做的结构，如丁坝、顺坝、导流堤、护坡、护岸等。

专门水工建筑物主要有以下四类：

（1）水电站建筑物，如水电站厂房、压力管道、调压室等，专门用于水力发电。

（2）通航建筑物，如船闸、升船机、码头、防波堤等，专门用于航运。

（3）给排水建筑物，专用于城镇供水和排水，如沉淀池、污水处理厂等。

（4）其他过坝建筑物，如用于运输木材的过木道、用于过鱼的鱼道等。

以上大部分建筑物是永久使用的，又称为永久性水工建筑物；有些是临时用的，如围堰、导流洞、导流明渠等，属于临时性水工建筑物。

以上有些水工建筑物是相互通用的,功能有多种,并非单一,难以严格区分其类型。例如:各种溢流坝既是挡水建筑物,又是泄水建筑物;水闸既能挡水,又能泄水,有时还可作为灌溉渠首或供水工程的取水建筑物;有些围堰还可设计成永久大坝的一部分;有些导流洞还可利用它的一部分或全部设计成永久用的泄水或输水隧洞;很多坝的底孔还可兼作导流底孔、排沙底孔;等等。

水工建筑物还可按不同的特点分类。例如挡水建筑物中的大坝,可从以下几方面来分类。

(1) 按筑坝材料分为土石坝、混凝土坝、浆砌石坝、钢筋混凝土支墩坝、橡胶坝、木坝等。

(2) 按结构受力特点分为重力坝、拱坝、支墩坝等。

(3) 按溢流与否分为溢流坝和非溢流坝等。

### 1.1.2 水利水电枢纽

为了综合利用水利水电资源,达到防洪、蓄水、发电、灌溉、给水、航运等目的,需要几种不同类型的建筑物,例如挡水、泄水、输水以及电站等其他专门建筑物,它们的综合体构成水利水电枢纽。

例如,举世瞩目的三峡水利水电枢纽主要任务和效益是防洪、发电和航运,所以,泄水坝段、水电站厂房和船闸是三峡水利水电枢纽不可缺少的三项主要建筑物(其平面位置如图1-1所示),泄水坝段有表孔、中孔和导流底孔,水电站有坝后式厂房和地下厂房、发电引水管及其进口取水建筑物等。

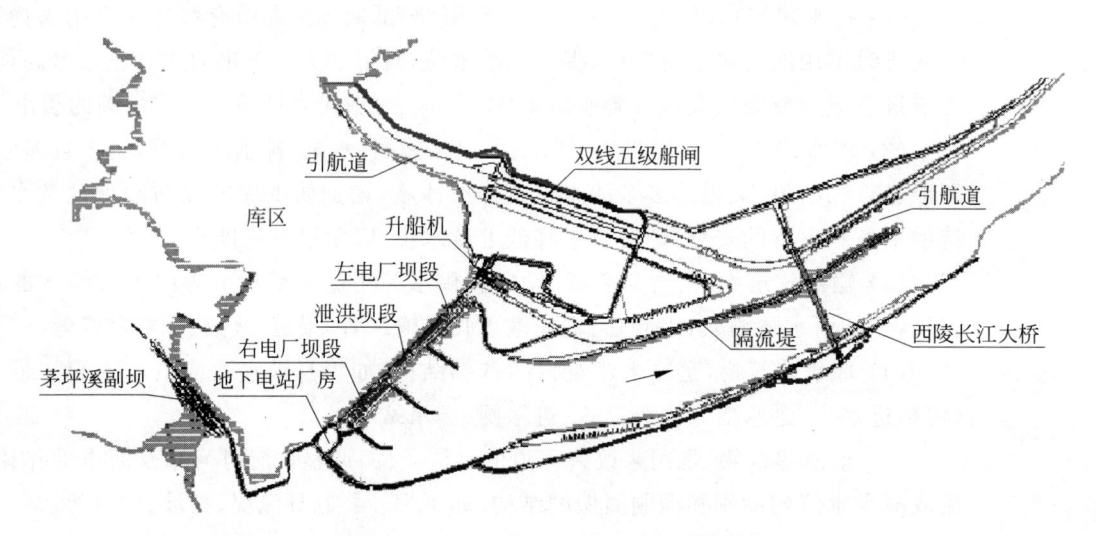

**图 1-1 三峡水利水电枢纽平面布置简图**

水利水电枢纽的布置应考虑建筑物运行的安全和管理方便、枢纽总造价低、工期短、便于施工等原则。这些原则大都与坝型的选择有关,而坝型的选择往往需要考虑水文、地形、地质和筑坝材料等条件。如果洪水流量大,导流工程较难或导流风险较大,两岸较高,建造岸边溢洪道较困难,坝址覆盖层较薄,而且岩基较好,那么宜选用混凝土坝型,溢洪道一般布置在大坝的中部,使洪水下泄至下游河床的中间部位,流向与下游主河道方向一致,避免回流和岸边淘刷;但如果上述条件相反,而坝址附近土石料充足,那么宜选用土石坝,溢洪道则布置在岸边,使下泄洪水远离下游坝脚,并使其流向与下游主河道的夹角尽量减小,以避免下泄洪水回流对坝体淘刷。这些是水利水电枢纽布置的一般原则。

有些坝址选在河谷较窄、岩基较好、覆盖层较薄的位置,使建坝工程量较小,使造价较低、工期较短。但有些工程,如葛洲坝和三峡大坝,尽量选在河谷很宽的位置,以满足泄洪坝段、电站坝段和船闸的布置,而不是一般人们所选的狭窄河谷。因为长江洪峰流量很大,需要足够大的泄洪坝段,如果将大坝选在河谷窄而陡的位置,泄洪坝段较短,满足不了泄洪的要求,也难以布置船闸和电站厂房,效益将会很差;如果在峡谷两岸的高山上开凿建造船闸,把 32 台每台 700MW 的机组全都布置在地下是很困难的,工期也将延长很多,总造价反而贵很多,几乎是最差的方案。

二滩水电站枢纽则远在三峡上游的一条支流雅砻江上,其洪峰流量比三峡小得多,为了获得大的水能或电能,需要抬高上游水位,选择地质条件好的、河谷很窄的坝址来修建高拱坝。由于河谷很窄,两岸山体很高,又要在坝身泄洪,很难布置坝后式电站,只好在左岸岩基里布置地下厂房(见图 1-2)。这是二滩水电站与三峡水电站从坝型到厂房都很不相同的一些特点。

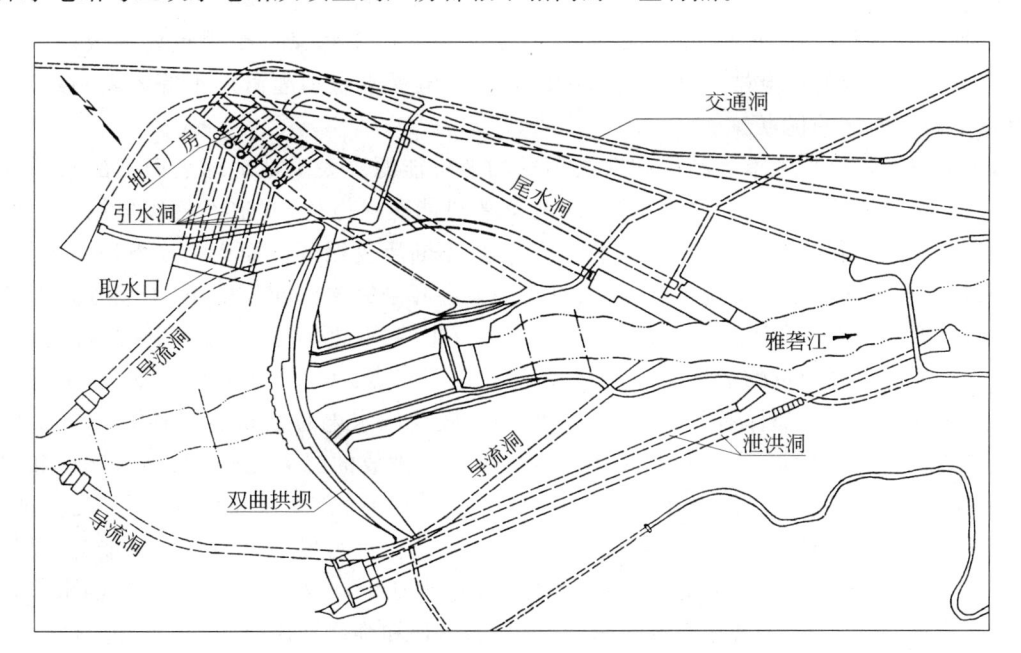

**图 1-2　二滩水电站枢纽平面布置简图**

黄河小浪底水利水电枢纽则由于地形地质条件和当地材料特点,挡水建筑物采用黏土斜心墙堆石坝。从安全运行考虑,土石坝本身不该布置泄洪建筑物和输水建筑物。对比两岸的地形地质条件,选择在左岸布置导流洞以及泄洪、输水和水电站地下厂房等建筑物。

水工建筑物不同于房屋结构,它受水文、地形、地质等条件的制约。对于各项枢纽工程来说,各建筑物的种类、数量、大小以及它们的布置等都是千差万别的,须将枢纽布置的一般原则与每项枢纽工程的具体条件结合起来,做大量的综合分析和研究,不能生搬硬套。

## 1.2 水利水电工程的重要作用、意义和对周围环境的影响

### 1.2.1 水利水电工程的重要作用和意义

水既是自然界一切生命赖以生存的不可缺少的物质,又是人类社会向前发展的非常重要的资源。但是大自然并非按照人类的意愿降雨,无论时间还是空间降雨量都很不均匀,甚至相差很大。人们需要某一地区在某一时间下雨,但却偏偏不下,致使土地干裂、颗粒不收;而有些地区却雨水过多,暴雨成灾,洪水泛滥,造成很大的灾难和损失。目前人类的科学技术还未完全达到自动控制降雨的水平,大力兴建水利工程是解决这类问题、避免或尽量减小这些损失的主要途径之一。人们通过修筑大坝水库,拦蓄洪水,避免或减轻其下游地区的洪水灾害,保护下游生态;然后在需要用水的时候,放水发电、灌溉或给城市和工业供水,改善下游生态环境,做到除害兴利、一举多得。

建造大坝蓄水,可以抬高水头、增加发电量,这是水利水电工程又一个很重要的效益。虽然建造水电站比建造同样出力的火电站工期长、投资大,有时发电受水量和灌溉用水等因素制约,但水电比火电具有以下两个明显的优点。

第一,水力发电是可再生重复利用和取之不尽的廉价能源。太阳把地球表面上的水蒸发飘流至高处降落,只要在合适位置建造一些水电站,水的落差势能变成电能,水流经梯级电站多次发电流到低处或海洋,又被蒸发到高处再降落,流经水电站发电,不断反复循环。而火力发电所烧的煤、石油和天然气等燃料其开采速度远远超过生成速度,总有一天会开采完尽。相比之下,只要地球上的水不飞到其他星球,只要太阳的作用不减退,可以说水电是可再生的、取之不尽、一本万利的廉价能源。

第二,水力发电是高质量的清洁能源,主要体现在以下三点:(1)水电是清洁能源,是对环境保护的一大贡献,不像燃煤发电那样有污染问题,2020年年底我国水电总装机容量达 $3.7×10^8$ kW,2020年发电 $13552×10^8$ kW·h,可减少 $4.33×10^8$ t 标准煤燃烧排放的二氧化碳 $11.32×10^8$ t 和二氧化硫 $3.68×10^6$ t;(2)从打开进水阀门到并网供电或在低谷用电时关机所用时间约需一至几分钟,很少超过6分钟,远远短于火力发电所用的时间,损失水能甚小,所以水力发电调峰调频的能力、灵活方便性能也远远高于火力发电和其他类型的电能;(3)水力发电损耗少,一般可将 85% 以上的水能转变为电能,效率远高于火力发电,在正常运行发电时,水电站的损耗和维修费用也远低于火电站。

正因为水力发电具有上述优越性,发达国家早就把注意力放在开发水力发电方面,至今基本上完成了开发任务。我国随着现代化建设和生活用电需要,水力资源非常丰富的西南部正在和将要兴建更多高坝和大型水电站,可望将节省下来的煤和石油等燃料,去生产价值高得多的化工产品。

水库防洪作用以所知为例,三峡大坝自建成以来,每当长江中下游因降雨多发生大洪水时,三峡大坝都控制下泄流量,使坝下游免受更大的洪水灾害,效益显著,起码减少千军万马护堤所用的人力和物力。此外还可以使库区和下游河道保持一定的水位和较小的流速,在汛期不断航;在枯水期可调节库水位至正常蓄水位 175m,使过去川江航道的陡坡急流和 139 处险滩全部被淹没,航道增宽加深,大型客轮可昼夜安全舒适地航行,冬季发电还可使宜昌下游的长江航道即使在枯水季节也平均加深 0.5~0.7m,再结合少量的疏浚整治,即可保持 3.5m 以上的水深,供万吨级船队由上海直达重庆,每年长江航运能力将从坝前的 1 000 万 t 增至 5 000 万 t,航运成本降低 35%~37%。由此可见,三

峡水电站枢纽对拦洪、发电和改善河道航运、发展交通都起重要作用。

利用水库这些人工湖泊发展养殖业,可以弥补水库占用耕地带来的损失。水库养鱼比平原池塘养鱼有很多优越性:集雨面积大,水量充沛;随径流带入溶氧和外源性营养物质多,不断补充天然饵料,养鱼成本低;随着水库的调度运用,水体经常作垂直的和水平方向运动,各层水温、溶氧和营养物质分布较为稳定,有利于鱼类增殖、提高鱼货质量,商品鱼可集中上市。一般情况下,每投放 1kg 鱼种,3～4 年即可产成鱼 5～7kg,养殖资金的投入产出比为 1:(1.3～1.7)。我国已建水库 9.8 万余座,水产养殖的潜力很大,将对我国水产养殖业和人民的身体健康发挥巨大的作用。

由于库水与空气的热量交换对周围气温有调节作用,水库周围冬暖夏凉,再加上植树造林,形成优美的环境,可发展旅游业,建疗养院,等等。

总之,水利水电工程的效益有防洪、灌溉、发电、向城市和工业供水、航运、养殖、建疗养院和旅游景点等,一般是多种作用综合在一起的。

## 1.2.2　水利水电工程对周围环境的影响

前面已叙述了水利水电工程对国民经济的发展和人类的生活和健康起到重要的作用、发挥显著的效益,水力发电减少烧煤排放的污染,本身就是对环境的一大保护。一般说来,水库拦蓄洪水,保护下游两岸人民的生命以及房屋、耕地、作物、树木和周围的动物,免受洪水灾害;在枯水季节从水库放水使下游山清水秀、生机勃勃,有利于生态发展;水库蓄水形成面积很大的水面有利于水上生物的活动和生长;我们可利用这些有利的影响大力开发水产养殖业,在水库周围建造疗养院和旅游景点。这些都是水利枢纽对保护环境的正面影响。我们还要分析水利枢纽的负面影响并加以解决。

(1) 淹没村庄、耕地和树木等,需要移民造地。若新的库水面周围树木很少,很多动物尤其是鸟和两栖动物只好迁移或死去,这就可能破坏该地区及其周围的生态平衡。

(2) 建坝拦截河流,可能阻挡有些鱼类游向上游产卵繁殖后代。

(3) 由于大坝地基做了防渗处理,下游河道水流及其周围的地下水位受到水库放水的控制。在不放水时,下游河床及其附近地下水位可能降低很多,导致用水紧缺。

(4) 个别地区因库水面扩大,周围土地容易盐碱化,疟蚊、钉螺和血吸虫等容易滋长。

(5) 提高了库区两岸的地下水位,山体被水浸泡,覆盖层、断层、破碎带的摩擦系数都大为降低,山体容易滑坡,引起巨大的水浪冲击力,库水可能漫坝,危及大坝和下游人民生命财产安全。

(6) 库水渗流到深处大断层,大大地降低断层的摩擦系数,再加上水的重力作用,尤其是高坝库水压力大,容易诱发地震使坝体及周围建筑物遭受破坏、造成损失。

(7) 泥沙粗颗粒容易沉积在库区上游末端附近,在排洪排沙时下泄泥沙浑水,冬春季节下泄清水,改变了原河床泥沙分布规律,尤其是河流泥沙较多的水库,泥沙淤积造成的问题更为严重。

(8) 有些水库蓄水淹没古迹文物和峡谷奇观。

一般说来,水利水电工程如果设计和运用得当,给国民经济的发展和人类生活和健康带来的好处将远远超过它对周围环境不利的影响。当然,我们要认真地研究和解决这些负面问题,使它们带来的损失降至最低。例如:尽快地在正常蓄水位以上的山坡上植树造林,使原来河道两岸的动物尽快有栖息之地;在水库修建鱼道或在其下游修建养殖场,让鱼游到上游或养殖场产卵;增建输水管道或渠道给下游因地下水位降低而缺水的村庄供水;对于滑坡体或容易诱发地震的断层要采取措施或加强观测和预报,让人们提前撤离到安全地带;对于泥沙淤积问题,可以采用多种办法,如在上游植树造林、修整梯田、水土保持,防止泥沙流入河流和水库,在洪水或含泥沙多的浑水入库时,尽量降低库水位,使它们顺利地排放到下游,减少在库区的淤积,待入库河水变清时才下闸蓄水,一旦库区淤积了,可采用挖泥船、气力泵、虹吸管等装置清淤;把库区将要被淹没的文物古迹迁移到高处;对于疟蚊、钉螺和血吸虫较多的个别地区,可采取措施预防和阻止它们的生长。多年来,我国为解决这些问题做了很多工作,并在某些方面已积累了很多成功的经验。我们还需继续努力,认真对待、解决各种难题,使水利水电工程更好、更快地发展,为子孙后代造福消灾。

## 1.3 水利水电工程面临的艰巨任务

### 1.3.1 我国跨流域调水工程

我国人口多,全国人均水资源占有量仅为世界人均水资源占有量的1/4。尤其是我国北方地区干旱少雨,需要从南方向北方引水,兴建南水北调跨流域引水工程。

长江多年平均年径流量 $9\,600\times10^8\,\mathrm{m}^3$,仅次于亚马逊河与刚果河,居世界第三。长江之水相当丰富,即使在特枯年也有 $7\,600\times10^8\,\mathrm{m}^3$ 流入大海,从长江调水至华北、西北干旱地区,水量是充足的,但难度很大。南水北调工程总体分三条线路。东线工程从江都扬水,基本上沿京杭运河逐级提水北送,向山东、河北和天津供水。中线工程自丹江口枢纽沿伏牛山南麓北上自流至北京,以供京、津、冀、豫、鄂五省市的城市生活和工农业用水。西线工程规划从长江上游的几条支流筑坝、通过很长的隧洞引水入黄河,解决我国西北地区严重干旱缺水的问题,还可增加黄河各梯级水电站的发电用水量,特殊情况下还可供北京、天津应急用水。

南水北调工程是实现我国水资源优化配置的战略举措,是中国跨流域调水工程中最大的、最艰巨的工程,也是中国在 21 世纪规模浩大的水利工程之一。因受地理位置、调出区水资源量、沿途地形和地质等条件限制,三条调水线路各有其合理的供水范围,相互不能替代,但也不太可能一下全部同时兴建。东线工程量、难度和投资都比其他两线小,但耗电量大;中线水质好,自流,但工程量、难度和投资都比东线大;西线工程量、难度和投资最大。国家根据工程的难易程度和国家的经济技术条件,依次分期兴建东线、中线和西线工程,先易后难,逐步实施。东线和中线主体工程已先后基本完成和部分通水,其余配套工程正在进行;西线工程尚未开始,有待于进一步规划、设计和方案研究对比。

### 1.3.2 建造大中型水电站,拦蓄洪水,西电东送

我国大陆水电的理论蕴藏装机容量为 $6.94\times10^8\,\mathrm{kW}$,远居世界第一位。但在 1949 年以前,我国只有 $14.3\times10^4\,\mathrm{kW}$ 的水力发电机组投入运行。新中国成立后至今尽管已大力开发兴建水力发电站,有些水电站装机容量是世界前几名,至 2023 年年底我国水电总装机容量达 $4.22\times10^8\,\mathrm{kW}$,居世界第一,但还有 $2.72\times10^8\,\mathrm{kW}$ 的理论水电能源仍未开发利用,其中绝大部分在我国西南。那里雨量充沛,河流落差大,是我国得天独厚的水电资源。如果将其开发向东送电,以每天调峰发电时间 10h 计算,并增加先前已建造的下游梯级水电站年发电量,每年还可再减少燃烧标准煤 $3.17\times10^8\,\mathrm{t}$ 及其排放的

有害气体。否则，若白白扔掉很多宝贵的水和清洁电能，多烧煤排放有害气体，而且若缺少大坝拦蓄洪水，还将威胁下游的生命和财产安全，破坏生态平衡。2023 年我国火力发电 $6.2657\times10^{12}$ kW·h，水力发电 $1.2859\times10^{12}$ kW·h，约为火电的 1/5，仍须大力开发便于调峰的水电清洁能源。我国长期大量开采煤炭，剩余蕴藏量很有限，开采深度和难度越来越大，且运距大多很远，燃煤发电费用越来越高，而且发电排放大量有害气体，严重影响地球生态，急需大力开发可再生清洁能源。水电便于储存、调峰和调度控制，在高峰用电时可应急快速提供稳定频率和功率的优质清洁电能，应急有效供电时数占总发电时数的比例远高于风电和光电，还兼有拦洪、灌溉、供水等效益，更应大力发展。

我国未来要建造的这些水电站，技术难度和投资都很大，开发任务很艰巨。它们的特点是：①大坝很高、工程量很大（包括输电线路很长）；②洪水流量和下泄单宽流量很大，施工导流、高水头泄洪雾化和消能都存在很大的难题；③施工难度大，要求有高度机械化和现代化的施工设备；④高水头蓄水容易诱发地震，高坝对坝体和地基的强度和稳定都要求很高，地下厂房或其他地下结构的围岩地应力很大，还有高边坡稳定问题等；⑤科研、设计、施工和运行管理需要更高的科学技术力量。我国虽然在上述几个方面已积累了一些理论和实践经验，有些甚至达到世界先进或领先水平，但还有很多新问题，包括很多已建工程在运行、管理和维修过程中出现许多新问题，有待研究解决。

近些年来有些地区遭受严重的洪水灾害，说明其上游还应兴建拦洪水库。过去没有兴建，有些是因为地形地质较差，工程量和投资较大，资金缺乏等原因。今后随着经济发展，需要清洁能源和需要防洪保护的对象越来越重要，兴建这些水库水电站将可能逐渐提到议事日程上来。

随着生产用电增加，高峰与低谷用电之差加大，若清洁能源不多，需大量煤电，但在低谷用电时若关停部分煤电机组，锅炉慢慢烧煤，在高峰用电前 1~2 小时需要大火燃烧，直到发电功率和周波正常才能并网，这会浪费很多煤，并排放很多有害气体；核电机组若关机，从关到开至并网约经 20 小时操作，损失很多能量；因缺少大容量储能设备，很多风机在很多刮大风的黑夜即使发电也用不了。抽水蓄能电站可吸纳低谷用电时不便关停的多余煤电、核电和风电从下水库抽水到上水库，在高峰用电时利用上库水的势能应急发电（从开机到并网约 1 分钟），其储能效率约 75%，是目前效率较高、容量最大、最可靠的储能设备。国家能源局 2021 年 8 月 6 日印发征求意见稿，提出 2035 年我国抽水蓄能装机增加到 $3\times10^8$ kW，远超过原计划 2060 年的 $1.8\times10^8$ kW。我国抽水蓄能电站自 2022 年开始爆发式增长，装机从 2020 年年底的 $3149\times10^4$ kW 增至 2023 年年底的 $5094\times10^4$ kW。要完成《征求意见稿》的目标或正式《规划》至 2030 年年底投产 $1.2\times10^8$ kW 的任务还很艰巨。

### 1.3.3 水利水电工程保护生态环境的任务

水利水电工程拦蓄洪水、提供灌溉和城市用水，在水库周边植树造林，设置旅游景点，水力发电减少燃烧煤炭发电所排放的有害气体。这些都表明，水利水电工程本身自运行一开始就具备保护生态环境的作用。至于其淹没损失和不利于鱼类游向上游产卵繁殖等局部副作用，需要采用一些行之有效的措施来保持生态平衡，例如：在库水位以上的山坡植树造林，使原来两岸的动物有栖息之地；修建鱼道或在其下游修建养殖场，让鱼游到上游或养殖场产卵，等等。总之，要把河流的综合开发利用与保护生态环境结合统一考虑，在合理开发利用水资源的同时担负起相应的生态环境保护责任，做到经济效益与生态环境效益并重，在工程规划、设计、施工和运行的各阶段采取措施，减轻对生态环境的负面影响，努力实现资源开发的经济效益和生态环境效益两个目标的最优化。

随着工业和旅游业发展,工厂废水、游客扔的废物可能排放到河流,漂流到水库,严重地影响水库的水质,影响发电和下游用水安全,须在上游各个水文测站和库区上游河水入库处增设水质监测站,不要只限于坝前监测,因为库水体积很大,污水浓度很小,等到坝前测出水质指标有问题已为时太晚;需要健全水库库长或河流河长责任制,甚至行政第一把手在必要时兼任库长或河长,对于排污单位应下令建造可靠的污水处理设施或严令停产,防止污水排放到河流;为了保障水电站正常发电,在水库建造可靠的拦污设施,防止污物流入电站进水口和输水管;等等。

设计单位、施工单位和水库运行管理单位,应对已建和在建的大坝等水工建筑物加强安全监测设计、认真安装和及时观测。如果两岸有容易滑动的滑坡体,也应设置足够的监测点,并加强观测分析,及时发出预报,尤其是在雨季或在河水位、库水位上升时,由于水的侵蚀,断层、破碎带等结构面的摩擦系数变小,山体比在干燥情况下更容易发生滑坡,容易激发河水涌浪漫坝,下游生态环境和财产将可能遭到严重破坏。在施工完成后,管理单位应继续认真观测、整理各测点的位移和山体变形的规律,供有关研究部门分析,及时发出预报。对于高坝,还应上报有关部门核查库区是否存在高水位诱发地震的活断层,是否应设置地震监测台站,及时对高水位诱发地震发出预报,为防止某些结构破坏或山体滑坡对生态环境带来的次生灾害,提前做好工作。

### 1.3.4　做好援外水利水电工程建设,共同保护地球家园

从时间和空间来看,雨水是很不均匀分布的,世界上还有很多国家、地区,常常遭受干旱或洪涝灾害。全球技术可开发的水电能源开发后将可每年发电 $14.37\times10^{12}$ kW·h,其中发展中国家约为 $9.56\times10^{12}$ kW·h,但目前很多河流水力发电资源开发利用的比例很低。按国际能源署 2021 年制定的规划,到 2050 年全球水电装机容量需要再翻一番才可能实现碳中和。

地球是全人类共同的家园,只靠少数几个国家低碳措施,仍然不能改变整个地球的温室效应。由于地球自转和气流的影响,多数国家排放的有害气体随着白天的上升和夜间的下降,迟早要波及排放有害气体较少的国家,所以低碳经济发展是全球所有国家和地区共同的紧迫任务。

我国自 20 世纪 90 年代以来,建造了一批大型水电站,如:三峡水电站总装机容量 $2\,250\times10^4$ kW,居世界第一;溪洛渡水电站(双曲拱坝高 285.5m)单机容量 $77\times10^4$ kW,共 18 台机组,总装机容量 $1\,386\times10^4$ kW,居世界第四;后来刚刚建成不久的白鹤滩水电站(双曲拱坝高 289m)总装机容量 $1\,600\times10^4$ kW,居世界第二,单机容量 $100\times10^4$ kW,居世界第一,是我国设计、制造和安装的。我国 250m 以上高度的各种类型大坝的设计、施工技术、$70\times10^4$ kW 以上的大型水轮发电机组的设计、制造和安装技术等都处于国际领先水平,有很好的声誉。当今中国水电企业遍及全球 140 多个国家和地区,占据海外 70% 以上的水电建设市场,中国企业参与海外已建和在建的水电工程约 320 座、总装机容量达 $0.81\times10^8$ kW。全球规划在 2035 年以前建设 100m 以上高坝 200 余座,200m 以上特高坝 20 余座,中国有望参与其中的设计和施工。

上述情况说明现在和未来几十年时间里国内外水电开发建设的任务仍然很繁重。国际上很多水电工程采用招投标制度,带有竞争性,想要中标,就必须使设计和施工满足安全、经济、合理、工期短、收效快、便于运用、保护环境等要求。我国水利水电工程科技人员应不断从实践和理论中学习、补充和积累丰富的知识,应有足够的实际工程经验和结构设计理论水平,才能做好这些工作,更好更快地开发全球可再生的最好用的水电清洁能源,更好更快地发展全球的抽水蓄能电站,使核电和风电等清洁电能更有效地储存和利用,使我国和全球尽快实现碳达峰和碳中和,保护人类共同的地球家园。

## 1.4 水利水电工程分等、水工建筑物分级与洪水标准

水利水电工程及其建筑物应根据其规模、效益和重要性,定出工程等别和建筑物级别,按这些等级标准设计,做到安全、经济和合理。根据水利部 2017 年发布的《水利水电工程等级划分及洪水标准》(SL 252—2017)[1],水利水电工程等别、永久性和临时性水工建筑物级别依次如表 1-1~表 1-3 所示。

表 1-1 水利水电工程分等指标

| 工程等别 | 工程规模 | 水库总库容/$10^8 m^3$ | 防洪 保护人口/$10^4$ 人 | 防洪 保护农田面积/$10^4$ 亩 | 防洪 保护区当量经济规模/$10^4$ 人 | 治涝 治涝面积/$10^4$ 亩 | 灌溉 灌溉面积/$10^4$ 亩 | 供水 供水对象重要性 | 供水 年引水量/$10^8 m^3$ | 水力发电 装机容量/$10^4$ kW |
|---|---|---|---|---|---|---|---|---|---|---|
| Ⅰ | 大(1)型 | ≥10 | ≥150 | ≥500 | ≥300 | ≥200 | ≥150 | 特别重要 | ≥10 | ≥120 |
| Ⅱ | 大(2)型 | [1.0,10) | [50,150) | [100,500) | [100,300) | [60,200) | [50,150) | 重要 | [3,10) | [30,120) |
| Ⅲ | 中型 | [0.1,1.0) | [20,50) | [30,100) | [40,100) | [15,60) | [5,50) | 比较重要 | [1,3) | [5,30) |
| Ⅳ | 小(1)型 | [0.01,0.1) | [5,20) | [5,30) | [10,40) | [3,15) | [0.5,5) | 一般 | [0.3,1) | [1,5) |
| Ⅴ | 小(2)型 | [0.001,0.01) | <5 | <5 | <10 | <3 | <0.5 | 一般 | <0.3 | <1 |

注:1. 总库容系指水库最高水位以下的静库容;表中"[1.0,10)"表示此数的范围是"大于等于 1.0,小于 10",其余类推。
2. 治涝面积和灌溉面积系指设计数值;年引水量指供水工程渠首设计年均引(取)水量。
3. 保护区当量经济规模指标仅限于城市保护区;防洪、供水中的多项指标满足一项即可。
4. 按供水对象的重要性确定工程等别时,该工程应为供水对象的主要水源。
5. 对综合利用的水利水电工程,其工程等别应按其中最高等别确定。

表 1-2 永久性水工建筑物的级别

| 工程等别 | Ⅰ | Ⅱ | Ⅲ | Ⅳ | Ⅴ |
|---|---|---|---|---|---|
| 主要建筑物 | 1 | 2 | 3 | 4 | 5 |
| 次要建筑物 | 3 | 3 | 4 | 5 | 5 |

注:永久性建筑物系指工程运行期间使用的建筑物,根据其重要性分为主要建筑物和次要建筑物:
主要建筑物系指失事后将造成下游灾害或严重影响工程效益的建筑物,如:堤坝、水闸、溢洪道、电站厂房及泵站等。
次要建筑物系指失事后不致造成下游灾害或对工程效益影响不大,并易于修复的建筑物,如:挡土墙、导流墙及护岸等。

表 1-3 临时性水工建筑物的级别

| 级别 | 保护对象 | 失事后果 | 使用年限/年 | 临时性挡水建筑物规模 围堰高度/m | 临时性挡水建筑物规模 库容/$10^8 m^3$ |
|---|---|---|---|---|---|
| 3 | 有特殊要求的 1 级永久性水工建筑物 | 淹没重要城镇、工矿企业、交通干线或推迟总工期及第一台(批)机组发电,推迟发挥效益,造成重大灾害或损失 | >3 | >50 | >1.0 |

续表

| 级别 | 保护对象 | 失事后果 | 使用年限/年 | 临时性挡水建筑物规模 围堰高度/m | 库容/10⁸ m³ |
|---|---|---|---|---|---|
| 4 | 1级、2级永久性水工建筑物 | 淹没一般城镇、工矿企业或影响总工期及第一台(批)机组发电,推迟发挥效益,造成较大经济损失 | [1.5,3] | [15,50] | [0.1,1.0] |
| 5 | 3级、4级永久性水工建筑物 | 淹没基坑,但对总工期及第一台(批)机组发电等效益影响不大,经济损失较小 | <1.5 | <15 | <0.1 |

注:临时性建筑物是指施工期使用而运行期不使用的建筑物,如导流明渠、导流洞和施工围堰等。若指标分属不同级别,则按最高级别确定,但符合3级临时性水工建筑物规定的指标不得少于两项。

永久性水工建筑物的洪水标准,如表1-4所示[1]。表内的重现期是概率问题,并非经过重现期的长时间之后才发生,可能在短时间之内就发生,须按此洪水标准设计和校核,确保安全。

**表1-4 永久性主要水工建筑物洪水标准[重现期]** 年

| 项 目 | | | 永久性水工建筑物级别 | | | | |
|---|---|---|---|---|---|---|---|
| | | | 1 | 2 | 3 | 4 | 5 |
| 山区、丘陵区 | 土石坝、混凝土坝、浆砌石坝 | 设计洪水 | 1 000~500 | 500~100 | 100~50 | 50~30 | 30~20 |
| | | 校核洪水 土石坝 | 可能最大洪水(PMF)或10 000~5 000 | 5 000~2 000 | 2 000~1 000 | 1 000~300 | 300~200 |
| | | 非土石坝 | 5 000~2 000 | 2 000~1 000 | 1 000~500 | 500~200 | 200~100 |
| | 水电站厂房 | 设计洪水 | 200 | 200~100 | 100~50 | 50~30 | 30~20 |
| | | 校核洪水 | 1 000 | 500 | 200 | 100 | 50 |
| | 水库消能防冲建筑物设计洪水 | | 100 | 50 | 30 | 20 | 10 |
| 平原区、滨海区 | 水库工程水电站厂房 | 设计洪水 | 300~100 | 100~50 | 50~20 | 20~10 | 10 |
| | | 校核洪水 | 2 000~1 000 | 1 000~300 | 300~100 | 100~50 | 50~20 |
| | 拦河水闸、渠道、河堤 | 设计洪水 | 100~50 | 50~30 | 30~20 | 20~10 | 10 |
| | | 校核洪水 | 300~200 | 200~100 | 100~50 | 50~30 | 30~20 |
| | 挡潮闸 | 潮水标准 | ≥100 | 100~50 | 50~30 | 30~20 | 20~10 |
| | 堤防 | 防洪标准 | ≥100 | [50,100) | [30,50) | [20,30) | [10,20) |

注:1. 土石坝若失事后造成特别重大灾害,混凝土坝、浆砌石坝若洪水漫顶造成极严重的损失,经专门论证并报主管部门批准,1级建筑物的校核洪水标准取可能最大洪水(PMF)或重现期10 000年标准。
2. 当山区、丘陵区永久性水工建筑物的挡水高度低于15m,且上下游最大水位差小于10m时,其洪水标准宜按平原、滨海区的标准确定;当平原、滨海区永久性水工建筑物的挡水高度高于15m,且上下游最大水位差大于10m时,其洪水标准宜按山区、丘陵区的标准确定。
3. 平原、滨海区水库消能防冲建筑物设计洪水标准应与相应级别泄水建筑物的洪水标准一致。

在下述情况,经论证可提高或降低水工建筑物的级别[1]:

(1)工程位置特别重要,失事后将造成重大灾害或影响十分严重的2~5级永久性主要水工建筑物,经论证并报主管部门批准,可提高1级。若失事后将造成损失不大,1~4级永久性主要水工建筑物经论证并报主管部门批准可降低1级,3级、4级临时性水工建筑物经论证可适当降低级别。

(2) 最大高度超过200m的大坝应为1级建筑物,其设计标准应专门研究论证,并报上级主管部门审查批准;坝高超过下述高度的2级、3级大坝可提高1级(但洪水标准可不提高):2级土石坝90m,2级混凝土坝或浆砌石坝130m;3级土石坝70m,3级混凝土坝或浆砌石坝100m。

(3) 水电站厂房若参与水库大坝挡水,建筑物级别应与挡水建筑物一致,按表1-2确定。

(4) 2级、3级拦河闸永久性水工建筑物,若校核洪水过闸流量分别大于5 000m³/s、1 000m³/s,其建筑物级别可提高1级,但洪水标准可不提高。

(5) 下述情况之一的2~5级永久性水工建筑物,经论证后可提高1级(但洪水标准不提高):地质条件特别复杂;实践经验较少的新型结构;高填方渠道;大跨度或高排架渡槽;高水头倒虹吸。

(6) 临时性水工建筑物若在施工期兼有挡水发电、通航作用,经技术经济论证可提高1级。

对不同材料和级别的建筑物在强度、稳定性、耐久性、防洪标准、抗震标准等方面应有不同的要求。

在大坝施工期,围堰和导流洞等临时建筑物应满足表1-5所示的洪水标准[1]。

表1-5 临时性水工建筑物洪水标准[重现期]　　　　　　　　　年

| 临时建筑物级别 | 3 | 4 | 5 |
| --- | --- | --- | --- |
| 土石结构 | 50~20 | 20~10 | 10~5 |
| 混凝土、浆砌石结构 | 20~10 | 10~5 | 5~3 |

在施工期当坝体超过围堰顶部高程后,坝体施工临时度汛应满足表1-6所示的洪水标准[1]。

表1-6 大坝施工期的洪水标准[重现期]　　　　　　　　　年

| 拦洪库容/10⁸ m³ | ≥10 | [1.0,10) | [0.1,1.0) | <0.1 |
| --- | --- | --- | --- | --- |
| 土石坝 | ≥200 | 200~100 | 100~50 | 50~20 |
| 混凝土坝、浆砌石坝 | ≥100 | 100~50 | 50~20 | 20~10 |

水库导流泄水建筑物封堵期间,进口临时挡水设施的洪水标准应与相应时段的大坝施工期洪水标准一致;导流建筑物封堵后,若永久泄洪建筑物尚未具备设计泄洪能力,坝体洪水标准应分析坝体施工和运行要求后按表1-7确定[1]。

表1-7 施工期导流封堵后的坝体洪水标准[重现期]　　　　　　　　　年

| 大坝级别 | | 1 | 2 | 3 |
| --- | --- | --- | --- | --- |
| 土石坝 | 设计洪水 | 500~200 | 200~100 | 100~50 |
| | 校核洪水 | 1 000~500 | 500~200 | 200~100 |
| 混凝土坝、浆砌石坝 | 设计洪水 | 200~100 | 100~50 | 50~20 |
| | 校核洪水 | 500~200 | 200~100 | 100~50 |

因篇幅所限,其他水工建筑物的洪水标准可参照《水利水电工程等级划分及洪水标准》(SL 252—2017)[1]。

水利水电工程建设一般经过规划、勘测、设计、施工、管理、技术总结等6个阶段,大约自20世纪80年代以来一些重大工程在规划与设计之间增加了可行性研究报告阶段。每一个阶段都有不同的工作内容,每一种建筑物又有不同的细则要求。水工建筑物这本书的篇幅很有限,不可能编入全部的内容和细则,而主要编写水工建筑物的构造、设计理论和计算方法,在其他各个阶段中与此有关的个别内容也将在书中简略提到。各类水工建筑物的具体构造、计算方法和计算公式都很不相同,将分别在后面各章节中详细叙述。

## 1.5 水工建筑物的安全性与设计安全判别准则

对设计方案的基本要求是安全、经济和实用。其中,后两个问题主要直接面对工程的有关方面(如:使用者、受益者、投资者等),可由设计人员与有关方面商定。而安全是事关全社会最重要的问题,不仅由上述人员讨论协商确定,而且还须面对有关的社会公众取得社会认可。社会的要求应由法律及工程界制定的有关规范、标准来保证。制定标准的指导思想应是从全局做到设计工作与社会的要求协调,使水工建筑物设计符合安全可靠、经济合理、适用耐久、技术先进的要求,并在总结经验,尤其是在总结工程失事或出现事故教训的基础上,加强科学研究,使所制订的标准日趋完善并得到公认。

### 1.5.1 水工建筑物的失事情况统计

水工建筑物,尤其是大坝,一旦失事会使下游生命和财产遭受重大损失,应当精心设计、精心施工,做到安全第一。但是由于各种原因,水工建筑物仍有可能失事。第14次国际大坝会议总报告指出,在历年已建成的14 000个高于15m的坝中,破坏率近1%(不完全统计)。后来由于科技进步和筑坝经验的积累,使坝的可靠性逐步提高,破坏率已降至0.2%。

Г. И. 乔戈瓦泽对近9 000座大坝中失事及出现事故的700例进行统计,按失事原因所占百分比分别为:(1)地基渗漏或沿连接边墩渗漏占16%;(2)地基丧失稳定占15%;(3)洪水漫顶占12%;(4)坝体集中渗漏占11%;(5)浸蚀性水或穴居动物通道过水占9%;(6)地震(包括水库蓄水诱发地震)占6%;(7)温度裂缝及收缩裂缝占6%;(8)水库蓄水或放空控制不当占5%;(9)冰融作用占4%;(10)其他运用不当占4%;(11)波浪作用占2%;(12)原因不明的占10%。

### 1.5.2 水工建筑物的结构安全级别

水工建筑物的结构安全级别划分为三级,应根据建筑物的重要性及破坏可能产生后果的严重性而定,它一般与水工建筑物的级别相应,如表1-8所示[2]。

表 1-8　水工建筑物的结构安全级别

| 水工建筑物的级别 | 1 | 2 | 3 | 4 | 5 |
|---|---|---|---|---|---|
| 水工建筑物的结构安全级别 | Ⅰ | Ⅱ |  | Ⅲ |  |

注：1. 对有特殊安全要求的水工建筑物，其结构安全级别应经专门研究决定。
　　2. 结构及构件的安全级别，可依其在水工建筑物中的部位、本身破坏对水工建筑物安全影响的大小，取与水工建筑物的结构安全级别相同或降低一级，但不应低于Ⅲ级。
　　3. 地基基础的安全级别应与建筑物的结构安全级别相同。

### 1.5.3　极限状态

若整个结构（包括地基）或结构的一部分超过某一特定状态，结构就不能满足设计规定的某种功能要求，称此特定状态为该功能的极限状态。

《水利水电工程结构可靠性设计统一标准》(GB 50199—2013)[2]规定下列两类极限状态：

（1）承载能力极限状态：①失去刚体平衡；②超过材料强度而破坏，或因过度的塑性变形而不适于继续承载；③结构或构件丧失稳定；④结构或构件转变为机动体系；⑤土石结构或地基、围岩产生渗透失稳；⑥地基丧失承载力而破坏。若结构或构件出现这些状态之一，结构是不安全的。

（2）不能正常使用的极限状态：①影响结构正常使用或外观变形；②对运行人员或设备、仪表等有影响正常工作的振动；③对结构外形、耐久性以及防渗结构抗渗能力有影响的局部损坏；④影响正常使用的其他特定状态。若结构或构件出现这些状态之一，结构是不能正常使用的。

该统一标准还规定结构的设计使用年限：1～3级主要建筑物应采用 100 年，其他永久性建筑物应采用 50 年；临时建筑物应根据预定的使用年限和可能滞后的时间采用 5～15 年。

结构的功能状态一般可用功能函数来表示：

$$Z = g(X_1, X_2, \cdots, X_n) \tag{1-1}$$

式中：$X_i(i=1,2,\cdots,n)$——基本变量和附加变量，包括各种作用、抗力、材料性能和功能限值等。

对最简单的情况，上式可以写为：

$$Z = R - S \tag{1-2}$$

式中：$R$——结构抗力；
　　　$S$——荷载对结构产生的作用效应。

当功能函数等于 0 时，结构处于极限状态，称 $Z = g(X_1, X_2, \cdots, X_n) = 0$ 为极限状态方程。

### 1.5.4　设计安全判别准则

**1. 单一安全系数法**

单一安全系数法要求 $R/S \geqslant K$，此处 $K$ 为安全系数，$S$ 为作用效应的取用值，$R$ 为结构抗力的取用值。此法形式简便，但规范指定的安全系数目标值是工程界根据经验制定的，没有考虑各种作用、抗力、材料强度参数等变量的分项系数，不能确切反映结构可靠度大小。

**2. 分项系数极限状态设计法**

若统计数据充分，结构可靠度 $p_r$ 宜采用可靠指标 $\beta$ 度量，它可利用失效概率 $p_f$ 按式(1-3)求得：

$$\Phi(\beta) = p_r = 1 - p_f = 1 - P[g(\cdot) < 0] \tag{1-3}$$

式中：$g(\cdot)$——结构功能函数的简写，$g(\cdot) < 0$ 即结构功能失效；$P[g(\cdot) < 0]$ 是失效概率。

可靠指标 $\beta$ 是 $\Phi(\beta)$ 的反函数，为便于计算，一般可近似认为式（1-2）中的 $Z$、$R$、$S$ 符合正态分布，其平均值、标准差分别为 $\mu_Z$、$\sigma_Z$、$\mu_R$、$\sigma_R$、$\mu_S$、$\sigma_S$，$\beta$ 可按式（1-4）计算：

$$\beta = \mu_Z / \sigma_Z = (\mu_R - \mu_S) / \sqrt{\sigma_R^2 + \sigma_S^2} \tag{1-4}$$

水工结构持久设计状况承载能力极限状态的目标可靠指标 $\beta_t$ 不应低于表 1-9 的规定。短暂设计状况和偶然设计状况的目标可靠指标可低于持久设计状况的目标可靠指标。这些可靠指标由设计者核算难以胜任；但可作为制定分项系数的基本依据，由制定分项系数方法的部门核算，使分项系数的设置能保证各种水工结构设计的计算可靠指标最佳地逼近目标可靠指标，其误差绝对值的加权平均值也为最小，逐渐完善分项系数设计方法，提供设计单位使用。

表 1-9　水工结构持久设计状况承载能力极限状态的目标可靠指标 $\beta_t$

| 结构安全级别 | | Ⅰ级 | Ⅱ级 | Ⅲ级 |
|---|---|---|---|---|
| 破坏类型 | 第一类破坏 | 3.7 | 3.2 | 2.7 |
| | 第二类破坏 | 4.2 | 3.7 | 3.2 |

注：第一类破坏为非突发性破坏，破坏前可见到明显征兆，破坏过程缓慢；第二类破坏为突发性破坏，破坏前无明显征兆，或结构一旦发生破坏难以补救或修复。

我国《水利水电工程结构可靠性设计统一标准》（GB 50199—2013）[2] 规定以下几种分项系数。

(1) 结构重要性系数 $\gamma_0$，对应于结构安全级别Ⅰ、Ⅱ、Ⅲ级分别不应小于 1.1、1.0、0.9。

(2) 作用分项系数 $\gamma_F$，考虑作用对其标准值的不利变异，应按下式计算：

$$\gamma_F = F_d / F_k \tag{1-5}$$

式中：$F_d$——作用的设计值；

$F_k$——作用的标准值。

(3) 材料性能分项系数 $\gamma_m$，考虑材料性能对其标准值的不利变异，应按下式计算。

$$\gamma_m = f_k / f_d \tag{1-6}$$

式中：$f_d$——材料性能的设计值；

$f_k$——材料性能的标准值。

(4) 设计状况系数 $\psi$，对应持久状况、短暂状况、偶然状况分别取不同数值。

(5) 结构系数 $\gamma_d$，反映极限状态方程与结构实有性能的接近程度、作用组合效应和抗力计算模型的不定性，以及上述分项系数未能反映的其他不定性。

承载能力极限状态的基本组合设计表达式为：

$$\gamma_0 \psi S(\gamma_G G_k, \gamma_P P, \gamma_Q Q_k, a_k) \leqslant \frac{1}{\gamma_{d1}} R\left(\frac{f_k}{\gamma_m}, a_k\right) \tag{1-7}$$

承载能力极限状态的偶然组合设计表达式为：

$$\gamma_0 \psi S(\gamma_G G_k, \gamma_P P, \gamma_Q Q_k, A_k, a_k) \leqslant \frac{1}{\gamma_{d2}} R\left(\frac{f_k}{\gamma_m}, a_k\right) \tag{1-8}$$

式中：$S(\cdot)$——作用效应函数；

$R(\cdot)$——结构抗力函数；

$P$、$\gamma_P$——分别为预应力作用的有关代表值及其分项系数；
$\gamma_G G_k$、$G_k$、$\gamma_G$——依次为永久作用的设计值、标准值及其分项系数；
$\gamma_Q Q_k$、$Q_k$、$\gamma_Q$——依次为可变作用的设计值、标准值及其分项系数；
$A_k$——地震作用的代表值；
$a_k$——结构的几何参数的标准值；
$\gamma_{d1}$、$\gamma_{d2}$——分别为承载能力极限状态基本组合和偶然组合的结构系数；
$\gamma_0$、$\psi$、$f_k$、$\gamma_m$ 等其他参数的含义见前面所述。

  分项系数极限状态设计法考虑到工程的重要性、作用的特点和材料性能参数的变异性，按照目标可靠指标的要求，选用相应不同的结构重要性系数 $\gamma_0$、作用分项系数 $\gamma_F$、材料性能分项系数 $\gamma_m$、设计状况系数 $\psi$，比单一安全系数方法合理，对于重大工程应创造条件，采用分项系数极限状态设计方法。对于某些中小型工程，若不具备条件，可采用单一安全系数方法。目前，这两种方法在我国水利水电工程的设计和计算中都在采用，尚未统一。为便于读者了解和选用，本书都略有介绍。

## 思 考 题

1. 水利水电工程有哪些重要作用和意义？对周围环境有什么影响？如何克服或减轻不利影响？
2. 水利水电工程面临哪些艰巨任务？
3. 为什么对水利水电工程分等和对水工建筑物分级？它们是如何划分的？
4. 当前我国水工建筑物设计安全判别准则有哪些？各有什么优缺点？

# 第 2 章 重 力 坝

## 2.1 概 述

---
**学习要点**

重力坝的工作原理和重力坝的优缺点。

---

### 2.1.1 重力坝的工作原理及特点

重力坝在水压力及其他荷载作用下，主要依靠坝体自重产生的抗滑力维持稳定，依靠坝体自重减小库水压力引起的上游坝面竖向拉应力。重力坝的基本断面呈三角形，上游坝面陡、下游坝面较缓。筑坝材料为混凝土或浆砌石。为了适应地基变形、温度变化和混凝土的浇筑能力，用横缝将坝体分隔成若干个独立工作的坝段（见图 2-1）。因枢纽布置需要，有的坝轴线布置在较宽的河床上。坝轴线通常呈直线，有时为适应地形、地质条件，或为枢纽需要也可布置成折线或拱向上游的拱形，若岸边岩基较陡，再将横缝灌浆连成整体，以防侧向滑动破坏。

我国绝大部分重力坝建在岩基上，可承受较大的压应力，还可利用坝体混凝土与岩基表面之间的摩擦力和凝聚力，提高坝体的抗滑稳定安全度。只有少数较低的重力坝建在覆盖层很厚、两岸岩体陡峻、洪峰流量很大的河床上。对于这种地形，如果建造土石坝，则需两岸削坡并需另开岸边溢洪道，很不经济，在这种情况下只好在砂砾石覆盖层上建造溢流重力坝。但为了增加其抗滑稳定性，一般需要向上下游延伸建造较长的底板，并做较深的齿墙，下游还要做很长的消力池和护坦等。故在砂砾石地基上建造溢流重力坝也是很不经济的，这种坝很少，将归到后面其他类型重力坝一节中简述。本章所述重力坝若无特别说明，均指岩基重力坝。

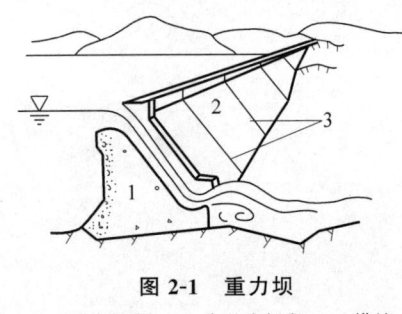

图 2-1 重力坝
1—溢流坝段；2—非溢流坝段；3—横缝

重力坝具有以下几方面的优点：

(1) 对地形、地质条件适应性强。由于重力坝的拉压应力一般低于相同坝高的拱坝，所以重力坝对地形和地质条件的要求也较拱坝低，一般可修建在弱风化岩基上。

(2) 枢纽泄洪问题容易解决。重力坝可以做成溢流的，也可以在坝内不同高程设置泄水孔，一般不需另设岸边溢洪道或泄水隧洞，枢纽布置紧凑。

(3) 便于施工导流。在施工期一般可利用坝体底孔或再加导流明渠而不另设隧洞导流。

(4) 安全可靠。重力坝断面尺寸大，因而抵抗洪水漫顶、渗漏和战争破坏等能力都比土石坝强。据统计，重力坝的失事概率低于土石坝。

(5) 施工方便。大体积混凝土可以采用机械化施工，在放样、立模和混凝土浇筑方面都比较简单，并且补强、修复、维护或扩建也比较方便。尤其是采用碾压混凝土筑坝，大大减少水泥用量，可取消或减少纵横缝数量，取消或减少冷却水管，明显地加快施工进度和降低投资造价。

(6) 结构作用明确。重力坝沿坝轴线用横缝分成若干坝段，各坝段独立工作，结构作用明确，稳定和应力计算都比其他坝型简单。

(7) 可利用块石筑坝。若块石来源很丰富，可做中小型的浆砌石重力坝，也可在混凝土坝里埋置适量的块石，以减少水泥用量和水化热温升、降低造价。

但重力坝存在以下缺点：

(1) 因抗滑稳定要求，重力坝相比其他混凝土坝来说，断面尺寸大，材料用量多。

(2) 坝体与地基接触面积大，比其他混凝土坝的坝底扬压力大，对抗滑稳定不利。

(3) 由于坝体体积大，施工期混凝土的水化热温升较高，造成后来的温降和收缩量都很大，将产生不利的温度应力，因此，在浇筑混凝土时，需要有较严格的温度控制措施。

### 2.1.2 重力坝设计的主要内容

重力坝设计包括以下主要内容：

(1) 选定坝轴线(一般以坝顶中心线或上游边线作为坝轴线)，须考虑地形、地质、枢纽布置、工程量、工期、投资和施工等条件，经综合分析，从多个方案中对比挑选而定。

(2) 断面设计，可用粗略的优化设计方法或参照已建类似工程，初步拟定断面尺寸。

(3) 稳定分析，验算坝体沿地基面和地基中软弱结构面抗滑稳定的安全度。

(4) 应力分析，使应力满足设计要求，保证坝体和坝基有足够的强度。

(5) 构造设计，根据施工和运行要求确定坝体的细部构造，如廊道系统、排水系统、坝体分缝和坝顶设计等。

(6) 地基处理，根据地质条件和受力情况，进行固结灌浆、防渗、排水、断层软弱带的处理等。

(7) 溢流重力坝和泄水孔的设计以及它们的消能设计和防冲设计等。

(8) 监测设计，包括坝体内外的观测设计，制定大坝的运行、维护和监测条例。

## 2.2 重力坝的荷载及荷载组合

> **学习要点**
> 应掌握自重、静水压力、扬压力、泥沙压力等主要荷载的计算。

### 2.2.1 荷载

作用于重力坝的荷载主要有：①自重（包括固定设备自重）；②静水压力；③扬压力；④泥沙压力；⑤浪压力；⑥冰压力；⑦土压力；⑧动水压力；⑨温度荷载；⑩地震荷载等。

**1. 坝体及其上永久设备的自重**

根据《水工建筑物荷载标准》(GB/T 51394—2020)[3]，坝体自重由坝体材料配合比试验的重度与体积相乘求得（这里的重度是该规范用的术语，以往工程界常用容重术语，下同）。若无试验资料，混凝土的重度可采用 $23.5\sim24.0\text{kN/m}^3$；永久设备自重宜采用设备铭牌重量或实际重量。

**2. 水压力**

1) 静水压力

水的重度 $\gamma=9.81\text{kN/m}^3$，在水面以下深度为 $h$ 处（如图 2-2 所示，单位为 m）的静水压强 $p$ 为

$$p = \gamma h \quad (\text{kPa}) \tag{2-1}$$

若上、下游水深分别为 $H_1$ 和 $H_2$，则单宽坝体承受总静水压力的水平分力 $P$ 为

$$P = P_1 - P_2 = \gamma(H_1^2 - H_2^2)/2 \quad (\text{kN}) \tag{2-2}$$

对于斜面或曲面部位，除了水平分力之外，还应计入竖向分力（即水重 $W_1$ 和 $W_2$，见图 2-2）。

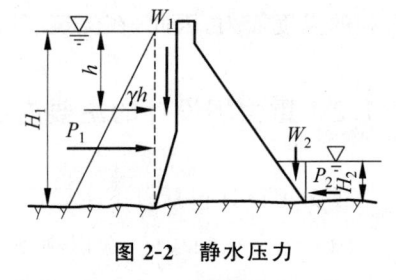

图 2-2 静水压力

2) 动水压力

动水压力是指水流总压力减去静水压力之后所余下的附加水压力，如：脉动压力、地震水激荡力、水流流经曲面（如溢流坝面或泄水隧洞的反弧段）产生的动水离心压力等。前两种动水压力很难用数学方法准确计算，一般多通过实验或现场量测，或者由规范提供的简化公式做近似的计算。第三种作用在单宽溢流面反弧段的动水离心压力的合成水平分力指向上游，其大小为 $P_h = q\rho v(\cos\varphi_2 - \cos\varphi_1)$；合成竖向分力向下，其大小为 $P_v = q\rho v(\sin\varphi_2 + \sin\varphi_1)$。在上述两式中：$q$ 为单宽流量，$\text{m}^2/\text{s}$；$\rho$ 为水的密度，$\rho=1000\text{kg/m}^3$；$v$ 为反弧段上的平均水流速，m/s；$\varphi_1$ 和 $\varphi_2$ 分别为反弧段上游切点坡角和下游挑射角；$P_h$ 和 $P_v$ 的单位为 N/m（单宽坝段）。这两个分力对溢流坝段抗滑稳定和坝踵应力都有利，不是最危险的控制因素；那些下闸不泄洪的溢流坝段以及河床非溢流坝段在洪水作用下的

抗滑稳定性和坝踵应力都比泄洪的溢流坝段更为不利,应作为泄洪情况坝体稳定和应力安全分析的对象,故可不必计算溢流坝反弧段水压力。

### 3．渗透水扬压力

在水压力作用下,水渗入坝体或地基对周围介质骨架产生扬压力,可能使介质骨架被拉开,使结构物滑移破坏,对渗透水扬压力应给予足够的重视。扬压力作用面积和作用力大小至今都很难精确计算,一般将扬压力按所截面积乘以渗压强度再加浮托力计算,渗压强度系数分布如下[3]。

（1）坝基有防渗帷幕和排水孔,扬压力作用水头如下：坝底上游面为上游水深 $H_1$,坝底下游面为下游水深 $H_2$,排水孔中心为 $H_2+\alpha(H_1-H_2)$,其间各段直线分布,参见图 2-3(a)。$\alpha$ 为渗透压力强度系数,在河床坝段取 0.25,在岸坡坝段取 0.35。若只有排水,不做防渗帷幕,则上述 $\alpha$ 值增加 0.05～0.2；若只有防渗帷幕无排水,则在防渗帷幕处 $\alpha=0.5$～0.7,其余直线分布。

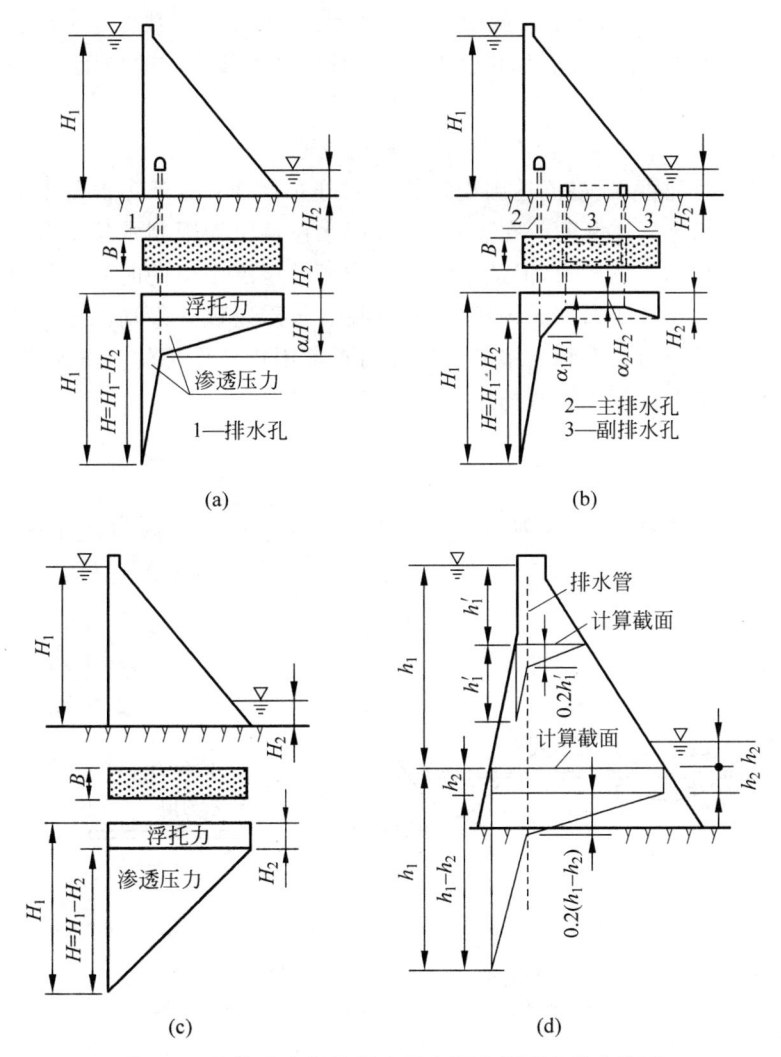

图 2-3 实体重力坝的坝底面和坝内扬压力分布简图

(2) 坝基有防渗帷幕、上游主排水孔和下游副排水孔，并设置抽排系统，扬压力作用水头为：坝底面上游处 $H_1$，坝底面下游处 $H_2$，主排水孔中心处 $\alpha_1 H_1$，副排水孔中心处 $\alpha_2 H_2$，其间各段直线分布，参见图 2-3(b)。$\alpha_1$ 和 $\alpha_2$ 分别为主、副排水孔扬压力强度系数，$\alpha_1=0.20$，$\alpha_2=0.50$。

(3) 坝基无防渗帷幕，也无排水孔，扬压力作用水头为：坝底面上游处 $H_1$，坝底面下游处 $H_2$，其间直线分布，参见图 2-3(c)。

实体重力坝坝体内各水平截面上的扬压力作用水头：①下游水位以下的水平截面，在下游坝面处为该点处的下游水深 $h_2$，在上游坝面处为该点处的上游水深 $h_1$，在排水管幕处为 $h_2+0.2(h_1-h_2)$，其间各段直线分布，参见图 2-3(d)；②下游水位以上的水平截面，在下游坝面处为零，在上游坝面处为该点处的上游水深 $h_1'$，在排水管幕处为 $0.2h_1'$，其间各段直线分布，参见图 2-3(d)；③若坝内无排水管，则坝体内扬压力的分布无折点，从上游至下游呈直线分布。

根据《混凝土重力坝设计规范》(NB/T 35026—2014)[4]，实体重力坝扬压力的作用分项系数按以下情况计算：①在无抽排情况下，下游水深引起的浮托力作用分项系数取 1.0，上下游水位差引起的渗透压力作用分项系数取 1.2；②在有抽排情况下，上游主排水孔之前的扬压力作用分项系数取 1.1，主排水孔之后的残余扬压力作用分项系数取 1.2。

按渗透系数乘以水力坡降算得在岩体和坝体的渗透流速很小，平均约为 0.1～1m/d，本节所述的扬压力分布是指经过很长时间蓄水、渗流达到稳定状态的分布规律；对于正常蓄水的长期作用来说，可按此状态的扬压力分布确定坝体断面。在洪水入库、库水位从汛期限制水位上升至正常蓄水位时，即使扬压力回升到正常蓄水时的扬压力，但从正常蓄水位上升至洪水位的时间很短，应按此时间乘以渗透流速算得洪水在坝踵和坝趾所增加的扬压力作用面积，再乘以该处平均渗压增量，即为洪水短期作用比正常蓄水所增加的扬压力。有相当多的设计部门直接用短期作用的上下游洪水位套用上述长期作用的渗压强度系数和全部截面积算得扬压力过大，过于保守。

**4. 波浪荷载**

波浪的几何要素见图 2-4(a)，波高为 $h_l$，波长为 $L$，波浪中心线雍高为 $h_z$；波浪推进到坝前受到竖直坝面的垂直反射作用形成驻波，波高变为 $2h_l$，浪顶至波浪中心线高差为 $h_l$。

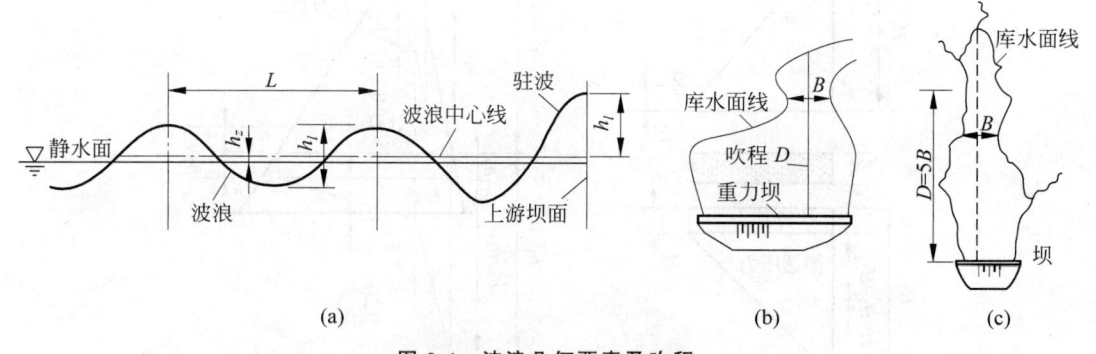

**图 2-4 波浪几何要素及吹程**

(a) 波浪要素；(b) 一般波浪吹程；(c) 窄库波浪吹程

以往计算波浪要素的式子很多。这里建议分别按以下三种情况计算：

(1) 内陆峡谷水库(风速 $V_0<20\text{m/s}$，吹程 $D<20\,000\text{m}$)，宜按官厅水库公式计算：

$$h_l = 0.001\,66 V_0^{\frac{5}{4}} D^{\frac{1}{3}} \quad (\text{m}) \tag{2-3}$$

$$L = 10.4(h_l)^{0.8} \quad (\text{m}) \tag{2-4}$$

$D$ 以 m 计；$V_0$ 是指水面以上 10m 处 10min 平均风速的年最大值(单位为 m/s)。若坝顶高出水面 $y \neq 10\text{m}$，则 $V_0$ 应再乘以修正系数 $k$，若 $2\text{m} \leqslant y \leqslant 10\text{m}$，$k = 1 + 0.004(10-y)^2$；若 $10\text{m} < y \leqslant 20\text{m}$，$k = 1.1 - 0.01y$。风向是千变万化的，若风向与坝轴线倾斜，则在坝面处不发生真正的驻波，波高小于 $2h_l$，单宽坝面所受到的法向浪压力也变小，所以风向应按垂直于坝轴向考虑。若坝前库水面开阔，建议自坝面沿法向到对岸最大距离作为吹程，大豁口(豁口宽度 $B$ 超过 12 倍波长)在豁口中心处量取 $D$ [如图 2-4(b)所示]；若 $B$ 小于 12 倍波长[如图 2-4(c)所示]，近似取 $D = 5B$，但不应小于缩窄处到坝前的距离[3]。

上述官厅公式在 $gD/V_0^2 = 20 \sim 250$ 的情况所得 $h_l$ 为累积概率 5% 的波高，记作 $h_{5\%}$；在 $gD/V_0^2 = 250 \sim 1000$ 的情况所得 $h_l$ 为累积概率 10% 的波高，记作 $h_{10\%}$。累积概率为 $p$ 的波高 $h_p$ 与平均波高 $h_m$ 的比值见表 2-1，表中 $H_m$ 为坝前水域平均深度，m。

表 2-1　累积概率为 $p$ 的波高 $h_p$ 与平均波高 $h_m$ 的比值 $h_p/h_m$

| $\dfrac{h_m}{H_m}$ | $p$ | | | | | | | | | |
|---|---|---|---|---|---|---|---|---|---|---|
| | 0.1% | 1% | 2% | 3% | 4% | 5% | 10% | 14% | 20% | 50% |
| 0 | 2.97 | 2.42 | 2.23 | 2.11 | 2.02 | 1.95 | 1.71 | 1.58 | 1.43 | 0.94 |
| 0.1 | 2.70 | 2.26 | 2.09 | 2.00 | 1.92 | 1.87 | 1.65 | 1.54 | 1.41 | 0.96 |
| 0.2 | 2.46 | 2.09 | 1.96 | 1.88 | 1.81 | 1.76 | 1.59 | 1.49 | 1.37 | 0.98 |
| 0.3 | 2.23 | 1.93 | 1.82 | 1.76 | 1.70 | 1.66 | 1.52 | 1.43 | 1.34 | 1.00 |
| 0.4 | 2.01 | 1.78 | 1.68 | 1.64 | 1.60 | 1.56 | 1.44 | 1.38 | 1.30 | 1.01 |
| 0.5 | 1.80 | 1.63 | 1.56 | 1.52 | 1.49 | 1.46 | 1.37 | 1.32 | 1.25 | 1.01 |

波浪中心线高出静水面高度为

$$h_z = \frac{\pi h_l^2}{L} \coth \frac{2\pi H}{L} \quad (\text{m}) \tag{2-5}$$

式中：$H$ 为坝前水深，m；$\coth(x) = (e^x + e^{-x})/(e^x - e^{-x})$，$e = 2.718\,28$，因 $H \geqslant L/2$，故 $h_z \approx \pi h_l^2 / L$。

(2) 平原、滨海地区水库，宜按莆田试验站公式计算平均波高 $h_m$ 和平均波周期 $T_m$

$$h_m = 0.13 \frac{V_0^2}{g} \tanh[0.7(gH_m/V_0^2)^{0.7}] \tanh \frac{0.0018(gD/V_0^2)^{0.45}}{0.13\tanh[0.7(gH_m/V_0^2)^{0.7}]} \quad (\text{m}) \tag{2-6}$$

$$T_m = 13.9\sqrt{h_m/g} \quad (\text{s}) \tag{2-7}$$

式中：$V_0$——计算风速，m/s；

　　　$D$——吹程，m；

　　　$H_m$——水域平均水深，m；

　　　$g$——重力加速度，$g = 9.81\text{m/s}^2$。

平均波长 $L_m$ 用下式试算求得：

$$L_m = \frac{gT_m^2}{2\pi}\tanh\frac{2\pi H_m}{L_m} \quad (\text{m}) \tag{2-8}$$

这里 $\tanh(x) = (e^x - e^{-x})/(e^x + e^{-x})$，$e = 2.71828$；若 $H_m \geq 0.5L_m$，$L_m$ 可近似简化为：

$$L_m = gT_m^2/(2\pi) = 1392/(2\pi) = 3075 \text{m} \tag{2-9}$$

莆田试验站公式一般多用于水深较浅、水面宽阔的平原水库、湖堤或水闸等。

（3）丘陵地区水库（$V_0 < 26.5$m/s 及 $D < 7500$m），宜按鹤地水库公式计算，累计概率为 2% 的波高为：

$$h_{2\%} = 1.364 \times 10^{-3} V_0^{1.5} D^{1/3} \quad (\text{m}) \tag{2-10}$$

$$L_m = 0.0123 V_0 \sqrt{D} \quad (\text{m}) \tag{2-11}$$

绝大多数重力坝的坝前水深大于半波长，即 $H > L_m/2$，应按深水波计算浪压力（如图 2-5 所示的阴影图形面积），坝顶上游竖直坝面受到垂直入射的驻波作用，单宽坝段浪压力的代表值为[3]

$$P_l = \gamma L_m (h_p + h_z)/4 \quad (\text{kN/m}) \tag{2-12}$$

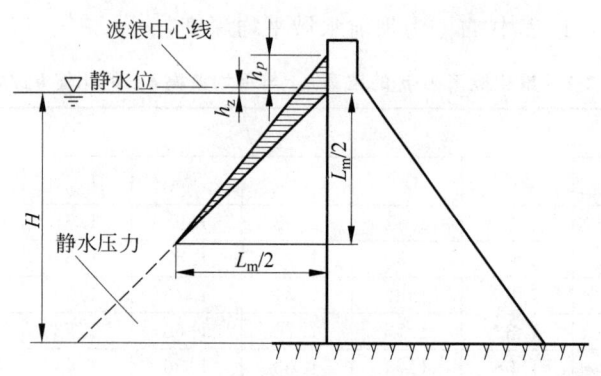

**图 2-5 深水波的波浪压力分布**

这里 $\gamma$ 为水的重度，$\gamma = 9.81$kN/m³；$h_p$ 表示累计概率为 $p$ 的波高，可从已算得的 $h_m$ 或其他累积概率 $p_i$ 的波高 $h_{pi}$ 按表 2-1 的比值换算成 $h_m$，再换算成 $h_p$。

根据《混凝土重力坝设计规范》（NB/T 35026—2014）[4]，浪压力作用的分项系数为 1.2。

### 5. 泥沙压力

统计表明，当水库库容与年入沙量体积的比值小于 30 时，水库淤沙问题比较突出，可按水库达到新的冲淤平衡状态的条件推定坝前淤积高程。

经过较长时间的运行后，在排沙孔、泄水孔或电站进水口附近，淤沙高程接近于这些孔口的进水口高程；随着远离这些孔口，淤沙高程逐渐增高至远处形成漏斗状，可取各进水口底高程作为漏斗底，按漏斗稳定坡度确定坝前沿各坝段的淤积高程。淤沙的重度及内摩擦角与淤积物的颗粒组成及沉积过程有关。淤沙逐渐固结，重度与内摩擦角也逐年变化，而且各层不同，使得泥沙压力不易准确算出，单宽坝段泥沙总水平压力一般按式（2-13）计算：

$$P_s = \frac{1}{2}\gamma_{sb} h_s^2 \tan^2\left(45° - \frac{\phi_s}{2}\right) \tag{2-13}$$

式中：$P_s$——每米宽度坝面上的泥沙总水平压力，kN/m，合力在 1/3 淤沙高度处；

$\gamma_{sb}$——淤沙的浮重度，$kN/m^3$；

$h_s$——坝前泥沙淤积厚度（或高度），m；

$\phi_s$——淤沙的内摩擦角。

黄河流域几座水库淤沙取样试验结果，浮重度为 7.8～10.8$kN/m^3$。淤沙以粉沙和沙粒为主时，$\phi_s$ 为 26°～30°；淤积的细颗粒土的孔隙率大于 0.7 时，内摩擦角接近于零。按照《混凝土重力坝设计规范》（NB/T 35026—2014）[4]，淤沙压力作用的分项系数为 1.2。

6. 冰压力

1) 静冰压力

水结冰膨胀和冰温升高膨胀产生的压力称为静冰压力，其大小与冰层厚度、冰面大小、受压物性质、冰温升率和冰强度等因素有关。重要工程应做试验研究，无试验条件可近似参照表 2-2 计算[3]。

表 2-2 单宽（1m）静冰压力

| 冰厚/m | 0.4 | 0.6 | 0.8 | 1.0 | 1.2 |
|---|---|---|---|---|---|
| 静冰压力/(kN/m) | 85 | 180 | 215 | 245 | 280 |

注：1. 冰层厚度取多年平均年最大值，静冰压力合力作用点近似取在冰面以下 1/3 冰厚处。
2. 对小型水库冰压力值应乘以 0.87，对大型平原水库乘以 1.25，对其他库面宽度和冰层厚度采用插值计算。
3. 本表标准值适用于结冰期内库水位基本不变的情况，若库水位变动应做专门研究。

2) 动冰压力

冰块破裂后，受风及流水的作用而漂流，冰块撞击到坝面时，将产生动冰压力。当冰块的运动方向垂直于或接近垂直于坝面时，动冰压力可按下式计算[3]：

$$F_{bk} = 0.07 V_i d_i (Af_{ic})^{1/2} \tag{2-14}$$

式中：$F_{bk}$——冰块撞击时产生的动冰压力，MN；

$V_i$——冰块流速，m/s，应按实测资料确定，无实测资料时，对于水库可取历年冰块运动期内最大风速的 3%，但不超过 0.6m/s，对于过冰建筑物取建筑物前流冰的行近流速；

$d_i$——计算冰厚，m，取当地最大冰厚的 0.7～0.8 倍，流冰初期取大值；

$A$——冰块面积，$m^2$，根据当地或邻近地点实测或调查确定；

$f_{ic}$——冰的抗压强度，MPa，根据流冰条件和试验确定；若无试验资料，对水库可采用 0.3MPa，对河流的流冰初期可采用 0.45MPa，后期高水位时可采用 0.3MPa。

7. 温度作用

结构由于温度变化产生的变形、位移和应力等，称为温度作用效应。混凝土重力坝在浇筑初期产生水化热温升，随着外界气温的变化以及坝体和岩基的热传导，坝体和岩基不断地发生温度变化和变形，由于坝体的变形受到岩基的约束以及坝体各部分混凝土之间的相互约束，就产生了温度应力。尤其是大坝表面，温度的变化及其产生的温度应力是自始至终长期和经常作用的，就这一定义来讲，温度荷载属于长期作用的基本荷载。

温度应力与施工期和运行期的温度变化过程密切相关，是由混凝土材料的水化热和热传导性能、施工期和运行期周围的环境等因素决定的,它具有历史延续性和外界影响的复杂性,所以在设计阶段难以准确计算。好在它对重力坝稳定的影响很小,加之起控制作用的坝踵和坝趾的应力分析目前的计算方法也很难得到准确的结果,故在重力坝断面设计时基本上先按材料力学方法做应力分析,按刚体极限平衡理论做稳定分析,并按相应的标准来控制,都未计入温度荷载的作用,在设计方案批准后,再对温度应力进一步做复杂的研究和计算,并研究有效合理的温控措施加以解决。这些内容将安排在后面专门一节里学习和讨论。

#### 8. 地震作用

1) 地震惯性力

地震荷载是非常复杂的荷载,在设计阶段很难预测未来坝基的地震加速度的分布。为便于在设计阶段计算地震荷载,我国有关水工建筑物抗震设计规范和抗震设计标准[6,7]规定:重力坝抗震计算可采用动力法或拟静力法;对于工程抗震设防类别为甲类,工程抗震设防类别为乙、丙类但设计烈度Ⅷ度及以上或坝高大于70m的重力坝地震作用效应应采用动力法计算;重力坝动力分析方法应采用振型分解法,对工程抗震设防类别为甲类的重力坝,应增加非线性有限元法计算评价。具体计算方法和参数可见结构动力计算有关书籍以及上述抗震设计规范和标准。

按照拟静力法,沿建筑物高度作用于质点 $i$ 的水平地震惯性力用式(2-15)计算:

$$F_i = K_H \xi \alpha_i G_{Ei} \quad (kN) \tag{2-15}$$

式中:$K_H$——水平向地震系数,为水平向设计地震加速度代表值与重力加速度的比值,重力加速度一般取 $9.81 \text{m/s}^2$;

$\xi$——地震作用的效应折减系数,除另有规定外,一般取 0.25;

$G_{Ei}$——集中在质点 $i$ 的重力作用标准值,kN;

$\alpha_i$——质点 $i$ 的地震惯性力动态分布系数,对于重力坝可按下式计算[6,7]:

$$\alpha_i = 1.4 \frac{1 + 4(h_i/H)^4}{1 + 4\sum_{j=1}^{n}[(h_j/H)^4 G_{Ej}/G_E]} \tag{2-16}$$

式中:$n$——坝体计算质点总数;

$H$——坝高,m,对于溢流坝应算至闸墩顶;

$h_i$、$h_j$——质点 $i$ 和 $j$ 的高度,m;

$G_{Ej}$——集中在质点 $j$ 的重力作用标准值,kN;

$G_E$——产生地震惯性力的建筑物(这里指重力坝)总重力作用的标准值,kN。

设计烈度≥8度的1级、2级坝应同时计入水平向和竖向地震惯性力,仍可用式(2-15)计算竖向地震惯性力,但应以竖向地震系数 $K_V$ 代替 $K_H$;据统计,$K_V \approx 2K_H/3$;总地震作用效应一般取各方向作用效应的平方和的平方根,或将竖向地震效应乘以遇合系数 0.5 与水平向地震效应直接相加。

2) 地震动水压力

地震时,坝前、坝后的水也随着震动,形成作用在坝面上的激荡力。若采用拟静力法计算,在重力坝竖直坝面上水深 $y$ 处的地震动水压力强度为

$$\bar{p}_y = K_H \xi \lambda(y) \gamma H_1 \quad (kPa) \tag{2-17}$$

式中:$\lambda(y)$——水深 $y$ 处的地震动水压力分布系数,见表 2-3;

$\gamma$——水的重度,kN/m³;

$H_1$——坝前总水深,m;

$K_H$、$\xi$——同式(2-15)的说明。

表 2-3  水深 $y$ 处的地震动水压力分布系数 $\lambda(y)$

| $y/H_1$ | 0 | 0.1 | 0.2 | 0.3 | 0.4 | 0.5 | 0.6 | 0.7 | 0.8 | 0.9 | 1.0 |
|---|---|---|---|---|---|---|---|---|---|---|---|
| $\lambda(y)$ | 0 | 0.43 | 0.58 | 0.68 | 0.74 | 0.76 | 0.76 | 0.75 | 0.71 | 0.68 | 0.67 |

单宽 1m 上的总地震动水压力为

$$\overline{P}_0 = 0.65 K_H \xi \gamma H_1^2 \quad (\text{kN/m}) \tag{2-18}$$

作用点位于水面以下 $0.54H_1$ 处。水深为 $y$ 的截面以上单宽地震动水压力的合力 $\overline{P}_y$ 及其合力作用点的水下深度 $h_y$,见图 2-6。

对于倾斜的迎水面,按式(2-17)和式(2-18)计算地震动水压力时,应乘以折减系数 $\theta/90$,此处,$\theta$ 为建筑物迎水面与水平面的夹角。当迎水面有折坡时,若水面以下直立部分的高度等于或大于水深的一半,可近似按竖直坝面考虑。否则可取水面与坝面的交点和坡脚点的连线作为坝面坡角。地震动水压力均垂直于坝面,当地震加速度指向上游时,上、下游坝面的地震动水压力均指向下游。

因拟静力法是很近似的,为安全和简便可忽略河谷宽高比对地震动水压力的影响。

在采用拟静力法验算重力坝坝体的抗压强度、抗拉强度和沿坝基面的抗滑稳定时,式(1-8)中的结构系数 $\gamma_{d2}$ 依次应不小于 2.80、2.10 和 2.70[6,7]。

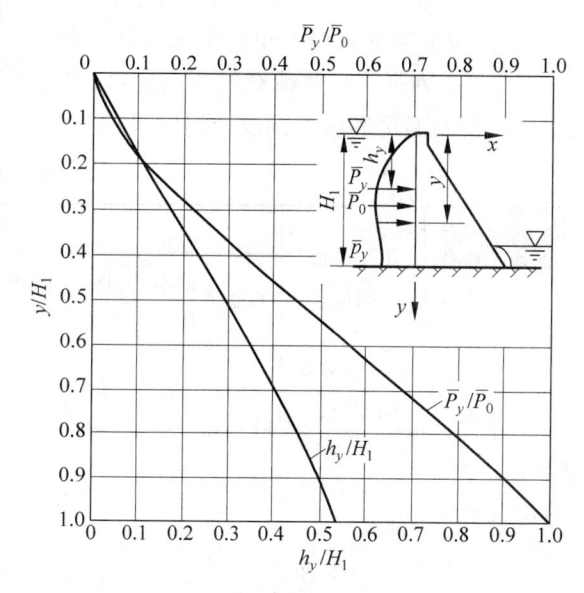

图 2-6 地震动水压力分布图

### 2.2.2 荷载组合

作用于重力坝的各种荷载项目有:

(1) 坝体及其上固定设备(如:永久机械设备、闸门、启闭机等)的自重。

(2) 正常工作或施工期临时挡水发电时上、下游坝面的静水压力,坝基和坝体的扬压力。

(3) 大坝上游淤沙压力。

(4) 作用于上、下游坝面的土压力(指坝外的填土压力,根据坝外是否填土而定)。

(5) 若以防洪为主,按设计洪水位及相应下游水位计算坝面水压力,以正常蓄水位升至设计洪水位时间乘以坝基面渗透流速算得坝踵、坝趾新增渗流面积,再乘以该处平均渗压增量,再加正常蓄水扬压力,作为设计洪水总扬压力。

(6) 浪压力[3]:(a)按重现期为 50 年的年最大风速计算;(b)按年最大风速的多年平均值计算。

(7) 冰压力。

(8) 其他出现概率较大的荷载(如温度荷载等)。

(9) 按校核洪水位及相应下游水位计算坝面水压力;以正常蓄水位升至校核洪水位时间乘以坝基面渗透流速算得坝踵、坝趾新增渗流面积,再乘以该处平均渗压增量,再加正常蓄水扬压力,作为校核洪水总扬压力。

(10) 地震荷载。

(11) 其他出现机会很少的荷载。

其中前8种属于基本荷载,后3种属于特殊荷载。

荷载组合分为基本组合与偶然组合两类。基本组合属设计情况或正常情况,由同时出现的基本荷载组成。偶然组合属校核情况或非常情况,由同时出现的基本荷载和一种或几种特殊荷载组成。设计时,应分别从这两类组合中选择最不利的组合计算,都应满足规范要求。

表2-4列举了一些荷载组合,表内数字为上述荷载项目序号。温度应力计算须依据实际分缝分块浇筑的初始温度和边界温度,设计阶段难以准确计算,应在施工中采取温控措施改善温度应力。

表 2-4 荷载组合

| 设计状况 | 荷载组合 | 主要考虑情况 | 自重 | 静水压力 | 扬压力 | 淤沙压力 | 浪压力 | 冰压力 | 动水压力 | 土压力 | 地震作用 | 附 注 |
|---|---|---|---|---|---|---|---|---|---|---|---|---|
| 持久状况 | 基本组合 | (1) 正常蓄水位情况 | 1 | 2 | 2 | 3 | 6(a) | | | 4 | | 扬压力按长时间正常蓄水状态计算 |
| | | (2) 以防洪为主设计洪水 | 1 | 5 | 5 | 3 | 6(a) | | 5 | 4 | | 按第(5)项荷载计算说明计算坝面水压力和坝基面扬压力 |
| | | (3) 冰冻情况 | 1 | 2 | 2 | 3 | | 7 | | 4 | | 水压力和扬压力按相应冬季水位计算 |
| 短暂状况 | 基本组合 | 施工期挡水 | 1 | 2 | 2 | | 6(a) | | | 4 | | 水压力按施工期可能最高水位计算,扬压力视挡水时间和水位而定 |
| 偶然状况 | 偶然组合 | (1) 校核洪水 | 1 | 9 | 9 | 3 | 6(b) | | 9 | 4 | | 按第(9)项荷载计算说明计算坝面水压力和坝基面扬压力 |
| | | (2) 地震情况 | 1 | 2 | 2 | 3 | max[6(b),7] | | | 4 | 10 | 静水压力、扬压力按正常蓄水考虑,6(b)与7两项中取大者 |

洪水短时间作用对扬压力影响很小,远远小于扬压力本身的计算误差。对于下游长期处于高水位的情况(如三峡大坝受葛洲坝库水位的顶托),应在坝基设置抽排系统,使坝基保持很低的扬压力。

另外一个值得注意的问题是:在泄洪将要结束时,下游水位下降较快,因库水面很大使库水位下降很慢,经调洪演算若泄洪后期库水位很高,还应核算一些不利水位对坝体稳定和应力的影响。

## 2.3 重力坝的断面设计

> **学习要点**
> 1. 重力坝的断面设计是重力坝设计的核心内容,它一般须满足两个前提:(1)抗滑稳定满足要求;(2)按材料力学方法计算,坝踵不出现竖向拉应力。上游坝坡对这两者的影响往往是相反的。
> 2. 求解上游坝坡,使重力坝基本断面满足上述这两个前提,是重力坝断面设计的关键。

### 2.3.1 重力坝断面设计的基本要求

重力坝的设计、应力分析和稳定分析都需要首先拟定或做好重力坝的断面设计,否则就无从下手做深入的应力和稳定分析,这就是我们通常所说的"先设后计"。

重力坝的断面需要满足以下基本的要求:①稳定和强度要求,保证大坝安全;②工程量小;③便于施工;④运用方便。其中第①点是必须满足的。

在设计方案比较阶段,因计算对比的方案较多,为了少走弯路,尽快得到较好的断面,宜按规范采用材料力学方法计算坝体应力,用刚体极限平衡法计算坝体和坝基的抗滑稳定安全性能,在总方案初选后再用有限元法做校核计算。

在正常蓄水条件下,按规范用材料力学方法计算坝踵不出现竖向拉应力,需要较陡的上游坝坡,但为了利用水重保证抗滑稳定而又节省坝体混凝土,则需要较缓的上游坝坡,这两者是矛盾的,往往需要反复计算多次才能同时得到满足。对于较完整的坝基,一般较难发生深层滑动;如果坝基有较大的双斜软弱构造面,应在坝体断面设计后做坝基深层稳定分析和加固处理,不影响坝体沿坝基面的抗滑稳定分析。所以,在重力坝断面设计时,首先须满足两点:①用材料力学方法计算在正常蓄水条件下坝踵不出现竖向拉应力;②合理地设计上游坝坡,充分利用水重,按规范核算沿坝基面的抗滑稳定要求。这是决定大坝断面的、两个相互矛盾的关键因素和前提。

按重力坝设计规范[4,5],用材料力学法计算正常蓄水情况的坝踵竖向应力(以压为正)应为:

$$\sigma_{yu} = \frac{\sum W}{B} + \frac{6\sum M}{B^2} \geq 0 \tag{2-19}$$

式中:$\sum W$——作用于单宽坝基面上的所有竖向分力(包括扬压力)的总和(向下为正);

$\sum M$——作用于单宽坝基面形心的合力矩(以弯向上游使坝踵产生压应力为正);

$B$——坝基截面处的顺河向坝厚。

根据规范[5],用刚体极限平衡法计算单宽坝基面抗剪断的抗滑稳定安全系数应满足

$$\frac{f'\sum W + c'B}{\sum P} \geq K' \tag{2-20}$$

式中:$\sum P$——坝基面上全部水平切向作用力之和,kN;

$f'$——坝基面抗剪断摩擦系数；

$c'$——单位面积坝基面抗剪断凝聚力，kPa。

按此规范要求：在基本荷载组合作用下，$K'=3.0$；在校核洪水位时，$K'=2.5$；在正常蓄水位和地震荷载共同作用下，$K'=2.3$（拟静力法）。

坝基面附近岩石的强度、风化程度和结构面性质对坝基的抗剪断摩擦系数 $f'$ 和凝聚力 $c'$ 值影响很大。在规划阶段可根据坝基岩体的类别参考表 2-5 选用[5]；在可行性研究阶段和以后的各设计阶段，对于大、中型工程，$f'$ 和 $c'$ 应现场试验确定，对于中型工程的中、低坝，若无条件进行野外试验，宜进行室内试验，并参考表 2-5 选用[5]。

表 2-5 坝基岩体力学参数

| 岩体分类 | 混凝土与坝基接触面 |  |  | 岩体 |  | 变形模量 |
|---|---|---|---|---|---|---|
|  | $f'$ | $c'$/kPa | $f$ | $f'$ | $c'$/kPa | $E$/GPa |
| Ⅰ | 1.50~1.30 | 1500~1300 | 0.85~0.75 | 1.60~1.40 | 2500~2000 | >20.0 |
| Ⅱ | 1.30~1.10 | 1300~1100 | 0.75~0.65 | 1.40~1.20 | 2000~1500 | 20.0~10.0 |
| Ⅲ | 1.10~0.90 | 1100~700 | 0.65~0.55 | 1.20~0.80 | 1500~700 | 10.0~5.0 |
| Ⅳ | 0.90~0.70 | 700~300 | 0.55~0.40 | 0.80~0.55 | 700~300 | 5.0~2.0 |
| Ⅴ | 0.70~0.40 | 300~50 | 0.40~0.30 | 0.55~0.40 | 300~50 | 2.0~0.2 |

注：表中参数限于硬质岩，若为软质岩应根据软化系数进行折减。

按《混凝土重力坝设计规范》(NB/T 35026—2014)[4]关于抗滑稳定的要求：

$$\gamma_0 \psi S(\cdot) = \gamma_0 \psi \sum P \leqslant R(\cdot)/\gamma_d = (f' \sum W + c'B)/\gamma_d \tag{2-21}$$

整理得：

$$\frac{f' \sum W + c'B}{\sum P} \geqslant \gamma_0 \gamma_d \psi \tag{2-22}$$

式中：$f'$——坝基面抗剪断摩擦系数设计值，$f' = f'_k/\gamma_m = f'_k/1.7$，$f'_k$ 为抗剪断摩擦系数标准值；

$c'$——单位面积坝基面抗剪断凝聚力设计值，kPa，$c' = c'_k/2.0$，$c'_k$ 为抗剪断凝聚力标准值；

$\gamma_0$——结构重要性系数，按结构安全级别Ⅰ、Ⅱ、Ⅲ级分别取[4] 1.1、1.05、1.0；

$\gamma_d$——结构系数，见表 2-8；

$\psi$——设计状况系数，持久状况取 1.0，短暂状况取 0.95，偶然状况取 0.85。

$S(\cdot)$、$R(\cdot)$ 和 $\gamma_m$ 分别为荷载对结构的作用效应函数、结构抗力函数和材料性能分项系数。

从形式上看，式(2-22)中的 $\gamma_0\gamma_d\psi$ 类似于式(2-20)中的 $K'$，但数值不同。在式(2-21)和式(2-22)中 $\sum W$、$\sum M$、$\sum P$ 里的各种作用力采用设计值(即标准值乘以作用分项系数)，$f'$ 和 $c'$ 采用设计值(即标准值除以材料性能分项系数)。我国《混凝土重力坝设计规范》(NB/T 35026—2014)[4]中各种作用分项系数、材料性能分项系数和结构系数分别列于表 2-6~表 2-8。在规划、可行性研究、初设阶段，在初拟基本断面时，若缺乏详细、精确的地质资料和岩体力学参数，可暂按式(2-20)计算；对于 1~3 级重力坝，应待取得实际野外和室内试验数据之后，再按分项系数做精确计算。

表 2-6 作用分项系数

| 作用类别 | 自重 | 水压力 |  |  |  |  | 扬压力 |  |  |  |  | 淤沙压力 | 浪压力 |
|---|---|---|---|---|---|---|---|---|---|---|---|---|---|
|  |  | 静水压力 | 动水压力 |  |  |  | 渗透压力 |  | 浮托力 | 有抽排扬压力 |  |  |  |
|  |  |  | 时均压力 | 离心力 | 冲击力 | 脉动压力 | 实体 | 宽缝、空腹 |  | 主排水孔前 | 主排水孔后 |  |  |
| 分项系数 | 1.0 | 1.0 | 1.05 | 1.1 | 1.1 | 1.3 | 1.2 | 1.1 | 1.0 | 1.1 | 1.2 | 1.2 | 1.2 |

表 2-7 材料性能分项系数

| 材料性能 | 抗剪断强度 |  |  |  |  |  |  |  | 混凝土抗压强度 $f_c$ |
|---|---|---|---|---|---|---|---|---|---|
|  | 混凝土与基岩之间 |  | 混凝土与混凝土之间（包括碾压和常规混凝土） |  | 基岩与基岩之间 |  | 软弱结构面 |  |  |
|  | 摩擦系数 $f'_{cr}$ | 凝聚力 $c'_{cr}$ | 摩擦系数 $f'_c$ | 凝聚力 $c'_c$ | 摩擦系数 $f'_r$ | 凝聚力 $c'_r$ | 摩擦系数 $f'_j$ | 凝聚力 $c'_j$ |  |
| 分项系数 | 1.7 | 2.0 | 1.7 | 2.0 | 1.7 | 2.0 | 1.2 | 4.3 | 1.5 |

表 2-8 结构系数 $\gamma_d$

| 项目 | 抗滑稳定极限状态（包括建基面、层面、深层滑动面） | 混凝土抗压、抗拉极限状态 |
|---|---|---|
| 结构系数 $\gamma_d$ | 1.5 | 1.8 |

### 2.3.2 基本断面

以往许多设计实践表明，人工手算设计重力坝断面，使式(2-19)和式(2-20)或式(2-22)两边都刚好相等是很困难的，所设计的断面往往不是最省的。为了尽快地设计较好的断面，可先按持久作用的主要基本荷载组合进行基本断面的设计（如图 2-7 所示），其断面形状简单，待定参数较少、便于求解；然后按规范和使用的需要，将基本断面的顶部加高和加宽作为坝顶，便构成实用断面的轮廓。经大量计算分析表明，如果基本断面解决了，后面加高和加宽坝顶、坝内布置廊道和孔口等略加修改的实用断面设计，在基本荷载和校核荷载作用下，仍能满足应力和稳定要求或略有富余。下面采用一种新方法，可减少许多烦琐反复的试算工作。

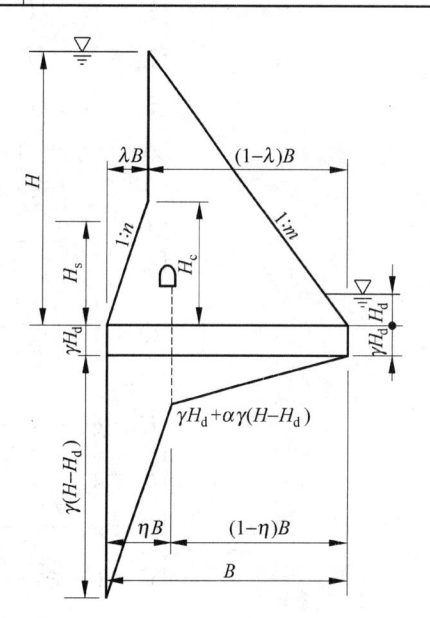

图 2-7 基本断面及主要荷载示意图

设图 2-7 所示的基本断面的高度与上游正常蓄水水深都为 $H$，坝底厚度为 $B$，第一主排水孔幕处的渗压系数为 $\alpha$，它与坝踵距离为 $\eta B$，抽排或其他情况按等效原则修改 $\alpha$；上游坝面处的淤沙高度为 $H_s$，下游水深为 $H_d$，坝基面处的摩擦系数为 $f'$，单位面积的凝

聚力为 $c'$；若上游坝面下部斜坡的水平长度为 $\lambda B$，斜坡高为 $H_c$，坝坡为 $1:n$，下游坝坡 $1:m$，则

$$n = \lambda B / H_c \tag{2-23}$$

$$m = (1-\lambda) B / H \tag{2-24}$$

为便于求解，尽量减少未知数，可先给定或设定 $\eta$（约为 $0.12\sim0.2$）和 $H_c$，只有 $B$ 和 $\lambda$ 两个未知数，应代入式（2-19）和式（2-20）或式（2-22）求解，再代入式（2-23）、式（2-24）求得 $n$ 和 $m$。

沿坝轴线取单宽 1m 分析，用自重、静水压力、扬压力、淤沙压力等主要荷载计算作用于坝基面上的竖向合力 $\sum W$（包括扬压力，以向下为正），水平向合力 $\sum P$（以向下游为正），对坝基面形心的合力矩 $\sum M$（以弯向上游使坝踵受压为正）。这里暂不考虑廊道断面、浪压力、冰压力和特殊荷载影响，因为后面实用断面设计加高加宽坝顶，若不够抵消它们的作用，可再加宽或加高坝顶；若有余量，可将下游坝坡折点沿坝坡上移，减小顶部体积，为满足使用要求，坝顶加宽成悬臂梁或框架梁桥。

坝体混凝土的重度 $\gamma_c$ 和水的重度 $\gamma$ 基本固定；泥沙的浮重度 $\gamma_s$ 和内摩擦角 $\phi_s$ 随时间和空间变化较大，为安全和计算简便，在计算单宽泥沙水平总压力 $0.5\gamma_s H_s^2 \tan^2(45°-0.5\phi_s)$ 中应按泥沙浮重度最大而未达固结时的 $\phi_s = 0$ 计算。为减少手算或电算程序中的重复运算，可设置如下一些无量纲的中间变量和计算式：

$$\begin{cases} g_c = \gamma_c / \gamma \\ g_s = \gamma_s / \gamma \\ \xi_c = H_c / H \\ \xi_d = H_d / H \\ \xi_s = H_s / H \\ A = (g_c - 1) \cdot (1 - \xi_c) \\ \beta = \begin{cases} g_s(2\xi_s - \xi_c) & \text{（当 } H_s \geqslant H_c \text{ 时）} \\ g_s \xi_s^2 / \xi_c & \text{（当 } H_s < H_c \text{ 时）} \end{cases} \\ Q = \begin{cases} 1 - 2A - \xi_d^3 + (3\xi_s - 2\xi_c)g_s & \text{（当 } H_s \geqslant H_c \text{ 时）} \\ 1 - 2A - \xi_d^3 + (\xi_s^3/\xi_c^2)g_s & \text{（当 } H_s < H_c \text{ 时）} \end{cases} \end{cases} \tag{2-25}$$

$$\begin{cases} E = g_c - \xi_d - (1-\xi_d) \cdot [\xi_d^2 + \alpha(1-\eta) + \eta(2-\eta)] \\ F = g_c + \xi_d^2 - 2\xi_d - (1-\xi_d) \cdot (\alpha+\eta) \\ G = g_c - 2 - \xi_d^2 \cdot (1-2\xi_d) + 2(A-\beta) \\ V = 1 - \xi_d^2 - A + \beta \\ Y = 1 - \xi_d^3 + g_s \cdot \xi_s^3 \\ Z = 1 - \xi_d^2 + g_s \cdot \xi_s^2 \end{cases} \tag{2-26}$$

将有关作用力代入式（2-19），利用以上各式整理得：

$$\sigma_{yu} = \gamma H [E - G\lambda - Q\lambda^2 - (YH^2/B^2)] \geqslant 0 \tag{2-27}$$

$$\frac{B}{H} \geqslant \frac{\sqrt{Y}}{\sqrt{E - G\lambda - Q\lambda^2}} \tag{2-28}$$

由式(2-20)[或式(2-22)],并利用式(2-25)~式(2-26)的各式,令:

$$D = f'F + 2[c'/(\gamma H)] \tag{2-29}$$

经整理得 $B/H$ 的取值范围是:

$$\frac{B}{H} \geqslant \frac{Z}{Vf'\lambda + D}K' \quad 或 \quad \frac{B}{H} \geqslant \frac{Z}{Vf'\lambda + D}\gamma_0\gamma_\mathrm{d}\psi \tag{2-30}$$

上述各式均适用于重力坝设计的两个不同的规范。若按《混凝土重力坝设计规范》(NB/T 35026—2014)[4],则将 $K'$ 改为 $\gamma_0\gamma_\mathrm{d}\psi$,须将自重、静水压力、扬压力和泥沙压力中有关重度的标准值乘以各自的作用分项系数作为设计值,$f'$、$c'$ 采用混凝土与坝基胶结面抗剪断强度指标设计值,分别为标准值除以材料性能分项系数 1.7 和 2.0,力的单位为 kN,长度单位为 m,$c'$ 的单位为 $kN/m^2$,即 kPa;若按《混凝土重力坝设计规范》(SL 319—2018)[5],则 $\gamma_0\gamma_\mathrm{d}\psi$ 换成 $K'$,各种参数均取标准值。

在 $H_\mathrm{c}$ 较高的情况下,$Q>0$,$V>0$,式(2-28)和式(2-30)表示的 $B/H$ 分别如图 2-8(a)所示的曲线(1)和曲线(2)及其上方的范围,曲线(1)是凹形曲线,曲线(2)随 $\lambda$ 增大而下降。在 $H_\mathrm{c}$ 较低的情况下,$Q<0$,$|V|$ 很小,曲线(1)是凸形曲线,曲线(2)随 $\lambda$ 增加而平缓上升[$V<0$,如图 2-8(b)所示]或平缓下降[$V>0$,如图 2-8(c)所示]。

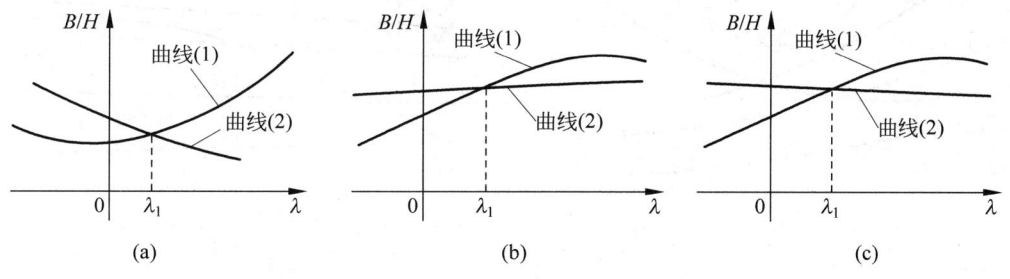

**图 2-8 满足式(2-28)和式(2-30)的 $B/H$ 与 $\lambda$ 关系曲线的变化规律**
(a) $H_\mathrm{c}$ 较高、$Q>0$、$V>0$ 的情况;(b) $H_\mathrm{c}$ 较低、$Q<0$、$V<0$ 的情况;(c) $H_\mathrm{c}$ 较低、$Q<0$、$V>0$ 的情况

图 2-8(a)和(c)的曲线(1)和曲线(2)的交点左侧只有曲线(2)及其上方同时满足式(2-28)和式(2-30),交点右侧只有曲线(1)及其上方同时满足上述两式,它们的 $B/H$ 值都大于两曲线交点对应的 $B/H$ 值。图 2-8(b)虽然交点左侧的曲线(2)低于交点,但由于 $V$ 的绝对值很小,曲线(2)的 $B/H$ 值变化很平缓,而交点处的 $\lambda_1$ 值较大,其对应基本断面的面积 $0.5B[H-\lambda_1(H-H_\mathrm{c})]$ 仍较小。

如果曲线(1)与曲线(2)相交,则其交点对应的 $\lambda_1$ 与 $B/H$ 在数学上满足式(2-28)与式(2-30),使基本断面的面积最小或接近最小。令这两式的右边相等,得出关于 $\lambda$ 的二次方程:

$$a\lambda^2 + b\lambda + c = 0 \tag{2-31}$$

式中:

$$a = Y(f'V)^2 + Q(K'Z)^2 \tag{2-32}$$

$$b = 2f'VDY + G(K'Z)^2 \tag{2-33}$$

$$c = YD^2 - E(K'Z)^2 \tag{2-34}$$

为便于表达,这里仅用 $K'$,也可改用 $\gamma_0\gamma_\mathrm{d}\psi$,有关量改用设计值。二次方程(2-31)的解为:

$$\lambda = (-b \pm \sqrt{b^2 - 4ac})/(2a) \tag{2-35}$$

下面分几种情况讨论其解：

(1) 若 $\lambda$ 的其中一解 $\lambda_1$ 在 0~0.25 范围内，曲线(1)与曲线(2)的另一交点远离此值，是不可取的，应舍去。将合理的 $\lambda_1$ 回代式(2-28)或式(2-30)求得 $B/H$，再由式(2-23)、式(2-24)计算 $n$ 和 $m$。

(2) 若由式(2-23)算得 $n$ 大于 0.2 很多，上游坝面下部的坡度太缓，则有以下几点不利：①廊道和主排水孔离坝踵较远，可能不是最优方案；②对于有施工纵缝的高坝，混凝土浇筑至坝顶而纵缝尚未灌浆之前，在偏心自重作用下可能使坝踵产生很大的拉应力；③在蓄水时，上游坝面沿斜坡方向的主拉应力较大。应选用合适的 $n$ 值（按规范[4,5]宜选 $n \leqslant 0.2$），由式(2-23)反算 $\lambda = nH_c/B$，它小于式(2-35)所示的正根 $\lambda_1$（即在两曲线交点的左侧），应在曲线(2)上选取 $\lambda$，将 $\lambda$ 代入式(2-30)算出 $B/H$，也能满足式(2-28)。以拟定的 $n$ 和新的 $B$ 代入式(2-23)反算 $\lambda = nH_c/B$，再代入式(2-30)计算 $B$，循环几次运算很快得到收敛解。若新的 $\lambda$ 比两曲线交点处的 $\lambda_1$ 小很多，是因 $H_c$ 太小所限，导致大三角形面积 $0.5(1-\lambda)BH$ 过大，新的基本断面的面积有所增加，应加大 $H_c$，重新求解方程(2-31)，重复上述各步计算，直到 $\lambda B = nH_c$，基本断面的面积达到或接近最小为止。

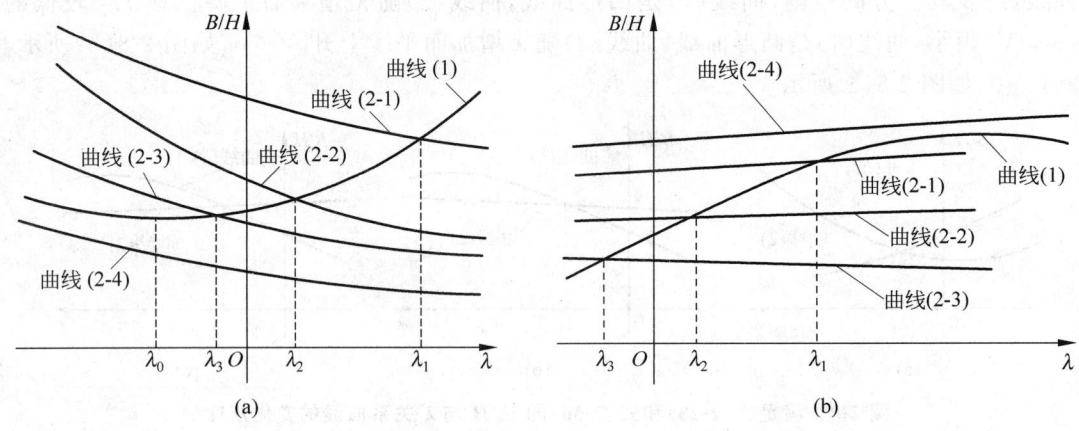

图 2-9 满足式(2-28)和式(2-30)的 $B/H$ 与 $\lambda$ 关系曲线的相交情况

(a) $H_c$ 较高，曲线(1)是凹曲线($Q>0$)；(b) $H_c$ 较低，曲线(1)是凸曲线($Q<0$)

(3) 若 $\lambda < 0$，上游坝面倒悬对施工不利，若设置临时纵缝，则上游坝块浇筑至坝顶时可能向上游倾倒，或该坝块底面两侧可能有很大的拉压应力超过允许值；若不设纵缝而整体浇筑，则在空库时坝趾可能有很大的拉应力，应按规范规定坝趾拉应力不超过 100kPa 的要求，控制上游坝面的倒坡。另外，上游坝面由于倒悬受到向上的水压分力作用，不利于坝踵应力和抗滑稳定，须增加坝体体积，上游坝面倒悬对增加坝踵压应力的意义不大，而缺点和问题很多，故重力坝上游坝面极少倒悬。算出 $\lambda < 0$ 表明曲线(2)在低处与曲线(1)相交，如图 2-9 所示的曲线(2-3)。在交点的右侧，因曲线(1)在曲线(2-3)的上方，$B/H$ 应选在曲线(1)上，即把合适的 $\lambda$ 代入式(2-28)求得 $B/H$，它也能满足式(2-30)，并有抗滑稳定余地。宜将拟定的 $n$（如 0.2）和新的 $B$ 代入式(2-23)反算 $\lambda = nH_c/B$，再代入式(2-28)计算 $B$，循环几次运算很快得到收敛解。在坝基岩石很好、只需满足式(2-28)和 $n = 0.2$ 的条件下，大量计算表明：上游坝坡折点在 1/3 坝高附近，基本断面达到或接近最优。

(4) 若方程(2-31)没有实数根，两条曲线无交点或切点，这是因为：①$f'$、$c'$ 太大，如图 2-9(a)曲线(2-4)太靠下，处理办法同情况(3)；②$f'$、$c'$ 太小，图 2-9(b)所示的曲线(2-4)太高，若初设的 $H_c$ 太低,曲线(1)是凸形曲线,与曲线(2-4)不相交。对于第②种原因,应提高 $H_c$ 值,使曲线(1)变为凹曲线,$V>0$,曲线(2)随 $\lambda$ 增加而下降,两曲线相交;如果交点的 $\lambda$ 值较大,将坝基深挖至较好的岩基并采用有效措施,提高坝基面的抗剪断强度指标 $f'$、$c'$,重新代入方程(2-31)求得新解 $\lambda$,选较好方案;若 $\lambda$ 仍很大,处理办法同情况(2)。若坝基岩石较差,式(2-30)和 $n=0.2$ 为主要控制条件,大量计算表明:上游坝坡折点在 2/3 坝高附近,基本断面达到或接近最优。

上述计算过程宜编一个小程序,由电脑自动多次判断和修改 $H_c$、$\eta$、$f'$、$c'$ 等数据求解 $\lambda$,很快得到满足规范有关应力和稳定要求的、坝坡合理和工程量最小或几乎最小的优化基本断面。

## 2.3.3 实用断面

坝顶宽度应根据施工、运行管理(包括布置移动式启闭机、安装门机轨道、坝顶交通等)要求而定;如果没有上述要求,则坝顶最小宽度不宜小于 3m(常规混凝土)~5m(碾压混凝土)。

坝顶应高出最高静水位,坝顶上游防浪墙顶应高出正常蓄水位或校核洪水位的高差由下式计算[4,5]:

$$\Delta h = h_{1\%} + h_z + h_a \quad (\text{m}) \tag{2-36}$$

式中:$h_{1\%}$——累积概率为 1% 的水浪波高,按式(2-3)、式(2-6)或式(2-10)之一算得其他累积概率 $p$ 的波高,按表 2-1 除以 $p$ 对应的比值 $h_p/h_m$ 求得 $h_m$,再乘以 $p=1\%$ 对应的比值 $h_{1\%}/h_m$ 即得 $h_{1\%}$;坝顶部上游面多为竖向,坝面法向传来的波浪在此坝面产生驻波,浪顶高出波浪中心线的高度提高 1 倍,等于原波高,上述各式已计入此值;

$h_z$——波浪中心线至正常或校核洪水位的高度,按式(2-5)计算;

$h_a$——安全加高,按表 2-9 选用。

表 2-9 防浪墙顶安全加高 $h_a$   m

| 相应水位 | 重力坝的安全级别 | | |
|---|---|---|---|
| | Ⅰ | Ⅱ | Ⅲ |
| 正常蓄水位 | 0.7 | 0.5 | 0.4 |
| 校核洪水位 | 0.5 | 0.4 | 0.3 |

防浪墙顶高程 $Z_{防浪墙顶}$ 取两者中的最大值,即 $Z_{防浪墙顶} = \max(Z_{正常水位} + \Delta h_{设计}, Z_{校核洪水位} + \Delta h_{校核})$,式中 $\Delta h_{设计}$ 和 $\Delta h_{校核}$ 分别为正常和校核洪水位情况下需要防浪墙顶的超高,这两者都按式(2-36)和表 2-9 计算。防浪墙高度一般取 1.2m,把上述所确定的防浪墙顶高程减去防浪墙高度即为坝顶高程,但应以高出最高静水位为准。否则,应抬高坝顶,适当修改防浪墙高度。

正常蓄水及其对应的扬压力是经常发生的长时间作用的基本荷载,应以此和坝体自重作为设计基本断面的控制因素,以正常蓄水位的坝前水深作为基本断面设计所用的 $H$,待基本断面求得后,按上述要求加高和加宽坝顶即可(如图 2-10 所示)。大量的设计计算表明:按基本荷载组合作为控制因素设计基本断面,大多数重力坝的实用断面也能满足特殊荷载组合作用的稳定和应力安全要求;若对个别不一致要修改的,只对坝顶宽度略加修改即可。

以往重力坝常用的实用断面如图 2-10 所示:图 2-10(a)上游坝面竖直,施工较为简便,早期重力

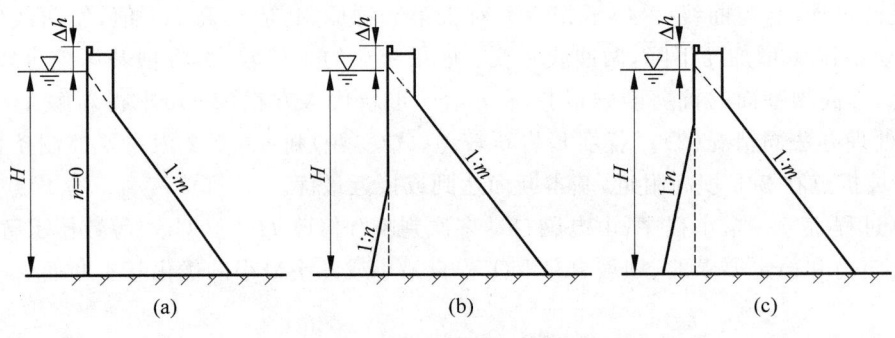

图 2-10　非溢流坝段实用断面形式

坝用得较多；图 2-10(b)上游坝面上部竖直，下部倾斜，折点位于中下部，可利用较多水重帮助坝体维持稳定，节省坝体材料较多，适用于坝基面的 $f'$、$c'$ 较大的情况；图 2-10(c)上游坝面折点在上半部，适用于混凝土与基岩面的 $f'$、$c'$ 较低的情况，利用少量水重帮助坝体稳定，节省少量混凝土。

## 2.4　重力坝的抗滑稳定分析

**学习要点**

1. 重力坝的抗滑稳定是重力坝设计的必要条件和前提，也是本章的重要内容之一。
2. 重力坝的抗滑稳定计算是重力坝设计中主要的内容之一。

重力坝的滑动是重力坝常见的破坏方式之一，故抗滑稳定分析是重力坝设计中的一项重要内容，须核算坝体沿坝基面或沿地基深层软弱结构面抗滑稳定的安全度。由于重力坝一般设置横缝(垂直于坝轴线)，各坝段独立，所以稳定分析可以按平面问题考虑。但对于地基中存在多条互相切割交错的软弱面构成空间滑动体或位于地形陡峻的岸坡段，则应按空间问题进行分析。

目前，常用的分析方法有计算和实验两大类，其中，计算方法有刚体极限平衡法和有限元法。

### 2.4.1　刚体极限平衡法

刚体极限平衡法就是将滑裂体(指坝体、岩体或大坝与岩体组成的滑裂体等)看成刚体，不考虑滑裂体本身和滑裂体之间变形的影响，也不考虑滑裂面上的应力分布情况，仅考虑滑裂面上的合力(包括正压力和剪力)，而忽略滑裂面上所承受的各种分力对滑裂面形心的力矩。

若大坝与岩基的胶结面是水平方向的，则此胶结面上受到的水平剪力最大；假若此胶结面构成滑裂面，则此滑裂面的面积比任何沿岩体内部滑裂所构成的滑裂面的总面积都小；往往由于胶结面结合力较差或坝基表面容易风化破碎以及节理裂隙发育等原因而造成抗滑力不够，所以人们把坝基面作为危险的滑裂面之一。另外，如果在坝基内有容易滑动的结构面(如断层、破碎带、夹层、层理、节理和裂隙等)，那么重力坝有可能沿这些结构面深层滑动。

**1. 沿坝基面的抗滑稳定分析**

对坝基面抗滑稳定分析大致有如下三个阶段。

1) 纯摩擦理论分析

纯摩擦理论将坝体与基岩间看成一个接触面,而不是胶结面。该理论早在17世纪由库仑建立,人们对此认识较多、也较成熟。在1853年,法国工程师赛扎莱较早提出的重力坝抗滑稳定准则,是以摩擦理论为基础的,其要点是:大坝任何水平截面以上的坝体所承受的总水平推力$\sum P$,应小于此水平截面上的摩擦力$f\sum W$($\sum W$为水平截面所承受的正压力,$f$为该面上的摩擦系数)。

1895年后人们发现扬压力不可忽视,当坝基接触面呈水平时,其抗滑稳定安全系数$K_s$为

$$K_s = f\left(\sum W - U\right) / \sum P \tag{2-37}$$

式中:$U$——作用在接触面上的扬压力。

式(2-37)也称为抗剪强度公式,因它仅考虑摩擦力,故长期以来人们习惯直观地称为"纯摩公式"。但实际上坝基岩石表面并非光滑,而是犬牙交错的,而且混凝土与岩基面一般胶结得相当好,只有剪断这些起伏不平的岩石或混凝土,大坝才有可能沿坝基面滑动。克里格等认为:考虑现场开挖后粗糙不平岩基面的胶结和抗剪断作用,实际抗滑稳定安全系数至少大2倍。按《混凝土重力坝设计规范》(SL 319—2018)[5]要求,用式(2-37)计算各种荷载组合情况下的安全系数$K_s$应大于或等于1.0～1.1。但不管实际凝聚力大小,都这样要求是不合理的,它并不反映坝体真实的安全程度。如果真有水平夹层,其凝聚力很小,按式(2-37)设计,只要求$K_s \geq 1.0~1.1$,安全余地就太小了。

2) 抗剪断理论分析及其计算公式

为了比较真实地反映抗滑稳定安全系数,并为了较为合理地设计大坝,不应只考虑摩擦力,还应考虑胶结面上的凝聚力,采用抗剪断强度的公式计算。后来人们也习惯称之为"剪摩公式",与纯摩公式相对。1967年美国垦务局在规范中删除了纯摩公式,而采用了剪摩公式计算。剪摩公式随后被日本、印度、加拿大、澳大利亚等国家采用作为主要抗滑稳定设计依据,并且建成了许多高坝,如日本的佐久间坝(高150m)、印度巴克拉坝(高226m)、美国德沃夏克坝(高219m)等。

当坝体混凝土与基岩胶结良好,现场试验得到坝基面上综合的抗剪断摩擦系数$f'$、抗剪断凝聚力$c'$较大,由此计算水平胶结面上的抗滑稳定安全系数$K'_s$应满足

$$K'_s = \frac{f'\left(\sum W - U\right) + c'A}{\sum P} \geq K' \tag{2-38}$$

关于坝基面抗滑稳定安全系数的要求和$f'$、$c'$的选取,详见式(2-20)之后的说明。

若坝基面的$f'$、$c'$很小,按式(2-38)算得的$K'_s$达不到规范要求,可将坝基面开挖成倾向上游的斜面,倾角为$\beta$(以倾向上游为正,见图2-11),沿斜坝基面的抗滑稳定按单一安全系数法应满足

$$K'_s = \frac{f'\left(\sum W\cos\beta - U + \sum P\sin\beta\right) + c'A}{\sum P\cos\beta - \sum W\sin\beta} \geq K' \tag{2-39}$$

式中:$A$——坝基面的面积,$m^2$;

$\sum P$——坝基面以上全部水平作用力之和,kN;

$\sum W$——坝基面以上全部竖向作用力之和,kN;

$U$——坝基斜面上的法向总扬压力,kN。

按分项系数极限状态设计法,坝基斜面的抗滑稳定应满足

$$\frac{f'(\sum W\cos\beta - U + \sum P\sin\beta) + c'A}{\sum P\cos\beta - \sum W\sin\beta} \geq \gamma_0 \psi \gamma_d \tag{2-40}$$

式中:$\sum W$、$\sum P$、$U$ 采用设计值(即标准值乘以作用分项系数)算得的结果。前面表 2-6~表 2-8 已分别列出各种作用的分项系数、材料性能分项系数和结构系数。

$f'$、$c'$、$\gamma_0$、$\gamma_d$、$\psi$ 同式(2-22)的说明。对于坝基面,抗剪断参数,$f'=f'_k/\gamma_m=f'_k/1.7$,$f'_k$ 为抗剪断摩擦系数标准值;$c'=c'_k/2.0$,$c'_k$ 为抗剪断凝聚力标准值。鉴于分项系数法是较为精确、合理的方法,$f'_k$ 和 $c'_k$ 应在坝基开挖后,通过野外现场实测和室内试验数据进行整理分析所得到的标准值。

若 $\beta \geq 5° \sim 10°$,坝基面的抗滑稳定安全性明显高于水平坝基面,但需增加开挖量和坝体混凝土量。若水平坝基面满足抗滑稳定要求,一般不需这样处理。

对于岸坡坝段,既有向下游滑动的可能,又有向河床滑动的可能。设岸坡的坡角为 $\theta$(如图 2-12 所示),其余符号同前,坝段及其上部的总重 $\sum W$ 在岸坡面上的法向分力为 $N=\sum W\cos\theta$,沿岸坡倾向的下滑分力为 $T=\sum W\sin\theta$,它与指向下游的水平力 $\sum P$ 的合力设为 $S$,则沿 $S$ 方向滑动的抗滑稳定应满足

$$K'_s = \frac{f'(\sum W\cos\theta - U) + c'A}{\sqrt{(\sum P)^2 + (\sum W\sin\theta)^2}} \geq K' \quad \text{(单一安全系数法)} \tag{2-41a}$$

或

$$\frac{f'(\sum W\cos\theta - U) + c'A}{\sqrt{(\sum P)^2 + (\sum W\sin\theta)^2}} \geq \gamma_0 \psi \gamma_d \quad \text{(分项系数法)} \tag{2-41b}$$

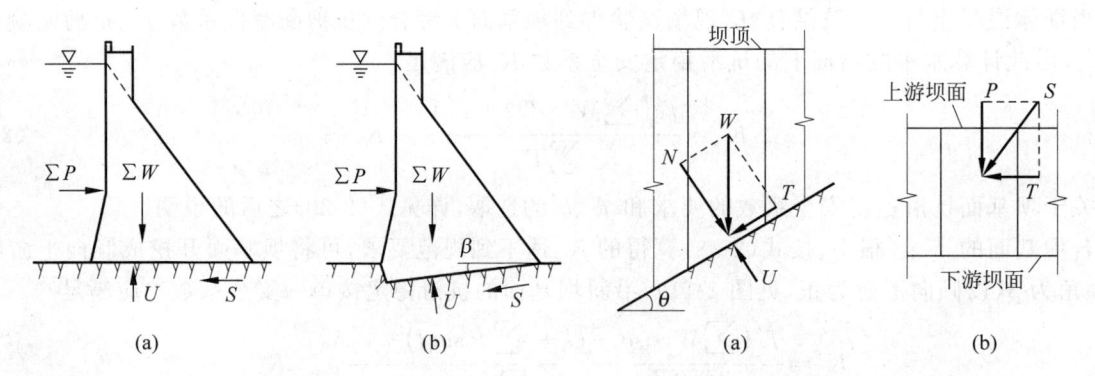

图 2-11 坝体抗滑稳定计算简图

图 2-12 岸坡坝段抗滑稳定计算简图
(a) 立视图;(b) 平面图

在岸坡坡角较陡(即 $\theta$ 较大)的情况下,若按纯摩公式计算,$K_s$ 往往小于 1,甚至出现负值,但实际上岸坡坝基并非光滑,已有很多陡坡坝段蓄水运行多年仍未滑动,说明实际上 $c'$ 是起很大作用的。所

以,考虑 $c'$ 作用的剪摩公式比纯摩公式较为合理、比较接近于实际。

**2. 沿坝基内岩体结构面的抗滑稳定分析**

坝基内存在很多节理、裂隙、层理面、夹层、断层、破碎带等结构面,由于不同的填充物,它们的摩擦系数和凝聚力等力学指标都远远低于岩石本身,如表 2-10 所示[5]。在初步设计阶段若没有条件做试验,可参考表 2-10 所列的数值酌情选用。

表 2-10 结构面、软弱层和断层力学参数

| 结构面类型 | $f'$ | $c'$/kPa | $f$ |
|---|---|---|---|
| 胶结的结构面 | 0.80~0.60 | 250~100 | 0.70~0.55 |
| 无充填的结构面 | 0.70~0.45 | 150~50 | 0.65~0.40 |
| 岩块岩屑型 | 0.55~0.45 | 250~100 | 0.50~0.40 |
| 岩屑夹泥型 | 0.45~0.35 | 100~50 | 0.40~0.30 |
| 泥夹岩屑型 | 0.35~0.25 | 50~20 | 0.30~0.23 |
| 泥 | 0.25~0.18 | 5~2 | 0.23~0.18 |

注:表中参数限于硬质岩中的结构面,若为软质岩中的结构面应进行折减;胶结或无充填的结构面抗剪断强度,应根据结构面的粗糙程度选取大值或小值。

当坝基内存在不利于稳定的缓倾角软弱结构面时,在水荷载作用下,坝体有可能连同部分基岩沿软弱结构面产生滑移。比较简单的滑移大体上有单斜面和双斜面两类。

1) 单斜面滑动

最简单的情况如图 2-13(a)所示,有一缓倾角倾向下游的软弱滑动面 $ab$,其下游出露点 $b$ 很可能是天然河道长时间冲刷(建坝前未勘测到其出露)或由于建坝后泄洪使下游形成冲刷坑而出现的。另一种情况如图 2-13(b)所示,有一倾向上游的缓倾角软弱滑动面 $ab$,其下游出露点 $b$ 位于坝趾下游不远处,因其上坝外的岩体很薄,风化破碎严重,起不了多少阻滑作用。由于蓄水后在坝踵附近上游的地基内有一受拉区域,很可能将该处的裂隙拉开,如图 2-13(a)和(b)中的 $aa'$,构成脱开的边界。

有的断层、夹层等连续大构造面虽不在下游地表出露,但若与很厚的、压缩性很大的断层或破碎带等相交[如图 2-13(c)所示],应按作用力平衡条件计算位移,判断是否破坏防渗帷幕,由坝段相对位移判断是否破坏止水。若有问题应采取措施,如在破碎带两侧基岩面上浇筑很厚的混凝土抗滑板,

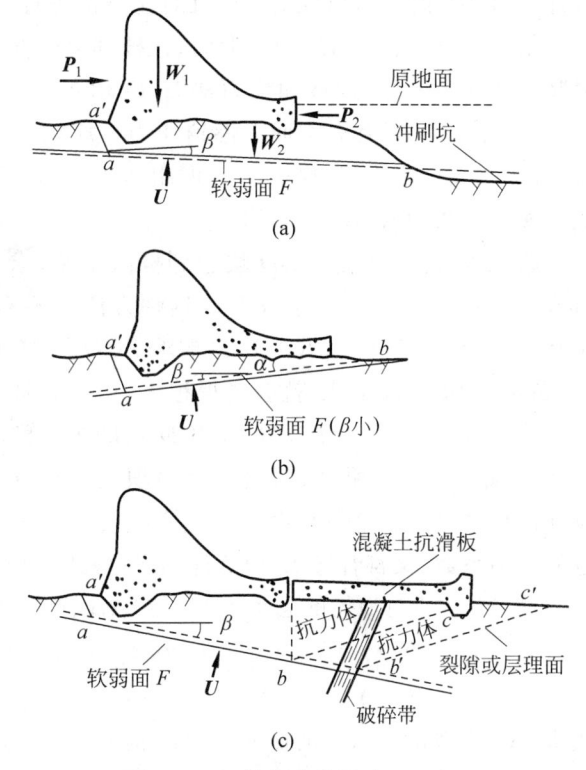

图 2-13 坝基内岩体滑动面示意图

应按规范安全要求计算维持稳定需要的阻滑力能否分别由破碎带两侧的抗滑板与基岩结合面的抗剪断力单独承担;若不行,宜深挖破碎带回填混凝土塞,较有把握传递压力,但开挖量较大,施工较难。不论采用哪种方案,都还要计算其下基岩的节理、层理、夹层等结构面[如图 2-13(c)所示的 $b'c'$ 等]是否有被剪断滑出的可能。若没有破碎带,不做抗滑板或混凝土塞,也应计算坝下游岩基抗力体是否沿较弱、较短的结构面[如图 2-13(c)所示的 $bc$]被剪断滑出。这就是"双斜滑裂面"情况,与上述的单一滑裂面情况有很大的区别。

2) 双斜面滑动

经常考虑的最简单的双斜面滑动如图 2-14 所示,过 AB 与 BC 的交点 B 作一线 BD 与岩基表面垂直并相交于 D 点,将 ABC 分为两块 ABD 及 BCD,各作刚体滑动(为便于分析,这里分开画成两块)。BC 是下游成组结构面中的一条滑裂面,这取决于一系列计算结果的比较,最后取安全系数最小的一条作为最终结果。BD 可以是实际倾斜的第 3 个构造面,也可以是为了便于分析而人为地设置的

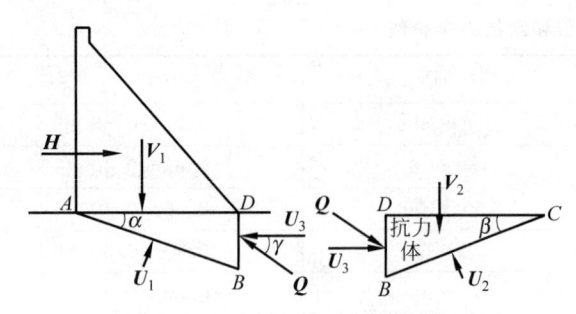

图 2-14 分块受力滑动示意图

分界面。为便于求解,BD 常取为经过坝趾的垂直面。在很多情况下,AB 为主要的滑裂面,而 BCD 常称为"抗力体"。这里仅对其中几种主要的处理方法简单地做些讨论。

第一种方法:以 AB 为主滑面,校核其上的安全系数,但在核算中加入 BCD 块体提供的"被动抗力"Q,此方法也称为"被动抗力法"。Q 值可考虑 BCD 块的极限平衡而求得,设 Q 的倾角为 $\gamma$,如图 2-14 所示。$U_3$ 为 BD 面上渗透压力。应用本法计算,概念较清楚,也不需试算,故早期采用者甚多,有的书又称之为"常规法 1"。但用本法计算 ABD 块和 BCD 块的安全系数是不相同的,即 ABD 块的安全系数为 K,BCD 块为 1.0。

第二种方法:假定 ABD 块达到极限平衡,求出 BD 面上的抗力;将这个抗力作为 BCD 块上的荷载,核算 BCD 的安全系数 K。这种方法也不需试算,故有的书又称之为"常规法 2"。这个方法实际上是令 ABD 块的 K=1,而推求 BCD 块的 K。如果 AB 面上的 $f'_{d1}$(或 $c'_{d1}$)值稍大,Q 值很小(或负数),BCD 块的 K 就会变得很大,很不合理。故此法与第一种方法已很少采用。

第三种方法:令 ABD 块和 BCD 块的抗滑稳定安全系数相等,又称"等 K 法"。以往有两种等 K 法,结果略有不同。我国《混凝土重力坝设计规范》(NB/T 35026—2014)[4],采用分项系数极限状态设计法代替单一安全系数设计法。笔者按该规范的原则,采用等 K 法的思路,导出以下既含有该规范的分项系数、又符合等 K 法的计算式(各式中符号的含义见图 2-14)。

设 ABD 块与坝体的总重为 $V_1$,在 AB 面上的作用效应函数 $S(\cdot)$ 和结构抗力函数 $R(\cdot)$ 分别为:

$$S(\cdot)=V_1\sin\alpha + H\cos\alpha - Q\cos(\gamma-\alpha) - U_3\cos\alpha \tag{a}$$

$$R(\cdot) = f'_{d1}[V_1\cos\alpha - H\sin\alpha - Q\sin(\gamma-\alpha) + U_3\sin\alpha - U_1] + c'_{d1}A_1 \tag{b}$$

式中,$A_1$ 为滑动面 AB 的面积。设结构系数为 $\gamma_d$,结构重要性系数为 $\gamma_0$,设计状况系数为 $\psi$,根据 $\gamma_0\psi S(\cdot) \leqslant R(\cdot)/\gamma_d$ 整理得

$$\frac{f'_{d1}[V_1\cos\alpha - H\sin\alpha - Q\sin(\gamma-\alpha) + U_3\sin\alpha - U_1] + c'_{d1}A_1}{V_1\sin\alpha + H\cos\alpha - Q\cos(\gamma-\alpha) - U_3\cos\alpha} \geqslant \gamma_0\psi\gamma_d \tag{2-42}$$

对于 $BCD$ 块,设其重量为 $V_2$,滑动面 $BC$ 的面积为 $A_2$,根据 $\gamma_0 \psi S(\cdot) \leqslant R(\cdot)/\gamma_d$ 整理得:

$$\frac{f'_{d2}[V_2\cos\beta + Q\sin(\gamma+\beta) + U_3\sin\beta - U_2] + c'_{d2}A_2}{Q\cos(\gamma+\beta) - V_2\sin\beta + U_3\cos\beta} \geqslant \gamma_0 \psi \gamma_d \tag{2-43}$$

若两大块都有相同的 $\gamma_0 \psi \gamma_d$,则上面两式的左边应相等,可以得到求解 $Q$ 的二次方程:

$$aQ^2 + bQ + c = 0 \tag{2-44}$$

$$a = f'_{d1}\sin(\gamma-\alpha)\cos(\gamma+\beta) - f'_{d2}\cos(\gamma-\alpha)\sin(\gamma+\beta) \tag{2-44a}$$

$$b = Df'_{d1}\sin(\gamma-\alpha) + Ef'_{d2}\sin(\gamma+\beta) - F\cos(\gamma-\alpha) - G\cos(\gamma+\beta) \tag{2-44b}$$

$$c = EF - DG \tag{2-44c}$$

$$D = U_3\cos\beta - V_2\sin\beta \tag{2-44d}$$

$$E = V_1\sin\alpha + H\cos\alpha - U_3\cos\alpha \tag{2-44e}$$

$$F = f'_{d2}(V_2\cos\beta + U_3\sin\beta - U_2) + c'_{d2}A_2 \tag{2-44f}$$

$$G = f'_{d1}(V_1\cos\alpha - H\sin\alpha + U_3\sin\alpha - U_1) + c'_{d1}A_1 \tag{2-44g}$$

式中:$f'_{d1}$、$c'_{d1}$ 和 $f'_{d2}$、$c'_{d2}$ 分别是 $AB$ 和 $BC$ 滑动面上的抗剪断摩擦系数和凝聚力的设计值[即标准值除以相应的材料分项系数(见表 2-7)];$\gamma$ 为 $BD$ 面上的抗剪断摩擦角($\gamma = \arctan f'_{d3}$,$f'_{d3}$ 为 $BD$ 面抗剪断摩擦系数的设计值),以上各式中有关荷载的计算应乘以相应的作用分项系数。

从方程(2-44)解得 $Q$,分别代入式(2-42)和式(2-43)的分子和分母求得各块的滑动抗力函数 $R(\cdot)$ 和滑动作用函数 $S(\cdot)$,两者相除求得类似于双滑面等 $K$ 法的抗滑稳定安全余度。这一方法比试算法快而准,均适用于两个规范。将 $\gamma_0 \psi \gamma_d$ 换成 $K$,各量用标准值,上述解即为等 $K$ 法结果。

如果坝趾附近裂隙发育且倾角较陡,宜考虑 $BD$ 面上的渗透压力 $U_3$,$\gamma$ 应取较小的角度,甚至有些工程取 $\gamma=0$。如果 $BD$ 面附近的岩体比较完整,裂隙很少,渗透压力很小,则近似取 $U_3=0$,$\gamma$ 可取较大的角度(许多计算结果表明,$\gamma$ 越大对稳定越有利)。

若坝趾附近不存在像 $BD$ 这样明显的第 3 组结构面,可将坝体和 $ABC$ 岩体看成一个刚性固体作整体的运动(如图 2-15 所示),其最终失稳状态为以下两种情况之一。

(1) $ABC$ 岩块最终沿 $BC$ 面滑动失稳,$AB$ 面将脱开,坝体及岩块 $ABC$ 上所受的荷载 $P$ 均由 $BC$ 面上的抗力平衡。

(2) 失稳体绕某一点作微小转动,假定已求出 $AB$ 及 $BC$ 面上的反力分布,且以其静力等效合力 $R_1$、$R_2$ 代表。$R_1$、$R_2$ 与滑裂面的交点各为 $O_1$、$O_2$。过 $O_1$、$O_2$ 各作滑裂面的法线,其交点即瞬时转动中心 $O$(参见图 2-15)。将 $R_1$、$R_2$ 分别分解为 $N_1$、$Q_1$ 及 $N_2$、$Q_2$,设坝体与滑动岩体的整体总自重和水压等外力的合力为 $P$,它至 $O$ 点的力臂为 $d$,令 $P \cdot d$ 为作用效应函数 $S(\cdot)$,抵抗力矩作为稳定抗力函数 $R(\cdot)$,根据《混凝土重力坝设计规范》(NB/T 35026—2014)[4] 要求,$\gamma_0 \psi S(\cdot) \leqslant R(\cdot)/\gamma_d$,得:

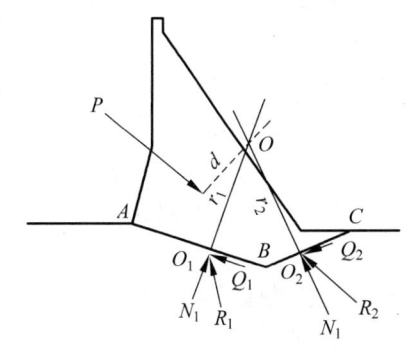

图 2-15 整体失稳作用力示意图

$$\gamma_0 \psi (P \cdot d) \leqslant [(f'_{d1}N_1 + c'_{d1}A_1)r_1 + (f'_{d2}N_2 + c'_{d2}A_2)r_2]/\gamma_d \tag{2-45}$$

式中各参数的含义参见式(2-21)和式(2-44)各式后的说明,参考表 2-5～表 2-8 和表 2-10 取值。

$O$ 点是个瞬时转动中心（简称瞬心），随着滑动过程的发展，瞬心会不断调整。如果做有限元分析，求得滑裂面 $AB$、$BC$ 上的应力分布，就容易确定合力 $R_1$、$R_2$ 的作用点位置 $O_1$、$O_2$，从而确定瞬心 $O$。如果没有进行有限元分析，我们采用一些近似方法确定 $R_1$、$R_2$，如可将 $O_1$、$O_2$ 点置于 $AB$ 及 $BC$ 的中点（假定 $AB$、$BC$ 面上的反力呈均匀分布），或置于靠近 $B$ 点的三分点处（假定表面反力为零，$B$ 点反力最大，呈三角形分布）。如果 $BC$ 不是结构面，或者结构面的 $f'_d$ 和 $c'_d$ 值很大，则 $BC$ 面需要设置很多个，经计算比较才求得深层滑动的最小抗力函数，此值若很大，表明很难滑动。

上面所用的分析方法是刚体极限平衡法，力学概念清楚，计算简单方便，可得出明确的安全系数值或稳定抗力函数和作用效应函数，这种方法目前在国内外工程使用最多，是分析重力坝抗滑稳定问题最基本的可行方法。但这一方法的主要缺点是：未能反映应力、应变的分布和发展过程，也未能反映整个大坝破坏和滑动失稳的具体过程。要达到这一点，需要采用后面所述的方法。另外，对于一些重要的工程，特别是深层抗滑稳定问题较严重的情况，除了用刚体极限平衡法进行分析之外，还要进行有限单元分析或模型试验，作为校核、验证或深入研究的手段。

### 2.4.2 有限单元方法

有限单元分析提供了坝体及地基内各点的应力及变位值，可以了解破坏区的分布、范围，以便找出最危险的部位，并分析严重程度，进而可以分析各种加固措施的作用。

以平面有限单元方法为例，设某点坐标 $(x,y)$ 的正应力为 $\sigma$、剪应力为 $\tau$、渗压为 $u$，则该点的局部安全系数（或点安全度）为

$$K(x,y) = \frac{f'(\sigma - u) + c'}{\tau} \tag{2-46}$$

可将各点最小的点安全度（或点安全系数）绘成等值线，得到点安全度分布的曲线。

如果个别点的点安全度小于 1，不见得整体破坏，需要进行非线性分析。具体分析时，常采用增量法，即将荷载分为若干级，逐级施加，可求得应力应变的变化过程和破坏过程。

如果要确定超载能力或材料的安全储备性能，可按比例增加荷载或降低材料的强度指标，再进行上述分析。随着荷载的增加或强度指标的降低，破坏部分的范围会越来越广，破碎带上的应力状态越来越恶化，变位也越来越大。直到无法求出平衡解答（刚度矩阵奇异）或者应力、变位达到极限状态，沿滑裂面的滑动力之和大于抗滑力之和，可确定超载系数或材料的安全储备能力。

我国有一些重要工程曾采用非线性有限元法分析坝体的抗滑稳定问题，相应地发展了一些非线性计算程序。关于有限元具体方法可参见有限元方法的很多书籍，本书不再详述。

### 2.4.3 模型试验方法

模型试验是研究坝体及地基的应力、变位和失稳问题的一种重要手段。模型必须反映地基内的各种情况和性质，否则就和原型无相似之处，失去试验的意义。模型试验常用相对或对比的办法来说明问题。按照模型反映实际情况的程度来分，试验可以分为三类级别：第一类是不反映地质条件的弹性模型（将坝体及地基都视为弹性材料，但弹性常数可以不同），亦即常规的静力试验；第二类能反映地基中的一些重大断裂；第三类能进一步反映地基的自重和地基内部结构面等更多因素和条件，满足

材料本构关系的相似要求。后者常称为"地质力学模型"。我国早期在制作地质力学模型方面的经验较少,后来许多高等院校和科研设计单位做了很多研究,取得不少成果。

在模型试验中,模型的几何尺寸,材料重度、强度、弹模、应力、应变等等各种参数,与原型的相应参数之间,应满足一定的比例关系,遵循一定的定律,通常称为模型律。在静力试验中,我们可以选择任意两个参数的模型比值,作为设计模型的基准,其他参数间的比值可以由这两个基本比值导出,一般常以下列两个值为准。

(1) 几何比尺 $1:\lambda$,即模型几何尺寸与原型之比。合适的比尺很重要,常用的比值为 $1:150\sim 1:80$,高坝为 $1:300$。坝较高、地基范围较广时,限于条件往往只能选用较小的比尺。但比例尺如过小,而应变片本身的尺寸代表的面积太大,测出的应力代表的是一个相当大范围的平均值。

(2) 应力比尺 $\zeta(=\sigma/\sigma')$,这个比值也就是其他以应力因次表达的各种参数的比尺,例如原型和模型弹模之比等。在地质力学模型中,原型和模型材料的屈服强度之比、破坏强度之比,都应与此一致。

静力试验中一般不牵涉时间因素,但如有关时间因素时(如徐变性能),则可取 $t/t'=\lambda^{1/2}$。

如果模型材料能完全满足上述要求,则在理论上讲,可以通过试验获得精确数据,但实际上很难选择或配制出一种模型材料能完全满足要求。除了岩基的复杂性很难模拟外,就坝体本身来说也存在施工缝、分期浇筑、自重、扬压力等许多问题,即使是国际上著名科研单位做得很细致的试验,也难说十全十美。我们只能抓住一些主要的关系,以便取得大体上反映实际情况的成果,并对这些成果的代表性也要有恰如其分的评价。

## 2.4.4 提高抗滑稳定性的途径

重力坝的抗滑稳定性与很多因素有关,应对这些因素加以分析,并针对不同的情况,采取比较合适的措施或办法,使抗滑稳定安全系数得到明显的提高,而花费成本最低或较低。在设计施工中常常通过以下一些途径来实现:

(1) 选择有利于稳定的坝基。坝基的好坏对重力坝的稳定至关重要,坝基岩体除了要求坚硬、完整和强度高以外,还要尽量避开缓倾角倾向下游的层理夹层、裂隙、断层和破碎带以及容易发生深层滑动的结构面等。但实际上有时很难找到理想的坝址,还要考虑枢纽布置、坝长、总工程量、施工条件和总造价等因素,对这些因素进行综合分析和评价。坝址可能避不开易滑动的结构面,须采用固结灌浆、帷幕灌浆、锚筋、锚索和混凝土塞等常用措施以及其他途径来提高其抗滑稳定性。

(2) 利用水重。常常将重力坝上游部分坝面做成向上游倾斜的形状(指倾向上游的正坡,不是倒坡,如图2-7所示),利用坝面上的水重来提高坝的抗滑稳定性,并节省坝体部分混凝土的体积,这也是最经济的途径。但应注意,上游坝坡不宜过缓,其原因见前面重力坝基本断面一节的分析。

另一种利用上游水重的做法就是在坝前设置阻滑板,并将防渗帷幕及排水移至阻滑板的上游部位,就可利用阻滑板上的水重增加抗滑力。阻滑板和坝体必须联接牢固可靠,并做好止水和防渗。我国葛洲坝水利枢纽和大化水电站等都曾采用这种措施提高抗滑稳定安全系数。

(3) 将坝基面开挖成倾向上游的形状[如图2-16(a)所示]。由式(2-39)的许多计算表明,这种做法可明显地提高重力坝的抗滑稳定安全系数。为减少开挖量和大坝混凝土回填量,可以将坝基面开挖成锯齿状,形成多个倾向上游的斜面,其面积占大部分坝基面积[如图2-16(b)所示],使坝体自重和水压力荷载基本上由这些倾向上游的斜面承受。但岩体的抗剪断强度必需很大,不被水压推力剪断;另外还必须严格控制开挖爆破药量,如果因爆破振动出现新的裂隙[如图 2-16(c)的放大图形所示],或者原坝基岩体就存在这些裂隙,这些锯齿所增加的抗滑作用将大大降低,应避免这些情况。

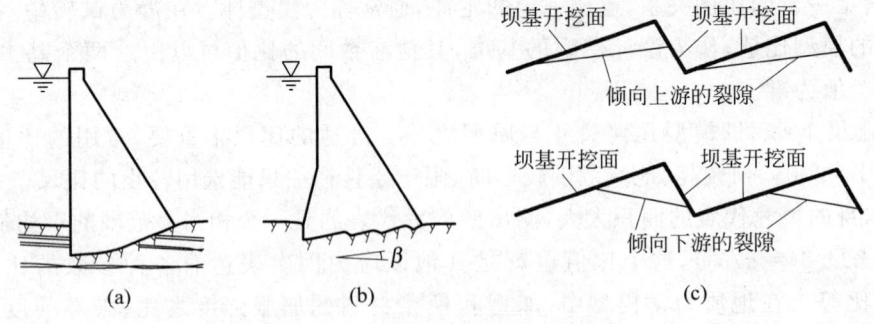

图 2-16 倾向上游的坝基面或齿坎

(4) 采用混凝土齿墙或混凝土塞抗滑。若倾向下游的缓倾角夹层、断层或破碎带在坝踵附近出露,可在坝踵附近做一个上宽下窄的梯形齿墙[如图 2-17(a)所示],使可能滑动面由 $abc$ 变为 $a'b'c'$,可加大抗滑体的抗力。齿墙混凝土应有足够的强度、宽度和深度,提供足够的抗剪断力,来阻挡沿这些结构面的滑动,并增加防渗作用。如果缓倾角倾向上游的泥化夹层在下游坝趾位置出露,应把齿墙做在坝趾位置[如图 2-17(b)所示],利用齿墙及其下游的抗力体阻挡坝体沿夹层滑动。若泥化夹层埋藏较深,可紧挨在夹层的两侧沿夹层的走向洞挖并回填混凝土塞[如图 2-17(a)所示],以增加抗剪断力,但工程量和施工难度较大。

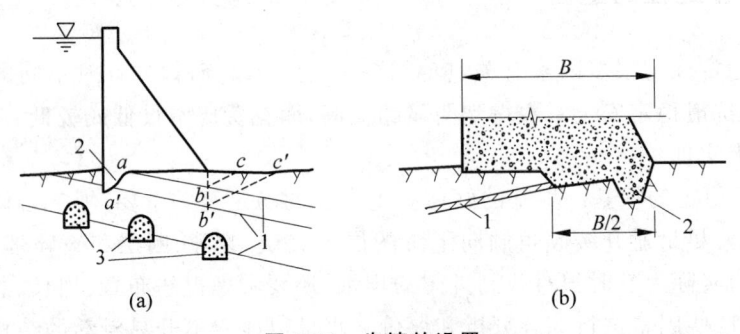

图 2-17 齿墙的设置
1—泥化夹层;2—齿墙;3—混凝土塞

(5) 减小扬压力。类似于阻滑板的方法,在坝踵上游地基表面设置黏土防渗铺盖延长渗径,降低坝基面的扬压力强度。另一种措施是在坝基下设置有效和完善的防渗帷幕及排水系统,降低坝基扬压力。尤其是下游长时间处于高水位的情况,采用封闭式抽排降低扬压力的效果更明显。如新安江宽缝重力坝、刘家峡重力坝、葛洲坝二江泄水闸、汾河二库工程、三峡水利枢纽等工程的实测结果表明,采用封闭式抽排降低坝底扬压力 30% 以上。

(6) 增加建筑物重量。增加坝体重量可直接增加抗滑阻力,但如软弱面上的 $f$ 值很小,或夹层倾向下游反而增加滑动力,这样做要增加混凝土量,代价较大,效果很小。若坝后有厂房等建筑物,则可考虑将两者联为整体,以增加抗滑阻力,如伊泰普工程就是这样做的。但如果大坝向下游滑移,将可能对厂房产生较大的破坏力,应慎重分析。

(7) 预加应力措施。在靠近坝体上游面,采用深孔锚固,将高强度钢索穿过坝体(部分或全部)直到基岩深部,并施加预应力[如图 2-18(a)所示],既可增加坝体的抗滑稳定,又可消除坝踵处的拉应力。国外有些支墩坝,在坝趾处采用千斤顶向上游坝体施加预压应力,改变合力 $R$ 的方向[如图 2-18(b)所示的 $R'$ 为改变后的方向],从而提高了坝体的抗滑稳定性。采用预应力锚索沿着向上游倾斜的方向穿过软弱夹层到达坚固岩体足够的深度[如图 2-18(c)所示],可增加软弱夹层上的法向压力,从而增加抗剪断力,而且预应力合力有一个和滑动方向相反的分力,对坝基和大坝抗滑稳定更为有利。

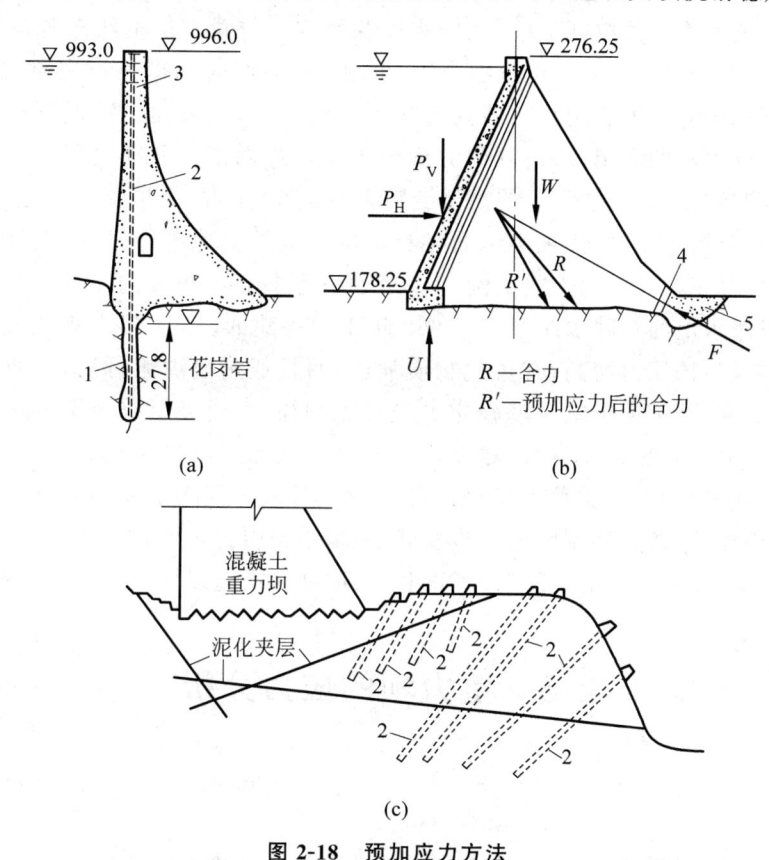

**图 2-18 预加应力方法**
(a) 在坝踵预加应力;(b) 从坝趾预加应力;(c) 在坝趾下游岩基预加应力
1—锚索竖井;2—预应力锚索;3—顶部锚索;4—千斤顶活动接缝;5—抗力墩

(8) 高压固结灌浆或再加化学灌浆。对于重要的工程若有条件可对软弱结构面进行高压固结灌浆或再加化学灌浆处理,可以显著地提高其压缩模量,也可适当提高其抗剪断参数,提高夹层的抗剪断强度和大坝的抗滑稳定安全系数。

(9) 横缝灌浆。对于岸坡很陡的重力坝,为了岸坡坝段的稳定,将部分坝段或整个坝体的横缝进行局部或全部灌浆,以增强坝的整体性。由于两岸岩体的钳制,整体式重力坝顺河向的抗滑稳定安全系数大于单独的河床坝段。这是因为两岸相对高度较低的坝段由于凝聚力的作用具有较大的抗滑安全储备。但是,这种做法需要在横缝处埋设很多灌浆管、灌浆盒,并要保证灌浆质量,还要在坝内埋冷却水管冷却,等到坝体温度降至稳定温度场或较低温度时才能进行灌浆,这就需要等很长时间才能蓄水,拖延了工期,增加了造价,推迟效益。对于本来不设纵缝、不打算埋设冷却水管的中低坝来说,如果两岸坡不陡,仅个别河床坝段的抗滑稳定安全系数较小,采用前面所述的一些方法只对个别坝段进行处理,可使抗滑效果很好且代价很低,而不必进行横缝灌浆做成整体式重力坝。

以上关于提高重力坝抗滑稳定性能所采用的途径,常常根据具体条件选用某几种,并非千篇一律。在实际工程中,尤其在一些很重要而地质条件又很差的工程中常常采用多种综合的措施。例如,葛洲坝工程二江泄水闸的闸基为黏土质粉砂岩、砂岩与黏土岩互层,倾角仅 5°~8°,倾向下游左岸,顺流向视倾角仅 1°~2°,基岩软弱,内有 12 条软弱夹层,有的已泥化,$f'$值仅 0.2~0.35,$c' \approx 0.005$~0.05MPa,构成深层抗滑稳定的控制条件,坝址难以躲开这一位置。从枢纽布置的要求来看,选择这一坝址是无可非议的。为了提高它的抗滑稳定性,采用了多种综合的措施和途径,在上游处做齿墙和防渗板,在闸下护坦采用完善可靠的封闭式防渗排水系统,在岩基表面浇筑混凝土压面,做锚索和钢筋混凝土锚桩,增强抗力体的作用,从设计研究到施工工作都做得十分细致,各种数据的采用都很慎重可靠,还有完善的监测工作,从运行后的观测资料来看,情况正常,效果良好。这是一个在建坝之前做了仔细的地质勘测分析工作、在建坝中综合各种加固方案认真地进行研究、设计和施工、建坝后有完善的监测且运行情况正常良好的工程实例,为以后的工程提供了重要的经验。

又如,在湖南省潇水上的双牌水库,是在 1958 年正式兴建的,1961 年大坝建成,运行后在坝基内新发现有多层破碎夹层,扬压力增高,有黄色物质涌出,而且通过泄洪运行后,下游冲刷坑急速深切,使倾向下游的夹层显露,严重地影响坝基稳定。经补充勘探,主要夹层有 5 条,厚一般 1~3cm,夹层物质主要为板岩碎片夹有岩粉,充填黄色黏土,$f'=0.33$~0.4,$c'$值仅为 0.027~0.05MPa,且已产生机械管涌,有继续恶化趋势,上游帷幕也发现局部失效。后来该坝除了加强帷幕灌浆之外,还延长挑流鼻坎和延长挑流消能段,防止冲刷坑进一步发展,还采用预应力锚索加固大坝。预应力锚索是参考梅山水库的实践经验设计和施工的,并进行了试验,采取许多措施以保证质量、减少预应力损失。

## 2.5 重力坝的应力分析

> **学习要点**
> 1. 坝踵的应力分析是难点和重点,也是重力坝设计和计算的主要内容之一。
> 2. 弄清楚材料力学方法与有限元应力分析方法的主要区别、优缺点和适用条件。

重力坝应力分析的主要内容是核定大坝在施工期和运行期是否满足强度要求,以便确定大坝断面、混凝土标号分区和某些部位的配筋等。

重力坝的应力与很多因素有关,如:坝体轮廓尺寸、静力荷载、地基性质、施工过程,温度变化以及地震特性等。在初设阶段一般先计算经常作用而又较易确定的基本荷载所产生的应力;对于其他难以确定或不经常作用的荷载(如地震荷载等),则采用简化近似的方法求解;对于一时很难计算的、但对坝体抗滑稳定影响很小的温度应力,可在施工阶段采取措施减小温度应力,在设计坝体断面时可暂不考虑,只需参考已建工程的经验,将这些施工措施的费用算进总概算里即可,待大方案批准后再做深入的研究和计算。上述这些复杂的应力分析内容很多,安排在其他有关章节中叙述和讨论,本节只叙述和讨论对坝体断面有影响的、常见易做的应力分析。

## 2.5.1 应力分析方法综述

重力坝的应力分析方法可以归结为模型试验和理论计算两大类,这两类方法是彼此补充、互相验证的,其结果都要受到原型观测的检验。

**1. 模型试验法**

模型试验方法有光测方法和脆性材料电测方法。光测方法有偏光弹性试验和激光全息试验,主要解决弹性应力分析问题。脆性材料电测方法可进行弹性应力分析和破坏试验。地质力学模型试验方法可进行复杂地基的试验。此外,利用模型试验还可进行坝体温度场和动力分析等方面的研究。模型试验方法在模拟材料特性、施加自重荷载和地基渗流体积力等方面目前仍存在一些问题,有待进一步研究和改进。若模型太小,则精度很差;要想达到好的精度,模型试验一般比较费时费钱。所以,对于中小型工程,一般可只进行理论计算。近代,由于电子计算机的出现,理论计算中的数值解法发展很快,对于一般的弹性静力问题,常常可以不做试验,主要依靠理论计算解决问题。

**2. 理论计算方法**

理论计算方法按其发展和应用过程大致分为材料力学法、弹性理论解析法、弹性力学差分法、有限元法。

材料力学法是应用最早、最广、最简便、也是重力坝设计规范中规定采用的计算方法。材料力学法不考虑地基变形等因素的影响,假定水平截面上的正应力按直线分布,计算结果在地基附近约1/5坝高范围内,与实际情况差别较大。但在此以上坝体的应力和位移与实际是很接近的。工程实践证明,若坝基稳定,对于中等高度的坝,应用这一方法,满足规定的应力指标,大坝是安全的。对于较高的坝,特别是在地基条件比较复杂的情况下,应该同时采用其他方法进行应力分析。

弹性理论解析法在力学模型和数学解法上都是严格的,但目前只有边界条件简单的少数典型结构才有解答,所以在工程设计中很少采用。

弹性力学差分法在力学模型上是严格的,在数学解法上采用差分格式,是近似的。在有限元法出现之前,差分法曾用来计算带有直角角缘的坝踵应力等问题,但计算也很烦琐。由于差分法只能用于方形网格,难以适应复杂边界,后来在有限元法出现之后,差分法已很少采用。

有限元法是随着电子计算机的发展而在20世纪60年代中期产生的一种计算方法。经数学工作者的研究,发现有限元法源出于变分法中的里兹法,从而使有限元法的应用从求解应力场扩大到求解磁场、温度场和渗流场等。它可以处理复杂的边界条件,包括几何形状、材料特性和静力条件。它不仅能解决弹性问题,还能解决弹塑性问题;不仅能解决静力问题,还能解决动力问题;不仅能计算单一结构,还能计算复杂的组合结构。有限元法已发展成为一种综合能力很强的计算方法。

为适应重力坝设计的需要,这里主要对广为采用的材料力学方法和有限元法做进一步的讨论。

### 2.5.2 材料力学法

**1. 基本假定**

应用材料力学法分析重力坝的应力,基于以下三点基本假定:
(1)坝体混凝土为均质、连续、各向同性的弹性材料;
(2)视坝段为固接于地基上的悬臂梁,不考虑地基变形对坝体应力的影响,并认为各坝段独立工作,永久横缝不传力;
(3)假定坝体水平截面上的正应力按直线分布,不考虑廊道等对坝体应力的影响。

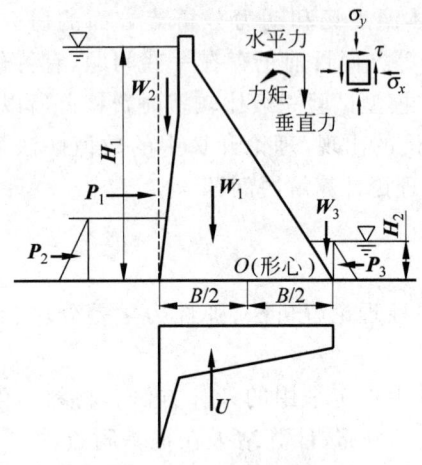

**图 2-19 坝体应力计算图**

**2. 上下游坝面应力的计算**

在一般情况下,坝体的最大、最小正应力和主应力都出现在坝踵、坝趾和上下游坝面折坡处,所以,重力坝设计规范规定,应核算这些部位的应力是否满足强度要求。

荷载与应力的正方向如图 2-19 所示。用材料力学法计算重力坝上下游坝面应力的公式如下:

(1)水平截面上的正应力。假定按直线分布,按式(2-47)、式(2-48)计算上、下游边缘竖向应力 $\sigma_{yu}$ 和 $\sigma_{yd}$(均以压应力为正):

$$\sigma_{yu} = \frac{\sum W}{B} + \frac{6\sum M}{B^2} \quad (\text{kPa}) \tag{2-47}$$

$$\sigma_{yd} = \frac{\sum W}{B} - \frac{6\sum M}{B^2} \quad (\text{kPa}) \tag{2-48}$$

式中:$\sum W$——作用于计算截面的全部荷载(包括扬压力)的竖向分力的总和,kN,以压为正;

$\sum M$——作用于计算截面的全部荷载(包括扬压力)对截面形心轴的力矩总和,kN·m,弯向上游为正;

$B$——计算截面顺河向的厚度,m。

(2)剪应力。为求解方便,先分析在蓄水时计算点周围未有渗透水作用的情况,由上游坝面微分体的平衡条件 $\sum F_y = 0$ [见图 2-20(a)]可解出

$$\tau_u = (p_u - \sigma_{yu})n \tag{2-49}$$

式中:$p_u$——上游坝面水压力强度;

$n$——上游坝坡坡率,$n = \tan\phi_u$,$\phi_u$ 为上游坝面与竖直面的夹角。

同样,由下游坝面微分体的平衡条件 $\sum F_y = 0$ 可解出

$$\tau_d = (\sigma_{yd} - p_d)m \tag{2-50}$$

式中:$p_d$——下游坝面水压力强度;

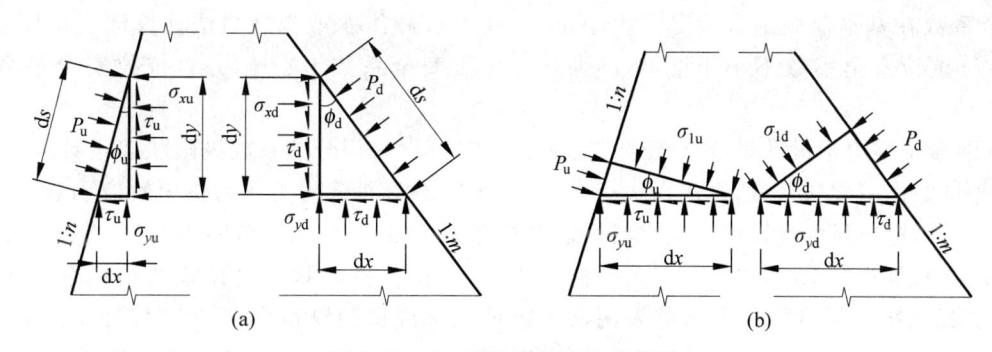

图 2-20 上、下游边缘应力计算图

$m$——下游坝坡坡率,$m=\tan\phi_d$,$\phi_d$ 为下游坝面与竖直面的夹角。

(3) 水平正应力。分别由上、下游坝面微分体的平衡条件 $\sum F_x=0$ 可以解出上、下边缘的水平正应力 $\sigma_{xu}$ 和 $\sigma_{xd}$：

$$\sigma_{xu}=p_u-\tau_u n \tag{2-51}$$

$$\sigma_{xd}=p_d+\tau_d m \tag{2-52}$$

(4) 主应力。如图 2-20(b)所示,由上下游坝面微分体应力沿坝坡方向的平衡条件,可解出

$$\sigma_{1u}=\sigma_{yu}-n\tau_u=(1+n^2)\sigma_{yu}-n^2 p_u \tag{2-53}$$

$$\sigma_{1d}=\sigma_{yd}+m\tau_d=(1+m^2)\sigma_{yd}-m^2 p_d \tag{2-54}$$

上、下游坝面的第 2 主应力为坝面水压力

$$\sigma_{2u}=p_u \tag{2-55}$$

$$\sigma_{2d}=p_d \tag{2-56}$$

若坝面边缘应力计算点周围有渗透水压力,令 $p_{uu}$ 和 $p_{ud}$ 分别为上、下游边缘的扬压力强度,按坝面微分体受力平衡条件(如图 2-21 所示,下游边缘与此类似),计算以下各种有效应力：

$$\tau_u=(p_u-p_{uu}-\sigma_{yu})n \tag{2-57}$$

$$\tau_d=(\sigma_{yd}+p_{ud}-p_d)m \tag{2-58}$$

$$\sigma_{xu}=p_u-p_{uu}-\tau_u n \tag{2-59}$$

$$\sigma_{xd}=p_d-p_{ud}+\tau_d m \tag{2-60}$$

$$\sigma_{1u}=(1+n^2)\sigma_{yu}-n^2(p_u-p_{uu}) \tag{2-61}$$

$$\sigma_{2u}=p_u-p_{uu} \tag{2-62}$$

$$\sigma_{1d}=(1+m^2)\sigma_{yd}-m^2(p_d-p_{ud}) \tag{2-63}$$

$$\sigma_{2d}=p_d-p_{ud} \tag{2-64}$$

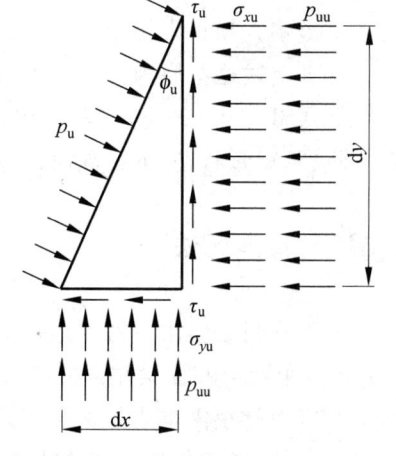

图 2-21 扬压力与边缘应力

**3. 强度指标**

用材料力学法计算重力坝应力需满足的强度指标,按不同规范分述如下：
我国《混凝土重力坝设计规范》(SL 319—2018)[5]规定：混凝土的抗压或抗拉(局部有抗拉要

求的)安全系数在基本荷载组合情况下不小于4.0；在校核洪水或拟静力法计算地震抗压安全系数不小于3.5，抗拉安全系数不小于2.08；动力法抗压安全系数不小于2.3，抗拉安全系数不小于1.0。

我国《混凝土重力坝设计规范》(NB/T 35026—2014)[4]采用分项系数极限状态设计方法，将各种荷载乘以各自的作用分项系数，再代入式(2-47)~式(2-64)算得各应力作为作用效应函数$S(\cdot)$，材料的强度指标采用标准强度除以混凝土材料性能分项系数1.5(参见2.3节的表2-7)，作为结构的抗力函数$R(\cdot)$，应满足式(1-7)和式(1-8)，式中混凝土抗压、抗拉极限状态设计式的结构系数$\gamma_d=1.8$。大坝常态混凝土抗压强度的标准值可采用90d龄期按标准试验测得具有80%保证率的强度；大坝碾压混凝土抗压强度的标准值可采用180d龄期按标准试验测得具有80%保证率的强度；混凝土承受主要荷载的龄期应晚于试验期，否则应进行核算，必要时应提高强度等级；若未做试验，大坝混凝土轴心抗压、抗拉强度标准值可参照表2-11取用[4]。

表2-11　大坝混凝土轴心抗压、抗拉强度标准值　　　　　　　　　　　　MPa

| 强度等级 | C10 | C15 | C20 | C25 | C30 | C35 | C40 | C45 |
|---|---|---|---|---|---|---|---|---|
| 轴心抗压 $f_{ck}$ | 6.7 | 10.0 | 13.4 | 16.7 | 20.1 | 23.4 | 26.8 | 29.6 |
| 轴心抗拉 $f_{tk}$ | 0.9 | 1.27 | 1.54 | 1.78 | 2.01 | 2.20 | 2.39 | 2.51 |

重力坝按其受力特点来看，它是一个竖直悬臂梁的静定结构，没有超静定结构那样大的安全潜力。由于材料力学方法不考虑地基变形，计算坝踵和坝趾的应力与实际有很大的误差。经弹性力学方法计算表明，在自重、水压力和扬压力等荷载作用下，坝踵拉应力较大，如果坝踵附近岩体裂隙或混凝土由于施工质量或其他原因抗拉强度较低而被拉开，一旦库水进入缝隙后，由于水力劈裂作用使缝端附近的拉应力加大，可能使裂缝扩展，坝体有效断面减小，而水平水压力荷载并没有减小，扬压力还有些增加，使缝端拉应力更大，如此反复恶性循环，坝踵水平裂缝可能扩展很深，可能超过排水孔幕的位置而影响大坝正常使用。

由于上述这些原因，我国《混凝土重力坝设计规范》(NB/T 35026—2014)[4]和《混凝土重力坝设计规范》(SL319—2018)[5]都规定：重力坝若按材料力学法计算，上游坝面不允许出现竖向拉应力；施工期(属短暂状态)下游坝面(含坝趾)竖向拉应力不许超过100kPa，主拉应力小于200kPa。

### 2.5.3　有限元法

由于材料力学法不考虑地基变形，计算坝踵和坝趾的应力与弹性力学法和有限元法有很大的差别；孔口角缘点和深梁端部的应力集中问题，用材料力学法得不到这种结果。但弹性力学法求解上述部位的应力是很困难或是很麻烦的。用有限元法可求得这些部位的应力，还可考虑复杂的边界条件和初始条件，考虑各种材料的特性和组合，可进行温度场和温度应力的计算、非线性分析和动力分析等，出色地完成材料力学法和弹性力学法所不能计算的课题。因篇幅所限，这里不再编写有限元法的基本原理、具体方法和计算式(很多书籍已有详细介绍，读者可查阅)，以便腾出一些篇幅说明有限元法在重力坝应力计算中应注意的一些问题。

在计算时须注意,在大坝浇筑之前,坝基岩体已起码经历了漫长时间的自重变形,这一荷载引起的变形早已基本完成,在大坝浇筑后到蓄水运行,坝基自重不应再发生变形作用。在计算坝体的变形和位移时,坝基岩体的重度应为零,但弹性模量或变形模量仍应输入实际数值。如果要整理坝基应力,须计算并叠加岩基在建坝前的初始应力。

有限元法对库水压力和扬压力的处理不同于材料力学法。材料力学法不考虑水压力对大坝上游库底地基的作用,但有限元法应考虑这一作用。材料力学法把扬压力作用在所计算的截面上,但实际上如果渗透水进入到某些部位的空隙里,这些部位不仅下面受到渗透水向上的压力,而且其上面还受到渗透水向下的压力,其差值就是浮力,所以有限元法对扬压力的处理是把浸润线以下的单元加浮托力作用,对渗透系数较大的结构面或灌浆区域施加渗流计算的扬压力或灌浆面压力。

为了尽量求得坝踵的真实应力,在坝踵部位的单元网格不宜划分得太大。如果单元边长较大,单元高斯积分点距离角缘点就较远,高斯积分点的应力和由此推算的角缘点应力都偏小。所以,在坝踵、坝趾等人们所关心的应力较大的角缘部位,单元网格应尽量划分得细一些。为控制单元总数,避免占用太多的存储量和机时,在远离坝底的其他部位的单元网格划分得大一些,如图2-22所示。

在坝基的远处,应有符合实际的边界。在远处竖直边界面水平位移可近似为零,应设置水平链杆,竖直向自由(如图2-22所示);在水平库水压力作用下,经许多算例表明,自坝底向下1倍坝高的地基深处,水平剪应力和剪切位移都很小,在此处设置竖向链杆或固定边界对坝底附近的位移和应力计算结果影响很小。据笔者计算经验:如果侧重于计算坝体应力、不与位移观测值比较,则地基固定边界以距离大坝1倍坝高为宜;若只计算温度应力,对于百米以上高度的重力坝,则地基固定边界与坝底角缘点的距离约为坝底沿顺河向坝厚的一半即可,对于百米以下高度的重力坝,则地基固定边界距离大坝30m即可;若要计算坝基稳定,或者将计算位移与实测值比较,则地基固定边界距离大坝宜大于1.5倍坝高。对于混凝土重力坝,除了带有孔口的坝段采用三维有限元分析方法之外,其余分横缝的实体坝段宜采用平面应力分析方法,以便能划分更多更小的单元,进行更精确的计算。

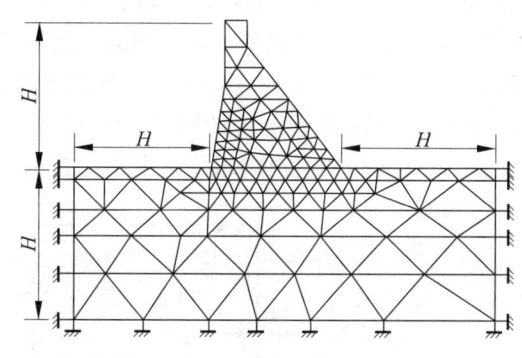

图2-22 重力坝平面单元划分示意图

关于有限单元法的应力控制标准问题。由于单元大小划分不同,单元高斯积分点到角缘点的距离就不同,算得角缘点的应力也不同。到底选多大的单元网格来计算?应力控制标准是多少?对于以上这些问题,至今未有统一合理的说法。我国《混凝土重力坝设计规范》(NB/T 35026—2014)[4]和《混凝土重力坝设计规范》(SL 319—2018)[5]都建议,在用有限元方法计算混凝土重力坝的应力时,在靠近上游坝基面附近的拉应力区宽度宜小于坝底宽度的0.07倍,或小于坝踵至帷幕中心线的距离。

目前采用有限元法计算重力坝的应力是基于坝体和坝基都是连续弹性介质而算得的结果,在高坝的坝踵部位,往往算得在正常蓄水时有很大的拉应力。但实际上任何岩体最起码都有节理裂隙,尽管有些部位做了灌浆处理,由于水泥浆液难以灌满全部节理裂隙及其他结构面,加上水泥浆液的干缩影响,节理裂隙等结构面毕竟是薄弱的,其强度很低,远不如岩石本身,也不如混凝土。实测结果表明:如果坝基面开挖到弱风化至微风化岩体,岩基表面清理和清洗干净,坝体底层使用较高标号的混凝土，且认真浇筑振捣，混凝土与坝基面岩石结合强度是很高的，也远高于坝基岩体的节理裂隙等结构面。当坝踵上游岩体的拉应力超过裂隙等结构面的抗拉强度时，这些结构面便张开。

作者曾对坝高 102m 的混凝土重力坝进行有限元应力计算，对岩体设置节理单元，假设有一条倾向下游、倾角为 65°的节理出露在坝踵上游 1m 处，在蓄水之前已对坝基岩体进行水泥固结灌浆处理，节理裂隙面的抗拉强度为 0.4MPa。在开始蓄水阶段，当蓄水深达 75m 时，算得坝踵附近的拉应力大小和范围仍然很小，但在该节理出露处表面 5cm 深度范围内存在 0.46MPa 的水平向主拉应力，可以认为此处节理面开裂；继续蓄水至 80m 水深时，开裂深度为 20cm，坝踵附近的应力分布如图 2-23(a)所示，其中 $a$ 点是此裂隙的出露点；随着水位上升，节理面 $ab$ 继续开裂，遇到节理 $bc$，使 $bc$ 发生剪切为主的破坏，遇到节理 $cd$，带动 $cd$ 张开；假设在 $d$ 点未遇到其他节理，岩体强度很高，当蓄水深达 100m 时，坝踵上游 1m 处上下三条裂隙张开，总深度 6m，使得坝踵应力释放很多，坝踵附近应力如图 2-23(b)所示。若按地基为无裂隙的连续弹性介质计算，在坝踵角缘点下游 5.56cm、上方 0.56cm 的高斯积分点主拉应力为 12.04MPa，在坝踵角缘点下游和上方各 4.436cm 的高斯积分点主拉应力为 14.35MPa，都远超过混凝土的抗拉强度，实际是不可能的；但若按上述地基开裂深度 6m 作用全水头渗压计算，则这两点的主拉应力分别为 1.027MPa 和 1.766MPa，实际可能性较大。

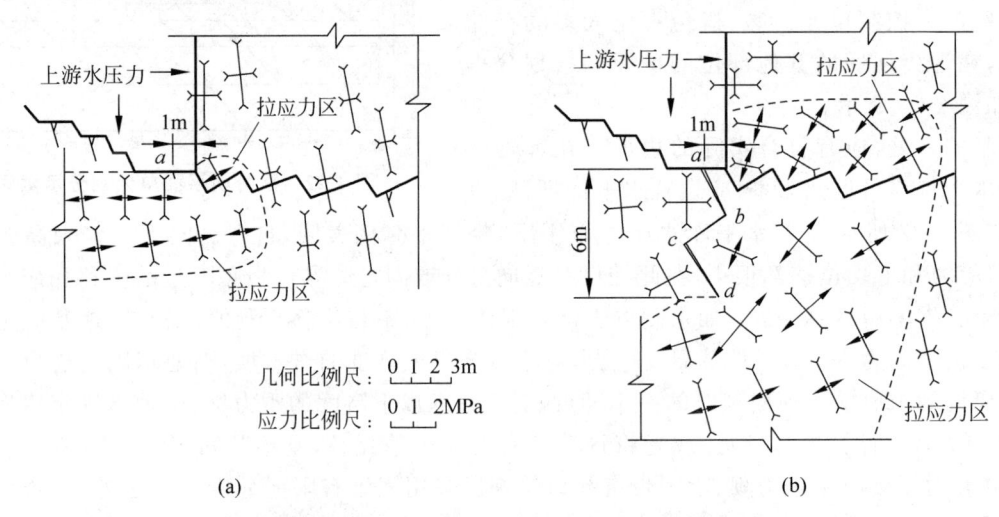

图 2-23 坝踵附近岩基开裂前后过程的应力分布
(a) 蓄水深 80m、岩基表面开裂深度 20cm 作用全水头渗压；(b) 蓄水深 100m、岩基裂深 6m 作用全水头渗压

坝踵角缘点局部大应力释放的程度与附近基岩结构面的性质有关。作者做过大量计算表明以下一些规律：(1)岩基开裂越深，坝踵应力释放越多；(2)结构面倾向上游不如倾向下游对坝踵应力释放影响明显；(3)在坝踵上游的结构面越靠近坝踵，坝踵应力的释放越明显。可以设想，如果结构面正好在角缘点下方，而且竖直向下，那么当结构面开裂后，原来的角缘点就不再是角缘点了。在上一算例中，当蓄水高度达 100m 时，如果节理面正好在角缘点下方，竖直向下裂至 6m 深，算得自坝踵角缘点周围约 2m 范围内的主应力为压应力，即主拉应力区向下和下游移动约 2m；若裂隙继续向下开裂至 10m 深，算得坝踵角缘点向下至 5m、向下游至 7m 的范围为压应力区。

国内有些重力坝在高水位蓄水时，实测坝踵为压应力区，不是以往有限元方法算得的高拉应力，主要原因是坝踵附近岩基裂隙或断层等结构面在高拉应力作用下张开，坝踵不再存在应力集中的角缘点,在坝体自重和水压力等荷载共同作用下,坝踵混凝土不再是高拉应力集中区,有可能是压应力区;即使有拉应力,一般不会很大,个别较大的拉应力如果超过混凝土弹性范围,应力应变不再是线性变化,该处出现很多微裂纹,部分拉应力释放转移到周围的混凝土,此处也不会出现集中的高拉应力。坝踵出现压应力的另一个原因是,蓄水后由于混凝土的湿胀性,使拉应力变小,或者变成压应力。

实际上坝基岩体的节理裂隙产状多种多样,其出露点与坝踵角缘点距离不一、开裂深度也处处不一,蓄水后坝踵的真实应力很难用有限元方法做准确计算。图2-23的算例正是为了说明其原因。再加上混凝土遇水后的湿涨性,说明在设计坝体断面时若采用连续介质有限元方法对坝踵进行所谓"准确的"应力分析并不符合坝基多裂隙的实际情况。只要上游坝面不倒悬,下游坝面就不会出现拉应力;在正常蓄水和扬压力作用下,按材料力学方法算得上游坝面包括坝踵不出现竖向拉应力,就表明合力作用在计算截面的三分点之内。全世界重力坝经过一百多年的实践考验证明,应用这一方法计算应力,按规定的指标进行设计,并按抗滑稳定安全标准要求和控制,是可以保证重力坝安全的。直至目前,世界上各国的重力坝设计规范没有一个否定或取消材料力学方法和刚体极限平衡法。我国以及世界各国历来的重力坝设计规范正是基于这些理由而制定的。

建议采用2.3节所述的断面设计方法,采用式(2-19)、式(2-20)及其导出的后面各式,可以很快求得满足规范要求的、工程量较少的、较为合理的坝体断面。对于设置很多孔口的高坝采用有限元方法算得应力较大的孔口角缘部位改用圆角或斜面角、适当提高混凝土的强度等级和配置足够的钢筋是很容易做到的。这样可以把主要的精力放在抗滑稳定分析方面做细致的工作。

## 2.5.4 结构模型试验分析方法

在重力坝的应力分析中,对于理论计算比较困难、没有把握或者把握性不大的问题宜补充采用结构模型试验的手段帮助分析,两种方法各有其优缺点,可互相加以验证。特别是模型试验可以更好地模拟材料性能、结构特点、地基情况和边界条件等,往往得到比较符合实际的结果。

用于测试应力的结构模型试验方法主要有光测法和脆性材料电测法两类。

光测法常用环氧树脂作为模型材料,利用偏光弹性仪观测模型受荷前后、在偏振光作用下的双折射效应所形成的等色线和等倾线,计算坝体各点的应力。其突出的优点是只要观测等色线就可以很容易求得结构物的边缘应力,对孔口角缘的应力集中反映比较灵敏。主要缺点是环氧树脂为连续弹性材料,与坝体混凝土和坝基岩体的材料特性有差异,不能完全反映原型的真实情况。此法主要量测弹性应力,故也称光测弹性试验法。

脆性材料电测法使用石膏、轻石浆混凝土等材料做模型试验,由于这些模型材料与大坝混凝土和地基岩石的性质相似,而模型材料的变形模量低,变形量大容易量测,所以被广泛采用。模型量测常采用电阻应变仪,测量贴在模型上的电阻丝片在受荷前后的应变,以计算应力;也可以用杠杆应变仪量测应变,用千分表测量位移。脆性材料试验因受量测条件的限制,模型需做得较大,常用1∶100的模型比尺,所以材料用得多,荷载加得大,需要较大的设备,试验工作量大。

结构模型试验方法能适应复杂的边界形状和地基变形条件,便于量测和研究重力坝孔口、坝踵和坝趾等角缘应力分布状态,还可增加裂隙、断层、破碎带等来做地质力学模型破坏试验以便研究结构的安全度，解决材料力学方法所不能解决而弹性力学方法又难以解决的课题。

### 2.5.5 各种因素对重力坝静应力的影响

重力坝的静应力受很多因素影响，实际分布情况是比较复杂的，影响因素主要有如下几种。

**1. 纵缝对坝底应力的影响**

对于较高的常规混凝土重力坝，若坝体底部厚度在 40~45m 以上，一般需设置纵缝，以适应混凝土浇筑能力和温度控制的要求，在纵缝灌浆形成整体后才能正常蓄水。

纵缝灌浆前各坝块独立工作，除了上游坝面竖直之外，自重应力的分布与坝体为整体浇筑时的自重应力是有差别的，分别如图 2-24 中的虚线、实线所示。纵缝灌浆后坝成为整体，上游水压力产生的应力与之叠加，其合成应力也不同。如图 2-24(b)上游面为正坡($n>0$)的情况，在纵缝形成整体后，坝踵合成竖向压应力减小或出现拉应力，但因纵缝灌浆并非上下一次同时加压，灌浆后坝内温度变化和浆液收缩，难以计算纵缝灌浆对两侧坝体的总压力，图 2-24 未包括纵缝灌浆压力使坝踵和坝趾所增加的竖向压应力。对于图 2-24(c)上游面为倒坡($n<0$)的情况，在纵缝形成整体后，坝踵自重压应力增大。我国石泉重力坝和瑞士大狄克桑斯坝上游面采用倒坡，这在全世界重力坝的设计中是少见的。估计设计者担心大坝在蓄水后坝踵竖向拉应力太大，不知道一旦坝踵附近岩体裂隙张开，坝踵拉应力变小。在重力坝的设计中，人们更为关心的是重力坝的抗滑稳定性、节省大坝混凝土体积和施工方便这三个问题。若上游坝面是倒坡，则水压力有向上的分力，对抗滑稳定不利，增加大坝混凝土量，也不便于施工，在空库或施工期下游坝面可能出现超过规范规定的拉应力，故多数设计者愿意将上游坝面设计成正坡，尽量利用水重增加抗滑稳定性，减小坝体混凝土体积；即使对于地质条件较好的个别重力坝，上游坝面若过于倒悬，除了难以施工之外，还会在纵缝灌浆之前或灌浆时，上游坝块可能向上游倾倒，需要严格控制灌浆压力和灌浆进度，会延误工期和蓄水。综合上述分析，重力坝上游坝面做成倒悬的好处不明显，而缺点太多，不宜采用。

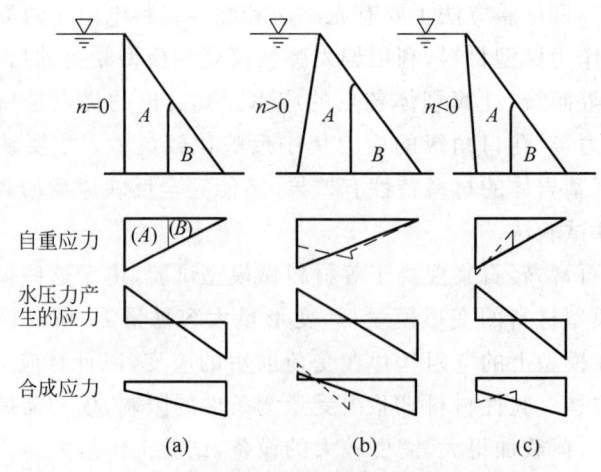

**图 2-24 纵缝对坝基面应力分布的影响**

## 2. 地基变形模量对坝底应力的影响

坝体的应力分布情况，与外荷载及约束条件等因素有关。地基和坝体相互约束，互相牵制，在接触面上，两者的变形应协调一致。坝体的应力分布受到地基刚度特性的影响，还受到节理裂隙和断层破碎带等结构面张开、错动和闭合等因素的影响。

作者曾用有限元方法计算一个重力坝算例，坝高 102m，坝底厚 70m，坝顶厚 7m，上游坝面直立，上游满库水深 100m，地基按均质连续各向同性弹性体考虑，按二维平面应力问题计算，坐标原点在坝踵角缘点，$x$ 轴向下游，$y$ 轴向上，取 8 结点四边形单元，每边 3 结点，每个单元有 9 个高斯积分点，在角缘点附近单元边长 5~10cm。在空库和满库时，坝体单元在坝基面以上 0.5635cm 处的高斯积分点应力分布随坝体弹性模量 $E_C$ 与地基变形模量 $E_R$ 比值的变化规律如图 2-25 所示。为说明规律，图中

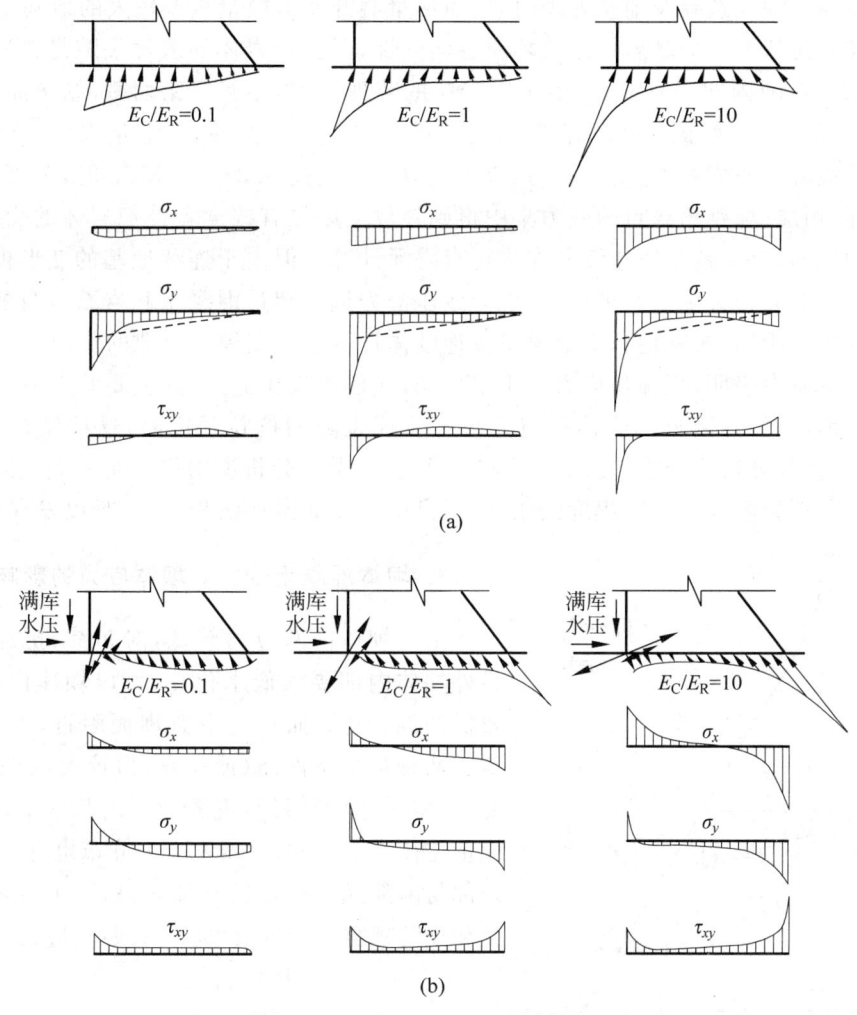

**图 2-25 坝底应力随坝体与地基变形模量比 ($E_C/E_R$) 的变化**

(a) 空库时；(b) 满库时

应力为开裂或屈服之前的应力,正负号同弹性力学规定,正应力以拉为正、压为负,剪应力以作用面的外法向和剪应力方向都与坐标轴正向同向(或都反向)为正、其中一同一反为负。在空库时,在坝踵出现 $\sigma_y$ 竖向压应力集中现象,且随 $E_C/E_R$ 增大而加大;在满库时,若 $E_C/E_R$ 比值较高,坝趾出现较大的压应力集中,而在坝踵出现较大的拉应力集中。所以地基刚度不宜小于坝体刚度很多。

如果坝基岩体的变形模量沿上下游方向不同,坝基面附近的应力分布也将受到不同程度的影响。作者曾做过一些算例分析,设坝底中心线的上游地基变形模量与坝体变形模量都为20GPa,其下游地基变形模量是坝体的1/10,在满库水压和坝体自重作用下,坝踵附近的主拉应力比地基变形模量全同坝体变形模量情况对应的数值高出2~3倍,坝趾附近的主压应力高出0.8~1.2倍;如果坝底中心线下游地基变形模量与坝体相同,其上游地基的变形模量是坝体的1/10,坝踵和坝趾附近的主应力加大程度虽然没有前一种情况那么严重,但主应力分布状态仍不如地基变形模量全部与坝体变形模量相同的情况。所以在坝轴线选择及地基处理时,应当尽量避开变形模量相差较大的地基。

上述分析和对比都假定地基岩体连续均质各向同性,但实际岩体的节理裂隙是普遍存在的,在同一处几立方米的小范围内起码有2~3组不同产状的节理裂隙,相互交错切割,结构面的抗拉强度很低,即使采用水泥灌浆,浆液很难充满结构面,能灌进的多半是稀浆液,干缩量很大,抗拉强度和抗剪强度都远远低于混凝土或岩石本身。当其拉应力或剪应力超过0.3~0.6MPa时,节理裂隙面容易被拉开或剪切破坏,坝踵、坝趾角缘点的应力集中得到释放。以往有些学者曾把岩体的变形模量折减来模拟节理裂隙的影响,整个地基按连续考虑进行有限元计算。但由于连续地基的变形模量变小,算得坝踵和坝趾角缘点的应力集中更为突出,拉应力或压应力远远超过混凝土和岩石本身的相应强度,显然是不符合实际的。所以,折减地基变形模量按连续体计算也不能模拟裂隙的作用。

一些工程实测应力表明,坝踵拉应力并不很大,有些还出现压应力,其主要原因是:在库水位未到达正常蓄水位之前,当坝踵附近的岩体拉应力超过节理裂隙的抗拉强度时,这些结构面就张开或错动,坝踵的拉应力就部分得到释放。2.5.3节和图2-23所做的分析说明仅仅是一处裂隙的例子,实际上可能有很多处节理裂隙发生不同程度的张开,只是由于库底淤泥淤积,人们难以发现而已。

### 3. 坝体混凝土分区对坝体应力的影响

由于坝体内部应力较低,对防渗、抗冻的要求也低,另外坝体内部要求低水化热,所以坝体内部常采用标号较低的混凝土;而在上下游坝面附近,因在空库或满库蓄水两种情况下的压(或拉)应力较大,加上防渗、抗冻的要求,常采用较高标号混凝土。由此看来,坝体内外弹性模量往往是不同的,对坝体应力分布也有一定影响。坝体外部与内部弹性模量的比值越高,上下游坝面,尤其是坝踵和坝趾越容易产生较大的拉(或压)应力,如图2-26所示[图中"(+)"表示压应力]。

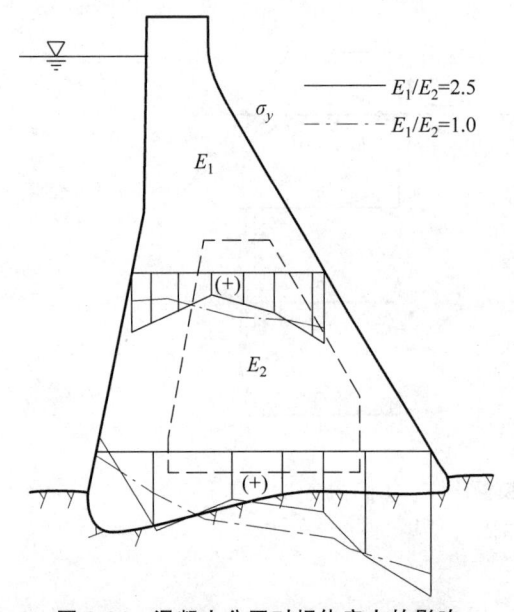

图 2-26 混凝土分区对坝体应力的影响

### 4. 施工过程温度变化对应力的影响

温度变化对重力坝的应力有较大影响。混凝土重力坝的温度场与应力场仿真计算的研究表明,大坝浇筑顺序、混凝土浇筑块大小、间歇时间、浇筑日期、浇筑温度、混凝土材料的热学及力学特性、施工期的温控措施等对混凝土坝的温度场和应力场均有较大影响,坝体裂缝多是由温度应力引起的。但目前在重力坝初步设计决定坝体断面时一般都不考虑温度荷载,理由是:在施工期将采取温控措施(包括高坝设置纵缝、水管冷却、纵缝灌浆等);在运行期温度变化的影响仅限于坝体表面附近,坝体内部温度变化很小。考虑徐变作用后,在施工过程中混凝土的温度应力到后来运行期已不同程度地变小。这些温度应力对坝体的抗滑稳定几乎没有什么影响,它也几乎不影响坝体基本断面选取,而且在初设阶段很难一下计算清楚,故在设计坝体断面时可暂不考虑,可参考已建工程的经验,将这些施工措施的费用算进总投资里即可,待大方案批准后再做深入的研究和计算。

**5. 分期施工对坝体应力的影响**

对于高坝,因一次投资过多而采用分期施工,第一期先建一个较低的坝,随之蓄水运行,以后再将坝体加宽加高,成为最终断面。考虑和不考虑分期施工的应力分布情况将有较大差别,如图 2-27 所示。其中,图 2-27(a)是不考虑分期施工、按整体用材料力学方法算出的坝基面总竖向正应力 $\sigma_y$;图 2-27(b)是第一期蓄水时的应力 $\sigma'_y$;图 2-27(c)是单独计算由于新增加的二期坝体混凝土重力 $W_2$、新增加的水压荷载 $P_2$ 和新增加的扬压力荷载 $U_2$ 所产生的应力 $\sigma''_y$;图 2-27(d)是按分期施工计算并叠加的合成应力 $\sigma'_y + \sigma''_y$,呈折线分布,使坝踵出现竖向拉应力。

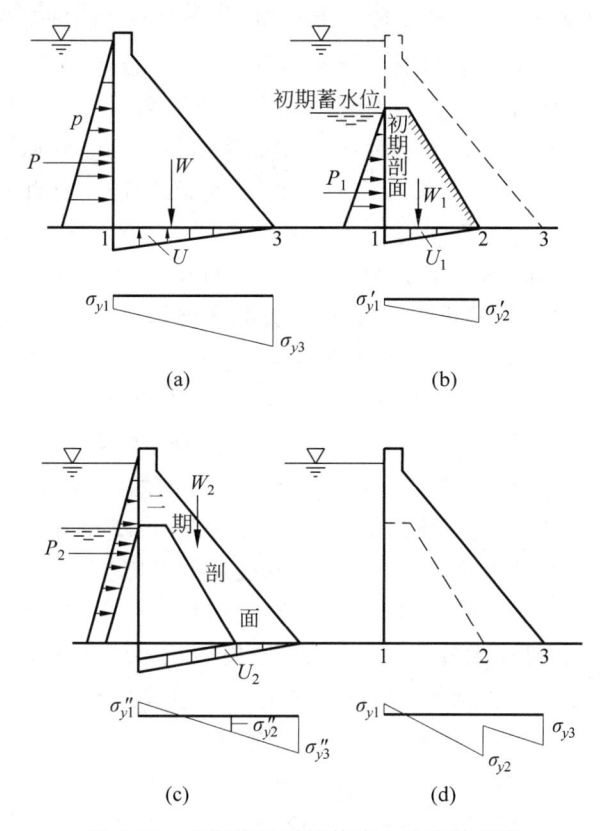

图 2-27 分期施工对坝体应力分布的影响

分期施工还会带来许多难题,如:新老混凝土接合问题以及它们不同的变形所产生的约束应力,溢流堰的重新设计和施工,大坝孔口的加长和改建,新坝基开挖对老坝的不利影响,等等。所以,只在万一不得已情况下才分期施工,或者在后来因特殊需要才不得不加高(如丹江口重力坝),一般应有长远计划,一次建成,尽量避免分期施工。

**6. 整体式重力坝对坝体应力的影响**

绝大部分的重力坝设置永久横缝,以适应坝体的自由变形和坝基的不均匀沉陷。但有个别重力坝因岸坡很陡,为保证陡岸坡坝段的稳定而取消永久横缝,做成整体式重力坝。

整体式重力坝的应力计算有两种方法:结构力学方法和有限单元法。

结构力学方法的原理是将整体式重力坝看成由竖直悬臂梁、水平梁和扭转结构三部分组成的体系,在各自所承担的荷载作用下,并考虑坝基变形的影响,它们在交点处的各种位移(包括点位移和角位移)是一致的,以此建立方程组,求解各结构承受的荷载,进一步计算各结构在各自荷载作用下的内力和应力。由于方程组很庞大,在电子计算机未出现或出现初期要解几十个方程的联立方程组是很困难的,只好采用试载的方法,直至各结构在所有交点处的各种位移基本一致为止。为区别这两种不同的解法,人们把早期的解法称为"试载法",而把后来用计算机直接解方程组的做法称为"内力平衡分载法"(详见后面拱坝的有关章节)。

在对整体式重力坝做有限元分析时,应按三维空间计算,因而总的计算量比平面有限元大得多。

由于重力坝的整体作用,水平梁承担了部分水压荷载,竖直悬臂梁承担的水压荷载减小,再加上自重的作用,坝踵的竖向压应力理应增加。但有些人用三维有限元法计算同样的整体式重力坝却得不出这样的结论,坝踵只有微小的改善或者反而增加了竖向拉应力。其原因是把自重荷载也参加分配,水平梁分担了一些自重荷载,竖直悬臂梁所承受的自重荷载减小,坝踵竖向压应力减小或拉应力增加,这是整体式重力坝自重应力因不同的计算处理所得应力结果与分缝重力坝的第一点不同之处。实际上横缝在灌浆前因温降已张开,自重基本上由竖直悬臂梁承担,只有在横缝灌浆之后所出现的水压和其他荷载才参与分配。试载法和内力平衡分载法都将坝体自重全部由竖直悬臂梁承担,算得整体式重力坝的坝踵应力比整体有限元方法计算的坝踵应力都有明显的改善,较为符合实际。

整体式重力坝由于水平梁分担了一部分水压荷载,水平梁的两端上游面和中间部位的下游面存在水平向拉应力,这也是整体式重力坝与分缝式重力坝应力分布的第二点不同之处。

第三点不同之处是温度变化对整体式重力坝沿坝轴线方向的应力影响很大。坝体实际温度的变化各处不一,在距离坝面超过 15m 的坝体内部,年温变幅小于 0.4℃;而在坝面附近 4m 的范围内,混凝土温度变幅超过 4℃,大坝表层沿坝轴线方向受拉和受压的温度应力都明显大于设置永久横缝的重力坝。横缝灌浆后由于水泥浆凝固干缩,相当于温降 2~4℃。如果灌浆不充满,水泥浆抗拉强度较低,再加上水泥浆干缩,坝体内部一大片很可能又脱开,能否按整体式重力坝计算或者按多大程度的整体式计算,至今仍是众说不一的复杂问题。为了防止库水沿被张开的灌浆横缝渗漏,除了在横缝处设置止浆片之外,还应按防渗要求,在横缝的上游再设置止水片。

对于较厚的整体式重力坝一般需要在坝内埋设冷却水管,将坝体冷却至蓄水运行后坝体的年平均温度,或再略低一些,使横缝张开更多一些,提高吃浆量和灌浆效果。当坝体温度升高时,坝体受到坝轴向的压应力,将比坝体温降时受到的轴向拉应力大一些。由于混凝土的抗压强度比抗拉强度大很多,这样冷却灌浆对减小坝体轴向拉应力,防止横缝再张开是有利的。

在两岸很陡的窄河谷上建造的整体式重力坝,如果两岸岩体很坚固,由于水平梁分担一部分水压荷载,对河床坝段减小坝踵的竖向拉应力和提高抗滑稳定性都是有利的,大坝可以薄一些。但因横缝灌浆须埋设冷却水管,待冷却后才能对横缝灌浆处理,不仅增加工程造价,还延长工期,延误拦洪、蓄水、发电、灌溉等,可能并不合算。所以,如果两岸岩体坚固,不存在容易向河床滑动的结构面,即使岸坡较陡,大多数重力坝宁可将两岸岩体开挖成合适的台阶,充分利用岩体抗剪断强度的作用,防止陡坡坝段向河床侧向滑动,也不采用整体式重力坝方案。

## 2.6 重力坝的温度应力与温控设计

> **学习要点**
> 1. 温度荷载是混凝土坝始终存在的基本荷载。
> 2. 温度应力随温度、弹模和徐变等因素的变化而变化。
> 3. 学习和掌握温度和温度应力的变化规律,制定减小温度应力的温控措施。

当重力坝和地基温度变化时,坝体和地基发生变形,由于坝体的变形受到地基的约束以及坝体各部分混凝土之间的相互约束,就产生了温度应力。这些温度的变化及其产生的温度应力是自混凝土浇筑一直至运行期都始终长时间存在、经常作用的,所以温度荷载属于基本荷载。但它随着温度变化而不断地变化,并非恒定,所以温度应力与其他应力叠加后的总应力也是不断变化的。

温度应力与施工期和运行期的温度变化以及弹模变化密切相关,并由混凝土水化热和热传导性能、施工期和运行期周围的环境等因素决定,它具有历史延续性和外界影响的复杂性,所以在设计阶段难以准确计算。好在它对重力坝稳定的影响很小,加之起控制作用的坝踵和坝趾的应力分析目前的计算方法也很难得到准确的结果,基本上按材料力学方法计算并按相应的标准来控制,故我国重力坝设计的各种规范在大坝断面设计中都未计入温度荷载的作用,而是在设计方案批准后,再对温度应力进一步做复杂的计算,对其中出现的问题进行研究并采取有效合理的温控措施加以解决。

### 2.6.1 坝体温度变化

坝体内各点的温度随时间变化大致分为以下三个阶段。

第一阶段为温升期。混凝土浇筑后,在混凝土凝固和硬化过程中产生水化热,使混凝土温度从浇筑温度 $T_p$ 上升至最高温度 $T_{max}$(如图 2-28 所示)。温差 $T_r = T_{max} - T_p$ 称为水化热温升,其值一般为 15~25℃。这一阶段一般发生在浇筑后约 3~7d。此后,虽然混凝土还有水化热,但如果水管冷却和表面散热速度大于水化热生成速度,混凝土温度就回落。最高温升的时间以及温升的数值 $T_r$ 与水泥品种、水泥发热速度、单位质量水泥的发热量、水泥的用量、浇筑块尺寸、浇筑层厚度和间隔时间、水管冷却散热条件和外界

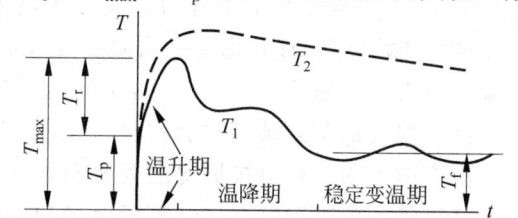

**图 2-28** 坝体混凝土温度的变化过程

温度等因素有关。

第二阶段为温降期。坝体混凝土温度达到 $T_{max}$ 后,温度开始下降。靠近坝体表面或有水管冷却的内部温降较快,如图 2-28 中的 $T_1$ 曲线所示。坝体内部若无水管冷却,由于水化热不易散发,则 $T_r$ 和 $T_{max}$ 较高,出现较晚,温度下降缓慢,很长时间才到达稳定变温场,如图 2-28 的 $T_2$ 曲线所示。

第三阶段为稳定变温期。坝体经过特定的人工冷却或很长时间的天然冷却后,初始温度和水化热温升的影响已消失,随着外界温度变化,坝体在靠近表面附近各点的温度基本上近似按各自简谐波的规律稳定变化,只是各点之间的温度变幅和相位不同而已,越靠近内部,温度变幅越小,相位比表面落后越多。坝体内部深处的温度一般接近于由同一高程上游坝面处的年平均水温 $\theta_u$ 和下游的年平均气温 $\theta_d$ 所构成的斜线分布(如图 2-29 所示)。以往很多书籍把这一时期称为稳定期,坝体的温度场称为稳定温度场。但不少读者往往误认为坝体的温度已经稳定不再变化了。其实与表面距离小于 15m 的坝内各点都有明显的温度变化,越靠近表面的温度变幅和相位越接近表面介质。以混凝土的导温系数 $0.1m^2/d$ 为例,理论计算和实测结果表明,在表面气温年变化作用下,距离表面 2m、5m、10m、15m 处的温度年变化幅度分别约为气温年变化幅度的 0.55、0.22、0.05、0.01 倍。即使是在很深的内部年温变化只有 0.01℃,严格说来也是在变化的。正是由于这些不同的温度变化,才引起内外各点之间的变形相互受到制约的温度应力,还引起大坝整体变形受到坝基岩体约束的温度应力。为避免读者误解,不妨把这一时期称为"稳定变温期"或"稳变期",此时坝体温度场称为"稳定变化温度场"或"稳定变温场",也可近似地称为"简谐温度场"。

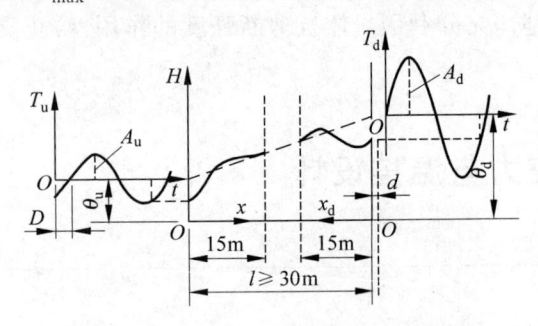

图 2-29 坝体某一高程稳定变温场示意图

### 2.6.2 混凝土坝浇筑块的温度应力

绝大多数重力坝设置横缝以消除坝轴向的整体温度应力,只有河谷很窄、岸坡很陡等个别情况才建造整体式重力坝,其整体温度应力的计算原理和方法可参见有关文献。这里只叙述混凝土坝浇筑块的温度应力。它是由于浇筑块温度变化引起的变形受到基岩(或老混凝土)的约束以及内部混凝土约束而产生的温度应力。

**1. 基岩(或老混凝土)约束引起的应力**

设靠近基岩的混凝土浇筑温度为 $T_p$,最大温升为 $T_r$,在温升过程中,浇筑块底部受基岩约束不能自由膨胀,将承受水平压应力。混凝土浇筑初期弹性模量较低,压应力不高。混凝土达最高温度 $T_{max}$ 后,开始温降,直到稳定平均温度 $T_f$,总平均温降为 $\Delta T = T_p + T_r - T_f$。如不受基岩约束,浇筑块温降自由收缩如图 2-30(a)中的 $a'b'$ 和 $c'd'$ 所示,但实际上受到基岩约束后的变形为 $a'b$ 和 $c'd$,相当于浇筑块底部 $b'd'$ 被基岩剪拉至 $bd$,故产生水平拉应力。$\Delta T$ 越大,水平拉应力就越大。

温度应力的计算可按情况的需要和条件的可能,选用有限元法、影响线法和约束系数法。有限元法由计算机按电算程序直接计算温度场和温度应力,计算精度较高,对于重要工程应首先采用。影响线法和约束系数法须单独计算温度场及其变化,再查表手算应力。有限元法、影响线法和约束系数法的计算原理和公式及计算图表因占很多篇幅,不在此列举,可参考有关文献[4,5,8]。

**2. 内外温差引起的温度应力**

混凝土块由于表面散热,内部温升远远超过表面,内部混凝土膨胀受到外部混凝土约束而受压,由于相互作用使外部受到张拉应力。图 2-31 画出内部截面温度应力的分布,此应力是由于内外温差所引起的,图中的负值表示拉应力。可用有限元法或影响线法计算浇筑块水平断面或垂直断面自表面向内部不同深度的应力。有限元法或影响线法的计算原理和公式详见有关参考文献[4,5,8]。

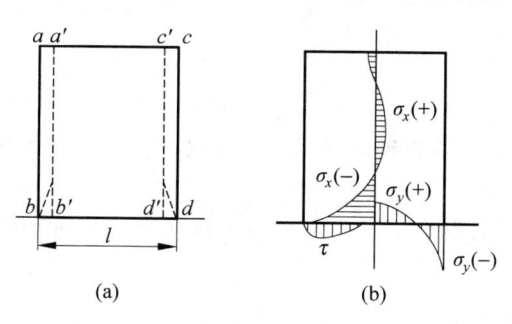

图 2-30　浇筑块的温度变形和应力示意图(负为拉应力)

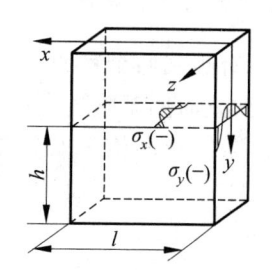

图 2-31　内外温差应力简图(负为拉应力)

### 2.6.3　重力坝的温度裂缝和温控设计

**1. 裂缝的分类**

当坝体某部位的拉应力超过混凝土的抗拉强度时,就会出现裂缝。重力坝的裂缝多是由于温度应力而引起的。裂缝有三类:表面裂缝(如图 2-32 所示的裂缝 4 和裂缝 5)、深层裂缝(如图 2-32 所示的裂缝 3)和贯穿性裂缝(如图 2-32 所示的裂缝 1 和裂缝 2)。

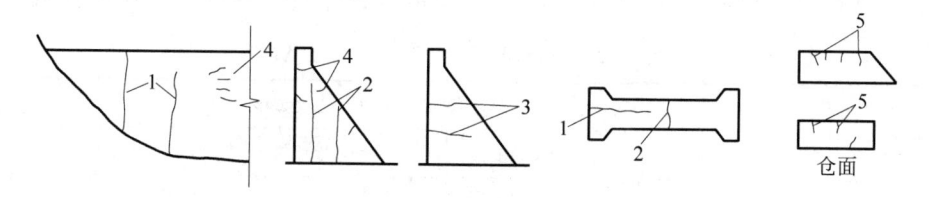

图 2-32　重力坝裂缝类型

1—垂直于坝轴线方向的贯穿性裂缝;2—平行于坝轴线方向的贯穿性裂缝;3—水平深层裂缝;4—坝表面裂缝;5—仓面裂缝

表面裂缝是由于表面混凝土温降收缩变形受到内部混凝土约束产生的拉应力超过混凝土抗拉强度而引起的;也有由于混凝土表面干缩而引起表面裂缝;还有这两者共同引起的表面裂缝。混凝土表面干缩速度很慢,在刚开始时一般引起很浅的微裂纹,但如果外界温度骤降,距离混凝土表面附近几厘米到几十厘米范围的温降收缩受到内部混凝土约束产生拉应力,使干缩引起的微裂纹很快地向内部扩展,形成明显的表面裂缝。可以说,干缩引起的微裂纹也是后来明显的表面裂缝的诱因之一。所以需要加强洒水养护,使混凝土表面经常保持湿润状态,避免干缩微裂纹的出现。

深层裂缝是由于表面裂缝继续向深处扩展的结果,一般是由于坝体后来继续温降受拉或者在蓄水后受到水压荷载作用上游坝面产生竖向拉应力,再加上水力劈裂作用,使表面裂缝扩展为深层裂缝。如图 2-32 所示的水平深层裂缝,它减小坝体有效抗剪断面积,是很危险的,必须防止出现。

贯穿性裂缝多发生在降温过程因混凝土收缩受到基岩约束的情况下。横向贯穿性裂缝垂直于坝轴线,会导致漏水和渗透侵蚀性破坏;纵向贯穿性裂缝平行于坝轴线,损坏坝的整体性,不利于大坝整体断面共同承受水压荷载。

为防止大坝裂缝,除适当分缝、分块和提高混凝土质量外,还应对混凝土进行温度控制。

**2. 温控设计的目的和标准**

通过温控设计达到两个目的:(1)防止由于混凝土前期温升过高、内外温差过大及气温骤降产生各种表面裂缝,防止后期温降过大产生的深层裂缝和贯穿性裂缝;(2)为做好接缝灌浆、满足结构受力要求、简化施工程序、提高施工工效,提供设计依据。

根据我国《混凝土重力坝设计规范》(NB/T 35026—2014)[4],混凝土浇筑块的温度应力按极限拉伸值控制,应满足下式:

$$\gamma_0 \sigma \leqslant \varepsilon_p E_c / \gamma_d \tag{2-65}$$

式中:$\sigma$——各种温差产生的温度应力之和,MPa;
$\gamma_0$——结构重要性系数,对于安全级别为Ⅰ、Ⅱ、Ⅲ级的重力坝分别取 1.1、1.05、1.0;
$\varepsilon_p$——混凝土极限拉伸值的标准值;
$E_c$——混凝土弹性模量的标准值;
$\gamma_d$——混凝土重力坝应力控制正常使用极限状态结构系数,取 1.5。

在缺乏条件计算温度应力的情况下,可由地基容许温差及其他规定来控制。

地基容许温差是指距离地基表面 $0.4l$($l$ 为浇筑块长边尺寸)高度范围内的混凝土在浇筑初期的允许最高温度与后来运行期的稳定变温场或简谐温度场的平均温度之差。我国《混凝土重力坝设计规范》(NB/T 35026—2014)[4]规定:常态混凝土 28d 龄期的极限拉伸值不低于 $0.85 \times 10^{-4}$、基岩变形模量与混凝土弹性模量相近、短间歇均匀上升时,其地基容许温差为表 2-12 中的数值。

表 2-12　常态混凝土地基容许温差 $\Delta T$　　　　　℃

| 离坝基面高度 $h$ | 浇筑块长边长度 $l$ | | | | |
|---|---|---|---|---|---|
| | 17m 以下 | 17~21m | 21~30m | 30~40m | 40m~通仓 |
| $(0~0.2)l$ | 26~24 | 24~22 | 22~19 | 19~16 | 16~14 |
| $(0.2~0.4)l$ | 28~26 | 26~25 | 25~22 | 22~19 | 19~17 |

对下述混凝土,其地基容许温差应进行分析论证:①结构尺寸高长比小于 0.5;②在地基约束区范围内长期间歇或过水的浇筑块;③基岩变形模量比混凝土大很多;④地基填塘混凝土、混凝土塞及陡坡坝段;⑤采用含氧化镁较高的水泥;⑥混凝土所用的骨料线膨胀系数明显大于 $10^{-5}/℃$;⑦深孔、宽缝坝段等部位在施工或运行期温度低于稳定变温场的温度。

若下层老混凝土龄期超过 28d 才浇筑上层新浇混凝土,应参考地基容许温差的办法来要求,视老混凝土龄期的长短等因素,可比上述标准适当放宽一些。

在施工过程中,各坝块应均匀上升,相邻坝块的高差不宜超过 10~12m;浇筑间隔时间不宜太长；未满28d龄期的混凝土暴露表面,应采取保温措施;必要时,28d后的混凝土暴露面也须考虑保温措施;侧向暴露面应保温过冬。

坝体纵缝灌浆温度,宜采用该处的稳定温度。若提高灌浆温度或超冷灌浆应有专门论证。

**3. 温度控制措施**

为防止坝体产生温度裂缝,应采取温控措施减小地基温差、上下层混凝土温差和混凝土内外温差,减小混凝土温降值 $\Delta T$。稳定变温场受自然条件制约,温控措施主要靠降低混凝土浇筑温度 $T_p$、混凝土水化热温升 $T_r$ 及减小约束等。具体温控措施有:

(1) 降低混凝土的浇筑温度 $T_p$。对骨料堆积场地搭凉棚、用预冷骨料和加冰屑拌和等措施来降低混凝土的入仓温度;在运输中注意隔热保温;尽量选在阴天、夜间或低温天气浇筑;在浇筑仓面搭凉棚防晒或喷雾养护等,防止仓面混凝土吸收太阳光热量而温度升高。

(2) 减少混凝土水化热温升 $T_r$。在不影响混凝土强度和耐久性的前提下,采用水化热较低的水泥,浇筑低流态或干硬性混凝土,掺用适宜的外加剂和掺合料(如粉煤灰)等尽量减少水泥用量;采用合理的混凝土分区,在坝体中间大部分区域采用低热水泥;加大骨料粒径、改善级配和埋设适量块石等,以减小水泥用量和水化热温升;采用冷却水管进行初期冷却,在浇筑层顶面浇水、积水或层面喷雾,合理减薄浇筑层厚度,利用仓面加速散热,可有效地减小水化热温升。

(3) 合理分缝浇筑,减小约束、加快散热。常态混凝土的横缝间距可为15~20m,超过24m的应有论证;纵缝间距宜为15~30m,超过30m应严格温度控制。碾压混凝土重力坝因水泥用量和水化热温升都明显低于常规混凝土,其横缝间距可比常规混凝土重力坝适当加大,一般中低坝不设纵缝,对于高坝可在严格控制浇筑温度等条件下取消纵缝。常规混凝土在地基部位的临时水平施工缝间距宜取1.5~2.0m,在远离地基的部位水平施工缝的间距可适当加大;碾压混凝土宜采用连续均匀上升,每小层厚度以0.30~0.35m为宜。

(4) 加强对混凝土表面的养护和保护。在混凝土浇筑后初期需要经常浇水养护,防止干缩裂缝出现;在夏季若气温较高,须对坝面、层面和侧面加覆盖,防止外界热量回灌进入混凝土;在寒冷季节应对孔口、廊道等通风部位加强封堵,在寒潮来临之前,应及时覆盖好混凝土表面,防止混凝土表面温降梯度过大、产生较大拉应力而开裂。

(5) 提高强度等级。根据抗裂要求,地基附近混凝土强度等级不宜低于C15。迎水面还应根据抗渗、抗裂、抗冻要求和施工条件等综合确定强度等级、抗渗标号和抗冻标号。

以上这些措施,要综合考虑工程的具体条件和设计原则研究确定,并同时做好施工组织设计,安排好施工季节、施工进度、坝块浇筑顺序等。

## 2.7 重力坝的材料、分区、分缝及构造

---

**学习要点**

根据重力坝应力分析对重力坝做材料合理分区和分缝及构造设计。

根据重力坝应力分析的结果,将坝断面分成几个区域,按不同要求采用不同材料。重力坝大部分区域为压应力,故重力坝的建筑材料主要是抗压强度较高的混凝土,有的中、小型工程全部或部分采用浆砌石、堆石混凝土或宽缝回填石渣等,将归到 2.11 节叙述。对水工混凝土,除强度外,还应按其所处部位和工作条件,在抗渗、抗冻、抗冲刷、抗侵蚀、低热、抗裂等性能提出不同的要求。

### 2.7.1 坝体混凝土性能的要求

**1. 混凝土的强度等级**

测定混凝土强度等级所用的试件尺寸是边长为 15cm 的标准立方体。大坝混凝土强度等级采用龄期 90d(常规混凝土)或 180d(碾压混凝土)、保证率为 80% 的抗压强度标准值,记作 $C_{90}10$、$C_{90}15$、$C_{90}20$、$C_{90}25$、$C_{90}30$、$C_{90}35$、$C_{90}40$、$C_{90}45$,或 $C_{180}10$、$C_{180}15$、$C_{180}20$、$C_{180}25$、$C_{180}30$ 等,字母 C 的下标表示试件龄期天数,后面的数字为抗压强度标准值(MPa)。如果混凝土承受荷载时间早于试件龄期,应进行核算,必要时应提高强度等级。

**2. 抗渗性**

坝体混凝土应根据它所在的部位和水力坡降采用表 2-13 所示的抗渗等级[4,5]。

表 2-13　大坝混凝土抗渗等级的最小容许值

| 部位 | 坝体内部 | 坝体其他部位按水力坡降考虑时 | | | |
|---|---|---|---|---|---|
| 水力坡降 | | $i<10$ | $10\leqslant i<30$ | $30\leqslant i<50$ | $i\geqslant 50$ |
| 抗渗等级 | W2 | W4 | W6 | W8 | W10 |

注:1. 承受侵蚀水作用的建筑物,其抗渗等级应进行专门的试验研究,但不得低于 W4。
　　2. 抗渗等级应按 DL/T 5150 规定的试验方法确定,可按坝体受水压作用的时间采用 90d 龄期的试件测定抗渗等级。

**3. 抗冻性**

抗冻性系指混凝土在饱和状态下,经多次冻融循环而不破坏,也不严重降低强度的性能。大坝混凝土应根据气候分区、冻融循环次数、表面局部小气候条件、水分饱和程度、结构重要性和检修的难易程度等因素按表 2-14 选用抗冻等级[4]。

表 2-14　大坝混凝土抗冻等级

| 气候分区 | 严寒 | | 寒冷 | | 温和 |
|---|---|---|---|---|---|
| 年冻融循环次数 | ≥100 | <100 | ≥100 | <100 | |
| 1. 受冻严重且难以检修部位:流速大于 25m/s,过冰、多沙或多推移质过坝的溢流坝、深孔或其他输水部位的过水面及二期混凝土 | F400 | F300 | F300 | F200 | F100 |
| 2. 受冻严重但有检修条件部位:混凝土重力坝上游面冬季水位变化区;流速小于 25m/s 的溢流坝、泄水孔的过水面 | F300 | F250 | F200 | F150 | F50 |
| 3. 受冻较重部位:混凝土重力坝外露阴面部位 | F250 | F200 | F150 | F150 | F50 |

续表

| 气候分区 | 严寒 | | 寒冷 | | 温和 |
|---|---|---|---|---|---|
| 年冻融循环次数 | ≥100 | <100 | ≥100 | <100 | |
| 4. 受冻较轻部位：混凝土重力坝外露阳面部位 | F200 | F150 | F100 | F100 | F50 |
| 5. 混凝土重力坝水面不结冰部位、水下部位或内部混凝土 | F50 | F50 | F50 | F50 | F50 |

注：1. 混凝土的抗冻等级应按 DL/T 5150 规定的快冻试验方法确定，也可采用 90d 龄期的试件测定。
2. 气候分区按最冷月平均气温 $T_a^m$ 划分：严寒——$T_a^m < -10℃$；寒冷——$-10℃ \leqslant T_a^m \leqslant -3℃$；温和——$T_a^m > -3℃$。
3. 年冻融循环次数分别按一年内气温从+3℃以上降至－3℃以下，然后回升至+3℃以上的交替次数，或一年中日平均气温低于－3℃期间设计预定水位的涨落次数统计，并取其中的大值。
4. 冬季水位变化区指运行期内可能遇到的冬季最低水位以下 0.5～1.0m，冬季最高水位以上 1.0m（阳面）、2.0m（阴面）、4.0m（水电站尾水区）。
5. 阳面指冬季大多为晴天，平均每天有 4h 以上阳光照射，不受山体或建筑物遮挡的表面，否则均按阴面考虑。
6. 最冷月平均气温低于－25℃地区的混凝土抗冻等级宜根据具体情况研究确定。
7. 抗冻混凝土必须掺加引气剂，其水泥、掺合料、外加剂的品种和数量，水灰比、配合比及含气量应通过试验确定。

**4. 抗冲刷性**

抗冲刷性是指抗高速水流或挟沙水流冲刷、磨损的性能。抗冲刷混凝土的抗压强度应高于 $C_{28}25$；若对抗冲刷要求较高，则混凝土的抗压强度应高于 $C_{28}30$。根据经验，使用高标号硅酸盐水泥或硅酸盐大坝水泥和由质地坚硬的骨料拌制成的高等级低流态混凝土或高强硅粉混凝土，其抗冲刷能力都较强。也可采用耐磨材料衬护，但应与混凝土结合牢固可靠。

**5. 抗侵蚀性**

抗侵蚀性是指混凝土抵抗环境水侵蚀的性能。若环境水具有侵蚀性，应选用抗侵蚀性能较好的水泥及骨料，其水灰比宜较原定值减小 0.05，并应有较好的抗渗性能。

**6. 抗裂性**

为防止混凝土结构产生温度裂缝，除合理分缝、分块和采取水管冷却等必要的温控措施外，还应选用发热量较低的水泥、减少水泥用量并提高混凝土的强度和抗裂性能。在非冬季施工时应降低浇筑温度、加强保湿养护措施，必要时掺用复合膨胀剂，以解决早期干缩开裂问题。

对高坝和重要工程，靠近坝基部位的混凝土强度等级不宜低于 $C_{28}20$（相应极限拉应变为 $0.85 \times 10^{-4}$）。坝体内部常规混凝土的强度等级不应低于 $C_{90}10$，碾压混凝土强度等级不应低于 $C_{180}10$。

## 2.7.2 坝体混凝土材料的要求

由于水泥的品种不同，其在混凝土凝固和硬化过程中所产生的热量也不同。我国常用中热水泥也称大坝水泥，如矿渣水泥等。水泥的标号越高，混凝土的强度也越高，一般水泥标号约为混凝土标号的 2.5～3.0 倍。在混凝土中加入掺合料，可减少水泥用量，降低水化热温升和工程造价。常用的掺合料为带有一定活性的粉煤灰，常规混凝土的粉煤灰掺合量一般为水泥用量的 15%～25%。

在混凝土中掺用加气剂、塑化剂、减水剂等外加剂，可以节约水泥用量，改善混凝土的和易性，有利于抗渗和抗冻。我国广西大化工程掺用粉煤灰和外加剂，使每立方米混凝土的水泥用量从 267kg 减少到 162kg，效果显著。

混凝土的粗骨料采用粒径5～150mm的天然砾石、卵石或人工碎石,要求质地坚硬、强度高,扁平状的颗粒含量符合规范的规定;对其中所含泥土及石粉等杂物必须清洗干净;避免骨料与水泥起化学作用使混凝土膨胀而断裂;对含有少量碱性反应的骨料,应采用抗碱化反应的水泥。

混凝土的细骨料采用粒径5mm以下的天然河砂或人工砂,扁平状的颗粒含量以及黏土、石粉等杂质的含量均应符合规范规定的要求。拌和水应不含酸、碱等有害物质。

### 2.7.3 坝体混凝土分区

坝体各部位对混凝土强度、抗渗、抗冻、抗冲刷、抗裂和低热等性能要求不同,所以将坝体分区,采用合适标号的混凝土,如图2-33所示。各区对混凝土性能的要求见表2-15。

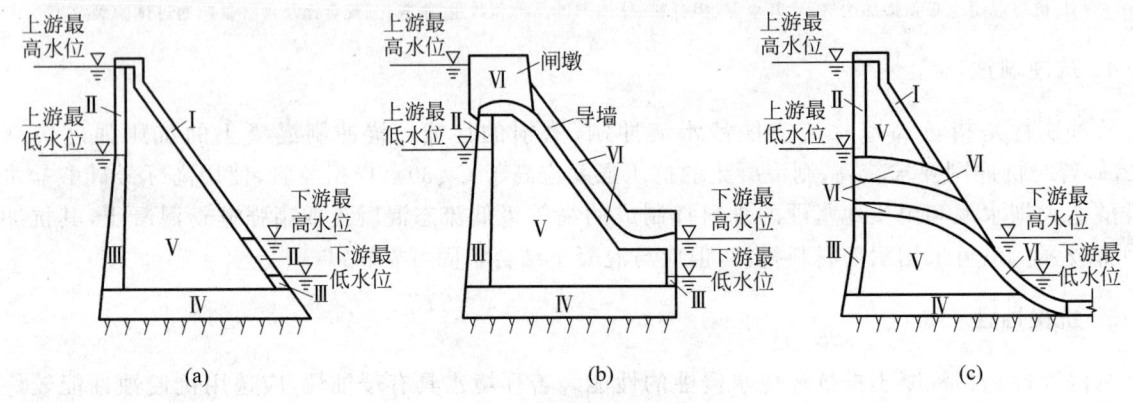

**图2-33 坝体混凝土分区示意图**
(a) 非溢流坝;(b) 溢流坝;(c) 泄水孔坝段
Ⅰ区—水位以上的坝体表层混凝土;Ⅱ区—水位变化区的坝体表层混凝土;Ⅲ区—上、下游最低水位以下坝体表层混凝土;Ⅳ区—靠近地基的混凝土;Ⅴ区—坝体内部混凝土;Ⅵ区—有抗冲刷要求的混凝土(如溢流面、泄水孔、导墙和闸墩等)

**表2-15 坝体各区对混凝土性能的要求**

| 分区 | 强度 | 抗渗 | 抗冻 | 抗冲刷 | 抗侵蚀 | 低热 | 最大水灰比 严寒和寒冷地区 | 最大水灰比 温和地区 | 选择各区的主要因素 |
|---|---|---|---|---|---|---|---|---|---|
| Ⅰ | + | − | ++ | − | − | + | 0.50 | 0.60 | 冰冻深度和施工 |
| Ⅱ | + | + | ++ | − | + | + | 0.45 | 0.50 | 冰冻深度、抗渗和抗裂 |
| Ⅲ | ++ | ++ | + | − | + | + | 0.50 | 0.55 | 抗渗、抗裂和抗侵蚀 |
| Ⅳ | ++ | ++ | + | − | + | ++ | 0.50 | 0.55 | 高强、抗裂和低热 |
| Ⅴ | | | | | | ++ | 0.65 | 0.65 | 低热 |
| Ⅵ | ++ | ++ | ++ | ++ | ++ | + | 0.45 | 0.45 | 抗冲耐磨、高强、抗侵蚀、抗冻 |

注:表中有"++"的为选择各区混凝土的主要控制因素,有"+"的表示需要提出要求,有"−"的表示不需要提出要求。

内部Ⅴ区混凝土要求低热,宜尽量减少水泥用量。上游防渗层混凝土应满足抗渗等级和水力坡降要求,其厚度宜取水深的0.05～0.1倍,且不小于2m(坝顶)～3m(坝底)。为了便于施工,同一浇筑块中混凝土的等级不宜超过两种,相邻区的混凝土等级不宜超过两级。

## 2.7.4 重力坝的分缝、分块

### 1. 横缝

横缝垂直坝轴线,其作用是:减小沿坝轴向的温度应力,适应地基不均匀变形,适应施工浇筑能力等。横缝间距一般为 15~20m,也有用到 24~28m 的,但须经过论证,主要取决于地基特性、河谷地形、温度变化、结构布置和浇筑能力等。横缝有永久性的和临时性的两种。

#### 1) 永久性横缝

永久性横缝常做成竖直平面,不设键槽,缝面不凿毛,缝内不灌浆,以使各坝段独立工作。根据横缝间距及温度变化情况,一般在缝内充填 2~3cm 厚的容易压缩变形的沥青木板或泡沫塑料板。

横缝须设止水。对高坝,应采用两道金属止水片,中间设沥青井或经论证的其他措施,对中、低坝可适当简化[4,5]。金属止水片一般采用 1.0~1.6mm 厚的紫铜片,做成可伸缩的"}"形,中间的突尖指向渗流方向,每侧深入混凝土 20~25cm,水头大于 70m 的部位不小于 25~30cm。第一道止水至上游坝面的距离应有利于增加上游坝面沿坝轴向压应力,高坝一般为 1~2m,低中坝大约为 0.5~1m(低坝一般只用一道止水)。中坝的第一道止水应为紫铜片,其第二道或低坝的止水采用橡胶或氯丁橡胶、遇水膨胀型橡胶。止水片的接长和安装要注意保证质量。沥青井呈方形或圆形,后浇筑的一侧可用混凝土预制块,厚 5~10cm。方形沥青井的断面尺寸常用 20cm×20cm~30cm×30cm。在坝体平均温度最低时向井内灌注填料(由Ⅱ号或Ⅲ号石油沥青、水泥和石棉粉组成)。井内设加热设备(常用电加热,将钢筋埋入井内,并与绝缘体固定),在井底设沥青排出管,以便排出老化的沥青,重填新料。图 2-34(a)、(b)、(c)是几种不同布置形式的横缝止水。

止水片及沥青井应伸入基岩约 30~50cm。对于非溢流坝段和横缝设在闸墩之间的溢流坝段,止水片必须延伸到最高水位以上,沥青井则须直通到坝顶。

对于高坝,在横缝止水之后,宜设排水井,必要时还可设检查井,井的断面尺寸一般为 1.2m×0.8m,井内设爬梯和休息平台,并与检查廊道相连通。

对设在溢流孔中间的横缝、非溢流坝段下游最高水位以下的缝间和穿越横缝的廊道及孔洞周边均需设止水片,如图 2-34(d)、(e)所示。

#### 2) 临时性横缝

临时性横缝是因施工和温控所需而临时设置的横缝,待各坝段充分降温收缩后对横缝灌浆使坝段连成整体,其主要用于下述几种情况:①河谷狭窄,做成整体式重力坝,可在一定程度上发挥两岸山体的支撑作用,有利于河床坝段及整个坝体稳定;②岸坡较陡,将各坝段连成整体,可以改善岸坡坝段的侧向稳定性;③坐落在软弱破碎带上的各坝段连成整体后,可增加坝体刚度,减小各坝段之间的位移差;④在强地震区,将各坝段连成整体,可提高坝体的抗震性能。

临时性横缝应设置键槽和灌浆系统(如图 2-35 所示)。键槽一般做成竖直方向的,水平截面形状为梯形,槽深 15~20cm,槽底宽 20cm,斜坡 1:2~1:1.5,为使各坝段连成整体并传递剪力,横缝应灌浆而不填充其他物质。较厚的重力坝须预埋冷却水管,横缝灌浆应在坝体冷却到或接近稳定温度才进行,相邻横缝灌浆进度不宜相差太大,灌浆高度视坝高和传力的需要而定。大狄克桑斯坝的横缝全部灌浆;我国乌江渡拱形重力坝,最大坝高 165m,横缝灌浆只从基岩灌至坝顶以下 65m 处,形成大半个下部拱形整体结构;新安江坝也只在底部 10~18m 范围内灌浆。

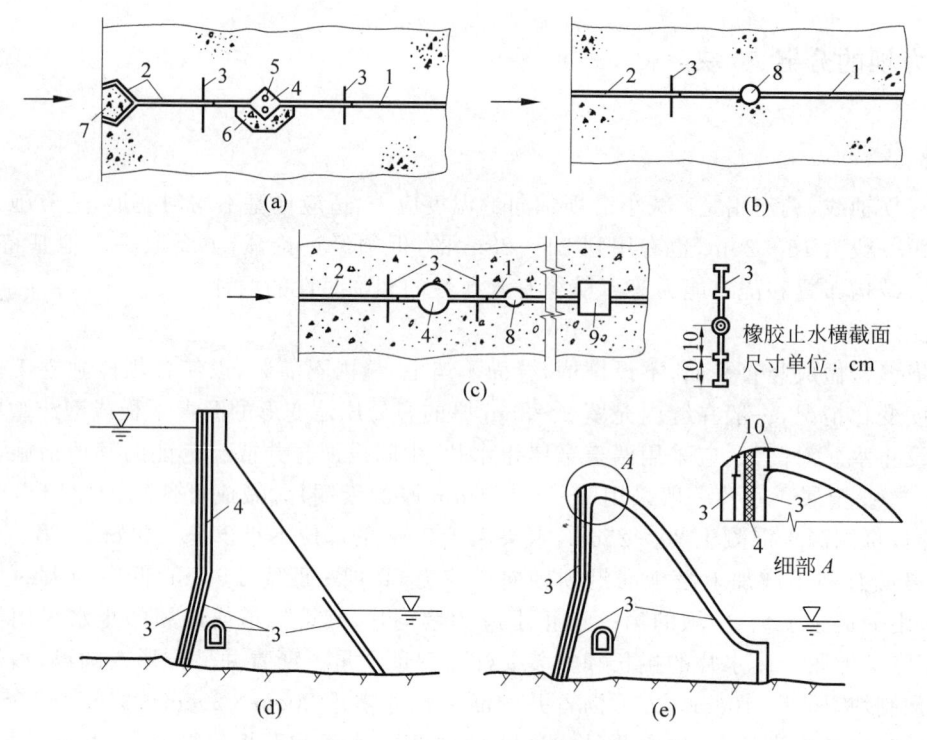

图 2-34 永久横缝的构造

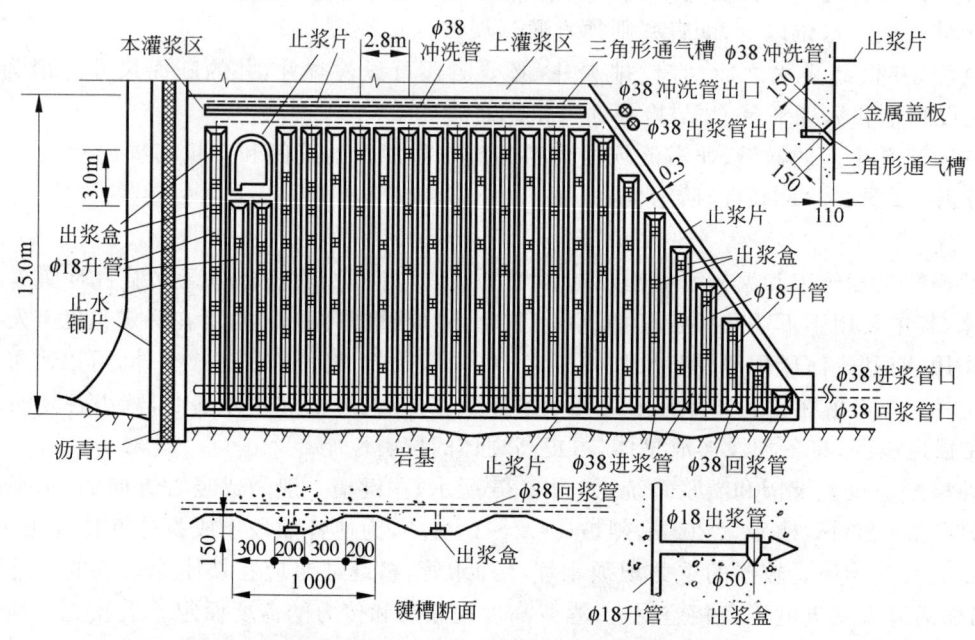

1—横缝；2—横缝充填物；3—止水片；4—沥青井；5—加热电极；6—预制块；
7—钢筋混凝土塞；8—排水井；9—检查井；10—闸门底槛预埋件

图 2-35 整体式重力坝临时横缝的键槽和灌浆系统的布置

键槽尺寸及管径单位为 mm，其余尺寸单位为 m

## 2. 纵缝

若混凝土坝的厚度超过 40~45m，为了减小施工期顺河向的温度应力，并适应混凝土的浇筑能力，宜在平行坝轴线方向设纵缝，将一个坝段分成几个坝块，待温度降到稳定温度或较低温度后再进行接缝灌浆。纵缝在坝面处应与坝面正交，避免出现尖角。

纵缝按其布置形式可分为，竖向纵缝、斜缝和错缝三种，见图 2-36。

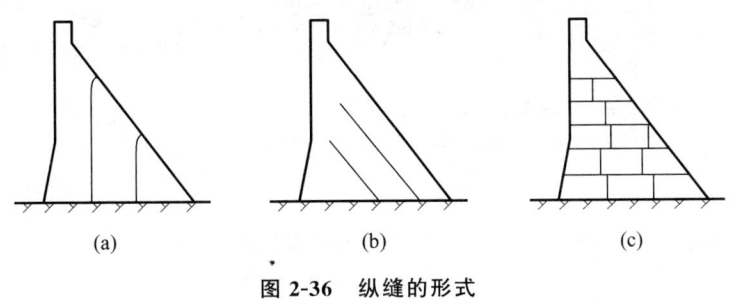

**图 2-36 纵缝的形式**
(a) 竖向纵缝；(b) 斜缝；(c) 错缝

### 1) 竖向纵缝

这是最常采用的一种纵缝形式。缝的间距根据混凝土浇筑能力和温度控制要求确定，一般为 15~30m。纵缝过多，不仅增加缝面处理的工作量，还会削弱坝的整体性。

为了更好地传递压力和剪力，纵缝缝面应设水平向键槽。键槽一般呈斜三角形，槽面大致沿主应力方向，在缝面上布设灌浆系统，如图 2-37 所示。待坝体冷却到接近稳定温度，坝块收缩至纵缝张开较大时再进行灌浆。灌浆沿高度分区进行，分区高度 10~15m，每一灌浆区的面积约为 300~450m$^2$。灌浆压力应根据应力及变形条件确定，太高可能使坝块底部产生过大的拉应力而破坏，太低则不能保证灌浆质量。层顶灌浆压力可取 0.1~0.3MPa，层底进浆压力取 0.35~0.45MPa，回浆管压力控制在 0.2~0.25MPa。当同一坝段有数条纵缝时，各纵缝灌浆进度宜相同，或先灌下游纵缝。为了灌浆时不使浆液从缝内流出，必须在缝的四周设置止浆片。

纵缝两侧相邻坝块上升高差不宜超过 12m，浇筑日期相隔宜小于 30d。后浇筑混凝土的温降和干缩变形造成缝面的挤压和剪切，不但影响纵缝灌浆效果，而且可能使刚浇筑不久、强度仍然较低的后浇筑块的键槽剪切破坏。所以，对纵缝两侧浇筑块的浇筑时差和上升高差作适当限制。

灌浆盒应埋设在先浇筑块三角形键槽上边，以免因后浇筑块自重下沉、温降和干缩变形挤压而出浆受阻。为避免埋设错误，最好埋设在竖直边缘（如图 2-37 中 A 点所示的位置）。

### 2) 斜缝

斜缝大致沿满库时的大主压应力方向设置，因缝面的剪应力很小，中低坝可不灌浆，高坝应经论证。我国安砂重力坝的部分坝段和日本的丸山坝曾采用斜缝不灌浆方法施工，经分析研究认为，坝的整体性和缝面应力均能满足设计要求。为防止斜缝沿缝顶向上贯穿，必须在适当位置并缝，布设骑缝钢筋或反扣槽钢等。斜缝的最大缺点是：各浇筑块间的施工干扰很大，上下和左右相邻坝块的形状以及浇筑间歇时间和温度控制均有较严格的限制，所以已很少采用。

### 3) 错缝

错缝间距为 10~15m，缝的错距为 1/3~1/2 浇筑块的厚度（厚度一般为 3~4m，在基岩面附近为

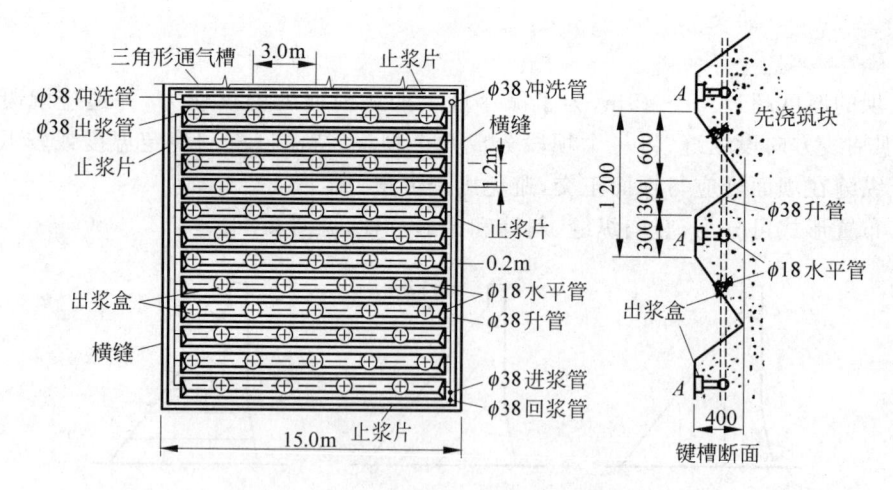

**图 2-37　临时纵缝的键槽和灌浆系统的布置**
键槽尺寸及管径单位为 mm，其余尺寸单位为 m

1.5～2m）。苏联曾在德聂泊水电站等中、小型重力坝中采用错缝浇筑。采用错缝布置时，缝面间可不作灌浆处理，但整体性差，各块收缩变形容易带动上、下块张拉而开裂，我国采用得极少。

由于温度控制和施工技术水平的不断提高，我国碾压混凝土坝和国外有些常规混凝土高坝采用通仓浇筑，不设纵缝，施工简便，可加快施工进度，坝的整体性较好。但高坝采用通仓浇筑，必须有专门论证，并应进行严格的温度控制。

### 3．水平施工缝

水平施工缝的层面必须凿毛，或用风水枪压水冲洗施工缝面上的浮渣、灰尘和水泥乳膜，使表面成为干净的麻面。在浇筑上层混凝土之前，铺一层厚约 2～3cm 的水泥砂浆使上下层结合牢固，或将新浇筑块下面第一层铺设的混凝土改为富浆混凝土，可免去铺设砂浆工序，加快施工进度。水平施工缝的处理质量关系到大坝的强度、整体性和防渗性，处理不好将成为薄弱面，必须予以高度重视。

浇筑块高度一般为 1.5～4.0m；在靠近基岩面附近用 1.0～1.5m 的薄层浇筑，以利散热，减少温升，防止以后温降过大而开裂，但在冬季不能间歇过长。纵缝两侧相邻坝块的水平施工缝应错开；当水平施工缝与廊道顶拱相交时，可以 1：1.0～1：1.5 的坡度与廊道边墙顶部连接；当水平施工缝在廊道上方时，与廊道顶部的距离不应小于 1.5m。

### 2.7.5　坝体排水

为减小渗透水对坝体的不利影响，在混凝土防渗体下游一侧需要设置排水管。排水管常用钻孔或预制豆石无沙多孔混凝土管，间距 2～3m，内径 15～25cm。渗透水由排水管进入廊道，然后汇入集水井，经由横向排水管自流或用水泵抽水排向下游。排水管与廊道连接采用直通式（如图 2-38 的右上图所示）不易堵塞，侧通式难以清理。

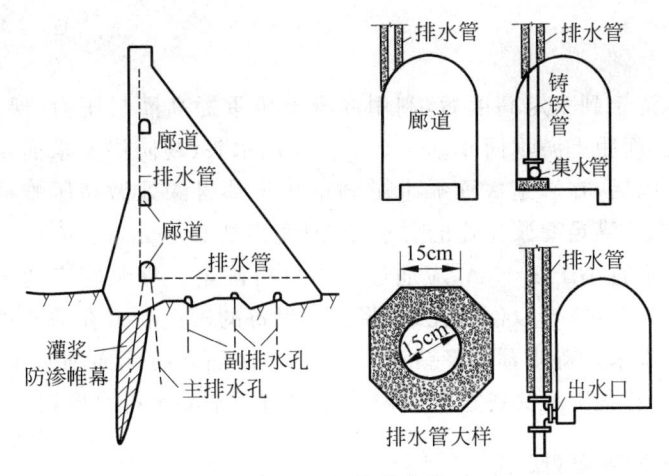

图 2-38 坝体排水管

## 2.7.6 廊道系统

为了满足灌浆、排水、观测、检查和交通等要求,需要在坝体内设置各种不同用途的廊道,这些廊道互相连通,构成廊道系统,如图 2-39 所示。

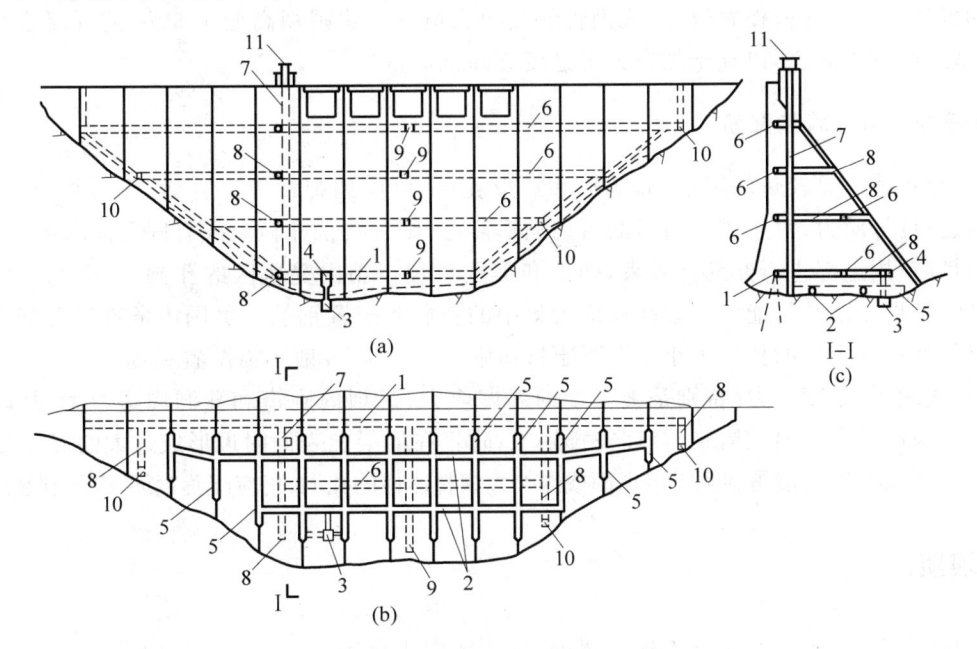

图 2-39 坝内廊道布置图

1—灌浆排水廊道;2—坝基面排水廊道;3—集水井;4—水泵室;5—横缝排水廊道;6—检查廊道;7—电梯井;8—交通廊道;9—观测廊道;10—进出口;11—电梯塔

### 1. 坝基灌浆廊道

帷幕灌浆要在坝体浇筑到一定高度后,利用混凝土压重提高灌浆压力,保证灌浆质量。为此,需在坝内设置廊道,其上游面距上游坝面 0.05~0.1 倍作用水头(视防渗要求而定)、且不小于 3m,待有坝体足够的压重和强度以后,在廊道底面靠上游侧钻孔至基岩深处做高压帷幕灌浆。廊道断面多为城门洞形,宽度和高度应能满足灌浆作业的要求,一般宽为 2.5~3m,高为 3.0~3.5m,廊道与岩基面或坝身各孔口的净距离不宜小于 3~5m,应通过应力分析确定。灌浆廊道随坝基面由河床向两岸逐渐升高,坡度不宜陡于 40°~45°,以便钻孔、灌浆及其设备的搬运。可在灌浆廊道上游侧设排水沟汇集坝体排水管流出的渗流水。待帷幕灌浆结束后,在廊道底面下游侧向坝基预定位置钻孔,形成坝基排水孔及扬压力观测孔,有些工程又将这种两用廊道称为坝基灌浆排水廊道。

### 2. 坝体排水廊道和检查观测廊道

为排除高、中坝坝体渗水并加强检查观测工作,应在坝基灌浆排水廊道以上的坝体约每隔 30m 设置检查和排水廊道,断面多采用城门洞形,最小宽度 1.2m,最小高度 2.2m,其上游边墙的位置与坝内排水管一致。各层廊道上游侧设排水沟,在两岸各有一个出口。

对于高坝,有时需布置其他纵向和横向廊道,以供检查、观测和交通之用。为观测坝体在不同高程处的位移,在坝体内设悬垂直井、便梯或 1~2 座电梯(指高坝),并与各层廊道相通。还可设置专门性廊道,如操作闸门用的操作廊道、进入钢管的交通廊道等。我国坝高低于 50m 的混凝土坝,一般只设一排坝基灌浆排水廊道,以利于加快施工进度和降低造价。

### 3. 廊道的应力计算和配筋

对于距离坝体边界较远的圆形、椭圆形和矩形孔道,可应用弹性理论方法,作为平面问题按无限域中的小孔口计算应力,对于靠近边界的城门洞形廊道,则主要依靠试验或有限元法求解。

过去对廊道周边都进行配筋。后来,西欧和美国对位于坝内受压区的孔洞,一般都不配筋,仅对位于受拉区、外形复杂及可能引起较高拉应力集中的孔洞才配置钢筋。美国内务部垦务局规定,按有限元法分析,如孔洞周边的拉应力小于混凝土抗压强度的 5%,一般不需配置钢筋。

工程实践表明,温度应力(特别是施工期的温度应力)是坝内廊道和孔洞周边产生裂缝的主要原因。为此,应采取适当的温控措施,合理安排施工,防止在混凝土表面附近形成过大的温度变化梯度。

对于产生裂缝后有可能贯穿到上游坝面或影响大坝整体性的孔洞,仍应配置钢筋,以限制裂缝的发展。

## 2.7.7 坝顶

对于中低重力坝,按常规混凝土施工要求,坝顶宽度不小于 3~5m;对于中高重力坝或碾压混凝土坝,考虑到机械施工要求,坝顶宽度不宜小于 5~8m;按运行要求,坝顶宽度主要取决于启闭设备位置和交通要求。一般坝顶如图 2-40(a)和(b)所示,只有少数因坝顶很宽,需在坝顶上、下游侧做悬臂结构,或者将下游侧做成桥梁结构形式[如图 2-40(c)所示],以减小坝顶重量、有利于抗震。若对抗震要求不高,考虑到未来坝顶交通发展需要,坝顶宜适当加宽,可将下游坝坡折点适当下移,坝体混凝土总量不变,仍满足稳定和应力要求,而使施工大为简便。坝顶防浪墙的高度一般为 1.2m,坝体伸缩缝和止水应向上延伸至防浪墙顶。坝顶下游侧设防护栏杆。坝顶面做成排水斜坡,并有排水管通向下游。

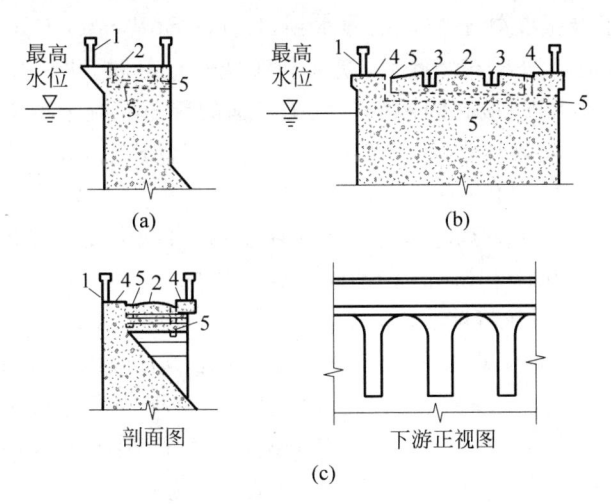

图 2-40 坝顶结构布置
1—防浪墙；2—坝顶公路；3—起重机轨道；4—人行道；5—坝顶排水管

## 2.8 碾压混凝土筑坝技术和碾压混凝土重力坝

> **学习要点**
> 重点了解碾压混凝土的特点、优越性和注意事项。

### 2.8.1 概述

碾压混凝土坝（Roller Compacted Concrete Dam）是最近几十年发展起来的,它不用振捣器而用振动碾通过振动碾压密实。碾压混凝土很干硬,用水量少,用水泥也少（约为同标号常规混凝土水泥用量的 1/3～1/2）,水化温升较低,大坝不设纵缝,不设或少设横缝,节省分缝模板和支模时间,施工简便安全,速度快,工期短（约为常规混凝土坝的 1/3～2/3）,收效快,造价低（大约节省造价 20%～35%）,在技术和经济上都是十分有利的,所以深受欢迎,发展很快。三峡工程三期围堰采用碾压混凝土重力坝在 5 个月内完成 110 万 m³ 浇筑任务,创造世界上最快的混凝土筑坝纪录,为提前发电和加快施工提供了保障,更显出碾压混凝土巨大的优越性。

世界上使用碾压混凝土最早的结构是 1961 年中国台湾石门土坝的围堰混凝土心墙,密实手段从振捣器改用滚筒碾压,当时称为"滚压混凝土"[9],译为"rollcrete"。20 世纪 70 年代初期,一些工程师如 J. M. Raphael, R. W. Cannon 和 A. I. B. Moffat 等先后提出改革混凝土材料工艺的试验,即减少混凝土中水和水泥用量、做成无坍落度混凝土,用推土机或平仓机铺开,用振动碾压实,称为碾压混凝土（RCC 或 Rollcrete）。1975 年日本开始研究用碾压混凝土筑坝,1976 年日本在大川坝上游横向围堰做碾压混凝土坝试验,1978年日本在岛地川坝现场碾压施工试验,1980年4月浇筑完,同年底建成了世界上第一座坝高88m的碾压混凝土重力坝。日本的碾压混凝土坝英文[10]简称为RCD。

1982年美国第一次用碾压混凝土修筑上静水坝(Upper Stillwater Dam)、柳溪坝(Willow Creek Dam)和其他几座重力坝,最高的87m。此后,澳大利亚、法国、苏联、西班牙、巴西、摩洛哥、南非等国也修筑了许多碾压混凝土重力坝,最高的80m。欧美各国的碾压混凝土英文[10]简称为RCC。

中国大陆于1979年开始对碾压混凝土筑坝技术进行试验研究,1981年开始全面探索研究,第一座碾压混凝土坝是福建大田县坑口重力坝,高56.8m,于1985年11月~1986年6月完成坝体碾压混凝土施工,1986年7月30日大坝基本建成并开始初期蓄水,筑坝进度和造价明显优于常规混凝土坝。此后,中国大陆继续做了一些试验和研究,在不同气候环境的地理位置建造了一些碾压混凝土坝,至2003年年底已相继建成46座碾压混凝土坝(其中重力坝38座,拱坝8座)。

中国大陆对碾压混凝土坝做了很多充分的研究工作、并学习国内外碾压混凝土筑坝成功的经验和吸取它们不足的教训,逐渐形成了中国特色的碾压混凝土筑坝技术。为便于区别,中国大陆碾压混凝土坝的英译文一般习惯简称为RCCD。据不完全统计,截至2016年年底我国已建和在建RCCD 192座(重力坝145座,拱坝47座,未包括围堰),其中光照重力坝高200.5m,龙滩重力坝第一期工程坝高192m(设计第二期加高至216.5m),黄登重力坝高203m,这三座坝高度是目前世界同类坝的前三名。中国的RCCD无论在坝的种类、数量、高度、筑坝速度,还是筑坝技术和研究工作,都已走在世界前列。

## 2.8.2 碾压混凝土重力坝的设计

碾压混凝土重力坝的断面设计、水力设计、应力和稳定分析与常态混凝土重力坝相同,但在材料与构造等方面需要适应碾压混凝土的特点。这些特点在世界各国也不同,我国在学习其他国家成功经验的基础上,不断地改进,逐渐形成了适合中国国情的碾压混凝土坝设计理论和经验。

我国RCCD设计考虑的因素有:(1)尽量少用水泥,以节省费用,减少水化发热量,利于温控,减少温度收缩缝;(2)有足量的胶结料砂浆,以便层间黏结紧密,有较高的抗剪强度和不透水性,为此要多掺活性粉煤灰;(3)混凝土要有足够的强度,为此应减少用水量,控制水灰比;(4)为使干硬性的碾压混凝土获得较好的压实性能和层间黏结性能,要适当降低$t_{vc}$值(time of vibrating compaction,现场取样置于小振动台上振动到翻浆所用的时间,单位为s,以往从国外引入的英文名称是VC,建议改用"$t_{vc}$"较为符合此量的物理概念和量的规范表示法),$t_{vc}$值若较大,虽然较干硬,但层间黏结较困难;(5)要避免浇筑时混凝土骨料分离,最大骨料粒径不宜采用4级配的15cm,并适当增加胶结料砂浆;(6)混凝土初凝时间应足够长,使上层碾压时下层尚未初凝,以便连续浇筑,使层间黏结良好。

### 1. 材料组成特性

基于上述这些考虑,我国一些设计、研究和施工单位做了大量室内和现场试验,经实际工程的检验,得到合适的混凝土配比:胶结料用量约为150~165kg/m³,其中纯硅酸盐水泥$C \approx 55 \sim 70$kg/m³,活性粉煤灰质量高于Ⅱ级(GB 1596),粉煤灰量$F \approx 90 \sim 100$kg/m³,灰胶比$F/(C+F) < 0.55 \sim 0.65$(外部取小值);水量$W \approx 75 \sim 100$kg/m³,水胶比$W/(C+F) \approx 0.45 \sim 0.65$;最大骨料粒径80mm,粗骨料一般用三级配;砂率约0.30~0.35,砂的细度模数为2.6~3.0,砂一般为一级配,必要时用二级

配,均匀掺和,石粉细颗粒(粒径小于0.16mm)含量约为10%~15%,粒径小于0.08mm的细颗粒含量不超过5%;缓凝剂用量为胶结料的0.25%~0.5%,初凝时间为6~8h,$t_{vc}=3\sim12s$;高寒地区RCC抗冻采用高掺引气剂技术,含量可达3%~5%。

国内一些碾压混凝土重力坝胶凝材料的用量见表2-16。

表2-16 我国一些碾压混凝土重力坝胶凝材料用量表

| 工程名称 | 水泥量 $C$/(kg/m³) | 粉煤灰量 $F$/(kg/m³) | 灰胶比 $F/(C+F)$ |
| --- | --- | --- | --- |
| 坑口重力坝 | 60 | 80 | 0.57 |
| 岩滩重力坝 | 55 | 104 | 0.65 |
| 水口重力坝 | 65 | 95 | 0.59 |
| 观音阁重力坝 | 72 | 58 | 0.45 |
| 观音岩重力坝 | 68 | 84 | 0.55 |
| 官地重力坝 | 70 | 130 | 0.65 |
| 沙沱重力坝 | 57 | 85 | 0.60 |
| 思林重力坝 | 60 | 90 | 0.60 |
| 龙滩重力坝 | 68 | 107 | 0.61 |

根据实验室试验和原型观测的结果,我国RCCD的特性如下:

(1)强度增长缓慢,后期继续增长,在龄期28~90d后,粉煤灰中的$SiO_2$与水泥水硬化产生的硅质水氧化物反应,生成大量水硬化钙硅胶体,充满孔隙,使混凝土更为紧密,其后期强度的增长远高于不加粉煤灰的混凝土,其90d和180d龄期的抗压强度相应为28d龄期抗压强度的1.4~2.0倍和1.7~2.3倍,这是有利的,不足之处是早期强度较低,施工期要加强养护。

(2)水泥用量少,用较多的粉煤灰来代替,水化热少,且发热缓慢,发生在龄期40~80d,坝内最大温升约8~15℃,不必像RCD或RCC那样每上升1~3小层(总高不足1m)需要间歇散热,而是连续上升约5~10m,个别还达15m,减少层面处理和间歇时间,加快进度,也提高层间结合质量。

(3)抗裂性能较好,这种混凝土的后期抗拉强度增长比例较抗压强度增长比例大,其90d和180d龄期的抗拉强度分别为28d龄期抗拉强度的1.9~2.5倍和2.30~2.8倍;抗拉强度与抗压强度的比率较高,为0.12~0.14,而混凝土的后期弹模为28d龄期弹模的1.3~1.5倍,增长相对较小,抗拉强度增长大而弹模增长小,有利于混凝土抗裂,另外,用水量少,干缩系数也小,也有利于抗裂。

(4)水泥水硬化效率较高,混凝土中粉煤灰用量多,在$F/(C+F)\leqslant60\%$时,每1kg水泥能获得的混凝土抗压强度效率较高,90d龄期的抗压强度可达到(0.3~0.4)MPa/kg。

(5)由于RCCD不像日本的RCD那样摊铺三四层才碾压(最底层动力压强小,还可能因时间长发生初凝),而是随铺随碾,混凝土未初凝,又由于很薄(一般约30~35cm厚),层底面动力压强大,层间黏结性能、抗剪强度和不透水性等都优于早期国外的RCD或RCC。

**2. 混凝土分区**

目前坝内的混凝土分区还没有统一的模式。日本的做法是,仅将碾压混凝土用于坝体内部,而在坝体上、下游面和靠近基岩面浇筑2~3m厚的常态混凝土作为防渗层、保护层和垫层,即所谓"金包银"方式,铺筑层厚0.5~0.75m,分2~3次铺筑。图2-41(a)为日本玉川坝非溢流坝段的典型断面。美国的柳溪坝采用钢筋混凝土预制模板,全断面均为碾压混凝土,铺筑层厚为0.3m;美国上静水坝则是采用滑动模板,在模板内侧浇筑平均厚度为0.3~0.6m的常态混凝土,坝体内部全用碾压混凝土,铺筑层厚为0.3m。

我国修建的碾压混凝土重力坝,形式多样,有的与日本类似,采用外包常态混凝土,如:辽宁省82m高的观音阁坝;也有的采用其他形式,如福建的坑口重力坝,高56.8m,坝顶长122.5m,坝内采用单一的100号(原标号,下同)三级配高掺量粉煤灰碾压混凝土,铺筑层厚为0.5m,近坝基用层厚2m的150号常态混凝土找平,不设纵横缝,上游面用钢筋混凝土预制模板浇灌6cm厚的沥青砂浆防渗层,下游面用混凝土预制块代替模板,作为坝体的一部分,溢流面用常态钢筋混凝土,见图2-41(b);又如潘家口下池坝,采用大型组装式钢模板,全断面均为碾压混凝土。

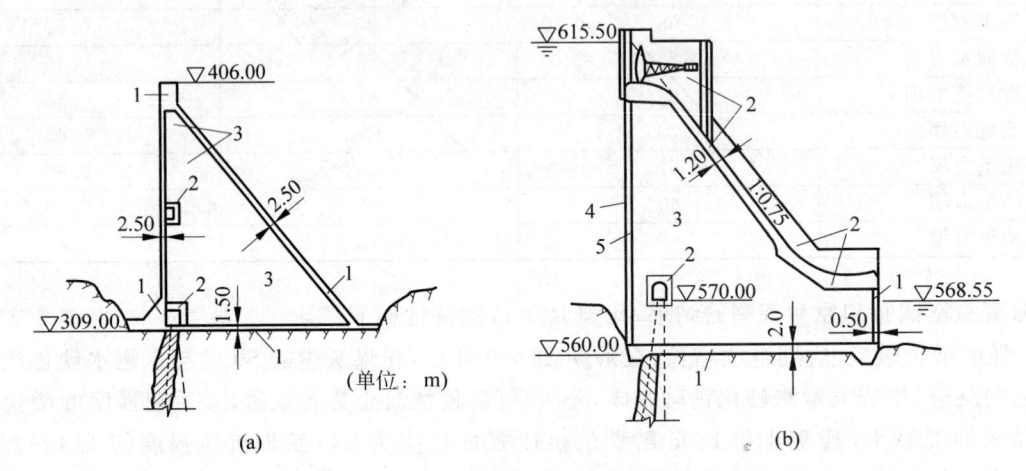

图2-41 碾压混凝土重力坝典型剖面
(a)非溢流坝断面;(b)溢流坝剖面
1—常态混凝土;2—钢筋混凝土;3—碾压混凝土;4—钢筋混凝土预制板;5—沥青砂浆

### 3. 坝体防渗

碾压混凝土坝经许多年建设和发展,其防渗材料或防渗方式有下面几种。

(1)坝体上游面的常态混凝土可用作防渗体,属于"金包银"方式。如坝体有横缝,则相应在常态混凝土内也要有横缝,并埋设止水。

(2)喷涂合成防渗薄膜、橡胶薄膜、土工薄膜、防渗塑料等防渗层。其优点是可与坝体浇筑分开施工,其缺点是耐久性差。

(3)沥青砂浆层,填筑在锚系于坝面的预制混凝土板与坝面之间的窄槽内。我国坑口坝上游面用6cm厚的沥青砂浆作防渗层,沥青砂浆外表侧为钢筋混凝土预制模板。预制模板与坝体之间用钢筋连接,这种布置对坝体的碾压施工干扰较少。

(4)胶结料用量较多的碾压混凝土(又称富胶碾压混凝土)浇筑于坝的上游部位作为防渗层。其厚度和抗渗标号均应满足渗透梯度的防渗要求,抗渗等级最小允许值为:坝高$H<30$m,取W4;$30m \leqslant H \leqslant 70m$,取W6;$70m<H<150m$,取W8;若$H \geqslant 150m$,应专门试验论证[11]。水泥、粉煤灰和水的用量适当增加一些,$t_{vc}$值较小。骨料最大粒径40mm,施工中应防止骨料分离和粗骨料集中。

(5)在上游坝面采用"变态混凝土"(又叫"改性混凝土")。先全断面铺设碾压混凝土,然后在靠近上游模板某一要求防渗的范围内和与两岸岩体接触部位,浇灌适量的水泥浆,用振捣棒振捣密实代替振动碾压,类似于常态混凝土,应满足规范要求的抗渗等级。在其他部位碾压时,与其结合的部位约 25～30cm 宽度的范围也需碾压几遍。这种方法避免两种混凝土上坝带来的干扰和麻烦,先后在盐滩碾压混凝土围堰、江垭、龙滩等碾压混凝土重力坝的施工中采用。

前面 3 种防渗方式在早期用得较多,经过多年的碾压混凝土筑坝实践,逐渐出现第(4)和第(5)两种防渗方式,它施工方便,对总进度影响很小。实践表明,只要认真施工,后两种方式防渗效果是很好的。这是首先在我国发明、使用和推广的,逐渐替代前 3 种防渗方式。

#### 4. 坝体排水

碾压混凝土重力坝的排水管可设在常态防渗混凝土的下游侧,也可置于碾压混凝土区。若为后者,为便于碾压,可在铺筑层面排水孔的位置上用瓦楞纸做成与铺筑层厚相同的砂柱(直径约 150mm),待混凝土铺好后一起碾压,孔内砂料可在一天后清除,或采用拔管法造孔。也有些工程在浇筑至坝顶后,自坝顶向下钻孔至排水廊道形成排水孔,避免施工干扰和排水孔堵塞。

#### 5. 坝体分缝

由于水泥用量大大减少,水化热温升也减小很多,碾压混凝土重力坝可采用通仓浇筑,而不设纵缝,也可减少或不设横缝。但为适应伸缩和地基不均匀沉降,仍以设置横缝为宜,其间距一般可加大到 30～40m,视浇筑温度、水化热温升和外界环境温度等因素而定,一般须做温控计算。我国趋向于采用更大的间距,减少施工干扰,有利于加快施工进度。为便于碾压施工,在每层碾压后用造缝机将刀片振动下压前移切成与层厚同高的横缝,紧接着在刀片后面的漏斗灌注干砂或用轮子压入编织布等作为隔离物。如果没有切割造缝机,可在每铺设一层碾压混凝土料之前,在横缝两侧铺设与压实后的碾压层同高的"L"形断面预制混凝土模板,长约 50～70cm,以便人工搬运和拼装,水平板宽度略大于高度,用支撑肋板与竖向板连接,水平板预留两个小孔,以便打入 $\phi 10$ 插筋固定于下层碾压混凝土,待新的碾压混凝土摊铺后一起碾压,埋在坝内,形成永久横缝。若吊装、搬运等设施较好,预制混凝土模板可做得长一些和宽一些,以利于预制块模板的铺设、稳定和碾压,加快铺设速度。

#### 6. 层间结合要求

层间结合主要是指水平施工缝结合的问题。碾压混凝土坝要求层间结合紧密,这不仅出于防渗的考虑,而且还为了增加层间的抗拉强度和抗剪强度,提高层间的 $f'$ 和 $c'$ 值,从而提高层间的抗滑稳定安全系数。早期日本的 RCD 在摊铺 3～4 层混凝土料才用 7t 的 BW200 振动碾碾压,一则最先摊铺的下层可能由于摊铺时间太长而初凝粘结不上,抗拉强度几乎为零;二则因摊铺太厚由振动碾传至下层的压强太小,粗骨料未能被压进老混凝土里,新老混凝土之间层面光滑,既容易漏水又对抗滑稳定不利。虽说自筑坝至今未发生滑动破坏,但其潜在的安全余地太小,并非人们所要求的安全系数。后来中国的 RCCD 采用每摊铺一层立即碾压一层的做法,趁下层老混凝土未初凝之前就碾压,而且用的是 100kN 的 BW200 振动碾对约 30～35cm 厚的薄层碾压,层面压强远大于日本的 RCD,粗骨料能被压进下层的老混凝土中,层面不光滑,有利于加大 $f'$ 和 $c'$ 值,提高抗渗和抗滑性能。

层间结合问题不仅与施工有关,还与设计有关。如胶结料、砂和水各用量多少,控制初凝时间的外加剂用量多少等,这些都是设计与施工单位经过试验研究共同决定的问题。这些用量在实际施工过程中不应该一成不变,而应该按不同的气候条件、不同的浇筑部位,抓住主要矛盾,灵活变动。例如在南方建坝,在冬天混凝土用水量可以少一些,$t_{vc}$以 7~12s 为宜,初凝时间可以短一些;而在气温较高的 4—5 月份,如果这些用量不变,由于混凝土太干和初凝时间太短,层间结合就很差,在这种情况下,主要矛盾不再是早期强度的问题,而已转化为层间结合问题了,用水量应比冬天略多一些,$t_{vc}$以 3~7s 为宜,重新调配缓凝剂的用量,初凝时间比冬天长一些,保证层间结合好。

### 7. 坝内廊道、泄水孔和输水管

为减少施工干扰,增大施工作业面,碾压混凝土重力坝的内部构造应尽可能简化,廊道层数可适当减少。坝高 50m 以下可只设一层坝基灌浆排水廊道;坝高 70~100m,可设两层;其他坝高如何设置廊道,应根据灌浆、排水和交通的需要,尽可能合并。廊道用混凝土预制件拼装而成,上游侧与常态混凝土防渗层相连,在廊道下游侧和顶拱上面用变态混凝土与碾压混凝土相接。

坝内泄水孔、输水管和电站引水管等不宜太多和分散,应尽量减少,并尽量集中布置在岸边或河床常规混凝土垫层里,减少与碾压施工的干扰,以充分发挥碾压混凝土施工进度快的优势。

### 8. 温度控制

碾压混凝土筑坝从总体上讲,有利于温度控制,但其水化热增温过程缓慢且高温持续时间长,加之坝体快速升高,不设纵缝,不设冷却水管等,对温控又将产生不利的影响。温控防裂问题要充分重视,采取必要措施,又要便于施工。RCCD 温控标准应根据温度应力计算确定。特别对大型工程,应采用有限元法进行温度和徐变应力分析,并由此确定温度收缩横缝的间距。由于 RCCD 浇筑块很长很宽,而且徐变度小于常规混凝土,对于地基约束区内长期间歇的浇筑层,以及基岩与混凝土弹模相差较大的情况,基础容许温差限制应更严,要通过深入的温度应力分析来确定。当碾压混凝土 28d 龄期的极限拉伸值不低于 $0.7\times10^{-4}$ 时,其地基温差不超过表 2-17 中的数值[4]。

表 2-17 碾压混凝土地基容许温差 $\Delta T$    ℃

| 离坝基面高度 h | 浇筑块长边长度 l |||
|---|---|---|---|
| | 30m 以下 | 30~70m | 70m 以上 |
| (0~0.2)l | 18~15.5 | 14.5~12 | 12~10 |
| (0.2~0.4)l | 19~17 | 16.5~14.5 | 14.5~12 |

坝基垫层常态混凝土水化热较高,又受地基约束,必须在低温季节浇筑,降低浇筑温度,严禁长期间歇,应在一周内覆盖上层碾压混凝土。对于没有水管冷却的碾压混凝土坝,由于坝体散热很慢,在上下游坝面和孔口周围如果水或空气的温度很低,就会造成很大的内外温差,容易产生表面裂缝或劈头裂缝。从上述的分析来看,没有水管冷却的碾压混凝土坝应该比有水管冷却、分缝柱状浇筑的常规混凝土坝采取更严格的温控措施。

为防止坝体产生温度裂缝,应采取以下措施:①选用低热水泥,合理确定胶凝材料和外加剂的掺量;②对骨料场搭凉棚,对原材料进行预冷却,用冰屑代替部分拌和水,根据季节、气温和工程量等合理安排施工时间,仓面搭凉棚、喷雾等以降低浇筑温度;③在浇筑初期外界温度很低时,内部处于温升阶段,增加表面拉应力,因此时混凝土强度较低,更应加强表面保温防裂措施。

## 2.9 重力坝的地基处理

> **学习要点**
> 
> 帷幕灌浆、排水、断层和软弱夹层的处理,是提高重力坝的抗滑稳定性的重要措施。

重力坝的地基处理对坝基面和岩体结构面的摩擦系数和凝聚力的取值、对扬压力的取值都有重要的影响。据统计,世界上重力坝的失事有40%是因为地基问题造成的。我国在这方面也有很多经验教训。因此,在设计中,必须十分重视对地基的勘探研究。这是一项关系坝体安全、经济和建设速度极为重要的工作。

天然地基,由于长期经受地质作用和自然界作用,一般都有风化、节理、裂隙等缺陷,有时还有断层、破碎带和软弱夹层,所有这些都需要采取适当的处理措施。地基处理的主要任务是:(1)防渗和排水,降低扬压力、减少渗漏量;(2)提高基岩的强度和整体性,满足强度和抗滑稳定的要求。

### 2.9.1 地基的开挖与清理

地基开挖与清理的目的是使坝体坐落在稳定、坚固的岩基上。开挖深度应根据坝基应力、岩体强度以及坝基整体性、均匀性、抗渗性和耐久性等,结合上部结构对地基的要求和地基加固处理的效果、工期和费用等研究确定。100m 以上的混凝土重力坝应建在新鲜、微风化或弱风化下部基岩上[4,5],高度超过150m 的坝段宜建在新鲜、微风化基岩上[5];坝高50~100m 时,可建在微风化至弱风化中部基岩上[4,5];坝高小于50m 时,可建在弱风化的中部至上部基岩上[4,5];两岸地形较高部位的坝段,可适当放宽。为保护坝基面完整,宜采用梯段爆破、预裂爆破,最后 0.5~1.0m 用小药量爆破。

在坝体混凝土浇筑之前须用风镐或撬棍清除坝基面起伏度很大的和松动的岩块,用混凝土回填封堵勘探钻孔、竖井和探硐等,对坝基面进行彻底的清理和冲洗,保证混凝土与岩基面粘结牢固。

对岸坡较陡的坝段,在平行坝轴线方向宜开挖成有足够宽度的台阶状,并使水平台阶位于坝段的下部,斜坡位于坝段的上部[如图 2-42(a)所示],避免在同一坝段内的岩基面出现较大的凸角[如图 2-42(b)所示]。若岸坡特别陡,宜补充其他结构措施,如锚筋、锚索、横缝灌浆等,以确保坝段的侧向稳定。考虑到横缝灌浆需埋设灌浆盒、灌浆管,等到坝体温度降到很低才能灌浆。对于岸坡特别陡的中低坝情况,如果岸边岩体没有倾向河床的结构面,可将岸坡开挖成较大的平台,使每一坝段基本建在各自的平台上,将横缝设置在台阶的凸角处[如图 2-42(c)所示],经论证如果岸坡岩体能支撑坝体不发生侧向滑动,则不需做横缝灌浆处理,这样总的造价和工期比横缝灌浆的办法节省。

### 2.9.2 固结灌浆

固结灌浆的目的是:提高基岩的整体性和强度;降低地基的透水性;提高帷幕灌浆的压力和效果。

固结灌浆孔一般布置在应力较大的坝踵和坝趾附近,以及节理裂隙发育和破碎带范围内,对于高

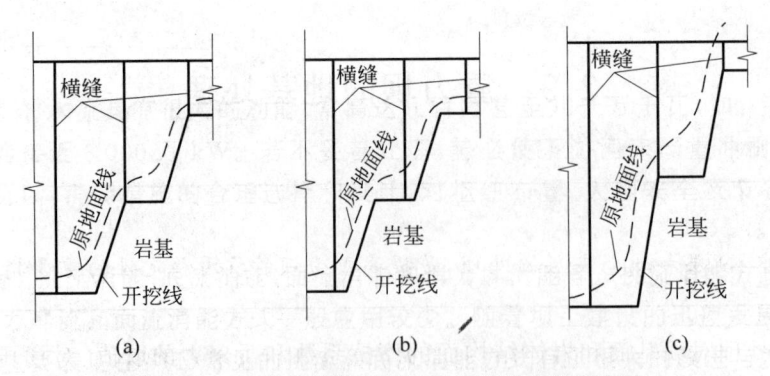

图 2-42 陡岸坡坝段坝基开挖与坝段布置示意图
(a) 建议开挖形状与布置；(b) 应避免的横缝布置；(c) 特陡岸坡的开挖与布置

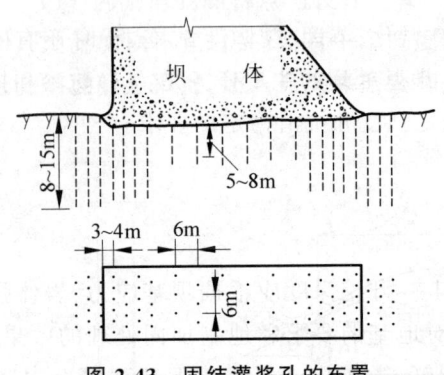

图 2-43 固结灌浆孔的布置

坝宜扩大至全坝基范围。灌浆孔呈梅花状或方格状布置（见图 2-43），孔距、排距和孔深取决于坝高和基岩的构造情况。孔距和排距一般从 8~12m 开始作为一序孔，采用内插逐步加密的多序孔方法，最终为 3~4m 或 2~3m。固结灌浆孔深一般为 5~8m，上游帷幕区和高坝下游坝趾处宜加深至 8~15m，在节理裂隙发育和破碎带处视具体情况和需要适当加深。钻孔方向宜垂直于基岩面，尽可能正交于主要裂隙面。灌浆时先用稀浆，而后逐步加大浆液的稠度，灌浆压力一般为 0.2~0.4MPa，以不掀动岩石为限。应先浇筑部分坝体混凝土，加大盖重，灌浆压力可达 0.4~0.7MPa。

坝踵上游基岩的固结灌浆因没有混凝土压重加压，裂隙里的水泥浆不多，抗拉强度较低。随着蓄水位上升，库水对大坝水平推力逐渐加大，坝踵上游的表面裂隙逐渐张开并向下扩展，有利于坝踵主拉应力释放变小。应尽量做好坝踵底下基岩的固结灌浆和后来的帷幕灌浆；在蓄水初期应控制库水位，待淤泥沉积到某一厚度再逐渐提高水位，使淤泥先被压入刚张开的裂隙。

地基下如有溶洞、溶槽，除必要的部位进行回填混凝土或浆砌石之外，还应对其顶部和周围岩体加强回填灌浆、接触灌浆和固结灌浆。

### 2.9.3 帷幕灌浆

帷幕灌浆的目的是：减小坝基渗流量和渗透压力，提高坝基稳定性。灌浆材料最常用的是水泥浆，在地下水流速较大的个别情况下，可采用快速凝固的化学灌浆，可灌性好，抗渗性强，但较昂贵，且污染地下水质，使用时需慎重，一般很少采用。

防渗帷幕一般布置在坝踵与坝内灌浆廊道正下方之间的压应力区，自河床向两岸延伸。在靠近岸坡处可在坝顶、岸坡或平洞内钻孔灌浆，如图 2-44 所示。钻头若为铁砂钻头，则钻孔方向一般为铅直，或略为向上游倾斜，与竖向夹角一般小于 10°，防止钻孔弯曲；若为金刚石钻头，必要时也可有一定斜度，或与主裂隙面垂直，以便较多地穿过主节理裂隙，提高灌浆效果。

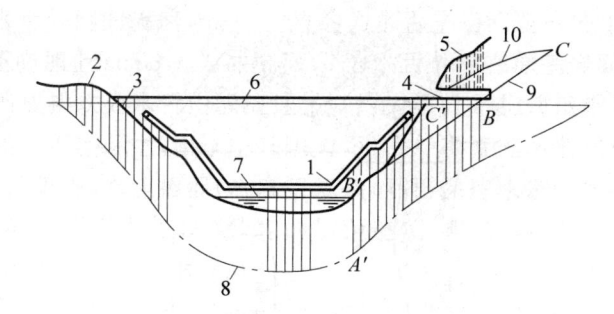

图 2-44 防渗帷幕沿坝轴线的布置

1—灌浆廊道；2—山坡钻孔；3—坝顶钻孔；4—灌浆平洞；5—排水孔；6—最高蓄水位；7—原河水位；
8—防渗帷幕；9—原地下水位线；10—蓄水后地下水位线

防渗帷幕的深度按作用水头和基岩的透水率 $q$ 确定。透水率单位是 Lu, 1Lu＝1L/(min·m·MPa)，指在 1MPa 水压力作用下每米孔段、每分钟的透水量 1L；若 1MPa 换算成 100m 水柱压力，1Lu 相当于老单位 $\omega=0.01$L/(min·m·m)。由于岩体不是松散体，间距小于 20cm 的竖向裂隙极少，绝大多数裂隙与钻孔斜交，所以岩体的透水率与孔径关系不大。若地基内的相对隔水层埋藏较浅，帷幕应穿过透水层深入相对隔水层 3～5m。相对隔水层的透水率 $q$ 采用如下标准[4,5]：坝高 100m 以上，$q=1～3$Lu，坝高 50～100m，$q=3～5$Lu；坝高 50m 以下，$q=5$Lu。

抽水蓄能电站或水源短缺水库宜取以上相应较小的 $q$ 值。

如相对隔水层埋藏较深，则帷幕深度可根据防渗要求确定，通常取坝高的 0.3～0.7 倍。

帷幕深入两岸的部分，原则上应达到上述标准，并与河床部位的帷幕保持连续。当相对隔水层距地面不远时，帷幕应伸入岸坡与该层衔接。当相对隔水层很深时，帷幕应伸到如图 2-44 所示的原地下水位线与最高库水位的交点 $B$ 处，$BC$ 以上设置排水，以降低蓄水后库岸的地下水位。

防渗帷幕的厚度应满足抗渗稳定要求，帷幕内的渗透坡降不应超过以下数值：若帷幕区的透水率 $q=3～5$Lu、渗透系数 $k=6×10^{-5}～1×10^{-4}$cm/s，则容许渗透坡降 $[J]=15～10$；若 $q=1～3$Lu、$k=2×10^{-5}～6×10^{-5}$cm/s，则 $[J]=20～15$。

灌浆所能得到的帷幕厚度 $l$ 与灌浆孔排数有关，见式(2-66)和图 2-45，若有 $n$ 排灌浆孔，则

$$l=(n-1)c_1+c' \tag{2-66}$$

图 2-45 防渗帷幕厚度
1—钻孔；2—浆液扩散半径

式中：$c_1$——灌浆孔排距，一般 $c_1=(0.6～0.7)c$，$c$ 为孔距；
$c'$——单排灌浆孔时的帷幕厚度，$c'=(0.7～0.8)c$。

帷幕灌浆孔的排数：坝高 $h\geqslant 100$m 的设置两排；$100m>h\geqslant 50$m，若帷幕上游有固结灌浆可用一排，但若地质条件较差的宜用两排；若 $50m>h\geqslant 30$m，一般做一排帷幕；对于 $h<30$m 的低坝，基岩条件较好且为弱透水层(渗透系数小于 0.1m/d)，可在坝踵附近的岩基设置固结灌浆，在其下游钻孔排水，不设帷幕。对于两排帷幕孔的，一般仅其中一排孔钻灌至设计深度，另一排孔深约取设计深度的 1/2～2/3，使帷幕厚度满足渗透坡降的要求。孔距一般为 1.5～3.0m，排距宜比孔距略小。钻孔方向可以是竖直的或有一定的倾斜度，依工程地质情况及钻头类型而定，见图 2-46。

帷幕灌浆必须在坝体混凝土有足够的压重和强度之后、在蓄水之前进行。灌浆压力一般应通过

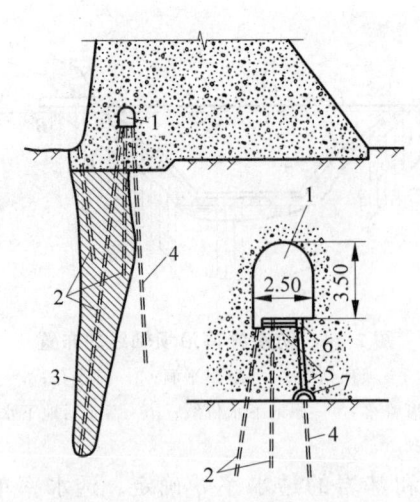

图 2-46　防渗帷幕和排水孔幕布置
1—坝基灌浆排水廊道；2—灌浆孔；3—灌浆帷幕；4—排水孔幕；
5—预埋排水钢管；6—三通；7—预埋混凝土预制拱

试验确定,通常在帷幕表层段不宜小于 1～1.5 倍坝前静水头,但不得抬动岩体；在孔底段宜取 2～3 倍坝前静水头,因为深处地下水压力很大,需用较大的灌浆压力才使水泥浆挤进岩基缝隙,加之有较厚岩体的作用,可用较大的灌浆压力,保证仅用一排主帷幕孔使每两孔中间最单薄处的帷幕厚度也能满足此处渗透坡降的要求。

### 2.9.4　坝基排水

为降低坝底面的扬压力,应在防渗帷幕下游侧设置排水孔,与防渗帷幕孔的距离宜大于 2m。一般设主排水孔幕一排,孔距 2～3m,孔径 150～200mm,孔深约为防渗帷幕深度的 0.4～0.6 倍,且应不小于 10m；高坝设置辅助排水孔 2～3 排,中坝 1～2 排,孔距可为 3～5m,孔深 6～12m。所有排水孔都应在固结灌浆和帷幕灌浆后钻孔。若坝基内存在裂隙承压水层或深层透水区,排水孔宜穿过此部位。在廊道下面的混凝土内须预埋水平横向钢管,渗水通过排水钢管进入排水沟自流或由水泵从集水井抽水排向下游。集水井宜位于坝基面低处,可自控抽排降低扬压力,沿坝基面排水孔位置反扣混凝土预制拱连成通道至集水井,自拱顶至廊道底预埋内径大于排水孔径的直管,以便钻孔定位并减少钻孔进尺。

若正常运行下游尾水位较高,可设置纵、横向廊道组成的排水孔系统,采用抽排降压措施。纵向廊道用作排水孔幕施工和检查维修。必要时还可沿横向(即顺河向)排水廊道或在宽缝内设置排水孔。纵向(即横河向)廊道与坝基面的横向廊道或宽缝(有时还有基面排水管)相连通,构成坝基排水系统,见图 2-47。渗水汇入集水井内,用水泵抽水排向下游。如下游水位较高,且历时较久,应在坝趾增设一道防渗帷幕。为防止堵塞排水,应先做帷幕灌浆,后钻排水孔,但应保证帷幕厚度。

我国新安江、丹江口、峡口、湖南镇、刘家峡、三峡等重力坝采用坝基抽排措施,实测结果表明,坝底面压力较常规扬压力设计图形可减小 30% 以上,减压效果明显,收到了良好的经济效果。

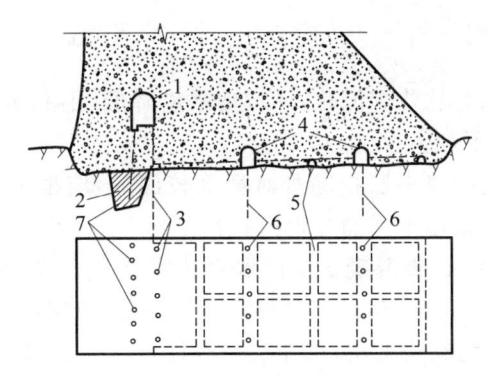

图 2-47 坝基排水系统

1—灌浆排水廊道；2—灌浆帷幕；3—主排水孔；4—纵向排水廊道；
5—半圆混凝土管；6—辅助排水孔；7—灌浆孔

## 2.9.5 断层破碎带、软弱夹层和溶洞的处理

**1. 断层破碎带的处理**

断层破碎带压缩变形大，坝基容易发生不均匀沉降，导致坝体开裂。如果破碎带与库水连通，还会使坝底的渗透压力加大，导致大坝失稳破坏。

对倾角较陡的走向近于顺河流流向的破碎带，可开挖回填混凝土塞。混凝土塞的工作状态受其底宽、边坡、外荷载及混凝土分别与基岩和破碎带变形模量的比值等各种因素的影响，应该用结构模型试验或有限元法计算进行研究。例如丹江口混凝土坝第9~11坝段，地基有30m以上宽度的破碎带（如图2-48所示）。从混凝土塞的结构模型试验发现，考虑破碎带软弱岩层所能承担的强度，可以找到一个深度，使混凝土塞的全断面处于受压状态。当此深度增加到某一数值以后，混凝土塞及其周围岩体的应力已变化很小，避免坝基的不均匀沉降及其对各坝段变形的不利影响。蓄水后的原型观测资料表明，大坝运行正常可靠[12]。

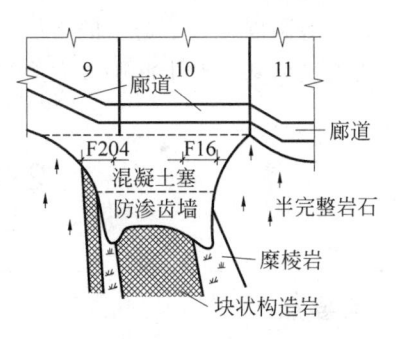

图 2-48 丹江口坝基混凝土塞

对于宽度不大的断层破碎带，混凝土塞的高度可取破碎带宽度的1~1.5倍，或根据计算研究确定。如破碎带延伸至坝体上、下游边界线以外，则混凝土塞应向外适当延伸[5]。

对走向近于顺河流向的缓倾角断层破碎带，埋藏较浅的应予挖除，埋藏较深的除应在顶面做混凝土塞外，还要考虑其深埋部分对渗漏和坝体稳定的影响。必要时沿破碎带的倾向和走向开挖若干个斜井和平洞，其顶底都开挖到较好岩体并回填混凝土，形成由混凝土斜塞和水平塞组成的刚性骨架，封闭该范围内的破碎物，以阻止其各向挤压变形和减少地下水产生的有害作用。

选择坝址应尽量避开走向近于垂直河流流向的缓倾角断层破碎带，因为它与另一组相反倾向的结构面或剪断面构成滑移体容易导致坝基渗透压力或坝体位移增大。若难以避开，应使坝踵和坝趾远离断层破碎带；若在坝底中部有断层破碎带通过，应做混凝土塞，其开挖深度适当加大。

### 2. 软弱夹层的处理

软弱夹层的厚度较薄，遇水易软化和泥化，使抗剪强度降低，不利于坝体的抗滑稳定，特别是倾角小于 30°的连续软弱夹层，更为不利。

对浅埋的软弱夹层，多用明挖将夹层挖除。对埋藏较深的，应根据夹层的埋深、产状、厚度、充填物的性质，结合工程的具体情况采用不同的处理措施：

(1) 在坝踵部位挖除软弱夹层，做混凝土深齿墙直达完整基岩，见图 2-17(a)，若坝踵位置夹层埋藏较浅，此法施工方便，工程量不大，且有利于坝基防渗和稳定，使用得较多。

(2) 对埋藏较深、倾角平缓的软弱夹层，可在夹层内设置混凝土塞，见图 2-17(a)。

(3) 在坝趾处挖除软弱夹层，建造混凝土深齿墙直达完整基岩，加大尾岩抗力，见图 2-17(b)。

(4) 在坝趾下游岩体内采用预应力锚索加大岩体的抗力，见图 2-18(c)，坝趾下的岩基裂隙或断层破碎带因锚索而被压紧，该处应做好排水，但若下游长期高水位则除外。

(5) 在坝趾下游侧岩体内设钢筋混凝土抗滑桩，穿过软弱夹层直达完整基岩。

在同一工程中，常常根据实际情况联合采用几种不同的处理方法。

### 3. 溶洞处理

若坝基有溶洞、漏斗、溶槽和暗河等地质缺陷，不仅漏水，而且还降低了承载能力。在选择坝址时，应避开岩溶发育地区；若难以避开则须查明情况进行处理。

对浅层溶洞，直接开挖，冲洗干净后，回填混凝土。对深层溶洞，如规模不大，可进行帷幕灌浆，深度需达溶洞以下较不透水的岩层；如漏水流速大，可加投砾石或灌注热沥青、在浆液中掺入速凝剂等以便加快堵塞。对于深层较大的溶洞，可采用洞挖回填块石混凝土和灌浆的方法加固。

## 2.10 重力坝的泄水建筑物

> **学习要点**
> 1. 重力坝泄水建筑物的类型及其优缺点。
> 2. 泄水流量和流速的计算。
> 3. 防止空蚀的措施。
> 4. 各种消能措施及其优缺点。

泄水建筑物可承担泄洪、输水、排沙、放空水库和施工导流等任务。重力坝泄水建筑物有坝顶溢流和坝身泄水孔泄水两种方式，比在岸边岩基里凿建省时和省钱。泄水重力坝段除应满足稳定和强度要求外，还需要根据洪水特性、水利枢纽布置、工程造价、水库运用方式、下游河道安全泄量、雾化以及高速水流带来的脉动压力、动水压力、振动、气蚀、磨损、冲刷等问题，经技术经济比较，研究确定泄水建筑物的位置选择、泄水方式的组合、泄量分配以及堰顶和泄水孔口高程与位置等。

## 2.10.1 溢流坝段

重力坝溢流坝段是重力坝枢纽中最重要的泄水建筑物,它将库区不能容纳的洪水泄向下游,以保证大坝安全,应满足:

(1) 有足够的孔口尺寸、良好的孔口体形和泄水时具有较高的流量系数。

(2) 使水流平顺地流过坝体,不产生不利的负压和振动,避免发生空蚀破坏。

(3) 保证下游河床不产生危及坝体安全的局部冲刷。

(4) 溢流坝段的位置应使下游流态平顺,不产生折冲水流,不影响其他建筑物的正常运行。

(5) 有灵活控制水流下泄的设备,如闸门、启闭机等。

溢流重力坝的设计,既有结构问题,也有水力学问题,如:空蚀、脉动、掺气、消能等。多年来虽然在试验和计算方面对这些问题的研究都取得了很大进展,但在很多方面仍有待深入研究。

**1. 孔口设计**

溢流坝的孔口设计涉及很多因素,如:洪水设计标准、下游防洪要求、是否利用洪水预报、泄水方式以及枢纽所在地段的地形、地质条件等。设计时,先选定泄水方式,拟定若干个泄水布置方案(除表面溢流孔口外,还可配合坝身泄水孔或泄洪隧洞),初步确定孔口尺寸,按规定的洪水设计标准进行调洪演算,求出各方案的防洪库容、设计和校核洪水位及相应的下泄流量,然后估算淹没损失和枢纽造价,进行综合比较,选出最优方案。

1) 洪水标准

根据《水利水电工程等级划分及洪水标准》(SL 252—2017)[1]的规定,当水工建筑物的挡水高度高于15m,且上下游最大水头差大于10m时,其洪水标准宜按山区、丘陵区标准确定。符合这一条件的混凝土坝和浆砌石坝的洪水标准如表 2-18 所示。

表 2-18 混凝土坝和浆砌石坝的洪水标准(重现期)  年

| 建筑物级别 | 1 | 2 | 3 | 4 | 5 |
| --- | --- | --- | --- | --- | --- |
| 正常运用(设计) | 1 000~500 | 500~100 | 100~50 | 50~30 | 30~20 |
| 非常运用(校核) | 5 000~2 000 | 2 000~1 000 | 1 000~500 | 500~200 | 200~100 |

若枢纽中有土石坝,失事后对下游将造成特别重大灾害,1 级建筑物的土石坝,应以可能最大洪水(PMF)作为非常运用洪水标准,其他级别土石坝的校核洪水重现期比同级别的混凝土坝提高 1 级。

2) 孔口形式

(1) 开敞溢流式(如图 2-49 所示)

这种形式的溢流孔除宣泄洪水外,还能用于排除冰凌和其他漂浮物。不设闸门的溢流孔,结构简单、管理方便,但其正常蓄水位与堰顶齐平。若要提高蓄水效益,则须加高所有坝段。泄洪时,库水位壅高,淹没损失加大,不设闸门只适用于洪水小或淹没损失少的中、小型工程。若设置闸门顶略高于正常蓄水位,堰顶高程较低,不必加高非溢流坝段,也能控制上游洪水位、减少上游淹没损失,通常大、中型工程的溢流坝均装有闸门。

由于闸门承受的水头较小,所以孔口尺寸可以较大。当闸门全开时,下泄流量与堰顶水头 $H_0$ 的

3/2次方成正比,随着库水位的升高,下泄流量可以迅速增大,当遭遇意外洪水时可有较大的超泄能力。又因闸门在顶部,操作方便,易于检修,工作安全可靠,开敞溢流式得到了广泛应用。

(2) 有胸墙溢流式(如图 2-50 所示)

为降低堰顶高程或减小闸门高度和启闭力,可在上部设置胸墙,根据洪水预报提前开启下部闸门放水,加大蓄洪库容,提高调洪能力。当库水位低于胸墙时,下泄水流和开敞溢流式相同;库水位高出孔口一定高度后为大孔口泄流,超泄能力不如开敞溢流式。胸墙为钢筋混凝土结构,一般与闸墩固接,也有做成活动的平面闸门,遇特大洪水时可将平面闸门吊起,以提高超泄能力。

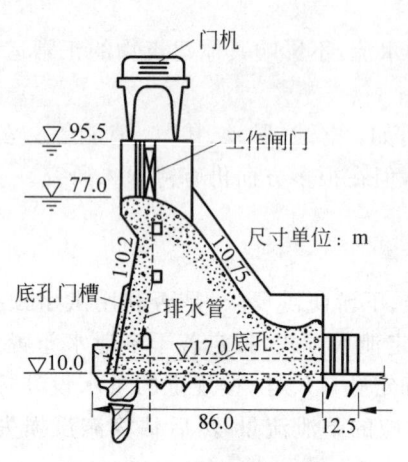

图 2-49　开敞溢流式重力坝

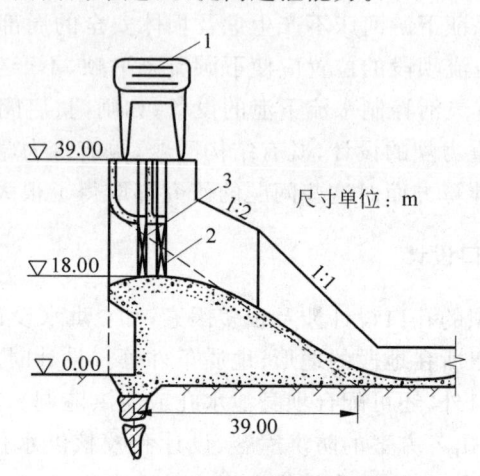

图 2-50　有胸墙溢流式重力坝
1—门机;2—工作闸门;3—检修闸门

3) 孔口尺寸

(1) 单宽流量的确定

通过调洪演算,可得枢纽总下泄流量 $Q_{总}$ (坝顶溢流、泄水孔及其他建筑物下泄流量的总和),通过溢流孔口的下泄流量应为

$$Q_{溢} = Q_{总} - \alpha Q_0 \quad (\text{m}^3/\text{s}) \tag{2-67}$$

式中:$Q_0$——经过电站和泄水孔等下泄的流量;

$\alpha$——系数,取决于汛期发电方案。

设 $B$ 为溢流段净宽(不包括闸墩的厚度),则通过溢流孔口的单宽流量为

$$q = Q_{溢}/B \quad (\text{m}^2/\text{s}) \tag{2-68}$$

单宽流量的大小是溢流重力坝设计中一个很重要的控制性指标。单宽流量一经选定,就可以大体确定溢流坝段的净宽和堰顶高程。单宽流量越大,下泄水流所含的动能也越大,消能问题就越突出,下游局部冲刷可能越严重,但溢流坝段短,对枢纽布置有利。因此,一个经济而又安全的单宽流量,必须综合地质条件、下游河道水深、枢纽布置和消能工设计,通过技术经济比较后选定。对一般软弱岩石常取 $q = 20 \sim 50\text{m}^2/\text{s}$;对于较好的岩石取 $q = 50 \sim 80\text{m}^2/\text{s}$;对于较坚硬、完整的岩石取 $q = 100 \sim 130\text{m}^2/\text{s}$;对地质条件好、下游尾水较深和采用消能效果好的消能工,可以选取较大的单宽流量。随着消能技术的进步,选用的单宽流量也在不断增大。我国已建成的龚嘴大坝单宽流量达 $254.2\text{m}^2/\text{s}$,安康水电站表孔单宽流量达 $282.7\text{m}^2/\text{s}$,委内瑞拉的古里坝泄流末端单宽流量达 $344\text{m}^2/\text{s}$。

(2) 孔口尺寸

设各孔口净宽 $b_i$ 的总和为 $B$,各孔口溢流堰曲线及堰顶高程都一致,由洪水位减去堰顶高程得堰上水头 $H_0$(单位为 m),开敞溢流式的下泄流量 $Q_溢$ 为

$$Q_溢 = \varepsilon m B \sqrt{2g} H_0^{3/2} \quad (\text{m}^3/\text{s}) \tag{2-69}$$

式中:$\varepsilon$——闸墩侧收缩系数,与墩头形式有关,在初设阶段一般取 0.9~0.95;

$g$——重力加速度,$g = 9.81 \text{m/s}^2$;

$m$——流量系数,按 WES 溢流曲线、查表 2-19 取值。

表 2-19 流量系数 $m$

| $H_0/H_d$ | 0.4 | 0.5 | 0.6 | 0.7 | 0.8 | 0.9 | 1.0 | 1.1 | 1.2 | 1.3 |
|---|---|---|---|---|---|---|---|---|---|---|
| $P/H_d=0.6$ | 0.431 | 0.445 | 0.458 | 0.468 | 0.477 | 0.485 | 0.491 | 0.496 | 0.499 | 0.500 |
| $P/H_d=1.0$ | 0.433 | 0.448 | 0.460 | 0.472 | 0.482 | 0.491 | 0.496 | 0.502 | 0.506 | 0.508 |
| $P/H_d\geqslant1.33$ | 0.436 | 0.451 | 0.464 | 0.476 | 0.486 | 0.494 | 0.501 | 0.507 | 0.510 | 0.513 |

注:$P$ 为堰高;$H_d$ 为定型设计水头(单位为 m),即按此水头设计溢流堰曲线,取最大作用水头 $H_{max}$ 的 0.75~0.95,一般用式(2-69)反算校核洪水时的 $H_{max}$ 和设计洪水时的 $H_d$,直到满足 $H_d=(0.75\sim0.95)H_{max}$ 为止。

对于胸墙溢流式,设孔口高度为 $D$,孔口中心的水头为 $H_w$,若堰顶水深超过 $D$,则下泄流量为:

$$Q_溢 = \mu B D \sqrt{2g H_w} \quad (\text{m}^3/\text{s}) \tag{2-70}$$

式中:$\mu$——孔口流速系数,在初设阶段,若 $H_w=(2.0\sim2.4)D$,因流态紊乱,阻力和水头损失较大,取 $\mu=0.74\sim0.82$;深孔流态较平稳,取 $\mu=0.83\sim0.93$;重要工程应由试验求得。

确定孔口尺寸时应考虑以下一些因素:

① 泄洪要求。对于大型工程,应通过水工模型试验检验泄流能力。

② 闸门和启闭机械。孔口宽度越大,工作桥的跨度加大,启门力也应越大。为便于闸门标准化设计和制造,应尽量采用规范推荐的孔口尺寸,常采用宽高比 $b/D=1.2\sim1.5$。

③ 枢纽布置及下游水流条件。若河谷窄而岩基坚固,则溢流段可较短,单宽流量较大,孔口 $b/D$ 较小;若河谷宽、岩基破碎,则孔口 $b/D$ 较大,减小单宽流量和冲刷,但总长度加大。

当校核洪水与设计洪水相差较大时,应考虑非常泄洪措施,如适当加长溢流坝段;当地形、地质条件适宜时,还可以像土坝枢纽一样在远离大坝的垭口或较低处设置非常溢洪道。

4) 闸门和启闭机

开敞式溢流坝一般设置工作闸门和检修闸门。工作闸门用来调节下泄流量,须在动水中启闭,要求有较大的启门力;检修闸门用于短期挡水,以便对工作闸门、建筑物及机械设备进行检修,在静水中启闭,启门力较小。工作闸门一般设在溢流堰顶,有时因为溢流面较陡,可将闸门设在靠近堰顶不远的下游处。检修闸门在工作闸门的上游侧,和工作闸门之间应留有 1.5m 以上的净距,以便进行检修。全部溢流孔一共只需备有几个可移动的检修闸门,轮换短时使用。

常用的工作闸门有平面闸门和弧形闸门。平面闸门结构简单,闸墩受力条件较好,各孔口可共用一个活动式启门机;但需留门槽,水流条件不好,启门力较大,闸墩较厚。弧形闸门启门力较小,闸墩较薄,无门槽、水流平顺;但闸墩较长,闸墩集中受力条件较差。

检修闸门可以采用平面闸门、浮箱闸门,也可采用比较简单的叠梁门。

事故闸门是在下游建筑物和工作闸门遭下泄洪水破坏时紧急应用,要求能在动水中关闭孔口,但

在开敞式溢流坝或溢洪道中很少采用。因为孔口很大,事故闸门很重,需很大的启闭机;如果在泄大洪水时溢流坝某部位或下游建筑物遭洪水破坏而工作闸门出问题,为了保大坝也不能停止泄洪,除非遭洪水威胁的建筑物特别重要,突然关闸门对大坝无害,才考虑设置事故闸门。

启闭机采用活动式或固定式。活动式启闭机多用于平面检修闸门,也可以兼用于不经常使用的平面工作闸门。固定式启闭机固定在工作桥上,多用于弧形工作闸门。

关于闸门与启闭机的形式和详细构造可参见第8章。

**5) 闸墩和工作桥**

闸墩的水平截面形状,在上游端应使水流平顺,减小孔口水流的侧收缩,下游端应减小墩后水流的水冠和冲击波。上游端常采用半圆形或椭圆形;下游端一般用流线型或圆弧曲线,也有用半圆形的。常见的闸墩形状如图2-51所示。近年来,溢流坝闸墩的下游端也常采用方形[如图2-51(d)所示],使墩后形成一定范围的空腔,有利于过坝水流底部掺气,防止溢流坝面发生空蚀。

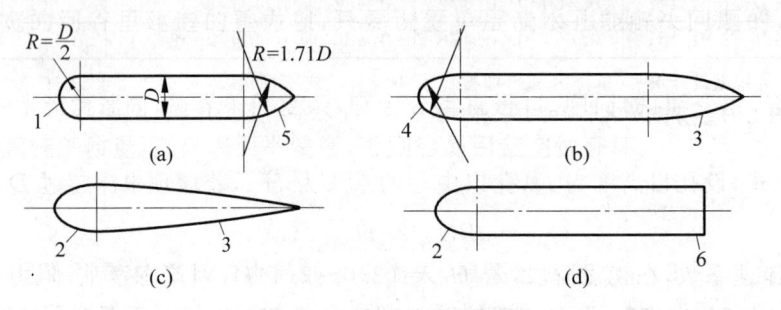

**图 2-51 常见的闸墩形状**
1—半圆曲线;2—椭圆曲线;3—抛物曲线;4—三圆弧曲线;5—圆弧曲线;6—方形

闸墩厚度与闸门形式和尺寸有关。平面闸门需设闸门槽,槽深约为闸门水平跨径的1/12～1/8,槽宽宜为槽深的1.6～1.8倍,门槽处的闸墩厚度不小于槽深的2倍,且不小于1～1.5m,并保证有足够强度。门槽应设置角钢或钢板,以防碰撞掉块和集中压力破坏。弧形闸门当门宽超过15m时,闸墩厚度应大于1.5～2.0m;当门宽为10～15m时,闸墩厚度不小于门宽的1/10～1/8。如果是缝墩(即坝体横缝在闸墩中间),上述墩厚起码还要增加0.5～1.0m。弧形门闸墩须配置足够的钢筋。

闸墩当两侧的平板门关闭时,门槽受到水压力最大,门槽缩窄处的受力最不利,这是控制情况之一;当一侧开启、另一侧关闭时,两侧水压力不平衡,按两侧最大水压力差计算闸墩底部弯矩和竖向钢筋,这是控制情况之二;当两侧弧形门关闭时,水压推力传至中墩两侧牛腿(悬臂托肩的俗名,下同),使中墩承受拉力最大,这是控制情况之三;如果一孔全闭、相邻一孔全开,同一闸墩两侧牛腿受力相差最大,产生不平衡弯矩和扭矩,闸墩在关门的一侧面主拉应力加大,这是控制情况之四。

牛腿受到弧形门支臂传来的水压推力很大,支承牛腿的锚系构造是闸墩设计的关键问题之一。锚系的任务是将牛腿传来的集中力分散传播到闸墩,根据荷载大小不同,可采用各种锚系。对于小型弧形门,可在闸墩混凝土内埋设支座钢管,对于水压力为5～10MN的弧形门,支座支承在钢筋混凝土牛腿上,在牛腿附近的闸墩埋设扇形钢筋,将支座反力传播到闸墩拉应力小于允许拉应力的部位。对于水压力大于10MN的大型弧形门,须用钢牛腿并用预应力型钢拉锚,使闸墩混凝土受到预压应力,当受到水压推力作用时,混凝土内不产生拉应力。大型表孔弧形门的水压力可达40MN,采用高强钢丝束做预应力拉锚,并应增加闸墩的构造钢筋用量,以防止因拉锚时局部受力不均而开裂[12]。

闸墩的长度和高度，应满足布置闸门、工作桥、交通桥和启闭机械的要求，见图2-52。平面闸门多用活动门机。当交通要求不高时，工作桥可兼做交通桥使用，否则须另设交通桥。门机高度应能将闸门吊出门槽。在正常运用中，闸门提起后可用锁定装置挂在闸墩上。弧形闸门一般采用固定式启门机，为将闸门吊至溢流水面以上，须将工作桥提高。交通桥则要求与非溢流坝坝顶齐平。为改善水流条件，闸墩需向上游伸出一定长度，并将这部分做到溢流堰顶以下约一半堰顶水深处。

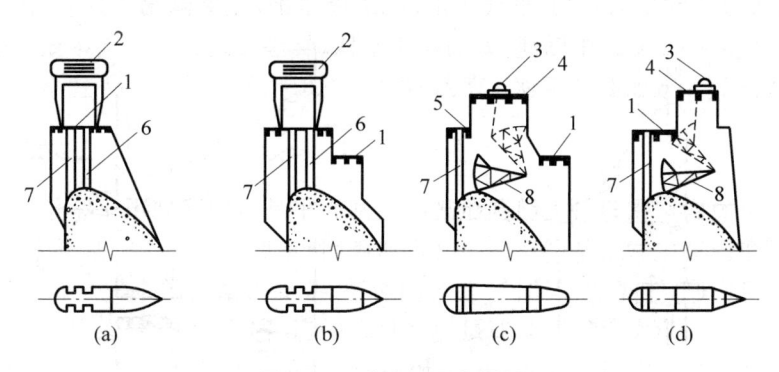

图2-52 溢流坝顶布置图

1—公路桥；2—门机；3—启闭机；4—工作桥；5—便桥；6—工作门槽；7—检修门槽；8—弧形闸门

溢流坝两侧设边墩也称边墙，见图2-53。边墩从坝顶延伸到坝趾，其高度应考虑溢流面上由水流冲击波和掺气所引起的水深增高，一般高出水面1~1.5m。当采用底流式消能工时，边墙还须延长到消力池末端形成导墙。当溢流坝与水电站并列时，导墙长度要延伸到厂房后一定的范围，以减小溢流时尾水波动对电站运行的影响。在导墙上约每隔15~20m做伸缩缝和一道简单的止水，以防溢流时漏水，导墙的顶部厚度为0.5~2.0m，下部厚度根据结构计算确定。

6）横缝的布置

溢流坝段的横缝，有以下两种布置方式（图2-54）：

（1）横缝在闸墩中间，各坝段间的不均匀沉降不影响闸门启闭，工作可靠，但闸墩厚度较大；

（2）横缝在溢流孔跨中，闸墩可以较薄，但地基不均匀沉降影响闸门水封和启闭。

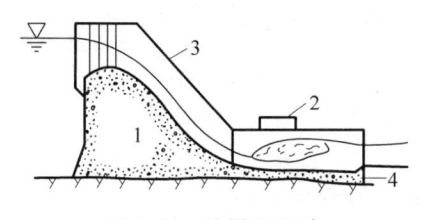

图2-53 边墩和导墙

1—溢流坝；2—水电站；3—边墩；4—护坦

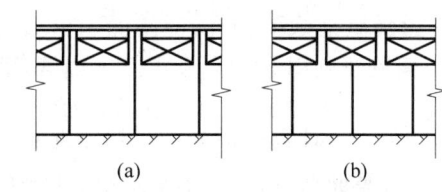

图2-54 溢流坝段横缝的布置

(a) 横缝在闸墩中间；(b) 横缝在溢流孔跨中

## 2．有关高速水流的几个问题

当流速很高（如30~40m/s）时，须解决空化、空蚀、动水压力脉动和冲击波等问题。

1）空化和空蚀

若过坝水流中某点的压力降至饱和蒸汽压强，水中很小的气核迅速膨胀为小空泡，这种现象称为空化。当低压区的空化水流流经下游高压区时，空泡遭受压缩在极为短暂时间内溃灭，会产生一个很高的局部冲击力,若它大于坝面材料的内聚力,使坝面遭到破坏,这种现象称为空蚀。

国内外的工程运行经验和试验表明,当水流流速超过 15m/s 时,就有可能发生空蚀破坏,且空蚀强度与水流流速的 5~7 次方成正比。溢流面不平整,往往是引起空蚀破坏的主要原因。施工期放样不准、模板走样、混凝土质量不佳和运行期泥沙对结构迎水面不均匀磨损等,都会造成不平整。常见的空蚀部位见图 2-55[13]。

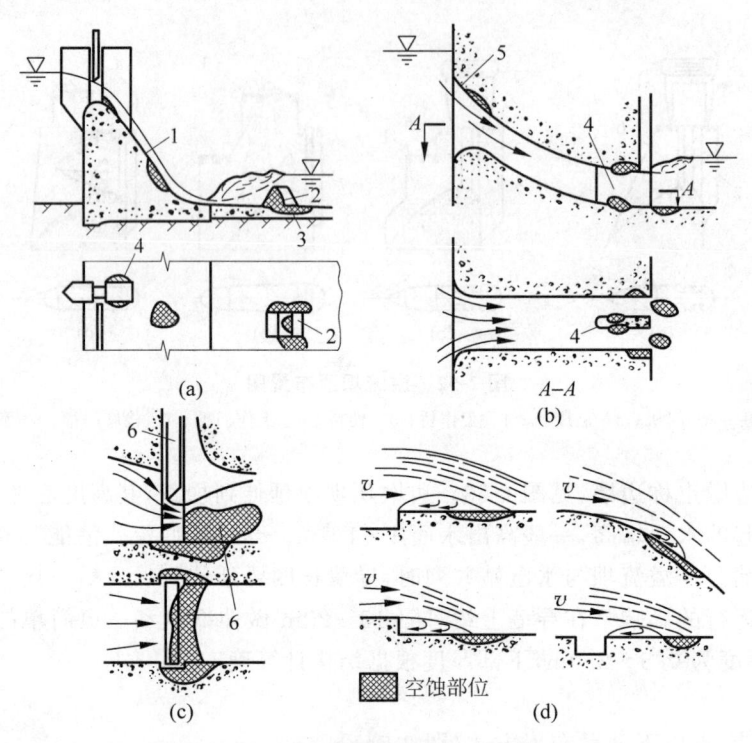

**图 2-55　泄水建筑物常见的空蚀部位**
1—溢流面；2—辅助消能工；3—护坦板；4—闸墩；5—孔口的进口；6—底孔或隧洞的深水闸门附近空蚀部位

水流空化数 $\sigma$ 是衡量实际水流发生空化可能性大小的指标,其表达式为[4,5]

$$\sigma = \frac{h_d + h_q - h_v}{v^2/(2g)} \tag{2-71}$$

式中：$v^2/(2g)$——计算断面处的平均流速水头,m；

$h_d$——计算断面处的时均动水压力水头(水柱高),m；

$h_q$——大气压力水头,$h_q = 10.33 - (h_s/900)$,$h_s$ 为结构所在的海拔高程,m；

$h_v$——水的汽化压力水头,对于不同的水温可参照表 2-20 采用。

表 2-20　$h_v$ 随水温的变化

| 水温/℃ | 0 | 5 | 10 | 15 | 20 | 25 | 30 | 40 |
|---|---|---|---|---|---|---|---|---|
| $h_v$/m | 0.06 | 0.09 | 0.13 | 0.17 | 0.24 | 0.32 | 0.43 | 0.75 |

当过流边壁几何形状一定,水流空化数小到某一临界值时,边壁某处出现空化,这时的水流空化

数称为该体形的初生空化数$\sigma_i$。初生空化数$\sigma_i$与几何体形有关，可由减压试验求出。在一般情况下：当$\sigma>\sigma_i$，不会发生空化水流；当$\sigma\leqslant\sigma_i$，产生空化水流，可能发生空蚀；设计时应使$\sigma>\sigma_i$。

不平整度越大，产生初生空化的流速越小，且不平整形状对初生空化的流速也有影响。为防止空蚀，对过水表面不平整度提出适当的限制是必要的。严格控制过水表面的施工质量，对存在的表面不平整进行磨削处理，以减小不平整的尺寸或改变其形状，使其不致引起空蚀破坏。我国水利水电科学研究院水力学所建议按不同水流空化数$\sigma$来确定突体磨削坡度[13]，见表2-21。

表2-21 水流空化数$\sigma$与突体磨削坡度的关系

| 水流空化数$\sigma$ | 0.5～0.3 | 0.3～0.1 | 0.1 |
|---|---|---|---|
| 垂直于流向的凸坎面须磨削后的顺流向坡度 | 1/30 | 1/50 | 1/100 |
| 平行于流向的凸坎面须磨削后的横流向坡度 | 1/10 | 1/30 | 1/50 |

由表2-21可以看出，水流空化数$\sigma$越小，要求过水表面突体的坡面越缓。相同的水流空化数要求垂直于水流流向的突坎面须磨削后的顺流向坡度比横流向的磨削坡度要更缓些。

美国对不平整度提出严格的要求：垂直于流向的升坎面不允许高于3.2mm；顺水流流向的升坎面不允许高于6.3mm；当超出此限度时，要按流速与磨削坡度的关系磨平，见表2-22[13]。

表2-22 流速与磨削坡度的关系

| 流速/(m/s) | 12.2～27.4 | 27.4～36.6 | >36.6 |
|---|---|---|---|
| 磨削坡度 | 1/20 | 1/50 | 1/100 |

我国《混凝土重力坝设计规范》(NB/T 35026—2014)[4]和《混凝土重力坝设计规范》(SL 319—2018)[5]在附录中根据不同的溢流落差和凸坎高度列出无空蚀坡度的控制标准。

对于高速水流作用下的过水表面，应按不平整度要求精心施工，尤其在易发生空蚀的闸门槽底槛及其下游侧、闸墩下游端附近坝面、变坡段、反弧起点、紧邻反弧终点的下游水平段和其他边界条件变化地段，更应注意，若不平整度超过规定，则应进行磨削处理。

由于溢流坝过水表面积大，混凝土强度又高，要把所有突体处理到要求的平顺光滑度，工作量大，费用昂贵，工艺上也存在困难。特别是在$\sigma<0.2$时，不平整度很难达到要求，必须采取其他防空蚀措施，例如：设计合理的溢流坝面体形、设置掺气减蚀装置、采用抗空蚀性能好的材料以及合理的运行方式等[13]。这些措施将在后续的有关章节叙述。

2）掺气

溢流重力坝下泄的水流，当流速超过8m/s时，空气从自由表面进入水体，产生掺气现象。掺气水流主要分为"自掺气"和"强迫掺气"两大类。

溢流面水流底部掺气可以减免空蚀，射流在空中扩散掺气和射流在水垫中掺气，可消耗大部分多余能量，有利于消能防冲。但水流掺气后水体膨胀，水深增加，要求溢流坝边墙加高；水流掺气后，水滴飞溅，会形成雾化区，对工程、设备及工作与生活都有不利的影响。

当流速超过30～35m/s时，即使采取表面平整措施，仍可能发生空蚀破坏，应采取掺气措施。试验表明：流速为46m/s时，如不掺气，即使混凝土抗压强度达44MPa，也会发生空蚀破坏；但当掺入相当于水流量5%的空气后，抗压强度为12MPa的混凝土也不发生空蚀。向水流掺气能改变水层与边壁间的压力状况,使空泡溃灭时作用在边壁上的冲击力大为减弱。具体做法是在容易发生空蚀的地方,沿流程每隔一定距离设一掺气槽,如图 2-56 所示,其尺寸应根据需气量大小通过试验选择。槽上游一侧的挑坎是为使槽后水层底部形成一定长度的空腔,通过通气孔将外界空气自动吸入与水流掺混。选型良好的掺气槽有效保护长度反弧段约为 70~100m,直线段约为 100~150m。

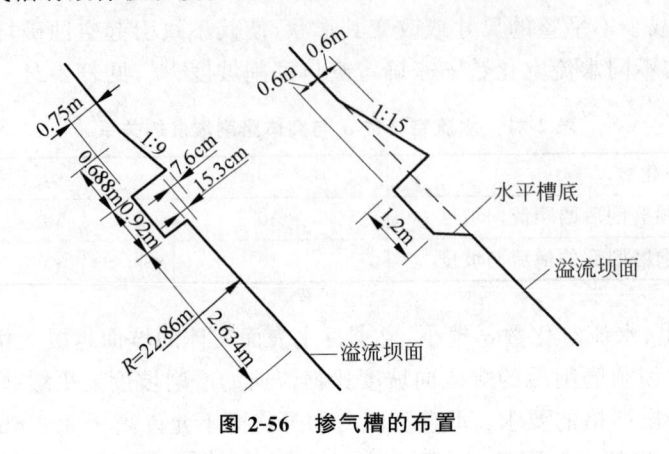

**图 2-56 掺气槽的布置**

为慎重起见,对于重要的工程和流速大于 35m/s 的泄水建筑物,应通过减压箱模型试验确定防蚀措施。在多泥沙的河流上,泄水建筑物应考虑挟沙的高速水流磨损和空蚀的相互作用。

在实际工程中还在过流表面采用防蚀抗磨性能好的材料,如:高标号混凝土、钢丝纤维混凝土、钢板、辉绿岩铸石板、环氧砂浆、混凝土表面注入单分子化合物聚合成浸渍混凝土等,都可大大提高抗蚀、抗磨和抗冲刷能力。但环氧砂浆造价高,固化过程有毒性,不能大面积使用;浸渍混凝土费工时,造价也高。关于这些材料,目前仍继续研究,使其符合环保要求、更为经济和耐用。

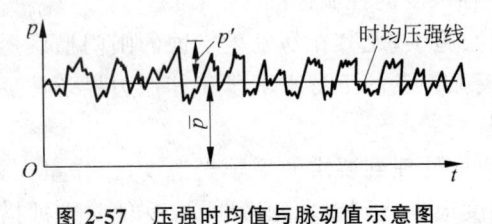

3)动水压力脉动

泄水建筑物中的水流运动,属于高度紊动的水流,其基本特征是流速和压力随时间在不断变化,即所谓脉动。水流对泄水建筑物的作用力主要是动水压力,作用在溢流坝面某点上的瞬时总压强 $p$ 可视为时均压强 $\bar{p}$ 和脉动压强 $p'$ 之和,即 $p=\bar{p}+p'$,见图 2-57。

**图 2-57 压强时均值与脉动值示意图**

表征脉动压力的主要参数是频率和振幅(指波峰顶点或波谷底点到平均压强线的垂直距离)。不同泄水建筑物各部位的脉动压力频率和振幅相差很大,应由水工模型试验确定。

4)冲击波

在高速水流边界条件发生变化处,如:断面扩大、收缩、转弯处,闸门槽,墩尾等处均是引起冲击波的部位。应尽量减小冲击波对水流流态的影响。

### 3. 溢流面体形设计

溢流面由顶部曲线段、中间直线段和下部反弧段三部分组成。设计要求是:①有较高的流量系数,泄流能力大;②水流平顺,不产生不利的负压和空蚀破坏;③体形简单、造价低、便于施工等。

1) 顶部曲线段

溢流坝顶部曲线是控制流量和流态的关键部位,其形状应与锐缘堰泄流水舌下缘曲线相吻合,否则会导致泄流量减小或堰面产生负压。顶部曲线的形式很多,早期多用克-奥(Кригель-Офицеров)曲线。后来,由于 WES(Waterways Experiment Station)溢流曲线的流量系数较大且断面面较瘦,工程量较省,坝面曲线用方程控制,容易找到切点的位置,设计施工都较方便,所以后来多采用 WES 曲线来设计溢流坝面,如图 2-58 所示。

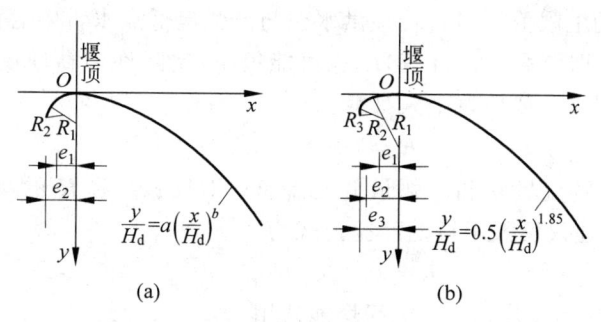

图 2-58 WES 曲线

溢流堰顶部的上游段曲线曾用过双圆弧[如图 2-58(a)所示]和椭圆等形式。椭圆曲线流量系数较大,但泄流时容易产生负压,设计和施工放线略有不便。西班牙学者提出把二圆弧组合曲线改为三圆弧组合曲线,如图 2-58(b)所示,图中 $H_d$ 为定型设计水头,一般取校核洪水位至堰顶高差的 75%~95%。若溢流堰上游前沿坝面直立,$R_1=0.5H_d$,$R_2=0.2H_d$,$R_3=0.04H_d$,$e_1=0.175H_d$,$e_2=0.276H_d$,$e_3=0.2818H_d$,压力分布和泄流能力都得到改善;若上游前沿坝坡为 1:0.2,则 $e_3/H_d=0.2813$。堰顶下游段的曲线方程为:

$$y/H_d = a(x/H_d)^b \tag{2-72}$$

式中:$a$、$b$——系数,与堰的上游面倾斜坡度有关,若上游坝面直立或很陡,$a=0.5$,$b=1.85$;

$x$、$y$——以堰顶最高点为原点坐标,其正方向如图 2-58 所示。

由式(2-69)计算溢流堰下泄流量,式中的流量系数 $m$ 按表 2-19 查得,因一般重力坝堰高 $P \gg H_d$,$m$ 值按 $P/H_d \geqslant 1.33$ 查取,当堰上水头 $H=H_d$ 时,$m=0.501$;当 $H=1.4H_d$ 时,$m=0.516$。

如果闸门在部分开启条件下工作或设置胸墙,当上游水面至孔口中心的高差 $H$ 与孔口高度 $D$ 的比值 $H/D>1.5$ 时(如图 2-59 所示),应按孔口射流曲线设计,其曲线方程为:

$$y = \frac{x^2}{4\phi^2 H_d} \tag{2-73}$$

式中:$H_d$——定型设计水头,取孔口中心至校核水位高差的 75%~95%;

$\phi$——流速系数,一般取 0.96,有检修门槽时取 0.95。

坐标原点设在堰顶最高点,见图 2-59。上游段采用复合圆弧曲线与上游坝面连接,胸墙下缘采用圆弧或椭圆曲线。泄流量计算用式(2-70)。当 $H_d/D=1.2 \sim 1.5$ 时,堰面曲线和泄流量应通过模型试验确定。

按定型设计水头确定的溢流面顶部曲线,当通过校核洪水时流量系数或流速系数增大,对增加泄洪能力有利,但将出现负压,一般要求负压值不

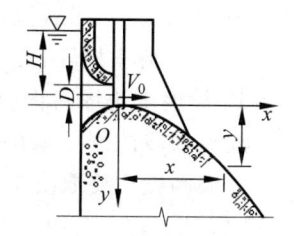

图 2-59 孔口堰顶曲线

超过 3～6m 水柱高。

2) 反弧段

溢流坝面下游反弧段通常采用圆弧曲线,以往有些学者曾建议其半径取

$$R = (4 \sim 10)h \tag{2-74}$$

$h$ 为校核洪水位闸门全开时下游反弧最低处的水深。此式一般多用于单宽流量较大的中低坝或薄拱坝表孔溢流面的反弧段。按理,反弧处流速越大,要求反弧半径越大,宜采用较大值。当流速大于 16m/s 时,式(2-74)宜采用上限值。但若校核洪水位与反弧最低点水舌中心的高差 $Z$ 较大,反弧最低处水深 $h$ 很小,按式(2-74)即使取 $10h$ 计算,$R$ 也可能很小,实际许多高坝反弧半径 $R$ 的取值范围远远超过 $R = (4 \sim 10)h$ 的限度。$R$ 应按下式计算:

$$R = (0.3 \sim 0.7)Z \tag{2-75}$$

上述两式都未明显反映单宽流量 $q$ 和反弧最低处流速 $v$ 对反弧半径 $R$ 的具体影响。根据国内外 60 个工程资料,经优化整理,建议反弧半径的经验公式为

$$R = 0.120\,362 q^{1/4} v^{5/4} \tag{2-76}$$

此式可作为工程设计参考,大、中、小工程均能适用。

圆弧曲线结构简单,施工方便,但工程实践表明在圆弧段起点附近容易发生空蚀破坏,因为水流沿溢流面下泄,沿程流速递增,而水深递减,亦即水流的空化数沿程是递减的;水流进入反弧段受凹曲率的影响,受到溢流面反离心压力的相互作用,在反弧段最低点附近的压力最大;所以,在反弧段起点附近的空化数比其上部的斜坡段和下部圆弧段的其他部位低,产生水流空化的可能性较大;反弧段末端因离心反压力消失、压力突然降低,流速脉动强烈,该处也容易发生空蚀破坏。为此,许多人开展了探求合理新型反弧曲线的研究,如:曲率连续变化、等空化数反弧曲线和等安全压力反弧曲线等。

3) 中间直线段

中间直线段坡度一般与非溢流坝段的下游坝坡相同(设为 $1:m$),它与式(2-72)或式(2-73)所示的曲线相切,由 $y$ 对 $x$ 的一阶导数等于 $1/m$ 可求得切点坐标。直线段和下部反弧段切点至下游反弧段最低点的水平距离为 $R/(1+m^2)^{1/2}$,高差为 $R - R[m/(1+m^2)^{1/2}]$,$R$ 为反弧段半径。

4) 断面设计

溢流坝段断面要与非溢流坝段的基本断面相适应。当溢流重力坝断面小于基本三角形断面时,可适当调整堰顶曲线,使其与三角形的斜边相切;对有鼻坎的溢流坝,鼻坎若超出基本三角形以外[如图 2-60(a)所示],$h$ 宜大于 $2l$,以免 $B-B'$ 截面出现较大的拉应力。当溢流重力坝断面大于基本三角形断面时,可将堰顶突向上游,如图 2-60(b)所示,其突出部分的高度 $h_1$ 应大于 $0.5H_{\max}$($H_{\max}$ 为堰顶最大水头)。如溢流重力坝较低,其坝面顶部曲线段可直接与反弧段相切连接,即两曲线在切点处的切线斜率相等,无中间直线段,见图 2-60(c)。

5) 导墙上边缘高程的确定

溢流坝段两侧导墙在平面位置上是两侧边墩的延续,它一般是在溢流面混凝土浇筑之后才施工的。导墙高度主要取决于最大泄流量时计入波动和掺气后的水深 $h_a$,$h_a$ 可近似按式(2-77)计算[4,5]:

$$h_a = (1 + 0.01\,\zeta v)h \tag{2-77}$$

式中:$h$——未计入波动及掺气的水深,m;

$h_a$——计入波动及掺气的水深,m;

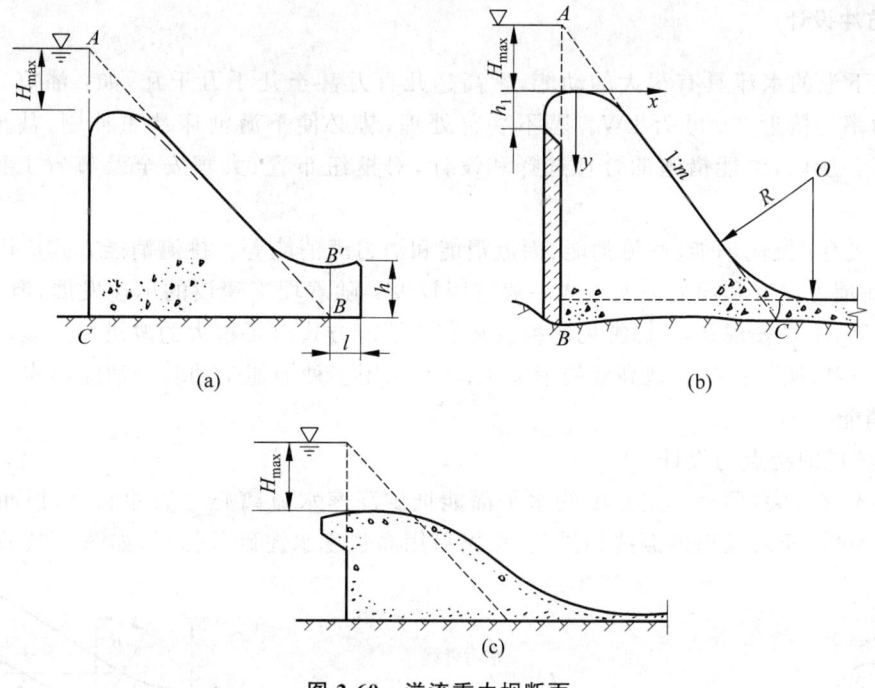

图 2-60　溢流重力坝断面

$v$——未计入波动及掺气计算断面上的平均流速,m/s;

$\zeta$——修正系数,一般取 1.0～1.4s/m,视流速和断面收缩情况而定,当流速大于 20m/s 时,宜采用较大值。

沿混凝土溢流面的法向至导墙上边缘的距离 $D$ 宜比 $h_a$ 大 0.5～1.5m 的安全余量。至于未计入波动及掺气的水深 $h$,可通过模型试验确定。若没有试验条件,可采用如下各步骤试算求得 $h$。

(1) 先假设水舌厚度 $t_1$,由此求得水舌截面中点至上游水面的高差 $Z$,并计算此截面的平均流速

$$v_1 = \phi(2gZ)^{1/2} \tag{2-78}$$

式中: $\phi$——流速系数,其取值见后面说明。

(2) 用 $v_1$ 和单宽流量 $q_1$ 计算水舌新的试算厚度 $t_2 = q_1/v_1$。

(3) 用新算得的 $t_2$ 回代到(1)(2)两步,直到前后两次算得的结果相差很小为止,一般经过 2～3 次试算可得到满足精度要求的 $t_2$ 作为水舌厚度 $h$,再代入式(2-77)计算 $h_a$。

至于流速系数 $\phi$,由以往的模型试验和原型观测结果总结得如下的计算式:

先计算 $k = q^{2/3}/Z$,$q$ 为单宽流量(单位为 m²/s)。

当 $k \leqslant 0.8188$ 时,取

$$\phi = k^{0.2} \tag{2-79}$$

当 $k > 0.8188$ 时,取

$$\phi = \left(1 - \frac{0.0973 Z^{0.75}}{q^{0.5}}\right)^{1/3} \tag{2-80}$$

**4. 消能防冲设计**

由溢流坝下泄的水流具有很大的动能,常高达几百万甚至几千万千瓦,如:潘家口和丹江口坝的最大泄洪功率均接近 3 000 万 kW。若不妥善处理,势必使下游河床严重冲刷,甚至造成岸坡坍塌和大坝失事。所以,消能措施的合理选择和设计,对枢纽布置、大坝安全及节省工程量都有重要意义。

消能工形式有:挑流消能、底流消能、面流消能和消力戽消能等。挑流消能方式应用最广,底流消能方式次之,而消力戽流和面流消能方式一般应用较少。随着坝工建设的迅速发展,泄洪消能技术已有不少新的进展,主要表现在:(1)常见的挑流和底流消能方式有了很大的改进与发展,增强了适应性和消能效果;(2)出现了一些新型高效的消能工;(3)采用多种消能工的联合消能形式。

1) 挑流消能

(1) 挑流消能的特点与设计

挑流坎顶不宜过尖,要有一定宽度的水平面能抵御高速水流离心力的冲刷力,顶面不支模板,以便浇筑混凝土下料、插入振捣棒振捣和排气,振捣后用高强度水泥砂浆抹平,如图 2-61 所示。

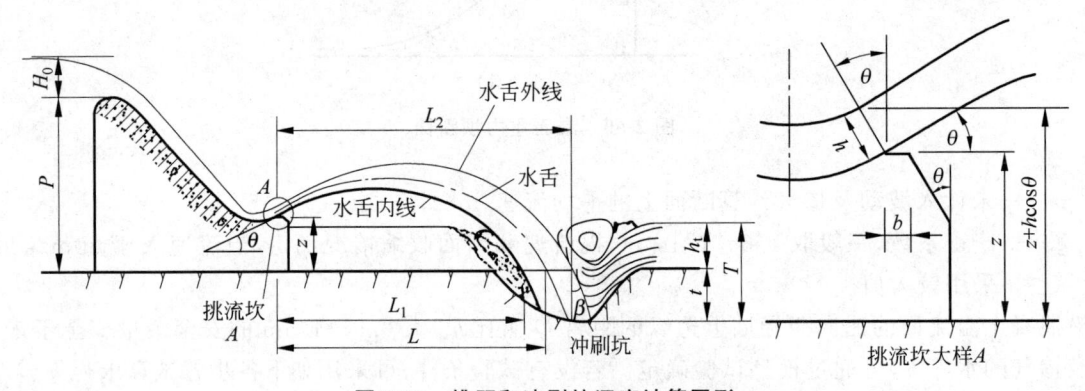

图 2-61 挑距和冲刷坑深度计算图形

挑流消能利用挑流鼻坎将下泄急流抛向空中,与空气摩擦、掺气、扩散消能,落入下游远处尾水中淹没紊动扩散消能并与河床固体边界摩擦消能,要求坝趾附近的基岩比较坚固。挑流消能通过鼻坎可以有效地控制射流落入下游河床的位置和范围,对尾水位变幅适应性强,结构简单,施工、维修方便,耗资少,所以大部分重力坝采用这种消能方式。但下游冲刷较严重,堆积物较多,尾水波动与雾化都较大,应采取一些措施解决这些问题。

模型试验表明,冲刷坑起点大体上与水舌内线的射程 $L_1$ 一致,冲刷坑最深处大体与水舌外线的射程 $L_2$ 一致,如图 2-61 所示,水舌外线在下游岩基面上的射程为

$$L_2 = \frac{v_2^2 \sin\theta\cos\theta}{g}\left[1+\sqrt{1+\frac{2g(z+h\cos\theta)}{v_2^2\sin^2\theta}}\right] \quad (\text{m}) \qquad (2\text{-}81)$$

式中:$z$——坎顶与下游基岩面的高差,m,坎顶应高出下游最高水位 1~2m,以便水舌下缘掺气;

$\theta$——坎顶的挑射角(即挑射方向与水平面的夹角);

$g$——重力加速度,一般计算取 $g=9.81\text{m/s}^2$;

$h$——坎顶处水舌厚度,$h=q/v$,$v$ 为该处水舌平均流速,按式(2-78)计算,$q$ 为单宽流量;

$v_2$——在挑坎处水舌外侧的流速，m/s，一般约为水舌平均流速 $v$ 的 1.1 倍。

算至冲坑底的挑距还应加上 $t\tan\beta$，$t$ 为冲坑深，$\beta$ 为水舌外缘在原基岩面处的入射角（见图 2-61）。令式(2-81)中 $h=0$，$v_2$ 换成挑坎处水舌内缘流速 $v_1$（约为该处平均速度乘以 0.9），可近似求得水舌内线至岩基面的水平挑距。但实际上，由于空气阻力，水舌外缘流速逐渐减小，水舌外缘向内掺混，进入下游水面后，受到很大的阻力，水流掺混，流态很复杂，不再保持原来内外缘的位置关系了。模型试验和实测结果表明，实际挑距比用式(2-81)计算的挑距还短，粗略地约为理论挑距的 70%～80%，故不必精细试算求 $v$ 与 $h$，可先用下式求 $L$：

$$L = 2\phi^2(H_0+P-z)\sin\theta\cos\theta\left[1+\sqrt{1+\frac{z}{\phi^2(H_0+P-z)\sin^2\theta}}\right] \quad (\text{m}) \qquad (2\text{-}82)$$

式中 $\phi$ 为流速系数，按式(2-79)计算，其他符号的物理意义如图 2-61 所示。在求得 $L$ 后，再乘以 0.7～0.8 作为实际挑距。一般当挑射角 $\theta$ 和水深 $h_t$ 较大时，取小值，如 0.7～0.75 左右。

由于空气和水的阻力，鼻坎挑射角 $\theta$ 超过 35°后，挑距增加很小，而工程量增加很多、挑坎结构复杂，故挑射角很少超过 35°。另外，如果挑射角较大，水舌落入下游水垫的入射角 $\beta$ 较小，冲刷坑较深，所以一般采用 $\theta=20°$～30°为宜。

关于冲刷坑深度，受水头、单宽流量、基岩等影响因素太多，目前还没有比较精确的计算公式。据统计，在比较接近的公式中，计算结果相差可达 30%～50%，工程上常按式(2-83)估算[14]。

$$T = kq^{0.5}(H_0+P-h_t)^{0.25} \quad (\text{m}) \qquad (2\text{-}83)$$

式中：$T$——冲坑深度，自水面算至坑底，m；

$q$——单宽流量，$\text{m}^3/(\text{s}\cdot\text{m})$；

$H_0+P-h_t$——上、下游水位差，m；

$k$——冲坑系数，基岩坚硬完整、裂隙不发育（间距>150cm），$k=0.6$～0.9；裂隙较发育（间距 50～150cm），$k=0.9$～1.2；裂隙发育（三组以上、间距 20～50cm），$k=1.2$～1.6；裂隙很发育（三组以上、间距<20cm）切割呈碎石状、胶结很差，$k=1.6$～2.0。

在下游河床水深较大、岩基较好时，冲坑的上游坡约为 1:(2.5～3.0)，岩基较差则为 1:(3.5～4.0)；当下游水深较浅时，则相应为 1:(3.0～3.5)和 1:(4.0～5.0)。在设计时，应校核冲刷坑是否延至坝趾、危及坝的安全；不仅校核最大洪水下泄的情况，而且还应计算不同下泄流量的情况，因为在单宽流量较小时，流速和挑距都大大减小，也有可能危及坝脚的安全。有的工程在坝趾后设置护坦，以避免小泄量时的冲刷破坏。

对于大泄量或大流速情况，需要下游有很深的水垫，宜在冲坑的下游某一位置建造碾压混凝土围堰，竣工后不拆除，作为可过水的永久二道坝，以增加水垫厚度。为减小其上游大坝平时所受到的浮托力，可在二道坝底处设置 0.5～1m 直径的排水涵管单根或数根，在施工期用泥土盖住涵管下游出口，竣工后挖开；在泄洪时，随着下泄流量增大，二道坝上游水位升高，涵管过水流量远远小于洪水流量，对水垫厚度几乎没有影响；洪水过后，几天内经涵管排干二道坝上游的积水，不增加扬压力。

(2) 挑坎体形

在重力坝中常用的挑坎体形有连续坎和差动坎两大类型，见图 2-62。

连续坎，又称实体坎，结构简单，施工方便，不易发生空蚀破坏，水流雾化也轻。适用于尾水较深、基岩较坚硬、单宽流量不大的泄水建筑物。

差动坎，是齿、槽相间的挑坎，射流挑离鼻坎时上下分散，在空中的扩散作用充分，可以使下游的

图 2-62 重力坝常用的挑坎类型（连续坎、差动坎）

局部冲刷减轻，但齿的棱线和侧面易遭受高速绕流的空蚀破坏。差动坎的齿可以是矩形、梯形或余弦形。齿的挑角常用 20°～30°，齿、槽挑角差为 5°～10°。齿的高度 $d$ 约为反弧底处急流水深的 0.75～1.0 倍，齿宽约为 $d$ 的 1～2 倍，以满足齿的结构要求，齿、槽宽度比约为 1.5～2.0。为防止齿的空蚀破坏，齿坎应设置通气孔。

2) 底流消能

底流消能通过水跃产生的表面漩滚与底部主流间的强烈紊动、掺混、剪切和消能作用，将泄水建筑物泄出的急流转变为缓流。底流消能效果较好，水流雾化小。但当下游水深小于跃后水深较多时，会产生远驱水跃；当下游水深超过跃后水深较多时，消能效率较差。这两种情况都需要护坦较长，土石方开挖量和混凝土量较大，工程造价较高，一般用于地质条件较差的下游河床。

水力学的研究表明，水跃前收缩断面的水深 $h_c$ 与跃后水深 $h''$ 的共轭关系满足：

$$h'' = \frac{h_c}{2}\left(\sqrt{1 + 8\frac{v_1^2}{gh_c}} - 1\right) \tag{2-84}$$

式中：$v_1$——跃前流速，m/s；

$g$——重力加速度，$g = 9.81 \text{m/s}^2$。

根据尾水深度小于、等于或大于水跃跃后水深，下泄水流将出现远驱、临界和淹没水跃三种衔接流态。在工程上，要设计成能产生具有一定淹没度 $\sigma(\sigma = 1.05～1.10)$ 的水跃，此时水跃消能的可靠性大，流态稳定；但淹没度不能过大，否则将使消能效率降低，护坦长度加长。临界水跃消能效果最好，但流态不稳定，当下游水深小于 $0.95h''$ 时会产生远驱水跃，河床需要保护的范围反而加长，应设法避免。在实际工程中，常采用以下三种措施：①在护坦末端设置消力坎，在坎前形成消力池；②降低护坦高程形成消力池；③既降低护坦高程，又建造消力坎形成综合消力池。

消力池是水跃消能工的主体，消能工断面为梯形和矩形。在平面上多数是等宽的，也有做成扩散式或收缩式的。常见的辅助消能工有分流趾墩、消力墩及尾坎等，见图 2-63。为了适应较大的尾水位变化及缩短平底段护坦长度，护坦前段常做成 1:12～1:10 倾向下游的斜坡，当下游水深较大时，水跃发生在斜坡的上游部位，当下游水深较浅时，水跃发生在斜坡的下游部位。为了控制下游河床与消力池底的高差，以期获得较好

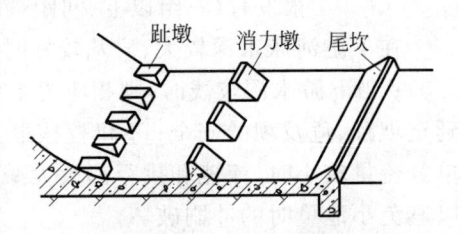

图 2-63 辅助消能工（趾墩、消力墩、尾坎）

的出池水流流态，可采用多级消力池。在消力池内设置辅助消能工，可增强消能效果，缩短池长。有的工程引用一部分射流水股，反向朝着另一部分射流对冲，形成反向流消力池，此种消力池对低佛汝德数消能特别有效，在德国、印度等国家均有工程实例。当跃前流速大于 15m/s 时，辅助消能工易遭空蚀破坏，不宜采用。值得提出的一种在平面上呈"T"形的墩，头部为矩形，其后以一直墙支撑与尾坎相连，见图 2-64，经大量试验表明，在各种水流条件下，水流平稳，消能效果和抗空蚀性能好，结构稳定，可缩短池长，节省工程量，是一种很好的消力墩，它首先用于印度的布哈伐尼坝，我国澧水三江口水电站的溢流坝消力池也采用了这种形式。

底流消能用于坝基比较软弱破碎的、下游水位变化很小的中、小型工程，很少用于高坝泄洪消能。

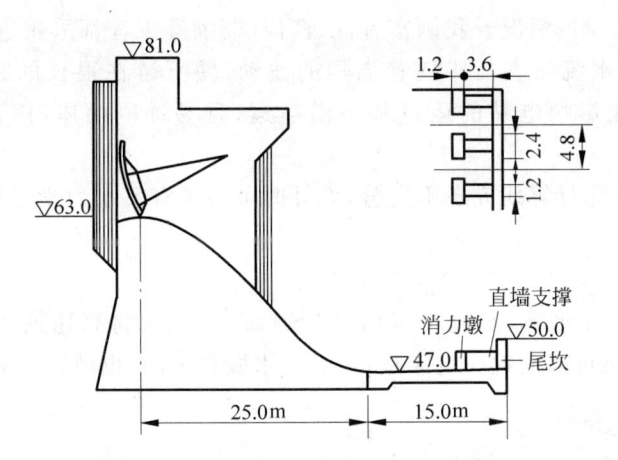

图 2-64　三江口水电站溢流坝消力池（单位：m）

设收缩断面水深为 $h_c$，该处平均流速为 $v_1$，佛汝德数 $Fr=v_1/(gh_c)^{1/2}$，跃后水深 $h''$ 按式(2-84)计算，若 $Fr>4.5, v_1<16$m/s，可设置梳流坎、消力墩和尾坎，则消力池的长度为

$$L=(2.3\sim 2.8)h'' \tag{2-85}$$

美国垦务局建议根据不同情况计算跃长：若佛汝德数 $Fr>4.5$，跃前流速 $v_1<15$m/s，可在消力池内设置消力墩或消力坎，池长 $L=(2.4\sim 2.8)h''$；若 $v_1\geqslant 15$m/s，易发生空蚀，不宜设置消力墩，护坦较长，取 $L=(3.9\sim 4.3)h''$。我国规范[4,5]规定，若 $Fr\geqslant 4.5, v_1\geqslant 16$m/s，可设梳流坎及尾坎，但不设消力墩，取 $L=(3.2\sim 4.3)h''$，或者不设置辅助消能设施，取 $L=6(h''-h_c)$。

在设计、施工和运行管理中应做好护坦底板的接缝及其与基岩的锚固和排水；为了获得较好的出池水流流态，应避免消力池低于下游河床过多，尾坎高度一般控制在尾水水深的 1/4 以内；在消力池出口一定范围内要做好清渣，防止回流、漩涡将砂石卷进池内，使护坦遭受磨损；应规定闸门操作程序，避免消力池内产生不对称水流。

护坦用来保护河床免受高速水流冲刷。底流消能的护坦长度应延伸至水跃跃尾，厚度应满足稳定要求。如果在扬压力、脉动压力和护坦自重等荷载作用下，护坦会浮起，则需设锚筋。一般采用 25~36mm 直径的螺纹钢筋，间距 1.5~2.0m，插入基岩深度 2~3m，锚筋应连接在护坦的钢筋网上。

为防止护坦混凝土受基岩约束产生温度裂缝，在护坦内应设置温度伸缩缝，顺河流流向的缝一般与闸墩中心线对应，横向缝间距为 10~15m。为降低护坦底部的扬压力，应设置排水系统，排水沟深宽尺寸约为 20cm×20cm。护坦末端可做齿坎或齿墙以防水流淘刷。护坦一般因受高速水流冲刷和水流中含有泥沙颗粒的磨损，应采用高强度的混凝土，其强度等级不低于 C20；当护坦上的水流流速很高时，应采用抗蚀耐磨混凝土，以防止空蚀及磨损破坏。

3）面流消能与消力戽

（1）面流消能

利用挑坎将主流挑至水面，在主流下面形成漩滚消能（见图 2-65）。底部流速较低，河床一般不须加固，但须注意防止水滚裹挟河床石块，磨蚀坝脚地基。

面流消能适用于下游尾水较深，流量变化和水位变

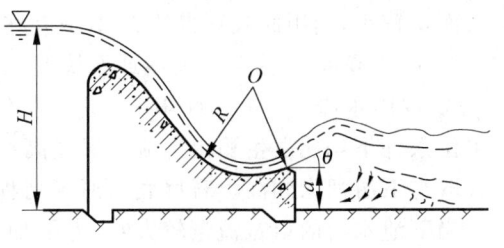

图 2-65　面流消能

幅不大，或有排冰、漂木要求的情况。我国富春江、西津、龚嘴等工程都采用这种消能形式。面流消能虽不需要护坦，但因高速水流在表面伴随着强烈的波动，使下游在很长的距离内(有的可绵延1~2km)水流不够平稳，可能影响电站的运行和下游航运，且易冲刷两岸，因此也须采取相应的防护措施。

面流流态的水力学理论计算研究还不充分，设计时可参考有关水力学手册或文献，必要时可通过水工模型试验验证。

（2）消力戽

消力戽的挑流坎潜没在水下，水流在戽内产生漩滚，经挑坎将高速的主流挑至表面，其流态如图2-66所示。戽内的漩滚可以消耗大量能量，因高速水股在表面，也减轻了对河床的冲刷。

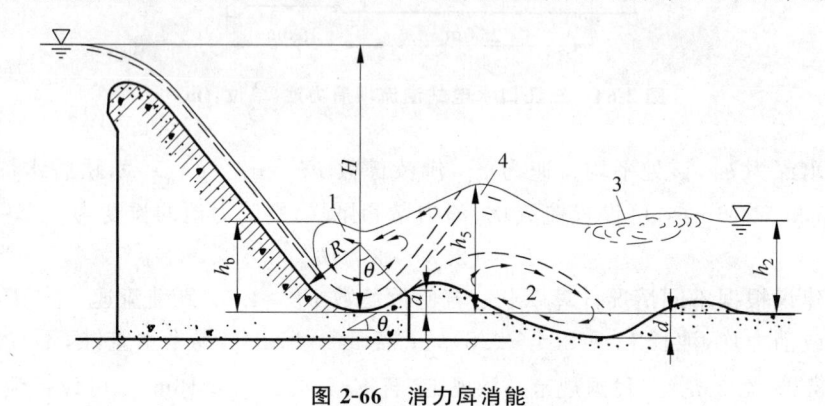

**图 2-66 消力戽消能**
1—戽内漩滚；2—戽后底部漩滚；3—下游表面漩滚；4—戽后涌浪

消力戽适用于尾水较深(大于跃后水深)且变幅较小、无航运要求且下游河床和两岸抗冲能力较强的情况。高速水流在表面，不须做护坦，但水面波动较大，其缺点与面流消能相同。

消力戽的设计主要是确定反弧半径、戽坎高度和挑射角度，既要防止在下游水位过低时出现自由挑流，造成严重冲刷，也要避免下游水位过高、淹没度太大而使急流潜入河底淘刷坝脚。

关于消力戽的水力计算和理论研究都还不成熟，计算时可参考有关文献。一般认为，当下游尾水所造成的淹没度$\sigma > 1.1$时，就可能产生消力戽流态。初步拟定尺寸时可参考下述经验数据：

① 挑射角$\theta$，绝大部分工程采用45°，有的采用40°，甚至37°。大挑角一般容易形成戽流，但戽后涌浪高，冲坑深，下游水面波动大；挑角过小，戽内漩滚容易超出戽外。

② 反弧半径$R$，$R$愈大，出流条件愈好，戽内漩滚水体增大，对消能有利。但半径大到某一程度后，消能效果便不能显著增加，而且使戽体工程量加大，一般以$R = (1/6 \sim 1/3)H$为宜，$H$为从戽底算起的上游水头；有的采用$R = 1.75h_k = 1.75(q^2/g)^{1/3}$，其中$g = 9.81 \text{m/s}^2$，$q$为单宽流量，但若$H$较大而$q$较小，则用此式算得的$R$似乎有些偏小。

③ 戽坎高度$a$，为防止泥沙或石块卷入戽内，$a$宜大于$h_2/6$，式中$h_2$为尾水深度。

④ 戽内水深$h_b$与$q$、$H$和$h_2$等因素有关，戽底高程和$h_b$的确定原则上要保证在各级流量和下游水位条件下均能发生稳定戽流。戽底高程定得太高，易形成挑流流态；太低则增加挖方量。戽底高程宜取与下游河床同高。若戽底与河床高程齐平，当$H/R = 3 \sim 6$时，$h_b = (0.4 \sim 0.8)h_2$。

当下泄水流的单宽流量较大时，为了加大戽内漩滚体积，提高消能效率和确保戽流流态，可在戽底插入一水平段，这种结构形式称为戽式消力池。我国岩滩溢流坝就采用了这种形式。

4) 多种消能工联合消能

随着高坝建设的增多，国内外在处理大流量泄洪时，一般都采用分散洪水联合消能的方式，充分发挥单项泄水建筑物或不同形式消能工的优点，以取得最佳的消能组合。

联合消能方式：①多种泄水建筑物联合，包括：坝体的表孔、中孔、底孔，岸边溢洪道及泄洪隧洞等，而以溢流坝和岸边溢洪道为主；②不同形式消能工联合，如：挑流消能与面流消能相结合等。

我国针对江河洪水峰高量大的特点，在分散泄洪联合消能方面积累了丰富的经验。例如：乌江渡水电站的大坝为拱形重力坝，最大坝高165m，坝址处两岸山坡陡峻，河床狭窄，校核洪水最大流量为24 400m³/s，坝址下游有九级滩页岩破碎带，抗冲能力极弱。经深入研究，选定在坝顶中部设4个溢流表孔，左右侧各设1个滑雪道式溢洪道，并有2个中孔和2条泄洪洞进行联合泄洪。中部4孔是挑越式厂、坝联合泄洪，两侧滑雪道式溢洪道是溢流式厂、坝联合泄洪。这样的联合消能体系，因地制宜成功地解决了泄洪建筑物与厂房争位的矛盾。各泄水建筑物出口顺河向拉开、高低错开，使挑流水舌纵向扩散并避开九级滩页岩，有效地减小了河床的冲刷深度[13]。潘家口水电站的宽尾墩与挑流联合消能，安康水电站和五强溪水电站的宽尾墩与消力池联合消能，以及岩滩水电站的宽尾墩与消力戽联合消能等，都是通过宽尾墩缩窄闸孔水流，使出口水流形成窄而高、竖向得到充分扩散的三元射流。

在宽尾墩后设挑流坎，从宽尾墩射出的水舌与墩后空气掺混，将在反弧附近冲碰并激起强烈的水冠，经挑射后进一步在空中扩散与掺气（如图2-67所示），形成窄而高的射流，分散落在下游水面上，强度很弱，冲坑很浅，大大提高了消能效果。

安康水电站一级消力池与宽尾墩消能工联合消能后，消力池比原设计缩短了1/3。宽尾墩的另一个突出优点是：墩后的坝面形成大片无水区，这个无水区随宽尾墩末端孔口宽度的减小而增大，当宽尾墩末端孔口宽度收缩到0.4倍溢流孔宽度或更小时，墩后的无水区范围能够增大到与溢流孔宽度相接近。这一无水区可用来布置其他泄水建筑物。五强溪水电站采用宽尾墩、底孔、消力池新型联合消能工，较原设计的消力池长度缩短了50m，并利用宽尾墩形成的无水区，在坝内沿闸墩轴线设置7个泄洪底孔，取代1个溢流表孔，解决溢流表孔布置的困难。当然，孔口若收缩太多可能会影响泄洪能力，建议最窄处的宽度与孔宽的收缩比以1/3～2/3为宜。

大朝山水电站碾压混凝土重力坝（高111m）采用台阶式溢流坝面、宽尾墩和消力戽联合消能方式（如图2-68所示）。水流经宽尾墩缩窄后，竖向扩散形成很高的水墙和水冠，水流的水平向流速减小了，竖直向下的流速增加了，落入水平台阶面（宽0.7m）的入射角减小了，较好地受到水平台阶面的碰撞而溅起，又与后面流下的水流相撞，不仅消能效果更好，而且还使各小台阶竖直面（高1m）的下游侧较易形成空隙，宽尾墩下游面空腔里的空气通过这些空隙被吸入并掺到水流中。如果没有宽尾墩后面空气补充，台阶掺气作用很小，当单宽流量较大时，水舌下缘可能擦过或掠过台阶的外边缘，台阶消能作用很小，单宽流量宜控制在20m²/s以内[5]。在这种情况下，如果

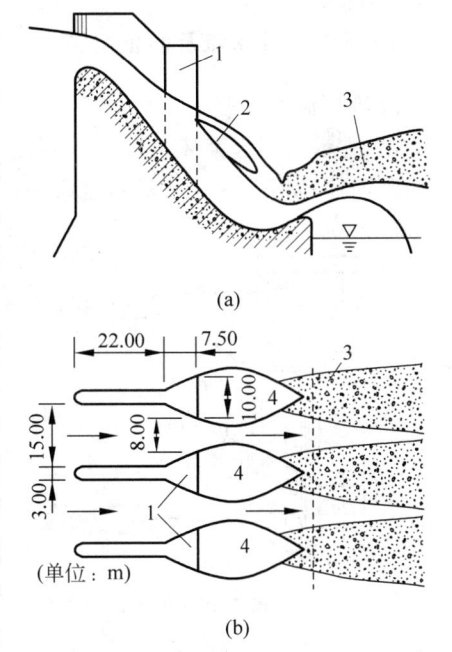

图2-67 宽尾墩和挑坎联合消能
(a) 剖面图；(b) 平面图
1—墩尾；2—气袋；3—水冠；4—无水区

有宽尾墩,其下游面空腔里的空气容易被吸入到每一台阶下游的空腔里,水流的掺气更加充分,对防止空蚀和消能是有好处的。所以,在上游设置宽尾墩后,使得下游台阶式溢流面比连续式溢流面更能发挥较好的掺气消能作用。由于宽尾墩、台阶式溢流面和扩大了的消力戽三者联合消能作用,大朝山 RCC 重力坝设计过坝最大单宽流量达 193m²/s,已经受过坝单宽流量 165m²/s 的考验[13]。

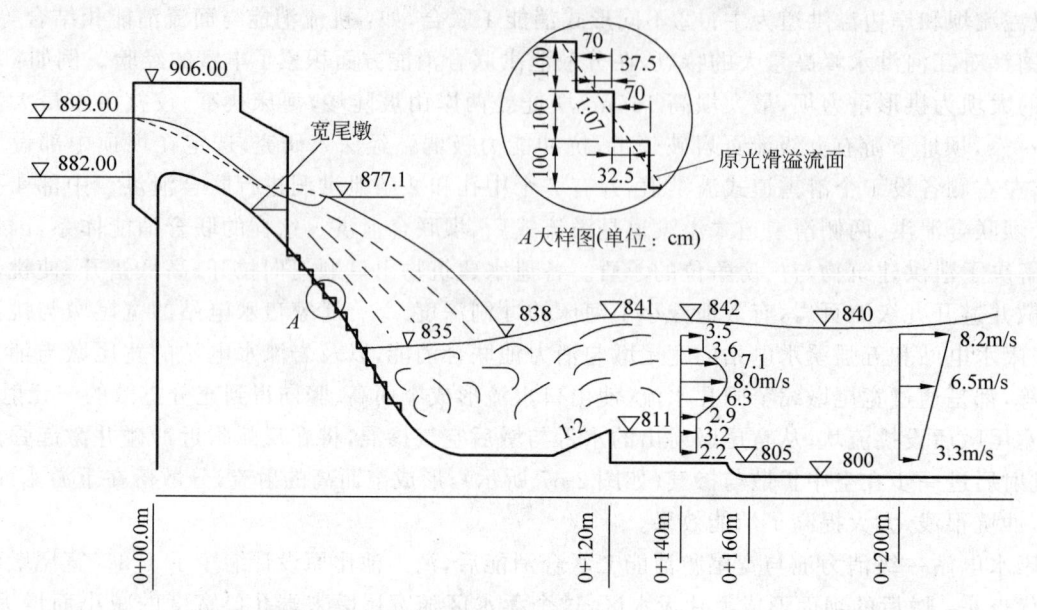

图 2-68 大朝山 RCC 重力坝宽尾墩台阶式溢流坝和戽式消力池联合消能方式及流速分布

### 5. 下游折冲水流及防止措施

溢流坝段往往只占河床的一部分,当开启或部分开启孔口泄水时,在主流两侧容易形成回流(如图 2-69 所示),引起河床冲刷。若两侧的回流强度和水位不同,还可能将主流压向一侧,形成折冲水流冲刷河岸(如图 2-70 所示),也影响航运和发电。

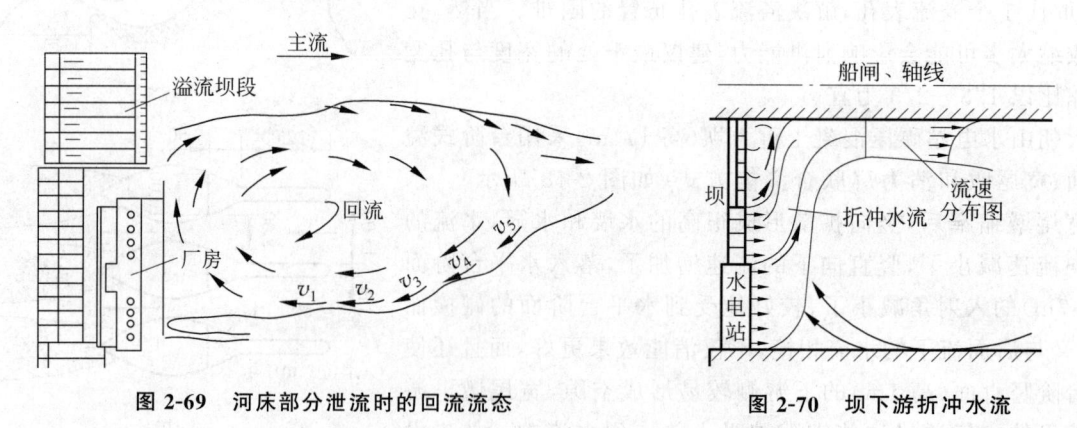

图 2-69 河床部分泄流时的回流流态

图 2-70 坝下游折冲水流

为了改善下游流态,应采取以下措施:
(1) 尽量使溢流坝下泄水流与原河床主流的位置和方向一致;
(2) 制定闸门操作规程,使各孔闸门同时均匀开启,或对称开启;

(3) 布置导流墙；
(4) 借助水工水力学模型试验研究多种方案的流态进行比较和选取。

### 2.10.2 坝身泄水孔

#### 1. 坝身泄水孔的作用及工作条件

混凝土重力坝便于在不同部位和高程建造坝身泄水孔,以满足供水、调洪预泄、放空水库、泄洪和排砂等需要。其作用有：

(1) 预泄库水,增大水库的调蓄能力；
(2) 放空水库以便检修或应付某些特殊情况；
(3) 排放泥沙,减少水库淤积；
(4) 随时向下游放水,满足发电、航运和灌溉等要求；
(5) 施工导流。

坝身中低孔水流速较高,容易产生负压、空蚀和振动;闸门在水下,检修较困难;闸门承受的水压力大,有的可达 40~66MN,启门力也相应加大;门体结构、止水和启闭设备都较复杂,造价较高。坝身中低孔随高水位上涨的超泄能力远不如表孔。所以,一般以表孔作为主要的泄洪建筑物,以中低孔作辅助泄洪之用,其过水能力主要根据调洪预泄、放空、施工导流、排沙和下游用水等要求而定。

**图 2-71 有压泄水孔**
1—通气孔；2—平压管；3—事故检修门槽；
4—渐变段；5—工作闸门

#### 2. 坝身泄水孔的形式及布置

按水流条件,坝身泄水孔可分为有压的和无压的;按泄水孔所处的高程可分为中孔和底孔;按布置的层数又可分为单层的和多层的。

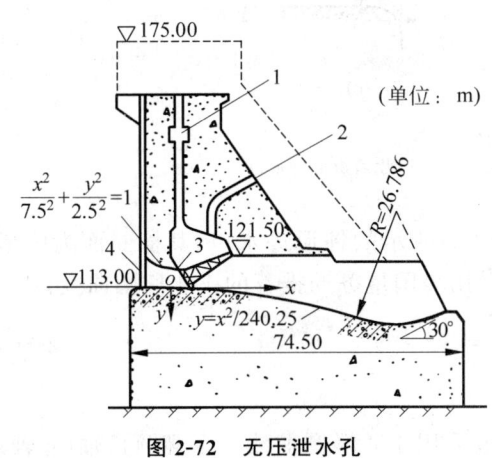

1) 有压泄水孔(如图 2-71 所示)

有压泄水孔的特点是：将工作闸门布置在出口,孔内始终保持满流有压状态;闸门安装与大坝施工干扰较少;便于运行管理和维修。缺点是,闸门关闭时孔内承受较大的内水压力,对坝体应力状态和防渗都不利,故一般多用于水头不大或孔口断面尺寸较小的情况。但由于它具有施工干扰少,便于运行、维修这两条最突出的优点,故在中小型重力坝中用得最多。若水头较大或孔口较大,需用高强度混凝土并配置很多钢筋,还需钢板衬砌,在进口处设置事故检修闸门,平时兼用来挡水,避免满管长期受到很高的内水压力作用。我国安砂等工程即采用了这种形式的有压泄水孔。

2) 无压泄水孔(如图 2-72 所示)

若泄流量较大需要较大的孔口断面,对于高水头有压

**图 2-72 无压泄水孔**
1—启闭机廊道；2—通气孔；
3—弧形工作门；4—事故检修门

泄水孔需要较多的配筋或钢板衬砌而显得不经济,在这种情况下仅进口段为有压孔,其工作闸门布置在坝体靠近上游的部位,在闸门下游大部分管道断面顶部升高以形成无压水流。但闸门室和启闭机室都布置在坝内,施工干扰很大,运行管理和维修不方便,故无压泄水孔只在高坝大流量泄水的情况才用得较多,在中小型重力坝中很少采用。

3) 双层泄水孔

因受闸门结构及启闭机的限制,单个泄水孔的断面面积不能太大。若河床太窄而又需要在洪水来临之前通过河床坝段尽快下泄库水,可设置双层泄水孔,或将泄水孔布置在溢流坝段。采用这种布置时需要注意几个问题:①上层泄流对下层泄水孔泄流能力的影响;②在尾部上、下层水流交汇处容易发生空蚀;③单宽流量是否过大,坝趾附近的基岩是否容易被冲刷,可使两股水流的挑距尽量拉开。对上述可能出现的问题应经过模型试验妥善处理。

双层泄水孔在设计、施工和运行管理方面都比单层泄水孔难度大很多,可能出现预想不到的问题,所以在一般较宽的河谷里建造的重力坝,只要设置单层泄水孔能解决问题的,很少设置双层泄水孔。

坝身泄水孔的水流流速高,边界条件复杂,应十分重视进口、闸门槽、渐变段,竖向连接等部位的体形设计,并应注意施工质量,提高表面平整度,否则容易引起空蚀破坏。

**3. 进口曲线**

进口曲线应满足下列要求:(1)减小局部水头损失,提高泄水能力;(2)控制负压,防止空蚀。理想的进水口体型应与薄壁锐缘孔口出流的外缘形状一致[如图 2-73(a)所示],这时阻力最小,沿程压力分布均匀,无负压,磨损小,不出现有害的水流形态。

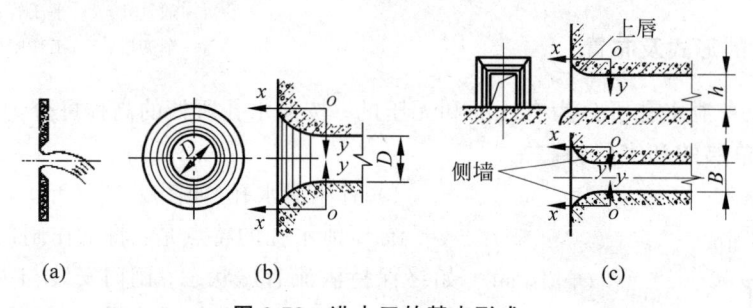

**图 2-73 进水口的基本形式**
(a) 薄壁锐缘孔口出流水柱;(b) 轴对称形进水口;(c) 三面收缩矩形进水口

对于设置高压闸门或阀门的压力泄水孔,宜采用图 2-73(b)所示的钟形进水口,其横断面为圆形(因圆孔受力条件较好,孔周应力分布较均匀),其纵断面可采用美国垦务局推荐的 1/4 椭圆曲线:

$$\left(\frac{x}{0.5D}\right)^2+\left(\frac{y}{0.15D}\right)^2=1 \tag{2-86}$$

式中:$D$——图 2-73(b)所示的孔身直径。

其他闸门多数为矩形,进水口亦多用矩形,其纵断面一般采用 1/4 椭圆曲线。令椭圆长轴($x$ 轴)与孔轴平行,$h$ 和 $B$ 分别为孔身高度和宽度,对于三面收缩的矩形进水口,其上唇和侧墙纵断面的 1/4 椭圆曲线方程依次为:

$$\left(\frac{x}{kh}\right)^2+\left(\frac{y}{kh/3}\right)^2=1 \tag{2-87}$$

$$\left(\frac{x}{kB}\right)^2+\left(\frac{y}{kB/3}\right)^2=1 \tag{2-88}$$

在以上两式中，$k$ 常取 1.0，但有时为使长、短半轴取整，$k$ 可稍大于 1.0。有些试验资料表明：上唇曲线的长轴稍向上倾斜一些（上游端在上，倾角约 12°），压力分布良好，泄水能力较大；进水口的压力分布随椭圆短长轴的比值不同而有较大的差异，对于上唇曲线，椭圆半轴比 $b/a<0.25$ 时，压力分布极不平顺，负压值较大，不宜采用，而以 $b/a=0.3\sim0.33$ 为宜；对于侧墙的 $b/a$ 不得小于 0.2。

#### 4. 闸门和闸门槽

在坝身泄水孔中最常采用的闸门也是平面闸门和弧形闸门。弧形闸门的优点是：不设门槽，水流平顺（这对于坝身泄水孔是一个很大的优点，因为泄水孔中的空蚀常常发生在门槽附近）；启门力较平面闸门小，运用方便。缺点是：闸门结构复杂，整体刚度差，门座受力集中，闸门启闭室所占的空间较大。平面闸门则具有结构简单、布置紧凑，启闭机可在坝顶移动闸门等优点；缺点是启门力较大，门槽处边界突变，易产生负压引起空蚀。对于尺寸较小的泄水孔，可以采用阀门，常用的是平面滑动阀门，它和启闭机连在一起，操作方便，抗震性能好，启闭室所占的空间也小。

平面闸门的门槽在早期采用简单的矩形断面，是最易产生负压和空蚀的部位。据调查，在无压自由泄流时，通过矩形门槽的流速还不到 10m/s 时即有空蚀发生。

改进后的门槽体形如图 2-74 所示：在门槽的下游做成斜坡形，最优的槽宽与槽深之比 $W/D=1.6\sim1.8$，合宜的错矩 $f=(0.05\sim0.08)W+R$，下游边墙坡率为 1:8～1:12，圆角半径 $R=0.1D$，或采用 $R=3\sim5$cm 的小圆角。使用这种门槽，在无压自由泄流时，断面平均流速可加大到 20m/s 而不发生空蚀，门槽的尺寸还应满足闸门行走支承部分的结构要求。

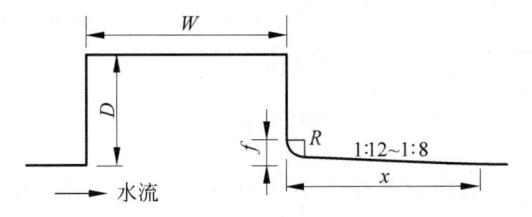

图 2-74 改进的闸门槽体

#### 5. 孔身

有压泄水孔因防渗和应力条件要求，孔身周边须布设较多的钢筋，有时还须采用钢板衬砌。为施工方便，对于内水压力不大的泄水孔一般做成矩形断面，若内水压力很大宜采用圆形断面。

无压泄水孔通常采用矩形断面。为保证形成稳定的无压流，孔顶距水面的高度取最大流量不掺气水深 $h$ 的 30%～50%。门后泄槽的底坡按最大平均流速 $v$ 自由射流水舌曲线设计。为了减小出口的单宽流量，在转入明流段后，两侧可以适当扩散。设重力加速度为 $g$，平面扩散角 $\alpha$ 应控制在

$$\alpha \leqslant \arctan\left(\frac{\sqrt{gh}}{3v}\right) \tag{2-89}$$

#### 6. 渐变段

泄水孔进口一般都做成矩形，以便布置矩形闸门。当有压泄水孔断面为圆形时，在进口闸门后须设渐变段，以便水流平顺过渡，防止负压和空蚀的产生。渐变段可采用在矩形四个角加圆弧的办法逐渐过渡，见图 2-75(a)；当工作闸门布置在出口时，出口断面也需做成矩形，因此在出口段同样须设置

渐变段，见图 2-75(b)。

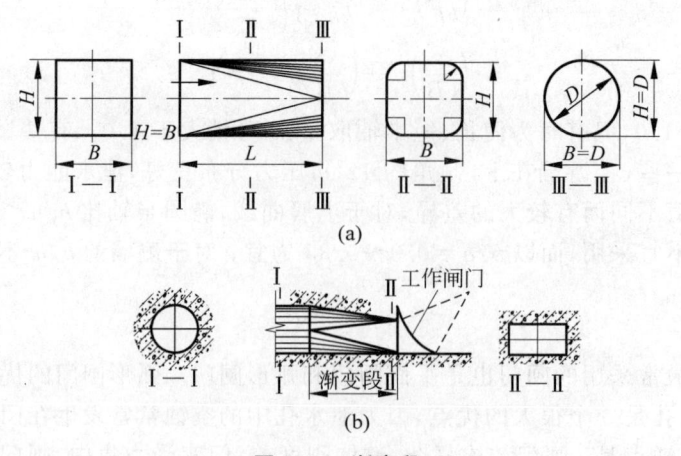

**图 2-75 渐变段**
(a) 进口渐变段；(b) 出口渐变段

渐变段施工复杂，所以不宜太长。但为使水流平顺，也不宜太短，一般采用洞身直径的 1.5～2.0 倍。边壁的收缩率控制在 1∶8～1∶5。

在坝身有压泄水孔末端，水流从压力流突然变成无压流，引起出口附近压力降低，容易在该部位的顶部产生负压，所以，在泄水孔末端顶部常插入一小段斜坡将孔顶压低[如图 2-75(b)所示]，面积收缩比可取 0.85 左右，孔顶压坡取 1∶10～1∶5。

#### 7. 泄水孔泄流能力的计算

有压或无压泄水孔前面压力段孔口的泄流流量为

$$Q = \mu A_c \sqrt{2gH} \tag{2-90}$$

$$\mu = 1 \Big/ \sqrt{1 + \sum_{i=1}^{j}\left[\lambda_i \frac{L_i}{4R_i}\left(\frac{A_c}{A_i}\right)^2\right] + \sum_{i=1}^{k}\left[\zeta_i\left(\frac{A_c}{A_i}\right)^2\right]} \tag{2-91}$$

式中：$A_c$——压力孔出口断面积，$m^2$；

$A_i$——压力孔各分段的断面积，$m^2$；

$H$——库水位与压力孔出口断面中心的高差，m；

$L_i$——压力孔各分段的长度，m；

$R_i$——压力孔各分段的水力半径，m；

$\lambda_i$——压力孔各分段的沿程水头损失系数，$\lambda_i = 8g/C_i^2$，$C_i = R_i^{1/6}/n$，混凝土糙率 $n = 0.014$；

$\zeta_i$——压力孔各部分的局部水头损失系数，可由水力学书上查得。

无压泄水孔的上游有压段很短，沿程水头损失很小，故泄流能力较大。

#### 8. 竖向连接

坝身泄水孔沿孔的轴线在变坡处，需要用竖曲线连接。

对于有压泄水孔，可以采用凸或凹的圆弧曲线，曲线半径不宜太小，一般不小于 5 倍孔径。

对于无压泄水孔,明流泄水道的底曲线可由模型试验确定或设计成抛物线。为防止底面负压,我国规范[4,5]要求安全系数 $k=1.2\sim1.6$。若有压段出口底面切向与水平面夹角为 $\theta$(向下为正,$\theta\geqslant0$),以抛物线起点为原点,$x$ 为水平坐标,$y$ 为竖向坐标(向下为正),则此抛物线方程为

$$y = \frac{x^2}{4k^2\mu^2 H_d \cos^2\theta} + x\tan\theta \tag{2-92}$$

式中:$H_d$——设计水位与有压段出口断面中心的高差;

$\mu$——流速系数,按式(2-91)计算。

#### 9. 平压管和通气孔

检修闸门须两侧平压启闭。检修作业完成后,挡水的检修门开启之前应先关下工作门,打开与库水相连的平压管阀门向两门之间充水,使检修闸门两侧平压启吊。平压管直径由充水时间决定,控制阀门可布置在坝体廊道内(见图 2-71)。若平压管直径和水头不大,也可将平压管充水阀设在检修闸门,先提起门上的充水阀,使充满平压后再提升检修闸门。

若检修门的止水在闸门的下游,须在门后附近的孔顶设置通气孔,在充水平压时能排气,以防喷气振动;在泄水时能补气,以防空蚀破坏。通气孔应通向坝顶,并设置护栏,与其他结构分开。

当工作门布置在进口,提闸泄水时,门后的空气被水流带走形成负压,需要补气,在工作门后须设置通气孔。通气孔直径 $d$ 可按式(2-93)估算:

$$d = \sqrt{\frac{0.36 V_w A}{\pi [V_a]}} \quad (\text{m}) \tag{2-93}$$

式中:$A$——闸门后泄水孔断面面积,$\text{m}^2$;

$V_w$——闸门全开时断面水流平均流速,m/s;

$[V_a]$——通气孔允许风速,一般不超过 40m/s。

## 2.11 其他类型重力坝

> **学习要点**
> 
> 了解其他类型重力坝构造及其优缺点。

重力坝还可用浆砌石作为筑坝的主要材料,也可用混凝土材料而坝体断面并非实心的形式,然而它们都基于坝体自重作为维持稳定的主要因素这一共同的力学原理,同属于重力坝的范畴,表现为其他方式:浆砌石重力坝、堆石混凝土重力坝、宽缝重力坝、空腹重力坝和软基重力坝等。

### 2.11.1 浆砌石重力坝

浆砌石重力坝在我国已有悠久的历史,公元前833年在浙江省大溪河上砌筑了长140m、高约27m 的条石溢流坝——它山堰。1949年以来,我国修建了很多浆砌石重力坝,其中,经过多次加高、

在 2007 年建成的宝泉抽水蓄能电站下库浆砌石重力坝,最大坝高 107.50m,是我国当时已建同类坝最高的。印度于 1982 年兴建 144m 高的斯里赛勒姆浆砌石重力坝是当时世界已建同类坝最高的。

筑坝用的石料应完整、坚硬,没有剥落层和裂纹,其大小和重量以便于一或两个人搬运和砌筑为宜,其强度应满足坝体应力和稳定安全的要求。砌石坝所用的胶结材料在古代用糯米浆或石灰砂浆,近代和现代多用水泥砂浆,有些工程采用粒径不超过 20mm 或不超过 40mm 的砾石混凝土回填较宽的空隙。我国《砌石坝设计规范》(SL 25—2006)[15]规定:石料的抗压强度可根据石料饱和抗压强度值划分为 30MPa、40MPa、50MPa、60MPa、80MPa 和大于等于 100MPa 六级;砌石体的胶凝材料主要有水泥砂浆和一、二级配混凝土;水泥砂浆常用的标号强度分为 5MPa、7.5MPa、10MPa、12.5MPa 四种;水泥采用强度等级,常用的有 32.5、42.5、52.5 三种;混凝土常用的标号强度分为 10MPa、15MPa、20MPa 三种;在基本荷载、特殊荷载组合作用下,抗压强度安全系数分别为 3.5 和 3.0。

浆砌石重力坝具有以下一些优点:①就地取材;②经加工的料石,强度较高,形状较规则,如果精心施工,可节省水泥,降低水化热温升,不设或少设纵缝,加大横缝间距;③节省模板,减少脚手架,木材用量较少,减少施工干扰;④施工技术易于掌握,施工安排比较灵活,可以分期施工,分期受益,在缺少施工机械的情况下,可用人工砌筑。

但料石本身的加工和大坝砌筑是很费人工的。如果块石形状不规则,则空隙率很大,往往费很多水泥砂浆,而且容易漏水,需另加防渗设计。

通常采用的坝体防渗设施有以下三种:

(1) 混凝土防渗层。浆砌石重力坝一般在坝体内靠近上游部位利用浆砌石作为模板浇筑混凝土防渗层,其底部厚度宜取坝体承受的最大水头的 1/60~1/30,并嵌入基岩 1~2m。混凝土防渗层应尽快与其周围的砌石浇筑在一起以免受浆砌石很大的约束拉应力而开裂。防渗层伸缩缝与砌体伸缩缝共面,间距一般为 15~25m(在岸坡处参考图 2-42 将横缝选在合适的位置),缝宽 1.5~2.5cm,充填泡沫塑料,在防渗体处设止水。

(2) 浆砌石、水泥砂浆勾缝。在坝体迎水面用水泥砂浆将形状较规则的好块石砌筑成防渗层,并用高标号水泥砂浆勾缝。这种防渗设施比较经济,施工也较简便,防渗效果主要取决于施工的精心程度,因勾缝深度不大,防渗效果难以保证,故多用于浆砌石坝低水头的迎水坝面。

(3) 钢丝网水泥喷浆护面。在坝的迎水面用锚筋挂一层或两层钢丝网,喷上水泥砂浆作为防渗层,其厚度根据水头大小而定,一般为 5~10cm。

若泄水流速较大,泄水建筑物表面需用钢筋混凝土衬护,厚约 0.6~1.5m,并用插筋将混凝土衬护与块石砌体锚固在一起。如过坝流速不大,可以只在堰顶和鼻坎部位用混凝土衬护,直线段采用细琢的粗料石。对一些单宽流量较小的溢流坝,可以用质地良好、抗冲力强、经过细琢的粗料石作为溢流面的衬护。溢流面伸缩缝应与坝体伸缩缝共面,并设置止水,其周围应为钢筋混凝土。

为使砌体与基岩紧密结合,在砌石前需先浇筑一层 0.3~1.0m 厚的混凝土垫层。

坝体排水、廊道布置、地基处理以及坝体抗滑稳定等的要求,与混凝土实体重力坝相同。

由于块石大小和形状很难做到一致,人工砌筑掌握的标准有差异,砂浆、混凝土和块石的分布是很不均匀的,很难准确计算坝体的应力分布,可近似按均质连续体考虑,用材料力学方法近似地计算浆砌石重力坝的应力分布,再根据坝体不同部位的压应力分布范围乘以安全系数选用石料的强度级别;在蓄水时,上游坝面不允许出现拉应力,在施工期或空库时,下游坝面拉应力不应超过 100kPa。

浆砌石重力坝的缺点主要有：①石料的修整和砌筑难以实现机械化施工，需要花大量劳动力和工期；②人工砌筑不均匀，质量不易保证，砌体防渗性能差，往往需另加防渗设施。

过去因人工费用较低，采用浆砌石中低坝有较大的优越性；但当今在机械化程度较高、人工工资也很高的情况下，除了加高，已很少采用浆砌石高坝，砌石所花的人工和工期与坝高超过三次方的关系，砌石坝越高越不合算，尤其是高度 150m 以上的新坝比较方案，不可能有浆砌石坝型。

### 2.11.2 堆石混凝土重力坝

堆石混凝土（Rock Filled Concrete，RFC）是清华大学水利水电工程系提出的一种新型筑坝材料，2005 年已获得国家发明专利。该项技术的操作过程是先将大粒径堆石堆放入仓，然后从堆石体上方倒入自密实混凝土（Self-compacting Concrete，SCC），利用其高流动性充填到堆石的空隙中，形成完整、密实、有较高强度的大体积混凝土坝[16]。

在浇筑块的侧面先安装预制混凝土板或浆砌石作为模板，块石粒径要求在 30~50cm，最大可达 80cm，一次铺筑厚度 1.5~2.0m，可利用自卸汽车、装载机、推土机等重型机械输送入仓和平仓，必要时可辅助少量人力平整。自密实混凝土利用拌和楼拌制，通过泵送或自卸汽车、吊罐等设备运输到堆石体上方倒入，不发生离析和泌水现象，坍落度达 260mm，扩展度在 600mm 以上，无须加任何外力和振捣。每仓混凝土浇筑后，上表面应留有部分外露的块石，有利于层面结合，提高抗剪断力。

堆石混凝土的优点是：①由于块石已占很多体积，每单位体积坝体所用的混凝土及其水泥用量明显少于以往常规混凝土坝，水泥产生的水化热传给临近的块石，所以水化热温升较低，利于温控；②不用振捣，层面不用凿毛，减少施工环节，便于快速施工；③综合成本低于常规混凝土。堆石混凝土已应用于河南宝泉、山西清峪、山西围滩等数十米高的挡水坝，收到了良好的效果[16]。

堆石混凝土施工质量因人而异，其强度和抗渗性能有待于工程实践总结和提高，建议目前应用于应力较小、抗渗要求较低、远离廊道和孔口的中低坝内部或坝顶附近，其他部位则用常规混凝土。

### 2.11.3 宽缝重力坝

将重力坝横缝的中下部扩宽成为具有空腔的重力坝，称为宽缝重力坝，如图 2-76 所示。宽缝重力坝因排水条件较好，还可显著地减小扬压力和坝体混凝土量。

**1. 工作特点**

设置宽缝后，坝基渗透水自宽缝排出，作用面积相应减小，渗透压力显著降低，在图 2-76 所示的 $g$ 点处渗压为零，该点距宽缝起点的距离约为宽缝处坝段厚度 $L'$ 的 2 倍。

宽缝重力坝由于扬压力较小，坝体混凝土方量较实体重力坝节省 10%~20%，甚至更多；宽缝增加了坝块的侧向散热面，加快了坝体混凝土的散热进程，便于观测、检查和维修。从结构角度看，坝体内部应力较低，在该处将厚度减薄也是合理的。宽缝重力坝的缺点是：增加了模板用量；立模也较复杂，施工较难；分期导流不便；在严寒地区冬季，对宽缝需要采取保温措施。

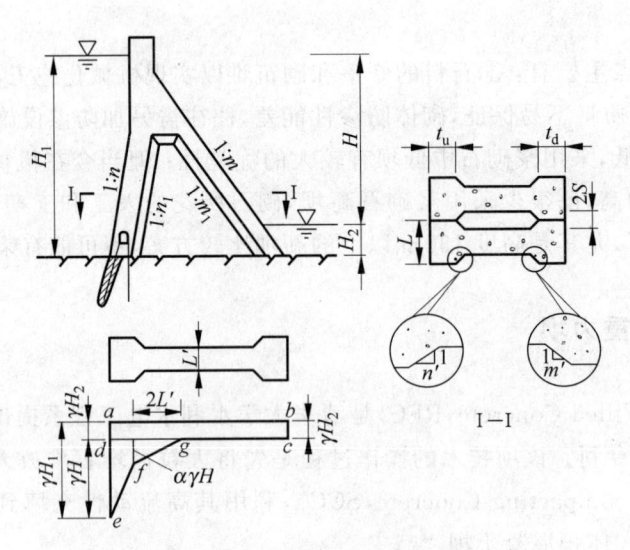

图 2-76 宽缝重力坝剖面及坝底面扬压力分布

**2. 坝体尺寸**

(1) 坝段宽度 $L$ 可根据坝高、施工条件、泄水孔布置、坝后厂房机组间距选定，一般取 $L=16\sim 25\text{m}$。

(2) 缝宽与坝段宽比 $2S/L=0.2\sim 0.4$，若比值大于 0.4，在深水部位坝体产生较大的主拉应力。

(3) 上、下游坝面坡率 $n$ 和 $m$。上游坝面一段都做成变坡的，上部竖直，下部 $n=0.15\sim 0.35$；下游坡率 $m=0.6\sim 0.8$。

(4) 上游头部和下游尾部厚度 $t_u$ 和 $t_d$。上游头部厚度应当满足强度、防渗、人防和布置灌浆廊道等的需要，与该截面以上的水深 $h$ 关系较大，可取 $t_u \geqslant (0.07\sim 0.10)h$，且不小于 3m。下游尾部厚度应考虑强度和施工要求，不宜小于 2m，通常采用 3~5m，在寒冷地区还应适当加厚。为了减小厚度突变引起的应力集中，在变厚处水平截面的坡率 $n'=1.5\sim 2.0$，$m'=1.0\sim 1.5$。宽缝的上、下游坡率 $n_1$ 和 $m_1$，一般与坝面坡率 $n$ 和 $m$ 一致。

(5) 宽缝顶部至坝顶或溢流面顶的厚度应不小于与上、下游坝面的厚度，宽缝顶部竖向截面渐变斜坡(竖向高度/水平宽度)可用(1.5~2.0)：1，都应满足相关坝段的稳定和应力要求。

**3. 应力计算和稳定分析**

宽缝重力坝的坝体应力计算应属三维问题，若有条件的应按三维有限元方法计算；若没有条件可简化成平面问题。取一个坝段的水平截面化引为工字形截面，仍假定竖向正应力沿水平截面按直线分布，正负号规定同式(2-19)的符号说明，利用材料力学偏心受压公式，求得上、下游边缘处的应力：

$$\begin{cases} \sigma_{yu} = \dfrac{\sum W}{A} + \dfrac{T_u \sum M}{J} \quad (\text{kPa}) \\ \sigma_{yd} = \dfrac{\sum W}{A} - \dfrac{T_d \sum M}{J} \quad (\text{kPa}) \end{cases} \tag{2-94}$$

式中：$\sum W$、$\sum M$ ——作用于计算截面以上全部荷载(包括扬压力)的竖向分力总和及其对截面垂直水流流向形心轴的力矩总和，单位分别为 kN 和 kN·m；

$T_u$、$T_d$ ——截面形心至上、下游面的距离，m；

$A$、$J$ ——计算截面的面积及其对垂直水流流向形心轴的惯性矩，单位分别为 $m^2$ 和 $m^4$。

然后，可按上、下游坝面微分体的平衡条件，求得边缘应力 $\sigma_x$ 和 $\tau$ 以及主应力。

坝体内部应力可根据上、下游头部及中间宽缝三段的平衡条件推算。

宽缝重力坝坝段中部容易出现主拉应力，设计要求最大值不得超过混凝土的容许拉应力。

按平面问题分析宽缝重力坝的坝体应力，是在假定应力沿坝段宽度均匀分布的条件下进行的。由于坝体水平截面中间缩窄，实际上的应力状态是比较复杂的。为研究在上游水压力等荷载作用下的头部应力，可垂直上游面截取单位高度的坝段(图 2-77)，利用平面有限元法或结构模型试验进行计算分析。设计要求分缝止水位置合理，充分利用止水上的缝内水压力作用，使坝面水平向应力为压应力或仅有较小的拉应力。

宽缝重力坝的抗滑稳定分析与实体重力坝相同，但需以一个坝段作为计算单元，坝基扬压力的分布与计算参见图 2-76 及其说明。

目前世界上已建成的较高的宽缝重力坝是俄罗斯的布拉茨克坝，坝高 125m，坝段宽 22m，缝宽 3~7m。我国也建成了若干座宽缝重力坝，其中，新安江坝坝高 105m，坝段宽 20m，缝宽 8m。

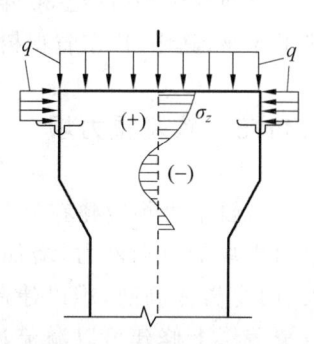

图 2-77 上游头部应力

### 2.11.4 空腹重力坝

有的重力坝为了将电站厂房布置在坝内而沿坝轴线方向开设较大的空腔，这种重力坝称为空腹重力坝。图 2-78 是陕西省石泉空腹重力坝剖面图。

#### 1. 工作特点

空腹重力坝与实体重力坝相比，具有以下一些优点：①若空腹内不设置坝内电站厂房，则空腔下部可不设底板，减少坝基开挖量和坝底面上的扬压力，节省坝体混凝土方量约为 20%；②便于混凝土散热；③坝体施工可不设纵缝；④便于监测和维修；⑤空腔内可布置水电站厂房。缺点有：①施工复杂；②温控要求严格；③模板和钢筋用量大；④如在空腔内布置水电站厂房，施工干扰大；⑤工期长；⑥施工汛期风险大。

若河谷窄，洪水流量大，两岸岩体很差，不宜建造拱坝和地下厂房，可在空腔内布置水电站厂房，其上坝体作为溢流坝泄洪，但须解决底板下的排水设施和尾水管削弱坝体所产生的问题。

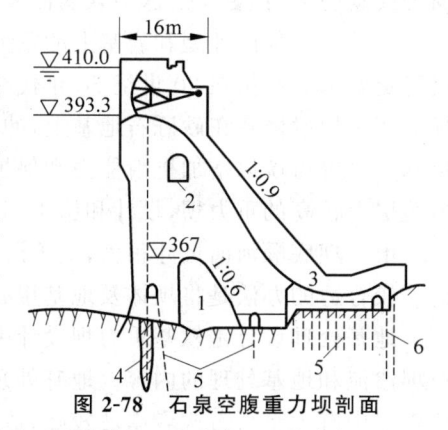

图 2-78 石泉空腹重力坝剖面

1—下腹孔；2—上腹孔；3—消力戽；4—上游灌浆帷幕；5—排水孔；6—下游帷幕灌浆孔

### 2. 坝体尺寸

空腹重力坝的坝体尺寸需经试验和计算确定。根据已有的经验,空腹面积与坝体断面面积之比为10%~20%;空腹高约为坝高的1/3,净跨约占坝底全宽的1/3,前后腿的宽度大致相等;顶拱常采用椭圆形或复合圆弧曲线,椭圆长短轴之比约为3∶2,长轴接近满库时水压力和坝体自重的合力方向,以减小空腹周边的拉应力。空腔上游边可做成铅直的,下游边的坡率约为0.6~0.8。

空腹重力坝的应力状态比较复杂,应采用有限元法或结构模型试验求解。

奥地利于20世纪30年代修建了第一座空腹重力坝,坝高79m。我国从20世纪70年代开始修建了6座,其中,广东省枫树坝坝高95.3m,坝内布置两台机组共15万kW。

## 2.11.5 软基重力坝

一般重力坝应建在岩基上,可承受较大的压应力,利用坝体混凝土与岩基表面之间的凝聚力或突出岩块的抗剪断力,增加坝体的抗滑稳定安全度。但如果覆盖层很深,坝高不大而河道洪水较大、两岸岩体高陡,难以建造带有大型岸边溢洪道的土石坝,也难以建造过水土石坝,可考虑在砂砾石覆盖层上修建可以溢流过水的"软基重力坝"。这里沿引以往名称,但所谓软基是指砂砾石地基相对于岩基而言,并非土力学中的软土层。软基重力坝的设计原则与岩基上的高坝有差异。

软基承载力远小于岩基,所以坝基应力应严格控制。首先应通过试验、勘探并参考类似工程经验,确定软基的容许承载力,要使坝基面无拉应力,最大压应力小于地基的容许承载力。

在核算抗滑稳定时,先应确定覆盖层的抗剪参数$f$和$c$值。$c$值通常较小,留作裕度,只按摩擦力考虑。失稳破坏有两种方式:一种是沿坝基面水平剪切;另一种是坝体带动一部分覆盖层作曲线形的挤动失稳。如果坝底垂直压力不高,覆盖层允许承载力较高,则多发生前一种方式的破坏,否则要按两种可能性核算。核算深层挤出破坏时,常采用条分法或"块分法"。如果地基内存在软弱夹层、软弱带或软弱区时,更要沿这些软弱面核算,或研究确定最不利的破坏面。

软基重力坝的外型和岩基上的重力坝有很大区别,底板一般需向上下游延伸,充分利用水重以满足稳定要求。我国在20世纪50年代在北京西部永定河上修建的下马岭水电站上游珠窝混凝土重力坝的河床坝段修建在砂砾石地基上,冲积层最深为38m,最大坝高32.2m,坝底顺河向厚度达43m,在坝基下设置齿墙以增加抗滑能力和保护防渗帷幕作用,如图2-79所示。它是我国最早修建在砂砾石覆盖层上较高的重力坝,设计和施工都较成功,运行情况良好。

由于坝底顺河向尺寸很大,上下游延伸段的刚度较低,故不宜将整个坝体当作刚体按线性假定分析。较合适的办法是将坝体及地基用有限单元法计算分析。

地基处理设计是软基重力坝设计中的一项主要内容,其中有关渗流和管涌失稳分析方法,详见土石坝渗流和地基处理的内容。地基处理手段通常以混凝土垂直防渗墙为主,它比较可靠有效。但若覆盖层中有大量孤石或者岸坡较陡,造孔困难。后来,我国发展了不少新的工艺,如反循环钻进、孔下爆破等可加快施工进度。另外一种方式是水泥帷幕灌浆,但常须先做灌浆试验以确定设计和施工中的一些参数和要求。帷幕应有足够厚度,使穿过幕体的水力坡降约为2~3。如珠窝重力坝地基共计三排帷幕,孔距3.0m,分三序插密。覆盖层的渗透系数$k$在灌浆前为$10^{-2}$cm/s量级,灌浆后达$10^{-5}$~$10^{-4}$cm/s量级。坝体运行后,幕后扬压力强度系数低达0.08~0.15,比较成功。

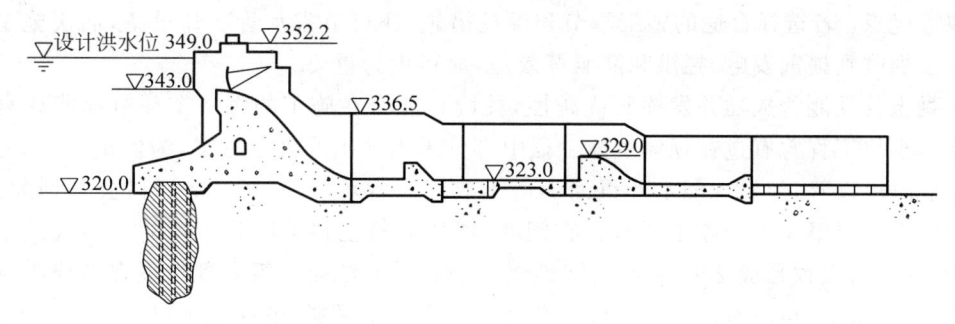

图 2-79　珠窝软基混凝土重力坝横剖面图(单位：m)

帷幕灌浆不免要维修、加固，所以坝内宜留设廊道，否则须放空水库，才能在坝踵附近进行补灌加固，影响运行效益。若地基内有细沙层、淤泥层等，不仅影响地基强度和稳定，给设置防渗体也带来许多困难。在有地震活动的区域，还要注意检查是否有液化失稳的可能，必要时须采取专门措施加以隔断、封闭或置换、加固。后来还发展了高压旋喷和定喷建造地下防渗体的技术。

泄洪消能又是软基重力坝设计和运行的难点之一，必须妥善解决。除了减小单宽流量之外，还要修建混凝土护坦，利用底流水跃消能，水跃应发生在护坦保护段内，护坦上可视需要设置齿坎、消力坎或二道坎以充分消能，改善流态，出口流速要降到许可值以下。护坦后可能还要设置海漫保护，以防止或控制对下游的冲刷，保证安全。所有泄流、消能建筑物，宜通过模型试验验证、修改。护坦的高程、长度要适当，并需有足够厚度以满足抗浮、抗滑要求。如有泥沙过坝，溢流面及护坦表面要采取措施，增加抗磨损能力。关于护坦设计，可参阅第 7 章或水闸设计资料。

## 2.11.6　重力坝坝型的选择

以上介绍的其他类型重力坝，其中软基重力坝在我国建造得很少，只是在砂砾石覆盖层很深、泄洪流量大、两岸山体很高很陡、不宜建造土石坝等情况下，才不得已兴建的；其余类型的，如浆砌石重力坝，宽缝重力坝和空腹重力坝等，如果不属上述特殊情况，一般应建在岩基上。

浆砌石重力坝在 20 世纪 50—70 年代的我国建设得较多，大部分是农村建造的中低坝。这在当时劳动力很便宜、机械化水平很低的情况下，浆砌石重力坝的确有较大的优势，但在今天情况正好相反，而且当前急需建造的是高坝和中坝，而砌石坝难以进行机械化施工，花劳动力多，施工速度慢，质量也往往很难保证，这种坝型在大型水电工程的高坝中已很少被采用。

宽缝重力坝和空腹重力坝都是采用混凝土材料的坝型，虽然施工质量一般比砌石坝好一些，还可减小扬压力，节省混凝土材料，但由于宽缝或空腹施工耗费大量模板、人工和时间，在"时间就是金钱"的当今，有些工程提前一天发电就收入很可观（如三峡水电站一天发电收入约达 1 亿元人民币），人们优先采用快速施工的坝型，如碾压混凝土重力坝（包括围堰），或选择施工机械化程度高的施工质量有保证的队伍建造常规混凝土重力坝。如今在坝基采用集水井抽排减小扬压力已为成功的经验，人们也不必为减小扬压力而选择施工速度很慢的宽缝重力坝或空腹重力坝。

本节所介绍的是当今已很少采用的一些重力坝，故只简单地回顾或叙述，让读者对过去已建重力坝的类型有大致的了解，也许在今后某些特殊情况下，还可能提供考虑和比较。

目前在坝高 200m 以下的重力坝中应首选碾压混凝土重力坝，它具有节省水泥、减少水化热温升、施工速度快等优点；若选择合适的施工季节和温控措施，还可节省水管冷却设备，加快施工进度。有些碾压混凝土坝收到提前发电、拦洪和灌溉等效益，显得更为重要。

碾压混凝土筑坝能否成功并发挥其优越性，关键是能否在施工的每一个环节都能认真对待。我国某大型水利枢纽工程曾有过在坝体主体工程中部分采用碾压混凝土方案，为慎重起见，先在纵向围堰进行碾压混凝土试验，但发现漏水严重而不得不放弃。后来，作者在一次研讨会看到此试验录像，发现纵向围堰碾压混凝土一个施工环节存在问题，碾压混凝土料采用几十吨的大型载重车运输到围堰卸料后，每一车料大致形成2~3m高的圆锥体，10cm以上粒径的粗大骨料很容易分离滚到圆锥体的下周边缘，没有捡走，也没有向它添加砂浆和细骨料等人工平料，就用推土机平仓，结果在每一层底部都形成一圈又一圈相连的粗大骨料漏水通道。所以，对碾压混凝土施工的每一环节都不能有任何疏忽。一旦出现漏水问题，宜在上游位置采用水泥灌浆或补上防渗的常态混凝土，不必炸掉重来。因碾压混凝土经常出现施工质量让位于施工进度的问题，有些重大工程或高坝主体工程不敢采用，但可考虑应用于对施工进度仍有重要意义的围堰等临时性建筑物。如三峡工程第三期碾压混凝土围堰从临时航道底高程50m至围堰顶高程140m，坝高90m，长380m，共110万 $m^3$，自2003年1—6月短时间内完成，可称得上世界罕见的建坝速度，与碾压混凝土筑坝技术分不开，它保证了三期大坝和电站厂房安全度汛施工，使第一期工程第一台机组于2003年7月10日提前并网发电。

## 思 考 题

1. 重力坝的工作原理是什么？分析重力坝的适用条件和优缺点。
2. 作用于重力坝基本组合的荷载有哪些？特殊组合的荷载有哪些？
3. 采取哪些措施可降低扬压力？
4. 重力坝的断面设计应满足哪些条件？对断面影响较大的荷载有哪些？通过什么方法可以加快断面设计？
5. 重力坝的抗滑稳定分析方法有哪些？各有哪些主要特点和适用性？所得结果应满足哪些要求？
6. 重力坝可能滑动的方式有哪些？采取哪些措施可提高重力坝的抗滑稳定性？
7. 重力坝的应力分析方法有哪些？各有哪些主要特点和适用性？所得结果应满足什么要求？
8. 采取哪些措施可以减小混凝土重力坝的温度应力？
9. 对重力坝应如何分缝及材料分区？为什么？
10. 碾压混凝土重力坝有哪些特点？与常规混凝土重力坝相比有哪些优越性？
11. 对重力坝地基应做哪些处理？为什么？
12. 重力坝坝身泄水建筑物有哪些类型？各有哪些优缺点？各适用于什么条件？
13. 如何防止高速水流产生的气蚀问题？
14. 比较各种消能设施的适用条件，各有哪些优缺点？
15. 简述其他各种类型重力坝的结构和受力特点，适用条件，各有哪些优缺点？为什么现在很少采用？

# 第3章 拱 坝

## 3.1 概 述

---
**学习要点**

拱坝的受力特点及其对地形地质的要求。

---

### 3.1.1 拱坝的特点

拱坝是建造于基岩上的空间壳体结构,在平面上呈凸向上游的拱形结构,沿竖向截开呈竖向悬臂梁,既有水平拱作用又有竖向悬臂梁的作用,所承受的水平荷载一部分通过拱的作用压向两岸岩体,另一部分通过竖向梁的作用传到梁基岩体,如图3-1所示。坝体的稳定主要依靠两岸岩基的作用,并不全靠坝体自重来维持。拱圈主要承受轴向压力,有利于发挥材料的强度,坝体厚度可以减薄以节省工程量。拱坝的体积比同一高度的重力坝小20%~70%,这是它的主要优点之一。

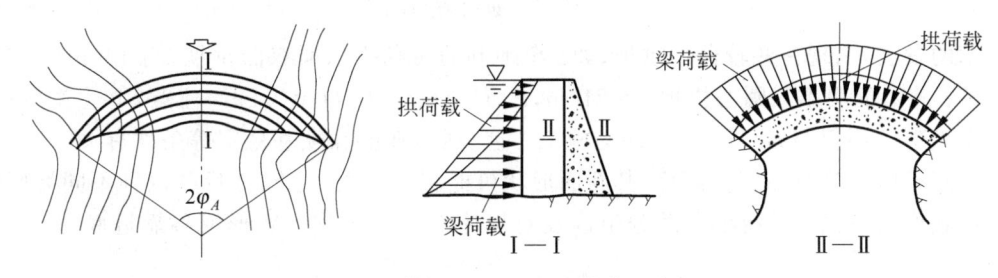

**图 3-1 拱坝平面、断面及荷载示意图**

拱坝需要水平整体拱圈起支承作用,故坝身不设永久伸缩缝,拱坝属于高次超静定整体结构。当外荷增大或坝的某一部位发生局部开裂时,变形量较大的拱或梁将把荷载部分转移至变形量较小的拱或梁,拱和梁作用将会自行调整。国内外拱坝结构模型试验成果表明:只要坝基牢固,拱坝的超载能力可以达到设计荷载的5~11倍,远高于重力坝。拱坝坝体轻韧,地震惯性力比重力坝小,工程实践表明,其抗震能力也是很强的。迄今为止，拱坝失事比例远小于其他坝型，而且几乎没有因坝身问题而失事的，拱坝的失事基本上是由于坝肩抗滑失稳所致的。所以，应十分重视坝肩岩体的抗滑稳定分析。

正因为拱坝是高次超静定整体结构，所以温度变化和基岩变形对坝体应力的影响比较显著，在设计计算时，必须考虑基岩变形，并将温度作用列为主要荷载之一。

实践证明，拱坝可以安全溢流，也可在坝身设置单层或多层大孔口泄水。有的拱坝坝顶溢流或孔口泄流的单宽泄量已在 $200\text{m}^3/(\text{s}\cdot\text{m})$ 以上。

拱坝较薄，坝体几何形状复杂，对于筑坝材料强度、抗渗性和施工质量等要求比重力坝严格。

### 3.1.2 拱坝坝址的地形和地质条件

#### 1. 对地形的要求

地形条件是决定拱坝结构形式、工程布置以及经济性的主要因素。理想的地形应是河谷较窄、左右岸大致对称，岸坡平顺无突变，两岸岩体距离向下游缩窄，拱端下游侧要有足够的岩体支承，以保证坝体稳定，如图 3-1 所示。

河谷的形状特征常用坝顶高程处的河谷宽度 $L$ 与最大坝高 $H$ 的比值，即宽高比 $L/H$ 来表示。拱坝的厚薄程度，常以坝底最大厚度 $T$ 和最大坝高 $H$ 的比值，即厚高比 $T/H$ 来区分。图 3-2 给出国内外已建部分拱坝厚高比 $T/H$ 与河谷宽高比 $L/H$ 的关系曲线。从图中可见，一般情况下，在 $L/H<1.5$ 的深切河谷较多建造薄拱坝，$T/H<0.2$；在 $L/H=1.5\sim4$ 的稍宽河谷建造拱坝，大多数的 $T/H=0.15\sim0.3$；在 $L/H=4\sim6$ 的宽河谷大多数拱坝的 $T/H>0.2$，约占半数拱坝的 $T/H>0.3$；而在 $L/H>6$ 的宽浅河谷，由于拱的作用已经很小，梁的作用将成为主要的传力方式，$T/H$ 基本上大于 0.4。随着近代拱坝建设技术的发展，出现一些较薄的拱坝，如：奥地利的希勒格尔斯双曲拱坝，高 130m，$L/H=5.5$，$T/H=0.25$；美国的奥本三圆心拱坝，高 210m，$L/H=6.0$，$T/H=0.29$。注意，上述关系只是大致的，并非固定，$T/H$ 不仅与 $L/H$ 有关，还与施工工艺、坝体强度和坝基稳定等条件有关。

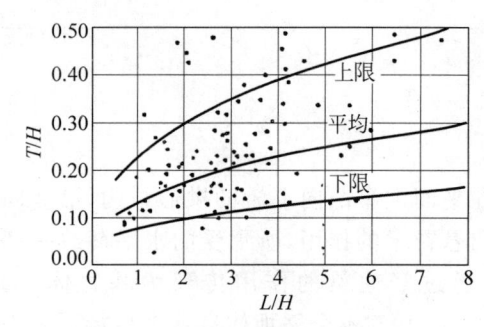

图 3-2　部分拱坝厚高比 $T/H$ 与河谷宽高比 $L/H$

河谷即使具有同一宽高比，其断面形状可能相差很大。图 3-3 反映两种不同类型的河谷形状对水压荷载作用下拱梁系统的荷载分配以及对坝体断面的影响。V 形河谷靠近底部拱跨短，虽然拱承受

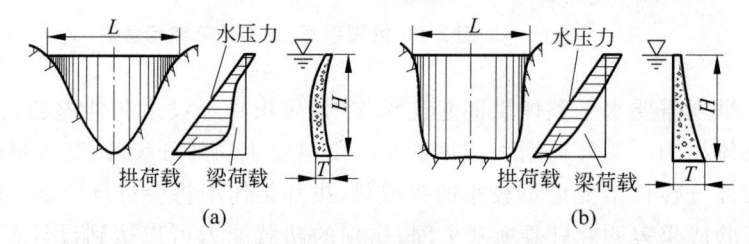

图 3-3　河谷形状对荷载分配和坝体断面的影响

（a）V 形河谷；（b）U 形河谷

的水压较大但拱厚度或坝底部仍可较薄；U形河谷底部拱跨很大，大部分荷载由梁来承担，故底部拱厚或底部坝厚较大；梯形河谷的情况则介于这两者之间。

拱坝最好修建在对称的河谷，在不对称河谷中也可修建，但坝体承受较大的扭矩，产生较大的平行于坝面的剪应力和主拉应力。可采用重力墩或将两岸开挖成对称的形状，以减小这种扭矩和应力。

**2. 对地质的要求**

地质条件也是拱坝建设中的一个重要问题。河谷两岸的基岩必须能承受由拱端传来的推力，要在任何情况下都能保持稳定，不致危害坝体的安全。理想的地质条件是，基岩比较均匀、坚固完整、有足够的强度、透水性小、能抵抗水的侵蚀、耐风化、岸坡稳定、没有大断裂等。实际上很难找到没有节理、裂隙、软弱夹层或局部断裂破碎带的天然坝址，但必须查明工程的地质条件，采取妥善的地基处理措施。当地质条件复杂到难于处理，或处理工作量太大、费用过高时，则应另选其他坝型。

随着经验积累和地基处理技术水平的不断提高，在地质条件较差的地基上也建成了不少高拱坝，如：意大利的圣杰斯汀那拱坝，高153m，基岩变形模量只有坝体混凝土的1/10～1/5；葡萄牙的阿尔托·拉巴哥拱坝，高94m，两岸岩体变形模量之比达1:20；瑞士的康脱拉拱坝，高220m，有顺河向陡倾角断层，宽3～4m，断层本身挤压破碎严重；我国的龙羊峡拱坝，高178m，基岩被众多的断层和裂隙所切割，且位于9度强震区。当然，这些拱坝的地基处理工程是十分艰巨的。

### 3.1.3 拱坝的发展概况

根据现有的资料，世界上第1座坝高12m的拱坝是法国鲍姆（Borm）砌石拱坝，建于公元3世纪。13世纪伊朗建造了一座高约60m的砌石拱坝。20世纪初，美国开始修建较高的混凝土拱坝，在1936年建成了高221m的胡佛重力拱坝。1939年意大利建成了高75m、设置垫座及周边缝的奥西列塔薄拱坝。第二次世界大战后，欧、美和苏联等国又陆续建造了一些高拱坝，如：1951—1958年在瑞士建造237m高的莫瓦桑拱坝，在1989—1991年又加高至250.5m；1956—1960年在意大利建造262m高的瓦伊昂拱坝；苏联在1965年开工、1978年建成蓄水的英古里拱坝，也设置垫座及周边缝，坝高271.5m，为当时世界最高的拱坝；苏联在1968年开工、1978年建成蓄水的萨扬-舒申斯克拱坝，坝高245m，1978年投入运行，1987年全部机组投入运行。目前世界上已建成的拱坝中，厚高比最小的是法国1961年建成的托拉拱坝，坝高88m，坝底厚2m，厚高比$T/H=0.0227$。

1949年以来，我国拱坝建设取得了很大进展。据2010年不完全统计：已建和在建坝高30m以上的拱坝总数已达870座，约占全世界已建和在建30m以上高度拱坝总数的一半。我国厚高比最小的拱坝是广东泉水双曲拱坝，高80m，$T/H=0.112$。

自20世纪90年代以来，我国加快开发水电清洁能源，迫切需要开发建设高坝水电站。在水量相同的情况下，装机容量或发电量与水头成正比，所以兴建高坝是可以节省发电水量的，但建设难度增加很多。随着水电工程科学技术的发展，尤其是计算机性能极大的提高及其在水利水电工程设计和施工中的应用，各种优化设计和CAD技术的开发在大坝应力分析和大坝设计中得到应用，从而大大地提高了计算精度和设计速度，使我国在西南、西北能较快较好地开发建造200～300m级的许多特高坝，其中大多数采用混凝土拱坝，以适应地形、地质条件和汛期洪峰流量大的特点。高拱坝的兴建促进了拱坝设计理论、拱坝的破坏机理和极限承载能力的研究以及高拱坝抗震等研究，大坝施工仿真技术在施工组织设计中逐步得到了应用和发展,能全面、快速考虑各类影响因素对工程施工的影响,人工智能系统对拱坝监控和反馈分析研究、使拱坝温控自动化的研究工作得到了进一步提高,促进了高拱坝设计和施工得以顺利进行,使我国在较短时间内攻克许多科研工作的难关,再加上机械化、自动化施工技术的开发和应用,快速优质地建成二滩、拉西瓦、小湾、构皮滩、溪洛渡、锦屏一级、大岗山、白鹤滩等200m以上高度的拱坝,其中:小湾(坝高294.5m)、溪洛渡(坝高285.5m)、锦屏一级(坝高305m)和白鹤滩拱坝(高289m),坝高均已超过此前已建同类最高的英古里(Ингури)拱坝(坝高272m),跃居世界目前已建拱坝的前四名。以上说明我国拱坝设计和施工水平已居世界领先地位。

## 3.2 拱坝的荷载及其组合

**学习要点**

自重、水压力和温度荷载是拱坝承受的主要基本荷载。

### 3.2.1 拱坝的荷载

拱坝的荷载包括:静水压力、动水压力、自重、扬压力、泥沙压力、冰压力、浪压力、温度荷载以及地震荷载等。由于拱坝本身的结构特点,有些荷载的计算及其对坝体应力的影响与重力坝不同。本节着重介绍影响较大的荷载的不同特点,计算方法与重力坝相同的荷载不再重述。

**1. 一般静力荷载的特点**

(1) 径向荷载。径向荷载包括:静水压力、泥沙压力、浪压力或冰压力。其中,静水压力是最主要的荷载。这些荷载由拱、梁系统共同承担,可通过拱梁分载法来计算拱系和梁系的荷载分配。

(2) 自重。常规混凝土拱坝采用横缝分段浇筑,最后进行横缝灌浆封拱,形成整体。这样,由自重产生的变位在横缝灌浆之前已经完成,全部自重应由悬臂梁承担,悬臂梁的最终应力是由拱梁分载法算出其他荷载产生的应力总和加上由于自重而产生的应力。但有些情况(如:①须提前蓄水或为了度汛,要求某一高程范围的坝体提前冷却封拱;②对具有显著竖向曲率的双曲拱坝,为保持坝块稳定,须将其冷却和灌浆封拱,然后再浇筑其上部混凝土坝体),在灌浆前的自重作用应由该部分梁系单独承担,灌浆后浇筑的上部混凝土自重应参加下部坝体拱梁分载法的变位调整进行分配。

(3) 扬压力。坝基面扬压力计算可参照2.2.1节有关内容。美国对中等高度拱坝扬压力所做的分析表明,扬压力引起的应力在拱坝总应力中约占5%,占比很小,在计算拱坝的荷载分配、位移和应力时,可不计扬压力;但在对坝肩岩体进行抗滑稳定分析时,应计入岩体滑裂面上的扬压力。

**2. 温度荷载**

温度荷载是拱坝主要的基本荷载之一。拱坝在横缝灌浆前,温度变化引起坝块的变形受到岩基约束、新老材料变形相互约束、表面与内部变形相互约束等,便形成施工期温度应力(其形成机理和计算方法详见2.6节),它与很多复杂的施工因素有关,但对拱坝总体变位影响很小,故在设计方案比较阶段暂不考虑，有待施工温控解决。本节所述的温度荷载是指拱坝在封拱后的总体温度变形受到两岸岩体约束引起的，它对拱坝总体应力的影响与自重和水压荷载的影响属同一量级。实测资料分析表明，在拱坝总应力中，温度应力约占 1/3～1/2，坝顶应力受温度变化的影响就更为显著。

设坝内任一水平截面在蓄水运行后某一时刻的温度分布与该截面封拱时的温度分布之差如图 3-4 所示。为便于计算，可将它分解为三部分单独作用再叠加。

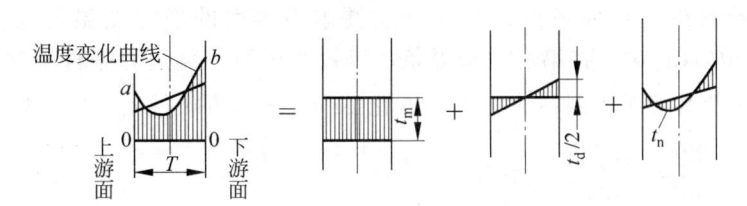

**图 3-4 坝体温度变化随坝厚分布及其分解示意图**

(1) 平均温度变化 $t_m$。这是指温度变化的均值，一般须求最大平均温降和最大平均温升，是温度荷载的主要部分，它对拱坝的变位、拱圈轴向力、弯矩、悬臂梁弯矩和坝肩稳定等都有很大影响。

(2) 等效线性温差 $t_d$。它是将温度变化曲线等效线性化后，在下游和上游坝面所得的温度变化之差 $t_d$，它是由于蓄水后上下游水温和气温年平均值之差、水温变幅小于下游气温变幅以及水温变化滞后于下游气温所造成的，它还与温度荷载所处的日期有关，参见图 2-29。为便于求解这种变化引起的弯曲变形，须求等效线性温差 $t_d$，它对拱坝弯曲变形和弯矩影响较大，而对轴向力影响较小。

(3) 非线性温度变化 $t_n$。它是坝体温变曲线 $\Delta t(x)$ 减去以上两部分后剩余的部分，它只产生局部变形和局部应力，不影响整体变形与荷载分配，仅用于计算表面温度应力或局部应力。

下游面的气温变化可近似地用三种温度变化的正弦曲线之和来表示：

① 旬平均气温年变化 $t_1=\theta_d+A_{1d}\sin(\omega_1\tau)$，$\omega_1=2\pi/p_1$，($p_1$ 为周期，一年有 36 个旬，$p_1=36$，$\tau$ 以每年 4 月中旬为计算零点)，$\theta_d$ 为下游坝面年平均气温，$A_{1d}$ 为旬平均气温年变化的变幅；

② 日平均气温旬变化 $t_2=A_{2d}\sin(\omega_2\tau)$，$\omega_2=2\pi/p_2$，$p_2=10d$，$A_{2d}$ 为日平均气温旬变化的变幅；

③ 日温变化 $t_3=A_{3d}\sin(\omega_3\tau)$，$\omega_3=2\pi/p_3$，$p_3=1d$，$A_{3d}$ 为日温变化的变幅。

第③种气温变化因周期短，只影响坝面附近 0.3～0.5m 的小范围，对拱坝整体变形影响甚小，故在梁拱荷载分配的计算中不考虑第③种气温变化，只在计算表面温度应力时才叠加气温日变化的作用。采用旬平均气温年变化，比以往所用的月平均气温年变化合理一些，因为中间气温变化的周期一般为 5～7d，很少超过 10d，若用一个月作为中间气温变化的周期，则明显地减小长周期的年温变幅及其作用，对于整体温度荷载的计算是偏小和不安全的。在蓄水情况下，即使 10～30d 周期的气温变化也只影响下游坝面附近 1.5～2m 的范围，远小于气温年变化的影响。

若无旬平均气温年变化和日平均气温旬变化的详细资料，可近似把每年最高日平均气温的多年均值 $t_{dmax}$ 与每年最低日平均气温的多年均值 $t_{dmin}$ 之差的一半作为日平均气温按正弦函数变化的年变幅 $A_d$，设年平均气温的多年均值为 $\theta_d$，把①②两种气温变化近似合并为日平均气温年变化

$$t_{da}=\theta_d+A_d\sin(\omega\tau) \tag{3-1}$$

式中：$\omega=2\pi/p_a$，$p_a$ 是气温年变化的周期，$p_a=365d$；$\tau$ 是近似以每年 4 月 15 日为零的时间天数。

上游库水温度所用的周期与气温一致，但时间滞后，变幅一般变小。对未建工程，可参考附近库水温度变化资料，或按文献[8]给的经验公式计算。上游水温年变化(参见图 2-29)近似表示为

$$t_{uw} = \theta_u + A_u \sin(\omega\tau - \omega D) \tag{3-2}$$

式中：$\theta_u$、$A_u$——上游年平均水温和水温年变幅；

$D$——水温变化比气温变化滞后的时间，d。

拱坝大部分坝体的温度场可近似沿径向按一维热传导计算。混凝土与水、空气的表面虚厚度[8]分别约为 0.1cm 和 20cm，相对于坝厚可忽略不计。设坝体某高程厚度为 $T$，沿径向坐标为 $x$，以上游坝面为坐标原点。若封拱时坝体各点已被冷却达蓄水多年后的稳定变温场在该点的年平均温度 $t_{\infty m}(x) = \theta_u + (\theta_d - \theta_u)(x/T)$，将第三类边界条件等效改用第一类边界条件解热传导方程求得封拱蓄水后的稳定变温场及其相对于封拱时的温度变化 $\Delta t(x,\tau)$，再求得 $t_m$ 和 $t_d$ 如下[17]：

$$t_m = \frac{A_u + A_d}{2} \frac{\sqrt{2}}{\mu T} \sqrt{\frac{\mathrm{ch}\mu T - \cos\mu T}{\mathrm{ch}\mu T + \cos\mu T}} \sqrt{1 - \frac{2A_u A_d (1 - \cos\omega D)}{(A_u + A_d)^2}} \sin(\omega\tau - \delta) \tag{3-3}$$

$$t_d = \frac{3}{\mu T} \left\{ \frac{\mathrm{sh}\mu T - \sin\mu T}{\mathrm{ch}\mu T - \cos\mu T} [A_d \sin\omega\tau - A_u \sin(\omega\tau - \omega D)] + \left( \frac{2}{\mu T} - \frac{\mathrm{sh}\mu T + \sin\mu T}{\mathrm{ch}\mu T - \cos\mu T} \right) [A_d \cos\omega\tau - A_u \cos(\omega\tau - \omega D)] \right\} \tag{3-4}$$

式中：$\mu = \sqrt{\dfrac{\omega}{2a}} = \sqrt{\dfrac{\pi}{a p_a}}$；

$$\delta = \arctan \frac{(\mathrm{sh}\mu T + \sin\mu T)A_u \sin\omega D + (\mathrm{sh}\mu T - \sin\mu T)(A_d + A_u \cos\omega D)}{(\mathrm{sh}\mu T + \sin\mu T)(A_d + A_u \cos\omega D) - (\mathrm{sh}\mu T - \sin\mu T)A_u \sin\omega D} ;$$

$a$——混凝土的导温系数，若单位取 $\mathrm{m}^2/\mathrm{d}$，则 $\tau$ 和 $p_a$ 的单位为 d，温度年变化周期 $p_a = 365\mathrm{d}$，所得参数 $\mu$ 的量纲仍为 $\mathrm{m}^{-1}$，只有 $a$、$\tau$ 和 $p_a$ 的单位一致，才能得到合理的计算结果；

$t_m$——水平拱圈温度变化的平均值或平均温度变化，正值表示平均温升，负值表示平均温降；

$t_d$——水平拱圈等效线性温差，正值表示向下游递增的温度变化，负值则相反。

$\delta$ 是水平拱圈的平均温度滞后于气温变化的相位差。由式(3-3)可知，当 $\omega\tau = \delta \pm \pi/2$ 时，$t_m$ 为最大平均温升（+）或平均温降（−）。但各高程最大的 $t_m$ 不在同一时刻发生，除了坝顶附近的拱圈之外，其他大部分坝体的最低平均温度一般比气温滞后 30~60d。若各高程拱圈都同时取 $\sin(\omega\tau - \delta) = -1$，不符合实际。宜选拱坝在其他荷载作用下产生的总拉应力最大部位的坝厚 $T$ 及该处上下游边界的参数 $A_d$、$A_u$ 和 $D$ 代入计算 $\delta$，以 $\sin(\omega\tau - \delta) = -1$ 所确定的日期 $\tau$ 代入式(3-3)和式(3-4)，计算整个大坝各高程拱圈在同一日期 $\tau$ 发生的 $t_m$ 和 $t_d$，手算不难，若编入拱坝应力电算程序里一起计算更准更快。若手算嫌麻烦，为简便安全，可近似略微偏大将全坝都同时取 $\sin(\omega\tau - \delta) = -1$，计算拱坝各高程最大平均温降和拉应力，近似取 $\sin(\omega\tau - \delta) = 1$ 计算拱坝各高程最大平均温升和坝肩推力。

若已知旬平均气温年变化和日平均气温旬变化，封拱时坝体各处温度达到蓄水多年后这两种温度变化的中值之和，两次按式(3-3)、式(3-4)分别计算再求和，需修改两次计算的周期及有关参数。

对于靠天然冷却的碾压混凝土拱坝、不埋冷却水管的中小型常规混凝土拱坝和预留宽缝在低温季节回填低温混凝土代替封拱灌浆的中小型拱坝，封拱前至封拱时 2~4 个侧面和顶面为大气，坝体温度分布近似为上下游对称，平均温度为 $t_c$（可模仿施工过程做温度场计算求得[17]），拱坝蓄水后相对于封拱时的平均温变和等效线性温差分别应为

$$t'_m = t_m + 0.5(\theta_u + \theta_d) - t_c \tag{3-3}'$$

$$t'_d = t_d + 0.5(\theta_d - \theta_u) \tag{3-4}'$$

式中的 $t_m$ 和 $t_d$ 分别按式(3-3)和式(3-4)计算。

若水管冷却的某些高程坝体或无水管冷却的上部薄坝体的封拱平均温度 $t_c \neq (\theta_u+\theta_d)/2$，上下游对称分布，则封拱蓄水后某一时间 $\tau$ 的平均温变和等效线性温差也应分别按式(3-3)′和式(3-4)′计算。

拱梁分载法常取坝顶 1m 高的拱圈参与荷载分配计算，但其温度场主要受顶面大气的影响，目前只按径向一维热传导所得的公式计算是远远不够的，它掩盖了坝顶可能出现的最大拉应力，应按径向和竖向两个方向二维温度场计算，其平均温变 $t_m$ 或 $t_m'$ 的计算应在上述一维计算的基础上再叠加因二维热传导的修正值。作者利用虚拟厚度[8]把第三类边界条件等效化为第一类边界条件求解附加的二维温度场热传导方程，用拉氏变换和分离变量法求得修正的二维温度场理论解[17]。若上游坝面介质全为库水，这一理论计算式很长，但这种情况在坝顶很少出现，可能在设计洪水或校核洪水的短暂时间遇到，对坝顶拱圈的年平均温度影响甚小；在其余绝大部分时间里，坝顶 1m 高拱圈的上下游边界温度是对称的，自坝顶上表面虚拟厚度外边界向下高差为 $y$ 的水平截面上，平均温度修正值的理论解为[17]：

$$\bar{v}(T,y,\tau) = A_d f(T,y,\tau)$$

$$= A_d \frac{8}{\pi^2} \sum_{n=1,3,5,\cdots}^{\infty} \frac{1}{n^2} e^{(-n\pi y/T)\sqrt{(q_n+1)/2}} \sin\alpha_n \cos(\omega\tau - \alpha_n - \phi_n) \quad (3-5)$$

式中：$T$——坝顶径向厚度，因把第三类边界条件转化为第一类边界条件求解，$T$ 应为坝顶原厚度再加上下游两侧的虚拟厚度 $d$（如图3-5所示），$d = \lambda/\beta$，$\lambda$ 为混凝土的导热系数，$\beta$ 为混凝土在空气中的表面放热系数，若资料不详，可近似取 $d = 0.1 \sim 0.2$m；

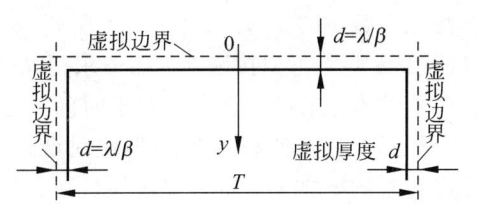

图 3-5 坝顶混凝土表面虚拟边界和虚拟厚度

$y$——自坝顶上表面虚拟厚度的外边界（虚拟边界）向下至计算截面的高差（如图3-5所示），因 $y$ 值很小，上表面的虚拟厚度 $d$ 不应忽略；

$\mu = \sqrt{\dfrac{\omega}{2a}} = \sqrt{\dfrac{\pi}{a p_a}}$；$a$ 为混凝土的导温系数，$m^2/d$；$p_a$ 为温度变化周期，年变化为 $p_a = 365d$；

$$q_n = \sqrt{1 + 4\left(\frac{\mu T}{n\pi}\right)^4} \quad (3-6)$$

$$\alpha_n = \arctan \frac{2(\mu T)^2}{(n\pi)^2} \quad (3-7)$$

$$\phi_n = (n\pi y/T)\sqrt{(q_n-1)/2} \quad (3-8)$$

若坝顶在封拱时，平均温度已被冷却至长期运行后的年平均温度，自封拱至运行的平均温变除了按一维热传导的式(3-3)计算外，还应叠加式(3-5)所示的二维热传导附加修正值，两式所用的时间 $\tau$ 应一致。可按日平均温度年变化的变幅 $A_d$ 和周期 365d 计算；也可分别按旬平均温度年变化 $A_{1d}$、$p_1$ 和日平均温度旬变化 $A_{2d}$、$p_2$ 计算并分别叠加二维修正值再求和，所有计算所用的 $\tau$ 都对应一致。

经二维差分法对坝顶温度场的计算和上述理论解的计算都表明：坝顶 1m 高拱圈的平均温度（将温度积分求和除以体积）与 $y=(\lambda/\beta)+0.5$m 即距坝顶面 0.5m 的水平截面上的平均温度很接近。以日平均气温年变化 $t_a = 12 + 16\sin(2\pi\tau/365)$ 为例（每年4月15日 $\tau=0$），设坝体混凝土导温系数 $a = 0.1m^2/d$，表面虚拟厚度 $\lambda/\beta = 0.2$m，封拱时坝顶平均温度为 12℃，在运行期坝顶上下游均为大气，

$A_u = A_d = 16℃$，$D = 0$，按式(3-3)计算，并叠加式(3-5)，代入 $y = 0.2\text{m} + 0.5\text{m} = 0.7\text{m}$，按加上 $2\lambda/\beta$ 的 $T = 6.4\text{m}、10.4\text{m}、15.4\text{m}$ 分别算得坝顶 1m 高拱圈相对于封拱时的最大平均温降依次为 $-15.31℃$、$-14.44℃$、$-13.94℃$，依次发生在 1 月 22 日、1 月 26 日、1 月 28 日，都与二维差分法计算结果很接近。若按径向一维计算，只能算得 2 月中下旬最大平均温降依次为 $-13.19℃$、$-8.15℃$、$-5.02℃$，依次比二维少算 $-2.12℃$、$-6.29℃$、$-8.92℃$，相差很明显。有些拱坝顶部靠天然冷却，因施工耽误，封拱灌浆时间拖延至 4、5 月份，坝顶温度回升很快，封拱后到下一年 1 月下旬温度降低很多，这两种不利情况若按径向一维热传导计算是算不出来的，坝顶最大平均温降和最大拉应力被掩盖了。所以，对于坝顶除了按径向一维计算温度荷载之外，还应叠加二维附加修正值，计算整体拱坝在封拱多年后的 1 月下旬最大蓄水位时坝顶的最大拉应力(包括日温变化产生的表面温度应力)。

如果坝顶靠天然冷却，在用式(3-3)′计算 $t'_m$ 时，除了应将式(3-5)所示的运行期平均温变修正值叠加到式(3-3)′所示的 $t_m$ 之外，若坝顶封拱平均温度 $t_c$ 按一维计算，还应将封拱灌浆时的 $\tau$ 代入式(3-5)算得 1m 高拱圈平均温度附加值，叠加到封拱平均温度 $t_c$ 中，以正确计算更大的平均温降和拉应力。

式(3-5)所示的坝顶平均温度修正值 $\bar{v}$ 与混凝土导温系数 $a$ 有关，由于 $a$ 的变动范围不大，在初设阶段若 $a$ 未知，可近似取靠近中间的数值 $a = 0.1\text{m}^2/\text{d}$；为便于手算 $f(T, y, \tau)$ 并分析和总结其变化规律，这里暂设 $a = 0.1\text{m}^2/\text{d}$，算得坝顶较大范围的径向厚度 $T$ 和部分水平截面在时间 $\tau$ 的平均温度修正系数 $f(T, y, \tau)$，如表 3-1 所列，$y$ 和 $T$ 包括虚拟厚度。如果 $a \neq 0.1\text{m}^2/\text{d}$，可将 $y$ 和 $T$ 分别乘以 $(0.1/a)^{1/2}$，近似按表 3-1 插值求得 $f(T, y, \tau)$，与实际的 $a$ 代入式(3-5)算得的理论解相差很小，相对误差基本上在 2% 之内。对于时间 $\tau$ 也可近似查表线性插值计算，相对误差大部分在 2% 之内，个别的相对误差虽然超过 2%，但绝对误差很小，小于其他因素产生的误差。若计算坝顶最大平均温升，可将此时的 $\tau$ 加上 183d，按表 3-1 前三个时段插值结果乘以 $A_d$ 再反号即为二维平均温升修正值。

表 3-1  坝顶二维温度场平均温度修正系数 $f(T, y, \tau)$

| $\tau$/d | $y$/m | $T$/m |  |  |  |  |  |  |  |
|---|---|---|---|---|---|---|---|---|---|
|  |  | 4 | 5 | 6 | 8 | 10 | 12 | 15 | 20 |
| 280 (1月20日) | 0.5 | −0.032 | −0.085 | −0.166 | −0.358 | −0.506 | −0.592 | −0.658 | −0.708 |
|  | 0.7 | −0.030 | −0.080 | −0.157 | −0.340 | −0.480 | −0.561 | −0.622 | −0.668 |
|  | 1.0 | −0.027 | −0.072 | −0.143 | −0.312 | −0.441 | −0.515 | −0.569 | −0.609 |
| 285 (1月25日) | 0.5 | −0.019 | −0.066 | −0.141 | −0.328 | −0.478 | −0.569 | −0.640 | −0.695 |
|  | 0.7 | −0.019 | −0.063 | −0.135 | −0.313 | −0.456 | −0.542 | −0.608 | −0.659 |
|  | 1.0 | −0.018 | −0.059 | −0.125 | −0.291 | −0.422 | −0.501 | −0.560 | −0.605 |
| 290 (1月30日) | 0.5 | −0.007 | −0.046 | −0.115 | −0.296 | −0.447 | −0.542 | −0.617 | −0.677 |
|  | 0.7 | −0.008 | −0.046 | −0.112 | −0.285 | −0.429 | −0.519 | −0.590 | −0.645 |
|  | 1.0 | −0.010 | −0.045 | −0.106 | −0.267 | −0.401 | −0.483 | −0.547 | −0.597 |
| 345 (3月26日) | 0.5 | 0.116 | 0.162 | 0.184 | 0.144 | 0.048 | −0.040 | −0.127 | −0.201 |
|  | 0.7 | 0.097 | 0.138 | 0.157 | 0.114 | 0.019 | −0.067 | −0.152 | −0.224 |
|  | 1.0 | 0.074 | 0.108 | 0.123 | 0.077 | −0.017 | −0.099 | −0.181 | −0.251 |
| 365 (4月15日) | 0.5 | 0.140 | 0.210 | 0.266 | 0.293 | 0.242 | 0.178 | 0.107 | 0.043 |
|  | 0.7 | 0.118 | 0.182 | 0.232 | 0.253 | 0.201 | 0.137 | 0.066 | 0.002 |
|  | 1.0 | 0.092 | 0.146 | 0.189 | 0.202 | 0.147 | 0.083 | 0.013 | −0.049 |
| 385 或 20 (5月5日) | 0.5 | 0.147 | 0.235 | 0.317 | 0.408 | 0.409 | 0.375 | 0.328 | 0.283 |
|  | 0.7 | 0.126 | 0.205 | 0.281 | 0.363 | 0.359 | 0.324 | 0.275 | 0.229 |
|  | 1.0 | 0.099 | 0.168 | 0.234 | 0.303 | 0.293 | 0.256 | 0.206 | 0.159 |

表 3-1 前三个时段靠近,以便较准确插值再叠加一维计算值,较快找到坝顶最低平均温度;后三个时段的系数用于插值手算天然冷却的坝顶因封拱延误对封拱平均温度 $t_c$ 的二维修正值。若延误超过 5 月 5 日,建议等下一年择时灌浆坝顶区域,一般不影响未封拱高程以下的部分蓄水。

坝顶高于正常蓄水位一般超过 1m,按二维热传导计算,坝顶在封拱前后的温度场基本上是上下游对称分布的,对等效线性温差影响很小,可按 $t_d=0$ 考虑。

$t_m$ 和 $t_d$ 很重要,须正确掌握,许多电算程序须输入各高程拱圈的 $t_m$ 和 $t_d$ 或者由此换算的结点温度变化计算拱坝封拱后的温度应力。因计算机容量所限,采用有限元方法计算拱坝应力时,沿径向结点数量还不能太多,采用这种网格计算施工期和运行期的温度变化,精度远不如上述理论解。

过去曾用过美国垦务局的经验公式 $t_m=57.57/(T+2.44)$,或经修订的 $t_m=47/(T+3.39)$,都忽略了许多重要因素,如:当地的气温条件、水温沿水深的变化、上下游温变之差等,不宜套用。尤其是靠天然冷却的中低拱坝,大多数因下部坝体较厚未充分散热、上部坝体拖延到 5 月封拱,在封拱时这些部位尤其是坝顶的平均温度 $t_c$ 高于 $(\theta_u+\theta_d)/2$,封拱后附加较大的平均温降。对于这些部位,应降低浇筑温度和水化热温升,选在 2、3 月封拱,以降低 $t_c$、减小温降荷载 $t'_m$ 和拉应力。

**3. 地震荷载**

地震荷载包括:地震惯性力、地震动水压力和动土压力。浪压力、扬压力和泥沙压力受地震的影响很小,仍按静荷载处理。根据我国有关水工建筑物抗震设计规范和标准[6,7]:对拱坝应考虑顺河流方向和垂直河流方向的水平地震作用;对于严重不对称、空腹等特殊型式的拱坝,以及设计烈度≥Ⅷ度的 1、2 级双曲拱坝,宜对其竖向地震作用效应做专门研究;当同时计算三个互相正交方向地震的作用效应时,总的地震作用效应可取各方向地震作用效应平方总和的平方根。鉴于目前拱坝应力分析一般以拱梁分载法作为基本方法,为与基本分析方法相协调,在拱坝地震应力分析中宜先采用拟静力法计算拱坝地震荷载(尤其是在初步设计和方案比较阶段),采用拱梁分载法计算各水平拱圈和竖向悬臂梁的荷载分布,进而计算拱圈和悬臂梁各自在这些荷载作用下的应力分布。此规范[6]和标准[7]还规定:对于工程抗震设防类别为甲类,工程抗震设防类别为乙、丙类但设计烈度Ⅷ度及以上的或坝高大于 70m 的拱坝的地震作用效应应采用动力法计算;拱坝的动力分析方法应采用振型分解法,对于工程抗震设防类别为甲类的拱坝,应增加非线性有限元法的计算评价。具体计算方法和计算参数可见结构动力计算有关书籍以及上述抗震设计规范和标准,因占篇幅太多,本书不再重述。

(1)水平地震惯性力。采用拟静力法计算拱坝地震作用效应时,各层拱圈各质点水平地震总惯性力沿径向作用[6],其代表值的计算公式为

$$F_i = K_H \xi \alpha_i G_{Ei} \quad (\text{kN}) \tag{3-9}$$

式中:$K_H$——水平向地震系数,为地面水平向设计地震加速度代表值与重力加速度的比值,重力加速度取 $9.81\text{m/s}^2$;

$\xi$——地震作用的效应折减系数,除另有规定外,一般取 0.25;

$G_{Ei}$——集中在质点 $i$ 的重力作用标准值,kN;

$\alpha_i$——质点 $i$ 的动态分布系数,坝顶取 3.0,坝基取 1.0,沿高程按线性内插,沿拱圈均匀分布[6,7]。

(2)地震动水压力。用拟静力法计算拱坝地震作用效应时,径向动水压强为

$$p_w(h) = \frac{7}{16} a_h \xi \alpha_i \rho_w \sqrt{H_0 h} \quad (\text{N/m}^2) \tag{3-10}$$

式中：$a_h$——地面水平向设计地震加速度代表值，m/s²；

$\rho_w$——水体质量密度标准值，kg/m³；

$H_0$——库水总深，m；

$h$——动水压力作用点的水深，m。

$\xi$ 和 $\alpha_i$ 同式(3-9)的说明取值。抗震强度和稳定分析应满足式(1-8)所示的极限状态设计式，当采用拟静力法验算时，抗压和抗拉强度的结构系数应分别不小于 2.80 和 2.10，抗滑稳定的结构系数应不小于 2.70[6,7]。

### 3.2.2 荷载组合

荷载组合分为基本组合和特殊组合，应根据各种荷载同时作用的实际可能性，选择可能出现的不利情况，作为分析坝体应力和坝基岩体抗滑稳定的依据。各种组合的荷载如表 3-2 所示。

表 3-2 拱坝计算荷载组合表

| 荷载组合情况 | | | 自重 | 水压力 | 温度荷载 温降 | 温度荷载 温升 | 扬压力 | 泥沙压力 | 浪压力 | 冰压力 | 地震荷载 动水压力 | 地震荷载 坝体地震力 |
|---|---|---|---|---|---|---|---|---|---|---|---|---|
| 基本组合 | ① 冬天正常蓄水位加温降 | | ✓ | ✓ | ✓ | | ✓ | ✓ | 取两者最大值 | | | |
| | ② 夏天正常蓄水位加温升 | | ✓ | ✓ | | ✓ | ✓ | ✓ | ✓ | | | |
| | ③ 夏天设计洪水位加温升 | | ✓ | ✓ | | ✓ | ✓ | ✓ | | | | |
| | ④ 最低或死水位加温降或温升 | | ✓ | ✓ | 温降或温升 | | ✓ | ✓ | 取两者最大值 | | | |
| 特殊组合 | 1. 校核洪水位 | | ✓ | ✓ | | ✓ | ✓ | ✓ | | | | |
| | 2. 地震 | (1) 基本组合①+地震 | ✓ | ✓ | ✓ | | ✓ | ✓ | 取两者最大值 | | ✓ | ✓ |
| | | (2) 基本组合②+地震 | ✓ | ✓ | | ✓ | ✓ | ✓ | ✓ | | ✓ | ✓ |
| | | (3) 常遇低水位+地震 | ✓ | ✓ | 温降或温升 | | ✓ | ✓ | 取两者最大值 | | ✓ | ✓ |
| | 3. 施工期 | (1) 未封拱未蓄水 | ✓ | | | | | | | | | |
| | | (2) 未封拱+施工洪水 | ✓ | ✓ | | | | | ✓ | | | |
| | | (3) 部分封拱+部分蓄水+温降 | ✓ | ✓ | ✓ | | | | 取两者最大值 | | | |
| | | (4) 部分封拱+施工洪水+温升 | ✓ | ✓ | | ✓ | | | ✓ | | | |

注：1. 在上述荷载组合中，可根据工程的实际情况选择控制性的荷载组合进行计算；

2. 在地震较频繁的地区，当施工期较长时，应采取措施及早封拱，必要时对施工期的荷载组合尚应增加一项"上述情况加地震荷载"，其地震烈度可按设计烈度降低 1 度考虑；

3. 在施工期洪水作用时间内还未形成明显的扬压力，可不考虑；

4. 在基本组合之④，地震特殊组合之(3)等低水位情况下，应以可能出现的最大温降荷载核算拉应力，以可能出现的最大温升荷载核算压应力和坝基稳定；

5. 在设计洪水和校核洪水情况下，溢流面上的水压力对拱坝的稳定有利，对拱坝整体的受力影响很小，在拱坝整体应力分析中可不考虑。

## 3.3 拱坝的体形和布置

> **学习要点**
> 1. 拱坝的布置和体形设计应有利于拱坝应力分布和稳定。
> 2. 根据地形地质条件,掌握拱坝体形设计和合理布置的方法。

拱坝的体形应该满足枢纽布置,运用和施工等要求,并保证坝基岩体的稳定,使坝体材料强度得以充分发挥,没有不利的应力状态,尽量使工程量最省,造价最低。

### 3.3.1 拱坝坝体尺寸的初步拟定

坝体尺寸主要是指:坝高、拱圈的平面形式及各层拱圈轴线的半径和中心角;拱冠梁(中央竖直断面)上、下游面的形式及其沿高程的厚度。根据已定的坝高,先在坝址可利用基岩面的地形图上拟定顶拱轴线,根据这一地形图的特点拟定拱冠梁的形式及尺寸,再根据拱冠梁的断面尺寸和开挖后可利用基岩面的地形图画出各高程拱圈曲线。其具体步骤和过程详见后面的拱坝布置。

**1. 拱冠梁的形式和尺寸**

为改善拱坝受力条件和便于体形设计与布置,应根据河谷的形状选定拱冠梁的形式和尺寸。在 U 形河谷中,宜采用单曲拱坝,上游坝面直立或略倾向上游;在 V 形或接近 V 形的河谷中,宜采用双曲拱坝,拱冠梁中部突向上游(如图 3-3 所示)。

设坝高为 $H$,拱冠梁的顶厚 $T_C$、底厚 $T_B$ 和 $0.45H$ 高度处的厚度 $T_{0.45H}$ 可按我国《水工设计手册》[18]建议的公式初拟,经新老单位换算整理如下:

$$\begin{cases} T_C = \varphi_C R_{轴}(1.5R_f/E)^{1/2}/90° \\ T_B = 0.007\bar{L}H/[\sigma] \qquad (m) \\ T_{0.45H} = 0.00385HL_{0.45H}/[\sigma] \end{cases} \qquad (3-11)$$

式中:$\varphi_C$——顶拱的半中心角,(°);

$R_{轴}$——顶拱坝轴线的半径,m;

$R_f$——混凝土的极限抗压强度,MPa;

$E$——混凝土的弹性模量,MPa;

$\bar{L}$——两岸可利用基岩面之间的河谷宽度沿坝高的平均值,m;

$H$——坝高,m;

$[\sigma]$——坝体混凝土的容许压应力,MPa;

$L_{0.45H}$——拱冠梁 $0.45H$ 高度处两岸可利用基岩面之间的河谷宽度,m。

美国垦务局建议拱坝高度为 $H$ 的这三个特征厚度经单位换算为

$$\begin{cases} T_C = 0.01(H+1.2L_1) \\ T_B = [0.0012HL_1L_2(H/122)^{H/122}]^{1/3} \quad (m) \\ T_{0.45H} = 0.95T_B \end{cases} \tag{3-12}$$

式中：$L_1$——坝顶高程处拱端可利用基岩面之间的河谷宽度，m；

$L_2$——坝底以上 $0.15H$ 处拱端可利用基岩面之间的河谷宽度，m。

前一组公式与混凝土强度有关，后一组由拱坝设计资料总结出来，可以互为参考。这是设计一开始初步拟出的尺寸，以便布置和应力稳定计算，经分析是否有余地，决定是否需要修改和重新计算。这些尺寸并非固定不变的，在选择坝顶厚度时，还应考虑工程规模和运用要求，若无交通规定要求，一般中低坝的坝顶厚度为 $3\sim 5m$，碾压混凝土不宜小于 5m。坝顶厚度体现顶部拱圈的刚度，若坝顶不设溢流表孔，适当加大坝顶厚度将有利于减小梁指向下游的水平荷载和梁底上游面的竖向拉应力。

对于双曲拱坝，拱冠梁的上游面曲线可用凸点与坝顶的高差 $Z_0 = \beta_1 H$、凸度 $\beta_2 = D_A/H$ 和最大倒悬度（$A$、$B$ 两点之间的水平距离与其高差之比）$S = \beta_3 T_B/(H-\beta_1 H)$ 来描述，见图 3-6。拟定这些参数的原则是：悬臂梁在自重单独作用下，拉应力不超过 $0.3\sim 0.5$ MPa，在正常荷载组合情况下具有良好的应力状态。坝的下部向上游倒悬，由于自重在坝踵产生的竖向压应力，可抵消一部分由水压力产生的竖向拉应力，但倒悬度不宜太大。在初步布置时可大致取值：$\beta_1 = 0.55\sim 0.65$，$\beta_2 = 0.15\sim 0.2$，$S = 0.15\sim 0.3$（碾压混凝土坝 $S$ 不宜大于 0.2）。由上述参数初拟定出 $A$、$B$、$C$ 三点位置后，由圆弧线或二次抛物线，通过三点定出拱冠梁上游面曲线。对于下游面，可根据拟定的 $T_A$、$T_B$、$T_C$ 定出相应的三个点 $A'$、$B'$、$C'$，然后采用与上游面相同的方法定出拱冠梁下游面曲线。对于单曲拱坝，拱冠梁上游面多做成竖直线或略倾向上游的斜线，下游面是倾斜直线或几段由圆弧或抛物线连接的复合线。在后面布置水平拱圈过程中，还可继续调整修改各层坝厚和位置。

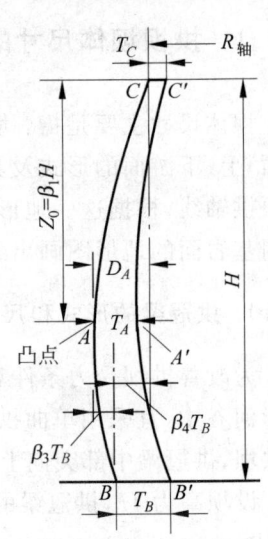

图 3-6 拱冠梁断面

### 2. 水平拱圈的选择

在早期水平拱圈常用单圆心等厚圆弧拱圈。若加大中心角，可改善坝体应力，减小拱圈厚度；但过大的中心角将使拱轴线与河岸基岩等高线交角过小，以致拱端推力过于趋向下游，不利于坝肩岩体和坝体稳定。现代拱坝的顶拱中心角多为 $90°\sim 100°$；若拱座下游河谷缩窄，可取 $110°\sim 120°$；若坝基岩体容易滑动，则应减小拱的中心角，如：日本的矢作拱坝最大中心角为 $76°$，菊花拱坝为 $74°$。

拱坝的最大应力常在坝高 $1/3\sim 1/2$ 处，宜在此处采用较大的中心角，如：我国的泉水拱坝，最大中心角为 $101°24'$，约在 $2/5$ 坝高处；伊朗的卡雷迪拱坝，在坝的中下部最大中心角为 $117°$。

合理的拱圈形式应当是压力线接近拱轴线，使拱截面内的压应力分布趋于均匀。若河谷狭窄而对称，水压荷载的大部分靠拱的作用传到两岸，采用单圆弧等厚拱圈对设计和施工都比较方便。若河谷较宽，为使拱圈中间部分接近于均匀受压，并改善坝肩岩体的抗滑稳定性，拱圈宜改用三心圆拱、椭圆拱、抛物线拱和对数螺旋线拱等形式，如图 3-7 所示，改变参数可改变厚度和拱端推力方向。

三心圆拱轴线由三段圆弧组成，相邻两段圆弧相切于同一点，其径向重合，两侧弧段的半径通常比中间的大(见图 3-7 和图 3-8,其中 $O_L$、$O_R$ 分别为靠近左、右岸一侧拱段的圆心),有利于坝肩岩体稳定。美国、葡萄牙、西班牙等国采用三心圆拱坝较多,我国白山拱坝、紧水滩拱坝和李家峡拱坝采用三圆心拱坝或五圆心拱坝(上下游坝面两侧圆拱 4 个圆心加中圆拱圆心),都可分段改变水平拱圈的曲率半径,调整侧圆拱的圆心位置和半径可改变拱端的厚度和推力方向。

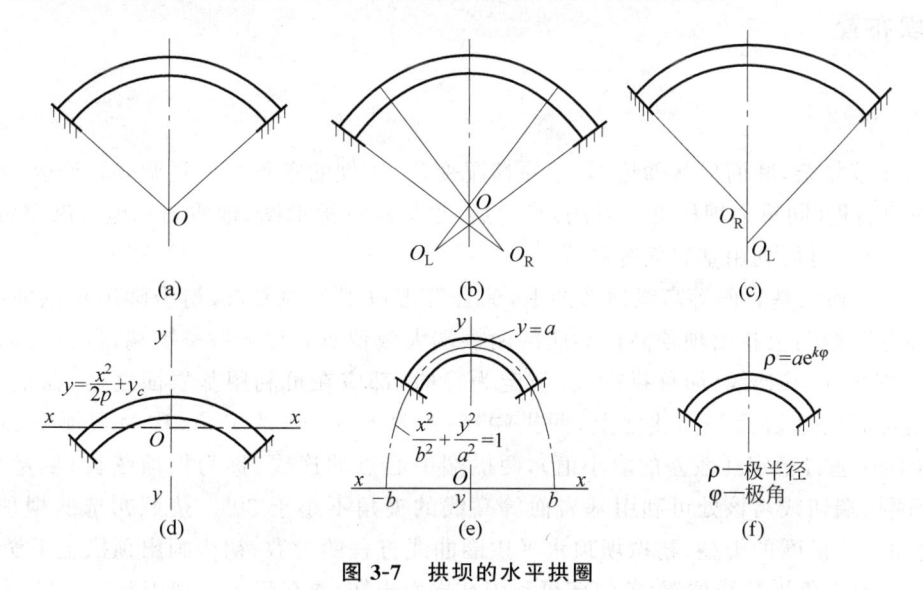

**图 3-7 拱坝的水平拱圈**

(a) 单圆拱;(b) 三心拱;(c) 二心拱;(d) 抛物线拱;(e) 椭圆拱;(f) 对数螺旋线拱

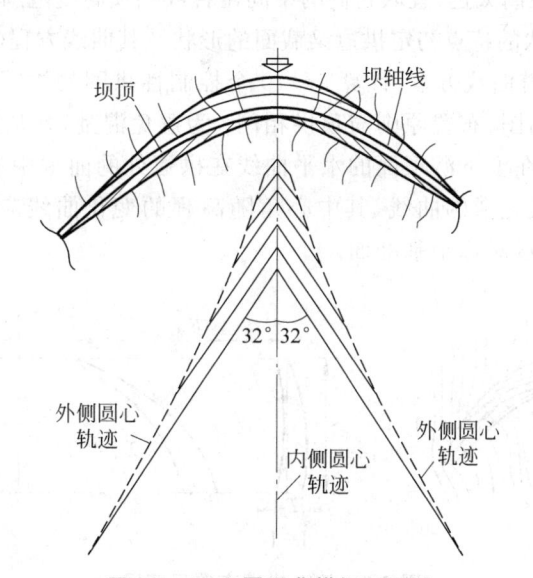

**图 3-8 三心圆双曲拱坝平面图**

抛物线拱、椭圆拱和对数螺旋线拱均为连续变曲率拱。如:瑞士 1965 年建成 220m 高的康脱拉双曲拱坝是当时最高的水平拱为椭圆部分曲线的拱坝。日本、意大利等国采用抛物线形拱坝较多,我国东风、二滩、构皮滩、小湾、溪洛渡、锦屏一级、大岗山等高拱坝的水平拱圈也采用抛物线形,通过调整参数使中段的曲率较大,向两侧逐渐减小,拱端推力方向与可利用基岩面等高线的夹角增大,有利于坝肩岩体的抗滑稳定,也便于设计和施工。

若河谷地形不对称,可采取措施使坝体尽可能接近对称,如:①在陡岸上部向深处开挖;②在缓坡上部建造重力墩;③设置垫座及周边缝等。在有的情况下可采用不对称的双心圆拱布置。

### 3.3.2 拱坝布置

**1. 步骤**

拱坝体形比较复杂,断面形状随地形、地质情况变化,拱坝的布置须反复调整和修改,步骤如下:

(1) 在坝顶高程(同重力坝标准和方法)确定后,根据坝址地形图、地质图和地质勘察资料,定出坝基开挖深度,画出坝肩可利用基岩面等高线。

(2) 在坝肩可利用基岩面等高线地形图上,综合考虑以下各种要求,初步画出顶拱曲线。在两岸可利用基岩面等高线图上找出坝顶高程对应的两拱端大致位置;对于每一拱端,按拟定的坝顶厚度,初选拱端上下游两点,其连线(简称拱端线,暂定为径向)都应在可利用基岩面之内,在平面图上应在该高程对应的可利用基岩面等高线之上,两拱端径向(即拱端线)的夹角(称为坝顶中心角)大致在 90°~100°范围内(基岩稳定性较差的取小值),两拱端中心点的连线(称为坝顶弦长)尽量与河水流向垂直,并且使两拱端切线与该处可利用基岩面等高线的夹角不小于 30°。按照初选的坝顶弦长、中心角、坝顶厚度和水平拱圈的类型,初拟坝顶水平拱圈曲线方程的参数,初步画出顶拱上下游边曲线。

(3) 把坝顶中心角平分线位置(若河床可利用基岩面未知)或在河床可利用基岩面最深处作为拱冠梁截面的位置;如果这两处距离太远,宜取它们的中间位置或拱坝高度范围内的河谷对称中心位置作为拱冠梁截面位置。按河谷形状的特点初定拱冠梁截面的形状及其曲线方程(参见图 3-3 和图 3-6)。

(4) 按拱冠梁截面上下游曲线方程,计算 5~10 个控制性拱圈的拱冠在上下游面的坐标位置,自坝顶往下,绘制各层拱圈平面图,布置原则与顶拱相同;为避免混乱,凡是被上层拱圈遮盖的下层拱圈曲线应该用虚线。各层拱圈在上下游坝面的水平曲线在拱冠处的曲率中心应在拱冠梁所在的竖直面(又称为基准面)上,并应连成光滑的曲线,其中心角随高程的变化曲线应是光滑的(如图 3-9 所示);各层拱圈两拱端的位置应尽量对称于基准面。

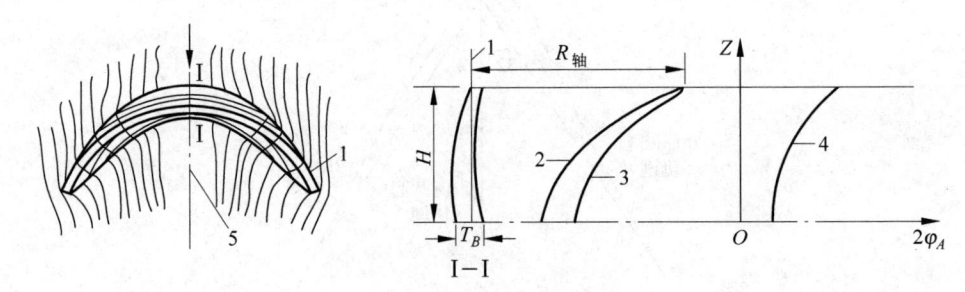

**图 3-9 双曲拱坝布置示意图**
1—坝轴线;2—下游面拱冠水平曲率中心轨迹;3—上游面拱冠水平曲率中心轨迹;4—拱圈中心角变化曲线;5—基准面

(5) 绘制上下游坝面展示图,检查拱端与基岩面交界线,对突变较严重的应削(或填)平顺。

(6) 沿拱圈切取若干径向竖直截面,检查上下游边的轮廓线是否光滑,有无突出不平或严重倒悬,若凹凸不平很严重或倒悬度不满足施工要求,则应修改有关高程拱圈的一些参数,按第(4)步所述的方法和要求,进行局部的调整,直到都满足要求为止。

(7) 进行应力计算和坝肩岩体抗滑稳定计算。如不符合要求,应修改梁拱截面尺寸,对坝体布置再做些调整,重复上述各步工作,直至满足要求为止。

拱坝的布置与应力和稳定的计算是一起进行分不开的,往往还要设计和布置多个方案,在工程量、施工难易程度、工期、提前效益和总投资等多方面进行对比、综合分析,以找到最优方案。

### 2. 拱端的布置原则

根据坝基条件、拱坝的应力和稳定安全程度综合考虑,拱端一般应嵌入弱风化至微风化的坚实基岩内,拱端与基岩的接触面一般应做成全径向的,使较多较好的深部岩体承担拱端传来的推力。若下部坝基按全径向开挖过多,可允许拱端下游的半个拱座为径向,拱端上游的半个拱座面与基准面的交角应≥10°,如图 3-10(a)所示。为避免上下层拱座基岩面突变或突出太大,宜自坝顶全径向拱座渐变至底部半厚度径向。若拱端全厚度径向使下游面基岩开挖太多,也可用非径向拱座,如图 3-10(b)所示,但它与径向夹角应≤35°,与基准面的夹角宜≤80°。以上均为经验数值,各高程拱端的位置及其下游岩体厚度和上述各种数值应满足应力和稳定要求,经多次调整才能确定。

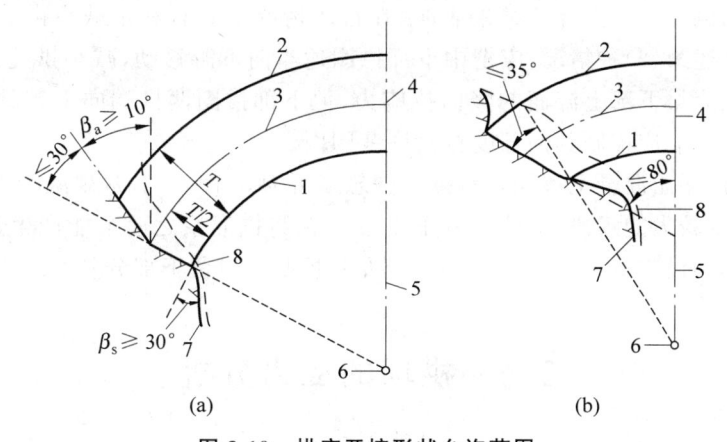

**图 3-10 拱座开挖形状允许范围**
(a) 1/2 径向拱座;(b) 非径向拱座
1~3—内、外弧面和拱轴线;4—拱冠;5—基准面;6—外弧圆心;7—可利用岩面;8—原地面

### 3. 坝面倒悬的处理

在 V 形河谷岩基稳定性较好的情况下,较多采用双曲拱坝,可减小坝体厚度,但坝面容易出现过大的倒悬,不仅增加施工难度,而且在未封拱前因自重作用容易在倒悬相对的另一侧坝面产生过大的拉应力。在拱坝布置时须对倒悬度加以控制,按以往设计经验,大致应对以下两种情况加以处理:

(1) 据以往计算经验,正常蓄水时在 1/3~1/2 坝高附近的拱端上游面拉应力较大,往往将此高程附近拱圈设计较大的中心角,拱座基岩面开挖较深,拱端上游点倒悬度较大[如图 3-11(a)所示];

(2) 如果靠近岸边的坝体上游面维持直立,拱冠梁中下部坝体上游坝面将向上游突出较多,但下游坝面倒悬过大[如图 3-11(b)所示],拱冠梁的中下部上游面可能出现较大的竖向拉应力。

上述两种情况都可以做一些调整。将第(1)种情况的中下部拱圈向上游小量移动,使这些部位拱

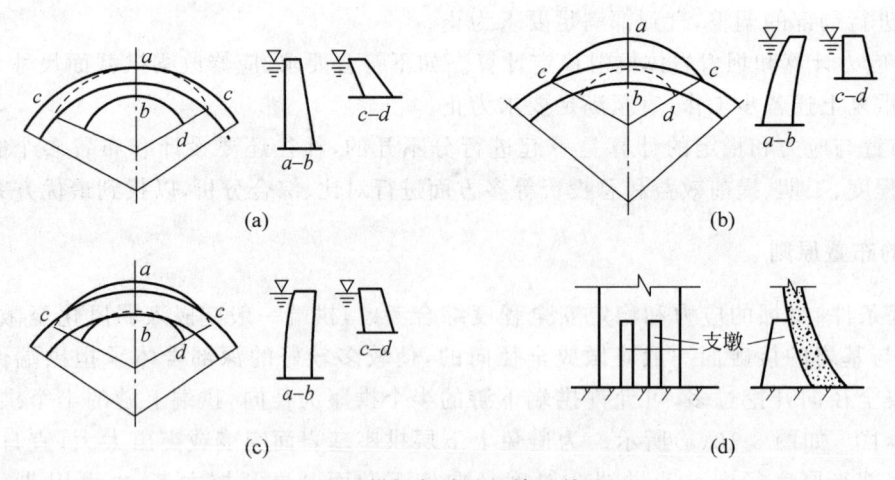

图 3-11 拱坝各种倒悬情况的处理

端上游点移向上游,减少该处拱端上游面的倒悬度[如图 3-11(c)所示],使拱冠梁上部的下游坝面出现允许范围内小量的倒悬。应力计算结果表明,在蓄水情况下它有利于减小拱冠梁上部下游坝面的竖向拉应力。对于上述第(2)种情况,应把中下部拱圈适当向下游移动,减小拱冠梁下游面的倒悬度,有利于施工和减小拱冠梁下部上游面的竖向拉应力,但下部拱圈两拱端向下游移动引起拱端上游面倒悬[如图 3-11(c)所示],应控制其倒悬度在允许范围内。

按一般施工经验,碾压混凝土和浆砌石拱坝倒悬度可为 0.1~0.2,常规混凝土拱坝的倒悬度可达 0.3。对于上游倒悬度较大的坝段,为防止其下游坝面在封拱灌浆之前可能产生过大的竖向拉应力,必要时须在上游坝脚加设支墩[见图 3-11(d)],或在开挖基岩时留下部分基坑岩壁作为支撑。

## 3.4 拱坝的应力分析

> **学习要点**
> 1. 拱坝应力分析是拱坝设计的重要依据。
> 2. 掌握拱坝应力分析各种方法的原理、优缺点和应力控制标准。

### 3.4.1 应力分析方法

拱坝是一个变厚度、变曲率、边界条件和坝基都很复杂的空间壳体结构,轴向力和弯矩很大,对拱坝本身的变形和基岩变形影响显著,对拱坝和坝基的变形和应力进行严格的理论分析是很困难的。在不同时期的实际设计计算中,通常根据当时的理论水平和计算条件做一些必要的假定和简化,因而就有不同的应力分析方法。以下按其历史发展顺序,由浅入深地逐一介绍。

### 1. 纯拱法

纯拱法假定拱坝由一些各自独立的水平拱圈组成，每层取1m高拱圈单独进行计算较为方便。由于纯拱法没有反映拱圈之间的相互作用，假定荷载全部由水平拱承担，不符合拱坝的实际受力状况，因而求出的拱向水平应力一般偏大，尤其对宽河谷的重力拱坝，误差更大。但由于它是拱坝所有计算方法中最基本最简单的方法，过去常常用来近似地计算狭窄河谷中建造的不太重要的中小型拱坝的内力和应力。另外，纯拱法计算水平拱圈的内力和变位，也为以后进一步发展而成的拱梁分载法打下基础，是拱梁分载法计算中不可缺少的重要内容。

以圆弧拱圈计算为例，因为考虑了地基变形，弹性中心不易求得，故通常假想在拱冠处"切开"，结构变成静定力系，在拱冠截面中心处设置坐标原点，在该点加上超静定内力 $M_0$、$H_0$ 和 $V_0$，荷载、各种内力及变位的正方向见图 3-12(a)，所有荷载引起的总内力和变位应与"切开"前一致。

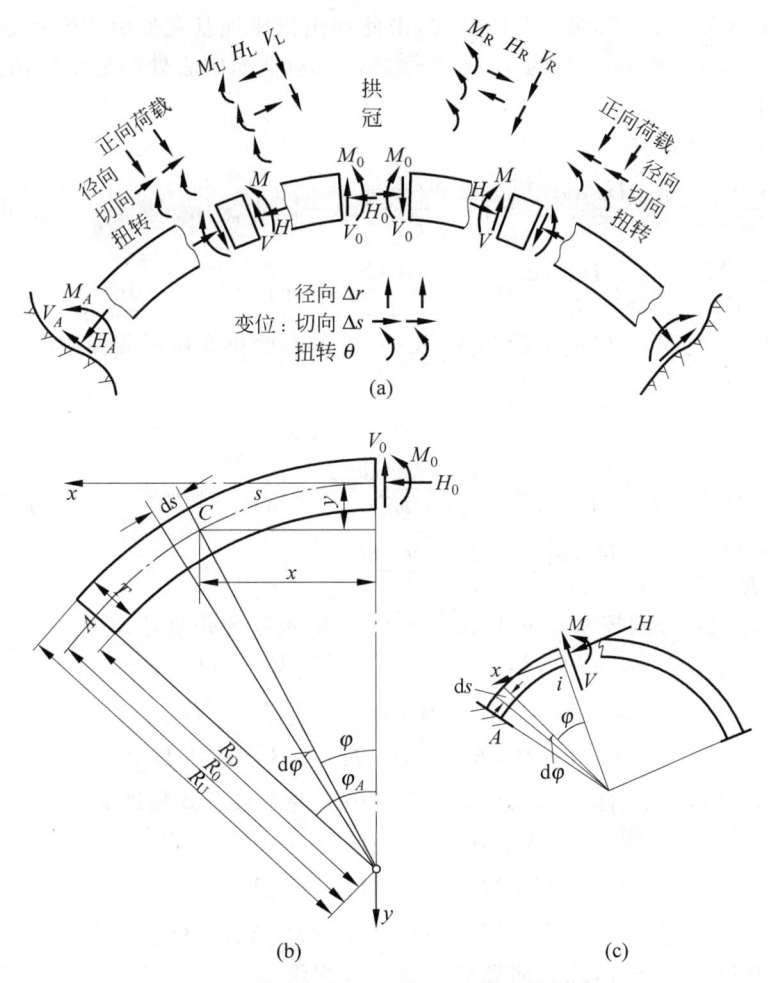

图 3-12 拱圈荷载、变位和内力正方向示意图

对于"切开"后的左半拱，由外力产生的静定内力系为 $M_L$、$H_L$ 和 $V_L$，图 3-12(a)所示的 $M_L$、$H_L$、$V_L$ 第 1 排 3 个正方向是径向正荷载引起的，第 2 排内力正向是切向正荷载引起的，扭转荷载只产生

$M_L$，两者正向相同。在半中心角为 $\varphi$ 的任一截面 $C$ 的总内力 $M$、$H$ 及 $V$ 为

$$\begin{cases} M = M_0 + H_0 y + V_0 x - M_L \\ H = H_0 \cos\varphi - V_0 \sin\varphi + H_L \\ V = H_0 \sin\varphi + V_0 \cos\varphi - V_L \end{cases} \tag{3-13}$$

式中：$x$、$y$ 和 $\varphi$ 为局部坐标系，见图 3-12(b)。因 $V_0$ 反对称，式(3-13)中含有 $V_0$ 项前面的"+、-"改反号，将 $M_L$、$H_L$ 和 $V_L$ 改换为右侧拱外力产生的静定内力系 $M_R$、$H_R$ 和 $V_R$，右侧拱的总内力为

$$\begin{cases} M = M_0 + H_0 y - V_0 x - M_R \\ H = H_0 \cos\varphi + V_0 \sin\varphi + H_R \\ V = H_0 \sin\varphi - V_0 \cos\varphi - V_R \end{cases} \tag{3-13)'}$$

1m 高拱圈径向横截面积等于径向厚度 $T$，惯性矩 $I = T^3/12$，混凝土弹模为 $E$，剪应力分布系数取 1.25，泊松比取 0.2，热膨胀系数为 $\alpha$，拱圈平均温度变化为 $t_m$，等效线性温差为 $t_d$，以左拱端坐标 $x_a$、$y_a$ 和 $\varphi_a$ 代入式(3-13)得左拱端内力计算式，由此导出拱座地基变形引起左拱冠转角和径、切向变位计算式分别为 $\theta_{Lf}$、$\Delta r_{Lf}$ 和 $\Delta s_{Lf}$，长为 $s_L$ 的左侧拱在拱冠截面中心处的总变位由虚功原理得

$$\begin{cases} \theta_L = \int_0^{s_L} \dfrac{M}{EI} ds + \int_0^{s_L} \dfrac{\alpha t_d}{T} ds + \theta_{Lf} \\ \Delta r_L = \int_0^{s_L} \dfrac{xM}{EI} ds - \int_0^{s_L} \dfrac{H\sin\varphi}{ET} ds + \int_0^{s_L} \dfrac{3V\cos\varphi}{ET} ds + \int_0^{s_L} \alpha t_m \sin\varphi ds + \int_0^{s_L} \dfrac{\alpha t_d x}{T} ds + \Delta r_{Lf} \\ \Delta s_L = -\int_0^{s_L} \dfrac{yM}{EI} ds - \int_0^{s_L} \dfrac{H\cos\varphi}{ET} ds - \int_0^{s_L} \dfrac{3V\sin\varphi}{ET} ds + \int_0^{s_L} \alpha t_m \cos\varphi ds + \int_0^{s_L} \dfrac{\alpha t_d y}{T} ds + \Delta s_{Lf} \end{cases} \tag{3-14}$$

右侧拱的 $x$ 轴向右为正，$y$ 轴向下游为正，长为 $s_R$ 的右侧拱在拱冠截面中心处的总变位为

$$\begin{cases} \theta_R = -\int_0^{s_R} \dfrac{M}{EI} ds - \int_0^{s_R} \dfrac{\alpha t_d}{T} ds + \theta_{Rf} \\ \Delta r_R = \int_0^{s_R} \dfrac{xM}{EI} ds - \int_0^{s_R} \dfrac{H\sin\varphi}{ET} ds + \int_0^{s_R} \dfrac{3V\cos\varphi}{ET} ds + \int_0^{s_R} \alpha t_m \sin\varphi ds + \int_0^{s_R} \dfrac{\alpha t_d x}{T} ds + \Delta r_{Rf} \\ \Delta s_R = \int_0^{s_R} \dfrac{yM}{EI} ds + \int_0^{s_R} \dfrac{H\cos\varphi}{ET} ds + \int_0^{s_R} \dfrac{3V\sin\varphi}{ET} ds - \int_0^{s_R} \alpha t_m \cos\varphi ds + \int_0^{s_R} \dfrac{\alpha t_d y}{T} ds + \Delta s_{Rf} \end{cases} \tag{3-14)'}$$

将式(3-13)代入式(3-14)，分别按未知量 $M_0$、$H_0$ 和 $V_0$ 的系数合并整理为

$$\begin{cases} \theta_L = A_{1L} M_0 + B_{1L} H_0 + C_{1L} V_0 - D_{1L} \\ \Delta r_L = C_{1L} M_0 + B_{2L} H_0 + C_{2L} V_0 - D_{2L} \\ \Delta s_L = -B_{1L} M_0 - B_{3L} H_0 - B_{2L} V_0 + D_{3L} \end{cases} \tag{3-15}$$

将式(3-13)'代入式(3-14)'，分别按未知量 $M_0$、$H_0$ 和 $V_0$ 的系数合并整理为

$$\begin{cases} \theta_R = -A_{1R} M_0 - B_{1R} H_0 + C_{1R} V_0 + D_{1R} \\ \Delta r_R = C_{1R} M_0 + B_{2R} H_0 - C_{2R} V_0 - D_{2R} \\ \Delta s_R = B_{1R} M_0 + B_{3R} H_0 - B_{2R} V_0 - D_{3R} \end{cases} \tag{3-15)'}$$

利用切口处两侧的变位一致条件，经过演算得出联立方程组

$$\begin{cases} (A_{1L} + A_{1R}) M_0 + (B_{1L} + B_{1R}) H_0 + (C_{1L} - C_{1R}) V_0 = D_{1L} + D_{1R} \\ (C_{1L} - C_{1R}) M_0 + (B_{2L} - B_{2R}) H_0 + (C_{2L} + C_{2R}) V_0 = D_{2L} - D_{2R} \\ (B_{1L} + B_{1R}) M_0 + (B_{3L} + B_{3R}) H_0 + (B_{2L} - B_{2R}) V_0 = D_{3L} + D_{3R} \end{cases} \tag{3-16}$$

以上方程组左侧的系数只与拱圈尺寸、拱圈和基岩的变形有关,称为形常数;而方程组右侧的系数除了受上述影响外,还与水压、温变等荷载有关,称为载常数。形常数和载常数的计算很烦琐,对于等截面圆拱,由基本公式直接积分求得很长的计算式做较准确计算,对非圆拱或变厚拱可用分段累计求和或高斯积分法做近似计算。这些系数因涉及坝基变形等参数很多,计算式都很长,不在此占篇幅,可查阅文献[19],该文献还对美国垦务局公式做了修正。

求解式(3-16),可得出 $M_0$、$H_0$ 和 $V_0$,再代入式(3-13)、式(3-13)′,即可计算拱圈任一径向截面的内力 $M$、$H$ 及 $V$,然后用偏心受压公式计算其上下游坝面的拱向应力 $\sigma_a$

$$\sigma_{a_d^u} = \frac{H}{T} \pm \frac{6M}{T^2} \tag{3-17}$$

式中:轴力 $H$ 和拱向应力 $\sigma_a$ 以压为正;弯矩 $M$ 以上游面受压为正。

当拱厚 $T$ 与拱圈中线在此处的曲率半径 $R_0$ 之比 $T/R_0 \geqslant 1/3$ 时,截面应力分布与直线相差很大,应按厚拱考虑,计入拱圈曲率的影响,上下游坝面的拱向应力为

$$\sigma_{a_d^u} = \frac{H}{T} \pm \frac{M}{I_n}\left(\frac{T}{2} \pm \varepsilon\right)\frac{R_0 - \varepsilon}{R_0 \pm 0.5T} \tag{3-17)′}$$

$$\varepsilon = R_0 - \frac{T}{\ln\dfrac{R_0 + 0.5T}{R_0 - 0.5T}}$$

式中:$\varepsilon$——中性轴的偏心距;

$I_n$——拱圈断面对中性轴的惯性矩,$I_n = \varepsilon(R_0 - \varepsilon)T$,可近似按 $T^3/12$ 计算,误差很小。

**2. 拱梁分载法**

拱梁分载法是将坝体承受的荷载一部分由水平拱系承担,一部分由悬臂梁系承担,拱和梁的荷载分配由它们在各交点处变位一致的条件求得。将各拱圈的分配荷载计算式(3-16)右侧的载常数,求解此方程组得 $M_0$、$H_0$ 和 $V_0$,用式(3-13)、式(3-13)′计算 $M$、$H$ 和 $V$,用式(3-17)或式(3-17)′计算拱应力。悬臂梁按所分配的荷载计算应力,再叠加自重应力即为梁的总应力。

拱梁分载的计算方法,按其发展过程的顺序分述如下。

1) 拱冠梁法

在 20 世纪初,美国的惠勒和瑞士斯托克等提出了拱梁分载的概念。由于当时的计算工具所限,很难求解几十个交点变位平衡的方程组。拱冠梁法就是在这种条件下提出的,它作为拱梁分载法的近似简化方法。其基本原理就是按中央悬臂梁(拱冠梁)与若干个水平拱在相交之处变形相容的原则计算水平荷载的分配。在与水平拱圈相应高程的梁上所承受的水平荷载强度设为 $x_i$,并假定每层水平拱圈所承受的径向荷载均匀分布,其大小为相应高程的径向总荷载强度 $p_i$ 与 $x_i$ 之差。设第 $i$ 层 1m 高的水平拱圈在单位均布水平径向荷载作用下在拱冠处的径向变位为 $\delta_i$,可由式(3-13)~式(3-16)所示的方法求解拱圈在单位均布径向水压荷载作用下在拱冠的内力 $M_0$、$H_0$ 和 $V_0$,回代到式(3-13)求得内力分布,再用式(3-14)中的第 2 式令 $t_m = 0$ 和 $t_d = 0$ 计算 $\Delta r_L$ 作为 $\delta_i$。从坝顶到坝底选取 $n$ 层拱圈(以往计算常取 $n = 5 \sim 9$,依坝高和计算工具而定),各层拱圈之间取相等的距离 $\Delta h$,如图 3-13 所示。在拱冠梁顶($j = 1$)点和底($j = n$)点作用的单位三角形荷载(即该点为 1、邻点为零)的合力为 $\Delta h/2$,对其下邻点的弯矩分别为 $(\Delta h)^2/3$ 和 $(\Delta h)^2/6$;在其余各点上作用的单位三角形荷

载的合力为 $\Delta h$，对其下邻点的弯矩为 $(\Delta h)^2$；由此计算拱冠梁弯矩 $M_{bj}$、剪力 $V_{bj}$ 及其梁基弯矩和剪力产生的坝基转角 $\theta_{fj}$ 和径向变位 $\Delta r_{fj}$；第 $i$ 点的径向单位集中力（=1）引起其下第 $k$ 点的弯矩 $(k-i)\Delta h$ 和剪力（=1）均为直线分布。设坝体混凝土弹模为 $E$，剪应力分布系数取 1.25，泊松比取 0.2，单宽拱冠梁第 $k$ 点的水平截面惯性矩为 $I_k$，水平截面面积为 $A_k$，近似用结构力学图乘法分段累计求和，得拱冠梁在第 $j$ 点单位三角形荷载作用下、第 $i$ 点的径向变位系数 $a_{ij}$ 为

$$a_{ij} \approx \theta_{fj}(n-i)\Delta h + \Delta r_{fj} + \sum_{k=\max(i,j)}^{n}\left[\frac{M_{bj}\Delta h(k-i)\Delta h}{s(k)EI_k} + \frac{3V_{bj}\Delta h}{s(k)EA_k}\right] \tag{3-18}$$

当 $k=1$ 或 $n$ 时，$s(k)=2$；其他分段 $s(k)=1$。用伏格特（F. Vogt）参数计算坝基变形及其对 $\delta_i$ 和 $a_{ij}$ 的影响详见文献[18,19]，内容很多，不在此叙述。

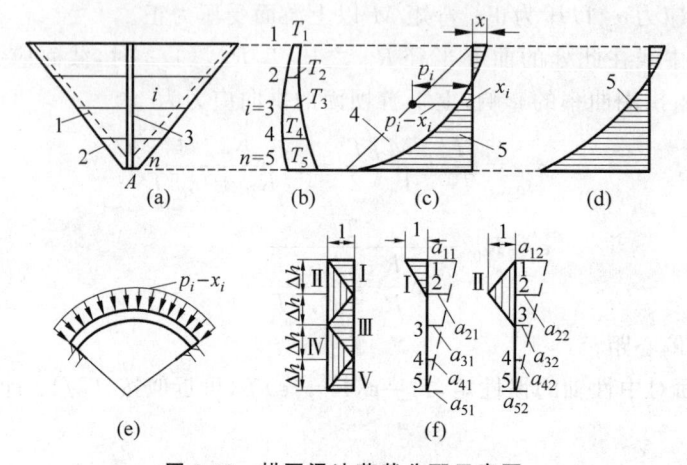

图 3-13 拱冠梁法荷载分配示意图

1—原地基表面；2—可利用基岩面；3—拱冠梁；4—拱荷载；5—梁荷载

在均布径向荷载 $(p_i-x_i)$ 作用下，第 $i$ 层水平拱圈在拱冠处的径向变位应为 $\delta_i(p_i-x_i)$；拱冠梁在所分配的梁荷载强度 $x_j(j=1 \sim n)$ 作用下，第 $i$ 点的径向变位应为 $\sum a_{ij}x_j$。

在等效线性温差作用下，梁在第 $i$ 点的径向变位设为 $\Delta_{Cti}$，在平均温变和等效线性温差作用下，第 $i$ 个拱圈在拱冠处的径向变位设为 $\Delta_{Ati}$。拱坝一般在接缝灌浆连成整体且达足够强度后才蓄水，在灌浆前需冷却坝体使横缝张开，自重荷载已由悬臂梁承担、不参与分配。但竖向水压力是在封拱灌浆之后作用的，理应参与分配。一般说来，竖向水压力对拱坝的水平径向变位影响很小。对于上游坝面直立或近于直立的拱坝，可不考虑其对拱圈和悬臂梁水平径向变位系数的影响，即不参与分配，在求出荷载分配之后，可近似把竖向水压力全部作用在悬臂梁上计算梁的应力。如果上游坝面严重倾斜，则理应考虑上述单位三角形荷载在其所作用的悬臂梁上游坝面对应段上的竖向分力引起梁的弯曲和水平径向位移，叠加到上述所求得的变位系数 $a_{ij}$ 中，在计算拱圈的水平径向变位系数 $\delta_i$ 时，应加上 1m 高拱圈的单位法向水压力在上游坝面的竖向分力所引起拱圈的扭转变形和水平径向变位。但考虑到拱圈的扭转变形引起拱冠中心的水平径向变位很小，而且计算式很烦琐，可忽略不计，而近似把竖向水压力全部作用在悬臂梁上，算得梁拱各交点 $i$ 处梁的水平径向变位 $\delta_{VWi}$，作为载常数。上述 $\Delta_{Cti}$、$\Delta_{Ati}$、$\delta_{VWi}$ 等变位还与坝基变形有关，各自总变位的具体计算见文献[19]。根据拱和梁在同一交点的变位一致的原理，对拱冠梁上每一个交点（如第 $i$ 点）都可建立变位平衡方程：

$$\sum_{j=1}^{n} a_{ij}x_j + \delta_{\mathrm{VW}i} + \Delta_{\mathrm{C}ti} = \delta_i(p_i - x_i) + \Delta_{\mathrm{A}ti} \tag{3-19}$$

在拱冠梁上 $n$ 个交点都应满足变位平衡方程(3-19)，经整理可以列出下列联立方程组：

$$\begin{cases} (a_{11}+\delta_1)x_1 + a_{12}x_2 + \cdots + a_{1n}x_n = \Delta_1 = p_1\delta_1 + \Delta_{\mathrm{A}t1} - \Delta_{\mathrm{C}t1} - \delta_{\mathrm{vw}1} \\ a_{21}x_1 + (a_{22}+\delta_2)x_2 + \cdots + a_{2n}x_n = \Delta_2 = p_2\delta_2 + \Delta_{\mathrm{A}t2} - \Delta_{\mathrm{C}t2} - \delta_{\mathrm{vw}2} \\ \quad\vdots \\ a_{n1}x_1 + a_{n2}x_2 + \cdots + (a_{nn}+\delta_n)x_n = \Delta_n = p_n\delta_n + \Delta_{\mathrm{A}tn} - \Delta_{\mathrm{C}tn} - \delta_{\mathrm{vw}n} \end{cases} \tag{3-20}$$

由上列方程组求得拱冠梁在各交点处的水平荷载 $x_i$，连同拱冠梁自重引起的内力，即可计算拱冠梁的应力。第 $i$ 层拱圈的应力则由它承担的水平径向荷载 $(p_i - x_i)$ 算得。

经过很多计算表明，在坝顶附近，拱冠梁的所承受的径向荷载强度是负的，即指向上游，在梁的下游面有竖向拉应力，许多初学者不太理解，尤其是那些对此学得很少的学生，用有限元法算得上部拱坝在下游坝面有梁向拉应力，更觉得不可思议。其实，用拱冠梁法容易解释有限元法算得的结果。在水压荷载作用下，坝顶拱冠是肯定要向下游变位的，水平拱圈只有受到向下游的径向压力才有这样的变位。而坝顶附近的水压力是没有或很小的，所以水平拱圈所承受的径向压力荷载只有来自悬臂梁。实质上它们是相互作用的内力，大小相等、方向相反。即使在坝顶部水压荷载没有或很小，但下面水压荷载作用使悬臂梁顶部仍要向下游变形，顶部拱圈受到向下游的挤压力，则悬臂梁受到顶部拱圈向上游的顶托力，其数值大大超过水压力，所以在梁顶附近的下游面产生梁向拉应力。有些双曲拱坝，在拱冠梁的上部设计成向下游倒悬，可利用拱冠梁顶部的自重作用产生弯向下游的弯矩，抵消或减小由于拱冠梁顶部受到拱圈反向上游的顶托力引起下游的梁向拉应力。

上述计算只考虑拱梁交点径向变位一致的平衡条件。对于不对称拱坝，为提高计算精度，后来又发展到同时考虑径向变位、切向变位和扭转角变位即所谓三种变位一致的 $3n$ 个平衡方程求解。

2) 试载法

实际上拱圈承担的荷载沿水平方向并非均匀分布，需分成许多不同的单位三角形荷载计算各交点的变位系数。其余各处悬臂梁的荷载分配并非一样，仅用拱冠梁与若干水平拱的交点变位平衡条件求荷载的分配与实际情况有些差别，尤其是在两岸地形地质条件相差较大的情况下，用拱冠梁方法计算的拱梁荷载分配和拱坝应力与实际差别更大，还需要补充其他梁与拱圈一些交点的变位平衡条件。但由于早期计算工具所限，求解几十至上百个方程的方程组很困难，故美国垦务局的工程师们在 20 世纪 30 年代提出用试载法分析拱坝。这有点类似于在方程难解时所采用的试算解法。

试载法的调试顺序一般是：①调试各梁拱在交点处的径向荷载强度，直到梁和拱在各交点的径向变位基本一致；②按照各梁拱所分配的径向荷载计算它们在各交点处的切向变位，在各交点处分别对拱和梁加上大小相等、方向相反的切向荷载，直到拱和梁在各交点的切向变位基本一致；③按照各梁拱所分配的荷载计算它们在各交点处的水平转角变位，在各交点处分别对拱和梁加上大小相等、方向相反的水平扭转荷载，直到各交点的水平向转角变位基本一致；④利用已算得的各种荷载计算各梁拱交点的竖向转角变位，在各交点处分别对拱和梁加上大小相等、方向相反的竖向扭转荷载，直到各交点的竖向转角变位基本一致；⑤经过上述一轮调整后，各梁拱在交点处的径向变位可能又产生新的差异，再重复上述各步调试，直到各梁拱在各交点处的各种变位相差很小或达到满意的结果为止；⑥分别计算各梁拱在各自分配的荷载强度作用下的内力和应力。

试载法由于考虑了很多悬臂梁与水平拱交点的径、切、扭变位平衡，所以计算成果远比纯拱法和拱冠梁法精确合理，但所需的计算工作量非常庞大，而且还容易算错，确实令人工手算者望尘莫及，所以一般未考虑竖向变位和沿坝面绕径向扭转角变位的调整。直到1946年美国制造出世界上第1台电子计算机，才开始按试载法编程序由计算机来代替人工计算。随着电子计算机的发展，1958年意大利的冬尼尼提出可用求解方程组的方法代替试算，以免去反复试算之繁。为区别起见，人们曾把后来求解联立方程组的方法称为多拱梁法，我国有些人把它称为多拱梁分载法，更切合此方法的含义。

3）多拱梁分载法

若从坝体中任意切取一个微元体，如图3-14所示，可看出在垂直截面和水平截面上各有六种内力。

在垂直截面上，作用力有：①轴向力$H$；②水平力矩$M_z$；③垂直力矩$M_r$；④扭矩$M_s$；⑤径向剪力$V_r$；⑥竖向剪力$V_z$。在水平截面上有：①法向力$G$；②垂直力矩$M_s$；③垂直力矩$M_r$；④扭矩$M_z$；⑤径向剪力$Q_r$；⑥切向剪力$Q_s$。

应用多拱梁分载法的关键是拱梁系统的荷载分配。拱系和梁系承担的荷载要根据拱梁各交点变位

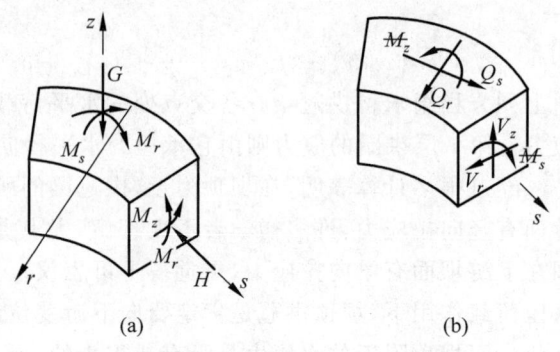

图3-14 拱坝微元体受力示意图

一致的条件来确定。如图3-15所示，空间结构任一点的变位分量共有6个，即3个线变位和3个角变位，如某交点$c$的6个变位分量为：径向变位$\Delta_r$，切向变位$\Delta_s$，竖向变位$\Delta_z$，水平面上转角变位$\theta_z$，径向截面绕切向$s$轴的转角变位$\theta_s$，坝壳中面绕径向$r$轴的转角变位$\theta_r$。从理论上讲，应该要求拱梁各交点的这6个变位分量都一致，即六向全调整，但这样将增加求解问题的复杂性和计算工作量。$\theta_r$远小于$\theta_s$和$\theta_z$，可忽略不计。由于封拱前横缝已张开，坝体自重已由梁承担完成竖向变位，拱坝上游坝面坡度一般很陡，由水重产生的竖向变位很小，也可忽略不计，高拱坝可只做$\Delta_r$、$\Delta_s$、$\theta_s$和$\theta_z$ 4向调整。单宽梁和单高拱同一交点两个相互垂直横截面上的扭矩近似相等，角变位$\theta_z$和$\theta_s$是相互关联的，只要$\theta_z$变位一致，$\theta_s$也就近似满足相等的要求。对于中低拱坝，为减少编制程序工作量和计算

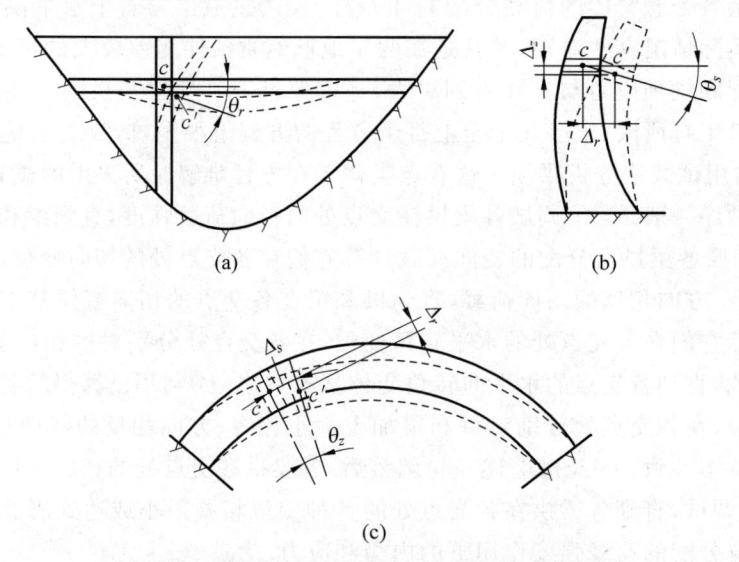

图3-15 梁拱交点$c$在拱和梁系统的变位示意图

量,可只考虑拱梁交点的 $\Delta_r$、$\Delta_s$ 及 $\theta_z$ 3 变位分量 3 向调整。

若按三向调整,每一个结点 $i$ 处有 3 个变位分量,径向变位 $\Delta_r$、切向变位 $\Delta_s$ 和水平扭转角变位 $\theta_z$,可用变位列阵 $\boldsymbol{\delta}_i = [\Delta_r \ \Delta_s \ \theta_z]^T$ 表示。引起拱、梁变位的因素,除分配的水压力和温变等荷载外,还有拱梁之间相互作用的切向剪力 $Q_s$ 和水平扭矩 $M_z$,如图 3-14 所示。若待求的未知量是梁上各结点承担的径向、切向和水平扭转荷载,用一个荷载列阵 $\boldsymbol{x}_i = [p_c \ Q_s \ M_z]^T$ 表示,$p_c$ 为梁承担的水平径向荷载;拱上同结点的荷载列阵为 $[p-p_c \ -Q_s \ -M_z]^T$,后两项是梁和拱之间相互作用的内力荷载,大小相等,方向相反。

由于地基变形也会引起拱、梁变位,除了坝顶拱圈之外,其余每一个拱圈及其两拱端对应上方的悬臂梁就组成一个"⊔"形结构体系,如图 3-16 所示。在此体系上,任一点的荷载均会通过地基变形引起该体系其他各点的变位。在"⊔"形结构体系里,梁上某点 $i$ 的广义变位应为

$$\boldsymbol{\delta}_i^b = \sum_j \boldsymbol{C}_{ij}^{bb} \boldsymbol{x}_j + \sum_{j'} \boldsymbol{C}_{ij'}^{ba} \bar{\boldsymbol{x}}_{j'} + \sum_{j''} \boldsymbol{C}_{ij''}^{bb'} \boldsymbol{x}_{j''} + \boldsymbol{\delta}_{WWi}^{bb} + \boldsymbol{\delta}_{Ti}^{ba} + \boldsymbol{\delta}_{WWi}^{bb'} \tag{3-21}$$

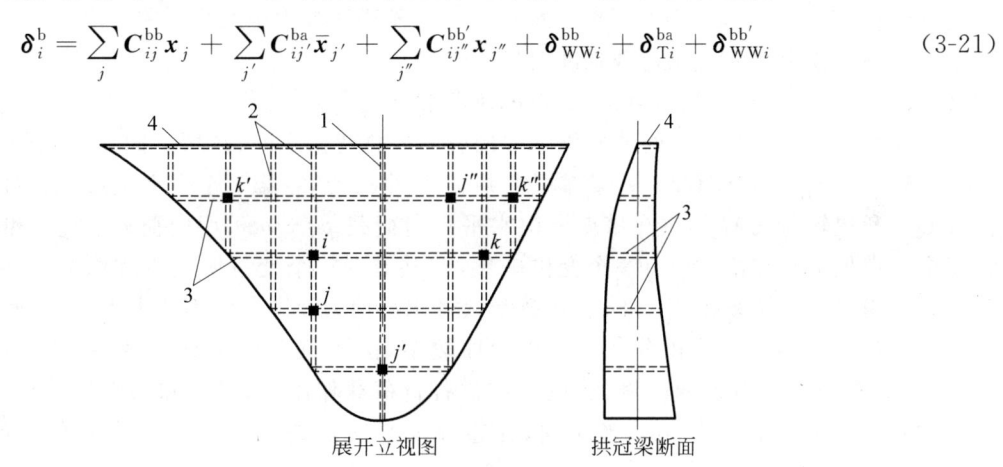

图 3-16 梁拱单元示意图

1—拱冠梁;2—其他悬臂梁;3—拱单元;4—坝顶拱单元

式中:上角标 a、b 分别代表拱和梁,下标 $j$、$j'$、$j''$ 分别是左侧梁、拱圈、右侧梁的结点号;

$\boldsymbol{C}_{ij}^{bb}$——作用于左侧梁第 $j$ 结点上的单位三角形荷载在该梁第 $i$ 结点产生的变位系数矩阵;

$\bar{\boldsymbol{x}}_{j'}$——与该梁交于坝基上同一点的拱上第 $j'$ 点的拱荷载强度向量;

$\boldsymbol{C}_{ij'}^{ba}$——在拱上作用于第 $j'$ 点的单位三角形荷载引起左侧梁第 $i$ 结点的变位系数矩阵;

$\boldsymbol{x}_{j''}$——"⊔"形结构体系另一端右侧梁上第 $j''$ 点的梁荷载强度向量;

$\boldsymbol{C}_{ij''}^{bb'}$——在右侧梁上作用于第 $j''$ 点的单位三角形荷载引起左侧梁在 $i$ 点的变位系数矩阵;

$\boldsymbol{\delta}_{WWi}^{bb}$、$\boldsymbol{\delta}_{WWi}^{bb'}$——分别为左侧梁、右侧梁在封拱蓄水后水重作用引起左侧梁第 $i$ 点的变位向量;

$\boldsymbol{\delta}_{Ti}^{ba}$——拱圈在封拱后的温变荷载作用下拱座岩基变形引起左侧梁第 $i$ 点的变位向量。

至于右侧梁第 $j''$ 点的广义变位与式(3-21)类似,只需把 $i$ 和 $j''$ 互换、b 和 b' 互换即可。

封拱后作用的水重、平均温度变化和等效线性温差等荷载若参与分配,未知量太多,联立方程组求解计算量很大。另外,由于拱圈各处上游面坡度不同,水重荷载对拱圈作用的变位系数很难计算,而且此值很小,如果把水平拱圈承担的水重荷载分配作为未知量放在方程组里求解,反而增大计算量和误差,不如把全部水重荷载暂时由悬臂梁承担,算得梁上各点的变位,作为方程组里的载常数以减

少未知量。封拱后的温变荷载很难分解成两部分单独作用于拱和梁通过变位平衡求解，可用平均温变和等效线性温差计算拱的变位作为载常数，参与变位平衡方程组求解拱和梁的荷载分配。

在"⊔"形结构体系里，水平拱第 $i$ 点的广义变位为

$$\delta_i^a = \sum_k A_{ik}^{aa} \bar{x}_k + \sum_{k'} A_{ik'}^{ab} x_{k'} + \sum_{k''} A_{ik''}^{ab'} x_{k''} + \delta_{Ti}^{aa} + \delta_{WWi}^{ab} + \delta_{WWi}^{ab'} \tag{3-22}$$

式中：$k$ 是拱上的结点号，$k'$ 及 $k''$ 分别是新的"⊔"形结构体系左、右拱端悬臂梁上的结点号；

$A_{ik}^{aa}$ ——在拱上第 $k$ 点的单位三角形荷载引起该拱第 $i$ 点的变位系数矩阵；

$A_{ik'}^{ab}$ ——左侧梁第 $k'$ 点单位三角形荷载使梁基拱座变形引起该拱第 $i$ 点变位系数矩阵；

$A_{ik''}^{ab'}$ ——右侧梁第 $k''$ 点单位三角形荷载使梁基拱座变形引起该拱第 $i$ 点变位系数矩阵；

$\delta_{Ti}^{aa}$ ——封拱后的温变荷载引起拱圈第 $i$ 点的变位向量；

$\delta_{WWi}^{ab}$、$\delta_{WWi}^{ab'}$ ——左、右侧梁受水重作用使梁基拱座变形引起该拱第 $i$ 点的变位向量；

$\bar{x}_k$ ——拱上第 $k$ 点拱荷载强度向量；

$x_{k'}$、$x_{k''}$ ——左、右侧梁第 $k'$、$k''$ 点的梁荷载强度向量。

拱和梁除了在坝基交汇处的变位叠加构成该处总变位之外，在坝上同一交点的变位向量应一致，即 $\delta_i^b = \delta_i^a$。若划分的拱圈和悬臂梁在坝上共有 $N$ 个交点，在第 $i$ 个交点上梁承担径向荷载 $p_{ci}$、切向荷载 $Q_{si}$ 和扭转荷载 $M_{zi}$，拱在该点承担水平径向荷载 $p_i - p_{ci}$、切向荷载 $-Q_{si}$ 和扭转荷载 $-M_{zi}$。在每个交点处的拱和梁对应有 3 个变位一致，一共有 $3N$ 个变位协调方程联立求解得 $3N$ 个荷载分量。方程组里的变位系数 $c_{ij}$ 和 $a_{ik}$ 和载常数可用结构力学图乘法不难求得，不在此列举。

拱坝应力分析的多梁拱分载法电算程序较多，由于每个程序对一些具体问题有不同的处理方法，因而计算成果也有差异。例如，在梁和拱各自荷载作用下，梁底和拱端地基位移两者并不相等，只能叠加，共同影响整个"⊔"形结构，在边界地基交汇处不能建立位移平衡方程，荷载未知量总数多于方程总数，方程组的解是不确定的。须对梁底和拱端交汇处的荷载做一些假定，建议：在坝顶和靠近坝顶的两端宜按拱端邻近几点所分配的拱荷载外延求拱端处的拱荷载；在河床及靠近河床部位的梁底宜按悬臂梁邻近梁底的几点所分配的梁荷载外延求梁底的梁荷载。求出作用于拱和梁上的径向、切向和扭转荷载后，即可分别计算拱与梁的内力和应力，梁还应叠加封拱前的自重内力和应力。

我国科技工作者对拱梁分载法进行了开拓与改进，主要如下：①完成了多种拱坝体形和边界处理方法的电算程序；②编制了四向、五向和六向全调整的拱梁分载法程序；③改进了拱梁分载法的力学模型及其参数，如内力平衡分载法、反力参数法、杆元分载法、分载位移法、分载混合法等；④开拓了能考虑坝体开裂和弹塑性的拱梁分载法；⑤编制拱梁分载法的动力分析程序。

拱梁分载法的优点是：力学概念清楚，电算速度快，输入数据少，成果整理很方便，尤其适用于很多方案的计算和比较阶段。计算机条件较好的设计部门在拱坝应力分析中应使用多梁拱分载法，代替纯拱法和拱冠梁法，可较快、较准确地计算许多方案供比较和挑选，有助于得出较好的设计方案。

### 3. 壳体理论计算方法

早在 20 世纪 30 年代，F. 托尔克就提出了用薄壳理论计算拱坝应力的近似方法。网格法就是应用有限差分解算壳体方程的一种近似计算方法，适用于薄拱坝。我国泉水双曲薄拱坝采用网格法进行计算，收到了较好的效果。但由于拱坝体形和边界条件十分复杂，这种计算方法在工程中应用受到了很大的限制。在 20 世纪 70 年代以后，由于电子计算机和有限元方法的发展和应用，有限元法越来

越成熟地应用于复杂的地形地质边界条件下的拱坝应力分析,相比之下人们对有限元法的研究、开发、应用和完善投入更多的力量,而逐渐不用壳体理论计算方法。

**4. 有限元法**

有限单元法适用性强,可用于解算体形复杂、坝内有较多较大的孔口、设有垫座或重力墩以及坝基内有断层、裂隙、软弱夹层的拱坝在各种荷载作用下的应力和变形,可做弹塑性有限元或非线性有限元分析,还可以求解地震对坝体-坝基-库水相互作用的动力反应,在拱坝应力分析中是一种适用性很强的重要方法。有关弹性有限元法、弹塑性有限元法、非线性有限元法、动力有限元法和非线性动力有限元法等方面的书籍很多,不在此详述。这里讨论拱坝有限元计算一些常见的问题。

1) 关于自重荷载作用问题

在横缝灌浆之前水平拱圈起的作用很小。即使在浇筑初期,有些横缝是紧闭的,但在灌浆之前,需要坝体降温使各坝段收缩、横缝张开,这样坝体自重基本上或几乎全部由悬臂梁承担。多拱梁分载法就是基于这样的原因,较为合理地处理一期或分期封拱运行的拱坝自重问题。有些初学者在拱坝有限元应力分析中把自重和水压等荷载合并在一起计算,自重由整体拱坝来承受,结果算得坝顶水平拱圈在拱端处的轴向拉应力、拱冠梁上游面梁底竖向拉应力、拱冠梁下游面中上部的竖向拉应力都比正确结果大很多。其原因就是水平拱圈承担了坝体部分自重、悬臂梁受自重荷载减小所致。

有限元法也应正确处理一期或分期封拱运行的拱坝自重问题。近似处理方法是:将未封拱的坝体单元按悬臂梁奇偶相间分成两批互不相连的单元,分别单独计算悬臂梁的初始自重应力,然后与封拱连成整体后由其他荷载(包括其上坝体自重)作用产生的应力叠加得总应力。

坝基岩体自重变形在很久以前就完成了。如果把这种变形放在筑坝以后完成,则对拱坝的变形和应力影响很大。这也是初学者容易犯的错误。正确的做法是:先计算岩体的自重应力作为初始应力,与后面计算的应力叠加,在后面所有的应力计算中,岩体重度都应取零,但变形模量仍取实际值。

2) 关于单元划分问题

为了较好地计算坝体自重应力,坝体单元的划分应与分缝一致,可以较为符合实际地计算分期分批接缝灌浆和分期蓄水过程的坝体自重应力和总应力。

较薄的双曲拱坝宜采用壳体元,如薄板(壳)单元;中厚拱坝宜采用厚壳单元;较厚的拱坝或重力拱坝宜采用六面体20结点等参单元,邻边夹角宜尽量等于或接近90°,以提高计算精度。坝基变形对坝体应力有显著影响,有限元法计算拱坝在下游距离拱端2.5倍坝高的位置、在其他方向距离坝基接触面1.0(拱冠梁上游)～1.5倍坝高的位置,地基位移已很小,可近似作为地基零位移固定边界。地基单元的划分应考虑岩体的性质(如变形模量、泊松比、断层破碎带等),对软弱夹层或断层用非线性夹层单元,使计算结果更接近于实际,这也是有限元法的优点之一。

为提高计算精度,在大坝附近的坝基单元应与邻近的坝体单元大小相当,尽量采用邻边夹角接近90°的六面体单元。为节省存储量和机时,在大坝远处的地基单元可取大些、不要求那么规则,对复杂地形,可采用四面体单元。

3) 关于封拱后的温度荷载和温度应力有限元计算问题

用有限元电算程序计算拱坝封拱后的温度应力,须输入封拱前后各结点的温度变化(有些程序输入两个时候的温度,由程序计算其变化)。若在拱梁分载法计算中已按式(3-3)～式(3-8)算得的 $t_m$ 或 $t'_m$、$t_d$ 或 $t'_d$ 输入计算应力,在有限元法计算中可编个子程序将 $t_m$ 或 $t'_m$、$t_d$ 或 $t'_d$ 换算成坝体结点温度变化；也可直接输入坝体人工冷却[8]或天然冷却的封拱温度以及封拱后某些天的温度[17]，其中的级数解只需计算前几项就收敛。坝基结点温度变化使坝体在冬季增加拉应力，在夏季增加压应力和坝肩推力，拱梁分载法难以计算其影响，这是它的不足之处。有限元法应计算其影响，若有可能宜编子程序计算某些高程拱端及其附近岩基的二维或三维温度场，坝体及其附近岩基的计算结点距离表面依次宜为1m、2.5m、5m、8m、12~15m，可按坝体径向厚度适当调整，需分很多时段输入边界条件计算，工作量很大。若不具备这些计算条件，封拱和运行期某几天的坝基温度可近似按半无限体温度场理论解 $t(x,\tau)=\theta+Ae^{-\mu x}\sin(\omega\tau-\mu x)$ 计算，$x$ 为计算点至岩表虚拟边界的法向距离（m），以每年4月15日为 $\tau=0$d，$\omega=2\pi/p_a$，$p_a$ 为年温变化周期365d，$\mu=\sqrt{\pi/(ap_a)}$，$a$ 为岩体导温系数（m$^2$/d），$\theta$ 和 $A$ 分别为岩表接触介质的年平均温度和年温变幅，计算范围自坝踵上游20m至坝趾下游20m、$x\leqslant$15m，其余岩体可不计算温度或温变，对坝体应力影响很小；岩表若与库水或坝体接触，$\tau$ 还应减去此处介质年温变化比气温滞后的天数 $D$；在拱端界面各点的 $\theta$、$A$ 和 $D$ 近似按径向一维温度场计算[17]和半无限体温度场计算取平均值；在计算拱端径向断面及其下岩基温度时，角缘点处大气的虚拟厚度起码为两向虚拟厚度的平方和开平方或更大（因地形拐弯处气流速度变小，上游若蓄水除外）。以 $A=15$℃、$a=0.1$m$^2$/d 为例，按上述方法算得拱端面法向深度0~8m范围内的岩基温度变幅比二维有限元法算的相应结果略微偏大1.7~0.2℃，偏于安全。以上全部计算式都较容易编到子程序，只输入很少数据由计算机算得坝体和坝基各结点封拱前后的温度变化是很方便的。

我国一些高拱坝表孔堰顶移向上游，挑坎位置的闸墩上方坝顶连成整体拱圈，如溪洛渡、白鹤滩拱坝溢流堰闸墩上方坝顶拱圈高度分别为16m和14m，利用顶拱分担部分水压荷载，减小悬臂梁水压荷载和梁底部上游坝面竖向拉应力，坝顶整体拱圈有利于溢流堰和拱坝整体抗震。坝顶单高拱圈的平均温度须叠加式（3-5）所示的二维热传导附加修改值；溢流段闸墩上面的拱圈底面长期与大气接触，若此单高拱圈为拱梁分载法的计算拱圈，近似按拱底大气接触面积与此高程拱圈水平面积之比乘以式（3-5）的计算值作为此单高拱圈平均温度附加修改值。若用有限元法计算拱坝应力，坝内各点与坝顶或孔壁距离 $y$ 若小于此处坝厚 $T$，除了按一维计算外，还应叠加二维修改值，用式（3-5）或按文献[17]有关公式编子程序计算坝顶或孔口附近各点封拱前后二维温度变化，都不用手算输入。

4）关于应力控制标准问题

有限元应力分析与拱梁分载法应力分析之间还有应力标准的问题。例如拱端和梁底的上下游角缘点的应力，用拱梁分载法（属于结构力学中以荷载为未知量的力法）和材料力学方法算得这些角缘点的应力是一些有限的确定的数值；而在弹性力学中，角缘点是奇异点，在有限元方法中，这些角缘点的应力是通过周围单元高斯点的应力换算过来的，其应力的大小与单元的形函数有关，还与这些部位的单元划分有关，单元划分得越小，就越能算出角缘点的应力集中。但这是假定坝基岩体为连续介质材料所计算的结果，由于地基很多裂隙，拱端和梁基角缘点应力实测不大。这些说明有限单元法也很难算出拱端和基角缘点的真实应力（详见2.5.3节的分析），然而用拱梁分载法和材料力学方法算得这些部位的应力也只是近似的，这给应力的评价以及确定控制应力的标准带来很大困难。

在外荷载不变和地基不动的条件下，坝基接触面上的内力应是恒定的。我国有些专家学者提出将弹性有限元方法算得拱端和梁底面上的应力分布按相同内力转换成等效线性应力分布，求得角缘点等效应力。虽然这也并非真实的应力分布，但这样做类似于结构力学和材料力学方法那样，用等效内力算得断面确定的应力数值来评价拱坝设计的安全性，已明确写入我国《混凝土拱坝设计规范》[20,21]。

**5. 结构模型试验**

在早期人们常常用结构模型试验研究拱坝应力问题,通过量测坝体、坝基在不同荷载作用下的变形和应力以及破坏过程,研究拱坝破坏机理,确定其安全程度。后来,由于电子计算机的迅速发展,运算速度大大加快,再加上计算理论的完善和成熟,人们逐渐趋向于采用计算机在很短时间内完成许多方案的计算、对比和优选。结构模型试验主要研究和解决的问题是:寻求新的模型材料,如何施加自重、水压和渗透压力,如何更精确地模拟岩基结构面的力学指标和破坏机理,等等。

## 3.4.2 拱坝设计的应力控制指标

应力控制指标主要取决于分析方法、筑坝材料强度的试验方法及其极限值、工程的安全性和经济性。材料强度的极限值需由试验确定,大坝混凝土一般用 90d(碾压混凝土可用 180d)龄期的极限抗压强度。多拱梁分载法力学概念清楚、理论完善、运算速度快、输入数据简便、输出成果很容易整理,很快可对多种拱坝方案进行分析和比较。我国《混凝土拱坝设计规范》[20,21]明确指出,拱梁分载法是拱坝应力分析的基本方法。但拱梁分载法不能准确模拟拱坝开孔口的情况,难以模拟地基温度变化、受力变形尤其是结构面的分布和结构面的力学指标的影响,对于高坝非线性应力应变关系和地震反应等方面也不如有限元等效应力方法准确。所以,应按照我国规范[20,21],对高坝或情况比较复杂的拱坝(如拱坝内设有较大的孔洞、地基条件复杂等),除用拱梁分载法计算外,还应补充有限元法计算。

关于应力控制指标,我国《混凝土拱坝设计规范》(NB/T 10870—2021)[21]规定,拱坝应力按分项系数极限状态控制:

$$\gamma_0 \psi S(\cdot) \leqslant R(\cdot)/\gamma_d \tag{3-23}$$

式中:$\gamma_0$——结构重要性系数,按结构安全级别Ⅰ级(1级拱坝)、Ⅱ级(2、3级拱坝)、Ⅲ级(4、5级拱坝)分别取 1.10、1.05、1.00;

$\psi$——设计状况系数,持久状况取 1.00,短暂状况取 0.95,洪水、地震等偶然状况取 0.85;

$S(\cdot)$——作用效应函数,是多拱梁分载法或弹性有限元等效应力法算得的主应力;

$R(\cdot)$——结构抗力函数,$R(\cdot)=f_k/\gamma_m$;$f_k$ 为混凝土强度标准值,抗压强度标准值由标准方法制作边长为 150mm 立方体的养护试件,在 90d 龄期用标准试验方法测得具有 80%保证率的抗压强度;若无抗拉试验资料,则混凝土抗拉强度的标准值可取 0.08~0.10 倍抗压强度标准值;$\gamma_m$ 为材料性能分项系数,取 $\gamma_m=1.5$;

$\gamma_d$——结构系数,多拱梁分载法受压时 $\gamma_d=1.80$,受拉时 $\gamma_d=0.70$;弹性有限元等效应力法受压时 $\gamma_d=1.45$,受拉时 $\gamma_d=0.55$;在计算施工期温度应力时,$\gamma_d=1.65$。

在初设方案对比阶段,若缺乏试验条件,拱梁分载法算得拱坝非地震主压应力的抗压强度安全系数 $K$ 可按该规范附录 B 要求:对安全级别为Ⅰ、Ⅱ、Ⅲ级拱坝,基本荷载持续作用,$K=4.4$、4.0、3.6;基本荷载短暂作用,$K=4.2$、3.8、3.4;加洪水偶然作用,$K=3.7$、3.4、3.0。

我国《混凝土拱坝设计规范》(SL 282—2018)[20]规定:用拱梁分载法或弹性有限元等效应力法计算拱坝的主压应力,对于基本荷载组合,1、2级拱坝的抗压安全系数采用 4.0,3级拱坝的抗压安全系数采用 3.5;对于非地震特殊荷载组合,1、2级拱坝的抗压安全系数采用 3.5,3级拱坝的抗压安全系数采用 3.0;对于地震特殊荷载组合,允许主压应力采用混凝土动态抗压极限强度(或 1.2 倍静态抗压极限强度)除以安全系数,拟静力法计算的安全系数采用3.5,动力法计算的安全系数采用2.3。

这两个规范还规定主拉应力控制指标:对于基本荷载组合,拱梁分载法算得主拉应力不应大于1.2MPa,弹性有限元等效应力法算得主拉应力不应大于1.5MPa;对于非地震特殊荷载组合,拱梁分载法算得主拉应力不应大于1.5MPa,弹性有限元等效应力法算得主拉应力不应大于2.0MPa;在坝体横缝灌浆之前,按单独坝段验算时,最大拉应力不宜大于0.5MPa,并要求在遇施工洪水时,坝体抗倾覆稳定安全系数不应小于1.2;地震特殊荷载组合算得拱坝总主拉应力,用拟静力拱梁分载法不应大于1.5MPa,用动力法不应大于混凝土动态抗拉极限强度或0.1倍动态抗压极限强度。

目前拱坝地震应力控制指标是基于地震波同步作用于两岸坝肩的假定所做的动力计算和试验研究分析总结得出的。但如果地震波传播方向与河流向夹角大于30°,若两坝肩平均距离超过300m,以波速1500~3000m/s为例,它到达两坝肩的时差大于0.05~0.10s,很可能是基岩地震波大部分波段的半个周期,或是大振幅波段的半个周期,地震波的横河向分量会加大拱坝对称振型的作用,顺河向分量会加大拱坝反对称振型的作用。因设计阶段对未来地震的震中、震级、各处烈度、传播方向、波形和波速等都未知,只好按同步作用考虑。但这两者有哪些影响规律,应做些研究,以助于震后及时分析。作者在20世纪80年代用变分法求解拱坝前10阶振型函数及其频率(与实例拱坝模型试验和有限元计算结果很接近),只用很少存储量和机时计算4种不同河谷形状的拱坝在正弦波和岩基实测地震波到达拱坝两岸的各种不同时差对拱坝应力的影响[22],总结一些规律,主要是:①横河向加速度分量到达两岸的时差对拱坝应力的影响比顺河向分量明显;②由横河向地震加速度分量对时间两次积分所得位移与时间关系曲线在斜率很大的时段两岸时差对拱坝应力影响较明显;③在横河向地震加速度分量作用下,若加速度较大波段的周期与拱坝低阶对称振型的周期很接近,又若地震波到达两岸的时间差接近于该对称振型的半个周期,则拱坝地震响应明显加大,正弦波的作用更大更明显,大应力出现时间较多;④U形河谷受不同时差的影响比V形、梯形、近圆弧形河谷明显。在地震发生后,可借助这些规律分析地震对附近拱坝有无可能因为两岸传播时间差发生较大的响应或问题。

基本荷载组合作用下的应力应包括封拱灌浆连成整体以后拱坝整体温度变形的温度应力。对于封拱前浇筑块温度应力,在设计阶段难以准确计算,宜按施工实际条件采用有限元法计算,按式(2-65)控制应力,式中的结构系数 $\gamma_d$ 由重力坝的1.5改为拱坝[21]的1.65。为避免裂缝出现,应在施工期间加强温控措施,减小浇筑块温度应力,它对拱坝稳定影响很小,在拱坝体形设计、方案比较阶段,暂不考虑浇筑块温度应力,以便快速计算许多方案做比较和挑选。

我国水科院、清华大学等单位近年来研制了智能控制系统,根据收集到坝体温度变化的信息,自动控制冷却水温、流速、冷却时间等,使坝体按照预定的温度变化,如:浇筑后立即通水,水温尽量低,尽量降低水化热温升;当混凝土从最高温度回落时,应减小通水流量或水温不要太低,延长冷却时间,慢降温达预定的封拱温度,避免冷却过快产生裂缝。

式(3-3)和式(3-4)所示的温度荷载需要距离上游坝面 $x$(m)各点的封拱温度达到稳定变温场的年平均温度 $t_{\infty m}(x)=\theta_u+(\theta_d-\theta_u)(x/T)$,所以在封拱后坝体冬夏季 $t_m$ 的最大绝对值相等。如果想要减小在冬季坝体的拉应力,就应该通过人工冷却再降低封拱温度,但会增加夏季运行期坝体的平均温升值和轴向压力。如果拱端推力方向与坝肩岩基滑裂面的产状不利于抗滑稳定,这样处理是不可取的,应适当提高封拱灌浆时坝体的平均温度,会增加坝体拉应力。对于蓄水后 $\theta_u<\theta_d$ 的部位坝体,为防止上游坝面因拉应力过大出现裂缝,在封拱灌浆时宜再适当降低上游部位的温度(如冷却水从上游进水时间比从下游进水时间长一些,上游部位冷却水管的间距比下游部位密一些[8],如图3-17

所示），使等效线性温差尽量减小，以减小拱端上游坝面的拉应力，但拱冠下游坝面的拉应力有所增加，应控制其拉应力和拱冠上游部位压应力小于允许值。

以往有些拱坝在设计荷载作用下算得拱端或梁底上游面的拉应力超出极限值很多，但已经受设计荷载几十年坝踵仍未出现裂缝。主要原因：①在坝踵混凝土实际拉应力未达到极限值之前，在其附近的基岩裂隙可能被拉开，不再是原假定的连续体，也不再保持原假定下算得的应力；②坝体混凝土在高应力状态下，不再保持线弹性应力应变关系，应变比应力增长得快，此处对应的梁和拱的变位系数加大，所分担的荷载变小，荷载转移到其他拱和梁上；③蓄水后，上游坝面混凝土湿胀，产生压应力。但我们不能因此而忽视应力分析和应力控制，仍要研究精确的应力分析方法，制定切合实际的应力控制指标，从精确的应力分析得到拱端和梁底真实的内力进行坝基稳定分析。

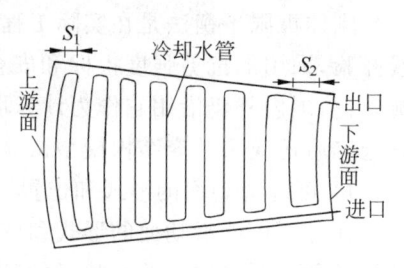

图 3-17 冷却水管间距的调整

## 3.5 坝肩岩体稳定分析

> **学习要点**
> 1. 坝肩岩体稳定分析是拱坝设计的重要依据，是拱坝应力分析是否正确和拱坝方案能否成立的必要条件和前提。
> 2. 掌握坝肩岩体稳定分析的各种方法及相应的稳定控制标准。

坝肩岩体稳定是拱坝应力分析是否正确和拱坝方案能否成立的必要条件和前提。若坝肩或局部关键部位发生滑动，则上述应力计算结果都是无效的。从拱坝破坏实例的调查资料来看，拱坝破坏时坝体材料的强度都很高，甚至超过原设计强度，分析其破坏原因是因为坝肩岩体滑动失稳使坝体位移和应力远远超过原设计计算的位移和应力所致。坝肩岩体失稳一般是因为在岩体中存在容易滑动的结构面，如断层、节理、裂隙、软弱夹层和破碎带等，由于坝肩岩体沿这些结构面滑动使坝体应力过大恶化而引起垮坝的。另一种情况是坝的下游岩体中存在着较大和较厚的软弱带或断层，即使这些结构面与拱端的推力垂直或接近于垂直，但对这些结构面过大的压缩变形也会使原计算结果失真，坝体产生不利的位移和应力乃至破坏，同样会给工程带来危害，应当尽量避免。必要时，须采取适当的加固措施，使位移和应力计算条件和计算结果符合实际情况，确实满足大坝安全的要求。

### 3.5.1 稳定分析方法

目前国内外对拱坝坝基岩体稳定的分析方法，归纳起来有以下三种。

**1. 刚体极限平衡法**

刚体极限平衡法的基本假定是：①将滑移体视为刚体，不考虑其内部变形；②只考虑滑移体上力的平衡,不考虑力矩的平衡;③忽略拱坝的内力重分布作用,假设作用在岩体上的力系为定值;④达到极限平衡状态时,滑动面上的剪力方向将与滑移的方向平行,数值达到极限值。

刚体极限平衡法是在实际工程设计中用来计算坝基岩体稳定性的常用方法,已有长期的工程实践经验,采用的抗剪强度指标和安全系数是配套的,与目前勘探试验所得到的原始数据的精度相匹配,目前国内外仍沿用它作为计算坝肩岩体稳定的主要手段。对于大型工程或复杂的地基,在基本方案选定后还应再补充结构模型试验和有限元分析加以验证。

1) 可能滑动面的形式和位置

在分析可能滑动面的形式和位置时,首先应查明拱端附近基岩的节理、裂隙、层理面、断层、破碎带等各种软弱结构面的产状,研究失稳时最可能的滑动面和滑动方向,选取滑动面上的抗剪断强度指标,进行抗滑稳定计算,找出最危险的滑裂面组合和相应的最小安全系数。

坝肩岩体滑动是三维空间问题,常见的滑移体由两个或三个滑裂面组成。如果河流转弯或河岸有深冲沟,在可能滑动岩体下游不远处将成为临空面,滑移体可沿两个滑裂面的交线滑移,也可能沿单一底滑裂面滑动,可能出现下列几种组合的滑动面:

(1) 单独的侧滑动面 $F_1$ 和底滑动面 $F_2$,这些滑动面大多是比较明显连续的断层破碎带、大裂隙、软弱夹层等,如图 3-18 所示。图中 $\delta_1$、$\delta_2$ 分别是 $F_1$ 和 $F_2$ 的倾角,$B—B$ 截面是过 $F_1$ 和 $F_2$ 两个面交线①—①的竖直面,$H_i$ 是从拱端传来的水平轴向推力,$V_{ai}$ 和 $V_{bi}$ 是从拱端及其对应的梁底传来的水平径向剪力,$G_R$ 是由 $F_1$ 和 $F_2$ 所组成的滑裂体的重力,$R_1$ 和 $R_2$ 分别是 $F_1$ 和 $F_2$ 的两个结构面上的抗力,$S_1$ 和 $S_2$ 分别是 $R_1$ 和 $R_2$ 在 $F_1$ 和 $F_2$ 两个面上的分力,称为阻滑力。

(2) 成组的侧滑动面和成组的水平或缓倾角底滑动结构面组合相互切割,构成很多可能的滑移体。图 3-19 中所示的阴影部分因其抗滑岩体重力最小,若各软弱结构面上的抗剪断强度指标 $f$、$c$ 大致相近,则紧靠坝体的那些组合滑动面的总抗力最小。

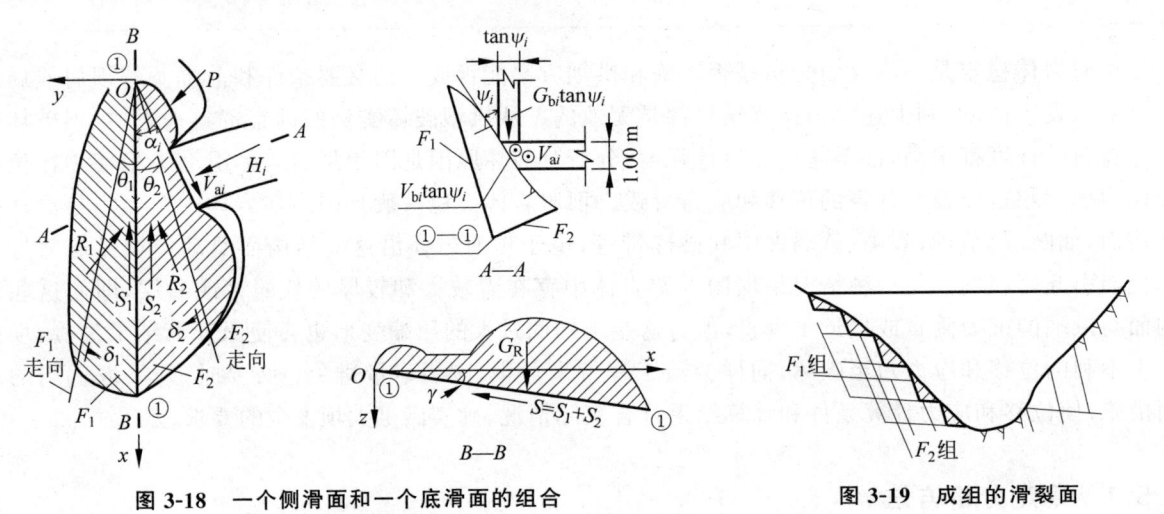

图 3-18　一个侧滑面和一个底滑面的组合

图 3-19　成组的滑裂面

(3) 单独的侧滑动面与成组的底滑动面组合,或成组的侧滑动面与单独的底滑动面组合,都应自上而下累计滑移体的自重和部分岩体的抗剪断力,其总抗滑力比第(2)种组合大很多。

如果坝肩岩体下游不远处没有临空面,则应在靠近拱端的下游岩体寻找可能滑移的各种结构面(裂隙、层理面、断层、破碎带等),构成多侧滑面组合的空间滑移体。以图 3-20 所示的情况为例,在坝肩岩体中存在两个连续、呈折线形的侧滑动面 $F_1$、$F_2$ 和一个底滑动面 $F_3$，被另一软弱面 $F_0$ 切割成①②两块，按极限平衡理论，假定各分块岩体都达到极限平衡状态，即两块岩体的 $K$ 值相等，可用等 $K$ 法求得安全系数。

为便于说明坝肩稳定计算方法，可从图 3-18 所示的简单情况进行分析。如果侧滑面不与拱端相交而直通或经断层破碎带折向上游库水，设滑移体受到库水总压力 $P$ 的竖向分力为 $G_P$、与竖直面 $B$—$B$ 相垂直和平行的水平分力分别为 $N_P$、$Q_P$；若拱端力和 $N_P$ 的总合力压向竖直面 $B$—$B$，底滑面倾向山里，滑裂体若失稳，将会沿 $F_1$ 和 $F_2$ 的交线①—①滑动，$F_1$ 和 $F_2$ 的剪力也将平行于①—①线。设第 $i$ 个单高（1m）的水平拱圈对岸坡岩体作用轴向推力 $H_i$ 和径向剪力 $V_{ai}$，单宽（1m）悬臂梁对岩体作用径向剪力 $V_{bi}$ 和竖向压力 $G_{bi}$，这些可从已算得的某些高程的应力和内力用插值法求得。又设该处拱座面倾角为 $\psi_i$，则此水平拱圈对应的悬臂梁中心处的宽度为 $1m \times \tan\psi_i$，其竖向力只有

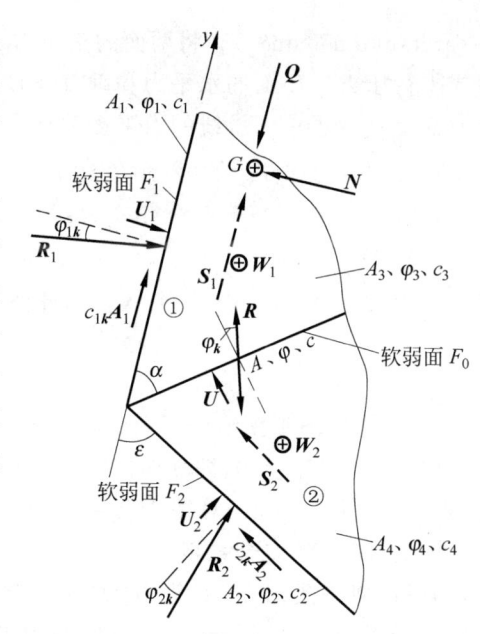

图 3-20 两个侧滑面和底滑面组合

$G_{bi}\tan\psi_i$，径向剪力只有 $V_{bi}\tan\psi_i$；设第 $i$ 个拱圈的拱端径向与 $B$—$B$ 面走向的夹角为 $\alpha_i$，如图 3-18 所示；若此滑移体对应有 $n$ 层单高拱圈，则作用于 $B$—$B$ 面上总的正压力和水平向剪力（参见图 3-21）为

$$\begin{cases} N_{BB} = N_P + \sum_{i=1}^{n} [H_i\cos\alpha_i - (V_{ai} + V_{bi}\tan\psi_i)\sin\alpha_i] \\ Q_{BB} = Q_P + \sum_{i=1}^{n} [H_i\sin\alpha_i + (V_{ai} + V_{bi}\tan\psi_i)\cos\alpha_i] \end{cases} \quad (3-24)$$

作用于此滑移体的竖向力之和为

$$G = G_R + G_P + \sum_{i=1}^{n} G_{bi}\tan\psi_i \quad (3-25)$$

将滑动面 $F_1$、$F_2$ 的反力 $R_1$、$R_2$ 分解成正压力 $N_{F1}$、$N_{F2}$ 和平行于两面交线①—①的抗滑力 $S_1$、$S_2$；若知 $F_1$、$F_2$ 的面积分别为 $A_1$、$A_2$，抗剪断强度指标分别为 $f_1$、$c_1$ 和 $f_2$、$c_2$，则有

$$\begin{cases} S_1 = f_1 N_{F1} + c_1 A_1 \\ S_2 = f_2 N_{F2} + c_2 A_2 \end{cases} \quad (3-26)$$

若在滑动面 $F_1$、$F_2$ 上分别作用有扬压力 $U_1$、$U_2$，两面总压力分别为 $N_{F1U}$、$N_{F2U}$，则这两个面上实际起抗滑作用的正压力分别为

$$\begin{cases} N_{F1} = N_{F1U} - U_1 \\ N_{F2} = N_{F2U} - U_2 \end{cases} \quad (3-27)$$

图 3-21 侧滑面和底滑面正压力分解

1—$N_{F1U}\cos\delta_1$；2—$N_{F1U}\sin\delta_1$；
3—$N_{F1U}\sin\delta_1\cos\theta_1$；4—$N_{F1U}\sin\delta_1\sin\theta_1$；
5—$N_{F2U}\cos\delta_2$；6—$N_{F2U}\sin\delta_2$；
7—$N_{F2U}\sin\delta_2\cos\theta_2$；8—$N_{F2U}\sin\delta_2\sin\theta_2$

设 $F_1$、$F_2$ 的走向与 $B$—$B$ 竖面的夹角分别为 $\theta_1$ 和 $\theta_2$，两面倾角分别为 $\delta_1$ 和 $\delta_2$，则两面交线①—①与水平面夹角为

$\gamma = \arctan(\tan\delta_2 \sin\theta_2)$。将两面的正压力 $N_{F1U}$、$N_{F2U}$ 分解成竖向力和水平力,再将这两个水平力分解成平行于 $B-B$ 面的水平力和垂直于 $B-B$ 面的水平力(如图 3-21 所示),将各力平移至 $B-B$ 面,在此面上垂直于①—①线的力平衡和垂直于 $B-B$ 面的力平衡方程组为

$$\begin{cases} N_{F1U}(\cos\delta_1\cos\gamma + \sin\delta_1\sin\theta_1\sin\gamma) + N_{F2U}(\cos\delta_2\cos\gamma + \sin\delta_2\sin\theta_2\sin\gamma) = G\cos\gamma - Q_{BB}\sin\gamma \\ N_{F1U}\sin\delta_1\cos\theta_1 - N_{F2U}\sin\delta_2\cos\theta_2 = N_{BB} \end{cases}$$

(3-28)

解方程组(3-28)求得 $N_{F1U}$ 和 $N_{F2U}$,此滑移体沿两面交线滑动的抗滑稳定安全系数为

$$K = \frac{f_1(N_{F1U} - U_1) + c_1 A_1 + f_2(N_{F2U} - U_2) + c_2 A_2}{Q_{BB}\cos\gamma + G\sin\gamma} \tag{3-29}$$

2) 刚体极限平衡法分析坝肩岩体稳定应注意的问题

(1) 如果 $N_{BB}<0$,即坝体传来的作用力使 $B-B$ 面受拉,由式(3-28)方程组求得侧滑面的正压力 $N_{F1U}$,再由式(3-27)算得 $N_{F1} = N_{F1U} - U_1$,按下面不同情况计算:①若 $N_{F1}>0$,侧滑面受压,则沿两面交线滑移,安全系数 $K$ 按式(3-29)计算;②若 $N_{F1}<0$,侧滑面受拉,其抗拉强度若大于拉应力,仍可近似按式(3-29)计算 $K$,侧面没有摩擦力,只考虑 $c_1 A_1$;③若 $F_1$ 面的抗拉强度小于拉应力而被拉开后,$f_1=0$,$c_1=0$,只有 $U_1$ 作用于侧滑面,$N_{F1U}=U_1$,$N_{F2U}$ 已变,应重新计算 $N_{F2U}$,抗滑力只有底滑面上的 $f_2(N_{F2U}-U_2) + c_2 A_2$,$U_1$ 作为滑移体的外力与 $N_{BB}$、$Q_{BB}$、$G$ 叠加得新的总合力 $T$,过 $T$ 的竖面与底滑面倾向竖面的夹角为 $\varphi$,则过 $T$ 的竖面与底滑面交线的假倾角(或视倾角)为 $\gamma_2 = \arctan(\tan\delta_2\cos\varphi)$,如图 3-22 所示,若 $T$ 与水平面夹角为 $\beta$,则滑移体沿此交线滑动的抗滑稳定安全系数为

$$K = [f_2(N_{F2U} - U_2) + c_2 A_2]/[T\cos(\beta - \gamma_2)] \tag{3-29}'$$

(2) 在计算滑移体的抗滑稳定安全系数时,应注意:若 $F_1$ 是成组相互平行、力学指标相同或相近的结构面,应选最靠近坝体的结构面作为侧滑面计算;若 $F_1$ 被拱端切断,库内岩体不再考虑;若 $F_2$ 是成组相互平行的结构面,其上岩体的受力须自上而下累计求和,分别计算 $F_2$ 中每一结构面以上岩体的抗滑稳定安全系数,才能找出其中最小的安全系数。在累计求和计算中应注意,每一 $F_2$ 面上的扬压力 $U_2$ 和抗滑力只计算一次,而不能累计,因为在其上每一个 $F_2$ 面上的 $U_2$、正压力、滑动力和抗滑力是相互作用的内力。除此之外,其余作用力都需要自上而下累计求和。

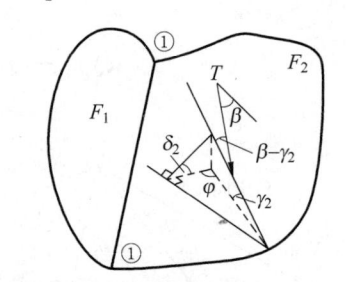

图 3-22 底滑面沿滑移方向的视倾角

在早期的拱坝设计中常采用所谓"平面分析法",即切取某高程的单位高度拱圈和岩体进行平面核算。这样的分析只考虑侧滑面作用,不考虑坝肩岩体上下的整体作用和三维空间的地形地质条件,显然不符合实际情况,因为单位高度的拱圈及其对应的岩体并非孤立的一层,它与上下相连或相关,单位高度岩体的滑动起码受到上下水平面的摩擦阻力,或者带动其上的岩体一起滑动而受到下水平面的摩擦阻力;实际上,岩体的层理和裂隙很少是水平产状的,沿水平面剪断岩体滑动是很困难的,而沿缓倾角倾向下游的结构面滑动的可能性较之大很多。若每层单独计算,所得结果说明不了与实际接近的安全程度。本节内容不仅考虑上下岩体相互作用,而且按结构面实际产状,考虑侧滑面和底滑面都是倾斜的绝大多数情况,各式也适用于 $\delta_1=90°$、$\delta_2=0°$ 和 $\gamma=0°$ 的特殊情况。

(3) 对于两个侧滑面和一个底滑面组合的滑移体(如图 3-20 所示),其抗滑稳定分析方法类似于

重力坝地基双斜面抗滑稳定等 $K$ 分析法,但拱坝因坝肩岩体受三维空间力系作用,计算公式较多、较长,占篇幅太多,不在此叙述,读者可参考重力坝地基双斜面稳定分析等 $K$ 法的推导和计算。

鉴于坝肩稳定是拱坝方案能否成立的先决条件,须多花些时间对拱坝稳定做认真的核算,针对安全系数较小的或有问题的部位采用锚索等方法加固,以防拱坝因局部地基滑移发展到垮坝,是完全必要的,关键的计算不能怕麻烦,而要力求准确反映实际安全性。

(4) 上述坝肩岩体抗滑稳定安全系数是在选定的可能滑裂面、抗剪断强度指标和渗透压力的情况下得出的。由于岩体地质构造比较复杂,上述滑裂面及有关参数等又难以准确确定,所以计算出的坝肩岩体抗滑稳定安全系数,往往会漏掉有关因素的某些最不利组合,可能不反映各种因素的相对权重,使求得的安全系数有时带有一定的假象。为了分析各种可能的抗剪断强度参数、渗透压力等因素对抗滑稳定的相对影响,应采用可靠度分析法,在考虑某些因素不确定时,用敏度分析研究其变化对抗滑稳定的影响,从中选取最危险的滑裂面及有关参数,具体做法可参阅有关文献。

**2. 有限元法**

在坝体和坝基应力较大的部位,应力应变可能呈非线性关系,可能出现屈服软化、剪胀和裂隙扩展等现象,改变原先按弹性计算的应力和稳定计算结果。刚体极限平衡法不能真实反映这些本构关系、应力分布和失稳机理。对于1级、2级高坝和地形地质条件复杂的拱坝,应采用弹塑性或非线性整体有限元分析,复核和论证坝肩岩体的稳定性和超载系数等。

整体有限元计算模型应模拟主要岩类分布、断层破碎带、主要裂隙和处理措施,与应力计算结合取统一的计算模型和边界范围,应准确模拟坝体结构(如孔口、横缝、周边缝、垫座、重力墩等)。

弹塑性或非线性有限元法分析拱坝地基稳定问题的思路是:增加荷载(如提高上游漫坝的库水位)或降低各种岩体和各种结构面的强度指标,计算坝基破坏过程和破坏路径,直到完全破坏为止,从总水压力的超载系数或强度指标减小的百分数判断地基稳定的安全程度。这些计算,须采用弹塑性或非线性有限元法,计算模式很多,刚度矩阵都是变化的,方程组的数值解法很多,如:初应力法、变刚度法、增量法等。在迭代计算时,应考虑收敛性、精度、效率等方面的要求。这部分内容太多、难度太大,远远超出本科生和一般设计人员所要掌握的内容,详细论述可参阅有关文献。

**3. 地质力学模型试验**

坝基岩体都不同程度地含有各种结构面,如:节理、裂隙、层理、断层、破碎带等。地质力学模型试验能较好地模拟不连续岩体和结构面及其物理力学特性(如变形模量、抗剪强度指标等)。这种方法是在20世纪70年代发展起来的,我国多采用石膏加重晶石粉、甘油、淀粉等模型材料,其特性是重度高、变形模量低,可采用小块体叠砌或用大模块拼装成型。量测系统主要是位移量测和应变量测。通过试验了解复杂地基的变形特性、破坏过程、超载能力和破坏机理,还可以了解拱推力在坝肩岩体内的影响范围、裂缝的分布规律、各部位的相对位移和需要加固的薄弱部位以及地基处理效果等。但由于地质构造复杂,模型不易做到与实际一致,一些参数难以准确测定,温度作用和渗透压力难以模拟,因而试验成果也带有一定的近似性;另外,试验工作量大、费用高。就试验本身讲,还需要进一步研究模型材料,改进测试手段和加载方法等,以提高试验精度。在最近十多年来,由于力学理论和计算模型逐渐成熟,计算机性能和计算技术的快速发展,采用计算机模拟试验显出研究速度快和成本低的优越性,一般在方案比较阶段多采用计算机完成刚体极限平衡法和有限元法的计算,待方案决定后,再采用地质力学模型试验进行验证。

### 3.5.2 拱坝设计的抗滑稳定指标

按照我国《混凝土拱坝设计规范》[20,21],拱座抗滑稳定分析以刚体极限平衡法为主;高拱坝或地质情况复杂的拱坝还应采用数值计算或地质力学模型试验。

根据规范[20],当采用刚体极限平衡法进行抗滑稳定分析时,1、2级拱坝及高拱坝应按式(3-30)的抗剪断公式计算抗滑稳定安全系数,并应满足表3-3所示的要求。

$$K_1 = \frac{\sum(f_1 N + c_1 A)}{\sum Q} \tag{3-30}$$

其他则可采用式(3-30)或式(3-31)的抗剪强度公式计算抗滑稳定安全系数,并应满足表3-3所示的要求。

$$K_2 = \frac{\sum f_2 N}{\sum Q} \tag{3-31}$$

式中:$N$——滑裂面上的法向力,MN;
$Q$——沿滑裂面的滑动力,MN;
$A$——滑裂面的面积,m²;
$f_1$——滑裂面抗剪断摩擦系数;
$c_1$——滑裂面抗剪断凝聚力,MPa;
$f_2$——滑裂面抗剪摩擦系数。

表3-3 坝肩岩体抗滑稳定安全系数

| 荷载组合 | | 拱坝安全级别 | | |
|---|---|---|---|---|
| | | Ⅰ(1级拱坝) | Ⅱ(2、3级拱坝) | Ⅲ(4、5级拱坝) |
| 按式(3-30) | 基本 | 3.50 | 3.25 | 3.00 |
| | 特殊(非地震) | 3.00 | 2.75 | 2.50 |
| 按式(3-31) | 基本 | | | 1.30 |
| | 特殊(非地震) | | | 1.10 |

对于安全级别为Ⅲ级(即4、5级)的拱坝,若没有条件对滑动结构面的$f$和$c$值做大量的实测试验,节理裂隙的连通率最难以准确统计,也难以准确估计,它对$c$值影响很大,所以在抗滑稳定安全系数的计算中不考虑$c$值,只好按式(3-31)计算,要求在基本荷载作用下的安全系数$K_2 \geqslant 1.3$,在校核洪水等非地震荷载的特殊组合情况下要求$K_2 \geqslant 1.1$。但这并不是真实的安全系数,也很难求得真实的安全系数。有的时候,往往由于$f_2$取值的误差对$K_2$和工程量带来很大的影响。

按照我国《混凝土拱坝设计规范》(NB/T 10870—2021)[21],在采用刚体极限平衡法分析拱座稳定时,对于1、2级拱坝及高坝应满足承载能力极限状态设计表达式(3-32),其他拱坝应满足式(3-33)。

$$\gamma_0 \psi \sum T \leqslant \frac{1}{\gamma_{d1}} \left[ \frac{\sum f_1 N}{\gamma_{m1f}} + \frac{\sum c_1 A}{\gamma_{m1c}} \right] \tag{3-32}$$

$$\gamma_0 \psi \sum T \leqslant \frac{1}{\gamma_{d2}} \frac{\sum f_2 N}{\gamma_{m2f}} \tag{3-33}$$

式中：$\gamma_0$——结构重要性系数，1级拱坝为1.10，2、3级拱坝为1.05，4、5级拱坝为1.00；

$\psi$——设计状况系数，持久状况取1.00，短暂状况取0.95，洪水、地震等偶然状况取0.85；

$T$——沿滑动方向的滑动力，MN；

$f_1$——抗剪断摩擦系数；

$N$——垂直于滑动方向的正压力，MN；

$c_1$——抗剪断凝聚力，MPa；

$A$——抗剪断面的面积，$m^2$；

$f_2$——抗剪摩擦系数；

$\gamma_{d1}$、$\gamma_{d2}$——上述两种计算情况的结构系数，$\gamma_{d1}=1.15$，$\gamma_{d2}=1.05$；

$\gamma_{m1f}$、$\gamma_{m1c}$、$\gamma_{m2f}$——材料性能分项系数，$\gamma_{m1f}=2.4$，$\gamma_{m1c}=3.0$，$\gamma_{m2f}=1.2$。

式(3-32)中的抗剪断强度参数应取峰值强度平均值；式(3-33)中的抗剪强度取值，脆性破坏材料取比例极限，塑性或脆塑性破坏材料取屈服强度，已经剪断过的材料取残余强度。

对高拱坝或重要拱坝，在有条件对混凝土材料做足够多的实验时，应按式(3-32)进行稳定控制。

关于地震作用的特殊组合情况，我国《水电工程水工建筑物抗震设计规范》(NB 35047—2015)[6]和《水工建筑物抗震设计标准》(GB 51247—2018)[7]规定，对于工程抗震设防类别为甲类，工程抗震设防类别为乙、丙类但设计烈度Ⅷ度及以上的或坝高大于70m的拱坝，在设计地震作用下，应采用动力分析方法，一般采用振型分解法，岩体抗剪断参数取静态均值，其分项系数取为1.0，抗滑稳定的结构系数不应小于1.40；也可采用时程分析法对坝肩潜在滑动岩块的抗震稳定性进行综合分析评判。

若以地震加速度某一方向(如顺河向、横河向、竖向其中的一个方向)的分量作为设计值计算岩块的地震惯性力，则其他两个方向地震加速度分量的最大值取设计值的1/2进行遇合。

坝肩岩体稳定分析应按刚体极限平衡法中的抗剪断公式计算，在确定可能滑动岩块本身的地震惯性力代表值时，采用拟静力法计算拱坝地震作用效应，各层拱圈各质点的水平向地震惯性力沿径向作用，其代表值应按式(3-9)计算，其中动态分布系数 $\alpha_i$ 在坝顶取为3.0，坝基及坝基面取为1.0，沿坝高方向线性内插，沿拱圈均匀分布。当拱端推力的最大值采用动力法确定时，岩块地震惯性力的作用效应折减系数 $\xi$ 应取为1.0，并假定岩块的地震惯性力代表值和拱端推力的最大值的发生时刻相同。

对于工程抗震设防类别为甲类的拱坝或高拱坝，除了上述计算分析外，还应增加非线性有限元法的计算评价。有限元方法可以方便地适应复杂的结构形状和复杂的边界条件，适应复杂的地形地质条件，可做弹塑性或非线性有限元分析，可利用振型分解法或时程法较好地反映结构的动力特性，可求解地震对坝体-坝基-库水相互作用的动力反应，可以较好地反映坝基岩体破坏过程，这是有限元方法比拱梁分载法和刚体极限平衡法突出的优越性。但有限元方法算得角缘点应力集中，不同的单元划分算得不同的应力结果，有时甚至相差很大，算得的点安全系数也相差很大。所以，有限元方法算得的点安全系数是多少才能满足抗滑稳定要求，目前还没有形成统一的规范性意见。如果有的点安全系数小于1，不见得就引起滑动，需要修改破坏单元的刚度矩阵，重新计算，也就是把超过极限强度的应力释放给邻近单元承担，再判断单元的应力是否超过极限强度。如果是，再重复上述计算，直到稳定为止，即完成该荷载的计算；然后再加大荷载，再重复上述方法计算，直到完全破坏，所加的荷载除以设计荷载，即为荷载安全系数。也可把材料的强度降低到某一数值，直到完全破坏为止，前后两种强度的比值称为强度储备安全系数。

在拱坝地基抗滑稳定安全系数的各计算公式中,最有影响的、最关键的是各种可能滑裂面上的 $f$ 和 $c$ 值。它们受渗透水压力作用而变小,一旦坝基滑动,坝体将因应力迅速恶化而破坏。例如法国马尔帕塞(Malpasset)拱坝最大坝高66m,1954年建成,初次蓄水不久在1959年12月2日即全坝溃决。据当时大多数专家分析,其原因主要是:左岸坝肩有建坝前并未发现的易滑动断层和绢云母等材料充填的薄层软弱面,蓄水后由于渗透水浸入断层和绢云母软弱层,使摩擦系数大为减小,在水压推力作用下,左岸坝肩岩体沿着这些摩擦力很小的软弱层滑动,拱端沿轴向滑移约2m、径向位移约0.7m,使右岸拱端应力恶化而破坏。尽管原设计计算的应力都不很大,失事后从坝体残留混凝土取样试验测得抗压强度都超过设计计算最大压应力的4倍,但坝体计算应力只是坝基不发生滑动所算得的结果,都是假象而已。相反,意大利的瓦依昂(Vajont)拱坝最大坝高265m,因库区山体大滑坡,库水掀起巨浪,形成高约125m的水浪冲越过坝顶,但由于两坝肩岩体坚固,没有容易滑动的结构面,大坝未遭冲垮。这两个相反的例子正好说明:如果坝肩岩体容易滑动,即使坝不高而强度很高的拱坝也会因坝肩滑动而垮坝;若坝肩岩体很坚固,即使265m高的拱坝,在数倍水压冲击荷载作用下,坝体依然稳定。许多拱坝的模型试验和计算结果表明,如果坝基坚固,没有容易滑动的软弱结构面,拱坝的超载系数一般可达6～10,个别甚至达10～12。可见,坝肩稳定是拱坝有多倍超载系数的前提。

鉴于这一原因,对1、2级拱坝及高拱坝,应对坝基岩体结构面的抗剪断强度指标 $f_1$ 和 $c_1$ 认真试验取值,满足抗剪断强度公式(3-30)或式(3-32)的要求。如果达不到要求,则应采取加固措施,不能因为断层、破碎带、夹层、裂隙等结构面的 $c_1$ 太小而改用式(3-31)或式(3-33)计算,算得安全系数 $K_2$ 可能略大于1.1～1.3,但实际上结构面连通率很大、$c_1$ 值很小,不利因素被掩盖了,所算得的"$K_2 \geqslant 1.1～1.3$"只是假象而已,不要以为它"满足"式(3-31)或式(3-33)的要求就可"高枕无忧"了,其安全储备实际是很小的或者是不稳定的。对于其他中小型拱坝,即使没有条件对坝基岩体结构面的抗剪断强度指标 $f_1$ 和 $c_1$ 值做试验,也应采用工程类比法对结构面的 $f_1$ 和 $c_1$ 值做合理的估算,采用抗剪断强度公式(3-30)或式(3-32)计算,才能得出比较接近实际的稳定安全程度。若有断层、破碎带不满足稳定要求,就该加固,而不应采用掩盖问题和隐患的式(3-31)或式(3-33)计算。

坝肩岩体稳定是拱坝方案成立的关键和根本保证。当坝肩岩体存在容易滑动的结构面或坝肩可利用岩体的等高线与拱轴线夹角很小时,宁可将拱坝中心角布置得小一些,亦即曲率半径大一些,使拱端推力方向偏于指向岩体内;宜将拱坝封拱灌浆温度适当提高一些,宁可增加将来温降拉应力以减小温升压应力;即使坝体的拉应力大一些,对局部拉应力较大的部位可通过加大混凝土强度来解决,也要保证坝肩稳定安全满足要求。千万不要反过来为减小拉应力而牺牲稳定条件,因为温升推力叠加高水位水压推力一旦将坝基岩体推动后算得坝体的应力都是假象,而且给坝体稳定带来隐患。

## 3.6 拱坝体形的优化设计

---

**学习要点**

了解拱坝优化设计的大致内容和趋势。

拱坝优化设计应在满足枢纽布置、施工、运行、拱坝应力控制和坝基稳定等要求的前提下,尽量使坝体材料的强度在规范允许的范围内得到充分的发挥,使坝体工程量最小或造价最低。

拱坝的体形和边界条件很复杂,影响体形设计的因素很多,如:坝址的地形、地质条件,水文气象条件,工程效益要求,枢纽布置要求,施工水平,设计安全准则和枢纽运行要求等。拱坝体形优化设计变量多、约束条件复杂,数学模型具有高度非线性。

### 3.6.1 几何模型和坝基岩性参数的建立

几何模型是拱坝体形优化设计的主要体现,通常对拱冠梁断面和水平拱圈两部分分别用函数描述。

拱冠梁断面的上下游边可以是竖直或倾斜线段,也可以是曲线或者由多条曲线连接的复合曲线;拱坝的水平截面可以是单心圆拱、多心圆拱、抛物线拱、椭圆拱、对数螺旋线拱,等等。坝轴线可以在一定范围内移动和转动。坝的体形可由一组设计变量 $x_1$、$x_2$、$\cdots$、$x_n$ 表示。

#### 1. 河谷形状和岩性特征

河谷形状和岩性特征很难用函数表示,可将河谷沿高程分为数层,各层按不同的变形模量和两岸可利用基岩轮廓线近似用几段折线表示,以结点坐标和岩性参数作为原始数据输入。

#### 2. 坝轴线位置

坝轴线通常定在坝顶上游边线较为方便,其位置由拱冠梁截面上游边线顶点 $C$ 的坐标 $x$、$y$ 及拱冠梁截面与 $y$ 轴的转角 $\alpha_{xy}$ 来确定,如图 3-23(a)所示。$x$、$y$、$\alpha_{xy}$ 在优化过程中分别用 $x_1$、$x_2$、$x_3$ 表示。

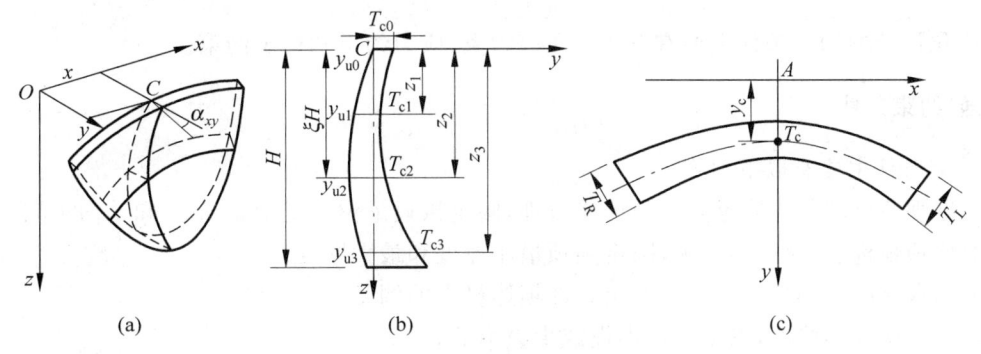

图 3-23 拱坝几何模型

(a) 坝体;(b) 拱冠梁;(c) 水平拱

#### 3. 拱冠梁断面的几何模型

拱冠梁的断面可用上游边曲线和随高度变化的厚度来描述,如图 3-23(b)所示。设坝顶高程的竖向坐标 $z=0$,向下为正,在坝底处 $z=H$,令 $\xi=z/H$,拱冠梁上游边线坐标 $y_u$ 和厚度 $T_c$ 分别为

$$y_u = a_0 + a_1\xi + a_2\xi^2 + a_3\xi^3 \tag{3-34}$$

$$T_c = b_0 + b_1\xi + b_2\xi^2 + b_3\xi^3 \tag{3-35}$$

从地形、地质等资料初设拱坝布置和拱冠梁断面的坐标和尺寸,代入式(3-34)和式(3-35)可求解

多项式的待定系数 $a_i$、$b_i$。对于单曲拱坝,式(3-34)和式(3-35)可以改得简单一些。

#### 4. 水平拱的几何模型

水平拱的形状可由拱轴线的形状及其厚度的变化规律来描述,设 $y_c$ 为拱冠中心点的 $y$ 坐标;$T_c$ 为拱冠厚度[如图 3-23(c)所示];$T_L$、$T_R$ 分别为左、右拱端的厚度;拱厚 $T_i$ 可表示为

$$\begin{cases} \text{左半拱 } T_i = T_c + (T_L - T_c)(S_i/S_L)^2 \\ \text{右半拱 } T_i = T_c + (T_R - T_c)(S_i/S_R)^2 \end{cases} \tag{3-36}$$

式中:$T_i$、$S_i$——拱轴线上计算点 $i$ 处的拱厚、拱冠至 $i$ 点的弧长;
$S_L$、$S_R$——左、右半拱弧长。

拱轴线以抛物线为例,设左、右侧拱圈在拱冠中心处的曲率半径分别为 $R_{CL}$、$R_{CR}$,中心轴线方程分别为 $y_{CL} = y_c + 0.5(x^2/R_{CL})$,$y_{CR} = y_c + 0.5(x^2/R_{CR})$;若拱是对称的,左、右拱轴在拱冠处的曲率半径相同。各高程的 $y_c = y_{cu} + 0.5T_c$,$y_{cu}$ 和 $T_c$ 可由式(3-34)和式(3-35)初定的参数来计算,设拱冠轴线中心的曲率半径沿竖向 $z$ 的变化规律为三次多项式:

$$R_C(\xi) = c_0 + c_1\xi + c_2\xi^2 + c_3\xi^3 \tag{3-37}$$

式中:$c_i$——待定系数,可由各控制高程对应的几何参数代入式(3-37)求得。如果两侧拱轴线在拱冠中心处的曲率半径不同,式(3-37)还应拆分成两个三次多项式,增加 4 个待定系数。

上述各式中对拱坝体形和体积有影响的几何参数应定义为优化设计变量 $\boldsymbol{x} = [x_1, x_2, \cdots, x_n]^T$。

### 3.6.2 约束条件

拱坝优化设计的约束条件主要有三类:几何约束、应力约束和稳定约束。

#### 1. 几何约束条件

几何约束条件主要有以下内容:
(1) 根据坝基可利用岩体等高线和地质条件,限定拱冠梁位置变量 $x_1$、$x_2$ 和 $x_3$ 的范围;
(2) 根据坝顶构造、交通等要求,确定坝顶最小厚度和最大厚度;
(3) 根据自重应力和施工等条件确定允许坝体最大的倒悬度;
(4) 限定坝体最大厚度,以便尽量不设或少设纵缝;
(5) 拱端切线与可利用基岩等高线的夹角大于 $30°$,并满足图 3-10 所示的拱座开挖允许形状;
(6) 若坝基有大断层出露,宜限制坝底与该断层的最小距离,若躲不开,须对断层做特殊处理;
(7) 坝趾与溢流水舌落点的距离须大于某一安全数值。

#### 2. 应力约束条件

在拱坝优化设计程序中,一般采用多拱梁分载法计算应力,坝体主应力必须满足下列要求:

$$\begin{cases} \sigma_1/[\sigma_1] \leqslant 1 \\ \sigma_2/[\sigma_2] \leqslant 1 \\ \sigma_t/[\sigma_t] \leqslant 1 \end{cases} \tag{3-38}$$

式中：$\sigma_1$、$\sigma_2$——拱坝在运行时绝对值最大的主压应力和绝对值最大的主拉应力；

　　　$[\sigma_1]$、$[\sigma_2]$——拱坝混凝土材料的允许主压应力和允许主拉应力；

　　　$\sigma_t$、$[\sigma_t]$——施工期自重主拉应力和允许主拉应力。

### 3. 稳定约束条件

坝基岩体抗滑稳定应满足式(3-30)或式(3-32)的要求。

以上全部约束条件可规格化为如下形式：

$$G_i(\boldsymbol{x}) \leqslant 1, \quad (i=1,2,\cdots,p) \tag{3-39}$$

式中：$p$——全部约束条件的个数；

　　　$\boldsymbol{x}$——优化设计向量，$\boldsymbol{x}=[x_1,x_2,\cdots,x_n]^{\mathrm{T}}$，共有 $n$ 个设计变量。

## 3.6.3 目标函数、数学模型与求解方法

一般可以用坝的体积 $V(\boldsymbol{x})$ 作为目标函数，优化过程中要求体积达到极小值，拱坝体形优化问题的数学模型可以归纳为

$$\begin{cases} 极小化：V(\boldsymbol{x}) \to \min \\ 约束条件：G_i(\boldsymbol{x}) \leqslant 1, \quad i=1,2,\cdots,p \end{cases} \tag{3-40}$$

这是一个高度非线性的数学规划问题，求解方法很多。采用序列线性规划法（SLP）求解，一般要迭代 12~20 次。广义简约梯度法（GRG）、序列二次规划法（SQP）可减少迭代次数、提高计算精度。

在求解拱坝优化问题时，先从初始点开始，逐渐逼近最优点。初始方案越靠近最优点，计算工作量越小。可分两阶段优化：第一阶段用考虑扭转的拱冠梁法，应力分析较快，设计变量和迭代计算工作可大为减少；第二阶段以第一阶段的结果作为初始点，采用多拱梁分载法，提高计算精度。

广义简约梯度法对解非线性规划问题较为有效，它不要求初始点是可行点，程序中含有求可行点的子块，还结合满应力设计法修改拱厚，把每次求得的最大拉（压）应力 $\sigma_i$ 与允许拉（压）应力 $[\sigma]$ 之比 $\beta_i = \sigma_i/[\sigma]$，乘以该高程拱圈的厚度 $T_i$ 作为下次迭代计算的初始厚度；其他高程拱圈的厚度则乘以 $\alpha_j\beta_i$，其中 $0<\alpha_j\leqslant 1$，这样简单的计算，可以明显地加快迭代收敛的速度。如果还有别的约束条件不满足，还可在 GRG 法框架内结合罚函数法寻求初始可行点。

在拱坝体形优化的结构分析中，重复计算应力的工作量很大。为提高计算效率，可以采用内力展开法，其原理是利用内力与荷载平衡，当结构尺寸变化而荷载基本保持不变时，内力变化敏感性较小，将控制点的内力 $F(x)$（包括轴力、剪力、力矩和扭矩）展开成一阶台劳级数表达式。这样，在优化计算过程中，对任何一个新的设计方案，不必重复进行坝体的应力分析，而是先进行内力敏度（$\partial F/\partial x_i$）分析，再按台劳级数表达式计算控制点的内力，最后由材料力学公式计算各控制点的应力。计算结果表明，采用内力展开法，只需迭代两次就收敛，比国外的应力展开法（一般迭代 12~15 次）可以大大地节省机时，并且可取得满意的、很高的计算精度[23]。

上述以坝的体积最小作为目标函数，是一般原材料条件和施工设备条件下通常采用较多的优化设计模式。但在某些情况下，还可加上工程量，以总投资最小、工期最短或两者兼有作为多目标优化可能更合理一些。例如，对于坝高低于 150m 的拱坝，在施工机械设备（主要是振动碾、搅拌系统和运输系统）充足和气候条件适宜（主要指冬季施工）的条件下，采用体积稍大一些的碾压混凝土拱坝，可

缩短工期、减小投资,提高效益。若优化设计有多个目标函数,可针对它们的重要性设置权重,还可采用柔性建模方法,通过交互手段不断修改和建立不同含义目标及其权重的优化模型[24]。

## 3.7 拱坝的材料和构造

> **学习要点**
> 根据拱坝应力分析结果和其他要求,选择合理的材料分区和构造设计。

### 3.7.1 拱坝对材料的要求

用于修建拱坝的材料主要是混凝土(包括常规混凝土和碾压混凝土),我国在20世纪50—80年代建造的中、小型拱坝常就地取材,使用浆砌块石。对混凝土和浆砌石材料已在重力坝一章里做了很多介绍,这里不再重复其相同的内容,只针对拱坝的特点,强调拱坝对各种筑坝材料的要求。

**1. 混凝土**

混凝土应严格保证设计规范对强度、抗渗、抗冻、低热、抗冲刷和抗侵蚀等方面的要求。

拱坝对混凝土强度的要求应根据坝体应力分布、按我国《混凝土拱坝设计规范》[20,21]和水利水电工程结构可靠性设计统一标准的要求确定材料的强度指标,其中主要点在前面3.4.2节已有叙述。对于高拱坝或较厚的重力拱坝,由于坝体各处应力有较大的差异,可在坝体内部、外表部位、坝体上部、中下部或拱端部位分别采用不同的强度指标。

坝体混凝土除应满足强度要求外,还应保证抗渗性、抗冻性和低热等方面的要求。根据我国《混凝土拱坝设计规范》(NB/T 10870—2021)[21],中、低拱坝(坝高≤70m)的混凝土抗渗等级不低于W6,70m<坝高≤150m的高坝混凝土抗渗等级不低于W8,坝高>150m的高坝混凝土抗渗等级不低于W10。对于混凝土拱坝抗冻等级的要求与对重力坝所要求的表2-14前四项一致,而拱坝水下部位和内部混凝土的抗冻等级都按表2-14的第4项要求,即与重力坝受冻较轻部位和外露阳面部位的要求一样。

混凝土拱坝在封拱灌浆后形成整体,坝体自封拱时至蓄水运行时的温度变化引起温度变形,这种变形受到两岸坝基岩体的约束就产生整体温度应力。这种温度的变化、温度荷载和温度应力计算以及如何减小这种温度应力,已在前面有关章节做了介绍。另外一种温度应力是在拱坝封拱灌浆之前由于上下和前后左右相邻混凝土浇筑块之间或混凝土与岩基之间因为温度变化不协调、变形不协调、相互之间受到约束而产生的局部温度应力。这种局部温度应力与混凝土重力坝的局部温度应力形成的机理和性质是一样的,所以对混凝土拱坝材料的低热性、基础温差、新老混凝土温差和内外混凝土之间的温差等温控要求都与混凝土重力坝的要求基本一致,详见重力坝一章的有关内容。

混凝土的抗冲刷和抗侵蚀等要求与混凝土重力坝过水建筑物的要求一样,这里不再重述。

上述关于混凝土材料的强度、抗渗、抗冻、低热、抗冲刷和抗侵蚀等性能都与混凝土的水灰比密切相关,所以对坝体混凝土的水灰比必须严格控制。对较高的拱坝,坝体外部混凝土的水灰比应限制在

0.45~0.5的范围内,厚拱坝内部混凝土要求低热,少用水泥,水灰比可为0.6~0.65。但混凝土水灰比如果大于0.55,不能满足抗磨要求;在承受高速水流和挟沙水流冲刷的部位,混凝土水灰比应小于0.45,并应振捣密实、表面抹光,才能具有较高的抗冲抗磨性能。对于流速较高或水流含沙量较多的情况,溢流面或孔管内壁需设有专门的面层。

**2. 浆砌石**

在我国1980年以前在山区建造的拱坝大多数是浆砌石中低拱坝。这是因为:①山区石多,便于就地取材,砌石质量好的还可节省水泥,有利于温控;②施工技术便于群众掌握,不需重大施工机械设备;③节省木模板或钢模板;④施工导流和度汛较易解决;⑤便于分期施工;⑥在人力富余便宜、施工机械短缺的早期,在块石充足的山区建造中低砌石拱坝比混凝土拱坝总造价便宜。

但砌石拱坝在下面几方面不如混凝土拱坝:

(1) 筑坝材料及其性能。块石本身因岩性、风化程度不同,强度差别很大;砌缝所用的砂浆厚薄分布以及砂浆用量处处不一,若要强调节省砂浆和水泥,还要求块石与砂浆结合良好、没有缝隙,则花费人工太多;若要节省人工,则使用大量水泥砂浆,或者偷工减料,致使孔洞和空隙太多,块石与砂浆接合很差,容易漏水。砌石施工需要很多人,各人掌握的标准不一,砂浆使用量也不一致,浆砌石本身的均匀性很差。为防止漏水,还需增加防渗设施(详见砌石重力坝一节的内容);为防止水流冲刷,在表孔溢流面和坝内泄水孔应设置钢筋混凝土,在坝体上的溢流面设置钢筋混凝土保护层;为增加结合力,在坝体各部位接头处及靠近地基等部位设置混凝土,坝体横断面构造如图3-24所示。由此看来,除了浆砌石本身的非均匀性之外,砌石拱坝所用材料的性能差异也很大。

(2) 在受力计算方面。由于上述第(1)个特点,砂浆、块石、混凝土这三种性能差别很大的材料在坝体内分布极不均匀,很难准确地计算坝内应力的分布,一般近似按均质材料计算坝体应力。坝体变形模量和抗压强度可近似按各种材料的含量百分比加权平均考虑,或按我国《砌石坝设计规范》(SL 25—2006)[15]取值。该规范还规定宜以拱梁分载法计算成果判断抗压强度安全系数,对基本荷载组合取3.5,特殊荷载组合取3.0。如果最大应力位于坝基附近的混凝土区,则应判断最大应力是否超过混凝土的允许应力;若超过,则应提高混凝土的强度等级;若超出强度等级很多仍不能满足要求,则应加大该处及附近或整个坝体的厚度。此外,还要判断砌石区域的最大压应力是否超过石料的允许压应力,若超过则应提高石料的强度等级。砌石区的抗拉强度是个复杂的问题。若采用石料和砂浆抗拉强度的加权平均值是偏高的,因为砂浆的抗拉强度比石料小很多,一般最容易先从砂浆拉开,但砂浆不是成一个平面光滑分布的,而是与石料咬合弯曲分布的,应考虑水泥砂浆与石料的咬合黏结作用,重大工程或高坝应由试验确定砌石的抗拉强度,中低坝砌石区的允许拉应力(即抗拉强度除以安全系数)可近似采用水泥砂浆的极限抗拉强度(约为极限抗压强度的10%)。如果砌石区的主拉应力超出此值,应提高水泥砂浆的强度等级,若超过很多仍不能满足要求,则应将此处及附近某一范围(视应力分布范围而定)改用混凝土材料,或加大该处及附近或整个坝体的厚度。

(3) 拱坝倒悬方面。因砌石强度低于混凝土,砌石拱坝的倒悬度不宜大于0.3。

大多数砌石中低拱坝采用坝顶溢流。若单宽流量较大,溢流面全部采用钢筋混凝土,厚度一般大于0.6~1.0m,并用锚筋加强溢流面混凝土与坝内砌石的连接;为节约水泥与钢材,有些砌石拱坝只在溢流面曲线段及挑流鼻坎处采用钢筋混凝土,而在直线段则砌筑粗料石,但要求胶结材料的强度等级较高;若单宽流量较小,溢流面可全用粗料石丁砌,但要求石料质地坚硬,表面加工平整。

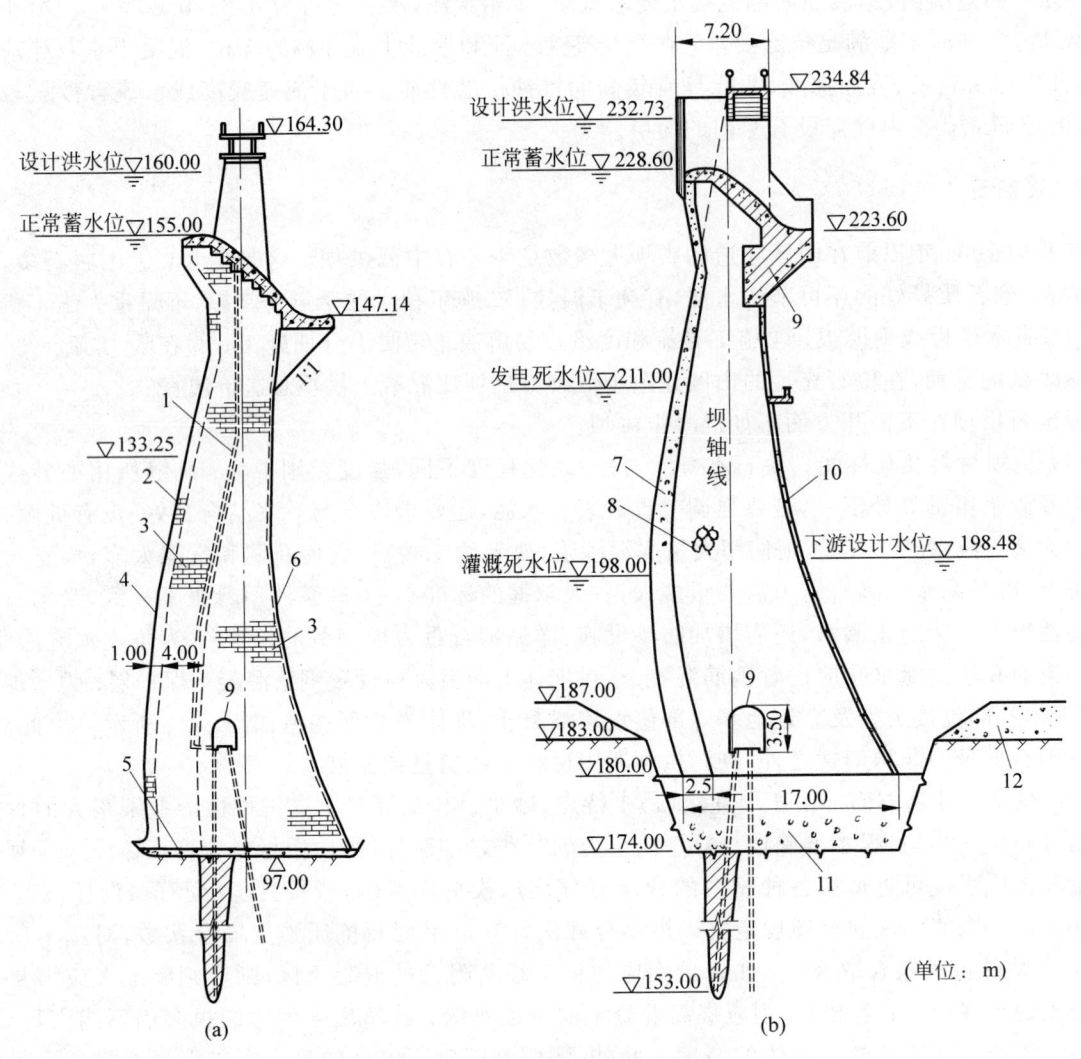

图 3-24 浆砌石拱坝拱冠梁剖面

(a) 福建南溪拱坝(坝高 67.3m); (b) 广西板峡拱坝,坝高 60.84m

1—$\phi$15cm 排水管,间距 5m;2—M10 水泥砂浆砌粗料石;3—$C_{90}$10 细骨料混凝土砌粗料石;4—M15 水泥砂浆勾缝深 6cm;5—$C_{90}$15 混凝土垫层厚 50cm;6—M10 水泥砂浆砌粗料石并勾缝;7—$C_{90}$20 混凝土防渗墙;8—$C_{90}$15 细骨料混凝土砌块石;9—$C_{90}$20 混凝土;10—$C_{90}$15 混凝土护面;11—$C_{90}$15 埋石混凝土;12—砂卵石

为防止坝体开裂,应分段砌筑,分段长度约为 20~30m;在 2~3 月份封拱(灌浆或回填宽缝低温块石混凝土)。若坝肩岩体稳定性较差,宜选择合适的时间封拱,适当提高封拱时坝体的平均温度,减少封拱后的平均温升值,以提高坝基岩体的抗滑稳定安全性。对于砌石拱坝,坝肩岩体抗滑稳定的计算方法和要求同混凝土拱坝。

在山区块石来源充足,过去因人工费用较低,施工机械设备紧缺,采用浆砌石建造中低拱坝确实有较大的优越性。但当今在机械化程度较高、人工工资也很高的情况下,中高坝已逐渐很少采用浆砌石坝型。若拱坝很低(如低于 30m),如果山区运输施工机械设备很不方便,或者不值得花钱租赁施工机械设备,也许还值得采用浆砌石低拱坝方案。对于高拱坝,抗渗要求更高,砌石所花的人工费用和工期很长,推迟效益多年,这些不利因素都严重地制约砌石坝的应用。尤其是100～150m高的碾压混凝土拱坝成功的应用和快速施工的优越性,100m以上高度的砌石拱坝已不可能在考虑之列。

### 3. 碾压混凝土

正如2.8节中已叙述过的那样,碾压混凝土改变了常规混凝土用振捣器插入振捣密实的方法,代之以在层面振动碾压的施工方法,混凝土可以很干硬,用水量少,用水泥也少,水化温升较低;对于坝高150m以下的拱坝可不设纵缝,不设或少设横缝,节省施工缝的模板和支模时间;施工较简便,用土石坝施工机械,设备用量也较少;施工较安全,速度快;所以它一般比常规混凝土筑坝方式工期短、收益快、造价低,在技术和经济上都是十分有利的。

由于碾压混凝土筑坝技术有这么多优越性,所以深受欢迎,不仅在重力坝中发展很快,而且还逐渐引入拱坝。1988—1989年南非先后建成全球第1座和第2座碾压混凝土拱坝,依次是:尼尔浦特(Knellpoort)拱坝(高50m)、沃尔威坦斯(Wolwedans)拱坝(高70m)。我国在1992—1995年先后建成普定(高75m、坝顶长196m、坝底厚28.2m)、温泉堡(高49m、坝顶长188m、坝底厚13.8m)、溪柄(高63.5m、坝顶长95m、底厚12m)三座具有不同特色的碾压混凝土拱坝。普定是我国建造的第一座碾压混凝土拱坝(位于贵州省),上游防渗体采用富胶凝材料二级配碾压混凝土,下游部位采用三级配碾压混凝土,主体工程只用1年5个月(1992年1月至1993年6月),实际纯碾压时间为9.5个月。温泉堡碾压混凝土拱坝位于河北省秦皇岛市,是全球第一座在寒冷地区建成的碾压混凝土拱坝,由于气温年变幅很大、坝建在开阔的U型河谷这两大不利条件,坝体采用5道诱导横缝分两批灌浆。位于福建省的溪柄碾压混凝土拱坝厚高比为0.189,是当时全球第一座厚高比最小的碾压混凝土薄拱坝,大坝混凝土2.8万$m^3$,其中碾压混凝土2.3万$m^3$,作者参加研究和现场设计工作,原设计在1994年11月1日至1995年4月30日进行碾压施工,全坝无灌浆横缝,后因料场和施工机械问题使碾压混凝土施工延误至1995年1月初,只好将5月1日以后碾压施工的620～634m高程坝体在拱冠处设置一道灌浆横缝,采用与碾压后的层厚(0.3m)同高的混凝土预制板拼装形成横缝,在一侧板半高处预留直径为3cm的半圆形水平管槽,两板合拼后形成水平灌浆通道,于1996年2月底至3月初封拱灌浆,其上表孔及两侧至坝顶在1995年年底完工,比常规混凝土拱坝节省约一半时间。

至2003年年底,我国已总共建成10座碾压混凝土拱坝。其中沙牌拱坝(高132m)于2001年建成,是当时世界已建最高的碾压混凝土拱坝。2008年5月12日汶川地震,它距离震中36km,处于9度烈度区域,库水位接近于正常蓄水位,震后只发现电站启闭设备和排架等结构不同程度受到损坏,未发现大坝损坏,说明沙牌碾压混凝土拱坝经受住"5·12"汶川大地震的考验。

至2017年我国已建和在建总共47座碾压混凝土拱坝,其中云南的万家口子拱坝高167.5m,2011年建成,是当时世界最高的碾压混凝土拱坝,此外还有:湖北的三里坪碾压混凝土拱坝(高141m),贵州的大花水碾压混凝土拱坝(高134.5m),陕西的三河口碾压混凝土拱坝(高145m),这些坝高都超过沙牌碾压混凝土拱坝。

我国自1992年以来建造碾压混凝土拱坝的工程实践表明:在施工机械和筑坝材料充足等条件下,碾压混凝土拱坝可节省水泥,若选在合适低温季节浇筑低温混凝土,尽量不埋冷水管、不设纵缝、减少横缝及灌浆工作,可明显便于施工、缩短工期、节省投资。

关于碾压混凝土的性能和施工要求,可参见2.8节的有关内容,这里不再重述。

### 3.7.2 拱坝的构造

拱坝对坝顶、廊道、孔口、止水和排水等细部构造的要求与重力坝的要求基本相同或类似,这些内容不再重述。下面只叙述它们在拱坝中所特有的不同之处。

在严寒地区,在拱坝水位变化区的上游坝面宜配筋以防止渗透水冻胀开裂,应提高混凝土抗冻等级,防止冻融破坏影响拱向受力和拱坝整体作用。遇特殊地基,对薄拱坝也可考虑局部配筋。建在强震区的高拱坝由于坝顶向上游位移过大横缝容易开裂,上部横缝宜增设止水、布置加强钢筋。

对于厚度较薄的拱坝,在坝体内可在下部只设置一层灌浆排水廊道(其大小、与上游坝面距离同重力坝的要求),其他高程每隔20~40m设置坝后桥,桥宽一般为1.2~1.5m,按观测、通水冷却、横缝灌浆等工作需要而定,在与坝体灌浆横缝对应的坝后桥之处应设置伸缩缝,缝宽约2~3cm。

无冰冻地区拱坝在蓄水位变化区或很薄的坝身可不设排水管;较厚的或寒冷地区拱坝,应有排水管,内径15~20cm,距离上游坝面0.05~0.1倍水深且不小于3m,间距2.5~3.5m。

对于大泄量的泄水孔,如果做成圆孔需要做两个渐变段,喇叭形进口又占一段长度,拱坝因比重力坝薄,圆孔段长度很小,意义不大,故泄水孔断面多为矩形。矩形孔口的直角处宜做成圆角或斜角,以消除或减小应力集中,并需局部配筋。同理,坝内无压段也很短,把工作门布置在坝内也大可不必,故拱坝泄水孔基本上为全段有压孔。当内水压力或流速很大时,宜用钢板衬砌,避免内水向坝体渗透和改善孔口附近的应力状态,并防止孔壁混凝土受水流冲刷、减小对水流的摩阻力。由于钢板衬砌施工不便,且钢板外壁易产生空隙,故当内水压力和流速不很大时,也可只用钢筋混凝土衬砌。

对于灌溉、供水或小型机组发电小流量引水的情况,过水断面很小,为节省模板、加快施工进度,坝内常埋设成品的钢筋混凝土圆形管孔,出口采用阀门控制过水流量,进口检修门也可为矩形,但需设渐变段与钢筋混凝土圆管相联接。

下面是拱坝构造与重力坝所明显不同的三个方面。

**1. 常规混凝土拱坝的分缝与接缝灌浆**

拱坝是空间整体超静定结构,为便于施工期间混凝土散热和降低收缩应力,防止混凝土产生裂缝,需要分段浇筑,各段之间设有收缩缝。一般在坝体混凝土冷却到蓄水后正常运行情况下的坝体年平均温度左右,再用水泥浆封填,以保证坝的整体受力性能。

收缩缝有横缝和纵缝两类,如图3-25所示。横缝在上游坝面处的间距一般取15~25m,应考虑坝基面岩体约束条件、施工期温控条件与温度应力、坝体孔口布置及其尺寸、混凝土浇筑能力等综合因素决定。横缝一般沿径向布置,在变半径的拱坝中,若使横缝与径向一致,必然会形成一个扭曲面。早期建造的拱坝大多数是中低型拱坝,为了施工简便,以中间高程拱圈的径向为竖直平面横缝的走向,在坝顶和底部横缝位置拱圈的径向与横缝的夹角宜小于10°。横缝底部缝面与岩坡面的夹角若过小,宜将缝面逐渐转向,使此夹角≥60°,以免出现尖角容易破坏。

为了提高横缝的传剪能力,以往竖向平面横缝多采用竖直向的梯形键槽,与整体式重力坝灌浆横缝的梯形键槽一样(如图2-35所示),但对于拱坝扭曲面横缝,这种竖向键槽的设计和施工都比较麻烦。二滩拱坝的横缝采用球冠(又叫锅底形或球冠形)键扣,用钢板冲压而成,球冠半径60.83cm,球冠凸起高度15cm,球冠周边是直径为80cm的圆,直接固定在模板上,结构简单、施工方便,可用于各

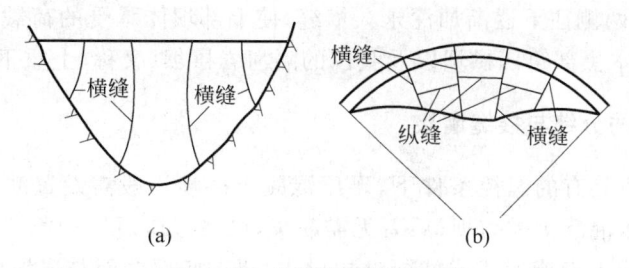

图 3-25 拱坝的横缝和纵缝

种形状的横缝,尤其用于扭曲形横缝,采用球冠形键扣比竖向梯形键槽方便得多。如果运输和安装设备较大,也可做成 3m×3m 带有 9 个球冠键扣的预制模板(如图 3-26 所示),可加快模板的施工,显出更大的优越性。

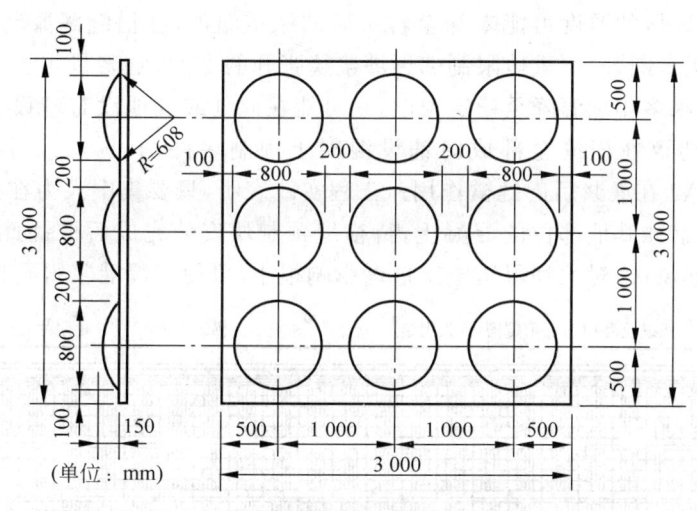

图 3-26 球冠键扣模板尺寸示意图

纵缝的间距为 25~40m,相邻坝段的纵缝应错开。缝顶附近应缓慢转向与下游坝面正交,避免尖角。纵缝可采用带有三角形断面的水平向键槽,与重力坝的纵缝相同,参见图 2-37;也可做成与坝面相近的曲面形状,采用球冠形键扣。坝厚小于 40~45m 的上部坝体,宜加强温控措施,经论证尽量不设纵缝,以利于坝体完整、加快施工进度、提前效益、节省造价。

横缝、纵缝每一灌浆区以高度 9~15m、面积 200~600m² 为宜(特高坝底部用大值);灌浆时缝两侧混凝土龄期不宜少于 90d,其上覆盖混凝土厚度不宜小于 6m,龄期不宜少于 28d;为避免上覆盖混凝土后来温降收缩带动其下混凝土收缩把已灌浆横缝拉开,在灌浆时上下混凝土都应温降到规定值,缝张开宜超过 0.5mm;灌浆压力宜选 0.3~0.6MPa,坝体拉应力≤0.5MPa,坝上部同高程相邻灌浆区通水压力和灌浆区顶部灌浆压力宜减小至 0.1~0.2MPa(层顶用小值)。

由于水泥浆的干缩,接缝灌浆很难达到预想的效果,对已建拱坝的实地检查也证实了灌浆横缝仍然是坝体的薄弱面。若两岸坝肩稳定性较好,宜再适当降低封拱温度。

若拱坝有一岸或两岸自坝顶到某一高程范围内的地质条件很差,不足以承担拱端的巨大推力时,宜根据坝体应力和两岸坝肩稳定分析结果,适当提高封拱温度,甚至可将这一范围内的横缝保持为永久缝,或自拱冠顶部起向两侧往下逐渐加深永久横缝,使上部坝体承受的荷载经下部拱端向下斜传入两岸较好的基岩,如:日本黑部第四拱坝以及我国的隔河岩拱坝(又称"上重下拱式"拱坝)。

**2. 碾压混凝土拱坝的分缝与接缝灌浆**

在目前大多数工程所具有的温控条件下,碾压混凝土拱坝一般需设置灌浆横缝。其横缝形成的方法不同于非整体式碾压混凝土重力坝,后者无需灌浆,可在碾压后用切割机成缝。碾压混凝土拱坝的横缝模板若采用竖向梯形键槽形式或球冠键扣形式,要求底部缝面与岩坡面夹角大于60°,都难以适应大仓面填筑、平摊和碾压等快速施工的要求。

初期建造的碾压混凝土拱坝多采用诱导缝的方式,每隔一层或两层铺设横缝预制块件。整个横断面沿竖向和水平径向相隔部分断开、部分有混凝土连接,期望在封拱灌浆时,大坝温降受拉能在此横断面断开,进行封拱灌浆处理,以免在其他断面断开。但有人担心,因无水管冷却,即使经很长时间天然冷却,坝内大部分区域的温度可能未降至蓄水后的稳定温度,在横缝灌浆时,有连接的混凝土因其抗拉强度作用可能仍未断开,严重地限制邻近灌浆缝张开的宽度,吃浆量很少,灌浆质量很差,可能存在较大的隐患,经蓄水多年坝温降至稳定温度,很可能在此处或其他没有埋设止水的部位因温降拉应力过大而被拉开。建议在横缝全部成对铺设混凝土预制块件,其构造尺寸和布置如图3-27所示[25],图中横缝模板A2在灌浆后起键槽作用。工程实践表明,只要集中人力在横缝处全断面快速安装这些预制块件,同时铺摊其他部位的混凝土,待横缝预制块安装完成后摊铺此处及其周围混凝土,与其他部位混凝土一起碾压,对大坝碾压施工进度影响很小,可使成缝灌浆得到保证。

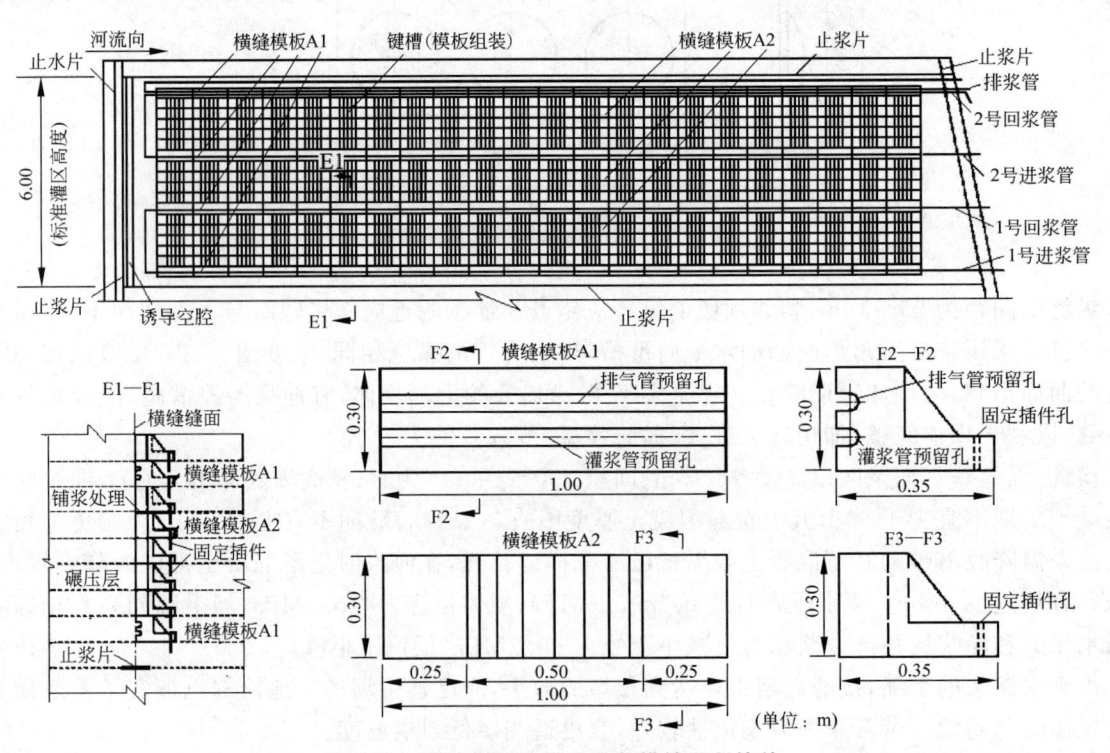

**图3-27 碾压混凝土拱坝灌浆横缝预制块件**

碾压混凝土因水泥用量少，水化热温升较低，灌浆横缝的间距可比常规混凝土拱坝大一些。例如：在水泥中均匀地掺入适量的 MgO（如胶凝材料用量的 4%～5%），控制浇筑温度很低，选在当地较低气温的季节碾压施工，对于下部沿坝轴向长度小于 45～50m 的坝体可不设灌浆横缝。设此时坝高为 $H_1$；随着坝体加高，坝体长度增加，若坝顶长度在 80～100m 范围内，可在 $H_1$ 至坝顶的拱冠部位设置一条灌浆横缝，如图 3-28（a）所示；若坝顶长度约为 150～180m，横缝间距以 40～45m 为宜，如图 3-28（b）所示。为防止横缝向下扩展，应在横缝下端布置垂直于缝面的止裂钢筋或平行于缝面、包住缝端的槽钢。若浇筑日期已超过 4 月份，应加强温控降温措施，埋设冷却水管降低水化热温升和封拱灌浆温度。冷却水管直线段可用铁管，冷却效果好于胶管，但应在其下用混凝土垫平，避免有悬空状况，其上铺料均匀无大骨料，以免局部压力过大被压坏，在弯道接头处采用高强度胶管连接。较高的碾压混凝土拱坝随着坝体升高天气变热，若不埋设冷却水管，则要求横缝间距变小，上下横缝若不共面，须增加缝端处理和横缝处理工作，还须等很长时间天然冷却才能灌浆，应避免这种施工方案。

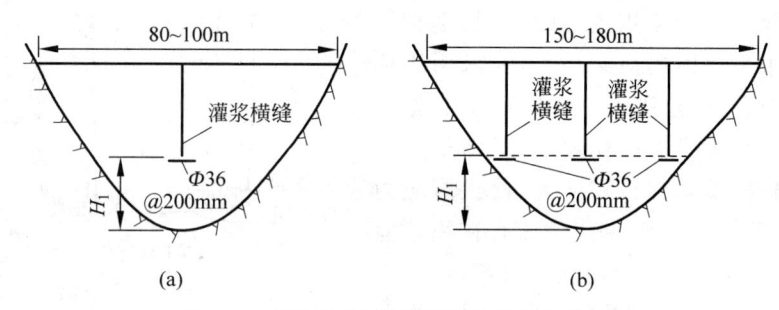

**图 3-28　碾压混凝土拱坝灌浆横缝的布置**

### 3．垫座与周边缝

对于地形不规则或局部软弱的河谷，为节省开挖量并改善坝体应力，可在坝体与坝基交接处做成垫座与周边缝的形式，使坝体基本上呈对称或有规则的体形，如图 3-29 所示。周边缝沿径向可做成弧形面或平直的。弧面半径大于该处坝端的厚度，缝面略向上游倾斜，与坝体传至垫座的压力线正交。

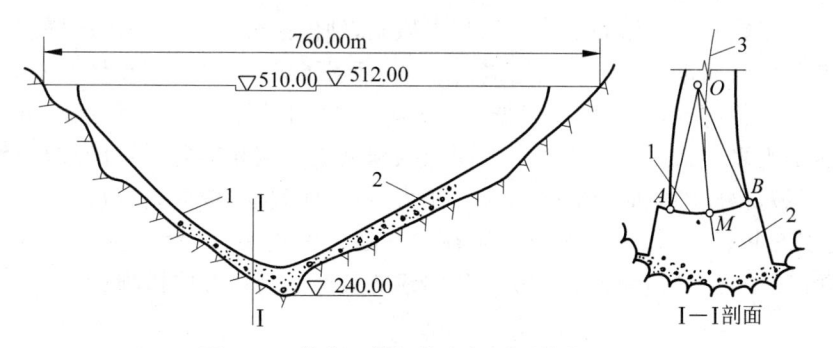

**图 3-29　英古里拱坝垫座与周边缝的布置**
1—周边缝；2—垫座；3—坝体中线

拱坝设置周边缝后，梁的刚度明显减弱，改变了拱梁分载的比例。周边缝还可减小坝体传至垫座的弯矩，从而可减小甚至消除坝体拱端和梁底上游面的拉应力，使坝体和垫座接触面的应力分布趋于均匀，并可利用垫座增大与基岩的接触面积，调整和改善地基的受力状态。垫座是一种人工基础，可减少河谷不规则和局部软弱带的影响，改进拱坝的支承条件。由于周边缝的分隔，坝端和垫座的裂缝互不影响。意大利安阜斯塔拱坝模型试验成果表明，地震时垫座的振动较坝体振动强烈，说明垫座对坝体振动起缓冲作用。

意大利鲁姆涅拱坝垫座周边缝的上游端布置钢筋混凝土防渗塞，周围填以沥青防渗材料，防渗塞的下游侧埋设止水铜片，并设置排水孔道，以排除渗水，缝面用钢筋网加强，如图3-30所示。垫座浇筑后，表面不冲毛，直接在其上浇筑坝体混凝土。

我国有些宽浅河谷中的小型拱坝，为了使梁的作用减弱，以加强拱的作用，采用了沥青底滑缝垫座，如：浙江省的光明、东溪等混凝土双曲薄拱坝。

这里应注意两点：①由于周边缝的作用，垂直悬臂梁的荷载减小，水平拱圈的荷载加大，要求两岸坝肩稳定牢固作为前提，不能乱用；②两岸坡不能太缓，因为在水平拱圈很大推力的作用下，坝体很容易沿周边缝向上滑移，拱端切向位移变大，使拱冠应力剧增而破坏乃至垮坝。如我国1981年5月在福建罗源县梅花村海边建成的梅花周边缝试验拱坝，水平底缝位于坝顶以下15.7m，两岸周边缝面与水平面夹角为43°25′，缝内设置聚氯乙烯胶泥止水（断面为10cm×10cm），缝面涂有一层薄沥青，同年9月18日坝体突然溃决（此时库水位在坝顶以下0.7m），其原因是垫座太缓，缝面沥青摩擦系数小，拱坝上滑使拱冠拉压应力太大而破坏。

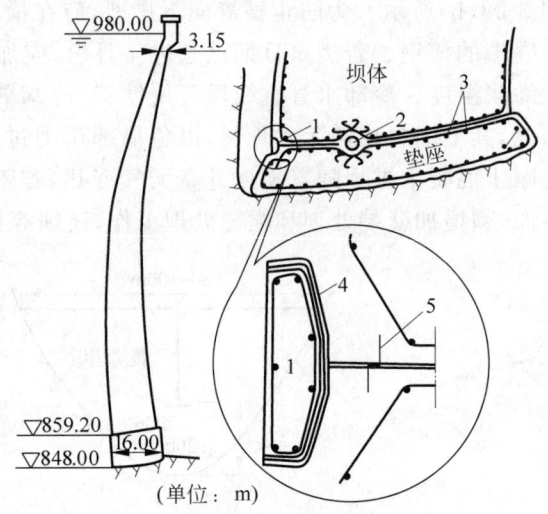

图3-30 意大利鲁姆涅拱坝周边缝构造示意图
1—钢筋混凝土防渗塞；2—排水；3—钢筋；
4—沥青防渗材料；5—止水铜片

从图3-29和图3-30来看，垫座和周边缝的施工是很复杂的，虽然坝体可以减薄一些，但要求较高的施工工艺水平，才能保证垫座和周边缝的质量、保证薄薄的坝体达到防渗的要求。这些在欧洲一些国家能做到，我国大多数施工队伍的工艺水平难以做到，坝体混凝土需要一定的厚度才能满足防渗要求。既然如此，花很多时间进行垫座和周边缝的施工，延误了施工工期，而坝体并不减薄或减薄不多；即使可减薄很多，但造价不省，反而延误工期，就失去了垫座和周边缝的优越性。所以我国做这种类型的拱坝很少，再加上多年来建造一些碾压混凝土拱坝缩短工期和节省投资的成功经验，以及人们对拱坝破坏机理的了解，拱端轴向应力的合力应为压力，不可能裂透，最后以压应力过大才破坏，这种观点已成为越来越多的共识，只有很不规则的河谷才有必要做垫座，一般拱坝不设置垫座也能满足要求，反而对加快施工、缩短工期有利，估计今后我国建造垫座和周边缝的拱坝更少。

### 4．重力墩

重力墩是拱坝坝端的人工支座，用于拱坝上部岩基短缺的情况，为使两岸拱座对称性好一些，在基岩短缺之处，用重力墩与其他坝段（如重力坝或土坝）或岸边溢洪道相连接。图3-31是我国龙羊峡水电站的枢纽布置图，在其左、右坝肩设置重力墩后，坝体可基本上保持对称，通过重力墩将坝体传来的作用力传到岩基，反过来，岩基的支承反力通过重力墩反作用于坝体，支持坝体稳定。

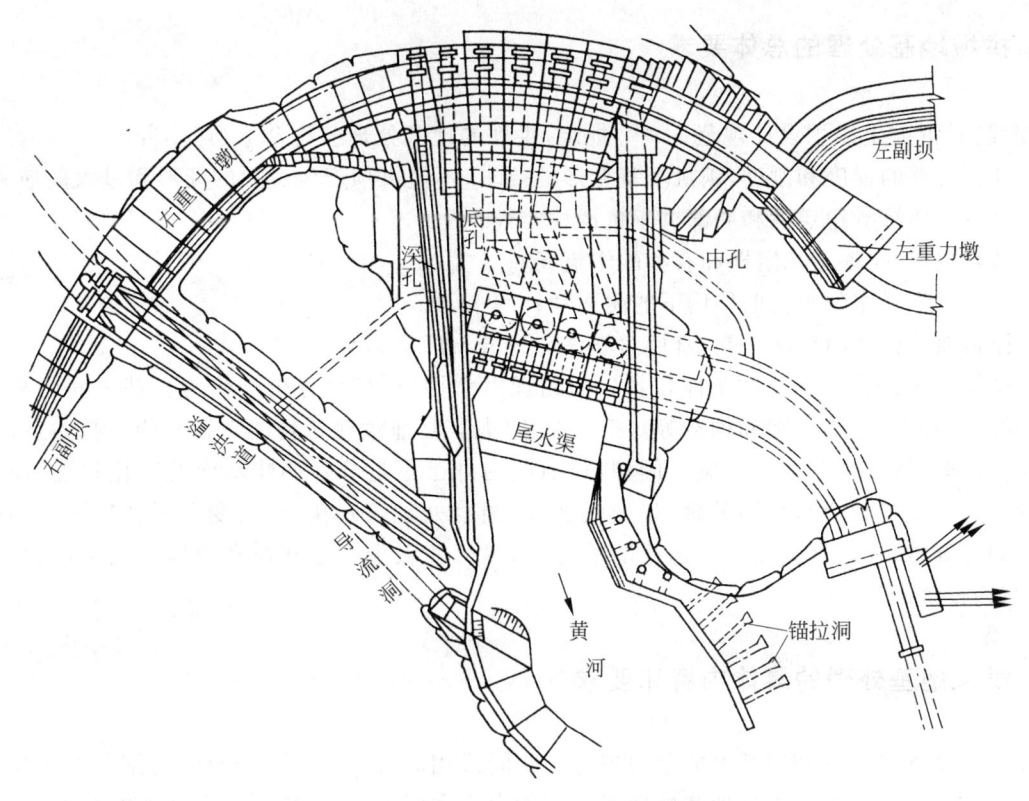

**图 3-31 龙羊峡水电站枢纽布置**

坝体与重力墩之间的传力作用和重力墩本身的刚度有关,可用有限元方法算得重力墩的应力分布,再换算出坝端传来的推力、剪力和弯矩。若近似假设重力墩的刚度与基岩相同,用多拱梁分载法计算拱坝的内力和应力,按拱端支承于基岩的条件求得拱端作用力,然后将此作用力施加到重力墩校核重力墩的稳定和应力,计算方法见第 2 章重力坝的有关内容,但应按拱坝的应力和坝基稳定控制标准要求。重力墩的受力来自多方向,应将其合成一个方向,用合力计算重力墩的稳定性和最大拉压应力。重力墩底面的拉压应力可分别按两个方向用材料力学公式计算,然后叠加求得。

重力墩的最大推力、弯矩和墩底最大竖向拉压应力出现在"校核洪水位水压力＋最大温升"的情况;重力墩下游"坝趾"最大拉应力可能出现在"冬季最低检修水位或放空死水位＋最大温降"的情况。

## 3.8 拱坝的地基处理

> **学习要点**
> 掌握坝基开挖、固结灌浆、帷幕灌浆、排水、断层和软弱夹层的处理,以提高坝肩的抗滑稳定性。

### 3.8.1 拱坝地基处理的总体要求

根据我国《混凝土拱坝设计规范》[20,21]规定,拱坝的地基处理应符合下列要求:
(1) 具有足够的强度和刚度,满足坝基变形的要求,不使拱坝产生过大的变形和过大的应力;
(2) 具有整体抗滑稳定性和局部拱座抗滑稳定性;
(3) 具有抗渗性、渗透稳定性和有利的渗流场;
(4) 具有正常工作和水长期作用下的耐久性;
(5) 控制地基接触面形状平顺,避免对坝体应力分布的不利影响。

拱坝的地基处理应根据地质条件和基岩的物理力学性质,综合分析坝体与岩基之间的相互关系(包括坝轴线的位置、坝体体形和构造等)、枢纽布置(尤其是泄洪建筑物的布置)、施工技术等因素,选择安全、有效和经济的地基处理方案。例如,目前国内外已不过分强调建基面的风化程度,而要求在筑坝过程中对坝基岩体进行加固处理(如锚喷加固、灌浆处理等),在强度、变形、稳定、防渗和耐久性等方面均满足要求,在保证大坝安全运行的前提下,尽可能减少石方开挖和坝体混凝土回填方量,缩短工期、节约投资。

### 3.8.2 拱坝地基处理的具体内容和要求

拱坝的地基处理内容和岩基上的重力坝基本相同或相似,但要求更为严格,特别是对两岸坝肩的处理尤为重要。这里仅叙述拱坝地基处理所不同的内容和要求,其他相同的内容不再重述。

**1. 地基开挖**

在开挖过程中应注意以下几点:
(1) 拱端应嵌入岸坡内,最好开挖成全径向,如图 3-32(a)所示;当按全径向开挖工程量过大时,可采用阶梯形开挖,如图 3-32(b)所示,各阶梯仍保持径向;也可采用非全径向开挖,如图 3-32(c)所示;详细的规定可参见图 3-10。

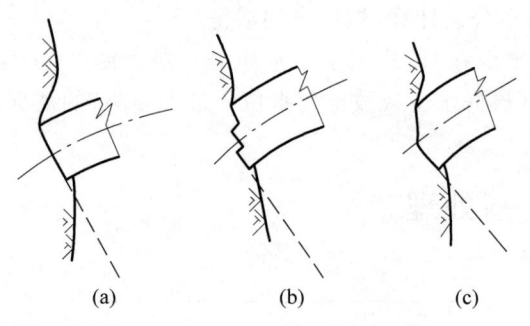

图 3-32 拱座基岩开挖形状

(2) 上下层开挖形式若不同,应平缓过渡。
(3) 河床段坝基面的上、下游高差不宜过大,应平顺、无突变,且尽可能略向上游倾斜。
(4) 整个坝基可利用基岩面在横河向应平顺,避免突变,拱坝须连成整体(不同于有永久横缝的重力坝),即使岸坡很陡也不宜开挖成较大的台阶,相邻基岩面的起伏差宜小于 0.3~0.5m。
(5) 拱座可利用基岩面的等高线与拱端内弧切线的夹角宜大于 30°。
(6) 对最后成形不再爆破开挖的坝基面宜采用小药量预裂爆破方式,松动岩块应采用撬棍或风镐清除干净,对坝基内局部的地质缺陷,如夹泥裂隙、节理密集带、风化岩脉、断层破碎带等,应全部(埋藏不深的)或部分(埋藏很深的)予以挖除或用撬棍、风镐清除，再回填混凝土，使坝基表面平顺。

（7）对于河床中的覆盖层，原则上要全部挖除，如覆盖层太深，挖除有困难，则应在结构上采取措施，如贵州省的窄巷口拱坝，仅挖除表层覆盖层，河床下部深厚砂砾层不开挖，在深厚的砂砾石覆盖层上浇筑混凝土支承拱及其上部拱坝（如图 3-33 所示），在覆盖层里设置混凝土防渗墙，在其顶部和覆盖层表面加黏土铺盖与拱坝上游面连接，以达到防渗目的，在下游建造两座拱桥，支撑溢流面板。

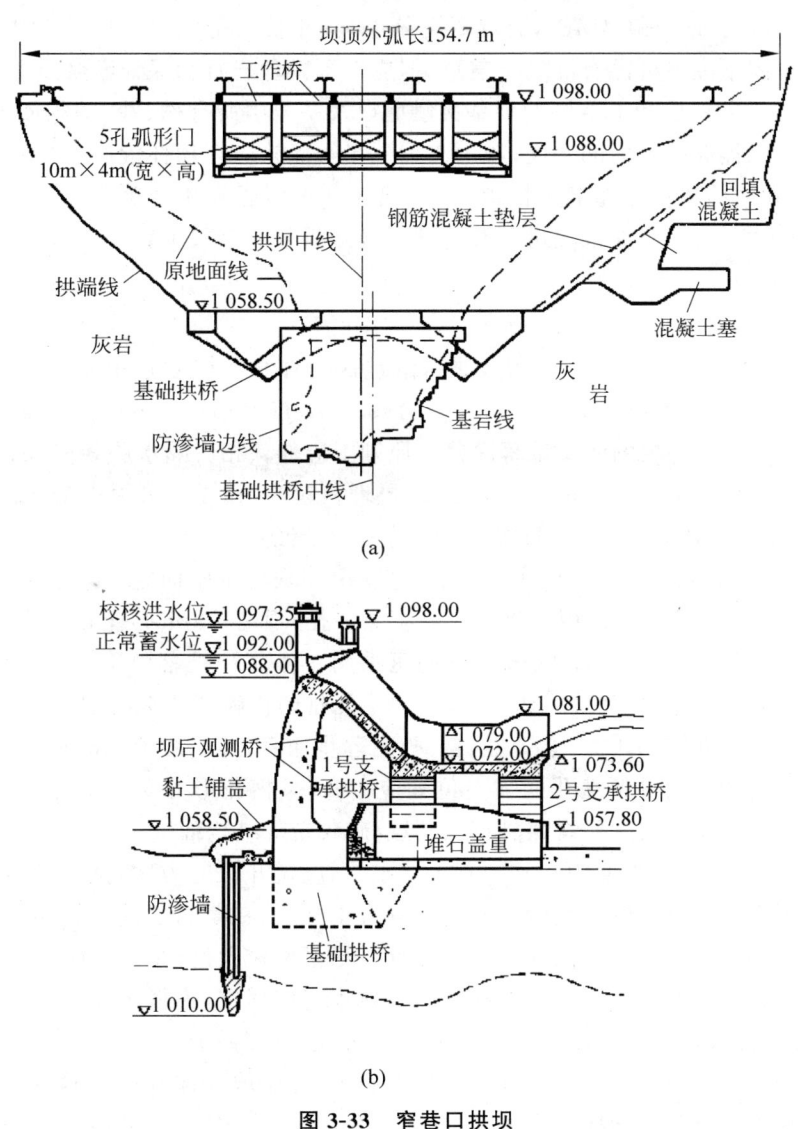

图 3-33 窄巷口拱坝
（a）上游展视图；（b）拱冠剖面图

## 2. 固结灌浆和接触灌浆

拱坝坝基固结灌浆的范围和孔距、孔向、孔深、灌浆压力、浆液浓度等参数应根据坝基岩体裂隙分布情况、爆破松弛程度和坝基岩体受力等情况综合确定。对于比较坚硬完整的基岩，也可以只在坝踵和坝趾下面的坝基设置数排固结灌浆孔。若坝基外上、下游侧的基岩节理、裂隙发育,为了减小地基变形,增加岩体的抗滑稳定性,也应将其固结灌浆。孔距与孔向应根据地质条件、裂隙分布情况确定,对于高坝还应进行固结灌浆试验。孔深一般为 5~8m,孔距宜为 2~4m,可分二序孔进行,第一序灌浆后由压水试验确定是否补充二序钻孔灌浆。对于高坝帷幕灌浆上游区的固结灌浆宜减小孔距,加大灌浆压力,孔深宜采用 8~15m。固结灌浆压力,宜通过灌浆试验确定;若没有条件做试验,可采用工程类比法确定,一般为 0.2~0.4MPa,有混凝土盖重时,可取 0.3~0.7MPa。对于中低坝地质条件较好的情况,经论证固结灌浆可没有混凝土盖重,但应以不掀动岩石和保证灌浆质量为前提。

对于坡度陡于 50°的岸坡和上游侧的坝基接触面以及基岩中所有槽、井、洞等回填混凝土的顶部,均需进行接触灌浆,以提高接触面的强度,减少渗漏。接触灌浆应在坝体混凝土的温度降到设计规定值之后以及钻排水孔之前进行。如果安排得当,宜把部分固结灌浆和接触灌浆安排到具有较大盖重的接触灌浆条件时进行,可提高灌浆质量并节省部分接触灌浆的工程量。

### 3. 防渗帷幕

根据我国《混凝土拱坝设计规范》[20,21],非岩溶地区岩体相对隔水层透水率 $q$ 的标准依坝高 $H$ 而定:$H \geqslant 200$m,$q \leqslant 1$Lu;200m$>H>$100m,$q=1\sim3$Lu;$H=50\sim100$m,$q=3\sim5$Lu,$H$ 大的 $q$ 取小值;$H<50$m,$q \leqslant 5$Lu。拱坝的防渗帷幕灌浆孔原则上应伸入相对隔水层 3~5m;若相对隔水层埋深较浅,灌浆孔进入其内不应小于 5m;若相对隔水层埋藏较深,孔深可采用 0.3~0.7 倍坝前净水头;对地质条件特别复杂的地段,防渗帷幕的深度应进行专门论证。

防渗帷幕灌浆孔一般采用 1~3 排,视坝高、地基情况和现场试验而定。对于完整性好、不易透水的坝基岩体,坝高 100m 以下的可采用 1 排防渗帷幕灌浆孔,坝高 100m 以上的宜采用 1~2 排;对于完整性差、透水性强的坝基岩体,坝高 50m 以下的可采用 1 排防渗帷幕灌浆孔,坝高 50~100m 的宜采用 1~2 排,坝高 100m 以上的宜采用 2~3 排。无论几排防渗帷幕灌浆孔,应有一排钻灌至设计深度,其余各排孔深可取主孔深的 1/2~2/3 左右。孔距逐步加密,开始约为 6m,最终为 1.5~3.0m,排距宜略小于孔距,前后相邻两排钻灌孔的横向位置应错开,呈梅花形分布。钻孔方向倾向上游,倾角宜为 75°~90°,宜穿过岩体中的主要裂隙、层理、断层、破碎带等结构面。

防渗帷幕中心线距离上游坝面约 0.05~0.1 倍水头,应避开拉应力区,其上坝体应有足够高度和强度,在该处和附近完成固结灌浆和接触灌浆并检查合格之后、在蓄水之前进行防渗帷幕灌浆。灌浆压力应通过灌浆试验确定,在保证不破坏岩体的条件下尽量取较大值,在孔顶段灌浆压力宜为 1~1.5 倍坝前静水头,但不宜大于 3.0MPa[21];在孔底段有较大岩体压重,为使水泥浆液挤进含有高压水的缝隙,保证灌浆质量,灌浆压力不应小于 2 倍坝前静水头,但不宜大于 6.0MPa[21]。

为能在蓄水后补充防渗帷幕灌浆,多在坝内设置廊道、在岸坡岩体开挖平硐进行钻孔灌浆。在两岸山坡,防渗帷幕深入长度与方向应根据地质、地下水分布、岩体防渗和稳定要求等因素确定;在底部应与河床的防渗帷幕相接不中断;坝顶两岸防渗帷幕应延伸至正常蓄水位与相对隔水层或与蓄水前的天然地下水位线相交处,取两者最深位置,并适当延长。若此深度很大,可在不影响坝肩岩体稳定的前提下,暂向岸坡延伸 20~50m,待蓄水后根据坝基的渗漏情况决定是否再延伸。

### 4. 坝基排水

在裂隙较大的岩层中,防渗帷幕有效地降低渗透压力,减少渗水量。但在弱透水性的微裂隙岩体中,防渗帷幕降低渗压的效果就不甚明显,而排水孔则显著地降低渗压。所有排水孔都应在固结灌浆和帷幕灌浆完成后才能钻孔,不能同时交叉作业,以免浆液堵塞排水孔。

排水孔幕与防渗帷幕下游侧的距离不宜小于2m,以免帷幕因渗透坡降太大而容易被击穿。对于高坝一般设1道主排水孔再在其下游每隔2～3m加1～3道副排水孔。主排水孔间距宜采用2～3m,孔深宜为灌浆帷幕孔深的0.4～0.6倍,坝高50m以上的坝基主排水孔深应不小于10m;副排水孔间距宜采用3～5m,孔深宜为主排水孔的0.7倍。坝高≤70m的拱坝若满足稳定可只设置1道排水孔,坝高小于30m、厚高比小于0.2的拱坝,经论证可不设排水孔。

当坝基内有裂隙承压水层较大的深层透水区,除加强防渗措施外,若严重影响坝基稳定,排水孔应伸到该区域防渗帷幕的下游2m处。

对高坝和两岸地形较陡、地质条件较复杂的中坝,宜在两岸设置多层平洞,在平洞内进行帷幕灌浆后,加钻排水孔,组成空间帷幕和排水孔洞系统。

若排水孔的孔壁不稳定或排水孔穿过软弱夹层带区,应采取孔壁保护措施。排水孔应在其附近周围相应部位的固结灌浆、帷幕灌浆和接触灌浆等完成,并有足够的强度之后才能钻孔。

**5. 断层破碎带或软弱夹层的处理**

对于坝基内的断层破碎带或软弱夹层,应根据其所在部位、产状、宽度、组成物性质和有关的试验资料,通过相应的计算分析或模型试验,研究其对坝体和地基的应力、变形、稳定与渗漏的影响程度,并结合施工条件,经技术和经济比较,采用适当的处理措施。

在一般情况下,断层破碎带宽度越大,对应力和稳定的影响也越严重;缓倾角比陡倾角断层更容易发生滑动破坏;位于坝趾附近的断层破碎带不利于拱坝稳定,增加坝体向下游的滑移和转角变形,容易使坝踵产生拉应力;位于坝踵附近的断层破碎带有利于释放坝踵附近的拉应力,但容易破坏防渗帷幕,须经常检查和处理。应针对断层破碎带对拱坝的破坏特点和危害程度,采取不同的处理方法措施,如抗滑键、传力墩、断层塞、混凝土置换、高压冲洗灌浆、预应力锚索等措施或综合处理措施。1、2级拱坝或高拱坝和特殊地基的处理方案,应通过有限元分析或模型试验论证。

## 3.9 拱坝的坝身泄水建筑物

**学习要点**
1. 坝上泄水方式及其优缺点;
2. 拱坝下游的消能及防冲措施。

拱坝枢纽中的泄水建筑物一般先选择布置在坝身,因为它比布置在坝外造价低,便于管理。也有些工程利用导流洞在导流任务完成后改为泄水洞。只有在坝身泄水建筑物和由导流洞改建的泄水洞都不能满足泄洪要求的情况下,如果地形和地质条件允许,才考虑在坝体外的岩体里开挖建造泄水洞或溢洪道。关于岸边溢洪道和泄水洞的内容将在第5章和第6章里叙述。

坝身泄水建筑物按其所在的位置可分为表孔、浅孔、中孔、深孔和底孔等类型。它们的泄水能力由水力学计算公式求得,可归结为两类:①表孔溢流类型的下泄流量可按第 2 章重力坝中的式(2-69)计算;②淹没进口类型的下泄流量可按式(2-70)或式(2-90)计算。

拱坝由于河谷一般很窄,坝体比重力坝薄,泄水方式和消能防冲与重力坝有较大的不同。

### 3.9.1 拱坝坝身泄水方式

拱坝坝身泄水方式有:表孔自由跌流式、表孔鼻坎挑流式、滑雪道式及坝内泄水孔式等。

**1. 表孔自由跌流式**

较薄的或小型的拱坝,常采用表孔自由跌流方式。溢流头部常采用非真空标准堰型,自 20 世纪 80 年代以来,多采用 WES 堰顶曲线。堰顶是否设闸门,视水库淹没损失和运用条件而定。由于下落水舌距坝脚较近,自由跌流适用于基岩良好、单宽泄洪量较小的情况,坝下游岩基应有防护设施。

**2. 表孔鼻坎挑流式**

在溢流堰顶曲线末端以反弧段连接成为挑流鼻坎,如图 3-34 所示。为加大挑距,坎的挑角 $\alpha$ 宜为 $10°\sim25°$,并加大挑坎末端与堰顶之间的高差,但此高差、挑射角和反弧半径受结构和施工条件所限。对于高坝,还应与挑距、消能、防冲刷等要求综合考虑,一般还应由水工水力学模型试验确定。为设计、施工和运行方便,大多数表孔布置成径向的(即每孔溢流面中心线、闸墩等沿径向布置),如果挑流鼻坎采用连续式结构,虽然可节省模板和钢筋、施工简便,但如果挑坎高程和挑射角处处一样,挑距也相同,各孔都沿径向等距离泄水汇集落入下游河面,入水面积减小,入水单宽流量和强度加大,河床岩基面容易被冲刷。

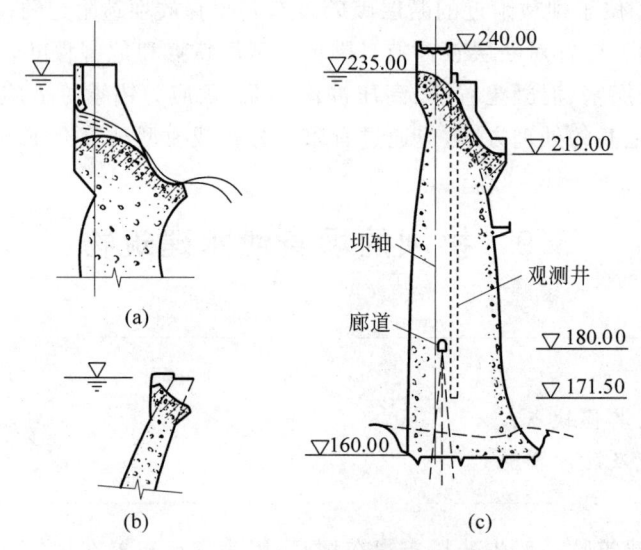

图 3-34 拱坝溢流表孔挑流坎
(a)带胸墙的表孔挑流坎;(b)不带胸墙的表孔挑流坎;(c)流溪河拱坝溢流表孔

为了减小河床岩基面被冲刷的深度,有些拱坝的表孔采用差动式齿坎,可促使相邻水流分股一上一下在空中扩散,既增加水流与空气的摩擦,又使相邻水股挑距不一,分散入水,减小单位面积的入水流量和冲刷深度。但差动式挑坎易受空蚀破坏，挑坎需用高强度混凝土，须配置足够的钢筋，在设计和施工方面都较复杂，并应控制挑坎处的设计流速不能太大。

每孔溢流面挑坎可做成平面扩散连续式，避免差动式挑坎发生的空蚀破坏，水流呈平面扩散，但各孔挑坎出口高程和挑射角不同，使各股水流挑出高度和落水点尽量分散，减小入水强度。

我国二滩拱坝，坝高240m，溢流表孔的设计与校核洪水下泄流量分别为6 300m³/s和9 600m³/s，相应泄洪功率为11GW与15.65GW，其泄洪功率是当时世界上已建和在建前几名高度的双曲拱坝所少见的。二滩拱坝采用7个泄洪表孔，每孔进口净宽11m，出口宽扩大至19m，单、双号孔溢流斜坡平面的俯角分别为30°与20°（如图3-35所示），中间5个孔的分流齿布置在溢流面出口靠两侧闸墩，双号孔齿高3.7m，单号孔齿高4.5m。分流齿的顶面挑角为20°，齿与槽的宽度相等，两边孔只设一个靠边墩的分流齿，齿宽6m。水工模型试验表明各种工况下泄流时，水垫塘底板的最大冲击动压强为115kPa，小于150kPa的控制允许值。这种不同高程出口分别扩宽加分流齿的设计为高拱坝、大泄量表孔溢洪提供了一种新型消能方式。

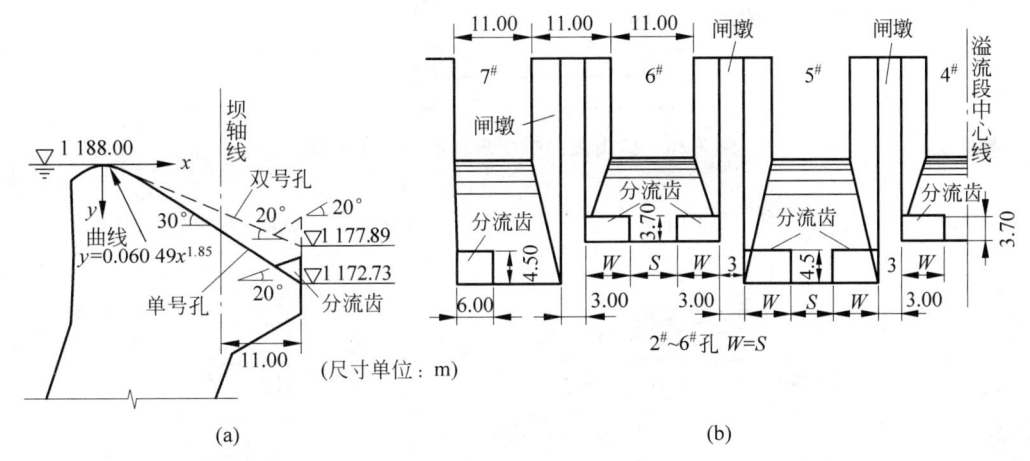

**图3-35　二滩拱坝表孔奇偶相间高低坎出口加宽加分流齿**

（a）堰顶溢流面；（b）下游立视图

对于单宽流量较大的重力拱坝，可采用水流沿溢流坝面下泄经鼻坎挑流的消能方式。图3-36为我国白山重力拱坝溢流坝段的剖面图，最大坝高149.5m，在坝顶中部设4个表孔，每孔宽12m，采用挑流消能，最大单宽泄流量140m³/(s·m)。由于这种溢流面顶部和下部挑坎高差很大，水流挑出流速及挑距都很大，冲刷坑远离坝体，有利于坝体稳定，或者可下泄较大单宽流量的洪水。

### 3. 滑雪道式（泄槽式）

滑雪道式溢洪道由溢流坝顶和泄槽组成，有的工程把这种溢洪道又称为泄槽式溢洪道。泄槽为坝体轮廓以外的结构部分，可以做得很长，挑坎在远离坝体的下游，如果挑坎很低，流速很大，可挑射到距坝更远的河床。但泄槽各部分的形状、尺寸必须适应水流条件，否则容易产生空蚀破坏。滑雪道溢流面的曲线形状，反弧半径和鼻坎尺寸等都须经过试验研究来确定。

若岸坡较缓或有合适的地形、地质条件，滑雪道式溢洪道可布置在岸边，如：图3-31所示的龙羊峡拱坝右岸泄槽式溢洪道；图3-37所示的泉水拱坝两岸对称布置的滑雪道式溢洪道，左右各两孔，每

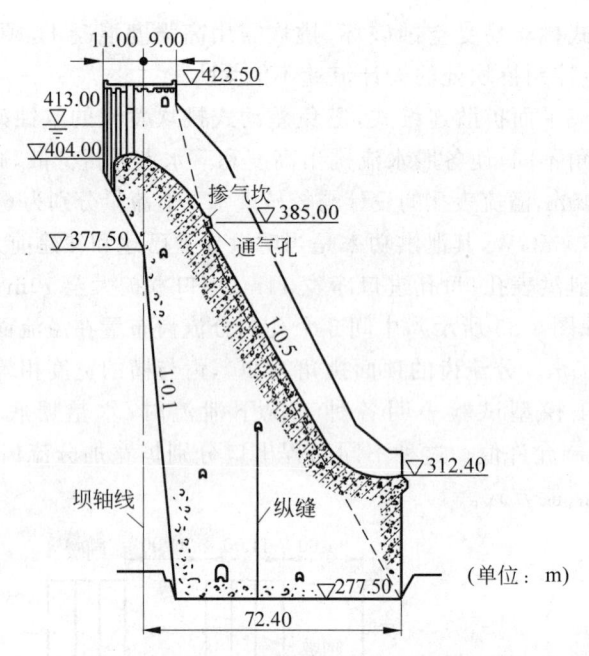

图 3-36 白山重力拱坝表孔溢流坝段剖面

孔宽 9m，高 6.5m，泄洪流量约 1 500m³/s，鼻坎挑流，对冲消能，落水点距坝脚约 110m。

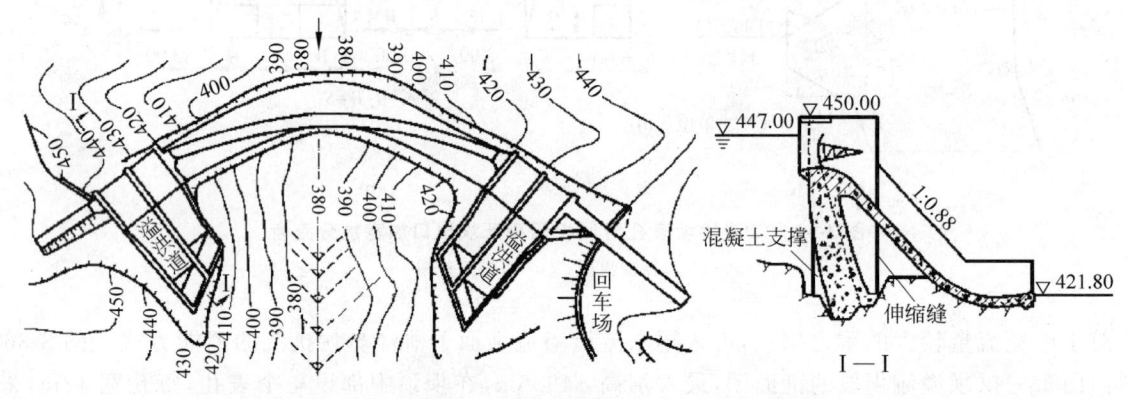

图 3-37 泉水拱坝岸边表孔滑雪道式溢洪道（高程单位：m）

若岸坡很陡，滑雪道的底板可设置于专门的支承结构上，如图 3-33 所示的贵州省猫跳河四级窄巷口拱坝，把溢流面板支承在下游两座拱桥之上。该坝高 54.77m，过坝单宽流量从 62m²/s 到出口挑坎处的 97m²/s，挑坎处最大落差为 16m，由于河床覆盖层很厚，为了不使溢流冲刷危及坝身安全，采用了拱桥支承的滑雪道，经过多年运用，证明设计和施工是成功的。

我国贵州猫跳河三级修文水电站拱坝坝高 49m，采用厂房顶滑雪道式泄洪（如图 3-38 所示，右图为非溢流坝断面）。溢流段用闸墩和导墙分成 5 个泄槽，末端采用挑流鼻坎。设计最大泄洪流量 950m³/s，单宽流量 35.8m²/s。1963 年一次大洪水，实际泄洪流量约 1 640m³/s，单宽流量达 61.8m²/s，通过实地观测未发现有明显的振动。

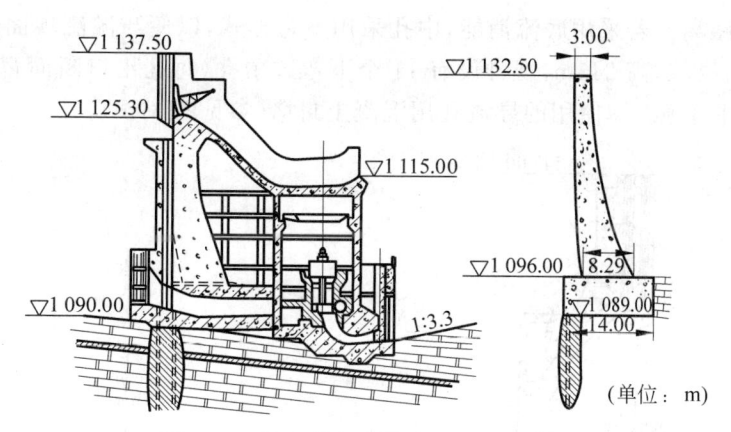

图 3-38 修文水电站拱坝溢流坝段剖面

### 4．坝内泄水孔式

为便于在不同的水位或在较低水位的情况下能给下游供水、排沙和放空水库，或者在大洪水来临之前，能尽量提前放水，腾出部分库容，增加防洪调蓄能力，减轻大洪水的压力，很多拱坝在坝内设置中孔、低孔或底孔。底孔多用于放空水库，辅助泄洪和排沙以及施工导流，一般不能缺少。在坝身设置这些泄水孔比在岩体里开挖和衬砌泄水隧洞节省工程量、工期和投资，只有在坝身设置孔口有困难或因施工干扰很大而前期工期不紧的情况下，才在岩体里开挖和衬砌泄水隧洞。

坝内泄水孔一般比坝顶溢流流速大，挑射距离远。泄水中孔一般设置在河床中部的坝段，使射出的水流基本平行于下游河水流向，在距离坝体较远处的河面入水。为了使挑距更远一些，中孔采用上翘式，如：我国二滩拱坝，高 240m，坝身设有 6 个上翘型中孔（参见图 3-39），每孔出口断面宽 6m、高 5m，出口孔底最大工作水头为 80m，6 孔总泄流量为 6600m³/s，自两侧至河中每两孔挑射角依次为 10°、17°、30°，从径向向两岸水平偏转依次为 3°、2°、1°，纵横分散入水，减小径向集中入水强度。

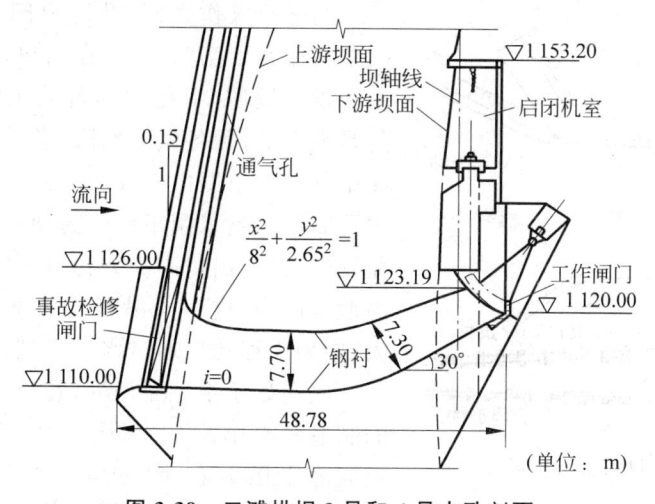

图 3-39 二滩拱坝 3 号和 4 号中孔剖面

对于重力拱坝，可利用下部较厚的坝体在下游坝面设置溢流面和挑坎，因较大的落差产生较大的流速,可挑射更大的距离。若采用底流消能,中孔采用下弯形式,以便与溢流坝面衔接,如:苏联建造的萨扬舒申斯克重力拱坝,高245m,坝身设有11个下弯式中孔(每孔出口断面宽5m、高6m,总泄流量为13 600m³/s),并将施工期使用的导流孔用混凝土封堵(参见图3-40)。

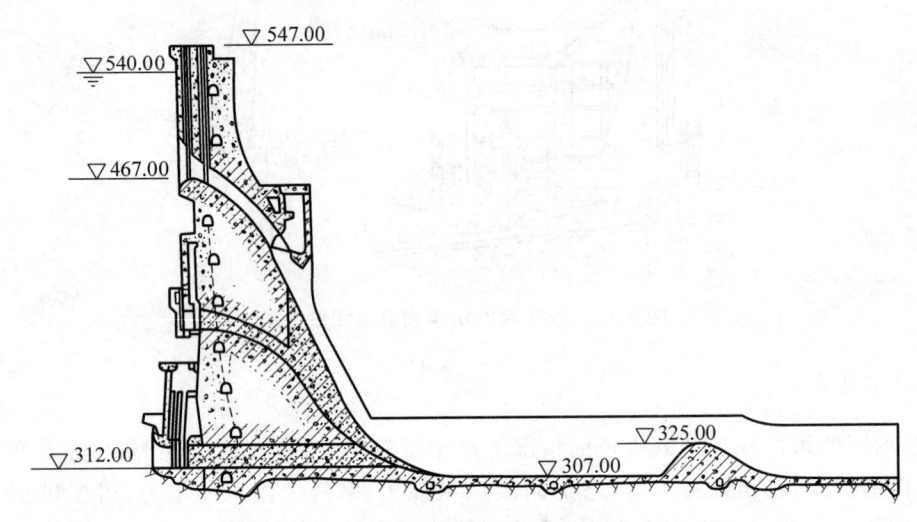

图3-40 萨扬舒申斯克重力拱坝泄洪中孔

有的工程由于在河床中部布置电站厂房或设计布置的原因,而将泄水中孔分设在两岸坝段。为避免水流完全沿径向挑射撞击对岸,避免水流在河床里多次折射河岸,应在岸边利用合适的地形和地质条件建造滑雪道式泄槽,将水流引到下游远处的河床。在这种情况下,设置在两岸坝段的泄水中孔也可采用下弯形式,并与滑雪道式泄槽相衔接。我国紧水滩双曲拱坝,高102m,左、右岸对称设置了中、浅孔各1个,见图3-41。中孔出口断面宽7.5m,高7m,浅孔宽8.6m,高8m。中、浅孔最大泄流量分别为3 189m³/s和2 788m³/s。东江、泉水双曲拱坝也采用了这种形式。

为运行操作方便,减轻启闭力,泄水孔的工作闸门大多采用弧形闸门,布置在出口,进口设事故检修闸门。由于拱坝较薄,中孔中部若采用圆形断面,而进出口闸门是方形的,须各做渐变段,设计和施工都很麻烦,中孔在中部很短范围内做成圆形断面的意义不大,所以拱坝中孔断面一般采用矩形。为使孔口泄流保持压力流,避免发生负压,出口高约为孔身高度的70%~80%。为提高泄水能力,进口及沿程变断面交接处宜做成曲线型,大、中型工程还应通过水工模型试验研究确定。

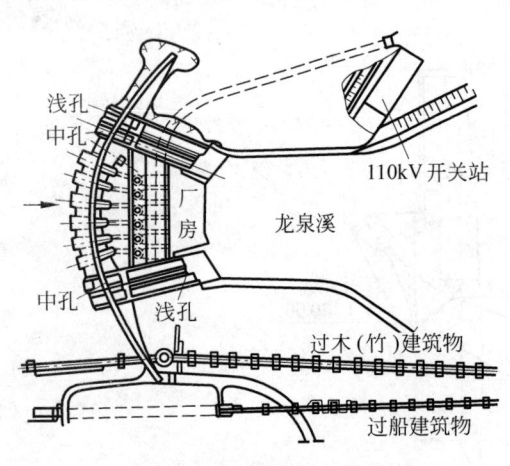

图3-41 紧水滩拱坝枢纽布置

底孔处于水下更深处,孔口尺寸往往限于高压闸门的制造和操作条件而不能太大,我国小湾拱坝放空底孔最大静水压力水头160m,进口事故检修链轮闸门宽5m,高12m;美国比佛滑动门作用水头达285.9m,门高3.18m,宽2m,是目前世界上作用水头最高的。因启闭力限制,水头越高,闸门的尺寸和孔口的截面积越小。在薄拱坝内,底孔很短,多采用矩形断面。对较高的重力拱坝,如果底孔较长、孔周围的应力较大，可考虑采用圆形断面，用渐变段与进出口的闸门段相连接。

拱坝的坝身泄水还可将上述各种形式结合使用，如坝顶溢流可以同时设置坝身泄水孔。当泄洪流量大、坝身泄水不能满足要求时，还可布置泄洪隧洞或岸边溢洪道，如二滩水电站工程设计泄洪总流量为 20 600m³/s，其中：坝身表孔下泄 6 600m³/s，中孔下泄 6 600m³/s，泄洪隧洞下泄 7 400m³/s。这种分散布置，有利于消能防冲，也便于提前泄洪、轮换使用和检修。

### 3.9.2 拱坝的消能、防冲与防雾化

拱坝一般建在狭窄的河谷，与河谷宽阔、两岸较缓的重力坝相比，洪水汇集下泄至拱坝下游狭窄河谷的单宽流量明显加大，河谷的冲刷严重地影响相距较近的两岸坝肩岩体，对拱坝的稳定更为不利，更应重视和加强拱坝的消能与防冲，其方式主要有以下几种。

(1) 挑流消能。挑流式、滑雪道式和坝内泄水孔式大都采用各种不同形式的挑坎，使水流以不同方向、不同挑距，扩散在空中消减部分能量后再跌入下游河床不同位置，减轻对河床的冲刷。

挑流挑距和冲坑深度可用式(2-81)～式(2-83)计算，但须考虑拱坝沿径向泄流落水点单宽流量加大的影响，此单宽流量往往比在溢流堰顶或坝轴线处的数值大很多，不能忽视。

赞比亚和津巴布韦合建的卡里巴拱坝于 1959 年建成后，水垫深度为 20～40m，1961—1972 年经过泄洪运行，河床片麻岩已刷深约 60m，冲坑边缘距坝脚仅约 40m，后来采用的保坝措施是在已有的冲刷坑位置上建造预应力混凝土消力戽，如图 3-42 所示。

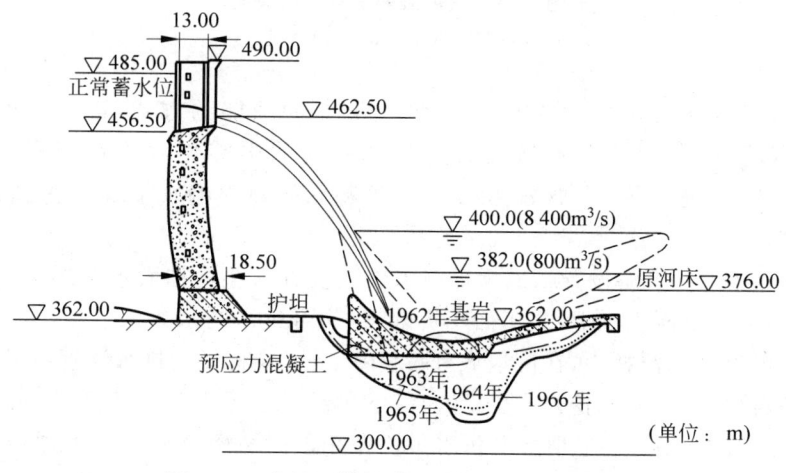

**图 3-42 卡里巴拱坝孔口泄洪及冲坑示意图**

拱坝表孔流向基本上呈径向，如溢流面参数相同，泄流过坝后向心集中加大下游入水单宽流量和冲刷破坏。曾有人建议在拱冠两侧各布置一组溢流表孔或泄水孔，使两侧挑射水流在空中对撞，消耗能量，减轻冲刷。我国泉水双曲拱坝采用岸坡滑雪道式对冲消能，如图 3-37 所示。但应注意：①两侧流向的夹角如果太小，对冲作用不大，反而集合在一起加大入水单宽流量，为避免出现这种情况，可在两侧滑雪道增设弯道，加大两侧水流流向的夹角；②必须使两侧闸门同步开启，否则射流将直冲对岸，反而很不利；③容易产生雾化，应慎用或少用。

我国有些中、高拱坝，泄洪流量较大，采用高低坎大差动方式，形成水股上下对撞消能。这种消能

方式不仅把集中的水流分散成多股水流,而且由于通气充分,有利于减免空蚀破坏,如：1956—1958年在我国广东建造78m高的流溪河拱坝(是当时我国最高的拱坝),坝顶表孔采用差动式高低坎,空中消能充分,水舌入水后的冲刷能力小于河道的抗冲能力;1978年在我国湖南建成的凤滩空腹拱坝,坝高112.5m,是当时世界上已建最高的空腹拱坝,经坝面下泄的校核洪水流量为32 600m³/s,单宽流量为183.3m²/s,也是当时坝顶泄洪流量最大的拱坝,采用高低鼻坎挑流互冲消能,高坎6孔,低坎7孔,高低坎水流以50°～55°交角在空中对撞消能[参见图3-43(a)],消能效果良好;白山重力拱坝采用高差较大的溢流面低坎和中孔高坎相间布置[如图3-43(b)所示],形成挑流水舌相互穿射、横向扩散、纵向分层的三维综合消能,效果很好;二滩双曲拱坝7个表孔奇偶相间分两层不同高程出口,分别采用扩宽加分流齿(参见图3-35)与不同方向的上翘式中孔(参见图3-39)构成多孔水舌纵横向分散在空中消能。试验成果表明,这种消能方式将大大提高水舌在空中的消能率,使水垫塘底板上的冲击动水压力一般小于50kPa,最大为115kPa,满足限定冲刷要求。

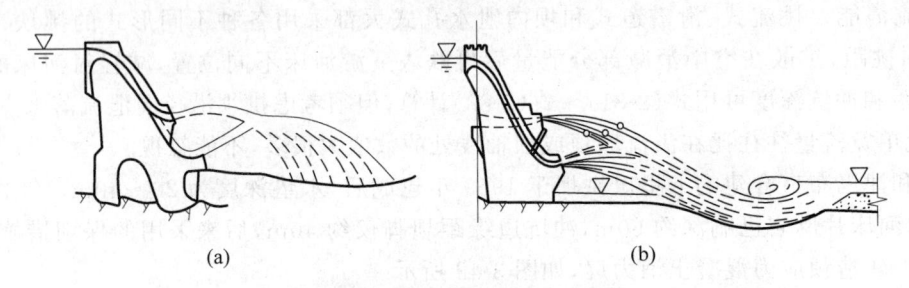

图3-43 拱坝大差动高低坎消能
(a) 凤滩拱坝；(b) 白山拱坝

溢流表孔采用扩宽高低坎的方式,高低鼻坎挑流互冲消能的方式,以及平面对撞消能方式,虽然可减轻对河谷的冲刷,但充分扩散尤其是相撞引起的雨雾化对于狭窄河谷两岸的建筑物、输电线路、电气设备、交通设施、岸坡岩体稳定等带来不利的影响。下面几种消能方式可避免或减轻雨雾化的影响。

（2）加厚水垫消能。在下游设置二道坝提高水位或设置水垫塘加大水深形成水垫消能。为节省工程量,可利用下游碾压混凝土围堰,竣工后不拆除,作为可过水的永久二道坝,增加水垫厚度。为减小其对上游大坝在泄洪后的浮托力,在围堰底处设置0.5～1m直径的排水涵管单根或数根,在施工期用泥土盖住涵管下游出口,竣工后挖开;在泄洪时,下泄流量远远大于涵管流量,水垫厚度迅速上升,几乎不受涵管影响;洪水过后,二道坝上游积水很快在几天内经涵管排干,不增加扬压力。

（3）底流水跃消能。底流通过水跃产生的表面旋滚与底部主流间的强烈紊动、掺混、剪切和消能作用将泄水建筑物泄出的急流转变为缓流。它不会在高空中产生雾化,但要求下游水深为1.05～1.10倍跃后水深,才能有较好的消能效率。当下游水深小于0.95倍跃后水深时,会产生远驱水跃;当下游水深超过1.2倍跃后水深较多时,消能效率较差。这两种情况都需要护坦较长,土石方开挖量和混凝土量较大,工程造价较高,一般很少采用,相比之下,利用碾压混凝土围堰作为永久二道坝加厚水垫消能既省钱又防雾化,多被采用。

（4）宽尾墩或窄缝式挑坎消能。其原理已在重力坝一章中做了叙述,这里不再重复。从宽尾墩或窄缝坎后面射出窄而高的水墙,在空中竖向充分扩散、掺气和消能,形成高而长的水冠(参见图2-67),明显地削减了水流在下游水面单位面积上的入射能量。这种消能方式更适合于窄河谷上建造的拱坝,以往常采用的跌流或挑流方式沿径向入水较集中,不仅单位面积水面的入射能量较大,而且容易形成强力回流、淘刷两侧岸坡,采用宽尾墩或窄缝坎后,这些问题都大为减轻,虽然宽尾墩消能也有雾化,但范围窄,对两岸影响小。我国湖北隔河岩重力拱坝高 151m,采用宽尾墩与挑流联合消能,建坝后运行至今已超过 27 年,经多次大流量泄洪,坝后河床未出现明显的冲刷坑,消能效果很好。

锦屏一级水电站拱坝高 305m,是目前世界已建最高的拱坝,设计洪水下泄流量 13 600m³/s,校核洪水下泄流量 15 400m³/s,上下游水位差 240m,泄洪能量大,河谷窄(约 60~120m),两岸陡(坡角约 55°~75°)。为避免或减轻坝后河床冲刷和雾化,该工程综合采用以下措施:①挖建右岸泄洪洞,下泄设计洪水 3 229m³/s、校核洪水 3 320m³/s,减小坝身泄洪流量;②坝身设置 4 个泄洪表孔和 5 个泄洪深孔,各孔出口挑坎高程不一,以分散各孔水流入水位置;③采用宽尾墩,表孔水舌沿纵向拉伸明显,减小入水强度,增加深孔各股水舌间隙,使表孔、深孔水流相互穿插无碰撞,仅在宽尾墩附近有少量雾化;④坝下游设置水垫塘和二道坝,水垫塘为梯形断面,底宽 45m,底板顶高程 1 595m,边墙坡度为 1:0.5,边墙顶高程 1 661m,水垫塘深度 66m,水垫塘钢筋混凝土衬砌底板厚 4m,1 600m 高程以下的边墙及底板表面采用 0.50m 厚抗蚀耐磨的钢筋混凝土,其余为普通钢筋混凝土;水垫塘两岸 1 661m 高程以上边坡岩表分区采用混凝土或喷混凝土保护;水垫塘下游混凝土二道坝顶高程 1 645m,最大坝高 54m,顶厚 6m,底厚 61m,坝顶长 103m。该工程通过上述措施,较好地解决窄河谷建造的高拱坝下泄大流量洪水的消能和雾化问题。

我国西南雨水充沛、洪峰流量大、河谷狭窄、两岸坡陡,对于高度 200m 以上的薄拱坝或中等厚度拱坝,为了防止在泄洪消能时产生的雨雾化,不一定限于采用底流消能的方式,宜综合采用各种可行的措施,如:根据地形、地质、泄洪量大小,增设泄洪洞、滑雪道式溢洪道,将洪水下泄至下游远处;坝身表孔和深孔采用高低不同的挑坎,分散泄洪入水点,减小入水强度;还可采用宽尾墩方式,使水股变高、变窄、沿纵向拉长,既可减小入水强度,又可避免各股相撞产生雨雾化;一般工程可利用下游碾压混凝土围堰作为永久二道坝,增加水垫厚度,如果水垫厚度不够,还可挖建水垫塘,或者控制起始下泄量,待坝后水垫厚度加大到设计厚度,再开大闸门泄水。若水垫塘底部和边坡有混凝土衬砌,为减小扬压力,在基岩接触面上应设置排水,通至下游深处。

## 3.10 连拱坝及其他形式支墩坝

> **学习要点**
> 了解各种支墩坝的结构特点、受力特点、优缺点和适用条件。

### 3.10.1 连拱坝

在较宽的河谷上建造的拱坝往往应力很大,坝肩稳定条件难以得到满足,或者做成重力拱坝,悬臂梁承受较大的水压荷载,以减小拱向荷载。为了减小坝体厚度,可建造许多支墩,做成连拱的形式,称为连拱坝。连拱坝的挡水结构是一系列斜靠在支墩上的小拱坝或拱筒,与支墩组成整体结构(如图 3-44 所示),可在支墩里设置永久横缝或在低温灌浆的临时横缝。

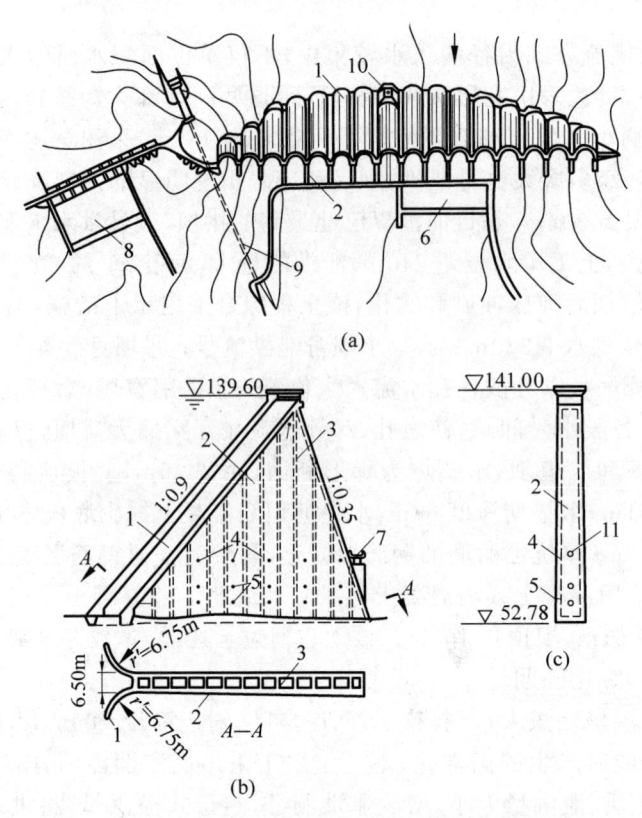

**图 3-44 梅山水库枢纽布置及连拱坝部分结构示意图**

(a) 平面布置图；(b) 支墩及其两侧半拱筒 $A—A$ 截面图；(c) 支墩下游立视图

1—拱筒；2—支墩；3—隔墙；4—通气孔；5—排水孔；6—水电站；7—交通桥；8—溢洪道；9—泄洪隧洞；10—泄水孔；11—进人孔

拱筒应力计算按所需精度选用 3.4 节的方法，如纯拱法、拱梁分载法（以支墩作为支承结构）或有限元方法，用算得的拱端内力核算支墩稳定性。若支墩不稳定或变形过大，拱筒应力恶化乃至破坏，应加厚支墩或将支墩与地基锚索；若支墩稳定且变形量很小，应再加上拱筒底部内力核算横缝分段坝体稳定性，或按坝段总水压力和总自重核算坝体沿坝底剪断和沿地基剪断滑动的稳定性。

世界上最早的连拱坝是在 16 世纪末西班牙建造的埃尔切（Elche）砌石连拱坝，坝高 23m，拱筒坝面直立。到 19 世纪末才开始建造坝面倾斜（利用水重增加稳定）的连拱坝，如图 3-45(a)所示。自 1917 年至第二次世界大战前，美国、意大利、挪威、加拿大等国相继建造高度超过 40m、坝面倾斜的钢筋混凝土连拱坝。我国在 1954 年和 1956 年先后建成佛子岭连拱坝（高 74.4m）和梅山连拱坝（高 88.24m，后者是当时世界已建最高的连拱坝，如图 3-44 所示）。1968 年在加拿大建成的丹尼尔·约

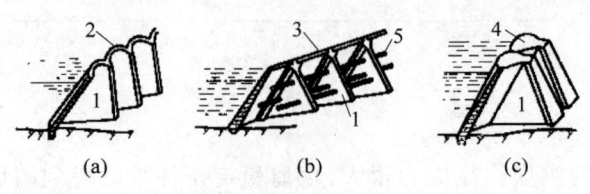

**图 3-45 支墩坝的类型**

(a) 连拱坝；(b) 平板坝；(c) 大头坝

1—支墩；2—拱筒；3—平板；4—大头；5—加劲梁

翰逊（Daniel Johnson）连拱坝,高214m,至今仍是世界同类坝最高的。它共有14座拱,中间最大拱跨为161.7m,底厚25.3m,顶厚6.7m；其余较小拱的跨度为76.3m,底厚7.9m,顶厚3m。

## 3.10.2 平板坝

平板坝的挡水结构是钢筋混凝土平面板,常简支在支墩上,它能适应地基和温度变形。若采用连续板式,虽然可减小板的跨中弯矩,但在跨过支墩处的上游面容易产生较大的拉应力而开裂,而相邻各支墩位移差别较大时面板受力更为不利；按防渗抗冻要求,宜采用较厚的简支板,虽然跨中正弯矩较大,但可在面板下游面跨中部位加配钢筋,即使该处下游面出现微裂纹对蓄水也无大影响。平板顶部厚度不宜小于0.4m(低坝)～0.6m(中坝),向下逐渐加厚,应满足强度、抗渗和抗冻等要求。平板的承载能力远不如圆拱,跨度也远不如圆拱大,常用的支墩间距小于10m,大多为中低坝。阿根廷在1948年建造的埃斯卡巴平板坝,坝高83m,至今仍是世界已建最高的平板坝。我国在1958年建成54m高的金江平板坝,1973年建成42m高的龙亭平板坝。据统计分析,高度超过40～50m的平板坝并不经济。为加强支墩的侧向稳定性,支墩之间常须增设加劲梁,如图3-45(b)所示。支墩顶厚不宜小于0.6m(低坝)～1.2m(中坝),向下逐渐加厚,应满足强度和稳定要求；上、下游坝面坡度取决于地基强度和稳定条件,上游坡角常为40°～60°,下游坡角60°～85°。

## 3.10.3 大头坝

大头坝因其上游头部较大而得名,在两坝段头部之间分缝并设置止水,各坝段是独立的静定结构,应力和稳定计算以及施工都比连拱坝和平板坝方便,温度变形约束应力小于连拱坝。在支墩坝中,我国建造较多的是大头坝,如：柘溪水电站、磨子潭水库、新丰江水电站等工程。其中,柘溪大头坝高达104m,剖面图如图3-46(a)所示。巴西和巴拉圭在1974—1991年合建的伊泰普水电站,主坝为双支墩大头坝,长1 064m,最大坝高196m,是世界目前已建最高的大头坝。

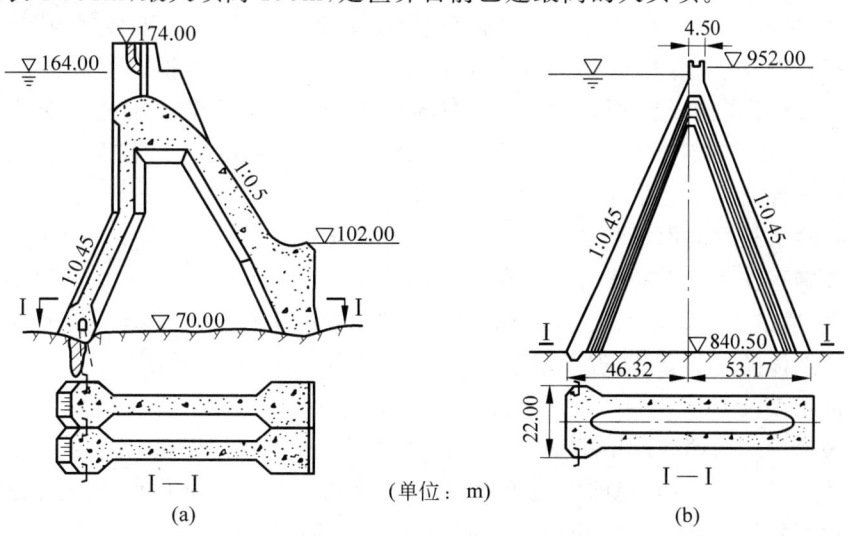

**图 3-46　大头坝剖面图**
(a) 柘溪单支墩溢流大头坝；(b) 双支墩大头坝

### 3.10.4 支墩坝与拱坝和重力坝的比较

上述由连拱、大头或平板作为挡水结构与支墩组成的大坝统称为支墩坝(buttress dam)。水压等荷载大部分或绝大部分由支墩承受,再由支墩传递到地基。支墩坝设计有以下几项主要内容:①选定支墩和挡水结构;②确定挡水结构跨度和厚度、支墩厚度、上下游坝面坡率等;③对挡水结构和支墩进行应力计算和强度验算;④验算坝体抗滑稳定;⑤细部设计和地基处理等。

支墩坝主要依靠自重和水重参与产生的摩擦力或抗剪断力以及材料凝聚力维持稳定,应分别按支墩和整体核算其稳定性,若地质条件相差较大,则应另行按具体情况分段考虑。

支墩坝与重力坝和拱坝相比,具有如下特点:

(1) 支墩的应力较大,对地基的要求比重力坝高,特别是连拱坝,支墩的间距相对较大,对地基的要求就更加严格,但不如拱坝要求高。大坝一般较长,为适应温度变形,连拱坝宜在某些支墩设置永久伸缩缝,同重力坝的要求,并设置止水,支墩应随受力情况调整厚度,充分利用圬工材料的抗压强度。大头坝的永久伸缩缝设置在大头相邻处,也须设置止水。平板坝的面板简支在支墩上,容易适应地基的不均匀变形和温度变形,因而在软弱岩基上可考虑建造较低的平板坝。

(2) 支墩坝上游坝面明显地缓于重力坝,可增加很多的水重来维持坝体的抗滑稳定;另外支墩坝底部与坝基接触面积很小,承受的扬压力明显地小于实体重力坝,所以支墩坝本身可节省很多材料,与重力坝相比,大头坝可省 15%～25%,连拱坝与平板坝可省 40%～60%。

(3) 对于不与坝底部接触的部分地基可不开挖,或只需简单清除影响施工的土石渣,而不必钻孔爆破开挖这部分的岩基表层,也不必对其进行灌浆和排水处理。

(4) 由于拱圈、平板和支墩等结构单薄,施工散热条件好,但对温度变化较敏感,在气温很低时容易产生裂缝,在寒冷季节须采取适当的保温措施。

(5) 支墩是一个受压板壁结构,容易失稳破坏,侧向(横河向)比顺河向刚度和抗震性能明显偏低,所以需要加劲梁等横向连接措施。

(6) 支墩坝与重力坝相比,虽然总工程量较小,但要求混凝土强度高,平板坝与连拱坝的钢筋用量多,模板用量大而且较复杂,用人工多,致使混凝土的单价较高,工期长,推迟收益。

(7) 支墩上可设置表孔溢流面泄洪,单宽泄流量可以较大,已建的溢流大头坝单宽泄流量达 $100 m^2/s$ 以上;支墩可以布置泄洪孔或发电灌溉引水管,但因结构单薄,单宽泄流量或水头稍大,容易引起坝体振动,在这种情况下应采用隧洞泄洪或引水。

在支墩坝中,除平板坝的面板和加劲梁采用钢筋混凝土外,其余中小型支墩坝的结构还可采用浆砌石,或者采用浆砌石作为支墩的模板。有的工程将两岸坝基上面覆盖层的部分砂砾、石渣等留在岸坡,随着坝体上升,通过平面运输回填支墩间的空腔,利用好的块石砌筑浆砌石模板,在坝体混凝土浇筑后不拆除,作为坝体的一部分,节省了很多模板,但所需人工多、施工进度慢。

我国在 20 世纪 50—80 年代由于施工机械化程度很低,钢材、水泥、木材很缺少,而廉价劳动力很多,建造了一些廉价的不同形式的中小型支墩坝。自 20 世纪 80 年代以来,由于高坝的筑坝强度和筑坝技术的要求,尤其是缩短工期、提前发电等迫切要求,又由于施工机械化程度不断提高,一大批可以快速施工、节省投资的碾压混凝土坝和混凝土面板堆石坝的推广和发展,已很少建造支墩坝。如今,支墩坝很难适用于机械化快速施工的要求,我国剩余需要建造的坝体基本上是在大西南需要用来挡水发电和防洪的高坝,更不可能采用费工、费时、费钱、迟迟不能发电的支墩坝。只有在砂石骨料、块石、黏土和其他土石材料以及施工机械很紧缺或运输很困难而劳动力很充足的情况,才可能考虑建造支墩坝,但数量估计很少。所以本书对支墩坝仅做简要介绍,以便读者对各种坝型的发展过程及其构造特点和优缺点有所了解,有助于今后对国内外待建大坝的选型工作。

## 思 考 题

1. 结合拱坝的工作条件和特点,分析拱坝对地形和地质条件有哪些要求?
2. 作用于拱坝的基本组合的荷载有哪些?特殊组合的荷载有哪些?
3. 拱坝的温度荷载有哪两大类?在基本组合中的温度荷载是指什么?采取哪些措施可减小这类温度荷载?
4. 拱坝的设计应满足哪些条件?对拱坝设计影响较大的荷载有哪些?
5. 拱坝的应力分析方法有哪些?所得结果应满足什么要求?各种方法有哪些主要特点和适用性?
6. 采取哪些措施可以减小混凝土拱坝的温度应力?
7. 拱坝的抗滑稳定分析方法有哪些?所得结果应满足哪些要求?各种方法有哪些主要特点和适用性?
8. 为什么说拱坝的坝肩稳定对于拱坝来说是至关重要的?采取哪些措施可提高拱坝的抗滑稳定性?
9. 对拱坝应如何分缝及材料分区?为什么?
10. 碾压混凝土拱坝有哪些特点?与常规混凝土拱坝相比有哪些优越性?
11. 对拱坝地基应做哪些处理?为什么?
12. 拱坝坝身泄水建筑物有哪些类型?如何解决拱坝的泄洪消能防冲和防雾化问题?
13. 比较连拱坝、平板坝和大头坝的结构特点,各有哪些优缺点和应用条件?为什么现在很少采用?

# 第 4 章 土 石 坝

## 4.1 概 述

> **学习要点**
> 土石坝的类型、新发展的特点及设计的基本要求。

土石坝是由土、砂石料等当地材料建成的坝。早在公元前 3000 多年就已兴建许多较低的土石坝,但后来均被洪水冲毁没有保留下来。埃及于公元前 2600 年在开罗以南建造卡法拉(Kafara)拦洪堆石坝,采用砂壤土夹卵石心墙、堆石坝壳,高 14m,因无导流设施,施工中被冲垮。希腊在公元前 1300 年修建了一座大型防洪土坝工程至今完好。公元前 6 世纪在墨西哥城东南 260km 的普龙(Purron)和北也门著名的马利布(Marib)灌区各兴建了一座均质土坝,高度分别为 19m 和 20m。中国在公元前 598—591 年,兴建了芍陂土坝(今安丰塘水库),经历代整修使用至今;公元前 219 年,在广州西北约 400km 处建造了天平堰;公元前 34 年,在南京西北 450km 处建造了马仁坡土坝,至今残坝坝高 16m。在世界各国最早兴建的坝都不用胶凝材料、而只用当地黏土、沙土、砂砾、砂石料等天然材料。只有在胶凝材料(如黏米面、石灰、水泥等)出现后才用它砌筑浆砌石,作为土石坝的防渗体,以及早期砌石重力坝、砌石拱坝、砌石支墩坝的坝体。所以说,土石坝是世界各国最先利用多种多样天然材料建造的、历史上最为悠久的一种坝型。正因为如此,土石坝发展至今,类型也最多。

### 4.1.1 土石坝的类型

土石坝按其施工方法可分为碾压式土石坝、冲填式土石坝、水中填土坝和定向爆破堆石坝等。其中,冲填式土石坝利用水力开采、运输和冲填;水中填土坝则在坝址处修筑围埂灌水、填土,土受水力作用崩解压密。这两种坝型都靠水的渗流带动颗粒向下运动而被压密,压实性能远不如机械碾压,而且排水固结很慢,孔隙水压力很大,只适用于坝坡较缓的低坝。定向爆破土石坝利用抛石冲击力的压实性能也不如振动碾压机械。建筑实践表明,应用最广泛、质量最好的土石坝是碾压式土石坝。

按照土料在坝身内的配置和防渗体所用的材料种类及其所在的位置(如图 4-1 所

示),碾压式土石坝又分为以下几种主要的类型。

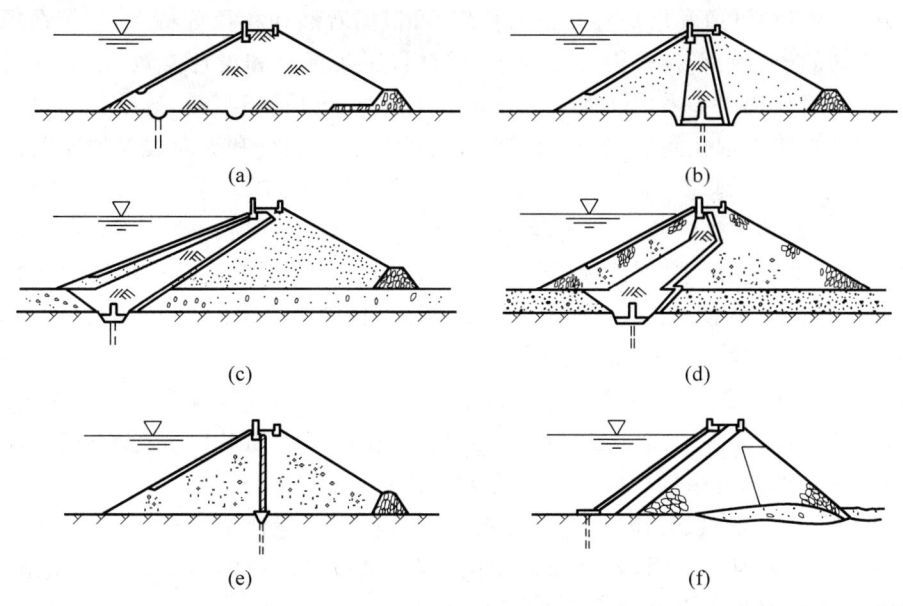

**图 4-1 土石坝的类型**
(a) 均质坝; (b) 土质心墙坝; (c) 土质斜墙坝; (d) 土质斜心墙坝; (e) 人工材料心墙坝; (f) 人工材料面板堆石坝

(1) 均质坝。一般由沙壤土一种土料组成,同时起防渗和支承作用。

(2) 土质心墙坝。由相对不透水或弱透水土料构成中央防渗体,其上下游两侧以透水砂砾土石料组成坝壳,对心墙起保护支承作用。

(3) 土质斜墙坝。由相对不透水或弱透水土料构成上游防渗体,而以透水砂砾土石料作为下游支撑体和上游薄层保护体。

(4) 土质斜心墙坝。由相对不透水或弱透水土料构成防渗体,其下部为斜墙、上部为心墙,在它们的上下游两侧以透水砂砾土石料组成坝壳,支撑和保护防渗体。

(5) 人工材料心墙坝。中央防渗体由沥青混凝土或混凝土、钢筋混凝土等人工材料构成,坝壳由透水或半透水砂砾土石料或者再加上块石等组成。

(6) 人工材料面板坝。上游防渗面板由钢筋混凝土、沥青混凝土、塑料膜或土工膜等材料构成,其支撑体由透水或半透水砂砾土石料或者加上块石等组成。

## 4.1.2 土石坝的新发展及其特点

近代的土石坝筑坝技术自 20 世纪 60—80 年代以来逐渐得到很大的新发展,例如:深覆盖层垂直防渗处理,施工导流技术的发展,大型振动碾的出现并促成了一批面板堆石坝和高土石坝的建设。据不完全统计,法国、巴西、美国、加拿大、韩国、瑞典等一些国家已建土石坝所占大坝的比例都在 70% 以上。据 1982 年统计,我国坝高在 15m 以上的大坝约为 18 595 座,其中土石坝占 93% 以上;在 321 座大型水库的大坝中,土石坝占 81%。据统计,世界已建百米以上的高坝中,土石坝占 75% 以上。

土石坝得以广泛应用和发展的主要原因有以下几方面。

(1) 可以就地、就近取材，节省大量水泥、木材和钢材，减少三材运输量在交通不便地区尤为重要。坝基、隧洞、岸边或垭口溢洪道和厂房等开挖的石渣，可根据岩性和粒径等特点，填筑在坝体断面适当的部位，并针对不同的土、砂、石料采用合理的坝体结构、压实标准和设计参数，正确选用压实机械和施工参数。近来，心墙料趋向于采用弹性模量较高的冰碛土、砾质土料等。砾质土料可以提高心墙的竖向承压强度，减少心墙与坝壳间的不均匀沉降，避免心墙水平裂缝和纵向裂缝的发生。

(2) 能适应各种不同的地形、地质条件。对于覆盖层很深或渗漏严重等坝基的防渗处理技术以及其他一些不良坝基的处理方法已趋于成熟，经过处理后均可建土石坝。砂砾石或堆石体等非黏性土材料的填筑和碾压几乎不受雨季、寒冷或炎热等气候条件的影响，这是混凝土坝所缺乏的优越性。

(3) 近年来大功率、多功能、配套成龙并采用电子计算机控制技术的高效率施工机械，组合成循环流水作业线，提高了土石坝的施工质量，加快了进度，使高土石坝上坝强度达到很高的水平，例如月上坝强度达 200 万～450 万 $m^3$；日上坝强度达 12.5 万～23.1 万 $m^3$，这就明显地缩短了工期，提前效益，并大大地降低了造价，促进了高土石坝建设的发展。在同等坝高条件下，土石坝的坝体方量虽比混凝土重力坝大 4～6 倍，但其单价在国外仅为混凝土坝的 1/20～1/15（最近有些国家还下降到 1/70～1/30）；虽然土石坝工程的泄洪、导流、发电等建筑物的工程量一般比混凝土坝大，但地基开挖工程量小得多。方案论证和实践对比证明，若河床覆盖层较深、岸边有合适的垭口布置溢洪道，则土石坝工程的综合经济指标优于混凝土重力坝。

(4) 土石坝施工导流技术改进。过去土石坝施工导流常采用多条大型导流隧洞，以满足通过施工导流洪水流量的要求，并导致工期长、造价高，成为土石坝施工导流上的最大难题。目前土石坝工程施工导流方面取得的进展是：在一个枯水期内把坝体临时断面抢筑到较高的拦洪高程，或修建高围堰兼作坝体的组成部分，可利用较大的库容滞洪，对堆石坝还可考虑坝体临时断面溢流，从而比以往其他类型的土石坝明显地减少洞挖和围堰等导流工程量，既缩短了工期，又降低了造价。

(5) 由于岩土力学理论、试验手段和计算技术的发展，提高了大坝分析计算和试验的水平；由于大型电子计算机的出现和有限单元法的应用，可进行较为符合实际条件的多种复杂计算，进一步保障大坝设计的安全可靠性，加快设计进度。

(6) 高边坡和地下工程结构的稳定、高速水流消能防冲等设计和施工技术水平的提高，也促进了土石坝方案的应用和推广。

(7) 土石坝适应高烈度地震的能力强，按现代技术精心设计、严格施工的土石坝，安全可靠，经地震后一般不出现大的破坏，虽然有的砂砾石坝壳出现裂缝或滑动，但只要防渗体还能正常工作，就不影响大坝继续运行，震后也易于修复。在"5·12"汶川特大地震中，距离震中约 17km 的紫坪铺混凝土面板堆石坝经受住 9 度以上的强震考验，水下面板仍起防渗蓄水作用，这就是一个明显的例证。

由于土石坝的历史悠久，已积累了丰富的经验，再加上最近几十年来新的筑坝理论和施工技术的发展，使土石坝具有许多独特的优越性，成为世界坝工建设中应用最广泛、发展最快的一种坝型。

当然，并非所有坝址都适宜建造土石坝。土石坝容易发生渗透破坏、洪水漫顶和滑坡等破坏，这是它与混凝土坝相比的弱点。在洪水流量较大、两岸很窄很陡、有通航要求的河流上，土石坝工程的导流、泄洪、通航问题比混凝土坝难以解决，在施工和运行期都冒着较大的风险。在我国西南部地区的大江大河筑坝也存在这一问题，若坝址地质条件较好，建混凝土坝具有较大的优越性，这是我国为什么土石坝在低坝中占比例很多、而在大西南的高坝中占比例很少的主要原因之一。

若当地土石料较多、覆盖层较厚或基岩不能建造高混凝土坝，只要洪水流量不大、没有通航要求，而有足够的大型振动碾等施工机械,宜采用堆石坝。随着气象、水文预报工作水平的提高,随着施工技术和导流技术的发展,可将面板堆石坝永久坝体的上游下部临时断面作为施工围堰。我国建造较高的堆石坝有:天生桥一级面板堆石坝(高178m),小浪底黏土斜心墙堆石坝(高154m),水布垭混凝土面板堆石坝(高233m,是当时世界已建同类坝最高的),糯扎渡砾石黏土心墙堆石坝(高261.5m),双江口水电站(在建中)和两河口水电站两大坝均为砾石黏土心墙堆石坝(高分别为315m和295m),是目前世界在建和已建同类大坝中最高的两座高堆石坝。

### 4.1.3 土石坝设计的基本要求

土石坝的设计起码应满足以下六项基本要求:

(1) 应设置良好的防渗和排水设施,以控制渗流量和防止渗流破坏。土石坝防渗体的防渗性能不仅影响大坝的蓄水效益,而且对坝体渗流稳定和大坝的安全至关重要。若防渗体的防渗能力很差,渗流量很大,甚至会把黏性土细颗粒携带至下游粗颗粒区,排水不通畅,饱和区范围扩大,土石料承受上浮力,减轻了抵抗滑动的有效重量,土石料浸水以后的抗剪强度将明显减小,容易引起滑坡失稳;另外,渗流经过坝体到坝坡表面或坝基表面逸出,容易引起管涌、流土等渗流破坏。所以,设置良好的防渗和排水设施,对于减小渗流量、减少细颗粒流失,减小饱和区范围和溢出坡降,避免管涌、流土破坏和滑坡失稳,对于土石坝的安全是至关重要的。

(2) 坝坡和坝基应有足够的稳定性。理论计算和实践表明,土石坝坝坡和坝基的稳定与筑坝材料的摩擦系数、黏聚力有关,还与坝坡有关。坝坡太缓,则增加筑坝材料;但坝坡太陡,则容易滑坡垮坝。所以,要设计合适的坝坡,既不能填筑太多的土石料,安全系数又不能太小,这是土石坝设计中必须解决的重大问题。坝坡的设计与筑坝材料的摩擦系数和黏聚力有关,而这些参数指标又与筑坝材料的含水量有关。在施工期、稳定渗流期、水库水位降落期以及地震作用时,坝体荷载和土石料的抗剪强度都将发生变化,应分别进行核算以保持坝坡和坝基的稳定。国内外土石坝的失事,约有1/4是由滑坡造成的,其中有很多是因为浸润线和抗剪强度不清楚而计算错误造成的,必须引起足够的重视。

(3) 根据坝址附近现场和料场条件选择好筑坝土石料的种类及其可用的数量,确定坝的结构形式以及各种土石料在坝体内的位置,根据土石料的物理和力学性质确定坝体各部位合理的压实标准。

(4) 泄洪建筑物应具有足够的泄洪能力,坝顶在洪水位以上要有足够的安全超高,绝对不允许洪水漫顶。洪水漫顶很容易造成垮坝,带来巨大的损失,例如:1975年8月5—7日我国河南连降暴雨,板桥水库、石漫滩水库和其他一些水库的土石坝都因暴雨洪水过大、溢洪道设计过小、闸门开启失灵,导致洪水漫过坝顶连环垮坝。据不完全统计,倒塌房屋596万间,死亡约10万人,冲走耕畜30.23万头,淹没农田1700万亩,京广线被冲毁102km,中断行车18d,影响运输48d,直接经济损失近百亿元(指当时的人民币价值)。全世界土石坝因洪水漫顶而垮坝的约占土石坝垮坝总数的1/4~1/3,古代占大半数。所以,土石坝的校核洪水标准都应高于同一等级的混凝土坝,除了对校核洪水应有足够宣泄能力的正常泄水建筑物之外,一级建筑物的土石坝还应对可能发生的特大或最大洪水设置非常溢洪道等应急的保坝设施。

(5) 为使大坝运行可靠、耐久,须采取必要的构造措施。为保护黏性土防渗层,在其上游一侧应有足够厚度的砂砾石防护层,防止波浪冲刷,防止日晒、冬季冻胀或干缩等引起裂缝。在水位变化范围内,坝面应有坚固的砌石护坡和碎石垫层,防止波浪冲刷;上、下游水位以上的坝面应有可靠的护砌,防止雨水的冲刷破坏。若坝基或筑坝土料压缩性较大，应采取工程措施减少沉降变形和不均匀沉降，避免出现裂缝。若坝基有容易液化的粉细沙层，应挖除或采用加固措施，以防地震液化。

（6）在下游坝体设置竖直观测孔。这是在下游坝面随时量测坝内浸润线、分析渗透是否出现异常、保证大坝安全和正常运行所不可缺少的安全监测设计。1976 年 7 月 28 日唐山大地震时，密云水库白河黏土斜墙坝上游坝坡发生大面积滑坡，黏土斜墙是否发生滑动引起渗流破坏，主要依靠观测孔水位和水质的变化来分析判断。如果没有这些观测孔，当时正在汛期，很难下决心是否需要立即放空水库抢修。正是由于这些观测孔提供的宝贵资料，才得以分析和判断斜墙未遭破坏漏水，可以放心等待汛后在某一时段慢慢放空水库修复。通过这一例子可以说明，在土石坝下游部位设置浸润线观测孔对于大坝安全监测是非常重要、不可缺少的，其重要性远远超出某些人所认为"是为验证和寻求浸润线计算公式"的科研工作。

## 4.2 土石坝的基本断面、构造及筑坝土石料

> **学习要点**
> 掌握土石坝的断面设计和各种筑坝材料的基本要求。

土石坝的基本断面是根据坝高和坝的等级，坝型和筑坝材料特性，坝基情况以及施工、运行条件等，参照已有工程的实践经验拟定，通过渗流和稳定分析检验，最终确定合理的断面形状。

### 4.2.1 土石坝的基本断面

**1. 坝顶高程和坝顶宽度**

根据我国《碾压式土石坝设计规范》[26,27]，若坝顶防浪墙紧密结合防渗体，防浪墙顶在水库静水位以上的超高 $d$ 按式（4-1）计算（式中各量如图 4-2 所示）：

$$d = h_a + e + A \tag{4-1}$$

式中：$h_a$——波浪在坝坡上的爬高（指竖向高度），m；

$e$——风浪引起的坝前水位壅高，m；

$A$——安全超高，m，按表 4-1 取值，特高坝或特别重要工程的 $A$ 值可再大些[27]。

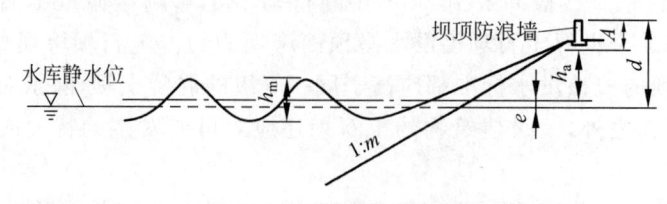

图 4-2 坝顶超高示意图

表 4-1　安全超高 $A$　　　　　　　　　　　　　　　　　　　　　　　　　　　　m

| 坝的级别 | 1 | 2 | 3 | 4、5 |
|---|---|---|---|---|
| 正常蓄水或设计洪水 | 1.50 | 1.00 | 0.70 | 0.50 |
| 校核洪水或正常蓄水＋地震 | 1.00 | 0.70 | 0.50 | 0.30 |

式(4-1)中 $h_a$ 和 $e$ 的计算式很多,大多是经验和半经验性的,适用于一定的具体条件。以下是我国《碾压式土石坝设计规范》[26,27]附录 A 所推荐的方法和计算公式。

风浪引起的坝前水位壅高 $e$ 为

$$e = KV^2 D\cos\beta/(2gH_m) \tag{4-2}$$

式中：$K$——综合摩阻系数,取 $3.6 \times 10^{-6}$；

　　　$V$——设计风速,m/s,参见式(2-4)后面的说明；

　　　$D$——吹程,m,取值参见 2.2 节；

　　　$g$——重力加速度,取 $9.81 \text{m/s}^2$；

　　　$H_m$——库水平均水深,m,一般 $H_m > 15\text{m}$,$e$ 很小,故 $H_m$ 的误差对 $e$ 和 $d$ 影响也很小；

　　　$\beta$——风向与坝轴线法线方向的夹角,因 $e$ 很小,风向难定,为安全和方便起见,取 $\beta=0$。

(1) 当上游坝坡参数 $m = 1.5 \sim 5.0$ 时($m$ 如图 4-2 所示),平均波浪爬高为[26,27]

$$h_{am} = K_\Delta K_W [h_m L_m/(1+m^2)]^{1/2} \tag{4-3}$$

(2) 当 $m \leqslant 1.25$ 时,平均波浪爬高为[26,27]

$$h_{am} = K_\Delta K_W R_0 h_m \tag{4-4}$$

式中：$h_m$、$L_m$——平均波高和平均波长,单位均为 m,计算公式同 2.2 节；计算中用到的设计风速[26,27]：非常运行时,取多年平均年最大风速 $V_0$；正常运行时,1～2 级坝取 $V_0$ 的 1.5～2.0 倍(特高坝取大值),3～5 级坝取 $V_0$ 的 1.5 倍；

　　　$K_\Delta$——坝坡糙率渗透性系数,按护坡类型由表 4-2 查得；

　　　$K_W$——经验系数,按表 4-3 查得；

　　　$R_0$——无风情况下,平均波高 $h_m = 1\text{m}$ 时,光滑不透水护面($K_\Delta = 1$)的爬高值,见表 4-4。

表 4-2　糙率渗透性系数

| 护面类型 | 光滑不透水<br>(如沥青混凝土) | 混凝土或混凝土板 | 草皮 | 砌石 | 抛填两层块石 |
|---|---|---|---|---|---|
| $K_\Delta$ | 1.00 | 0.90 | 0.85～0.90 | 0.75～0.80 | 0.60～0.65 |

表 4-3　经验系数 $K_W$

| $V/(gH)^{1/2}$ | ≤1 | 1.5 | 2 | 2.5 | 3 | 3.5 | 4 | ≥5 |
|---|---|---|---|---|---|---|---|---|
| $K_W$ | 1.00 | 1.02 | 1.08 | 1.16 | 1.22 | 1.25 | 1.28 | 1.30 |

注：$V$——计算风速,m/s；$H$——坝迎水面前平均水深,m；$g$——重力加速度,$9.81\text{m/s}^2$。

表 4-4  $R_0$ 值

| 上游坝坡参数 $m$ | 0 | 0.5 | 1.0 | 1.25 |
|---|---|---|---|---|
| $R_0$ | 1.24 | 1.45 | 2.20 | 2.50 |

(3) 当 $1.25<m<1.5$ 时,平均波浪爬高可由 $m=1.25$ 和 $m=1.5$ 的计算值按内插法求得。

平均波高一般小于 0.1 倍坝前平均水深,按照我国《碾压式土石坝设计规范》[26,27]附录 A 的规定:1～3 级土石坝的设计波浪爬高值采用累计概率为 1% 的爬高值,即取 $h_a=2.23h_{am}$;4～5 级坝采用累计概率为 5% 的爬高值,即取 $h_a=1.84h_{am}$。

强震区土石坝在正常蓄水静水位以上的安全超高除了上述波浪爬高之外,还应加上地震涌浪高度和地震沉陷,按下列原则确定:根据设计地震烈度和坝前水深,取地震涌浪高度为 0.5～1.5m;设计地震烈度为 7～9 度时,安全超高应计入坝体和地基的地震沉陷;库区内可能因地震引起的大体积崩塌和滑坡等形成的涌浪,应进行专门研究[6,7]。

防浪墙顶高程取各种水位加其安全超高算得结果的最大值,坝顶应高出正常运行静水位 0.5m 以上,且不低于非常运行静水位[26,27],黏土斜墙应高出正常运行静水位 0.6～0.8m,黏土心墙应高出正常运行静水位 0.3～0.6m,高坝或地震设计烈度≥Ⅷ度的黏土防渗墙超高取相应类型的大值[27],且都不应低于校核洪水静水位,寒冷地区还应加上保温层厚度,按这些要求选定防浪墙顶和坝顶高程。

设计的坝顶高程是指大坝沉降稳定以后的顶高程,因此,竣工时的坝顶高程应预留足够的沉降量。一般施工质量良好的土石坝,坝顶沉降量约为此处坝高的 0.2%～0.4%,河床段预留沉降超高宜再增加 0.3～0.5m,土石坝竣工后的沉降量不宜超过 1% 坝高[27]。按我国规范[26,27],土石坝顶在竣工时预留的沉降超高应根据多种计算和工程类比等综合分析,并经施工监测结果修正确定。它不属于设计坝高或坝顶安全超高的范围,而是竣工时的坝高应比设计坝高超出未来沉降的高度。

坝顶宽度应根据构造、施工、运行、抗震和人防等方面的要求综合研究后确定。坝顶宽度必须考虑防渗体顶部及反滤和保护层布置的需要。在寒冷地区,坝顶还须有足够的厚度以保护黏性土料防渗体免受冻害。参照我国《碾压式土石坝设计规范》[26,27]的规定,高坝的坝顶宽度宜选用 10～15m,中低坝可选用 5～10m。为防止重型客车与货车频繁行驶的振动引起坝体沉降和裂缝,土石坝的坝顶不作为公共交通道路,若确有必要,应经专门论证[26]。

2. 坝坡

土石坝的坝坡对坝体稳定和工程量都影响很大,而它又与筑坝材料的内摩擦角 $\phi$ 和黏聚力 $c$ 密切相关,在初步选择坝坡时,一般可参考以下经验数值。

(1) 心墙坝上游部位长期处于饱水状态,$c$、$\phi$ 值很小,库水位快速下降易带动滑坡,故上游坝坡常用 1:3.25～1:2.25,缓于下游坝坡(常用 1:3.0～1:2.0);但对于厚心墙坝的下游坝坡,因其稳定性受心墙上部土料特性的影响,不会明显陡于上游坝坡。

(2) 黏土斜墙的 $\phi$ 值明显小于砂砾石,所以黏土斜墙坝的上游坝坡一般比心墙坝的上游坝坡缓,常用 1:3.5～1:2.5,上下游坝坡相差较大。但面板堆石坝除了上游坝面薄薄的面板和垫层与下游坝面有所不同之外,上下游土石料差别很小,上下游坝坡相差很小,大约为 1:1.6～1:1.3。

(3) 黏性土料的稳定坝坡随高度加大而变缓,其形状近似为一滑弧面。为便于放线施工,黏性土料斜墙坝或均质坝的上游坝坡,常设计成折线形状,沿高度分成数段,每段高度 10～30m,从上而下逐段放缓,相邻坡率差值取 0.25~0.5。砂土和堆石的静载稳定,坝坡可采用均一坡率,但为节省填筑量和增加抗震稳定性,砂土和石料坝坡也常做成类似于上述的折线形式。

(4) 由粉土、砂、轻壤土修建的均质坝,透水性较大,$c$、$\phi$ 值较小,为减小渗流坡降并增加抗滑稳定性,均质坝的坝坡一般比其他土石坝缓,中低坝平均约为 1:3。

若防渗体为钢筋混凝土或沥青混凝土,坝体用块石分层碾压,上游坝坡可用 1:1.7(沥青混凝土斜墙用缓坡)~1:1.4;良好堆石的下游坝坡可为 1:1.4~1:1.3;坝体如为卵砾石,坝坡放缓至 1:2.0~1:1.7,砂砾石则为 1:2.2~1:2.0。坝高超过 100m 时,坝坡宜采用较缓值或再适当放缓。

土石坝下游坝面常沿高程每隔 10~30m 设置一条马道,一般设在坡度变化处,其宽度为 1.5~2.0m,用以拦截雨水,防止冲刷坝面,并有利于坝坡稳定,也便于工作人员观测和检修;也可做成"之"字形很宽的马道,供施工和维修车辆上坝运料之用。上游坝面马道取决于施工和运行的需要。

### 4.2.2 土石坝的构造及筑坝材料

#### 1. 坝体防渗结构

1) 土质防渗体

土质防渗体是指这部分土体比坝体其他部分都更难透水,它的作用是:减小渗流量,降低坝内浸润线和渗透压力,保持渗流稳定。土质防渗体的主要结构形式为心墙、斜墙和斜心墙(参见图 4-1)。在以往较高的土石坝中,多采用土质心墙坝,但它不便于施工,心墙的填筑碾压受气候条件制约而影响两侧坝壳的施工进度乃至整个工期;此外在竣工后,当下部土质心墙继续沉降时,上部心墙容易受两侧坝壳的拱效应夹持而在其下部的心墙出现水平裂缝。斜墙坝较好地克服心墙坝的上述缺点,但如果坝体沉降量较大,容易使斜墙开裂,故以往土质斜墙坝一般适用于中低坝,随着大型振动碾压设备的发展和应用,将来土质斜墙坝的高度也可能有些突破。土质斜心墙的下部分斜墙对施工干扰较少;坝体两侧的拱效应不像心墙坝那么大,下部中间坝体多数为砂砾石或砾石、块石等材料,后期沉降量比土质心墙的沉降量小得多,坐落在其上与斜墙连接的土质心墙[参见图 4-1(d)]不易被夹持架空,所以也不像土质心墙那样容易出现水平裂缝;另外,斜心墙下部的斜墙离上游坝面比斜墙坝的斜墙远,因而上游坝面坡度可比斜墙坝面陡或采用心墙坝的坝面坡度。可以说,土质斜心墙坝综合了斜墙坝和心墙坝的优点,克服了它们的缺点,目前在土质防渗体的高土石坝中应用逐渐增多。

(1) 土质防渗体的设计要求

土质防渗体的厚度,理论上取决于防渗土料的性质和容许坡降,但太薄对抗震抗裂不利。我国土石坝设计规范[26,27]根据实际工程经验,规定土质斜墙底部厚度不宜小于水头的 1/5,土质心墙底部厚度不宜小于水头的 1/4;为满足机械化施工的要求,在防渗体顶部的水平宽度不宜小于 3m,自上而下逐渐加厚至坝底规定的厚度。

在土石坝中,土质防渗体是应用最为广泛的防渗结构,可用作防渗体的土料范围很广,在选用时应考虑材料的性能、开采量、运距等因素。

材料性能应满足以下要求。

① 防渗性。碾压后的渗透系数不大于 $1\times10^{-5}$ cm/s,均质坝或低坝的渗透系数不大于 $1\times10^{-4}$ cm/s。

② 抗剪强度。为满足抗剪强度要求,应避免采用浸水后膨胀、软化较大的黏土。斜墙防渗体的强度对坝坡影响较大,为节省坝体工程量,斜墙防渗体的强度应比心墙要求更高。

③ 压缩性。与坝壳料的压缩性相差不宜过大,浸水与失水时体积变化小,避免采用湿陷性黄土,以免蓄水后坝体产生过大的沉降。

④ 有较好的塑性和渗透稳定性。要求:级配较好(详见后面第⑥条),有较高的抗渗流变形能力;有较好的塑性,以适应变形,避免出现裂缝;一旦发生裂缝后应有较高的抗冲蚀能力。

⑤ 含水量。最好接近最优含水量,以便于压实。含水量过高或过低,须翻晒或加水,增加施工复杂性,延长工期和增加造价。若为降低孔隙水压力,则应将含水量控制在最优含水量以下0.5%~1%;对于黏性土,若含水量适度,则压实后易出现裂缝,故高坝防渗体顶部有时采用塑性较大和未充分压实的黏性土,并须及时覆盖。

⑥ 颗粒级配。粒径小于0.005mm的黏粒含量不宜大于40%,一般以10%~30%为宜,因为黏粒含量大,土料压实性能差,而且对含水量比较敏感。此外,还应避免采用开挖、压实困难的干硬黏土和冻土。用于填筑防渗体的砾石土(包括人工掺合砾石土),粒径大于5mm的颗粒含量不宜超过50%,0.075mm以下的颗粒含量不应小于15%,粒径小于0.005mm的颗粒含量不宜小于6%[27],以避免粗料集中架空,土料中所含最大粒径不应超过铺土厚度的2/3,也不宜大于150mm,以免影响压实。颗粒应级配良好,级配曲线平缓连续,不均匀系数$C_u[C_u = d_{60}$(占总重60%的颗粒粒径小于此值)/$d_{10}$(占总重10%的颗粒粒径小于此值)]应不小于5。

⑦ 膨胀量及体缩值。胀缩土吸水膨胀、失水收缩比较剧烈,易出现滑坡、地裂、剥落等现象,应有限制地用于低坝。应避免采用塑性指数大于20(%)和流限大于40%的冲积黏土。红土的天然含水量高,压实干容重低,但其强度较高,防渗性较好,若压缩性不太大,可用来筑坝。不过,由于其黏粒含量过高,天然含水量常高出最优含水量很多,施工不便。对这样一些特殊类型的土,要加强研究,并采取适当的工程措施。

⑧ 可溶盐、有机质含量。应符合规范要求:水溶盐(指易溶盐和中溶盐)含量按质量计不大于3%;有机质含量(按质量计),均质坝不大于5%,心墙或斜墙不大于2%。若超过要求值应经论证。

对以上要求应结合料场的实际情况综合考虑、比较和选择,因为土料的某些性质是互有矛盾的。例如:在压实功能大体上相近的条件下,土料黏粒含量越高,防渗性能越好,可塑性越好,但其排水性越差,内水压力越大,强度和压实性能越低,施工困难增多。这就有一个权衡和优选问题。

从20世纪60年代起国外逐步采用砾石土、风化砾石土作为防渗体材料,并在合理解决其不均匀性、防渗性、可塑性等方面取得一些经验,促进了高土石坝建设的发展。

砾石土与普通黏性土相比,压缩性较低、沉降量较小,而且粗颗粒含量越多,就越明显,但其可塑性就越低,抗裂能力和适应坝体变形能力越差。设计时要根据应力分析结果,将坝体顶部靠近两岸的部位、坝体与陡岸岩质边坡连接的部位等容易产生拉应力的区域以及与基岩的接合面处改用可塑性较大的细粒黏性土,并控制其含水量稍大于最优含水量,以利结合,同时更好地适应不均匀沉降。

级配优良的砾石土,压实性好,抗剪强度高,沉降量小,压缩性低,便于施工。日本在20世纪60年代初用砾石土建成了御母衣和牧尾两座高土石坝以后,百米以上的高土石坝有很大发展;苏联的努列克坝,最初选择黄土心墙、两侧为砂砾石坝壳,经过研究认为,300m坝高的黄土心墙沉陷量较大,且颗粒细而均匀,一旦发生裂缝,抗冲蚀能力差,最后决定选用砾石土作防渗体。国内外用砾石土作防渗体修建的一些著名大坝还有:中国315m高的双江口砾石土心墙堆石坝(在建中,建成后将是世界最高同类坝),295m 高的两河口砾石土心墙堆石坝,261.5m 高的糯扎渡砾石土心墙堆石坝,墨西哥 261m 高的奇科森坝,印度 260m 高的特里坝,加拿大 245m 高的迈卡坝,美国 234m 高的奥洛维尔坝,美国 190.5m 高的新美浓坝,日本 176m 高的高濑坝,瑞士 155m 高的郭兴能坝等。

(2) 土质防渗体的填筑标准

对不含砾石或含砾石的黏性土,填筑碾压标准应以压实度和最优含水率为设计控制指标。设计干密度应为击实试验的最大干密度乘以压实度。黏性土的压实度应符合下列要求:

① 对于1、2级坝和3级以下高坝的压实度不应小于98%;对3级中低坝及3级以下的中坝压实度不应小于96%;对高坝如采用重型击实试验,压实度应经专门论证确定;

② 设计地震烈度为8度、9度,压实度应在上述规定基础上相应提高1%~2%;

③ 高塑性土、膨胀土、湿陷性黄土等有特殊用途或特殊性质的土料,其压实度应另行论证确定。

黏土的压实程度受击实功能控制,又随含水量而变化,在一定的压实功能条件下达到最佳压实效果的含水量称为最优含水量。填土所能达到的干密度与击实功能和含水量的关系如图4-3所示(图中 $n$ 为击实遍数)。最优含水量多在塑限附近。黏性土的填筑含水量一般应控制在最优含水量附近。当气温在 0℃ 以下筑坝时,为使土料不易冻结,填筑含水量可略低于最优含水量。混凝土防渗墙顶部的填土应有良好的塑性,含水量宜略大于最优含水量;为避免出现裂缝,高坝防渗体顶部宜用塑性较大和未充分压实的黏性土,并及时覆盖;若要求填土干密度大,则含水量应略小于最优含水量。

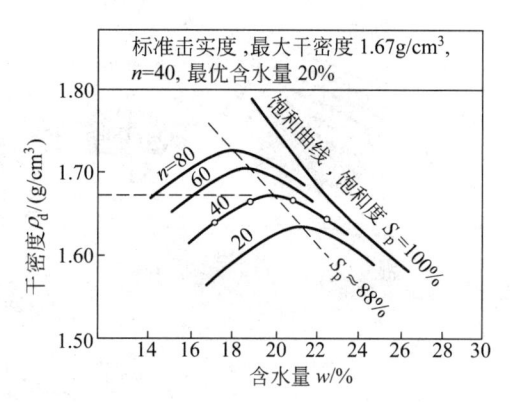

图 4-3 黏性土的击实曲线

(3) 土质防渗体的保护

土质防渗体顶部和两侧均应设置保护层,以防止冰冻和干裂。保护层厚度(包括护坡、垫层和砂砾石在内)应不小于该地区的冻结深度或干燥深度。保护层应分层碾压填筑,达到和坝体相同的标准,其外坡坡度应按稳定计算确定,使保护层不致沿防渗体表面或连同防渗体一起滑动。

土质防渗体与坝壳之间、截水槽与坝基透水层之间,以及下游渗流逸出处,都必须设置反滤层。防渗体下游一侧的土粒一旦被剥离,或者防渗体裂缝两侧的黏土颗粒被渗透水带至反滤层,就会被反滤层所截留,逐渐堆积,起堵塞渗漏作用。所以,防渗体下游侧的反滤层对控制渗流稳定很重要。

土质防渗体与坝基和岸坡连接的要求,见 4.7 节。

2) 沥青混凝土防渗墙

沥青混凝土防渗墙应具有较高的密度、良好的防渗性、热稳定性、水稳定性、塑性、和易性、柔性、足够的延度和强度。大坝沥青混凝土防渗体常用的配合比为:沥青 7%~10%,碎石 40%~45%,砂 27%~35%,填充料 17%~20%。在这样的配合比情况下,沥青混凝土渗透系数约为 $10^{-10}$~$10^{-7}$cm/s,防渗和适应变形的能力均较好,产生裂缝时,有一定的自行愈合功能。在温度 50℃ 以下,内摩擦角大于 30°,凝聚力大于 50kPa,施工受气候影响的程度远小于黏土,沥青混凝土的黏着性和稳定性随龄期增长而改善,不透水性基本没有变化,而塑性和柔性逐年减小。实践证明,经常处于水下的沥青混凝土老化很慢,当发生老化时,土石坝已基本沉降完毕,故沥青混凝土适于做土石坝的防渗体材料。20世纪60年代以来,应用沥青混凝土做防渗体的土石坝发展较快,世界各国已建200多座,有的坝高已超过100m,如:奥地利的Finstertal沥青混凝土心墙堆石坝,坝高149m,但心墙垂直高度只有96m;挪威的Storglomvatn坝,高125m;我国冶勒沥青混凝土心墙坝,高124.5m;三峡工程茅坪溪沥青混凝土心墙堆石坝,高104m。

沥青混凝土防渗体可做成斜墙或心墙,如图4-4所示。斜墙铺筑在垫层上,垫层一般为厚1~3m的碎石或砾石,可调节坝体变形兼有排水作用,其上铺有6~10cm厚的沥青碎石层作为斜墙的基垫。斜墙本身由密实的沥青混凝土防渗层组成,厚15~20cm,分层铺压,每一铺层厚3~6cm。按铺筑施工的要求,沥青混凝土斜墙的坡度不应陡于1:1.7。在防渗层的迎水面涂一层沥青玛蹄脂保护层,可减缓沥青混凝土的老化,增强防渗效果。由于保护层表面光滑,尚可减轻结冰引起的冻害。斜墙与地基防渗结构连接的周边要做成能适应变形和错动的柔性结构。

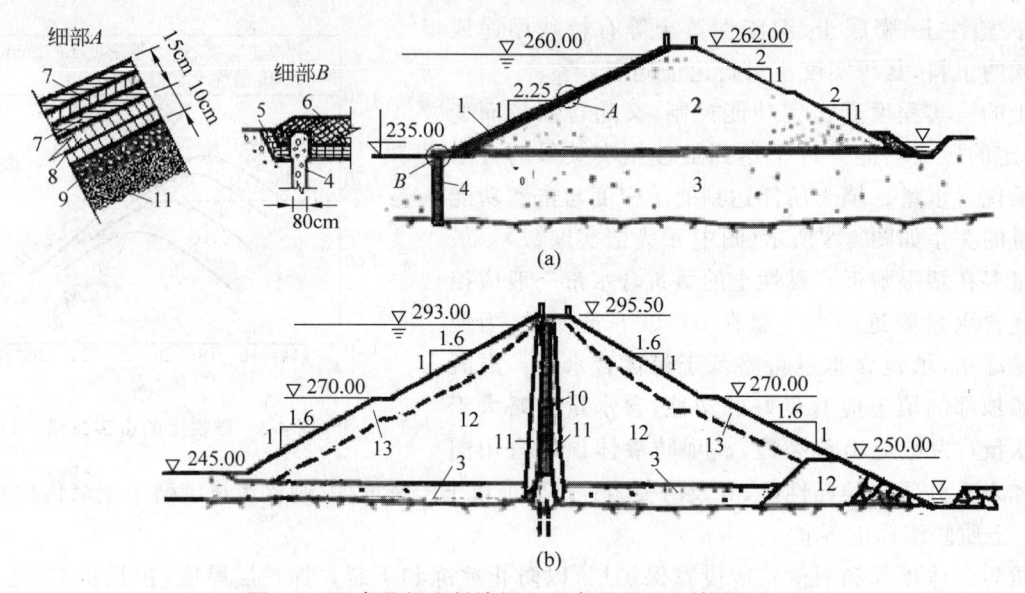

**图4-4 沥青混凝土斜墙坝和沥青混凝土心墙堆石坝**
(a)沥青混凝土斜墙坝;(b)沥青混凝土心墙堆石坝
1—沥青混凝土斜墙;2—砂砾石坝体;3—砂砾河床;4—混凝土防渗墙;5—回填黏土;6、7—致密沥青混凝土;8—整平层;9—碎石垫层;10—沥青混凝土心墙;11—过渡层;12—堆石体;13—抛石护坡

对于中低坝,沥青混凝土心墙顶部厚度不小于30cm,底部的厚度为坝高的1/60~1/40,但不小于40cm,若埋块石,则底厚不小于50cm。心墙两侧与堆石体之间各设一定厚度的过渡层,如施工安排得当,可与两侧填筑碾压同时进行,施工干扰程度远小于土质心墙坝。沥青心墙受日照、气候影响很小,老化程度比沥青斜墙轻得多。但心墙检修较困难,心墙与基岩连接处设观测廊道,用以观测心墙的渗水情况。心墙与地基防渗结构的连接部分也应做成柔性结构。

已建沥青混凝土中低堆石坝大多数为面板式,它有三大优势:①沥青斜墙可集中在气候合适季节施工,其余坝体可全天候施工,不受斜墙制约和干扰,施工方便,工期短;②沥青斜墙便于检修;③面板代替护坡块石受水压作用,有利于稳定。但高坝因不均匀沉降容易使斜墙开裂,宜用心墙方式。

3)土工膜防渗材料

土工膜产品按原材料可分为:高分子聚合物土工膜、沥青土工膜以及由沥青和聚合物复合制成的土工膜。聚合物薄膜所用的聚合物有合成橡胶和塑料两类。合成橡胶薄膜可用尼龙丝布加筋,抗老化及各种力学性能都较好,但价格比塑料薄膜贵。水利工程常用的塑料薄膜主要是聚氯乙烯和聚乙烯制品,此外,还有各种组合型土工膜,如聚氯乙烯薄膜两侧用丙纶编织布覆盖,以提高其强度,或是两侧用土工织物覆盖以提高其与垫层的摩擦系数。土工膜具有重量轻、整体性好、产品规格化、强度高、耐腐蚀性强、储运方便、施工简易、节省投资等优点,渗透系数一般小于$10^{-8}$cm/s。它早期用于渠道防渗,20世纪60年代后用于土石坝,在苏联和法国等欧洲国家应用较多。苏联曾在150多座土石坝中使用土工膜防渗,效果良好。1984年西班牙建成的波扎第洛斯拉莫斯堆石坝,坝高97m,使用土工膜防渗运行良好,后来加高到134m。20世纪80年代以后,我国开始将土工膜应用于一些中、小型工程,并积累了一些经验。1998年三峡大坝上下游土石坝围堰在混凝土防渗墙上接的土工膜旁加少量黏土构成上部心墙防渗体,使围堰抢在当年大洪水来临之前建到设计高程,对安全度汛起到至关重要的作用,汛后坝基开挖及其后几年的施工表明围堰里的土工膜防渗效果很好。

土工膜防渗体可以铺设在上游面,并以土、砂或砂砾料为垫层,再在其上加盖重和护坡。坝坡坡度受垫层和土工膜间的摩擦系数所控制,一般比较平缓,用料较多,但铺设和检修更新则比较方便。也可将土工膜直立铺设于坝体中部,此时坝坡坡度可不受其影响,薄膜也不易损坏,但以后的维修更新不便,可用于围堰等临时工程,在永久工程中多用于斜墙坝。在土工膜防渗体设计施工中,要注意许多细部构造问题,以保证其防渗效果,如:尽量采用组合式土工膜,膜厚不宜小于0.5mm;做好底部和周边与不透水地基或岸坡的结合,一般采用锚固槽的连接方式;铺设时应保持松弛状态,以避免高应力造成的破坏;注意薄膜的粘接或焊接工艺,以保证连接质量;做好垫层设计,采用土、砂、砂砾石、沥青混凝土、无砂混凝土等作为垫层材料;整个结构设计应相互协调,以取得更好的经济效果。

土工膜的老化和使用寿命问题为工程界所关注。大量室内和现场试验研究表明,薄膜埋设于土石坝内,与温度、紫外线、大气等老化因素基本隔绝,加上抗老化添加剂的应用,老化并不严重。从试验室加速老化试验的结果推算,埋在坝内的聚乙烯薄膜可使用100年。

4) 混凝土防渗结构

混凝土本身的防渗效果很好,曾用作心墙或斜墙防渗结构,这样构成的土石坝又称为刚性心墙坝或刚性斜墙坝。但由于混凝土刚性很大,适应变形的能力较差,在早期的土石坝碾压密实性不够,建成后或蓄水后坝体变形量很大,混凝土防渗结构容易开裂,漏水严重,容易把细小颗粒冲走而垮坝,所以,混凝土防渗结构的土石坝坝体大多数采用堆石材料筑坝,很少采用砂砾石材料。由于混凝土心墙施工干扰很大,建成后不便于检修,一般也很少采用,而较多地作为堆石坝上游坝面的防渗体,故后来把这种堆石坝称为混凝土面板堆石坝。自从20世纪60年代以后,逐渐较多地采用大型振动碾等施工设备,使混凝土面板堆石坝越来越显出较大的优越性,是当今高土石坝设计中应首先考虑的坝型。有关这些内容及混凝土防渗结构将在后面混凝土面板堆石坝一节专门叙述。

2. 坝壳料

坝壳料主要用来保护和支撑防渗体并保持整个坝体的稳定,应具有较高的抗压强度和抗剪强度。下游坝壳在浸润线以下部位以及上游坝壳在库水位变动区内的坝壳料应级配良好,含泥量和粉细沙量很少,具有良好的排水性能,尽量采用大摩擦角的材料以使其具有较大的抗滑性能。砂、砾石、卵石、漂石、碎石等无黏性土料以及料场开采的石料和由枢纽建筑物施工开挖的石渣料,均可用于坝壳材料,但应根据其性质配置于坝壳的不同部位。含泥量或均匀粉细沙较多的材料等一般只能用于坝壳内部的干燥区,若应用于水下部位则应进行论证并采取必要的工程措施以避免发生不利的渗透变形、滑动和振动液化。

随着土石坝堆石体施工机械的改进,施工方法已由抛填改为薄层碾压,从而提高了碾压效率,降低费用;碾压的密实度高,沉降和扭曲变形都较小。为此,对堆石料的石质、尺寸、级配、细料含量等要求均大大放宽,并有可能采用风化岩、软岩等劣质石料作为坝壳料。风化岩和软岩堆石料虽细料含量较多,但粒间接触点相应增多,压实后,其压缩性并不很大。有的坝软岩压实后的摩擦角 $\varphi'$ 达到 $40°\sim45°$,与坚硬岩石相差不大。所以,用风化岩和软岩填筑堆石坝的内部,坝坡做得较陡。

应用风化岩、软岩筑坝时,应按石料质量分区使用,质量差的、粒径小的石料放在内侧,质量好的、粒径大的石料放在外侧,在表面 $1\sim1.5m$ 厚范围宜铺设新鲜岩石保护层及护坡块石,以防止表层滑动。堆石中细料含量宜适当控制,以保持必要的透水性和压实密度,若细料含量较多难以自由排水,则应将其填筑在下游坝壳的干燥区,还应防止细料过分集中,形成软弱面,影响坝体稳定和不均匀沉降。若岩石的软化系数较低,则应研究浸水后的抗剪强度降低和湿陷问题。

对砂砾石和砂的压实标准应以相对密度作为设计控制指标,其相对密度应分别不低于 0.75、0.70,反滤料宜在 0.70 以上,高坝、特高坝都应分别再提高 0.05 和 0.1;若砂砾石中粗粒料含量小于 50%,则应保证小于 5mm 粒径的砂料满足上述要求[27],并按此要求分别提出不同含砾量的压实干密度作为填筑控制标准[6,7,27]。地震区的土石坝,要求浸润线以上的相对密度不低于 0.75,浸润线以下的相对密度不应低于 0.80[7];均匀的中砂、细砂、粉砂及粉土不宜作为强震区筑坝材料[6,7]。

混凝土面板堆石坝的主堆石区,要求具有较高的压实密度,以免影响面板的变形,下游堆石区可和土质心墙坝的坝壳同等看待。对土质心墙坝的坝壳堆石,一般采用 10t 的振动平碾,碾压 4~8 遍。对于软岩堆石料,则适当减小铺料厚度,必要时增加碾压遍数。下游坝壳的压实密度可适当放宽。

### 3. 反滤层和过渡层

反滤层的作用是滤土排水,防止土工建筑物在渗流逸出处遭受管涌、流土等渗流变形的破坏以及不同土层界面处的接触冲刷。对下游侧具有承压水的土层,还可起压重作用。在土质防渗体与坝壳或坝基透水层之间,以及渗流逸出处或进入排水处,都必须设置反滤层。在分区坝坝壳内各土层之间,坝壳与透水坝基的接触区、与岩基发育的断层破碎带或裂隙密集带接触部位若不满足反滤原则,应设置反滤层。为避免在刚度相差较大的两种土料之间产生急剧变化的变形和应力,根据需要与土料情况可只设置反滤层或过渡层,或同时设置反滤层和过渡层。

反滤层划分为两种类型(见图 4-5):①Ⅰ型反滤,反滤层位于被保护土的下部,渗流方向主要由上向下,如斜墙后的反滤层;②Ⅱ型反滤,反滤层位于被保护土的上部,渗流方向主要由下向上,如位于地基渗流逸出处的反滤层。若渗流方向水平而反滤层成竖直向或近于竖直向的形式,则为过渡型,如心墙两侧、减压井、竖式排水等的反滤层。Ⅰ型反滤承受自重及其上土重和渗流压力同向或近于同向,对防止渗流变形的条件更为不利。过渡型反滤可归为Ⅰ型反滤。

合理的反滤层设计要满足两个互相矛盾的要求:①反滤料必须具有足够小的孔隙,以防止被保护层土粒冲入孔隙或通过孔隙而被带出反滤层;②反滤料透水性大于被保护土,能通畅地排除渗透水流,粒径小于 0.075mm 的颗粒含量≤5%,以免被

图 4-5 反滤层的类型

细粒土淤塞而失效。

反滤层由质地致密、抗水和耐风化的砂、砾、卵石或碎石构成,每层级配连续、均匀。反滤层的级配、厚度和层数宜通过分析比较,选择最合理的方案,对于1、2级坝和高度大于70m的高坝还应经过反滤试验论证。反滤层应有足够厚度,以阻挡细颗粒流失、保证渗透稳定、避免与周围土层混掺,并适应不均匀变形。人工施工反滤层最小厚度:土质防渗体上下游侧的反滤层不宜小于1.00m;其他被保护颗粒所需的水平反滤层竖向最小厚度为0.30m,竖直或倾斜反滤层法向最小厚度为0.50m。若用机械施工,反滤层最小厚度应按施工机械而定。

我国《碾压式土石坝设计规范》[26]规定采用较为完整的谢拉德设计准则。为便于叙述表达,本节设:被保护土粒径小于 $d_{15}$ 的颗粒占该土总重的含量为 $p(d_{15})=15\%$,同理 $p(d_{85})=85\%$,其他类推;反滤层粒径小于 $D_{15}$ 的颗粒重量占反滤土总重含量为 $P(D_{15})=15\%$,其他类推。

1) 第一反滤层设计

对于 $p(0.075\text{mm}) \geqslant 15\%$ 的被保护土,若不含粒径大于5mm颗粒,可按全料做反滤设计;若有粒径大于5mm的颗粒,宜选粒径小于等于5mm的部分做反滤设计,按所选被保护土的 $p(0.075\text{mm})$(以下简写为 $A$)和 $d_{85}$ 计算第一层反滤颗粒下包线特征粒径 $D_{15}^{\text{d}}$,如式(4-5)所示:

$$\begin{cases} D_{15}^{\text{d}} \begin{cases} \leqslant 9d_{85} & (9d_{85} \geqslant 0.2\text{mm}) \\ = 0.2\text{mm} & (9d_{85} < 0.2\text{mm}) \end{cases} & (A > 85\%) \\ D_{15}^{\text{d}} \leqslant 0.7\text{mm} & (40\% \leqslant A \leqslant 85\%) \\ D_{15}^{\text{d}} \begin{cases} = 0.7\text{mm} + 4(40\% - A)(4d_{85} - 0.7\text{mm}) & (4d_{85} > 0.7\text{mm}) \\ = 0.7\text{mm} & (4d_{85} \leqslant 0.7\text{mm}) \end{cases} & (15\% \leqslant A < 40\%) \end{cases}$$

(4-5)

若 $p(0.075\text{mm}) \geqslant 15\%$ 的被保护土为分散性土,则第一反滤层下包线特征粒径 $D_{15}^{\text{d}}$ 按式(4-5)′计算[26]:

$$\begin{cases} D_{15}^{\text{d}} \begin{cases} \leqslant 6.5d_{85} & (6.5d_{85} \geqslant 0.2\text{mm}) \\ = 0.2\text{mm} & (6.5d_{85} < 0.2\text{mm}) \end{cases} & (A > 85\%) \\ D_{15}^{\text{d}} \leqslant 0.5\text{mm} & (40\% \leqslant A \leqslant 85\%) \\ D_{15}^{\text{d}} \begin{cases} = 0.5\text{mm} + 4(40\% - A)(4d_{85} - 0.5\text{mm}) & (4d_{85} > 0.5\text{mm}) \\ = 0.5\text{mm} & (4d_{85} \leqslant 0.5\text{mm}) \end{cases} & (15\% \leqslant A < 40\%) \end{cases}$$

(4-5)′

对于 $p(0.075\text{mm}) < 15\%$ 的被保护土,若含有大于5mm颗粒,但若级配连续,不均匀系数 $C_{\text{u}} = d_{60}/d_{10} \leqslant 6$,曲率系数 $C_{\text{c}} = d_{30}^2/(d_{60} \cdot d_{10}) \neq 1 \sim 3$,可用原始全料级配做反滤设计,否则用粒径小于等于5mm的部分做反滤设计;若小于等于5mm颗粒级配不连续,宜取"台阶"起点粒径以下部分的颗粒级配。第一层反滤颗粒下包线特征粒径 $D_{15}^{\text{d}}$ 为

$$D_{15}^{\text{d}} \leqslant 4d_{85} \tag{4-6}$$

反滤层除了拦阻细颗粒土流出外,还应满足排水要求,被保护土的 $d_{15}$ 应按全料级配选取,记作 $d_{15\text{Q}}$,即 $p(d_{15\text{Q}})=15\%$,第一层反滤料的上包线特征粒径 $D_{15}^{\text{u}}$ 按式(4-7)计算[26]:

$$D_{15}^{u} \begin{cases} \geqslant 5d_{15Q} & (5d_{15Q} \geqslant 0.1\text{mm}) \\ = 0.1\text{mm} & (5d_{15Q} < 0.1\text{mm}) \end{cases} \tag{4-7}$$

第一层反滤料上包线的 $D_5^u$ 应使 $P(0.075\text{mm}) \leqslant 5\%$，下包线的 $D_{100}^d$ 可参考类似工程经验选取，但不宜大于 50mm，应控制上、下包线相同粒径的含量相差不宜超过 35%；若库水位变化缓慢，防渗体上游的反滤层可较上述要求适当放宽，但抽水蓄能电站上库因水位变幅较大较快除外。

为防止反滤颗粒施工分离，反滤料下包线的 $D_{90}^d$ 和上包线的 $D_{10}^u$ 宜符合表 4-5 规定[26,27]。

表 4-5　防止反滤颗粒施工分离的 $D_{90}^d$ 和 $D_{10}^u$ 粒径关系　　mm

| $D_{10}^u$ | <0.5 | 0.5~1.0 | 1.0~2.0 | 2.0~5.0 | 5.0~10.0 | >10.0 |
|---|---|---|---|---|---|---|
| $D_{90}^d$ | 20 | 25 | 30 | 40 | 50 | 60 |

2) 第二层及后面各层反滤料设计

第二层反滤料设计应以第一层反滤料作为被保护土。若第一层反滤料的不均匀系数 $C_u > 5 \sim 8$，应按控制大于 5mm 颗粒的含量小于 60%，选用 5mm 以下部分的 $D_{15}$ 作为计算粒径[26,27]。从式(4-5)~式(4-7)可知，第一层反滤料最小的 $D_{15} = 0.1 \sim 0.2$mm，可推断 $p(0.075\text{mm}) < p(0.1\text{mm}) < p(D_{15}) = 15\%$，第一层反滤料为非黏性土。若把它当成被保护层，则第二层及后面各层反滤料应按式(4-6)、式(4-7)及其后至表 4-5 的内容和要求设计。如果第一层反滤层与坝壳料的关系满足这些要求，可不设第二层反滤层，但为避免黏土防渗体与坝壳料两种刚度相差较大的材料之间发生变形和应力的急剧变化，还应在反滤层和坝壳料之间设置足够厚度的过渡层。

现代中低土石坝黏土防渗体的反滤层趋向于只用一层，外加过渡层；对于高坝用两层反滤，再用过渡层代替第三反滤层。我国 261.5m 高的糯扎渡砾石黏土心墙堆石坝采用两层反滤层，其外侧加设细堆石料区作为过渡层。我国土石坝绝大部分是中低型土石坝，其中大多数对黏土防渗体采用一层反滤层，其外侧再加过渡层与坝壳料衔接。防渗体上游侧的反滤绝大多数采用单层。

所有反滤料在加工、运输和填筑期间要防止粗细颗粒离析，在填筑过程中应尽量与防渗体和坝壳平起，避免有高差填筑在坡表大颗粒分离集中形成虚坡交接碾压不实。反滤料都应有压实控制标准，保证在水库蓄水后不致因其变形导致心墙或斜墙出现裂缝或渗透破坏。

土质防渗体两侧若为堆石体，应设置反滤层和过渡层；过渡层也应级配连续，最大粒径不宜超过 30cm，顶部水平厚度不宜小于 3.00m。

地震区或峡谷地区的高坝，在防渗体与岸坡岩基或混凝土建筑物连接处，防渗体与坝壳的刚度相差悬殊，若防渗体塑性较低或沉降变形较大，均应将防渗体及其两侧的反滤层或过渡层适当加厚。

有些土石坝工程已将土工织物应用于排水反滤系统，其渗透系数一般为 $10^{-4} \sim 10^{-3}$ cm/s，与面板堆石坝对垫层料的要求相近。土工织物滤层的设计准则一般采用织物孔径准则和渗透准则。许多研究者和设计单位也提出了不同形式的准则，可供参考。目前应按 GB/T 50290 设计，宜用于易检修的部位。

**4. 坝体排水**

坝体排水的作用是：控制和引导渗流，降低浸润线，加速孔隙水压力消散，以增强坝的稳定，并保护下游坝面避免渗流溢出破坏和冻胀破坏。

坝体排水有以下几种常用的类型。

1) 棱体排水

棱体排水是在下游坝脚处用块石堆成的排水体，又称滤水坝趾，其形状呈棱体，如图 4-6(a)所示。棱体顶宽应根据施工条件及检查监测需要确定，且不宜小于 1.0m。棱体顶面超出下游最高水位的高度，应大于波浪爬高，且不小于下列数值：对 1、2 级坝不小于 1.0m，对 3～5 级坝不小于 0.5m。对于有冰冻地区，棱体顶面高程应使坝体浸润线距坝面的距离大于该地区的冻结深度。棱体内坡根据施工条件决定，一般为 1∶1.0～1∶1.5，外坡取为 1∶1.5～1∶2.0。棱体与坝体以及土质地基之间均应设置反滤层。在棱体上游坡脚处应尽量避免出现锐角。

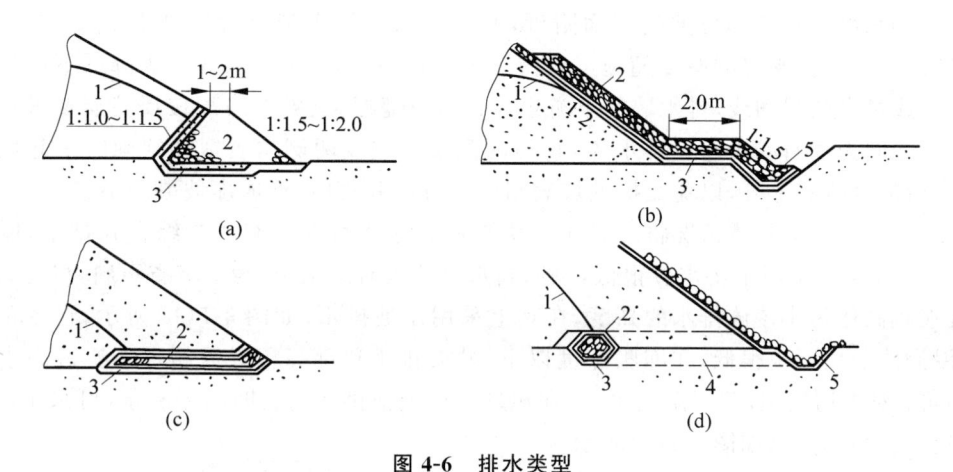

**图 4-6 排水类型**
(a) 棱体排水；(b) 贴坡排水；(c) 褥垫式排水；(d) 管式排水
1—浸润线；2—排水；3—反滤层；4—顺河向排水带或排水管；5—排水沟

棱体排水可降低坝趾附近的浸润线，防止坝面冻胀，还保护下游坝脚不受尾水冲刷且有支持坝体增加稳定性的作用；但石料用量大，费用较高，与坝体施工有干扰，内部及反滤层检修较困难。

2) 贴坡排水

贴坡排水是用一层反滤层外加一层或两层堆石直接铺设在下游底部坝面，故又称表面排水，如图 4-6(b)所示。贴坡排水顶部应超过下游最高水位加上波浪沿坡面的爬高，材料应满足防浪护坡的要求；顶部高程和斜坡厚度应使浸润线在此处附近的逸出点反滤层外表至排水外表的法向距离 $d$，对 1、2 级坝 $d$ 不宜小于 2.0m，对 3～5 级坝 $d$ 不宜小于 1.5m；在冰冻地区，$d$ 应大于当地冰冻深度。坝脚处应设置排水沟或排水体，并具有足够的深度，水面结冰下部保持足够的排水断面。

贴坡排水构造简单，用料省，施工方便，易于检修。但降低坝体浸润线的作用较差，常因冰冻排水失效，使下游坡面浸润线壅高。这种排水常用于下游无水或非冰冻地区的土石坝。

3) 坝内排水

坝内排水包括褥垫排水层、网状排水带、排水管、竖式排水体等。

褥垫排水层是用块石沿坝基面平铺而成的排水层，它外包反滤层，如图 4-6(c)所示。块石层厚 0.4～0.5m，水平伸入坝内深度：对于黏性土均质坝，宜为坝底宽的 1/2；对砂性土均质坝，宜为坝底宽的 1/3；对于土质防渗体分区坝，宜与防渗体下游的反滤层相连接。这种排水倾向下游的纵坡取为 0.005～0.01。当下游无水时，它能有效地降低浸润线，有助于坝基排水，加速软黏土地基固结；其主要缺点是难以检修,当下游水位高过排水设备时,排水效果将显著降低。

网状排水带由横河向和顺河向排水带组成,其厚度、宽度以及在坝内的位置应根据渗流计算确定,顺河向排水的带宽应不小于0.5m,间距30~50m,其坡度一般不宜超过1%,或由不产生接触冲刷的条件确定。若渗流量大,可采用排水管,管周围应设反滤层,如图4-6(d)所示。管径通过计算确定,但不小于20cm,管的坡度不大于5%,管内流速控制在0.2~1.0m/s范围内。排水管的管壁上应有收集渗水的小孔或缝隙,其孔径或缝宽按反滤料的粒径计算确定。

有些学者曾设想在均质坝不同坝高部位也设置这些网状排水,形成空间网状排水,但这么多层排水可能对施工干扰较大,严重影响施工进度,不如在均质坝的坝轴线下游不远处设置竖式排水墙或倾向下游的斜向排水墙。其顶部可伸到坝面附近,底部与水平排水带或褥垫排水衔接,将渗水引出坝外,如图4-7(a)所示。排水墙的厚度随施工机械而定,但不宜小于1~1.2m。为降低下游均质坝体因雨水渗透所形成过高的浸润线,排水墙的下游也应设置反滤层,其颗粒级配按反滤层要求设计。上下游两侧反滤层之间为豆石或小碎石排水体,它与两侧反滤层及两侧均质坝料须同时平起填筑碾压上升,不应分先后的台阶式上升,以免交接处坡表粗颗粒分离和集中、形成虚坡碾压不实。

在实际工程中常根据具体情况将几种不同类型的排水组合在一起成为综合式排水,以兼取各种类型的优点。例如:若平时下游水位很低,汛期高水位持续时间很短,为了节省石料,可考虑以下游正常水深加波浪爬高作为小棱体排水的高度,在其上采用贴坡排水,如图4-7(b)所示,在冬季下游水位很低,坝体浸润线溢出点也很低,在冻胀深度以下,贴坡排水顶部高程只需超过下游最高水位加波浪最大爬高即可;对于均质坝,若下游无水,仅在汛期下雨或泄洪的短暂时间才有水,可采用褥垫排水与贴坡排水组合的综合方式,如图4-7(c)所示。

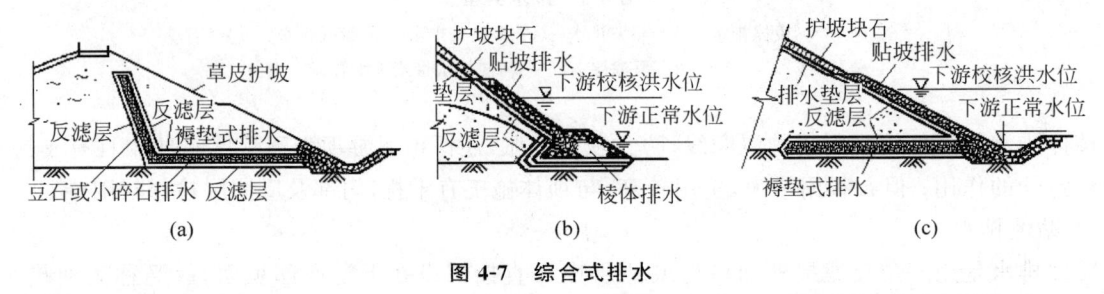

图 4-7 综合式排水

(a)坝内斜向排水墙与褥垫式排水组合;(b)小棱体排水与贴坡排水组合;(c)褥垫式排水与贴坡排水组合

排水设施应具有充分的排水能力,保证自由地向下游排出全部渗水,通过渗流计算检验其排水能力;应有效地控制渗流,避免坝体和坝基发生渗流破坏。此外,排水设施还要便于观测和检修。

5. 坝顶和护坡

坝顶可用密实的砂砾石、碎石、砌石、沥青碎石或沥青混凝土路面,不用松散的砂卵石、砂子或黏土路面,以免下雨检修车辆难以通行,也不用混凝土刚性路面,因它与土石变形不一致,容易脱空,难以发现坝顶裂缝。坝顶宽度:高度100m以上的高坝宜为10~15m;中、低坝宜为5~10m。

坝顶上游侧可用浆砌石、混凝土或钢筋混凝土做防浪墙,墙厚0.4~0.5m,高出坝顶路面1.0~1.2m,因而可降低坝顶路面高程,减小坝体工程量,但墙底应和防渗体紧密连接,黏土防渗体不低于正常运用静水位,上方应有足够厚度砂石以防干裂和冻裂;防浪墙应设置伸缩沉降缝,以适应热胀冷缩和不均匀沉降,缝内设置橡胶止水伸至防渗体内或与面板止水相连。坝顶下游侧宜设置栏杆或0.4~0.5m高的浆砌石护墙。若坝顶不很宽或降雨强度不大,坝顶路面宜向下游侧倾斜,做成1.5‰~2‰的坡度,以便将路面雨水排向下游坝外[如图4-8(a)所示]。若坝顶很宽或降雨强度较大,坝顶路面宜向上下游两侧倾斜1.5‰~2‰的坡度,在上游一侧坝顶内埋设排水管,将雨水引到下游坝面[如图4-8(b)所示]。所有排水孔(管)直径应按其承担的集雨面积和最大降雨强度计算确定。

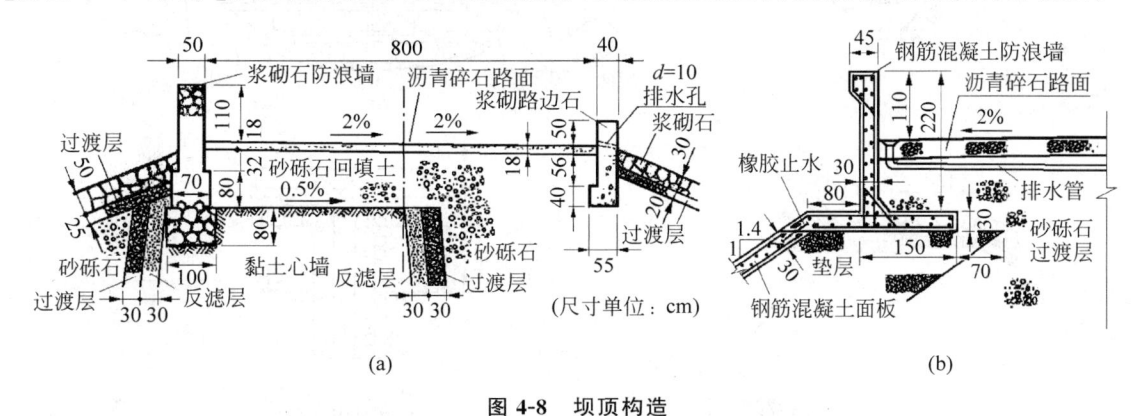

**图 4-8 坝顶构造**
(a) 浆砌石防浪墙坝顶;(b) 钢筋混凝土防浪墙坝顶

上游坝面常用砌石或堆石护坡。对水位变化区及其上方的波浪爬坡区,为防止或减轻波浪、雨水、冰层和漂浮物等对护坡的破坏,应采用浆砌石或砂浆勾缝,上部范围至防浪墙底,下部范围至死水位以下不宜小于2.50m,对4级、5级坝可减至1.50m,在此高程以下可用干砌块石或堆石护坡,但若最低水位不确定则应采用浆砌石护坡至坝脚。浆砌石护坡均应设置排水孔或保留必要的缝隙,以便排水和消除自坝体内向上游对护坡的水压力。砌石、堆石护坡下应按反滤原则设置碎石或砾石垫层,对波浪压力较大或降雨强度较大的地区,应加大护坡和碎石砾石垫层厚度,也可采用沥青混凝土、混凝土或钢筋混凝土护坡,还可兼为防渗体,尤其是在黏土来源很缺乏的情况下建造土石坝,常用这些材料兼做防渗和护坡两用。

下游坝面若碎石砾石垫层较厚可用干砌石护坡;若垫层不够厚,在强降雨地区或在坝顶排水孔下的护坡宜采用浆砌石。土石坝棱体排水或贴坡排水可兼做护坡用;其上护坡常采用干砌石,厚约0.3m,由于没有水泥砂浆砌筑,这些块石之间的缝隙较大,为防止雨水从这些大缝隙集中流入坝内,直接冲刷带走细小颗粒,宜在干砌块石护坡之下设置粒径为2~10cm、总厚度为20~30cm的小砾石、小卵石垫层或过渡层,起缓冲和分散雨水的作用。对气候适宜地区的黏性土均质坝的下游坝面也可以采用草皮护坡,草皮厚约0.05~0.10m。若坝面为砂性土,须在草皮下先铺一层厚0.2~0.3m的腐殖土,然后再铺草皮。对于浆砌石或草皮护坡,为避免雨水漫流累计流量流速过大和冲刷坝面,应设坝面排水系统分段拦截和引走雨水,如图4-9所示。坝轴向排水沟设于马道内侧做成明沟,或与其下砾石垫层合并做成暗沟,顺坡向排水沟间隔为50~100m。明沟或暗沟采用混凝土或浆砌石砌筑,过水面积应根据当地最大降雨强度、排水沟集雨面积、排水沟的流速等因素而定。

从坝顶至上下游最低水位,坝面与岸坡连接处均应设排水沟(如图4-9所示),其断面自上而下随岸坡和坝面集雨面积增加而加大,应考虑当地最大降雨强度,以防岸坡雨水冲刷坝面及其下坝体。若加大排水沟断面困难较大,应在岸坡设置排水沟拦截雨水引至下游远处。

(尺寸单位：cm)

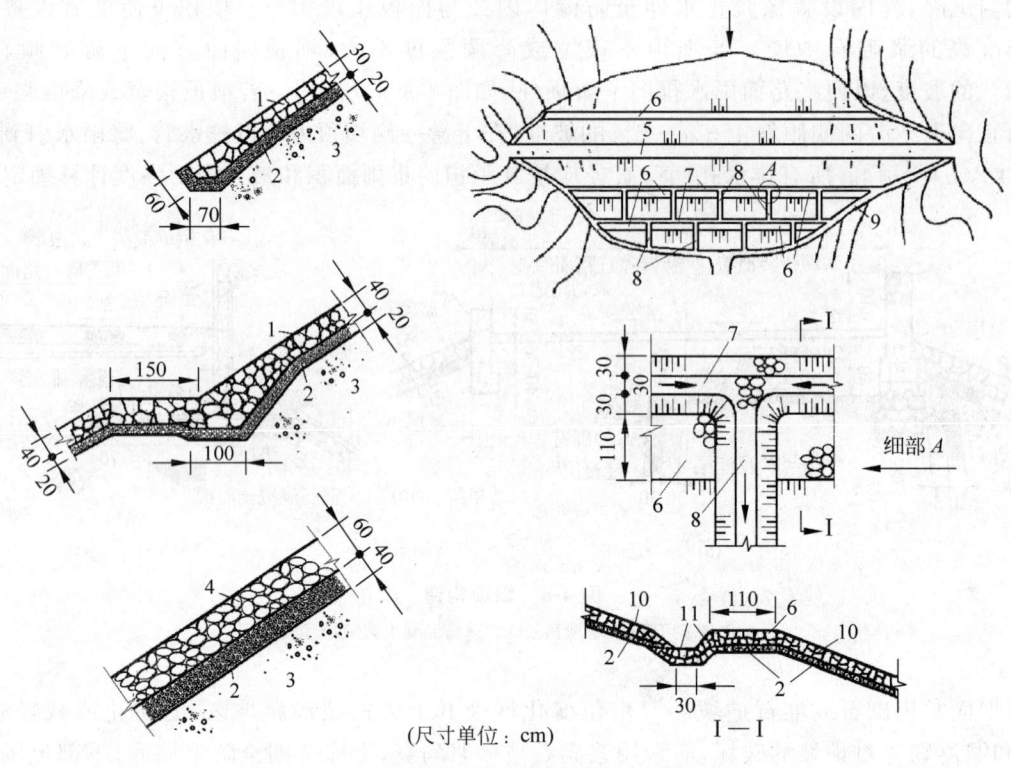

**图 4-9　砌石、堆石护坡及坝面排水**

1—浆砌石护坡；2—小块石加砾石垫层；3—坝体；4—堆石护坡；5—坝顶；6—浆砌石马道；7—横河向排水沟；8—顺河（或顺坡）向排水沟；9—岸坡排水沟；10—浆砌石或干砌石护坡；11—浆砌石排水沟

位于严寒地区的黏性土坝面，应设防冻垫层，其厚度不应小于当地同一材料的冻结深度。各种护坡在马道、坝脚及护坡末端，均需设置基座。

## 4.3　土石坝的渗流分析

> **学习要点**
> 求渗流流速、坡降、渗流量、浸润线位置，为渗透稳定分析、坝体应力和稳定分析提供依据。

在土石坝破坏事故的统计中，约有 1/4 是由于渗流问题引起的，所以必须深入研究渗流问题，并设计有效的控制措施，其主要内容和任务是：①根据坝体内部的渗流参数与渗流逸出坡降，求解渗流流速和渗流量，检验土体的渗流稳定，防止发生管涌和流土，在此基础上确定坝体及坝基中防渗体的尺寸和排水设施的容量和尺寸；②计算通过坝和河岸的渗流水量损失并设计排水系统的容量；③求出浸润线和渗流作用力，为核算坝体应力和稳定提供依据，检验初选土石坝的形式与尺寸。

### 4.3.1 土石坝中的渗流特性

除了水位快速升降的短期特殊情况外,在长时间的正常蓄水位情况下,坝体和河岸中的渗流均为有浸润面的无压渗流,一般可看作稳定渗流,化引至断面的平均流速 $v$ 和水力坡降 $J$ 的关系为

$$v = KJ^{1/\beta} \tag{4-8}$$

式中: $K$——渗透系数,单位与流速相同;

$\beta$——参量,$\beta=1\sim1.1$ 时为层流,$\beta=2$ 时为紊流,$\beta=1.1\sim1.85$ 时为过渡流态。

在土石坝稳定渗流分析中,一般假定 $\beta=1$,断面平均流速和水力坡降的关系符合达西定律。细粒土(如黏土、砂等)基本满足这一条件。粗粒土(如砂砾石、砾卵石等)只有部分能满足这一条件,当渗透系数 $K$ 达到 $1\sim10$m/d 时,$\beta=1.05\sim1.72$,这时按达西定律计算的结果和实际会有些出入。堆石体中的渗流,坝基和河岸中裂隙岩体中的渗流,各自遵循不同的规律,均须做专门的研究。

在均质土坝中可假定各点和各个方向的渗透系数 $K$ 是相同的,但在不均质土中应考虑空间各点和各方向渗透系数的差异,$K_x \neq K_y \neq K_z$。黏性土由于团粒结构的变化以及化学管涌等因素的影响,渗透系数还可能随时间而变化。一般说来,土体中的渗流取决于孔隙大小的变化,从而取决于土石坝中的应力和变形状态,对高坝而言,渗流分析和应力分析是有耦连影响的,渗透系数可根据试验结果和工程类比法综合确定,必要时可采用反演方法校核和修正各项水文地质参数[27]。对于1级、2级土石坝和高土石坝应考虑库水位下降等不稳定渗流进行计算[26]。

对于狭窄河谷中的高土石坝应做三维渗流分析,但对于宽广河谷,一般对最高坝断面做二维渗流分析即可。为便于分析说明和节省篇幅,本章只叙述二维渗流问题,至于三维问题可按此类推。

### 4.3.2 二维渗流分析的基本方程和主要分析方法

根据达西定律和连续条件

$$v_x = -K_x \frac{\partial H}{\partial x}; \quad v_y = -K_y \frac{\partial H}{\partial y} \tag{4-9}$$

$$\frac{\partial v_x}{\partial x} + \frac{\partial v_y}{\partial y} = 0 \tag{4-10}$$

可得二维渗流方程

$$K_x \frac{\partial^2 H}{\partial x^2} + K_y \frac{\partial^2 H}{\partial y^2} = 0 \tag{4-11}$$

式中: $v_x$、$v_y$——$x$ 向和 $y$ 向的渗流流速;

$K_x$、$K_y$——$x$ 向和 $y$ 向的渗透系数,假设 $K_x$ 和 $K_y$ 不随坐标而变化;

$H$——渗流场中某一点的渗压水头,m。

如果土石料在坝上卸料时粗颗粒分离滚落至堆料底部周边,而又未经人工挑拣取走就用推土机推平,容易产生水平向渗漏通道,又因自重和竖向碾压力总大于水平向侧压力,水平向渗透系数 $K_x$ 大于竖直向渗透系数 $K_y$,若相差很大应考虑两个方向渗透异性的影响,按式(4-12)进行坐标变换

$$\begin{cases} X = x\sqrt{K_y/K_x} \\ Y = y \end{cases} \tag{4-12}$$

则在变换后的新坐标系 $XOY$ 中,式(4-11)两侧同除以 $K_y$,经换算整理得

$$\frac{\partial^2 H}{\partial X^2} + \frac{\partial^2 H}{\partial Y^2} = 0 \tag{4-13}$$

由于 $H$ 符合拉普拉斯方程,使计算简化,但按式(4-9)求解,$v_x = -(K_x K_y)^{1/2}\partial H/\partial X$,可见在新坐标系里须改用 $K = (K_x K_y)^{1/2}$,最后将 $XOY$ 坐标系中的计算结果按式(4-12)转换回 $xoy$ 坐标系。

图 4-10 为均质土坝在各向同性和各向异性渗流场中的流网变化图,其中:图(a)为 $K_x = K_y$ 时的流网;图(b)为 $K_x = 9K_y$ 时按式(4-12)变换后在 $XOY$ 坐标系中 $K = (K_x K_y)^{1/2} = 3K_y$ 的流网;图(c)为由图(b)按 $x = X(K_x/K_y)^{1/2}$ 转换回 $xoy$ 坐标系后的流网。从中可见,若 $K_x$ 大于 $K_y$ 较多,致使浸润线抬高,渗流从下游坝面逸出,表明坝底水平褥垫式排水作用很小,须在坝内设置竖直或倾向下游的排水墙,并与坝底褥垫式排水连接,如图 4-7(a)所示。苏联建造的奥尔多-托柯伊坝(坝体为冲积堆土料),因水平向渗漏严重,不得不在坝体内灌注黏土-水泥浆防渗心墙。

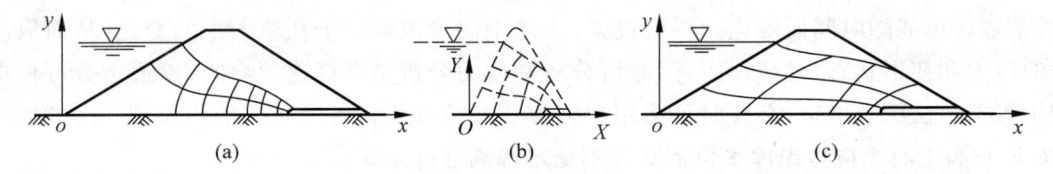

**图 4-10 均质土坝在各向同性和各向异性渗流介质中的流网**

(a) 按各向同性 $K_x = K_y$ 考虑;(b) 按式(4-12)坐标变换后,$K = \sqrt{K_x K_y} = 3K_y$;(c) $K_x = 9K_y$,按 $x = 3X$ 转换回 $xoy$ 坐标

土石坝渗流分析的主要方法有四种:流体力学法,水力学法,流网(图解)法,试验法。

流体力学法就是求解二维渗流方程(4-11)或类似的三维渗流方程理论解,例如在二维渗流区内任一点的势函数 $H$ 应满足方程(4-11),不透水边界及浸润线均为流线,在其上的势函数对边界外法向的偏导数为零,在浸润线以下的上下游坝面均为等势线。求得势函数 $H$ 后,再求渗透流速、渗流量和渗压等。但由于边界条件复杂,坝内分区材料多,一般很难求得理论解,而采用差分法或有限元法计算势函数 $H$ 的近似值。差分法或有限元法已有很多书籍介绍,因篇幅太多,不在此重述。

水力学方法和流网法比较简单而实用,具有一定的精度,用得较多,这里将重点扼要叙述。

**1. 水力学方法**

水力学方法可用来近似确定浸润线的位置,计算渗流流量、平均流速和水力坡降。水力学方法的基本假定是:渗流为缓变流动,等势线和流线均缓慢变化,渗流区可用矩形断面的渗流场模拟(参见图 4-11),用达西定律导出单宽渗流量 $q$ 和渗流水深 $y$ 的计算公式为

$$\begin{cases} q = 0.5K(H_1^2 - H_2^2)/L \\ y = \sqrt{H_1^2 - (H_1^2 - H_2^2)(x/L)} \end{cases} \tag{4-14}$$

式中:$H_1$、$H_2$——上、下游水深,m;

$L$——渗流区长度,m;

$x$——计算点至上游计算起点截面的距离,m。

1) 不透水地基上的土坝渗流计算

(1) 均质土坝的渗流计算

① 下游坝趾无排水的情况

将土坝横断面分为：上游库水位以下的三角形、下游浸润线以下的近似梯形和三角形共三段（如图 4-12 所示）。根据电拟试验结果，上游三角形坝体可用一等效的矩形体代替，宽度为

$$\Delta L = \lambda H_1 = \frac{m_1}{1+2m_1} H_1 \tag{4-15}$$

式中：$m_1$——上游坝坡系数。

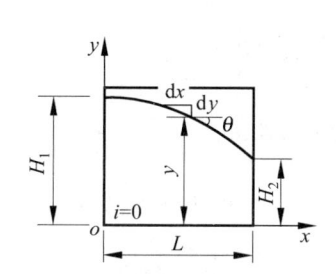

图 4-11 不透水地基矩形土体的计算简图

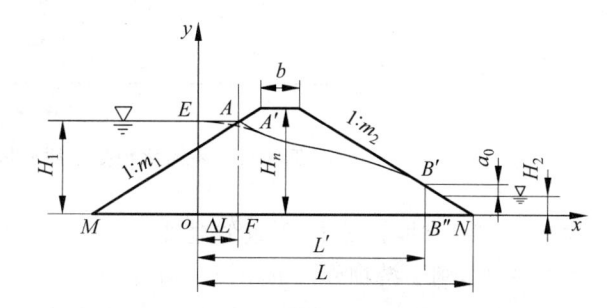

图 4-12 不透水地基均质土坝的计算简图

把上游三角形和中间段合并成一段 $EOB''B'$（参见图 4-12），设渗透系数为 $K$，根据达西定律，通过各竖直截面的单宽渗透流量为

$$q_1 = \frac{K}{2x}(H_1^2 - y^2) \tag{4-16}$$

逸出点 $B'$ 的坐标 $x = L'$，$y = a_0 + H_2$，代入式(4-16)得

$$q_1 = K \frac{H_1^2 - (a_0 + H_2)^2}{2L'} \tag{4-17}$$

式中：$a_0$——浸润线逸出点在下游水面以上的高度，m；

$H_2$——下游水深，m。

下游三角形 $B'B''N$ 的渗流可分为下游水位以上和以下两个区分析，其渗流流态很复杂，单宽渗流量近似为

$$q_2 = \frac{Ka_0}{m_2}\left(1 + \ln\frac{a_0 + H_2}{a_0}\right) \tag{4-18}$$

根据水流连续条件，$q_1 = q_2 = q$，联立以上两式用试算法求得 $a_0$ 和 $q$ 值。先设 $a_0$，计算 $q_1$ 和 $q_2$，若 $q_1 > q_2$，须加大 $a_0$，否则减小 $a_0$，再试算，直到 $q_1 = q_2$ 或误差很小为止。

上游坝面附近的浸润线还须适当修正，自水面线与坝面交点 $A$ 作与坝面正交的平滑曲线，并使曲线下游端与计算所求得的浸润线相切于 $A'$ 点。

② 下游坝脚有贴坡式排水的情况

当下游坡脚设贴坡式排水时，因它基本上不影响坝体浸润线的位置，浸润线的计算方法与不设排水的情况相同。因所算得的浸润线在下游坝面的出口往往很高，所以贴坡式排水也须设置得很高，以防止渗流将坝体细小颗粒带走而发生管涌破坏。

(2) 土质心墙坝的渗流计算

将心墙简化为等厚的矩形断面，如图 4-13 所示，其厚度取顶部和底部厚度的平均值 $\delta=(\delta_1+\delta_2)/2$。心墙上游的坝壳因渗流的流速很小，其浸润线与库水面相近。设心墙下游在反滤层中的浸润线高度为 $h$，心墙的渗透系数为 $K_c$，则心墙段的单宽渗流量为

$$q=\frac{K_c(H_1^2-h^2)}{2\delta} \tag{4-19}$$

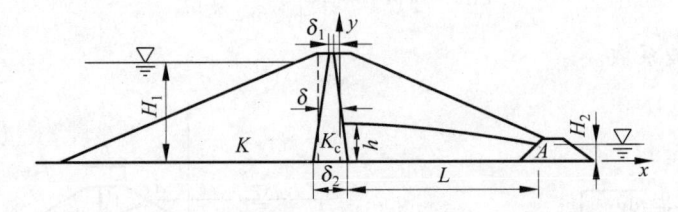

图 4-13 不透水地基土质心墙坝的浸润线计算简图

若下游坝脚有堆石排水，可近似地将下游水面与堆石内坡的交点 $A$ 作为浸润线逸出点，设坝壳的渗透系数为 $K$，则下游坝壳段的单宽渗流量为

$$q=\frac{K(h^2-H_2^2)}{2L} \tag{4-20}$$

联立上述两式，可解得 $h$ 和 $q$。下游坝壳的浸润线方程为

$$x=\frac{K(h^2-y^2)}{2q} \tag{4-21}$$

(3) 土质斜墙坝的渗流计算(参见图 4-14)

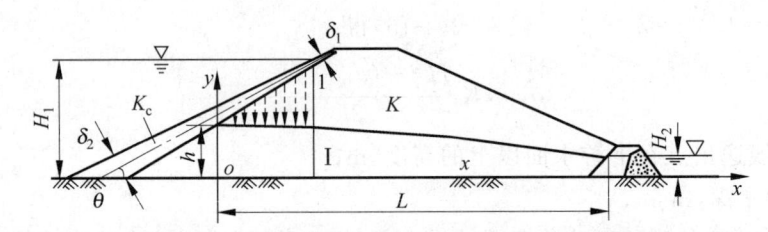

图 4-14 不透水地基土质斜墙坝的浸润线计算简图

设斜墙的渗透系数为 $K_c$，也将斜墙简化为等厚斜墙，其厚度为 $\delta=(\delta_1+\delta_2)/2$。设在反滤层处的浸润线高度为 $h$，在此以上的斜墙单宽渗流量为 $q_1$，斜墙上部的水头损失取平均值 $(H_1-h)/2$，则

$$q_1=\frac{K_c(H_1-h)^2}{2\delta\sin\theta} \tag{4-22}$$

式中：$\theta$——斜墙中心轴与水平面的夹角。

斜墙下部的水头损失为 $H_1-h$，其单宽渗流量为

$$q_2=\frac{K_c(H_1-h)h}{\delta\sin\theta} \tag{4-23}$$

上、下部之和即为总的单宽渗流量：

$$q = \frac{K_c(H_1^2 - h^2)}{2\delta\sin\theta} \tag{4-24}$$

设斜墙下游坝壳的渗透系数为 $K$，其单宽渗流量近似为

$$q = \frac{K(h^2 - H_2^2)}{2L} \tag{4-25}$$

联立式(4-24)、式(4-25)相等可求得 $h$ 和 $q$。下游坝壳的浸润线方程为

$$x = \frac{K(h^2 - y^2)}{2q} \tag{4-26}$$

2) 透水地基上的土坝渗流计算

透水地基一般指砂砾石覆盖层等渗透系数较大的地基。若透水地基较薄，一般在防渗体部位将此透水地基挖除，代之以黏土或其他防渗材料。如果地基回填的防渗材料与坝体的防渗材料相同，这种土石坝的浸润线计算方法同上；如果材料不相同，则将不同材料防渗体的单宽渗流量叠加作为总的单宽渗流量，列出总单宽渗流量相等的平衡方程，联立求解所待求的未知量。

对于透水地基较厚的情况，在20世纪60年代以前建造的土石坝，基本上采用水平铺盖的办法增加渗径，以满足渗透稳定的要求。若铺盖及坝体防渗结构的渗透系数比坝壳渗透系数 $K$ 和地基渗透系数 $K_0$ 小很多，可认为几乎是不透水的。设排水棱体上游坡度为 $1:m_2$，竖线 $AB$ 的下游坝体平均渗径近似取 $L+0.5m_2H_2$，参见图4-15。竖线 $AB$ 的上游和下游单宽渗流量分别近似为

$$q_u = \frac{K_0(H_1 - h)T}{n_1(L_B + m_1h)} \tag{4-27}$$

$$q_d = \frac{K(h^2 - H_2^2)}{2L + m_2H_2} + \frac{K_0(h - H_2)T}{L + 0.44T} \tag{4-28}$$

式中：$T$——透水地基的厚度，m；

$m_1$——黏土斜墙下游反滤层的边坡系数；

$n_1$——考虑进口流线弯曲影响的渗径修正系数，如表4-6所列。

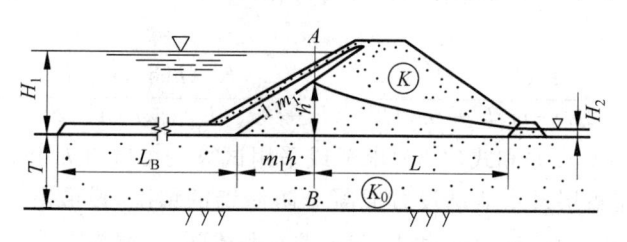

图 4-15 透水地基有铺盖的斜墙坝渗流计算

表 4-6 渗径修正系数 $n_1$

| $(L_B + m_1h)/T$ | 20 | 5 | 4 | 3 | 2 | 1 |
|---|---|---|---|---|---|---|
| $n_1$ | 1.025 | 1.09 | 1.115 | 1.15 | 1.22 | 1.435 |

联立式(4-27)、式(4-28)相等用试算法可求得 $h$ 和 $q$。

当铺盖及坝体防渗结构与坝壳和地基的渗透系数相差不多时，应考虑铺盖和坝体防渗结构的渗流量，水力学方法需要复杂的计算，而且精度较差，宜用有限元渗流计算。

当地基漏水很严重时,铺盖的防渗效果和水库的蓄水效益很差。我国自从 20 世纪 60 年代成功地采用混凝土防渗墙技术以后,基本上很少采用铺盖的办法了,自此以后,在较厚覆盖层上建造的土石坝,河床坝基的防渗处理大多数采用混凝土防渗墙。为了说明这种土石坝渗流计算的水力学方法,这里以黏土斜墙坝作为例子。

仍设黏土斜墙的渗透系数为 $K_c$,也将斜墙简化为等厚,厚度为 $\delta=(\delta_1+\delta_2)/2$,斜墙内坡脚至下游排水棱体上游坡脚的水平距离为 $L$,砂石坝体浸润线在上游高度为 $h$,如图 4-16 所示。

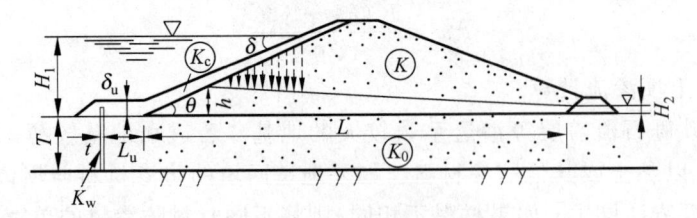

图 4-16 带有混凝土防渗墙的黏土斜墙坝渗流计算

为避免或减小黏土斜墙可能向上游的滑移(如在库水位骤降或空库的情况下)对混凝土防渗墙的影响,也为了减少施工干扰、加快施工进度,混凝土防渗墙不直接做在黏土斜墙的坡脚处,而向上游平移某一长度,需要有一段水平的黏土防渗体,以便做好防渗衔接,如图 4-16 所示。设防渗墙至黏土斜墙内坡脚的水平距离为 $L_u$,水平段防渗黏土的竖向厚度为 $\delta_u$,渗透系数同黏土斜墙的渗透系数 $K_c$;又设混凝土防渗墙的渗透系数为 $K_w$,厚度为 $t$,河床覆盖层的厚度为 $T$;根据达西定律,通过黏土防渗体水平段和混凝土防渗墙的单宽渗流量分别为 $K_c(H_1-h)L_u/\delta_u$ 和 $K_w(H_1-h)T/t$,连同黏土斜墙,通过防渗体总的单宽渗流量为

$$q_1=\frac{K_c(H_1^2-h^2)}{2\delta\sin\theta}+\frac{K_c(H_1-h)L_u}{\delta_u}+\frac{K_w(H_1-h)T}{t} \tag{4-29}$$

设下游水深为 $H_2$,排水棱体的上游内坡为 $1:m_2$,砂石坝体和覆盖层的渗透系数分别为 $K$ 和 $K_0$,其平均渗径分别近似取 $L-0.5m_1h+0.5m_2H_2$ 和 $L+0.5(L_u-m_1h)+0.44T$,砂石坝体和覆盖层总的单宽渗流量为

$$q_2=\frac{K(h^2-H_2^2)}{2L-m_1h+m_2H_2}+\frac{K_0(h-H_2)T}{L+0.5(L_u-m_1h)+0.44T} \tag{4-30}$$

因 $q_1=q_2=q$,联立式(4-29)和式(4-30)求解或采用试算法可解得 $h$ 和 $q$。

对于黏土心墙坝在覆盖层透水地基设置混凝土防渗墙的情况,设混凝土防渗墙至排水棱体内坡脚的水平距离为 $L$,可将 $\theta=90°$、$m_1=0$ 和 $L_u=0$ 代入上述两式,解得 $h$ 和 $q$。

### 2. 流网法

对于坝内不同材料接合处或复杂边界形状、边界条件的情况,水力学方法难以得出精确解,可用流网法较方便地绘制流网图,求得任一点的渗压、渗流坡降、渗流流速和断面渗流量。其步骤如下:

① 先用水力学方法或根据经验初步大致绘制浸润线,将其上游面的起点和下游水位的高差(即总水头 $H$)等分成 $n$ 段(如图 4-17 所示),求得各段的水头差 $\Delta H=H/n$ 和各分点的高程,沿这些高程画水平线,这些水平线与浸润线及其下游坝面逸出线的交点,即为等势线出露点的初选位置。

② 过这些交点试画等势线,它与浸润线(也是最上面的流线)正交,与坝下地基不透水层面(即最

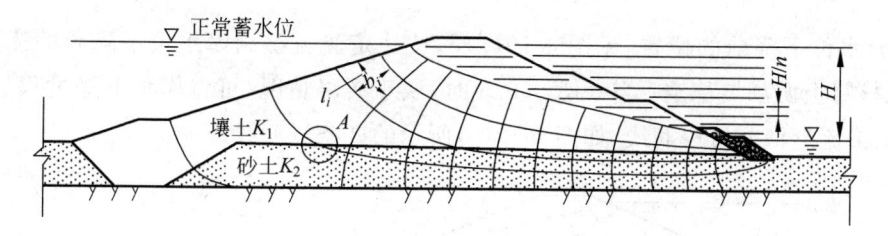

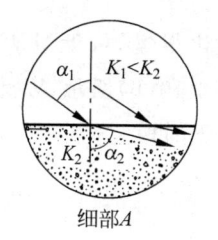

图 4-17 均质土坝与河床不同渗透系数的流网特性图

下面的流线)正交,等势线与渗流方向垂直,防渗体上游面可近似认为是水头最高的等势线,其下游第 1 条相邻的等势线的上部大致与它平行,顶部与浸润线正交,下部逐渐过渡到与地基不透水层面正交,其余等势线逐条向下游靠近,下游水位以下的坝体和河床地表渗流逸出界面为最下游的等势线。

③ 初拟流线,使其与等势线正交,并把浸润线和地基不透水层面之间的渗流区域划分成 $m$ 条子区域,为使各子区域通过的渗流量相同,在同一种材料里各网格流线和等势线的边长应保持相同的比例。

④ 校对和修正流网(包括浸润线),使等势线和流线较为精确地满足第②和第③步骤的要求。

在坝内任一点的渗流坡降为相邻等势线的水头差 $H/n$ 除以该处网格 $i$ 沿渗流方向的平均长度 $l_i$;设网格 $i$ 两侧流线的平均间距为 $b_i$,则该网格内渗流的平均水力坡降 $J_i$、平均流速 $v_i$、通过全断面的单宽渗流量 $q$ 分别为

$$J_i = \frac{H}{nl_i}; \quad v_i = K_i J_i = K_i \frac{H}{nl_i}; \quad q = \frac{H}{n}\sum_{i=1}^{m}\frac{K_i b_i}{l_i} \tag{4-31}$$

若 $l_i = b_i$,则为正方形网格,对手工绘制渗流网格较为方便一些。

尽管手工绘制渗流网格有些人为因素的误差,但相对于坝体和地基渗透系数的误差和不均匀性等因素来说,流网法的精度尚能满足土石坝工程的设计要求。

在渗透系数不同的土层交界面上(参看图 4-17 细部 $A$),按两条流线间的渗流量恒定原理,流线与法线的夹角满足下列条件:

$$\frac{\tan\alpha_1}{\tan\alpha_2} = \frac{K_1}{K_2} \tag{4-32}$$

图 4-18 为黏土斜墙坝和黏土心墙坝两种常见坝型的黏土防渗体流网图,可供参考。

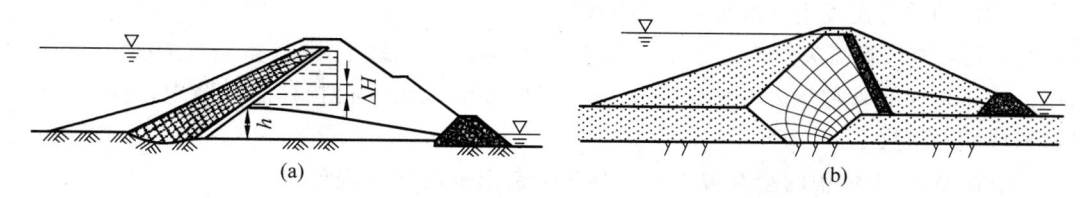

图 4-18 黏土斜墙坝和黏土心墙坝的防渗体流网图

当水库水位以较快速度下降时,均质坝或黏土防渗体内一部分孔隙水将向上游渗出,渗流成为不稳定渗流,渗流参数随时间而变化,可采用近似方法绘制渗流网。以 $K \approx 10^{-5} \sim 10^{-4}$ cm/s 的均质坝为例,当库水位下降速度 $v$ 与坝体渗透系数 $K$ 的比值 $v/K > 2$ 时,属于急降情况,但坝体原浸润

线变化很慢,可近似认为水位下降前的位置[见图4-19(a)],按稳定渗流绘制库水位下降后的流网,如图4-19(b)所示,以此核算上游坝坡稳定;当$v/K<0.5$时,属于缓降情况,可将库水下降过程划分成若干时段,分别按稳定渗流近似分析浸润线,如图4-19(c)所示的3条浸润线。

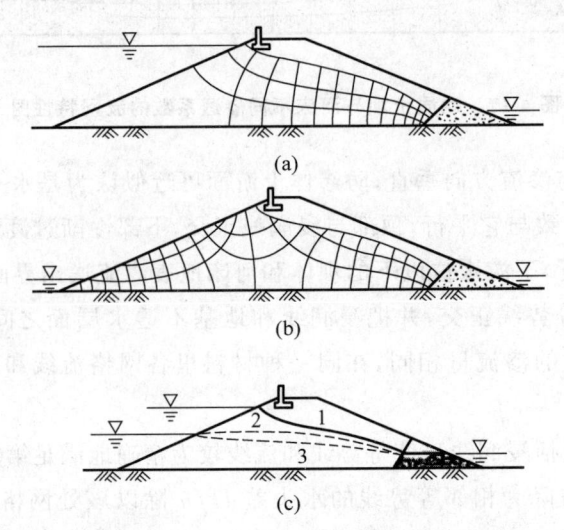

**图 4-19 库水位下降时渗流网的变化**
(a)均质坝库水位下降前的流网;(b)均质坝库水位急降后的流网;(c)均质坝库水位缓降后浸润线的变化

### 4.3.3 土坝的渗流变形及其防护

#### 1. 渗流变形及其危害

渗流力作用于坝体和坝基内土体颗粒的骨架上,可能发生变形,其形式和程度与土体的性质、颗粒组成、渗流特性和渗流出口的保护条件等因素有关;变形较大时失去平衡,主要为以下几种形式:

(1)管涌。在坝体或坝基土体中疏松的无黏性土部分颗粒被渗流水带走,逐渐形成管状通水道,而且通水道管径和渗透流速越来越大,乃至将大颗粒冲走,最后可能冲开形成大缺口而垮坝。

(2)流土。一般指黏性土或细粒土被渗流水压力顶开,或细颗粒群在逸出处浮动流失。

(3)接触冲刷。当渗透水沿细粒土(砂土或黏土)与粗粒土或建筑物接触面平行的方向渗流时,细粒土被渗流水冲动并带走发生破坏称为接触冲刷。

(4)接触剥离或接触流失。当渗透水经细粒土层(如砂土或黏土)向较粗颗粒土层渗流时,因局部渗流水压力大于接触面外加压力而使细粒土局部剥离或流入到较粗颗粒的空隙中,这种渗流变形称为接触剥离或接触流失。

(5)化学管涌,指土体中的盐类被渗流水溶解带走形成的管涌现象。

#### 2. 渗流变形的防护标准

关于渗流变形及其防护标准,不同研究者给出的计算公式很多,读者可参考有关的设计手册。我国《碾压式土石坝设计规范》(NB/T 10872—2021)[27]的附录C.2给出了粗细颗粒的分界粒径、土的渗透变形判别方法、土的临界水力坡降和允许水力坡降。

(1) 粗细颗粒的分界粒径

土中的粗颗粒构成骨架,细颗粒充填于其中。细颗粒的含量 $P_c$(指细颗粒的质量占土颗粒总质量的百分数)以及粗细颗粒的分界粒径 $d_f$ 是判断管涌或流土的重要参数。

对于连续级配的土,粗细颗粒的分界粒径 $d_f$ 可按式(4-33)计算:

$$d_f = (d_{70} d_{10})^{1/2} \tag{4-33}$$

式中:$d_{70}$——小于此粒径的颗粒占总重70%的颗粒粒径,mm;

$d_{10}$——小于此粒径的颗粒占总重10%的颗粒粒径,mm。

对于不连续级配的土,以级配曲线中平缓段的最大和最小粒径的平均粒径作为粗细粒的分界粒径 $d_f$,相应小于 $d_f$ 颗粒的含量为细颗粒含量 $P_c$。

(2) 管涌和流土的判别

渗流变形的类型主要取决于细颗粒的含量 $P_c$ 和孔隙率 $n$。为便于判断,定义临界含量:

$$P_k = 0.25/(1-n) \tag{4-34}$$

若 $P_c < P_k$,则渗流变形为管涌类型;若 $P_c \geq P_k$,则渗流变形为流土类型。

对于不均匀系数 $C_u (=d_{60}/d_{10}) > 5$ 的不连续级配土,也可直接按细粒土的含量来判断:若 $P_c < 25\%$,则渗流变形为管涌类型;若 $P_c \geq 35\%$,则渗流变形为流土类型;若 $25\% \leq P_c < 35\%$,则渗流变形为过渡型。具体属于哪一种类型,取决于土的密度、级配和颗粒形状等因素。

(3) 接触冲刷的判别

若双层结构土的不均匀系数 $C_u \leq 10$,而且满足式(4-35),则不会发生接触冲刷。

$$D_{10}/d_{10} \leq 10 \tag{4-35}$$

式中:$D_{10}$——较粗一层颗粒的粒径,小于此粒径的颗粒占该层颗粒总重10%的颗粒粒径,mm;

$d_{10}$——较细一层颗粒的粒径,小于此粒径的颗粒占该层颗粒总重10%的颗粒粒径,mm。

若不满足上述条件,则可能发生接触冲刷。

(4) 接触流失的判别

若不均匀系数 $C_u \leq 5$,则不发生接触流失的条件是 $D_{15}/d_{85} \leq 5$;若 $5 < C_u \leq 10$,则不发生接触流失的条件是 $D_{20}/d_{70} \leq 7$。$D_{15}$ 和 $D_{20}$ 表示在颗粒较粗的反滤层小于该粒径的颗粒含量分别为15%和20%;$d_{85}$ 和 $d_{70}$ 表示在颗粒较细的被保护层小于该粒径的颗粒含量分别为85%和70%。

(5) 流土与管涌临界水力坡降的确定方法

上述所讨论的渗流变形方式的判别仅仅是从土结构级配和孔隙率的因素(可称为内因)考虑的,至于可否发生渗流变形,还要看渗流水力坡降这一外在因素。各种渗流变形对应的临界坡降如下:

流土型($P_c \geq 35\%$)

$$J_{cr} = (G_s - 1)(1-n) \tag{4-36}$$

式中:$G_s$——土粒密度与水的密度之比;

$n$——土的孔隙率。

管涌型($P_c < 25\%$)或过渡型($25\% \leq P_c < 35\%$)

$$J_{cr} = 2.2(G_s - 1)(1-n)^2 d_5/d_{20} \tag{4-37}$$

式中:$d_5$、$d_{20}$——小于该粒径的颗粒占该层颗粒总重分别为5%、20%的粒径,mm。

管涌型($P_c < 25\%$)也可用

$$J_{cr} = 42n(n/K)^{1/2} d_3 \tag{4-38}$$

式中：$K$——土的渗透系数，cm/s，应通过渗透试验测定；

　　　$d_3$——小于该粒径的颗粒含量占总重3%的粒径，mm。

为安全考虑，管涌型的临界坡降应取式(4-37)和式(4-38)算得的较小值。

对于非黏性土，设计采用的允许水力坡降应为 $J_a=J_{cr}/K_s$，$K_s$ 为安全系数。在一般情况下，$K_s=1.5\sim2.0$；若渗流对水工建筑物的危害较大，则取 $K_s=2.0$；对于特别重要的工程应取 $K_s=2.5$。

若无试验资料，对于出口无反滤层的非黏性土，允许水力坡降取下列数值：①流土型：不均匀系数 $C_u\leqslant3$ 时，$J_a=0.25\sim0.35$；$3<C_u\leqslant5$ 时，$J_a=0.35\sim0.50$；$C_u\geqslant5$ 时，$J_a=0.50\sim0.80$；②过渡型：$J_a=0.25\sim0.40$；③管涌型：连续级配，$J_a=0.15\sim0.25$；不连续级配，$J_a=0.10\sim0.20$。

**3. 防止渗流变形的工程措施**

土体产生渗流变形主要与土的颗粒组成、孔隙率、土层及土与建筑物交界面的情况以及渗流坡降等因素有关。防止渗流变形主要从这些因素考虑，使坝体设计符合上述渗流变形的防护标准，使水力坡降小于设计允许水力坡降。可采取的主要措施有以下几种。

(1) 增加防渗体的厚度，以降低渗透坡降，使其小于设计允许水力坡降。

(2) 在防渗体、反滤层和过渡层下游一侧的坝壳里设置坝内排水（如竖式排水体、褥垫式排水、水平排水条带、网状排水带等），以降低浸润线，减小渗流出口处的渗透压力，避免发生管涌破坏。

(3) 在黏土防渗体（如心墙、斜墙、截水墙等）与岩基交界处，尤其在两侧岸边防渗体下游一侧的岩基面上渗透水压很小或接近于零，渗流坡降较大，较容易发生接触冲刷，应增加该处防渗体的厚度（如扩大至两倍）或设置混凝土齿墙，以加长渗径、降低渗流坡降、提高安全系数。

(4) 在上、下游坝面及其与两岸表面相交处都应设置足够容量的排水沟（若两岸地下水位较高，应设置排水洞）。这些措施都是为了避免大量雨水或地下水渗进坝内，以防因坝内浸润线抬高、坝脚渗流出口的渗透压力过大造成的管涌破坏。

(5) 在坝的下游可能产生流土或管涌的地段加设反滤、排水和盖重，防止渗流逸出处表层土体被掀起或浮动。具体设计要求详见前面4.2.2小节的"3.反滤层和过渡层"部分的内容。

## 4.4　土石坝的稳定分析

---

**学习要点**

1. 土石坝的稳定分析主要是指坝坡的稳定分析，它关系到大坝安全程度和大坝的工程量。
2. 应重点掌握毕肖普(Bishop)法和简化的毕肖普法。

---

### 4.4.1　稳定分析方法

稳定分析的目的是保证土石坝在自重、孔隙水压力、外荷载的作用下具有足够的稳定性，不发生整体滑动或局部滑动，这是确定坝的设计断面和评价坝体安全的主要依据。

土是一种具有强非线性性质的材料，应采用非线性、弹塑性有限元方法分析土石坝的稳定性，但需要相关的计算软件和较多的时间。在初期可行性研究阶段,为了尽快进行方案比较和决策,以便其他工作能陆续开展,我国《碾压式土石坝设计规范》[26,27]规定,土石坝稳定分析仍以刚体极限平衡法作为基本方法。该方法较为简便,在工程上已使用很长时间,计算精度也为工程界所认可。

在20世纪,一些学者和研究人员提出过不同的稳定分析方法,以确定土体中具有最小安全系数的可能滑动面的位置和形状。现主要简述如下。

**1. 简单条分法—瑞典圆弧法**

瑞典圆弧法于1916年首先由瑞典彼得森提出。该法假定土坡失稳破坏可简化为一平面应变问题,滑动面为一圆弧面(如图4-20所示),将圆弧面以上的土体划分成若干等宽的竖直土条,将所有土条作用力对圆心取矩,累加求和略去土条间大小相等方向相反的相互作用内力,算得阻滑力矩与滑动力矩之比作为该圆弧滑动面的稳定安全系数。

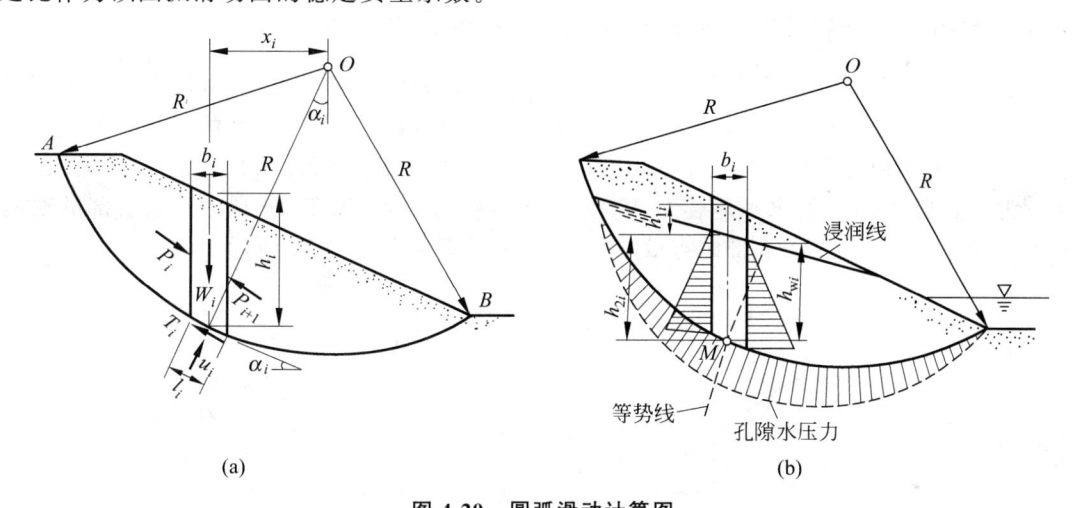

**图4-20 圆弧滑动计算图**
(a) 土条作用力平衡;(b) 考虑渗流的影响

各条块竖向地震力 $V_i$ 和水平地震力 $Q_i$ 作用于条块中心(见图4-21),圆弧面稳定安全系数为

$$K_c = \frac{\sum [c'_i l_i + (W_i \cos\alpha_i \pm V_i \cos\alpha_i - Q_i \sin\alpha_i - u_i l_i)\tan\varphi'_i]}{\sum (W_i \pm V_i)\sin\alpha_i + \sum (Q_i e_i/R)} \quad (4-39)$$

式中:$W_i$——第 $i$ 土条重量,kN;

$u_i$——第 $i$ 土条底面孔隙水压力强度,kPa;

$e_i$——滑动圆弧圆心至第 $i$ 土条水平地震力的高差,m;

$l_i$、$\alpha_i$——分别为第 $i$ 土条沿滑弧面的长度(m)和坡角(°),坡角以倾向滑动方向为正;

$c'_i$、$\varphi'_i$——第 $i$ 土条底滑裂面的有效抗剪强度指标:凝聚力,kPa;内摩擦角,(°)。

若进行总应力分析,则略去式(4-39)中含 $u$ 的项,将 $c'$、$\phi'$ 换成总应力抗剪强度指标。

当土坡中有渗流水存在时,应计入渗流对稳定的影响,在计算宽度为 $b_i$ 的土条重量 $W_i$ 时,对浸润线以下的部分取饱和容重,浸润线以上的部分取湿容重,$u_i$ 取土条底部沿滑动面上的渗流水压力,按等势线水头求出。累计求和略去土条间相互作用的内力,稳定安全系数的计算公式为

$$K_c = \frac{\sum c'_i l_i + \sum b_i (\gamma_m h_{1i} + \gamma_m h_{2i} \pm V_i - Q_i \tan\alpha_i - \gamma_0 h_{wi} \sec^2\alpha_i) \cos\alpha_i \tan\varphi'_i}{\sum b_i (\gamma_m h_{1i} + \gamma_m h_{2i} \pm V_i) \sin\alpha_i + \sum (Q_i e_i / R)} \quad (4\text{-}40)$$

式中：$\gamma$、$\gamma_m$——分别为土的湿容重和饱和容重，$kN/m^3$；

$\gamma_0$——水容重或重度，$kN/m^3$；

$h_{1i}$、$h_{2i}$——分别为第 $i$ 土条在浸润线以上和以下的高度，m；

$h_{wi}$——第 $i$ 土条底部中点渗流水头，为该点至浸润线同一等势点的水深，m，参见图 4-20(b)。

其他符号同前面各式说明，$V_i$ 前面的±号表示竖向地震力向下或向上，应分别计算取最小的 $K_c$。

有的计算公式为计算简便，省略计算式(4-40)中的渗流压力 $\gamma_0 h_{wi}$，而在计算抗滑力时，对浸润线以下的 $\gamma_m$ 土条采用浮容重，在计算滑动力时，将浸润线以下、下游水位以上的土条采用饱和容重，下游水位以下的土条仍采用浮容重。这是对式(4-40)中渗流压力影响的一种近似处理方法。

### 2. 毕肖普(Bishop)法和简化的毕肖普(Simplified Bishop)法

简单条分法只考虑滑裂体总体受力平衡，没有考虑土条间的相互作用力，也没有考虑剪切破坏过程中孔隙水压力变化的影响，不一定满足每一土条力的平衡条件，一般使计算的安全系数偏低。毕肖普法近似考虑土条间相互作用力的影响，如图 4-21 所示。图中 $E_i$ 和 $X_i$ 分别表示土条间的法向和切向力；$W_i$ 为土条自重；$Q_i$ 为水平地震力，$V_i$ 为竖向地震力；$N_i$ 和 $T_i$ 分别为土条底部的法向力和切向力，$N'_i = N_i - u_i l_i$ 为土条底部的有效法向压力，其余符号如图 4-21 所示。

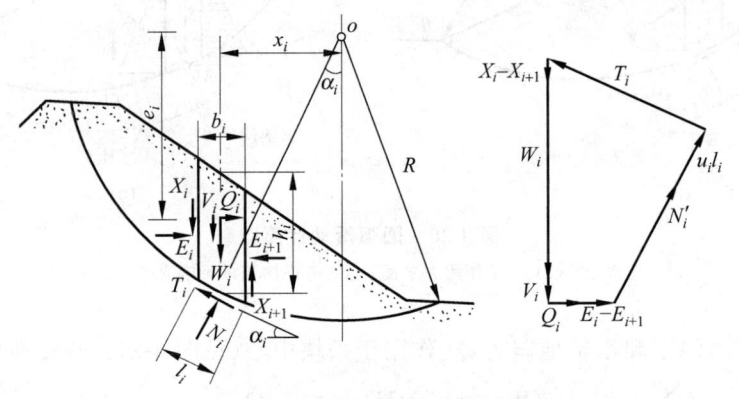

图 4-21 毕肖普法滑弧计算简图

根据摩尔-库仑条件，条块底面的剪力应有

$$T_i = [c'_i l_i + (N_i - u_i l_i) \tan\phi'_i] / K_c \quad (4\text{-}41)$$

将各条块在作用力对滑弧圆心取矩并累计求和，因各条块间的相互作用力 $E_i$、$X_i$ 大小相等，方向相反，故按极限平衡条件得

$$\sum (W_i \pm V_i) R \sin\alpha_i - \sum T_i R + \sum Q_i e_i = 0 \quad (4\text{-}42)$$

将式(4-41)代入式(4-42)，得出

$$K_c = R \sum [c'_i l_i + (N_i - u_i l_i) \tan\phi'_i] / \left[\sum (W_i \pm V_i) R \sin\alpha_i + \sum Q_i e_i\right] \quad (4\text{-}43)$$

由图 4-21 所示的一个条块作用力平衡条件，并利用式(4-41)的 $T_i$ 代入求得 $N_i$，再代入式(4-43)经整理得有 $n$ 个条块滑弧体的抗滑稳定安全系数关系式为

$$K_c = \frac{\sum_{i=1}^{n}\left\{[(W_i \pm V_i - u_ib_i + X_i - X_{i+1})\tan\phi'_i + c'_ib_i]\sec\alpha_i \bigg/ \left(1 + \frac{\tan\alpha_i \tan\phi'_i}{K_c}\right)\right\}}{\sum_{i=1}^{n}(W_i \pm V_i)\sin\alpha_i + \sum_{i=1}^{n}(Q_ie_i/R)} \tag{4-44}$$

上述毕肖普法需要试算 $K_c$ 和很多条块的 $X_i$、$X_{i+1}$ 是很烦琐的,这是它的缺点。

如果土条分得很细,可假定土条两侧的切向力相等,即 $X_i = X_{i+1}$,则计算大为简化,故称为简化的毕肖普法,其滑弧体的抗滑稳定安全系数关系式为

$$K_c = \frac{\sum_{i=1}^{n}\left\{[(W_i \pm V_i - u_ib_i)\tan\phi'_i + c'_ib_i]\sec\alpha_i \bigg/ \left(1 + \frac{\tan\alpha_i \tan\phi'_i}{K_c}\right)\right\}}{\sum_{i=1}^{n}(W_i \pm V_i)\sin\alpha_i + \sum_{i=1}^{n}(Q_ie_i/R)} \tag{4-45}$$

许多计算表明,其结果与精确解很接近,故简化的毕肖普法用得较多。

上式两端均含 $K_c$,仍须迭代求解,编好程序由计算机很快求得最小的 $K_c$ 及其对应的圆弧。

对于非地震情况,将上述各式中的 $Q_i$、$V_i$ 置零即可。

**3. 折线滑动面与复式滑动面的稳定分析**

当土坡部分浸水时,由于浸水土体的内摩擦角减小,容易产生折线形滑动,其折点一般在坝内水位线附近,如图 4-22(a)所示的 $B$ 点。由于底滑动面有 2 个或 2 个以上,计算比较复杂。为便于计算,常按平面问题或截取单宽土体来考虑,并假定过折点作竖线把滑动体分成若干块,每一底滑面对应一块。为便于叙述折线形滑动的计算方法和计算式,这里先讨论最简单的双滑面情况,如图 4-22(a)所示,设 $BCED$ 重量为 $W_1$,用湿容重计算;$ABD$ 的重量为 $W_2$,其中水位以上用湿容重计算该部分土体的重量为 $W_{2U}$,水位以下用浮容重计算该部分的土重为 $W_{2D}$,$W_2$ 为两者之和,即 $W_2 = W_{2U} + W_{2D}$。设 $BCED$ 块体底面与水平面的夹角为 $\theta_1$,底面的反力为 $R_1$,内摩擦角为 $\phi_1$,凝聚力为 $c_1$,底面的斜坡长或单宽斜坡面积为 $l_1$;$ABD$ 块体底面与水平面的夹角为 $\theta_2$,底面的反力为 $R_2$,内摩擦角为 $\phi_2$,凝聚力为 $c_2$,底面的斜坡长或单宽斜坡面积为 $l_2$;两块体之间竖向交界面的内摩擦角 $\phi$ 设为两块体相互作用力 $P$ 与交界面法向的夹角。

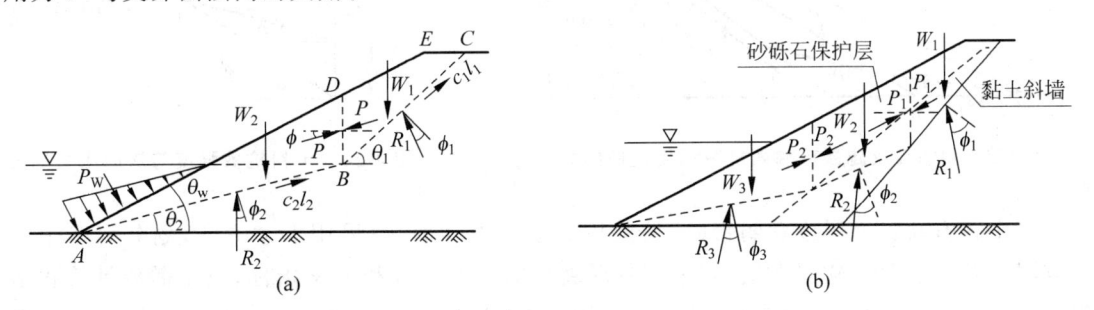

图 4-22 折线滑动分块及作用力示意图

对于 $BCED$ 块体,底滑面的法向分力平衡条件为 $R_1\cos\varphi_1 = W_1\cos\theta_1 + P\sin(\theta_1 - \phi)$,底滑面上的摩擦力为 $[W_1\cos\theta_1 + P\sin(\theta_1 - \phi)]\tan\phi_1$,$BCED$ 块体沿底面斜坡方向的抗滑稳定安全系数为

$$K_1 = \frac{[W_1\cos\theta_1 + P\sin(\theta_1-\phi)]\tan\phi_1 + c_1 l_1}{W_1\sin\theta_1 - P\cos(\theta_1-\phi)} \tag{4-46}$$

对于 ABD 块体，如果土体是无黏性土，则 $c_2$ 很小或接近于零，为安全起见，可不考虑其作用；但为了保持计算式的完整性，这里按黏性土考虑。如果上游库水位很低，或者经很长时间蓄水后，库水位下降至低水位，为安全起见，也可不考虑 ABD 块体上游边界 AD 面上的水压力对稳定的有利作用，而只考虑水对土体的浮力作用，水下土体按浮容重计算其重量。如果 ABD 块体为黏性土，其上游边界面受到水压力作用，合力为 $P_w$，方向垂直于上游边界 AD，设 AD 与水平面夹角为 $\theta_w$，如图 4-22(a)所示。作用于底滑面上的法向力为 $W_2\cos\theta_2 + P\sin(\phi-\theta_2) + P_w\cos(\theta_w-\theta_2)$，底滑面上的摩擦力为 $[W_2\cos\theta_2 + P\sin(\phi-\theta_2) + P_w\cos(\theta_w-\theta_2)]\tan\phi_2$，ABD 块体沿底面的抗滑稳定安全系数为

$$K_2 = \frac{[W_2\cos\theta_2 + P\sin(\phi-\theta_2) + P_w\cos(\theta_w-\theta_2)]\tan\phi_2 + c_2 l_2}{W_2\sin\theta_2 + P\cos(\phi-\theta_2) - P_w\sin(\theta_w-\theta_2)} \tag{4-47}$$

由 $K_1=K_2$，可得到关于 P 的二次方程，求得 P 后，再将其代入式(4-46)或式(4-47)所得 $K_1$ 或 $K_2$ 即为 ABCEDA 的总体抗滑稳定安全系数。

对于既有黏土斜墙、又有上游砂砾石保护层等多种土料以及多条折线滑裂面的情况，如图 4-22(b)所示，滑块的划分、受力和计算方法与上述内容类似。各滑块重量为滑块里各种土料重量之和；在每两个相邻滑块之间的相互作用力 $P_i$ 仍可类似上述等 K 法建立关于 $P_i$ 的二次方程，若共有 n 个 $P_i$，则有 n 个二次方程联立求解 $P_i(i=1,2,\cdots,n)$。

两种土料接触面上的强度往往较低，在相邻两种材料接触面上的抗剪强度应取这两种材料中的较小者，可根据两种材料抗剪强度相等时的法向应力 $\sigma_c$，在接触面上找到法向应力 $\sigma=\sigma_c$ 的 H 点(参见图 4-23)，因 H 点以上的接触面上 $\sigma<\sigma_c$，故用非黏性土料的 $\phi$ 值(参见图 4-24)，H 点以下因 $\sigma>\sigma_c$，故用黏性土料的 $\phi'$ 值和 $c'$ 值。

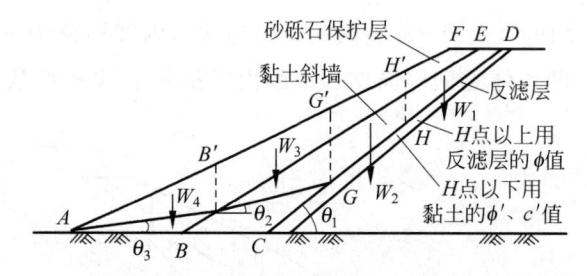

图 4-23 黏土斜墙与反滤层接触面抗剪强度选取的分界位置

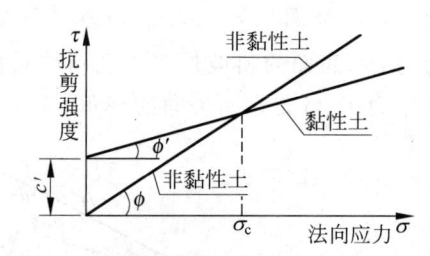

图 4-24 土料抗剪强度与法向应力的关系

当坝基中含有软弱夹层或软弱带时，可能构成复式滑动面，可采用上述方法，划分为多个楔形滑动块的方法。若底滑面为软弱夹层，则采用软弱夹层的几何参数和力学指标，只是需要计算很多个复合滑裂面方案，须通过优化理论或数学规划法才能求得最小的安全系数，这些计算量很大，只有借助计算机才能找到最小安全系数及其对应的滑裂体。

**4. 摩根斯顿-普赖斯(Morgenstern-Price)方法**

摩根斯顿-普赖斯方法(M-P 法)适用于任何形状的底滑动面和上表面，考虑了各条块的力和力矩

平衡条件，其计算简图如图 4-25 所示。

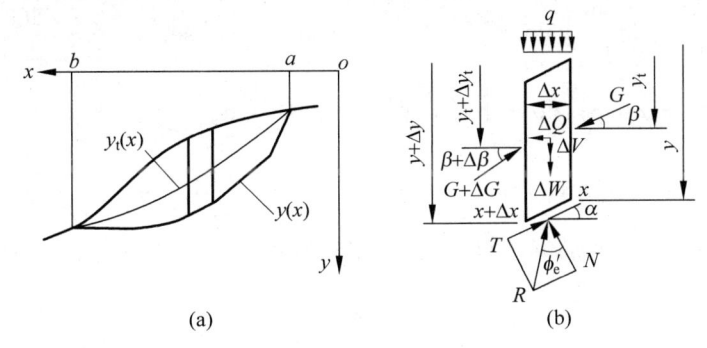

图 4-25　摩根斯顿-普赖斯方法计算简图

设滑裂体位于 $x=a$ 至 $x=b$ 之间，滑裂底面的竖向坐标为 $y(x)$，底面至上表面一半高度处的竖向坐标为 $y_t(x)$。将滑裂体分成许多竖向条块，每条宽度为 $\Delta x$，重量为 $\Delta W$，上表面作用的竖向荷载为 $q$，条块底面的渗透压强为 $u$，底面与水平面夹角为 $\alpha$，土条侧面的合力与水平面夹角为 $\beta$，土条水平向地震惯性力为 $\Delta Q$，竖直向地震惯性力为 $\Delta V$（向下为正），土条水平向地震惯性力至土条底中心的竖向距离为 $h_e$，水平地震惯性力对土条底部中心的力矩为 $M_e$，其他符号见图 4-25。

设达到极限平衡时的有效应力抗剪强度指标 $c'_e$、$\tan\phi'_e$ 为其标准值 $c'$、$\tan\phi'$ 除以安全系数 $K$，即

$$\begin{cases} c'_e = c'/K \\ \tan\phi'_e = \tan\phi'/K \end{cases} \tag{4-48}$$

当达到极限平衡状态时，土条底部切向力 $T$ 和法向力 $N$ 的关系为

$$T = c'_e \Delta x \sec\alpha + (N - u\Delta x \sec\alpha)\tan\phi'_e \tag{4-49}$$

各土条水平力的平衡条件为

$$\Delta Q + G\cos\beta - (G+\Delta G)\cos(\beta+\Delta\beta) + N\sin\alpha - T\cos\alpha = 0 \tag{4-50}$$

各土条竖向力的平衡条件为

$$\Delta W + q\Delta x \pm \Delta V + G\sin\beta - (G+\Delta G)\sin(\beta+\Delta\beta) - N\cos\alpha - T\sin\alpha = 0 \tag{4-51}$$

各土条作用力对土条底部中心的力矩平衡条件为

$$(G+\Delta G)\cos(\beta+\Delta\beta)[y+\Delta y - (y_t+\Delta y_t) - 0.5\Delta y] - G\cos\beta[y - y_t + 0.5\Delta y] + 0.5(G+\Delta G)\sin(\beta+\Delta\beta)\Delta x + 0.5G\sin\beta\Delta x - h_e\Delta Q = 0 \tag{4-52}$$

将式(4-50)两侧同乘以 $\sin\alpha$，式(4-51)两侧同乘以 $\cos\alpha$，然后相减消去 $T$ 求得 $N$，再将 $N$ 代到式(4-49)求得 $T$，将 $T$ 和 $N$ 代到式(4-50)、式(4-51)，即得每一土条不含 $T$ 和 $N$ 的力平衡方程，累计求和得总滑裂体的力平衡方程，并令 $\Delta x \to 0$，经过微积分变换得到积分求和精确的平衡方程

$$\int_a^b p(x)s(x)\mathrm{d}x = 0 \tag{4-53}$$

同理，将各土条力矩平衡式(4-52)累计求和，并令 $\Delta x \to 0$，经过微积分变换得到总体力矩平衡方程

$$\int_a^b p(x)s(x)t(x)\mathrm{d}x - \int_a^b \frac{\mathrm{d}Q}{\mathrm{d}x}h_e\mathrm{d}x = 0 \tag{4-54}$$

式中：

$$p(x) = \left(\frac{dW}{dx} + q \pm \frac{dV}{dx}\right)\sin(\phi'_e - \alpha) - u\sec\alpha\sin\phi'_e + c'_e\sec\alpha\cos\phi'_e - \frac{dQ}{dx}\cos(\phi'_e - \alpha) \quad (4\text{-}55)$$

$$s(x) = \sec(\phi'_e - \alpha + \beta)\exp\left[-\int_a^x \tan(\phi'_e - \alpha + \beta)\frac{d\beta}{d\zeta}d\zeta\right] \quad (4\text{-}56)$$

$$t(x) = \int_a^x (\sin\beta - \cos\beta\tan\alpha)\exp\left[\int_a^\xi \tan(\phi'_e - \alpha + \beta)\frac{d\beta}{d\zeta}d\zeta\right]d\xi \quad (4\text{-}57)$$

方程(4-53)和方程(4-54)的求解是很复杂的，须编制电算程序由计算机完成，所有的积分运算采用数值积分法。为求解方便，可令

$$\tan\beta = f_0(x) + \lambda f(x) \quad (4\text{-}58)$$

$f_0(x)$ 和 $f(x)$ 是两个假设的已知函数，较多采用 $f_0(x)=0$，$f(x)=1$，又称斯潘塞法，计算简便，但在某些情况下难以收敛；有的把 $f_0(x)$ 选用直线函数，把 $f(x)$ 选用正弦函数，在 $x=a$、$x=b$ 两端的 $\beta$ 取该处外表面坡角。方程(4-53)和方程(4-54)经数值积分后，可化成只包含 $\lambda$ 和 $K$ 两个未知数的方程，联立两个方程解得 $\lambda$ 和 $K$，再回代到式(4-58)和其他各式，即可求得 $\beta$ 和其他有关数据。

**5. 刚体极限平衡稳定分析方法综述**

许多学者对稳定分析方法做了大量与深入的研究，从理论上加以完善并从计算方法上加以改进，使稳定分析方法有了很大的发展。

以极限平衡理论为基础的稳定分析方法，需要引入一些人为的假设，不同的假设得到不同精度的计算结果。例如引入关于条间力的一些假定，以满足一定的平衡要求，许多计算结果表明：如果滑动弧的前部不过分陡峭，简化毕肖普法也能给出良好的结果；简单条分法准确性较差，计算的抗滑稳定安全系数比简化毕肖普法偏低6%~10%或更多。摩根斯顿-普赖斯方法适用性广，精度高，但计算难度大，一般用于地形复杂、材料性质差异很大等毕肖普法难以胜任的情况。

最小安全系数滑动面的位置须通过试算确定。在20世纪80年代之前，我国计算机很少，靠人工手算要完成每一个滑出点最小安全系数滑裂面的试算，即使采用简单条分的瑞典圆弧法也很费时间。那时，人们只好根据以往试算经验，选出若干个滑出点，对每个滑出点画出若干条圆弧滑动面，计算沿这些圆弧面滑动的抗滑稳定安全系数，从中找出最小值，对每个滑出点都进行类似的计算分析和对比，才能找到最小安全系数的滑出点及其对应的圆弧、圆心位置。如今，由于计算机的广泛应用，编制电算程序，由计算机完成计算和搜索最小安全系数的工作很快、很方便。

以往的计算经验和如今大量的电算结果表明：对于均质土石坝，滑弧面圆心位置可在某一区间范围内找到；如果土石坝上下游的外层部位是无黏性土，越接近外表坝坡的圆弧滑动面安全系数越小，最小安全系数的滑弧面趋近于外表坝坡（圆心在远处），但这不是人们最关心的。对土石坝危害最大的滑动是大坝在最高蓄水位时的深层滑动；对于深层滑动，涉及多种土料区域和浸润线以下的渗透水压力影响，还有复杂的边坡和底滑裂面（包括地基软弱结构面），坝体和地基各层土料可能差异较大，安全系数等值线的轨迹会出现若干区域，每个区域都有一个低值，须经过细致的分析比较，才能求得真正的最小安全系数。随着计算机技术的发展和应用，出现并发展了各种优化方法，开拓变分法的应用，根据泛函的极值条件求解危险滑动面的形状和位置，求解滑动面上的法向应力的分布，搜索具有

最小安全系数的危险滑动面的位置。在稳定分析方法方面,还发展了极限分析方法,求得稳定安全系数的上、下限;发展了各种离散化的计算模型,如刚性块体有限元方法,非连续变形分析方法(DDA)等。对于这些方法,本书由于篇幅所限不再叙述,读者可参阅有关文献。

一些研究者还探讨了三维稳定分析与二维稳定分析结果的差异。经计算表明,实际上滑动体的侧面效应对稳定有利。由于三维稳定分析的工作量和难度都很大,为简便和安全起见,对于宽河谷的土石坝,可忽略对滑动体侧面夹持的抗滑有利作用,目前稳定分析仍按二维问题考虑。

### 4.4.2 碾压式土石坝稳定分析标准

我国《碾压式土石坝设计规范》[26,27]规定:土石坝的稳定分析应采用刚体极限平衡法;对于均质坝、厚斜墙坝和厚心墙坝建议采用计及条块间作用力的简化毕肖普法;对于坝基内有软弱夹层的薄斜墙坝或薄心墙坝的坝坡稳定分析,可采用满足力和力矩平衡的摩根斯顿-普赖斯等方法。

按规范[27]规定,当采用简化毕肖普法计算时,坝坡抗滑稳定安全系数应不小于表 4-7 所列的数值,表中括号内的数值为瑞典圆弧法所要求的最小值。

表 4-7　简化毕肖普法和瑞典圆弧法(括号内数值)要求的抗滑稳定最小安全系数

| 坝的级别 | 1级,坝高≥200m | 1级,坝高<200m | 2 | 3 | 4、5 |
| --- | --- | --- | --- | --- | --- |
| 正常运用条件 | 1.60~1.65 | 1.50(1.30) | 1.35(1.25) | 1.30(1.20) | 1.25(1.15) |
| 非常运用条件Ⅰ | 1.35~1.40 | 1.30(1.20) | 1.25(1.15) | 1.20(1.10) | 1.15(1.05) |
| 非常运用条件Ⅱ | 1.30~1.35 | 1.20(1.10) | 1.15(1.05) | 1.15(1.05) | 1.10(1.05) |

注:坝高≥200m 的 1 级土石坝不宜采用瑞典圆弧法,而要求采用简化毕肖普法,其中坝高≥250m 的用大值。

正常运用条件是指:①水库水位处于正常蓄水位(或设计洪水位)与死水位之间各种水位下的稳定渗流期;②在上述水位范围内库水位经常性的正常降落;③抽水蓄能电站库水位的经常性变化和降落。

非常运用条件Ⅰ是指:①施工期;②校核洪水位下可能形成的渗流情况;③库水位的非常快速降落。

非常运用条件Ⅱ是指:正常运用条件遇地震。

施工期(包括竣工时)的竣工断面、施工拦洪断面以及边施工、边蓄水过程的坝体临时断面,黏性土坝坡和防渗体在填筑过程中产生的孔隙水压力一般来不及消散,故须考虑孔隙水压力对坝坡稳定不利的影响。在强震区这种工况还要与设计地震作用的 1/2 相组合。

稳定渗流期,上游为正常蓄水位或设计洪水位,下游分别为相应水位时下游坝坡的稳定。此时,地震作用只与正常蓄水位工况相组合。

水库自某一稳定的运行蓄水位快速降落至死水位、汛期限制水位或其他低水位过程中,需要考虑不稳定渗流所形成的孔隙水压力对上游坝坡稳定的影响。

在以往的设计计算中,抗滑力往往取得偏小,滑动力往往取得偏大,材料的抗剪强度一般取低值,在施工后随时间逐渐压实固结,抗剪强度提高,实际安全系数将随时间而有所增加。

土坡失稳是一渐近破坏过程,在稳定分析中还应结合实际情况加强判断。土坡失稳时,破坏面上剪应力的分布也是很不均匀的,首先在某些点上达到和超过土的抗剪强度,大多数黏性土达到极限抗剪强度以后,随着应变增大,强度下降,这就使滑动面上所能发挥的平均抗剪强度比极限抗剪强度要低,对某些超固结黏土来说,尤为明显。所以,在土坡稳定分析中,土料特性的研究和抗剪强度指标的选择与分析方法的研究具有同样的重要性。

### 4.4.3 抗剪强度指标的测定和选择

**1. 黏性土的抗剪强度**

黏性土的抗剪强度参数 $c$、$\phi$ 一般通过室内三轴仪进行以下三种代表性的试验测定：

(1) 不排水剪(或叫不固结不排水剪，代号 UU)。试样不固结、不排水，剪切过程含水量不变。

(2) 固结不排水剪(代号 CU)。剪切前将试样固结，然后在不排水条件下剪切。

(3) 排水剪(或叫固结排水剪，代号 CD)。试样先固结，后缓慢排水剪切，孔隙水压充分消散。

不排水剪试验的体积和含水量保持不变，孔隙水压力随着总应力的增大而增大，但有效应力保持不变，模拟坝体黏性土材料在填筑过程中来不及排水和固结的状况，通常用来测定坝体土样的总应力强度指标 $c_u$、$\phi_u$，以核算竣工时坝体或坝基黏性土来不及排水和固结情况下的强度和坝体的稳定安全系数。如果坝体在施工中会浸水饱和，则应对试样浸水饱和做不排水剪试验。

固结不排水剪试验通过测定在剪切时产生的孔隙水压力，既可整理得到总强度指标 $c_{cu}$、$\phi_{cu}$，还可整理得到有效强度指标 $c'$、$\phi'$。

排水剪试验过程试样体积和含水量发生变化，但孔隙水压力等于或接近于零，其总应力等于或接近于有效应力，排水剪的强度指标与固结不排水剪得到的有效强度指标 $c'$、$\phi'$ 接近一致。由于排水剪试验费时太长，可不做此试验而常用固结不排水剪得到的 $c'$、$\phi'$ 代替。

我国《碾压式土石坝设计规范》[26,27]规定：对 3 级以下的中低土石坝，也可采用直接慢剪试验测定土的有效强度指标；对渗透系数小于 $10^{-7}$cm/s 或压缩系数小于 $0.2\text{MPa}^{-1}$ 的土，也可采用直接快剪试验或固结快剪试验测定其总应力强度指标。直剪仪结构简单，操作方便，国内外在使用中积累了不少经验，有时也可用来测定抗剪强度指标。以往应用直剪仪进行慢剪(代号 S)、固结快剪(代号 CQ)和快剪(代号 Q)等试验。但直剪仪的缺点是剪切面积随剪切位移的增加而减少，且不能有效地控制排水，对透水性很强的土用直剪仪进行的快剪或固结快剪试验得到的结果与实际相差很大。

**2. 无黏性土的抗剪强度**

无黏性土的透水性强，一般采用有效应力和排水剪试验确定的抗剪强度指标来核算坝体稳定。对土石坝应按现场填筑的密实度与含水量制备试样，在浸润线以下采用饱和土的抗剪强度，在稳定渗流浸润线以上则采用湿土的抗剪强度。

**3. 抗剪强度指标的测定和选用**

土的抗剪强度指标按规范[26,27]要求测定和选用，参见表 4-8。

(1) 黏性土抗剪强度指标的测定和选用

对于黏性土在施工期与竣工时，按不排水剪或快剪测定的指标 $c_u$、$\phi_u$ 进行总应力分析较接近于实际情况。但是，坝体和坝基黏性土在施工期间一般会发生不同程度的固结，特别是较高的土坝，下部先填筑的黏性土孔隙水压力消失多一些，若按总应力分析则偏于保守，还应再用有效应力法做稳定分析，并以较小的安全系数为准。若通过实测或分析得到施工过程坝体孔隙水压力的消散和固结强度的增长，则可以应用有效强度指标 $c'$、$\phi'$ 或排水剪的有效强度指标进行有效应力分析，可不用总应

表 4-8 土样抗剪强度指标的测定和选用

| 时期 | 强度计算方法 | 土类 | | 使用仪器 | 试验方法与代号 | 强度指标 | 试样起始状态 |
|---|---|---|---|---|---|---|---|
| 施工期 | 有效应力法 | 无黏性土 | | 直剪仪 | 慢剪(S) | $\phi'$, $\Delta\phi'$, $\phi'_0$ 或 $c'$, $\phi'$ | 填土用填筑含水率和填筑容重的土,坝基用原状土 |
| | | | | 三轴仪 | 固结排水剪(CD) | | |
| | | 黏性土 | 饱和度小于80% | 直剪仪 | 慢剪(S) | $c'$, $\phi'$ | |
| | | | | 三轴仪 | 不排水剪(UU)* | | |
| | | | 饱和度大于80% | 直剪仪 | 慢剪(S) | | |
| | | | | 三轴仪 | 固结不排水剪(CU)* | | |
| | 总应力法 | 黏性土 | $k<10^{-7}$cm/s | 直剪仪 | 快剪(Q) | $c_u$, $\phi_u$ | |
| | | | 任何渗透系数 | 三轴仪 | 不排水剪(UU) | | |
| 稳定渗流期和库水位缓降期 | 有效应力法 | 无黏性土 | | 直剪仪 | 慢剪(S) | $\phi'$, $\Delta\phi'$, $\phi'_0$ 或 $c'$, $\phi'$ | 同上,但浸润线以下部位要预先饱和,而浸润线以上的土不需饱和 |
| | | | | 三轴仪 | 固结排水剪(CD) | | |
| | | 黏性土 | | 直剪仪 | 慢剪(S) | $c'$, $\phi'$ | |
| | | | | 三轴仪 | 固结不排水剪(CU)*,或固结排水剪(CD) | | |
| 库水位骤降期 | 总应力法 | 黏性土 | $k<10^{-7}$cm/s | 直剪仪 | 固结快剪(CQ 或 R) | $c_{cu}$, $\phi_{cu}$ | |
| | | | 任何渗透系数 | 三轴仪 | 固结不排水剪(CU) | | |

注:①右上角"*"表示同时测定孔隙水压力;②$k$ 为渗透系数;③施工期总应力法坝体回填土用非饱和土强度指标,坝基饱和土用 $c_{cu}$, $\phi_{cu}$;④表中有关变量和参数详见本节文中说明。

力法分析和相互比较。坝体或坝基中某点在施工期的起始孔隙水压力可通过不排水剪在相应的剪应力水平下测定。对超固结土的剪切试验,若施加的荷载较小,则因剪胀而产生负的孔隙水压力,相应提高了有效抗剪强度,而目前对负孔隙水压力在现场能保持多长时间尚未能确定,为慎重起见,在总应力分析中常采用 CD 试验和 UU 试验的最小强度包线,如图 4-26(a)所示。若在 UU 试验中测定试样的孔隙水压力得到有效强度指标,也可用来代替 CD 试验的强度指标。坝基黏性土因建坝前已长期受压固结,在施工初期承受压应力较小时,采用 CD 试验的强度指标,当压应力较大时采用 CU 试验的强度指标,如图 4-26(b)所示。

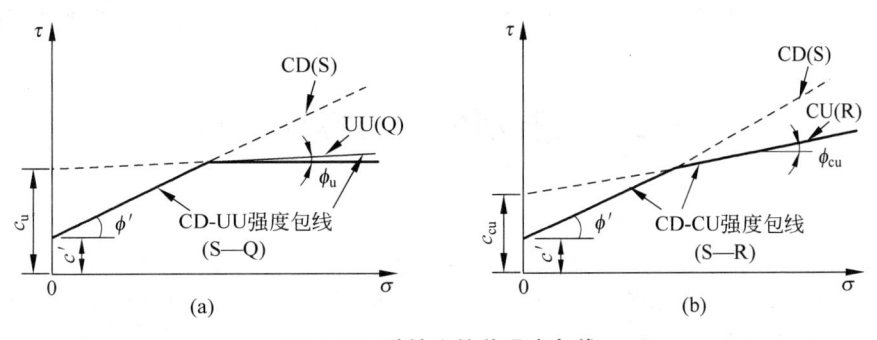

图 4-26 黏性土抗剪强度包线

在稳定渗流期,孔隙水压力可根据渗流分析确定,采用有效应力强度指标进行稳定分析。但对于高塑性黏土,在剪切过程中产生的孔隙水压力可能有较大占比,并有可能高于稳定渗流期的孔隙水压力。考虑这一影响,为偏于安全,采用(CD+CU)/2 强度包线的指标进行有效应力分析,或加大 CU 包线指标的比重,但在小应力区则采用 CD 强度包线。

水库水位降落期,水位降落后渗流的孔隙水压力基本上可以确定,也适用于有效应力分析,采用 CD 有效强度包线和 CU 固结不排水剪切强度包线最小值,以消除负孔隙水压力的影响;若须考虑剪切过程的孔隙水压力变化,根据实际情况,也可采用(CD+CU)/2 与 CU 强度指标包线的最小值。在中小型工程中,有时也用总应力分析。

对于重要工程,黏性土抗剪强度指标的取值,还应考虑填土的各向异性、应力历史以及蠕变等其他因素的影响。

(2) 非黏性土抗剪强度指标的测定和选用

非黏性土一般透水性较好,在填筑碾压过程中,孔隙水容易被排出,孔隙水压力变化很小,有效应力容易确定,应采用有效应力法及其抗剪强度指标 $c'$、$\phi'$。三轴试验成果表明,对碾压堆石、砂砾石等粗粒无黏性土,内摩擦角随法向应力增加而减小,呈现明显的非线性。若不考虑这种非线性变化,将计算不出沿内部(压应力较大、内摩擦角较小)滑裂面滑动的危险情况,往往只算得沿坝坡表皮浅层滑动的假象。所以,不少工程技术人员探讨研究非线性强度指标:

$$\tau = A p_a (\sigma/p_a)^b \tag{4-59}$$

$$\phi = \phi_0 - \Delta\phi \lg(\sigma_3/p_a) \tag{4-60}$$

式中:$\tau$——土的抗剪强度,kPa;

$\sigma$——土体滑动面上的法向应力,kPa;

$p_a$——大气压力,kPa;

$\phi$——土的内摩擦角,(°);

$\sigma_3$——土体滑动面的小主应力,kPa;

$A$、$b$、$\phi_0$、$\Delta\phi$——与土的性质有关的试验参数。

实际应用时可将坝体按应力大小分区,随应力的变化采用不同的抗剪强度指标。

目前应用非线性强度包线进行土石坝稳定分析的经验还不多,如何与现行稳定分析方法和安全系数配套还有待于积累更多的资料。我国规范《碾压式土石坝设计规范》[26,27]规定,在 1 级高土石坝的坝坡稳定分析中,堆石、砂砾石等粗粒料应采用式(4-59)、式(4-60)所示的非线性强度指标。

## 4.5 土石坝的应力应变分析

**学习要点**

土石坝的应力应变超出弹性范围,而且很复杂,需要做很多研究工作才能找到接近实际的计算模型和参数,以求得坝体真实的位移和应力。

土石坝应力应变分析的目的是：①分析土石坝在承载时的内力传递情况；②计算坝体的位移和沉降；③分析滑动破坏的可能性；④研究坝体发生裂缝以及防渗体遭受水力劈裂的可能性；⑤分析坝体发生塑性流动的可能性；⑥根据坝体应力应变分布的特点，选择合适的材料分区。

应力分析首先应选择好描述土的应力-应变关系的本构模型。由于土石坝的各种材料都具有不同程度的塑性特性，应力应变关系已超出弹性阶段，尤其是高度在100m以上的高土石坝，应力应变具有很明显的非线性特性和蠕变特性，若采用材料力学方法或弹性有限元方法，都不能算出土石坝的真实位移和应力。自20世纪60年代以来，许多研究者提出了一系列计算模型。

### 1. $E$-$\mu$ 模型

在土石坝的应力分析中，比较广泛应用的是邓肯-张（Duncan and Chang）模型。这是双曲线型非线性弹性模型，由康德纳（Kondner）于1963年提出，后经邓肯-张加以改进，根据三轴试验的应力-应变关系曲线整理得出的，因而，主要反映了轴对称条件下土的应力-应变特性。

中高土石坝基本上或大部分由砂砾石或堆石体构成，这些材料不能做单轴拉伸试验，就是压缩试验也必须保持在一定的侧向压力下才能进行。一般在三轴仪上试验，试件承受三个主应力：轴向应力 $\sigma_a = \sigma_1$，侧向应力 $\sigma_r = \sigma_2 = \sigma_3$。试验开始时可施加均匀压应力 $\sigma_1 = \sigma_2 = \sigma_3$ 对试件进行固结，并以此作为起始点，逐渐增加 $\sigma_1$，量测轴向应变 $\varepsilon_a$、轴向应力 $\sigma_a$ 及侧向应力 $\sigma_r$，直到材料破坏，这就是常规的三轴压缩试验。破坏时的应力差 $(\sigma_1 - \sigma_3)_f$ 称为材料的破坏强度。显然，这是由于其内部剪应力超过了相应的抗剪强度，故 $(\sigma_1 - \sigma_3)_f$ 又称为抗剪强度或破坏抗剪强度，它取决于材料的抗剪强度参数 $\phi$ 及 $c$，应用摩尔-库仑破坏准则，经推导可得

$$(\sigma_1 - \sigma_3)_f = (2c\cos\phi + 2\sigma_3\sin\phi)/(1 - \sin\phi) \tag{4-61}$$

根据三轴试验得到许多砂砾料和正常固结的黏土料的应力-应变关系曲线，归纳整理成双曲线模型，如图4-27所示，其数学表达式为

$$\sigma_1 - \sigma_3 = \varepsilon_a/(a + b\varepsilon_a) \tag{4-62}$$

或

$$\varepsilon_a/(\sigma_1 - \sigma_3) = a + b\varepsilon_a \tag{4-63}$$

式中：$a$、$b$——试验待定参数。

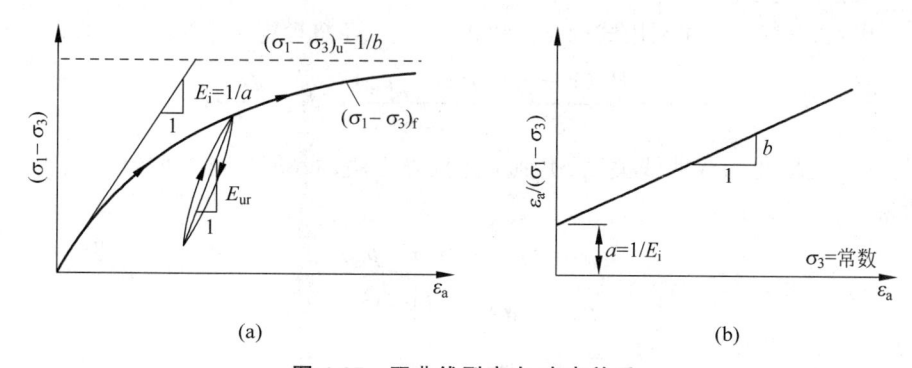

图 4-27 双曲线型应力-应变关系

(a) $(\sigma_1 - \sigma_3)$ 与 $\varepsilon_a$ 关系曲线；(b) $\varepsilon_a/(\sigma_1 - \sigma_3)$ 与 $\varepsilon_a$ 关系

由式(4-62)得到极限抗剪强度

$$(\sigma_1 - \sigma_3)_u = \lim_{\varepsilon_a \to \infty} \frac{\varepsilon_a}{(a + b\varepsilon_a)} = \lim_{\varepsilon_a \to \infty} \frac{1}{[(a/\varepsilon_a) + b]} = \frac{1}{b} \tag{4-64}$$

它是 $\sigma_1 - \sigma_3$ 当 $\varepsilon_a \to \infty$ 时的渐近线,不同于 $(\sigma_1 - \sigma_3)_f$;把 $(\sigma_1 - \sigma_3)_f$ 与 $(\sigma_1 - \sigma_3)_u$ 的比值称为破坏比 $R_f$(此值一般为 0.75~0.95),即

$$R_f = (\sigma_1 - \sigma_3)_f / (\sigma_1 - \sigma_3)_u \tag{4-65}$$

将式(4-62)对轴向应变 $\varepsilon_a$ 取导,得切线模量

$$E_t = \frac{\partial(\sigma_1 - \sigma_3)}{\partial \varepsilon_a} = \frac{a}{(a + b\varepsilon_a)^2} \tag{4-66}$$

初始切线模量为

$$E_i = \lim_{\varepsilon_a \to 0} \frac{a}{(a + b\varepsilon_a)^2} = \frac{1}{a} \tag{4-67}$$

由式(4-62)得

$$\varepsilon_a = \frac{a(\sigma_1 - \sigma_3)}{1 - b(\sigma_1 - \sigma_3)} \tag{4-68}$$

将其代入式(4-66),并引入 $a = 1/E_i$、$b = 1/(\sigma_1 - \sigma_3)_u$,得到曲线上任一点的切线模量

$$E_t = \frac{a}{(a + b\varepsilon_a)^2} = \frac{[1 - b(\sigma_1 - \sigma_3)]^2}{a} = \left[1 - \frac{(\sigma_1 - \sigma_3)}{(\sigma_1 - \sigma_3)_u}\right]^2 E_i \tag{4-69}$$

初始切线模量 $E_i$ 与侧向压应力 $\sigma_3$ 之间的关系可通过无量纲的量 $E_i/p_a$ 和 $\sigma_3/p_a$ 表示成

$$\frac{E_i}{p_a} = K \left(\frac{\sigma_3}{p_a}\right)^n$$

即

$$E_i = K p_a \left(\frac{\sigma_3}{p_a}\right)^n \tag{4-70}$$

式中:$p_a$——大气压力,$p_a = 100 \text{kPa}$,与 $\sigma_3$ 取同样的量纲;

$K$、$n$——试验待定参数。

把式(4-70)代入式(4-69),并利用式(4-65)和式(4-61),经整理得

$$E_t = \left[1 - \frac{R_f(1 - \sin\phi)(\sigma_1 - \sigma_3)}{2c\cos\phi + 2\sigma_3\sin\phi}\right]^2 K p_a \left(\frac{\sigma_3}{p_a}\right)^n \tag{4-71}$$

假设 $\varepsilon_1$ 与 $-\varepsilon_3$ 之间也为双曲线关系,类似上述推导方法,同样可得到初始泊松比 $\mu_i$ 和随应力而变化的切线泊松比 $\mu_t$ 的表达式

$$\mu_i = G - F \lg(\sigma_3/p_a) \tag{4-72}$$

$$\mu_t = \mu_i / (1 - D\varepsilon_1)^2 \tag{4-73}$$

式中:$G$、$F$、$D$——试验参数。

为了反映土体变形的不可恢复性,邓肯-张模型在弹性理论的范畴中采用了卸载再加载模量 $E_{ur}$ 不同于初始模量 $E_i$ 的方法。从图 4-27(a) 可见 $E_{ur}$ 大于 $E_i$,试验结果可表示为

$$E_{ur} = K_{ur} p_a (\sigma_3/p_a)^n \tag{4-74}$$

上述式(4-71)~式(4-74)中的9个参数($\phi$、$c$、$R_f$、$K$、$n$、$G$、$F$、$D$、$K_{ur}$)较容易由三轴试验确定,据此可计算相应于某级荷载阶段的$E_t$和$\mu_t$,进而较方便地计算出刚度矩阵。这一模型又叫邓肯-张的$E$-$\mu$模型,它能近似地反映砂砾石材料和正常固结黏性土材料的非线性特性和残余变形特性。

对于在狭窄河谷建造的土石坝平面应变问题,试件做成矩形体,施加垂直压应力$\sigma_1$和水平侧压$\sigma_3$,另两个侧壁应使其不产生变位,侧壁面上无摩擦,$\sigma_2$与$\sigma_3$不一定相等,由此得$\mu=\sigma_2/(\sigma_1+\sigma_3)$。用这种试验得到的参数可能更适合于分析狭窄河谷土石坝的应力应变问题。

邓肯-张的$E$-$\mu$模型是近似的本构模型,不能合理地反映应力路径对应力应变关系的影响,也不能反映土的剪胀性,应在深入了解其适用条件的基础上,参考现有工程经验选择计算参数,使之更好地反映现场条件下土的特性。

### 2. $E$-$B$ 模型

1980年邓肯等人经修正后提出邓肯$E$-$B$模型,切线变形模量$E_t$仍为式(4-71),但用切线体积模量$B_t$而不用切线泊松比$\mu_t$进行增量计算,能一定程度反映应力路径对变形的影响。体积变形模量$B$为

$$B = K_b p_a (\sigma_3/p_a)^m \tag{4-75}$$

式中:$K_b$、$m$——试验参数,两者都可从常规三轴压缩试验中得到。

依据$E_t$和$B$这两个参量表示材料的本构关系,能反映土体变形的非线性主要特性。在平面应变条件下,该模型的应力-应变关系增量形式为

$$\begin{Bmatrix} \Delta\sigma_x \\ \Delta\sigma_y \\ \Delta\tau_{xy} \end{Bmatrix} = \frac{3B}{9B-E_t} \begin{bmatrix} (3B+E_t) & (3B-E_t) & 0 \\ (3B-E_t) & (3B+E_t) & 0 \\ 0 & 0 & E_t \end{bmatrix} \begin{Bmatrix} \Delta\varepsilon_x \\ \Delta\varepsilon_y \\ \Delta\gamma_{xy} \end{Bmatrix} \tag{4-76}$$

### 3. $K$-$G$ 模型

由弹性理论可知,弹性体的材料特性也可以用另两个常数,即剪切模量$G$和体积压缩模量$K$来表示,它们与$E$、$\mu$间的关系是

$$G = E/[2(1+\mu)] \tag{4-77}$$

$$K = E/[3(1-2\mu)] \tag{4-78}$$

在砂砾料分析中,采用$G$、$K$计算参数有一定好处。因为$G$是剪应力(增量)与剪应变(增量)之比,随着主应力差$\sigma_1-\sigma_3$的增大而降低,到破坏时接近于0,代表了材料的主要非线性性质。体积压缩模量$K$的定义是平均主应力(增量)之和$p=(\Delta\sigma_1+\Delta\sigma_2+\Delta\sigma_3)/3$与体积应变(增量)$\Delta\varepsilon_V$之比,在三轴压缩试验中,它相当于"静水压力"($\sigma_1=\sigma_2=\sigma_3$)与相应体积应变之比,一般变化不大。当"静水压力"很大时,$K$将增加($K=\infty$相当于$\mu=0.5$,表示物体不可压缩)。所以材料进入屈服破坏后,可以取$G$为小量而$K$为某一定量进行计算。这一模型又叫$K$-$G$模型。1978年内勒(Naylor)提出一种弹性非线性$K$-$G$模型,切线体积变形模量$K_t$和切线剪切模量$G_t$分别为

$$K_t = K_i + \alpha_K p \tag{4-79}$$

$$G_t = G_i + \alpha_G p + \beta_G q \quad (\beta_G < 0) \tag{4-80}$$

式中:$K_i$——初始体积变形模量;

$G_i$——初始剪切模量;

$K_i$、$G_i$、$\alpha_K$、$\alpha_G$、$\beta_G$——由各向等压试验与常规三轴压缩试验确定；

$p$——平均主应力，按式(4-81)计算；

$q$——广义剪应力，按式(4-82)计算。

$$p = (\sigma_1 + \sigma_2 + \sigma_3)/3 \tag{4-81}$$

$$q = [(\sigma_1 - \sigma_2)^2 + (\sigma_2 - \sigma_3)^2 + (\sigma_3 - \sigma_1)^2]^{1/2}/\sqrt{2} \tag{4-82}$$

### 4. 弹塑性模型

砂砾料并不是理想的非线性弹性体，而更接近于弹塑性体，因此在采用非线性弹性体模型模拟砂砾料时，再辅以其他一些处理，如采用增量法，对于每一级荷载增量所产生的应力变化均判别其为加荷或卸荷。所谓卸荷或加荷都针对每个单元的应力状态变化而言，须逐级逐单元判别，并不是笼统地以建筑物是否在加荷(填筑加高、水库蓄水)或卸荷来判别。从整个建筑物来讲，可能处在加荷状态，但个别单元却处于卸荷状态中。此外，由于采用非线性弹性体的增量法分析，而荷载增量又不可能取得无限小，所以有时某些单元的计算应力已处于破坏状态，也须校正，将这些单元的应力状态改为与破坏包线相切的状态，而将超余的应力通过重分配予以转移，反复进行，直至收敛。

我国沈珠江院士提出的三维弹塑性模型，对上述问题做了深入的研究，以连续介质力学为基础的弹塑性本构模型，汲取邓肯-张模型和剑桥弹塑性模型的优点，应力应变关系具有剑桥模型的形式，而有关的参数则像邓肯-张模型那样从拟合试验应力应变曲线得来，采用双屈服面的概念，作为加荷-卸荷判别准则，克服了上述两种模型对围压降低的情况不甚适应的缺点。

该模型采用椭圆函数表示屈服面的屈服函数$f_1$和幂函数表示屈服面的屈服函数$f_2$：

$$\begin{cases} f_1 = p^2 + r^2 q^2 \\ f_2 = q^s/p \end{cases} \tag{4-83}$$

式中：$r$、$s$——两个屈服面参数，对石料均取2，对于黏性土，取$r=2$、$s=3$；

$p$——平均主应力(或称之为有效球应力)，用式(4-81)计算；

$q$——广义剪应力，用式(4-82)计算。

切线模量$E_t$采用式(4-71)所示的邓肯模型切线模量。切线泊松比$\mu_t$采用切线体积比：

$$\mu_t = 2c_d \left(\frac{\sigma_3}{p_a}\right)^{n_d} \frac{E_i R_f S_L}{\sigma_1 - \sigma_3} \frac{1 - R_d}{R_d}\left(1 - \frac{R_f S_L}{1 - R_f S_L} \frac{1 - R_d}{R_d}\right) \tag{4-84}$$

式中：$E_i$——初始切线模量；

$c_d$——$\sigma_3 = p_a$时的最大收缩体应变；

$n_d$——收缩体应变随$\sigma_3$的增加而增加的幂次；

$R_d$——发生最大收缩时的$(\sigma_1-\sigma_3)_d$与极限值$(\sigma_1-\sigma_3)_u$之比；

$S_L$——剪应力动用水平，

$$S_L = \frac{(1-\sin\phi)(\sigma_1-\sigma_3)}{2c\cos\phi + 2\sigma_3\sin\phi} \tag{4-85}$$

上述参数可由一组不同围压下的三轴试验成果得出。该模型采用式(4-83)所示的双屈服面$f_1$和$f_2$，设$f_{1,\max}$和$f_{2,\max}$为前面加载历史上最大的$f_1$和$f_2$，则当$f_1 > f_{1,\max}$且$f_2 > f_{2,\max}$时判为全加载；当$f_1 \leq f_{1,\max}$且$f_2 \leq f_{2,\max}$时判为全卸载；其余情况为部分加载或部分卸载。该模型对各单元加载和卸载路径的定义和描述比较清楚，优于邓肯模型。

土石坝最大的位移和应力一般发生在河床最大坝高部位。大多数宽河谷土石坝可截取最大坝高断面进行二维有限元应力应变分析；窄河谷的1级和2级高土石坝数量很少，宜进行三维有限元应力应变分析。有关三维弹塑性模型应力应变计算的内容很多，不在此列举，其主要点可参见《碾压式土石坝设计规范》[26,27]的附录F或《水工建筑学》[16]的5.5节。

对于200m以上高度的土石坝，人们担心大坝不均匀沉降会引起防渗斜墙开裂，大多数采用黏土心墙坝方案。但黏土心墙坝的主要缺点除了施工干扰较大之外，另一个缺点就是两侧坝壳对黏土心墙的拱效应，使心墙的竖向压应力减小，容易产生水力劈裂和水平裂缝。

为了减小这种拱效应作用，避免心墙发生水力劈裂和水平裂缝，宜在心墙黏土中添加适量的块石（其增减量与所要求的抗压强度、渗透系数、施工难易程度等因素有关），并应加强碾压，使黏土心墙密实，在蓄水前尽量多地完成其沉降量，使黏土心墙具有较大的变形模量。

在蓄水初期，库水基本上未进入心墙，其自重较小，而且下游坝壳对心墙反作用的挤压力很小，如果库水位上升太快，在水压力作用下，心墙上游侧面的竖向压应力明显变小或出现拉应力，再加上两侧坝壳拱效应对上部心墙的夹持作用，减小其向下的压力，可能导致水力劈裂。所以在心墙坝蓄水初期，应严格控制库水位上升速度，避免心墙出现水力劈裂。

计算和实测结果表明：黏土心墙的竖向位移远远大于两侧坝壳的竖向位移，最大竖向位移大致发生在坝高的1/3~1/2之间；蓄水运行多年后的土石坝将明显出现蠕变，黏土心墙蠕变也远大于两侧堆石体；黏土心墙的变形明显与时间有关。黏土心墙较大的继续沉降受到两侧蠕变量很小的堆石体拱效应的夹持约束，将再进一步增加心墙竖向拉应力，或者减小心墙竖向压应力$\sigma_z$，在高压渗流的孔隙水压力作用下，容易发生水力劈裂。其抵抗水力劈裂的安全系数$K_f$可按下式估算：

$$K_f = (\sigma_z + c_p)/p_w \tag{4-86}$$

式中：$c_p$——黏土材料抵抗拉裂的凝聚力，kPa；

$p_w$——计算点水压力，$p_w = \gamma_w h_z$（$\gamma_w$为水容重，一般取$10kN/m^3$；$h_z$为水深，m）。

$c_p$与黏土的稠度、黏粒的含量、孔隙比和含水量等因素有关，在3~80kPa范围内。

黏性土防渗体的变形除了应考虑作用力、土的应力应变和蠕变因素之外，它还受排水、固结、渗流、降雨、温度变形等因素的干扰和影响，比上述非线性或弹塑性应力应变问题更复杂、更难以确定。目前对这一问题的研究仍很不成熟，有待今后更多的学者做更复杂、更深入细致的工作。

## 4.6 土石坝的沉降与裂缝分析

> **学习要点**
>
> 掌握坝体沉降分析方法；学会对土石坝体各种裂缝原因分析和处理方法。

### 4.6.1 沉降分析

**1. 坝体压缩沉降量**

(1) 非黏性土的压缩沉降量

沿坝高将非黏性土按其性质划分成$n$层，各层的厚度、竖向应力和变形模量分别为$h_i$、$\sigma_i$和$E_i$，

$h_i \leq (0.1 \sim 0.2)$坝高，非黏性土坝体自重引起总的最终沉降量$S_\infty$可用式(4-87)估算[26,27]：

$$S_\infty = \sum_{i=1}^{n} \frac{\sigma_i}{E_i} h_i \tag{4-87}$$

（2）黏性土的压缩沉降量

黏性土比非黏性土的沉降量大很多，其沉降的快慢受很多因素影响，且与固结速度有关。对于黏性土可利用土的压缩曲线进行沉降分析。计算施工期沉降量时，应采用非饱和状态下土的压缩曲线；计算最终沉降量时，应采用浸水饱和状态下土的压缩曲线。计算沉降时，竖向应力应采用有效应力，并沿坝高按土性质分成$n$层，各层厚度$h_i \leq (0.1 \sim 0.2)$坝高，根据每层外加荷载的变化和相应孔隙水压力的变化可求得有效应力的变化，依据第$i$层黏性土的压缩曲线即可确定该层土施加附加应力前的孔隙比$e_{i0}$和该层土相应于竣工时或最终时竖向有效应力$\sigma_{it}$作用下的孔隙比$e_{it}$，经荷载逐级施加和叠加，可求得黏性土自填筑至竣工或最终时总的沉降量$S_t$为

$$S_t = \sum_{i=1}^{n} \frac{e_{i0} - e_{it}}{1 + e_{i0}} h_i \tag{4-88}$$

在上述公式中没有考虑由于土的蠕变作用产生的沉降。黏土防渗体的沉降可在运行期延续较长时间，应考虑黏土的蠕变作用。非黏性土的沉降主要在荷载施加后短期内发生。

**2．地基压缩沉降量**

坝顶的沉降量除了计算坝体本身的压缩变形之外，还应考虑地基的压缩变形。由于地基各种土层的厚度和性质等资料往往是近似的、分布不均的，难以精确计算，故可按如下近似的方法计算。

在计算地基压缩变形时，假定：(1)地基在筑坝前由于地基本身自重引起的压缩变形早已完成，在筑坝后增加的变形量应由坝体的压重产生；(2)若高坝地基可压缩层厚度$Y$小于坝底顺河向厚度$B$的0.1倍，或中坝的$Y < B/4$，则可近似认为坝体全部自重作用在$B$范围内略去向地基两侧扩散作用，由坝重引起坝基内各点的竖向应力等于其上方坝基面单位面积上的坝体土重；(3)若坝基可压缩层厚度超过(2)点规定范围，则坝体重力自上、下游坝脚向两侧向下按45°扩散（如图4-28所示），在坝基内每个水平断面上内坝重引起的竖向应力按三角形分布，其顶点在坝重合力作用线上。

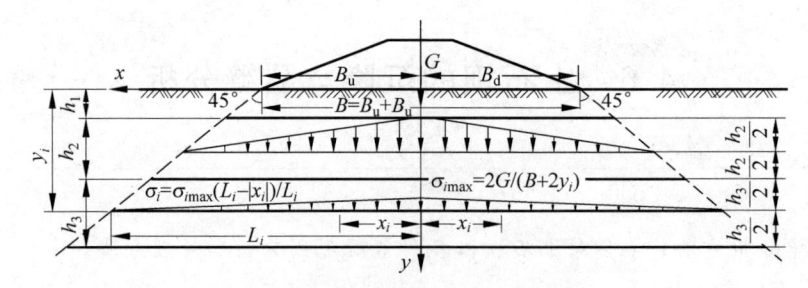

**图4-28 坝基竖向应力分布及沉降量计算**

设单宽坝体自重的合力为$G$，地基内计算土层高度应按土层性质划分且不大于$B/4$，各层中心（半层高度处）至坝底面的竖向距离为$y_i$，在$y_i$深度处由坝重引起的最大竖向压应力为

$$\sigma_{i\max} = 2G/(B + 2y_i) \tag{4-89}$$

在$(x_i, y_i)$处由坝重引起的竖向压应力为

$$\sigma_i = \sigma_{i\max}(L_i - |x_i|)/L_i \tag{4-90}$$

式中，$L_i$ 为第 $i$ 层从 $\sigma_{i\max}$ 的位置到上、下游荷载扩散线的水平距离（如图 4-28 所示），上游一侧取 $B_u + y_i$，下游一侧取 $B_d + y_i$。

将坝基按土料的性质分成若干层计算沉降量。对于非黏性土层，从式(4-87)可知，该层的沉降量 $S_{if} = h_i \sigma_i / E_i$；对于黏性土，设该层中心点在筑坝前的竖向压应力为 $\sigma_{i0}$，从该层土料的压缩曲线查得 $\sigma_{i0}$ 对应的孔隙比作为该处在筑坝前的孔隙比 $e_{i0}$，将式(4-90)算得的 $\sigma_i$ 与筑坝前的竖向压应力 $\sigma_{i0}$ 相加，作为该处在筑坝后总的竖向压应力 $\sigma_{it}(=\sigma_{i0}+\sigma_i)$，从该层土料的压缩曲线查得 $\sigma_{it}$ 对应的孔隙比作为该处在筑坝后的孔隙比 $e_{it}$，从式(4-88)可知，坝基该层土料在筑坝后的沉降量 $S_{if} = h_i(e_{i0} - e_{it})/(1+e_{i0})$。将坝基各层的 $S_{if}$ 叠加，可得到坝基面各点在坝体自重作用下的沉降量，$S_f = \sum S_{if}$。

坝顶或坝面各点总的沉降量应为按式(4-87)、式(4-88)算得坝体因自身压缩变形引起的沉降量 $S_d$ 加上对应平面位置的坝基表面的沉降量 $S_f$，即

$$S = S_d + S_f \tag{4-91}$$

由于各种参数资料可能与实际有误差，勘测数据有限，而上述计算方法是很粗略的，未考虑黏性土的塑性和蠕变性质，故所算得的沉降量可能与实际有较大的偏差，在有条件时应进行非线性或弹塑性有限元应力应变分析，认真做好各种参数的试验与选取工作，将算得结果与上述方法的计算结果比较和判断。当然有限元方法计算是否准确，也仍然取决于参数、资料和计算模式的正确与否，仍须用本节各式计算沉降量相互验证，与工程类比综合考虑。

由于坝体和坝基各点的应力相差很大，坝顶和坝面各点的沉降量也相差很大。计算点很多，靠人工计算需要很多时间，可编制电算程序，输入大量数据，由计算机完成。将计算结果与设置在坝顶和坝面上的观测点实测值对比，以便相互验证和纠正，研究坝体沉降量合理的分析方法。

在河床部位最大坝高处，坝顶中心对应的坝基面承受坝体传来的竖向压应力最大，再加上河床覆盖层较深，所以此处坝顶中心的沉降量也应最大，须采用各种方法分析对比尽量准确求得，以便在大坝填筑结束前须按这些数值比坝顶设计高程再额外加高，河床段坝顶预留沉降、超高宜再增加 0.3～0.5m[27]，岸坡段坝顶加高向两侧逐渐减小，至坝头为 0。

将各种方法算得坝顶稳定沉降量减去竣工时的沉降量，作为该方法算得竣工时须增加的坝顶超高量，再做对比分析。据以往工程实践经验，按照合理填筑标准施工的土石坝，竣工后坝顶沉降量多为坝高的 1% 以下[26,27]。如果算得坝顶竣工超高大于 1% 坝高，应分析原因，采取相应解决办法，经充分论证，按该采用的坝顶竣工超高认真填筑碾压。

## 4.6.2 土石坝的裂缝控制

土石坝常常出现裂缝，在很早以前就为人们所发现，但自 20 世纪 50 年代以来，才开始受到普遍重视和研究。目前，裂缝的分析计算和裂缝的控制技术虽然有了很大的发展，但由于裂缝的成因复杂、而且在理论研究和计算方面受多种因素制约，很难真实、准确地反映裂缝的产生、扩展和控制，主要还是依靠半经验和半理论性的方法进行分析。

**1. 裂缝的类型和成因**

土石坝裂缝种类很多，按其方向分为垂直于坝轴线的横向裂缝、平行于坝轴线的纵向裂缝、水平

裂缝、斜向裂缝和龟裂等；按其所在部位分为表面裂缝和内部裂缝；按其成因分为干缩裂缝、冻融裂缝、沉降裂缝、滑坡裂缝等。按成因分类较为容易分析各种类型裂缝的特征和预防措施。

1）干缩裂缝和冻融裂缝

含水量或黏粒含量较大的黏性土，在其表面水分蒸发时，容易产生干缩裂缝，当其表面受到冻融作用时容易产生冻融裂缝。干缩裂缝和冻融裂缝大多发生在黏土表面因停工未及时覆盖的情况下，有些砂壤土均质土坝没有设置护坡而直接暴露于大气中，也容易产生这两种裂缝。

虽然这两种裂缝深度一般小于1m，呈龟裂状，没有固定方向，但会减小黏土防渗墙的有效断面，加速沉降裂缝和滑坡裂缝的形成和扩展，可能形成漏水通道，危及大坝安全，所以在施工过程中，如果停工较长时间，应及时覆盖保护。对于均质坝表面裂缝会加剧雨淋沟的形成和发展，所以在施工过程中，应随着坝体向上填筑碾压及时做好护坡。

2）沉降裂缝

由于坝体各部分不均匀沉降而引起的裂缝，统一简称为沉降裂缝。沉降裂缝按其产状、所在部位分为纵向裂缝、横向裂缝和内部裂缝等。

（1）纵向裂缝。在黏土心墙坝中，由于心墙土料的固结缓慢，坝壳的沉降速度比心墙快，坝壳和心墙之间发生剪切力，导致在坝顶附近出现大致沿坝轴线方向延伸的纵向裂缝，图4-29（a）显示出这种裂缝所在的横断面位置。这种裂缝可能使心墙两侧的反滤层、过渡层或坝壳有所松动，减小坝壳对心墙的拱效应作用，黏土心墙可能还未因较大的竖向拉应力而出现水平裂缝，仅仅在坝顶附近出现纵向裂缝，对土石坝的危害性不大。

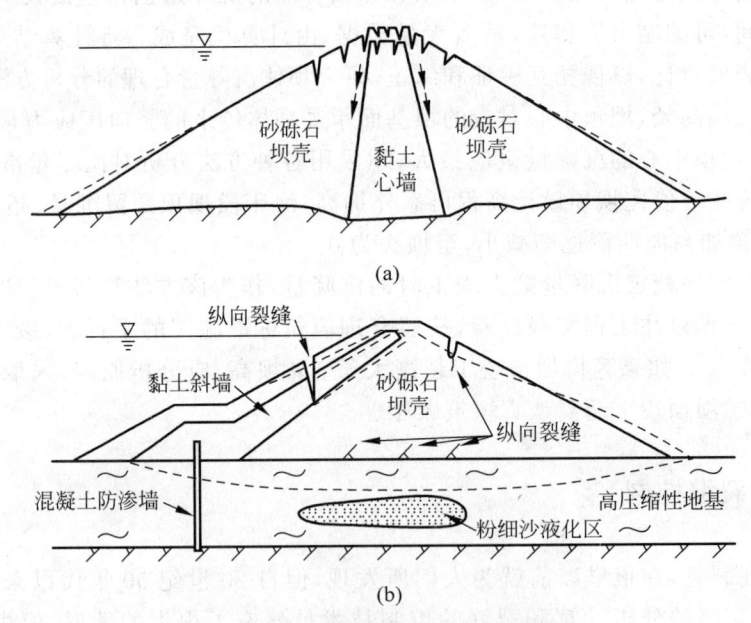

图4-29 不均匀沉降引起的纵向裂缝
（a）黏土心墙坝的纵向裂缝；（b）黏土斜墙坝的纵向裂缝

对于黏土斜墙坝，若下游一侧的坝壳碾压不实，或者坝基存在容易变形的土体（如很厚的黏性土或粉细沙）在坝体填筑至坝顶后发生很大的沉降变形，导致斜墙剪断和弯曲受拉断裂，在上游坝面中高部位出现纵向裂缝，如图4-29（b）所示。这种裂缝如果穿透黏土斜墙，蓄水后容易形成严重的漏水通道,是很危险、很致命的,应控制蓄水位,待坝体沉降变形稳定或基本稳定,将裂缝处理修补后,加强观测和研究,再逐渐提高蓄水位,防止裂缝再度发生。

(2) 横向裂缝。若岸坡比较陡峻、岸坡地形突然变化或者有高大的刚性建筑物穿过坝体,都容易在形状突变处产生横穿坝体大致垂直于坝轴线的横向裂缝(如图 4-30 所示)。这种裂缝若贯穿坝的防渗体,并在渗流作用下继续发展,危害极大,必须严加注意防止发生。图 4-30 所示的导流兼输水孔是早期建造土石坝为了节省投资和缩短工期、避免隧洞开挖而采用的设计方案。这种结构竖向侧面与土石坝材料很难结合紧密,容易使该处坝体由于不均匀沉降而引起横向裂缝和漏水通道;即使在它与黏土防渗墙的结合面上加设几道止水或齿墙,所增加的渗径相对于整个结合面的渗径是很短的,导流输水孔的外表竖向侧面仍是渗漏通道的隐患;这种结构虽然不用开挖隧洞,但导流输水孔的施工与全坝填筑碾压施工干扰很大,在节省投资和抢工期方面并无明显的优势。鉴于上述原因,穿过土石坝的大中型方孔不能采用,而应采用水工隧洞,或者在基岩表层开挖建造导流输水管道,在外表浇筑足够厚度的混凝土,较快形成平缓平顺的岸坡,以利于全坝一起碾压施工。

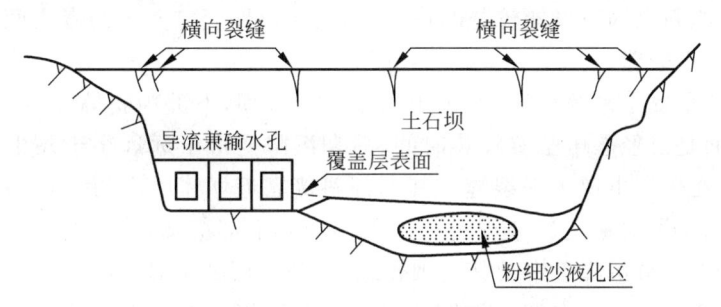

图 4-30 不均匀沉降引起的横向裂缝

(3) 内部裂缝。这主要指黏土心墙在后期较大的沉降受到两侧沉降很小的坝壳夹持拱效应作用而引起心墙水平裂缝。这种坝内裂缝很难被发现,在库水压力作用下容易发生水力劈裂,发展成为集中渗流通道,危害性很大,应加强对黏土心墙碾压,使其在施工期完成较大的沉降量。

3) 滑坡裂缝

土石坝的坝坡滑动会在滑动面的顶部出现张开裂缝,在滑动面底部隆起区域出现一些细小裂缝,如图 4-31 所示。滑坡裂缝一般较深、延伸较长,滑裂面顶部缝宽张开较大,有的在缝内有明显的擦痕。如果滑裂面上口在上游坝坡,滑坡裂缝穿过黏土心墙或斜墙,会形成漏水通道,应在设计计算阶段认真核算,保证不出现这样的滑坡。一旦出现这样的滑坡和裂缝,应立即进行认真处理。

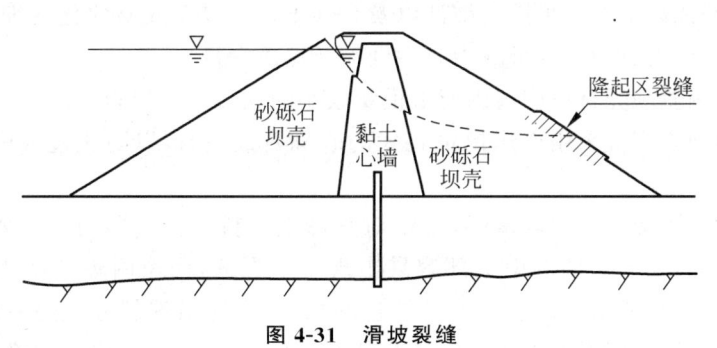

图 4-31 滑坡裂缝

**2. 裂缝的防治措施**

1) 对坝基进行周密的勘探、挑选和严格的处理

在大坝设计之前，必须对坝基进行周密的勘探，才能探明覆盖层的深度和大变形土层厚度的分布，才能较为准确地计算坝顶沉降量和不均匀沉降量的分布。如果漏探覆盖层有湿陷性黄土、腐殖土、粉细沙等容易变形的土层，一旦建坝蓄水后或遇到地震会发生很大的变形，造成大坝不均匀沉降而出现裂缝。所以必须要周密勘探，查明湿陷性黄土、腐殖土、粉细沙等容易变形的土层分布，以便决定应挖除或针对性地采取有效的加固措施，如封闭灌浆围堵、爆破振动密实、加重压实等。

对于很陡、有突变、严重凹凸不平的岸坡应进行削坡或浆砌石砌筑处理，使之变缓、平顺、密实，避免碾压接合不紧密以及建坝后出现横向裂缝。

2) 合理设计土石坝的断面和细部结构

在土石坝设计中，两种相邻材料的粒径和变形模量应相差不大，以免变形相差过大而出现裂缝。黏土心墙与两侧坝壳粗料之间应设置较宽的过渡层，其变形性能应介于两者之间，以减小拱效应夹持作用，避免心墙发生水平裂缝。

对于高土石坝，如果黏土来源充足，拟选用黏土斜心墙坝，下部为斜墙，上部为心墙，在心墙的竖向下部不采用黏土，而是已经碾压密实较长时间、后期沉降变形量远远小于黏土的砂砾石或堆石体，可避免上部黏土心墙在后期出现水平裂缝。其下部斜墙靠近坝体内部，其高度和长度明显小于斜墙坝的斜墙[参见图 4-1(d)]，可避免斜墙坝过长的斜墙因其上部沉降量过大而被剪断或折断；斜心墙的下部斜墙在后期仍有部分沉降量带动其上坝壳继续沉降，可减小对上部心墙的拱效应夹持作用；斜心墙坝的下部坝体可避免心墙坝在施工初期严重影响两侧坝壳填筑进度等诸多不便，上部心墙两侧的坝壳量已很小，对施工进度影响不大。可见斜心墙坝既可发挥斜墙坝和心墙坝的优点，又可避免心墙坝和斜墙坝的缺点，有利于施工，也有利于防止各种裂缝出现。

应采用导流洞和输水洞结构，避免在土石坝设置穿过坝体的导流和输水建筑物，以免其侧面的土石料出现接触渗流破坏和上方坝体因不均匀沉降而产生的横向裂缝。

为防止滑坡裂缝的出现，应该核算坝坡抗滑稳定安全系数。若安全系数较小，则应适当放缓坝坡，加大坝壳外侧颗粒的粒径；若含泥量较多，应在上坝前用水冲洗，以减少含泥量，增加材料的摩擦系数；加强排水，降低下游一侧坝壳的浸润线。

3) 选择适宜的土石料

土石料的选择和设计，不仅应考虑其强度和抗渗性能，而且还应考虑其变形性能。

对坝壳料，在浸润线以下不宜采用粉细沙以及黏性土含量较多或易软化变细的风化料，宜采用粒粗质坚、易于压实的砂砾石、堆石，尽量减少其中细粒及泥质含量。

对于黏土心墙坝两侧坝壳材料应选用变形模量较小的软岩代替料，以减小对心墙的拱效应作用。对于黏土斜墙下面的坝壳则应采用变形模量较大的砂砾石或块石，以防止过大的沉降变形使上部的斜墙被折断或剪断。

黏土斜墙对不均匀沉降变形比较敏感，所以对其黏土材料适应变形的能力要求较高。黏土斜墙的上部容易折断或剪断，黏土心墙的中上部容易出现水平裂缝，两岸附近的防渗体容易出现横向裂缝，混凝土防渗墙顶部外包的黏土或灌浆廊道外包的黏土，容易出现裂缝，这些部位的黏土应采用黏粒含量较多、柔性较大、适应变形能力较强的塑性黏土或高塑性黏土，含水量宜略高于最优含水量。

黏土心墙的下部或中下部因承受的荷载较大,宜掺入适量的砾石,以增加其变形模量,含水量宜略低于最优含水量,以减小压缩变形量,尤其是减小后期的沉降压缩变形量。

4) 采用正确的施工措施和运行管理方法

对于黏土心墙土坝,其心墙、反滤层、过渡层和坝壳上升的高度不宜相差悬殊。斜墙坝和斜心墙坝的下游坝壳则宜提前填筑,黏土防渗体的上部宜适当放慢施工,待其下部坝体的沉降量基本完成或相对稳定以后再向上填筑碾压。对于高坝,在黏土斜墙填筑到某一高度之后,可提前限高蓄水,由低水位逐渐上升至某一高度,既可提前蓄水发电,又可对下部坝体起压实作用,待斜墙下游坝体上升到足够高度并且沉降趋于稳定之后,填筑上部防渗体黏土。

在施工间歇期要妥善保护坝面,防止黏性土干缩、冻胀裂缝的发生,一旦发现裂缝,应及时处理。

在运行期,特别是初次蓄水时,水位的升降速度不宜过快,以免突然加载或突然湿陷产生高应力和水力劈裂。在没有特殊紧急要求的情况下,蓄水位不要突降,以免各部位出现不均匀沉降裂缝。

**3. 裂缝处理**

土石坝一旦发现裂缝,应及时查明性状,分析原因,并适时采取针对性的处理措施。

对表面干缩裂缝,可用细粉土或细沙土填塞,再以低塑性黏土封填、夯实。对深度不大的裂缝,可将裂缝部位的土体挖除、刨毛、适量洒水,再回填含水量稍高于最优含水量的土料,分层夯实。

对深部裂缝,可进行灌浆处理,用塑性指数小于 10(%)的低塑性黏土或在其中加少量中、细沙等作为灌浆材料,以减小裂缝灌浆的固结收缩量,浅缝灌浆采用自流方式,较深的可适当加压灌注,但要防止水力劈裂。对高坝的薄心墙及斜墙坝不宜采用高压灌浆。

对严重漏水、影响正常蓄水运行的裂缝,可在坝内做混凝土防渗墙(详见 4.7 节)。此法虽然效果好,但在蓄水情况下施工,有较大风险,施工时应适当降低库水位。

## 4.7 土石坝的地基处理

> **学习要点**
> 掌握土石坝防渗体与坝基连接的要求和土石坝地基的处理方法。

据世界大坝资料统计,在土石坝失事的例子中,约有 40% 是由于坝基问题引起的,可见坝基处理是很重要的。如果地基覆盖层很深厚而又没有湿陷性黄土、腐殖土、粉细沙等容易变形的土层,在此地基上建造土石坝一般不须开挖至岩基面。土石坝地基处理的内容和要求很多,主要有:(1)减小渗流坡降,避免管涌等有害的渗流变形,控制渗流量,降低浸润线,保证坝基土层在渗流条件下的力学性能和化学性稳定;(2)保证地基有足够的强度,保持坝体和坝基的静力和动力稳定,不致因坝基强度不够产生过大的有害变形使地基或坝体发生整体或局部的破坏。

### 4.7.1 岩基处理

在大坝防渗体之下,若覆盖层厚度小于 15m,一般将覆盖层和岩基表层强风化、裂隙密集的岩石挖除,开挖至弱风化岩层,在基岩表面附近做固结灌浆和帷幕灌浆,在岩基表面喷混凝土或水泥砂浆,在其上填筑碾压黏土,形成黏土截水槽[如图4-32(a)所示]。为使结合面连接完好,在填筑前应先刷抹黏土浆,在结合面0.5~1m范围内的黏土含水量宜略高于最优含水量。若强风化岩层或破碎带较深,为减少的开挖量,对于100m以上的高坝,宜开挖至弱风化岩层上部;对于中低坝,可开挖至强风化层的下部;开挖后宜用风水枪冲洗干净,对断层、张开节理裂隙应逐条开挖清理,并用混凝土或水泥砂浆封堵,再浇筑混凝土基垫和齿墙,在其下做固结灌浆和帷幕灌浆,在其上填筑和碾压黏土防渗体,在填筑前应在混凝土表面刷抹黏土浆,黏土含水量宜略高于最优含水量,在齿墙周围采用蛤蟆夯或人工夯实。对于高坝黏土防渗体底面,因水头很大,混凝土基垫沿渗流方向的宽度应有足够大,如图4-32(b)所示,齿墙的数目和尺寸应满足接触渗径的要求,黏土、壤土的允许接触坡降分别为5和3。对于两岸较高部位或低坝,因水头低,可采用窄的混凝土基垫和一个齿墙,如图4-32(c)所示。

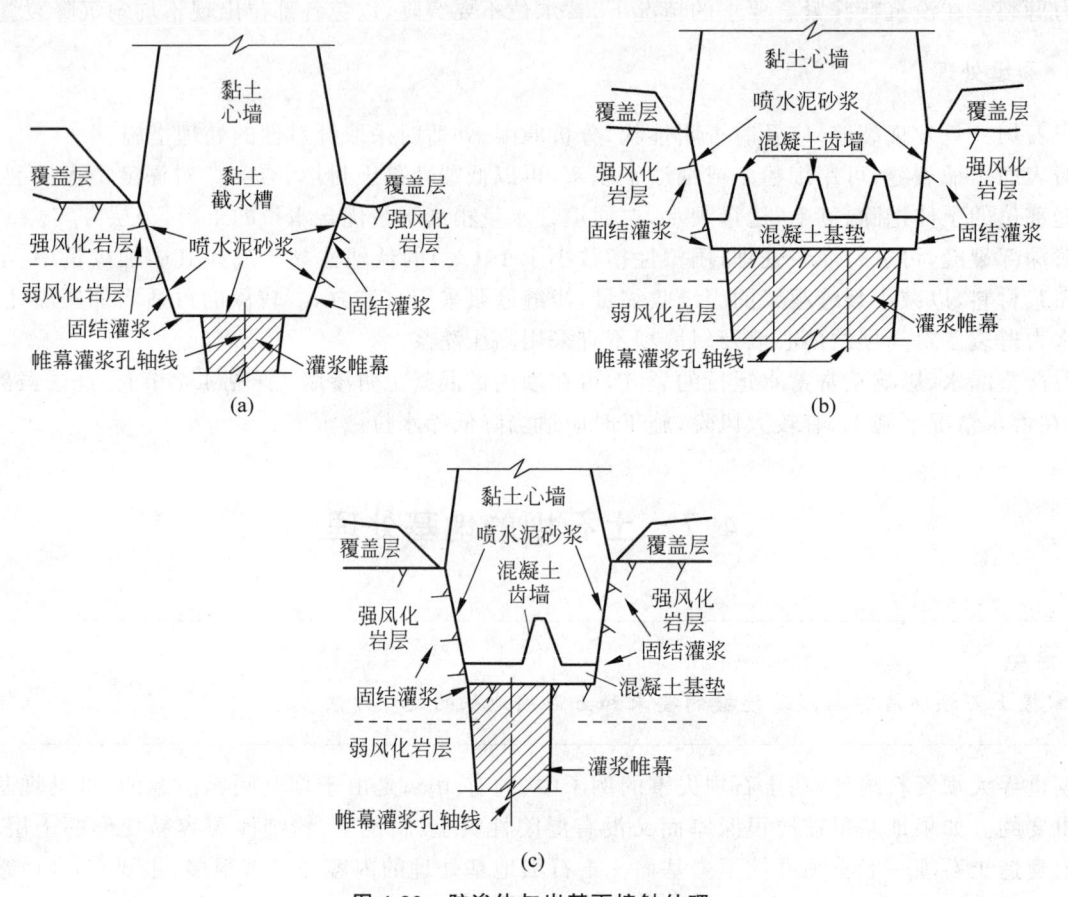

图 4-32　防渗体与岩基面接触处理

(a)黏土截水槽;(b)宽混凝土基垫和齿墙;(c)窄混凝土基垫和齿墙

近来有些专家认为混凝土垫座和齿墙作用不明显,受力条件不好,容易开裂,而且干扰填土碾压,建议对基岩接触面喷水泥砂浆,代替混凝土基垫齿墙,但应加宽结合面,保证有足够的渗径长度,并对基岩表面做固结灌浆。对于黏土心墙坝,在两岸黏土心墙与基岩接触面一般应加宽至2倍宽度;对于黏土斜墙坝,在斜墙与岸坡基岩连接处,将黏土斜墙折向下游延长至坝轴线位置附近(如图4-33所示),其长度和宽度视岩体渗漏和渗压而定,并对岩体固结灌浆保证有足够的抗渗能力。

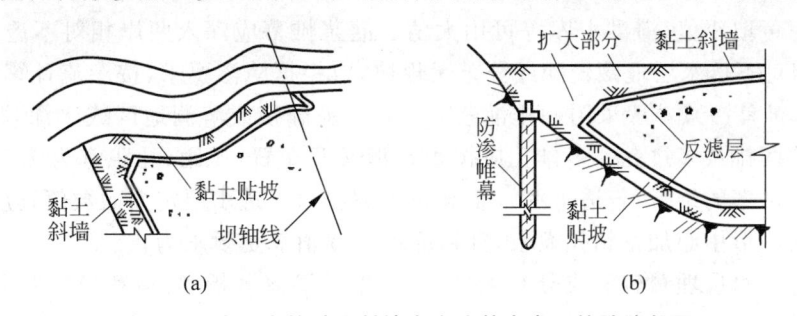

**图 4-33 施工中的黏土斜墙在岸边基岩表面的贴坡断面**
(a) 某一高程的水平截面;(b) 平行于坝轴线方向的斜截面

对于坝体非防渗体的其他部位,若覆盖层厚度不大,不含湿陷性黄土、稀泥、粉细沙等容易沉降变形的土料,一般只需将表层腐殖土、草皮、树根、松散土等杂物清除,不必全部开挖至岩基,对大坝的不均匀沉降变形影响很小。但有个别较高的黏土斜墙坝或斜心墙坝,从减小沉降量和不均匀沉降量、防渗和稳定安全考虑,即使覆盖层有些厚度也要挖除,将防渗体和透水坝壳都建在岩基上,如奥洛维尔坝将厚 18m 的坝基覆盖层全部挖除,斜心墙和透水坝壳均建在岩基上。

若岩基面坡度有很大的突变,如图 4-34(a)所示的 $A$ 点、$B$ 点和图 4-34(b)所示的 $C$ 点,其两侧的坡度相差很大,有的因为覆盖层掩盖未被发现处理,筑坝后很可能因两侧不均匀沉降而在突变处出现垂直于坝轴线的横向裂缝,须做详细的勘探。一旦发现这种情况,不论是黏土防渗体部位还是坝壳部位,都应采取合理的解决措施。发现问题越早,越有利于处理。例如:在图 4-34 中,若 $B$ 点下岩面坡角超过上岩面坡角 20°,应做削坡处理,对于凹入岩基应回填浆砌石,使削坡和回填浆砌石的表面坡度缓于 1∶0.5,对于防渗体部位下面的岩基,还应做灌浆处理;对于图中 $A$ 点和 $C$ 点河床较厚覆盖层下面的岩基表面坡度突变部位,若削坡工程量太大,为避免由于不均匀沉降引起的危险裂缝,应做深入的研究分析,深厚覆盖层对应的上部坝体应采用变形模量和相对密度较大的材料,尽可能提前填筑碾压,充分压实,尽快提前达到沉降稳定,浅覆盖层对应的上部坝体应采用变形模量和相对密度较小的材料,尽可能延后填筑碾压,使这两部位坝顶总的最终沉降量大致相等。

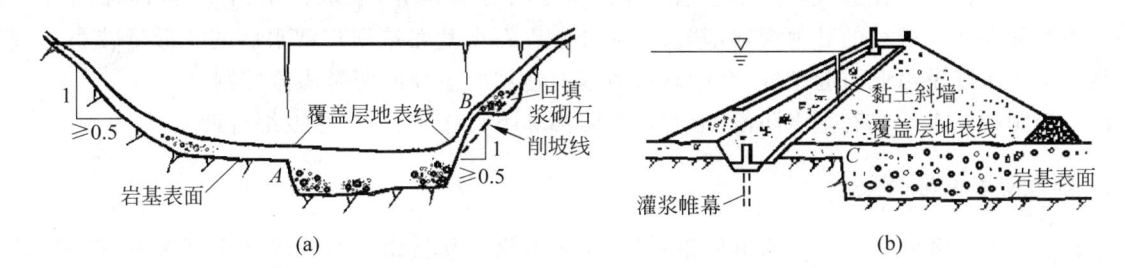

**图 4-34 岩基表面坡度突变的地基**
(a) 沿坝轴线断面;(b) 河床部位横断面

岩基防渗处理的主要措施是帷幕灌浆,用以减小渗流坡降,减少渗漏损失,提高地基和坝体抗渗稳定性。若相对不透水层埋藏深度不大,帷幕灌浆应深入相对不透水层不小于 5m,相对不透水层可用岩体的透水率(以往称为单位吸水率)$\omega$ 值来衡量:对于 1 级、2 级坝及高坝,$\omega$ 值宜为 3~5Lu,特高坝(即坝高≥200m)$\omega$值不宜大于3Lu[27];对于3级以下的中低坝,$\omega$值宜为5~10Lu。抽水蓄能电站或水源短缺水库可取小值,滞洪水库等可用大值。灌浆帷幕应深入两岸相对不透水层与正常蓄水位相交之处;若相对不透水层埋藏较深或分布无规律,应根据防渗要求,按渗流计算结果确定。水深小于100m的岩基帷幕灌浆一般采用一排灌浆孔;对于破碎带或溶洞地区或水深超过100m的岩基视透水情况可采用两排或多排孔。多排孔应按梅花形叉开布置,排距、孔距宜为1.5~3m,灌浆后取10%的孔数检查透水率的结果,若透水率$\omega$值超过上述相对不透水层定义的数值,应再在已有的每三孔或每4孔围成的图形中心加密钻孔灌浆,直到透水率$\omega$值满足要求为止。

若坝基相对不透水层埋藏较深或分布无规律,应根据渗流分析、防渗和稳定要求,并结合类似工程经验研究确定帷幕深度。以往很多高坝出于安全考虑,利用廊道或平洞对全坝进行深孔帷幕灌浆;近年来不少人对此提出不同看法,认为土石坝岩基渗流控制,除了在断层裂缝和岩溶发育等不良地段确有必要进行灌浆外,至于其他较深部位的岩基是否需要灌浆以及灌浆的范围和要求,应根据每座坝的具体条件进行技术经济论证后确定,既要保证大坝安全和蓄水的需要,又应考虑下游生态用水的需要,还应适当减少帷幕灌浆的工作量。有些低坝在保证安全(尤其是要保证渗透稳定)和蓄水需要的前提下,对岩基可不做灌浆帷幕或只做简易的灌浆。

要做好顺河断层的防渗处理,可采用水泥灌浆、混凝土塞、混凝土防渗墙,或加大防渗体在断层内的深度和长度。在运行期若渗漏严重,只有当水泥灌浆难以堵漏时,才可用化学灌浆,以尽量减小污染。

对处于地表或浅层的溶洞,可挖除洞内的破碎岩石和充填物,并用块石、混凝土阻塞,有防渗要求而又不宜开挖的溶洞,可采用回填混凝土或块石灌浆的方法进行处理。

### 4.7.2 砂砾石坝基处理

如果覆盖层基本上或绝大部分以砂砾石为主,仅在局部较小范围内含有湿陷性黄土、软泥、粉细沙等土层,应视其高程、埋深、蓄水前后的地下水位和工程量等具体条件处理。如果只在表层附近,则应在筑坝前清除。如果埋藏较深,分布范围较大或较厚,其变形容易引起坝体滑动或沉降裂缝,在地震时可能发生的振动液化造成坝基和坝体失稳,须专门分析研究,采取排水预压、振冲加固等措施。如果大坝不存在产生裂缝的其他因素,其余大部分砂砾石坝基在筑坝和蓄水后的变形量较小,一般不会产生不均匀沉降及由此引起裂缝,在砂砾石地基上建坝的主要问题是渗流控制。

渗流控制的基本形式有垂直防渗、上游水平防渗和下游排水,可单独或综合使用。

**1. 垂直防渗设施**

垂直防渗设施截断坝基渗透水流效果较好,比较可靠。从技术可行和经济合理考虑,针对不同条件宜尽可能采用以下垂直防渗措施。

1)黏土截水槽

若覆盖层深度小于10~15m,宜明挖回填黏土截水槽,这是最为常用而又稳妥可靠的防渗设施,临时性工程则可采用泥浆槽防渗墙。截水槽一般布置在大坝防渗体的底部(均质坝则多设在靠上游1/3~1/2坝底宽处),其上与大坝防渗体连接,其下与弱风化岩基(指高坝)或强风化下层岩基(指中低坝)连接,如图4-32所示。槽下游侧若是很粗的砂砾块石,应按级配要求铺设反滤料;槽底宽应根据回填土料的容许渗流坡降、与基岩接触面抗渗流冲刷的容许坡降确定。截水槽的开挖量和回填黏土量都与深度的平方成正比。截水槽太深时,因工程量太大,进度很慢,并不经济,其最大开挖深度一般不宜超过 15m,多用于两岸山坡与大坝防渗体连接处或靠近岸边覆盖层开挖较浅的河床部位。自从混凝土防渗墙成功应用之后,它已逐渐代替位于河床开挖深度超过 15m 的深截水槽。

2) 混凝土防渗墙

若砂砾石地基的厚度达 15～100m,宜采用混凝土防渗墙(见图 4-35)。一般采用抓取法、钻劈法、钻抓法、铣削法等方法在砂砾石地基中沿平行于坝轴线方向分段凿建槽形孔,分段长度约为 6～12m(其长短与地基松软程度、地下水压和槽壁稳定性等因素有关),在凿孔过程中不断用循环泥浆固壁形成侧压力,保持两侧土体的稳定。槽孔一般应深入弱风化岩基约 0.5～1m 或深入相对不透水的黏性土 2～3m,待槽孔底部清渣换浆、检查合格后,在槽孔内安置导管将混凝土输送至槽孔底部,以免混凝土与泥浆混掺,导管内径 200～250mm,间距 2.5～3.5m,距离槽孔两端约 1m。在浇筑混凝土前,先在导管内压入直径略小于导管内径的充气皮球或圆柱形木塞,后灌注混凝土。球塞或木塞起隔离作用,避免混凝土与导管中的泥浆混掺。利用混凝土与泥浆的压力差将皮球或木塞向下压,为使皮球或木塞被压出导管下口,导管下口与槽底距离宜为管内径的 1.5～2 倍。皮球或木塞被压出下口向上浮至管外泥浆表面,混凝土流出至下口周围,向上挤压周围的泥浆。为便于提升取管,将导管分成 2m 一段的活动导管,两端做成丝扣连接,管内外壁光滑无坎,在全导管顶部配置长度为 0.3～1m 的零碎管段,以便在浇筑前灵活调整导管顶部和下料漏斗的高度,开始浇筑应保证有足够的混凝土被挤出没过管底 1m 以上,在最初浇筑混凝土未初凝的第 1.5～2 小时内导管外面槽孔的混凝土面应均匀上升高出管底 3.5～4m,此时将导管提升,去掉上部活动导管,以后每半小时检测并控制各导管底高差以及各处混凝土面高差都应小于 0.5m,上升速度不小于 2m/h,当导管的下口在管外混凝土面以下 3.5～4m 时,应向上提取导管 2m,使下口低于管外混凝土面 1.5～2m,不得小于 1m,既要保证不至于因突然提升导管下口超过混凝土面而混入泥浆,还要保证导管内的混凝土在自重作用下能压出导管下口进到管外已浇筑但远未初凝的流态混凝土中。最后应将槽孔混凝土顶面凿去杂物,补浇筑防渗墙顶部二期混凝土至设计高程(为水平段黏土防渗体竖向厚度一半的位置)。

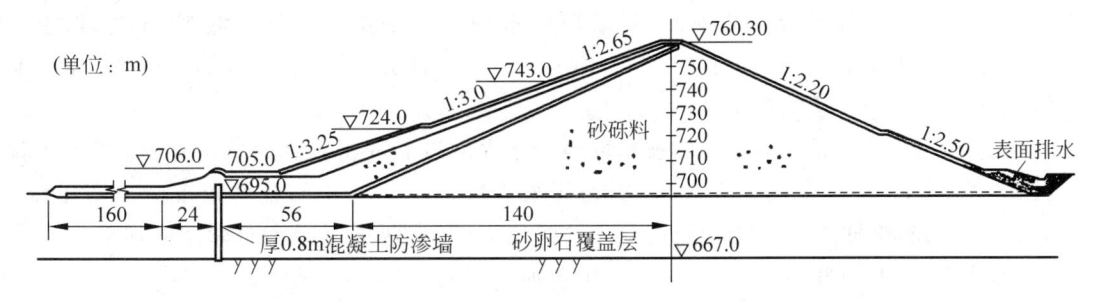

图 4-35 采用混凝土防渗墙的土石坝断面

若覆盖层不深,混凝土防渗墙进入岩基或相对不透水层后,还应钻孔灌浆;若覆盖层很厚,如超过 100m,再向下凿建混凝土防渗墙较困难,可能很不经济,宜在上部采用混凝土防渗墙,下部钻孔灌浆。为避免在混凝土防渗墙钻孔和歪斜穿透墙体,宜在浇筑防渗墙时预先埋管(管内径大于钻头直径,间距约 1.5～3m),管底捆绑一层透水和阻挡混凝土入内的编织布或麻布。先将埋管对中悬吊于槽孔的泥浆里,管底距离槽底约 2m,不要伸至槽底,以免混凝土导管开始下料时将埋管挤歪;待槽孔混凝土上升2m左右,该处混凝土较为平稳地上升包住埋管下端,不至于将其挤压偏歪很多。为了回收埋管,也可分成多段丝扣连接,管外壁无坎,分段长度2m类似于下料导管,待底段混凝土刚达初凝具有较稳定的固态形状而未形成微小黏聚力强度时,反复多次轻微转动埋管缓慢向上分段拔出。拔出不要太早,以免下端管口流入水泥砂浆和预留孔变形或孔壁破碎;也不要太晚,以免拔不出来,多费钢管。

浇筑完一段槽孔的混凝土防渗墙后,可用同样方法进行下一段槽孔施工。对于大型土石坝工程,大坝很长,为保证汛前完成混凝土防渗墙施工,宜调动足够数量的冲击钻机,通常有十多台至数十台,应隔段布置凿孔回填混凝土,而不是连续排列凿孔施工,以免槽壁坍塌。为便于相邻段接头处凿孔,在一期槽段混凝土浇筑前,在槽孔两端置入外径略小于墙厚度的接头管,类似于预埋和缓慢拔起的灌浆套管,待底段混凝土达初凝到终凝之前具有较稳定的固态形状而未形成黏聚力强度时,用自动液压拔管机分时分段缓慢拔出接头管。达一定强度后,即可开凿紧邻槽孔,提高防渗墙接头孔的凿孔工效和连接质量。对于黏土斜墙或斜心墙坝,在距离斜墙上游面坡脚20～30m的上游河床覆盖层凿孔浇筑混凝土防渗墙(如图4-35所示),混凝土防渗墙可与黏土斜墙同时施工,待防渗墙施工完成后,在覆盖层上填筑、碾压反滤层和包裹混凝土防渗墙顶部的黏土铺盖,并与黏土斜墙底部上游面连接压实压紧。黏土斜墙可提前很多时间施工,为安全度汛和最后提前竣工赢得大量宝贵的时间。

为防止混凝土防渗墙顶部外包的黏土出现裂缝,墙顶周围应采用黏粒含量较多的高塑性黏土,填筑料的含水量宜略高于最优含水量。

为了使混凝土防渗墙具有一定的塑性和柔性,能适应一定的变形,通常在混凝土内适当掺入黏土、膨润土和粉煤灰,减少水泥和骨料用量,每立方米混凝土的水泥用量以100～150kg为宜(对于水力坡降不高或临时性的围堰防渗墙水泥用量可降至50～100kg);骨料以900～1300kg/m$^3$为宜,最大粒径不超过40mm,中小粒径用量比不宜大于1;砂率以35%～45%为宜,浇筑坍落度应大于180～220mm,初凝时间应不小于6h,终凝时间不宜超过24h;尽量降低其变形模量和模强比,变形模量与周围土体变形模量的比值以4～5为宜,最大不宜超过10,模强比以小于100～300为宜[28]。塑性混凝土防渗墙应具有较大的极限应变、较好的抗渗性和耐久性。混凝土的强度等级一般为C10～C15,抗渗标号一般为W4～W6,允许渗流坡降达80～100。墙厚在0.6～1.3m范围内根据作用水头和施工条件选用,对于100m以下高度的中低坝,墙厚一般取0.8m左右。对于低坝,虽然墙厚可小于0.6m,但仍用直径为0.8m的钻头,可减少凿孔数目和进尺、加快施工进度,增加墙厚降低渗流坡降,有利于减小混凝土的溶蚀,延长寿命。

从20世纪60年代起,混凝土防渗墙技术取得了很大的进展并得到广泛的应用,挖槽浇筑墙身的最大深度已超过80m。加拿大马尼克3号坝,河床覆盖层最厚130.4m,建两道混凝土防渗墙,各厚0.61m,中心距3.2m,墙深131m,为预防混凝土防渗墙失效,在两道混凝土防渗墙的顶部加设了钢筋混凝土马蹄形廊道,以便检修、灌浆或排水。我国黄河小浪底水库,覆盖层最大深度82m,采用双排防渗墙,单排墙厚1.2m。西藏旁多水电站覆盖层厚度420m,采用悬挂式混凝土防渗墙(厚1m),最大深度158m。新疆大河沿沥青混凝土面板坝,混凝土防渗墙(厚1m)全做至基岩,最大深度186.15m。三峡大坝二期工程上、下游土石围堰总长2515.5m,自1997年11月大江围堰合拢后,调动大量钻机,赶在1998年8月长江大洪水之前完成上游围堰两道和下游围堰一道混凝土防渗墙,在混凝土防渗墙顶上接土工膜加黏性土合成防渗墙高15m,以及上下游围堰加宽和上部围堰加高,保证施工期上、下游土石坝围堰安全,在此混凝土防渗墙起了重要作用。我国建造混凝土防渗墙积累了不少经验,并发展了反循环回转新型冲击钻机、液压抓斗挖槽、液压双轮铣槽机铣削法等技术。

防渗墙的受力条件比较复杂,应进一步研究使其支承和地基反力的计算假定和参数取值符合实际情况,使计算成果接近于观测成果。为了更有效、更经济地处理深厚覆盖层地基问题,仍须进一步研究墙体应力场、位移场和高强度、低弹模、适应较大变形的防渗墙材料。

3) 灌浆帷幕

在砂砾石地基上,用钻孔灌浆的方法将水泥浆或水泥黏土浆压入砾石之间的孔隙中,与砾石胶凝也可形成渗透系数很小的、对渗流起阻碍作用的防渗帷幕,已有很多成功的经验。法国的谢尔蓬松坝,高129m,砂砾石冲积层地基,1957年建成灌浆帷幕,深约110m,顶部厚度35m,底部厚度15m,钻孔19排,中间4排直达基岩,边孔深度逐步变浅,渗流坡降3.5～8。埃及阿斯旺心墙坝,坝高111m,砂砾石冲积层厚225m,灌浆帷幕最大深度170m,达到第三纪不透水层(非基岩),帷幕坡降3.5～5。

我国《碾压式土石坝设计规范》(NB/T 10872—2021)[27]规定在砂砾石地基水泥黏土灌浆帷幕的容许坡降值为 $J\leqslant 3\sim 6$。从灌浆帷幕在各高程上下游的渗压差水头 $H_i$ 可定帷幕的水平厚度 $T_i=H_i/J_i$,根据帷幕厚度可以确定灌浆孔的排数,多排帷幕灌浆孔应按梅花形排列。孔距、排距需通过现场试验确定,初步可选为2～3m。水泥黏土浆的最优配比一般由试验确定,水泥含量按重量应占水泥和黏土总量的20%～50%,灌浆压力也应通过现场试验确定。

水泥黏土灌浆可处理较深的砂砾石层,也可处理局部不便于用其他防渗方法施工的地层,还可作为其他防渗结构的补强措施。但地表须加压重,地层土料的颗粒级配、渗透系数、地下水流速等都会影响到浆液渗入和凝结的难易,控制着灌浆效果的好坏和费用的高低。

砂砾石地基是否适合于灌浆,可根据以下几个条件判断:

(1) 根据地基土的可灌比 $M$ 判断($M=D_{15}/d_{85}$,$D_{15}$ 为受灌地层土料的特征粒径,小于该粒径的土重占该土总重的15%;$d_{85}$ 为灌浆材料的控制粒径,小于该粒径的重量占灌浆材料总重的85%)。$M<5$,不可灌;$M=5\sim 10$,可灌性差;$M>10$,可灌水泥黏土浆;$M>15$,可灌水泥浆。若粒状材料浆液可灌性不好,可考虑采用化学浆液,但须经论证,尽量避免或减轻对周围环境的污染。

(2) 若地基土层渗透系数 $K\geqslant 800$m/d,可灌加细沙的水泥浆;若 $150$m/d$<K<800$m/d,可灌纯水泥浆;若 $K=100\sim 200$m/d,可灌加塑化剂的水泥浆;若 $K=80\sim 100$m/d,可灌加2～5种活性掺合料的水泥浆;若 $K=40\sim 80$m/d,可灌黏土水泥浆;若 $K=20\sim 40$m/d,掺入一定数量的外加剂后,能接受水泥黏土浆或经过高速磨细的水泥与精细黏土制成的混合浆。坝基土壤颗粒级配及地基中渗透水流的流速也会影响到灌浆效果及灌浆材料的使用,可灌性应通过室内及现场试验最终确定。

20世纪80年代后,我国发展了高压喷射灌浆技术,将30～50MPa的高压水和0.6～1.2MPa的压缩空气输到直径为2～3mm的喷嘴,造成流速为100～200m/s的射流,切割地层形成缝槽(如图4-36所示),同时用0.2～1.0MPa压力把水泥浆由另一钢管输送到另一喷嘴以充填上述缝槽并渗入缝壁砂砾石地层。先形成泥浆护壁钻孔,然后将高压喷头自下而上逐渐提升,经过喷水切割、喷浆凝固形成全孔高的防渗板墙。这种喷射板墙的渗透系数为 $10^{-6}\sim 10^{-5}$cm/s,抗压强度为6.0～20.0MPa,容许渗流坡降突破规范限制达到80～100,施工效率较高,有应用价值和发展前途。

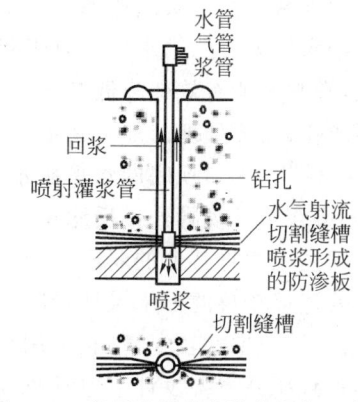

图4-36 高压喷射帷幕灌浆设备示意图

工程实践表明,在砂砾石覆盖层很深(如超过100m)的情况下,采用灌浆帷幕是比较经济的。前面所述的加拿大马尼克3号坝,建两道混凝土防渗墙,最深达131m,据观测分析,墙内压应力超过26MPa,超过混凝土强度,与岩石接触面处的混凝土被压碎[28]。在这种情况下,可将下部分的桩柱或混凝土防渗墙改用灌浆帷幕,通过预埋在混凝土防渗墙里的孔道下钻灌浆。

### 2. 防渗铺盖

早期在较深厚覆盖层上建造的土石坝,因那时还未出现竖向混凝土防渗墙和高压旋喷灌浆技术,一般在防渗体上游一侧、经过清理的覆盖层上面,用黏性土料填筑铺盖与坝身防渗体相连接,使防渗体继续向上游延伸至要求的长度,增加渗流路径,使覆盖层的水力坡降减小至渗透稳定的允许值。

铺盖土料的渗透系数应小于地基砂砾石渗透系数的1%,最好小于0.1%,铺盖上游前缘的最小厚度不宜小于0.5~1.0m,在与心墙或斜墙连接处的厚度应按容许坡降确定。铺盖的防渗性能取决于其长度、厚度和近水性,一般应通过计算和试验研究来合理确定各项参数。工程实践表明,铺盖长度超过6~8倍水头以后,防渗效果增长缓慢。除非整个水库底面都做满铺盖,否则,不论铺盖多长,都仍然会渗漏,只是渗流坡降、渗透流量或流速有所减小而已。由于天然冲积层大多数不是很均匀的,单纯依靠铺盖难以完全达到预期的防渗效果。1958年建造的北京十三陵水库,是按黏土铺盖设计和施工的,建成以后由于河床覆盖层渗漏严重而长时间未能蓄水;在1970年采用冲击钻凿建垂直混凝土防渗墙,防渗效果很好,下游数公里的河床和地下水井却变干了,不得不从水库安装管道供下游附近几个村庄生活用水。这说明混凝土防渗墙的防渗效果远好于黏土铺盖,但从满足生态用水的角度看,还应设法向下游供水。目前建造土石坝已基本上不再采用黏土铺盖的防渗方式。只是在坝基覆盖层很深厚、施工单位缺乏垂直防渗的施工设备,或当上游有天然铺盖或坝前淤积物较厚可以利用时,才考虑采用铺盖防渗,但同时应考虑如何防止黏土铺盖发生裂缝、陷坑等容易出现的问题。

### 3. 下游排水减压设施

如果坝基中有较大的渗透压力存在,有可能引起坝下游地层的渗透变形或沼泽化,也可能使坝体浸润线抬高,对坝坡稳定不利,应考虑设置排水以减小渗透压力,降低浸润线。坝基排水设备有水平排水层、反滤排水沟、排水减压井、透水盖重层等形式及其组合形式。

水平排水层的设计,可详见4.2节的叙述及图4-6和图4-7的水平褥垫排水。对于透水性均匀的单层结构坝基以及上层渗透系数大于下层的双层结构坝基,可采用水平排水垫层,也可在坝脚处结合贴坡式排水体做反滤排水沟。对于双层结构透水坝基,若表层为不太厚的弱透水层,单纯采用水平防渗设施,常常不能有效地降低渗透压力。若下层砂砾石层有较大的扬压力,可能导致管涌、流土以及下游沼泽化,需要处理。如果其下的透水层较浅,渗透性较均匀时,宜将坝底的表层弱透水层挖穿做反滤排水暗沟,并与坝底的水平排水垫层相连,将水导出。若排水量较大,可用排水管将暗沟中的水导出,还可在下游坝脚处做反滤排水沟。在下游坝脚至坝后下游地基的某一范围内,为防止下层砂砾石过大的扬压力将其上的弱透水层顶开、引起渗透破坏与坝坡失稳,须设置反滤盖重,其内与坝基土层之间的连接按反滤要求设计,其外设置块石压重,其长度和高度根据计算确定。若表层弱透水层太厚,或透水层成层性较显著,宜采用减压井深入强透水层。

排水减压井系统设计应包括确定井径、井距、井深、出口水位,并计算渗流量及井距间渗透水压力,使其小于允许值。同时应符合下列要求:①在满足排水沟内的泥沙不能进入井内的条件下,减压井的出口高程应尽量低；②井内径一般应大于 150mm；③进水花管穿入强透水层的深度宜为强透水层厚度的 50%～100%；④进水花管的开孔率宜为 10%～20%；⑤进水花管孔眼可为条形或圆形，进水花管外应填反滤料，反滤料粒径 $D_{85}$ 与条形孔宽度之比不应小于 1.2，与圆孔直径之比不应小于 1.0；⑥减压井周围的反滤层可采用砂砾料或土工织物，砂砾反滤料的不均匀系数不宜大于 5，反滤层厚度不应小于反滤料最大粒径的 5 倍，其余要求可参见 4.3.3 节的内容；⑦蓄水后应加强监测，对效果达不到设计要求的地段可加密布井。

对于单一的透水坝基或坝基表面为透水性很小的黏性土层，而其下面为透水性大的砂土或卵石层时，为保证蓄水，防止对坝基的渗透破坏，应尽量在上游设置坝基防渗设施将其拦截，否则必须设置专门的坝基排水措施，以防地基发生渗透破坏。

### 4.7.3 细沙、软黏土和湿陷性黄土坝基处理

如果坝基土层中夹有松散砂层、淤泥层、软黏土层，应考虑其抗剪强度较低、变形较大，在地震区还应考虑可能发生振动液化，坝基和坝体容易失稳，对于这些土层须进行专门的分析研究和处理。

**1. 细沙等易液化土坝基**

以细沙土为代表的饱和土在较强地震作用下，孔隙水若在短时间内来不及排出，孔隙水压力上升至某一数值，细沙颗粒处于游离悬浮液态，即所谓地震液化。

对判定为可能液化的土层，如果是浅层的应挖除、换土。若挖除比较困难或很不经济，可首先考虑采取人工加密措施，使之达到与设计地震烈度相适应的密实状态，然后采取加盖重、加强排水等附加防护设施。人工加密措施主要有：夯板夯击法、表面振动压密法、振冲法、强力夯击法、爆炸压实法、挤密砂桩等方法。对浅层宜采用夯板夯击法或表面振动压密法；爆炸压实法适用于水下较纯净的饱和松砂地基加密；重锤夯击、挤压砂桩加固深度可达 10～20m；对深层宜用振冲、强夯等方法加密。

振冲法是一边振动、一边冲水的方法，振冲器的前端安装高压喷水的振捣器，借自重和振动力沉入细沙层，把细沙挤向四周并加以振密，待振捣器沉入到设计深度后，关小喷水口，向孔内回填砂砾石，一边振实孔内回填的砂砾石和孔周围的细沙，一边提升振冲器。振冲法采用梅花形布孔，孔距应由现场试验决定，一般为 2～3m。振冲法处理土层深度可达 25～30m，功效快、效果好，经处理后的地基相对密度可达 75% 以上。

**2. 软黏土坝基**

软黏土天然含水率大，呈软塑到流塑状态，透水性小，强度低，压缩性大。一般采用以下标准鉴别：液性指数 $I_L \geqslant 0.75$，无侧限抗压强度 $q_u \leqslant 50$kPa，标准贯入击数 $N_{63.5} \leqslant 4$，灵敏度（原状土试样与该土不变含水率重塑试样的无侧限抗压强度之比[29]）$S_t \geqslant 4$，其中之一满足即为软黏土[6,7]。

软黏土排水固结速率和强度增长缓慢，抗剪强度和承载力很低，再加上压缩性大、透水性差，沉降变形持续时间很长，在建筑物竣工后仍长期发生较大的不均匀沉降，坝体容易出现裂缝、滑坡或局部破坏。若软黏土埋藏较浅，应全部挖除。若埋藏较深，分布较广，则应采用砂井排水、插塑料排水带、加荷预压、真空预压、振冲置换，以及调整施工速度等措施处理，经技术经济论证后，即使确定可在其上建低坝，也应尽量减小坝基中的剪应力，坝体防渗黏土的含水率应略高于最优含水率，并应加强软

黏土孔隙压力和变形的监测。

排水砂井直径约 30~40cm，井距与井径之比为 6~8，按梅花形布置，砂井中填满粗砂砾石以便排水，顶面铺设厚约 1m 的砂砾排水垫层。我国浙江省杜湖土坝最大坝高 18m，坝基有 11~13m 厚的淤泥质黏土层，如图 4-37 所示，抗剪强度只有 0.015MPa，采用砂井加固后，随坝体增高，坝基强度增长较快，当大坝填筑到 14m 高时，坝基土的抗剪强度已增至 0.05MPa，满足稳定安全的要求。

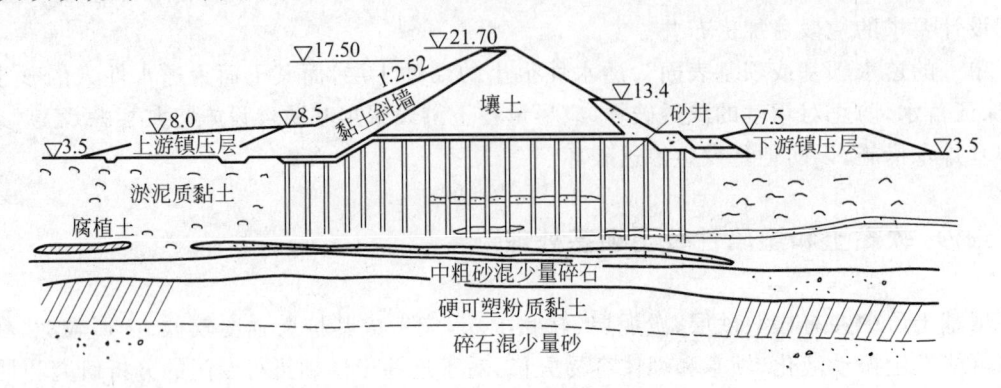

图 4-37 浙江杜湖土坝砂井加固地基示意图

### 3. 湿陷性黄土坝基

湿陷性黄土主要由粉粒组成，呈棕黄或黄褐色，富含可溶盐，具有大孔隙结构或垂直节理；在天然不饱和状态下有较高的抗剪强度和承载力；浸水时，其天然结构迅速破坏，在一定压力作用下发生明显的附加下沉，称为黄土的湿陷性。在自重作用下发生湿陷的，称为自重湿陷性黄土；在外荷载作用下发生湿陷的，称为非自重湿陷性黄土。

如果坝基含有湿陷性黄土，浸水后产生过大的不均匀沉降，造成坝体裂缝。故不宜在这种地基上建坝，只有经过充分论证和处理后，论证其沉降、湿陷和溶滤对土石坝的影响是容许的，才可在其上建低坝。对湿陷性黄土坝基处理，宜采用挖除、翻压和强夯等方法以消除其湿陷性；经过论证也可采用预先浸水的方法处理，使湿陷的大部分在建坝前或施工期完成。

## 4.8 土石坝的抗震设计

**学习要点**

用拟静力法对土石坝稳定分析；动力分析法虽很重要，但只要求初步了解，以备按需深入研究。

### 4.8.1 土石坝的地震震害

20 世纪 70 年代在我国发生了多次强震，据 1970 年通海 7.8 级地震、1975 年海城 7.3 级地震震后调查的土石坝资料统计，遭受震害的比例为 30%~50%，较严重的占 8%。从 1976 年唐山 8.0 级地震后调查 6~9 度烈度区的 399 座土石坝统计资料来看，有 330 座受到了不同程度的震害，占 83%，其中严重震害的有 40 座,占 10%;在唐山地震中,位于 9 度区距震中 20km 的陡河水库砂壤土均质土坝,最大坝高 22m,地震时坝基发生液化,导致坝体发生很大的沉降位移,坝顶最大沉降量 1.65m,最大水平位移 0.66m,上、下游坝坡各发生一组较长的纵向裂缝带,个别缝宽达 0.8m,深达坝基以内,此外还有一百多条横向裂缝,当时库水位不高,未导致垮坝,震后降低库水位修复;位于 6 度区的密云水库白河主坝(最大坝高 66m),在黏土斜墙上游侧的保护层由于含有粉细沙,在地震时发生液化而滑坡,沿坝轴向长达 900m,坍滑量 15 万 m³,震后从下游坝体所有监测孔资料分析未发现地下水浑浊和地下水位上升,待震后库水放空进行修复时,仍未发现保护层滑坡伤及黏土斜墙。

在 2008 年"5·12"汶川 8.0 级特大地震中,距震中约 17km 的紫坪铺混凝土面板堆石坝(最大坝高 156m)也受到震害。该坝全长 663.77m,坝顶高程 884.00m,地震时库水位 828.65m,坝址位于 9 度以上的地震烈度区,据坝顶三个强震仪测得的坝顶加速度峰值推算坝基岩体的地震加速度大于 $0.5g$;震后测得在 850.00m 高程处最大沉降量从 683.9mm 变化到为 5 月 17 日 810.3mm(基本稳定);在下游坝面 854.00m 高程处的水平位移为 270.8mm;坝顶防浪墙结构缝多处开裂或发生挤压破坏,防浪墙和坝顶路面开裂,宽达 30mm;坝顶路面和坝顶下游人行道的开裂最大宽度达 630.0mm,坝顶路面与两岸坡出现最大为 200mm 的沉降差;三期面板大部分脱空,在顶部处最大脱空达 230mm;水上二、三期面板间多处施工缝发生错台达 120~170mm,很多相邻板块间的竖缝发生挤压破坏,出现宽度 0.5~2mm 的裂缝。估计已有裂缝延伸至水下,实测总渗流量由地震前 5 月 10 日的 10.38L/s 上升到 2008 年 6 月 1 日的 18.82L/s,后来渗流量基本维持在 19.0L/s 左右;与震前相比,渗流水质在震后的 1~2d 较浑浊,并夹带泥沙,估计主要可能是地震时山体表土掉至水库、水下表土受振流出泥沙和地震激活基岩裂隙所产生的含泥裂隙水所致,以后水质变清,未再出现浑浊。总之,距震中 17km 的紫坪铺混凝土面板堆石坝,经受了 9 度以上强烈地震未发生明显的滑动和渗透破坏,水下面板仍可起防渗蓄水作用,说明混凝土面板堆石坝具有良好的抗震性能。

日本在 1964 年新潟 7.5 级地震、2003 年十胜近海 8.0 级地震和 2005 年宫城县近海 7.2 级地震等几次强震中,也各有数以百计的土坝遭受震害,但多是早期修建的、坝高在 20m 以下的小坝。

美国在 1971 年圣费尔南多地震中,下圣费尔南多冲填坝发生大规模坍滑,主要是因坝体饱和砂土液化所引起的。在 1989 年加州洛马-普里达地震时,距震中 80km 范围内的 111 座土坝中,30 余座有轻微至中等以下震害,2 座遭受中等程度震害;距震中 11km 的奥斯屈埃坝,坝高 56.5m,出现了比较严重的纵、横裂缝,靠近坝顶的一条纵向大裂缝,宽达 0.3m,坝顶沉降 0.75m。

从土石坝的震害情况来看,需要重视细沙土层或土料的抗震稳定问题,需要挖除或处理好坝基中细沙层、软弱黏土层和湿陷性黄土等容易发生沉降变形的土层,以免产生漏水通道的裂缝。

了解强震区土石坝的震害情况,有助于设计者掌握土石坝的震害规律和抗震设计的任务以及设计中应注意的问题。土石坝在地震时的破坏与坝体和坝基土石料在地震时的受力变形关系很大。

## 4.8.2 土石坝的地震受力与变形

在静力和动力荷载作用下,土石坝各种材料的应力-应变关系具有明显的非线性特性,在各个方向都来回摆动的地震荷载作用下,不能承受拉应力的砂砾石有可能出现"脱开-压紧-脱开"来回反复的变形,其应力-应变的变化过程要用很多篇幅也不见得描述清楚,即使采用非线性动力有限元方法,也很难准确计算土石坝真实的应力变化。这些内容已远远超出对大学本科生的要求,不在此占用篇幅介绍,只要求本科生对此有所了解即可;若有兴趣做深入研究,可参阅有关的论文和书籍。

这里,有关土石坝的地震受力与变形问题,应重点研究土石坝在地震荷载作用下的受力与变形特性,动力荷载作用的稳定计算理论,以及土石坝抗震的工程措施,使坝体安全、技术可行、经济合理,以防止因过大的变形或液化引起伤及防渗体的滑坡和裂缝。一般工程在抗御设计烈度的地震时,要求不出现破坏性的大滑坡和引起漏水通道的裂缝,可允许轻微的、对土石坝没有多大危险的、经一般处理后即可运行的不均匀沉降、不涉及防渗体的小裂缝或小范围滑坡等,而不能都要求毫无损害,因为那样的要求往往在技术上非常困难、在经济上很不合理。

在国内外发生的多次大地震中虽然有些土石坝遭受到不同程度的震害,如出现裂缝、滑坡和局部破坏等,但由于细小土颗粒既容易分散、又容易聚合,裂缝很快会闭合。出现在砂砾石坝壳的滑坡或裂缝,只要不伤及防渗体,就不会影响继续蓄水运行,可待震后再修复。对于黏土防渗体来说,地震引起的裂缝一般发生在坝顶附近,渗透水压力较小,只要不是贯穿性大裂缝,小压力的渗流水进入裂缝后,黏土裂缝容易闭合,不会危及大坝安全。若发生贯穿性裂缝,但在库水位以上,或在库水位以下不深,渗流水压力很小,再加上防渗体上、下游两侧有反滤层和过渡层的保护,只要水库放水至安全水位,短时间内不至于垮坝,可待震后修复。所以土石坝对地震的适应性一般高于混凝土坝,在强震区人们一般都优先考虑采用土石坝方案,目前世界上在强震区建造的高坝中大多数为土石坝。

土的动力特性与颗粒级配、密实度、含水率、受力条件、应力-应变状态等因素有关,此外还与加载历史、时间效应等密切相关,尤其是受加载速率、循环加载的情况以及应变幅度的影响较大。

土的动力特性与土的应力应变特性密切相关,与土的动力特性有关的参数,如剪切模量 $G$、阻尼比 $\zeta$ 等都是应变幅度的函数。小规模的地震动(应变在 $10^{-5}$ 以下)基本上为弹性应变性质,例如:现场测定弹性波速时,其应变应控制在 $10^{-6}$ 以下;但在强震时,土的应变超过 $10^{-4}$,将产生永久性变形,出现不均匀沉降和裂缝等,土进入弹塑性阶段。在循环荷载作用下,土的应力-应变关系表现出明显的滞回特性,即振动中产生能量损耗,应变幅度增大,能量损耗也增加。应变幅度增大超过 $10^{-2}$ 或 $10^{-1}$ 以后,地基和土石坝将不能保持原形,可能发生大变形、滑坡和裂缝。

饱和细沙土由于地震等循环荷载作用会导致孔隙水压力上升,使其抗剪强度降低,甚至可能发生液化破坏;软弱黏土在地震产生的循环剪切作用下,可使强度降低。循环荷载作用对这些土产生的影响和振动次数有关,一般称为振次效应。

饱和无黏性土的振动液化是土的动强度中最主要的问题。1964 年美国阿拉斯加 8.5 级地震、1964 年日本新潟 7.5 级地震、1976 年唐山 8.0 级地震,都发生了砂土地基液化或坝壳材料液化,使有关大坝遭受破坏,引起了工程界的广泛重视。现在普遍认识到地震动引起的无黏性土振动液化的基本原因是循环剪切作用产生残余孔隙水压力积累和上升导致有效应力下降;当剪应力循环作用的次数达到一定数量以后,有效应力趋于零,全部应力由土骨架转移到水,土的抗剪强度和抵抗变形的能力几乎完全丧失,而且变形的增长具有突发性质,土转化为液化状态。

我国密云水库白河主坝斜墙上游保护层的砂砾石中含有细沙料,平均粒径 $d_{50}=0.25$ mm,细料含量超过 40%,又缺乏 1~5mm 的粒组,不均匀系数仅为 3.5~4.0,细料相当均匀,直径大于 5mm 的砾石含量平均为 55%,部分区域含砾量小于 40%,当时测定的相对密度只有 0.6 左右,后用震动台振密法求取最大干密度,细料相对密度只有 0.36,具备液化破坏的基本必要条件,在 1976 年唐山地震时该处地震烈度为 7 度,水下细沙料就发生液化,使斜墙上游保护层的砂砾石发生滑坡。

地震液化的大量实测资料表明,发生地震液化的条件或原因很多、很复杂,大体可归结为内因一个,外因两个。内因是土的结构;外因是 6 度以上的地震作用和土颗粒有效应力。若地震烈度小于 6 度,一般不发生液化;土颗粒有效应力与饱和水、围压、排水、覆盖压重等条件有关,若土层常年处于干燥状态,一般不会液化;如果粉细沙层周围有封闭围压,上面覆盖易透水石块的压重,地震时仍保持较大的有效应力,液化概率将明显减小,例如密云水库潮河大坝下游坝趾靠近左岸的河床处含有粉细沙层,1975 年在其上部加了块石压重,在 1976 年唐山大地震时,虽比白河主坝靠近震中约 15km,但未发生液化。从各次地震液化的调查资料可明显地看出,埋深超过 15m 的细沙层,由于有足够的封闭压重,地震时不容易发生液化。上述外因可作为是否发生液化的初判依据。至于地震液化的内因,即土的结构,判断液化范围比较复杂,还与地震烈度有关,与试验方法、试验条件等很多因素有关,判断方法和判断标准很多,详见《水力发电工程地质勘察规范》(GB 50287—2016)[30]。

坝基饱和无黏性土和少黏性土的地震液化判别,应考虑土层天然结构、颗粒级配、相对密度、透水性、土的结构、震前应力状态(有效上覆压力、初始剪应力)边界条件、排水条件以及地震震级、动荷载特性(振幅及变化规律、振动持续时间)等许多因素,结合现场勘察和室内试验成果,综合分析判定。

### 4.8.3 土石坝的抗震稳定分析

对土石坝进行抗震稳定分析,目前常主要采用拟静力法和结构动力分析法。

**1. 拟静力法**

将地震力化为等效静力叠加到基本静力荷载,合起来分析坝体抗滑稳定性。按我国《水电工程水工建筑物抗震设计规范》(NB 35047—2015)[6]和《水工建筑物抗震设计标准》(GB 51247—2018)[7],沿建筑物高度作用于质点 $i$ 的水平向地震惯性力代表值仍类似于式(2-15),$F_i = K_H \xi \alpha_i G_{Ei}$,式中各符号的含义见式(2-15)后的说明,所不同的是:土石坝质点 $i$ 的地震惯性力动态分布系数 $\alpha_i$ 如图 4-38 所示,图中 $H$ 为坝高,设计烈度为 7、8、9 度的 $\alpha_m$ 分别取 3.0、2.5 和 2.0。

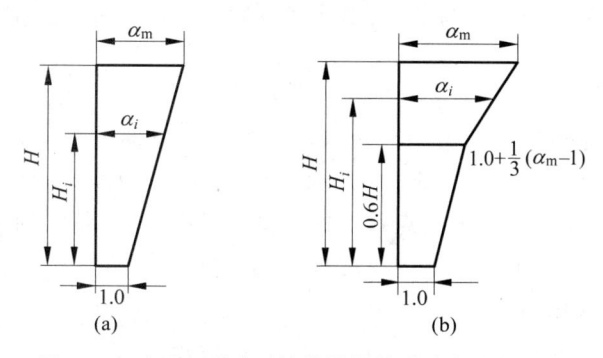

**图 4-38 土石坝质点 $i$ 的地震惯性力动态分布系数**
(a) $H \leqslant 40\text{m}$;(b) $H > 40\text{m}$

按照上述规范[26]和标准[7],采用拟静力法计算土石坝的坝坡稳定,宜采用基于计及条块间作用力的简化毕肖普法计算式(4-45)。将各条块各部分的中心对应的水平地震力 $F_i$ 作为式(4-45)中的 $Q_i$,以指向坡外为正;对设计烈度≥8 度的 1 级、2 级土石坝,以 $2Q_i/3$ 作为式(4-45)中的竖向地震力 $V_i$,$V_i$ 前面的正负号分别表示 $V_i$ 向下和向上,两种情况都应分别计算,其最小安全系数应大于或等于表 4-7 中非常运用条件 Ⅱ(指正常运用条件遇地震)一栏非括号内的数值。对重要的土石坝,宜专门研究横河向水平地震作用。规范还要求:对 1、2 级土石坝,宜通过动力试验测定土体动态抗剪强度;当动力试验动态强度高于相应的静态强度时,应取静态强度值。

按照规范[6,27],各类水工建筑物在综合静、动态作用最不利组合下的抗震强度和稳定应满足承载能力极限状态的偶然组合设计表达式(1-8)。应利用 4.4.1 节简化的毕肖普法计算式(4-45),将各种材料摩擦系数标准值除以分项系数 $\gamma_f$,将各种材料黏聚力标准值除以分项系数 $\gamma_c$,取各种作用的设计值(即标准值乘以作用分项系数)计算抗力与作用效应之比 $K_c$,应满足:

$$K_c = \frac{\sum_{i=1}^{n}\left\{\left[(W_i \pm V_i - u_i b_i)\frac{\tan\phi'_i}{\gamma_f} + \frac{c'_i}{\gamma_c}b_i\right]\sec\theta_i \bigg/ \left(1 + \frac{\tan\theta_i \tan\phi'_i}{K_c \gamma_f}\right)\right\}}{\sum_{i=1}^{n}(W_i \pm V_i)\sin\theta_i + \sum_{i=1}^{n}(Q_i e_i / R)} \geqslant \gamma_0 \psi \gamma_d \quad (4\text{-}92)$$

式中:$\theta_i$ 为第 $i$ 土条底滑裂面的坡角,以倾向滑动方向为正;采用简化毕肖普法计算的特高坝结构系数 $\gamma_d = 1.3 \sim 1.35$,其他土石坝的结构系数 $\gamma_d = 1.2$;其余符号的含义和取值见式(1-8)、式(4-45)及图 4-21。

按照规范[27],材料性能分项系数 $\gamma_c = 1.2$,$\gamma_f = 1.1$;结构重要性系数 $\gamma_0$ 对于 1 级、2~3 级、4~5 级土石坝分别取 1.1、1.05、1.0;对于持久、短暂、偶然①(校核洪水)、偶然②(正常蓄水+地震)的设计状况系数 $\psi$ 分别取 1.0、0.95、0.95、0.85。

拟静力法计算简单,容易被设计人员掌握,可以较快地得出多种方案的安全性,以便快速比较,找出较优化的方案,所以这种方法很早就被广泛采用,并且有了比较长期的应用经验。但这种方法没有考虑覆盖层深度和软土、粉细沙等土质情况的影响,也没有考虑坝基地震波频率与坝体自振频率的关系,不能说明土石坝的地震破坏现象,安全系数并不完全反映土石坝在地震中的安全或损伤程度。许多研究和实测表明,土石坝的自振频率小于同等高度的混凝土坝,地震波从岩基经过覆盖层传至土石坝底的振动频率已降低,覆盖层越厚,振动频率降低得越多,较为接近于土石坝的自振频率。所以,对于高土石坝或者深厚覆盖层的情况,用拟静力法很难反映真实的位移和抗滑稳定性,且偏于不安全。

**2. 结构动力分析方法**

结构动力分析方法就是按结构动力学理论求解结构动力响应的方法,它通过解结构振动方程求得在动荷载作用下结构的运动和受力状态。在早期,由于计算工具所限,结构振动方程只限于少数质点的振动,土石坝沿高度简化成十多个质点代入振动方程求解,算得各点的加速度和惯性力随时间的变化,把这种惯性力加到土石坝上进行坝坡稳定核算,显然这种计算的精度仍不能满足要求。

随着计算机的发展和应用,在 20 世纪 70 年代以后,逐渐出现有限元方法,后来发展到非线性动力有限元方法,也是目前结构动力分析方法中最常见、用得最多的数值分析方法。根据规范[6]和标准[7],符合下列条件之一的土石坝,除了采用拟静力法计算地震作用效应之外,应同时采用有限元法对坝体和坝基的地震作用效应进行动力分析:①设计烈度 7 度,且坝高 150m 以上;②设计烈度 $\geqslant$ 8 度,且坝高 70m 以上;③地基中存在可液化土层或覆盖层厚度超过 40m。

在有限元方法计算中,须将坝体和地基划分单元。由于土石坝和覆盖层地基的位移和变形与岩基的位移和变形相比,要大得多,为了减小计算规模、节省计算量,目前一般只对坝体和覆盖层地基划分单元,即计算单元只划分到岩基表面,以岩基表面各结点的 3 向加速度向量 $\boldsymbol{\delta}_g$ 作为已知边界条件,设坝体和覆盖层地基各结点相对于岩基面的 3 向位移向量、速度向量和加速度向量依次为 $\pmb{\delta}$、$\dot{\pmb{\delta}}$ 和 $\ddot{\pmb{\delta}}$；由坝体单元和覆盖层单元的质量矩阵、阻尼矩阵和刚度矩阵集成后得到系统的 $n$ 维质量矩阵、阻尼矩阵和刚度矩阵分别为 $\pmb{M}$、$\pmb{C}$ 和 $\pmb{K}$，则整个系统的动力方程为

$$\pmb{M}(\ddot{\pmb{\delta}}+\pmb{R}\ddot{\pmb{\delta}}_g)+\pmb{C}\dot{\pmb{\delta}}+\pmb{K}\pmb{\delta}=0 \tag{4-93}$$

这里地震惯性力 $\pmb{M}(\ddot{\pmb{\delta}}+\pmb{R}\ddot{\pmb{\delta}}_g)$ 由岩表绝对加速度 $(\ddot{\pmb{\delta}}+\pmb{R}\ddot{\pmb{\delta}}_g)$ 产生，而阻尼力和变形力分别由相对速度 $\dot{\pmb{\delta}}$ 和相对位移 $\pmb{\delta}$ 产生；$\pmb{R}$ 为转换矩阵，表示地震加速度 3 个分量到 $n$ 个自由度体系的 $n$ 维空间的转换。解方程(4-93)用的初始条件为：$\pmb{\delta}|_{t=0}=\pmb{0}$，$\dot{\pmb{\delta}}|_{t=0}=\pmb{0}$，$\ddot{\pmb{\delta}}|_{t=0}=\pmb{0}$，$\pmb{\delta}_g|_{t=0}=\pmb{0}$，$\dot{\pmb{\delta}}_g|_{t=0}=\pmb{0}$，$\ddot{\pmb{\delta}}_g|_{t=0}=\pmb{0}$。若地震加速度边界条件观测点不在岩基表面，而在覆盖层表面，则不应计算覆盖层的地震惯性力对坝体的作用，覆盖层单元的质量矩阵应置零，只考虑其阻尼矩阵和刚度矩阵的作用。

至于阻尼矩阵 $\pmb{C}$ 可采用比例阻尼，即假定阻尼由运动量和内部黏滞摩擦两部分组成，表达式为

$$\pmb{C}=\lambda\omega\pmb{M}+(\lambda/\omega)\pmb{K} \tag{4-94}$$

式中：$\lambda$ 为阻尼比；$\omega$ 为系统的自振频率，取基频或前几阶频率的平均值计算。

对于刚度矩阵 $\pmb{K}$，在土石坝的有限元动力分析中一般用剪切模量 $G$，替代弹性模量 $E$。

对动力方程组(4-93)的求解须先进行模态分析，在没有外界强迫振动和阻尼作用的情况下，求解动力方程组(4-93)，得到自振频率和振型。在理论上来讲，结构若有 $n$ 个自由度，就有 $n$ 个振型和自振频率，但通常只有前十几阶的振型起较大的作用，其他振型起作用很小，可不必费时间迭代求解。

求解含有阻尼矩阵、地面加速度向量的动力方程组(4-93)的地震响应，可采用振型分解反应谱法或时程分析法。

反应谱是把具有一定阻尼比(如土石坝的阻尼比为 0.2)的体系在地震作用下的最大加速度反应与地震动最大峰值加速度的比值随体系自振周期变化而形成的函数曲线。我国规范[6]和标准[7]经过大量统计、计算和整理，得出标准设计反应谱，如图 4-39 所示(如土石坝的 $\beta_{max}=1.60$，重力坝的 $\beta_{max}=2.00$，拱坝的 $\beta_{max}=2.50$，等等)。标准设计反应谱的特征周期 $T_g$ 应参照《中国地震动参数区划图》(GB 18306—2015)场址所在地区取值后，按规范[6]或标准[7]第

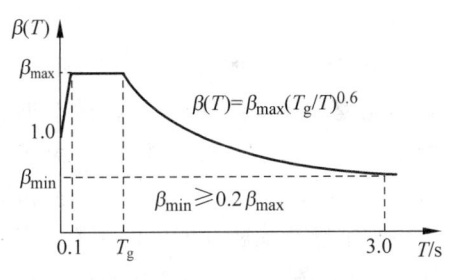

图 4-39 标准设计反应谱

5.3.5 条进行调整；当各振型的自振周期 $T>T_g$ 时，反应谱曲线的指数从以前的 0.9 改为 0.6，意味着反应谱在 $T>T_g$ 曲线段由于 $T_g/T<1$ 使 $\beta$ 值比以前相同的 $T_g/T$ 情况有所放大。从图 4-39 查得各振型自振周期 $T$ 对应的反应谱 $\beta$ 值乘以地震加速度最大值即为该振型加速度的最大值。因各振型加速度的最大值并非在同一时刻发生，不能直接相加，应取它们的平方和的平方根。由此看来，用反应谱方法求得的加速度并非真实的加速度，大概是平均意义上的加速度而已；另外，若高土石坝的应力-应变关系具有较大的非线性，不能采用振型分解反应谱法，而应采用时程分析法。

时程分析法是由结构基本运动方程输入地震加速度记录进行积分，求得整个时间历程内结构地震作用效应。由于土石坝和覆盖层土料的应力-应变具有很强的非线性关系，在各时段的刚度矩阵 $\pmb{K}$ 是变化的，式(4-94)所示的阻尼矩阵 $\pmb{C}$ 也是变化的。为了保证计算精度，在地震动力非线性反应分析

中,分若干个微小时段 $\Delta t$,一般取 $\Delta t=0.01\sim 0.02\mathrm{s}$,对于每个微小时段采用逐步积分法进行求解。每一时段结束时,将计算得到的残余应变增量转换为等效荷载,并根据孔隙水压力进行应力计算和修正,使应力位移协调。然后根据每一时段末的应力-应变特性重新计算单元刚度矩阵,再集成整个系统的总体刚度矩阵 $\boldsymbol{K}$ 和阻尼矩阵 $\boldsymbol{C}$。由此看来,土石坝地震动非线性时程分析法的计算工作量是非常庞大的,所算得的结果也仅仅代表某一条地震加速度记录对应的地震作用效应而已,很难代表该土石坝未来真实的地震响应。从全世界自古至今所有发生过的地震加速度记录来看,没有两条是完全相同的;即使同一个场地,从古代到未来所遇到的地震,其震源的距离、方向、深度、地震强度、地震持续时间、在各时段里地震加速度频率的分布,等等因素都不具有重复性。为了使计算结果较为具有代表性和说服力,应选用多条地震加速度记录,最好选用覆盖层厚度与所分析的土石坝地基覆盖层较为接近的地表面地震加速度记录,并且将纵坐标加速度放大或缩小,使其最大加速度等于该坝地震设计烈度相应的加速度值。将多条地震响应的计算结果进行对比分析,取合理的或平均的结果。

将各部分的质量乘以相应的加速度响应,即可得到地震惯性力分布,再与基本静力荷载叠加后,即可分析土石坝的抗滑稳定性。

由于土石坝和覆盖层坝基材料的应力应变具有明显的非线性关系,即动剪切模量 $G$ 和阻尼比 $\lambda$ 与动剪应变 $\gamma_d$ 之间是非线性的关系。其动力的应力变形分析方法可分为两大类:一类是基于等价黏弹性模型的等效线性分析方法;另一类是黏弹塑模型的真非线性分析方法。

至于反应谱法和时程分析法的求解过程、具体方法和计算公式,都很复杂,占很多篇幅才能表达清楚,已远远超出对本科生学习的要求,这里不宜逐一详细介绍,若研究工作需要可参阅有关文献。

### 4.8.4 土石坝的抗震措施

鉴于未来的地震发生规律难以预测,以上关于土石坝的非线性动力有限元方法均假定土石坝和覆盖层地基为连续体,但砂砾石等非黏性土在受拉时易被拉开,是不连续松散体的大变形,按连续体计算不能完全反映诸如裂缝、松散变形、液化等实际情况,难以通过计算分析准确预测和控制。为了有效地提高土石坝的抗震能力,避免或减轻地震对土石坝的破坏,有必要根据国内外一些土石坝的实际情况,总结土石坝抗震加固的经验和措施以指导今后的设计工作,主要经验有以下几方面。

(1) 应选择抗震性能好的土石料筑坝。坝壳宜用堆石体或级配良好的砂砾石,避免选用细沙、粉细沙、粉质轻壤土等容易液化的材料筑坝,若使用也只能用于坝体的干燥区,而且相对密度应不低于 0.75。按调查资料统计,位于浸润线以下的无黏性土或黏粒含量小于 15% 的砂壤土、粉土、粉质砂壤土、轻壤土、轻粉质壤土等,上坝填筑碾压后的相对密度要求不低于 0.75(按 7 度烈度设计)~0.85(按 9 度烈度设计);若砾石(粒径大于 5mm)含量小于 50%,细料(粒径小于 5mm)的相对密度也应满足上述要求,并应按此要求分别定出不同含砾量的压实干密度作为填筑压实控制标准。

(2) 对防渗体材料的要求。高烈度地震区不宜选用刚性心墙;以黏土为防渗体也不宜太薄,否则对抗震、抗裂和抗渗不利。根据实际工程经验,一般斜墙底部法向厚度不宜小于水头的 1/5,心墙底部水平厚度不宜小于水头的 1/4。对黏土或砾质黏土防渗体的压实度采用标准击实的方法测量,如采用轻型击实试验,对 1 级、2 级坝和高坝的压实度应不小于 98%~100%,3 级及其以下的坝(高坝除外)压实度应不小于 96%~98%;对高坝如采用重型击实试验,压实度可适当降低,但不低于 95%;对于设计地震烈度≥8 度的地区,宜取上述规定的大值;土质心墙或斜墙防渗体与坝壳土料间应设置反滤层或较厚的过渡层。在高地震烈度区,应适当加大防渗体的厚度,特别是地震时易发生裂缝的坝体顶部、坝体与河岸或混凝土建筑物连接的部位。

(3) 增强坝体对强震的适应性。对于设计烈度≥8度的土石坝,宜放缓上部坝坡,加宽和加高坝顶,但这些修改都只能在加厚坝底、下部坝坡不变的基础上进行,当大坝在地震时万一沉降量很大,仍能使坝顶在库水位以上;坡脚可采取铺盖或压重措施,上部坝坡可采用浆砌块石护坡,上部坝坡内可采用水平钢筋加混凝土锚定板、土工合成材料或钢筋混凝土框架等加固措施;应设置较厚的过渡层和反滤层,坝体相邻各部分之间的刚性不宜变化太大,尽量防止或减小坝体的不均匀沉降。

(4) 在坝内设置并加强有效的排水,降低坝内浸润线,有利于提高大坝的抗滑和抗震能力。

(5) 在土石坝内不宜布置输水或泄水管。对于1、2级土石坝和高土石坝以及在高烈度地震区建造的土石坝,其输水或泄水建筑物应凿建在与土石坝有足够距离的岩基内,而不要穿过土石坝体,以免管道破坏引发高速水流冲毁大坝并使下游遭受严重灾害损失。若输水或泄水管道穿过坝内,即使进口事故闸门及时关闭,但坝内管道若被振坏,也难以修复而报废,还得另外在岩基内凿建输水或泄水建筑物。

(6) 对坝基中可能液化的粉细沙或淤泥、淤泥质土、软黏土等土层,应尽量挖除。若埋藏较深,厚度大,不易挖除,则应采取人工密实的措施进行处理,如:砂石井排水、爆破密实、振冲碎石桩、强力夯击法、挤实砂桩等;在可能液化的土层周边或坝下某一范围内挖槽回填块石封堵并在该土层上加块石压重,以防液化或减轻液化程度;应适当加高和加宽坝顶并放缓坝坡,一方面可增加压重,另一方面当坝基发生液化时,能保证坝坡的稳定,或者当大坝沉降量很大时,保证坝顶仍能高于库水位。

(7) 泄水、输水建筑物和导流洞的进出口位置应避开山体容易滑动或崩塌的地带。如果这些进出口一旦被大体积滑坡堵塞,上游河道不断地来水入库,很容易库满、坝顶过水冲走坝体颗粒而导致溃坝灾难事故。所以,在高烈度地震区,泄水、输水建筑物和导流洞等的进出口位置应严格挑选,应建在稳定的山体上,避开容易崩塌的高边坡岩体,避开容易引起山体滑坡的断层、破碎带和泥石流等;如果无法避开,则应采用可靠措施,如预应力锚索加固、锚喷豆石混凝或水泥砂浆、在周边和内部做好排水设施、降低地下水位等,以保证地震时不发生山体滑坡和崩塌破坏。

## 4.9 混凝土面板堆石坝

> **学习要点**
> 混凝土面板堆石坝有很大优越性,是中高土石坝的首选坝型,应为本章重要内容之一。

### 4.9.1 混凝土面板堆石坝的由来、发展、特点和优越性

混凝土面板堆石坝以堆石体作为大坝的主体和支承,在其上游坝面支撑着混凝土面板防渗体。按施工工艺和防渗体材料的特点,世界上堆石坝的发展主要分为三个阶段。

(1) 自19世纪中叶至1940年前后为初期阶段。堆石的施工主要以抛填为主,辅以高压水枪冲实。堆石体的密实度差,沉降和水平位移量都较大,施工期的沉降量可达坝高的5%,竣工后沉降量仍

有坝高的1%～2%。由于堆石体过大的变形导致钢筋混凝土面板产生严重的裂缝和渗漏,导致一些坝多年不能正常运用。有的坝采用木面板和钢面板,在适应堆石体的变形方面虽有所改善,但处在水位变动区的木料易于腐烂,钢板则易于锈蚀,堆石坝在后来较长时间处于停滞状态。

(2) 1940年前后至1965年为过渡阶段。由于土力学、土工试验技术与碾压设备的进步,采用土质防渗体的心墙堆石坝和斜墙堆石坝有了比较大的发展。良好施工的土质防渗体可以适应堆石体较大的变形而保持其防渗性能,特别是大型振动碾的出现及其应用于堆石的压实,使堆石填筑质量大大提高,可容许使用过去认为质量较差的石料填筑坝体,在安全和经济方面提高了堆石坝的竞争能力。

(3) 1965年至今是钢筋混凝土面板堆石坝的发展阶段。堆石坝采用振动碾薄层填筑碾压,堆石体压缩性小,面板的抗裂防渗效果得以保证,加上面板结构在设计、施工上的改进,选择在每年2月至4月气温合适的少雨季节浇筑混凝土面板,解决黏性土防渗材料短缺的困难,避免黏土心墙因两侧堆石拱效应出现水平裂缝和施工干扰、受雨季和冬季施工条件所限而严重影响施工进度的问题。混凝土面板堆石坝最大的优越性就是快速施工,提前发挥效益,施工进度和总造价都优于其他类型土石坝,在我国以及许多国家的土石坝方案中,已成为优先考虑的坝型。我国从20世纪80年代初开始引进这一坝型,据不完全统计,到2015年年底已建成和在建30m以上坝高的混凝土面板堆石坝约330座,约占全球同类坝数量的一半以上,居世界第一;在2010年已建成水布垭混凝土面板堆石坝,最大坝高233m,是当时世界最高的混凝土面板堆石坝,最大坝高处的横断面如图4-40所示。

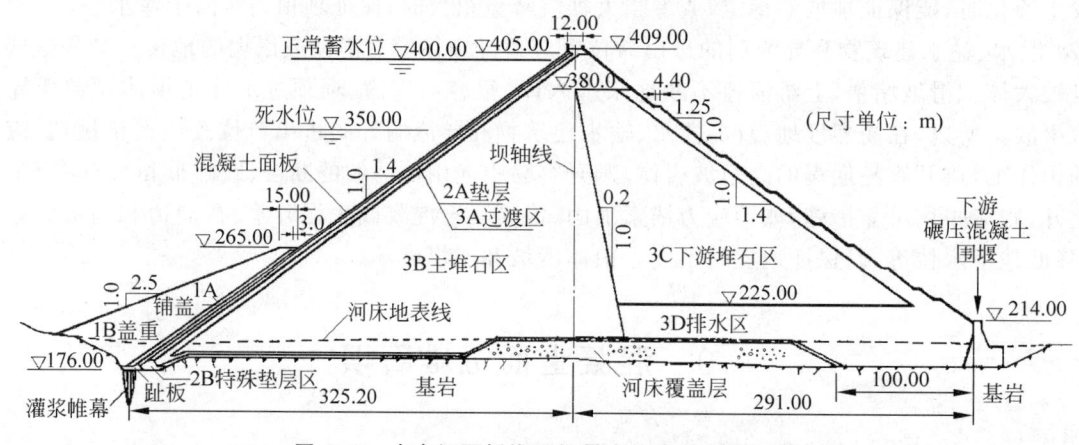

图4-40 水布垭面板堆石坝最大坝高处的断面图

混凝土面板堆石坝之所以在国内外发展这么迅速,是由于这种坝型具有以下优势和特点。

(1) 结构特点有利于坝坡稳定,减小工程量和造价。堆石体抗压强度和抗剪强度高,坝坡可以做得较陡,一般为1:1.3～1:1.5,比其他土石料筑坝节省填筑量、运输量和造价。又因坝底宽度小于其他类型的土石坝,枢纽布置紧凑,导流洞、泄洪洞、水力发电引水洞等输水建筑物和泄水建筑物的长度和工程量也相对较小。

(2) 施工方便,缩短工期。由于导流洞明显短于其他类型土石坝的导流洞,可提前凿通导流,提前清基和填筑上坝,加快施工进度。

堆石体可常年施工,堆石体的施工受雨季和严寒等气候条件的干扰小,可以比较均衡正常地进行施工,各种材料的填筑和碾压施工干扰也很小;待堆石体、过渡层、垫层填筑和碾压上升到一定高度后,面板混凝土可安排在少雨、气温适宜的季节进行浇筑,与土石料填筑施工干扰少,施工进度快,工期明显短于其他类型土石坝,提前受益,也可降低造价。

在施工过程中,即使混凝土面板未来得及浇筑至拦洪高程,垫层也可短时挡水,堆石之间咬合紧密,不像砂砾石那样容易被冲毁,堆石体还可短时低水头过水,故上游部分坝体可兼作围堰,也可降低围堰、减小导流洞断面,拦洪度汛工程简单,很快可进入坝基清理和填筑施工。

(3) 蓄水运行期受力状态优于其他类型土石坝。水压力作用于上游面板,与面板垂直的水压力有利于坝坡稳定,优于一般心墙坝。堆石体密度大,块石弹性模量较大,蓄水后大坝的沉降变形量很小或趋于稳定,维修量很小。混凝土面板不易出现裂缝,即使出现一些裂缝和渗漏,也比较容易检查和维修。一般渗透水流在堆石体内形成的浸润线很低,而且平缓,即使混凝土面板发生贯穿性裂缝、垫层被冲毁不起作用,假设大坝非防渗体的平均渗透系数达 1 800m/d,按堆石坝一般的设计断面计算,水流的平均渗透流速也不到 1cm/s,尚不会冲走受高挤压力而紧密咬合的块石。在坝体的下游部位,因堆石体孔隙率大,有利于排水,浸润线较低,地震时孔隙水压力上升和材料抗剪强度降低都很小,紫坪铺面板堆石坝经受 9 度以上地震未发生大位移,表明堆石体坝壳的抗震稳定性能远好于砂砾石坝壳。

根据坝体各部分的受力情况不同,堆石体各区的石料和压实度可有不同的要求,可充分、合理地利用其他建筑物岩基开挖出来的、不同性质的石渣填筑在坝体的不同部位,降低造价。

上述分析说明,混凝土面板堆石坝可以改变我国以前土石坝工程投资大、工期长的两大弱点,只要块石料来源较好,就明显地优越于其他防渗体的一般土石坝(也包括黏土心墙堆石坝和沥青心墙堆石坝)。当今在我国以及许多国家,混凝土面板堆石坝已成为优先考虑选择的坝型。

### 4.9.2 混凝土面板堆石坝的构造和设计

混凝土面板堆石坝自上游至下游各部分(参见图 4-40 和图 4-41)分为:上游坝脚防渗 1 区;作为防渗体的钢筋混凝土面板和趾板;起垫层作用的 2A 区;在垫层和堆石体之间的过渡区(有的为砂砾石,有的为小块石加砂砾石,又称为堆石 3A,其主要作用是防止垫层颗粒流失到下游的堆石体,并在变形模量中起过渡作用);堆石体(主堆石区 3B、次堆石区 3C、排水粗堆石区 3D);坝顶区。

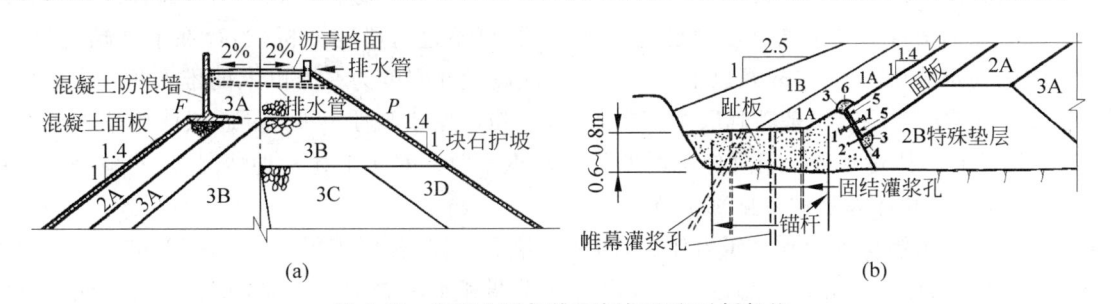

**图 4-41 混凝土面板堆石坝坝顶和趾板部位**
(a) 坝顶部位构造;(b) 趾板部位构造
1—橡胶止水;2—止水铜片;3—氯丁橡胶条带;4—沥青砂填料;5—可压缩填料;6—沥青玛蹄脂

1 区为防渗铺盖区,用黏性土料填筑碾压覆盖在上游坝脚高程较低部位面板与趾板之间的周边缝以及面板之间的竖直缝,如图 4-40、图 4-41 所示的 1A 区。当周边缝张开或面板出现裂缝时,能自动淤堵恢复防渗功能。在其上游设置盖重区 1B,可填充废弃的全、强风化岩块石渣或其他土石料。1A

区、1B区的材料不必要求很高,容易找到,其厚度和坡度,视水深、材料的来源及天然休止角而定。设置1区造价不多,对加强防渗却十分有利。在多泥沙河流上,可利用天然淤积泥沙作为1A和1B合并材料,不必碾压,若淤积物来源充足,其坡度还可更缓一些,不必做精细的计算和严格要求的设计。

混凝土面板堆石坝的断面设计,一般先确定坝轴线位置、坝顶高程、坝顶宽度、坝顶结构和坝坡,才能定出各部位或沿坝轴线各桩号的坝基开挖宽度和处理范围。

### 1. 坝顶

坝顶多采用砂砾石填筑,一般与其下面的过渡层相连为同一材料,在其上铺筑砂子、沥青混凝土路面。坝顶宽度应根据构造、施工、运行、交通、抗震和人防等方面的要求综合研究后确定。若无特殊要求,高坝的坝顶宽度可选用10~12m,中低坝可选用5~10m。另外,还须考虑是否便于面板混凝土的浇筑。面板混凝土一般须用汽车运输至面板顶部下料,施工要求的顶部宽度约为9~10m。如果正常运行所要求设计的坝顶宽度不到此数值,为减少由于坝顶加宽所增加的坝体工程量,可在设计坝顶高程以下选择某一水平坝面,使其宽度达到9~10m,利用它作为浇筑面板混凝土的交通道路和施工平台(如图4-41所示的FP平台),待面板混凝土浇筑完成后,再向上填筑至坝顶。在这种情况下,上游坝面的混凝土面板没有浇筑到坝顶,只到达施工平台的高程,须在此平台上浇筑钢筋混凝土防浪墙,高度不宜超过6m,其上游做成约0.8~1.0m宽的检修平道,在其下游一侧回填碾压砂砾石和坝顶路面,防浪墙顶高程应考虑沉降超高,或者待沉降稳定后再浇筑,一般高出沉降稳定后的坝顶1.0~1.2m。防浪墙底部与面板顶部平台连接处应设置止水,并高于正常蓄水位,不宜低于运用时的最高静水位。防浪墙沿坝轴线方向应分段浇筑,分缝位置与面板之间的垂直缝位置一致,并设置止水,可将面板垂直缝中间的一道止水向上延伸至防浪墙顶。

### 2. 坝坡

坝坡一般由堆石体的抗压强度、抗剪强度、天然休止角等因素综合考虑确定,由于块石相互嵌入咬合,碾压后的堆石内摩擦角一般大于55°,已建的混凝土面板堆石坝的上下游坝坡一般为1:1.3~1:1.5,具有较大的安全余度。按照我国《混凝土面板堆石坝设计规范》(SL 228—2013)[31],100m以下高度的混凝土面板堆石坝坝坡宜参照已建工程选用,可不进行稳定分析,当存在下列情况之一时,应进行相应的稳定分析:①100m及以上的高坝;②地震设计烈度为8度以上的堆石坝;③地形条件不利;④坝基有软弱夹层或坝基砂砾层中存在细沙层、粉沙层或黏性土夹层;⑤坝体用软岩堆石料填筑;⑥施工期堆石坝体过水或堆石坝体临时断面挡水度汛时。对于上述六种情况之一,应做抗滑稳定计算分析,计算方法和计算公式参见4.4节。

上游坝面在蓄水情况下受到水压力作用,面板与垫层之间、各层土料内部颗粒之间都受到很大的挤压力,有利于增大摩擦力和坝坡稳定;但考虑到施工期和水库放空的情况,上游坝坡不能按蓄水受力条件设计得过陡,为便于混凝土面板的浇筑,一般采用均一坡度的坝面,不设马道,按库水位下降或空库条件做坝坡稳定分析和坝坡设计。

对于在强震区建造的面板堆石坝,由于地震时坝顶附近的振动加速度显著放大,有的研究者建议,在高烈度区应将其上部1/5坝高范围内的下游坝坡放缓,如将9度区内的坝坡上部放缓至1:1.8,在下部3/5坝高范围内放缓至1:1.5,意味着中下部坝体厚度增加较多。

下游坝坡马道的宽度和马道之间的高差视需要而定。以往,土石坝坝坡上的马道多用于检修和监测人员搬运仪器行走交通方便,减缓雨水沿坝坡向下的流速,马道宽度一般为1.5~2m。如果两岸地形较陡,开凿上坝施工道路的难度和工程量较大,可在下游坝面布置3~6m宽的"之"字形运料上坝道路,比在岸边修建上坝道路节省很多工程量和造价,加快施工进度,提前发挥收益。

### 3. 堆石区

堆石区是面板坝承受面板传来的水荷载及其他荷载的主要支撑体,是大坝的主体材料或称主要组成部分。根据已建成工程的原型观测资料统计,在水压力作用下所引起的附加沉降,主要由上游侧大半个坝体产生,而坝轴线下游部分的坝体变形对面板影响很小。为了减小大坝沉降量并节省造价,把堆石区分成主堆石区 3B 与次堆石区 3C,其分界线一般布置在坝轴线下游附近(参见图 4-40),大致平行于坝轴线上游半个坝体的自重与面板承受的水压力的合力方向,其反向延长线宜经过坝顶或者在坝顶的下游一侧,使水压力作用范围保持在 3B 区以内。

分界线上游的 3B 区是堆石料的主体,承受全部或绝大部分水压力,对 3B 区堆石料要求抗压强度、抗剪强度较高,弹性模量和相对密度较大,具有低压缩性、较好的透水性和耐久性。为了提高抗剪强度,应采用硬岩堆石料填筑,粒径小于 5mm 的颗粒含量不宜超过 20%,粒径小于 0.075mm 的颗粒含量不宜超过 5%[31,32],但细颗粒含量不宜太少,因为细料可以填充块石间的孔隙,避免架空,使填筑体达到密实稳定,还能将堆石体中岩块尖角接触集中力减小,避免因集中力过大而再次破碎。堆石区填筑铺层厚度一般取 0.6~1.0m,最大粒径应不超过压实层厚度,压实后应有较高的压实密度和变形模量,设计孔隙率控制在 19%~24%,坝越高孔隙率应越小;压实后应能自由排水。若河谷岸坡陡于 1:0.5,或是坝很高,为减小堆石体的变形,须适当提高填筑压实标准。

对于分界线下游的 3C 次堆石区,其坝料的要求和铺填碾压的要求均可较主堆石区适度放宽,可以采用各种软岩料、风化石料、碎渣等代替料填筑,压实标准可略低于主堆石区,设计孔隙率在 19%~25%的范围。另外,为便于排水、为保证坝体的抗滑稳定性,由各种软岩料、风化石料组成的次堆石区应在坝体浸润线以上,与下游坝坡的距离由抗滑稳定计算而定。

在下游坝坡附近和浸润线以下的排水堆石区 3D 应为抗压强度和抗剪强度较高的、不易风化的、质地较硬的、自由排水性能较好的大块石。一些工程将坝体铺填过程中剔除的超径大石,堆置于下游河床处的坝趾或各铺筑层的下游侧,形成粗料堆积区,既可利用弃料,又可保护下游坝脚和坝坡。

堆石体各区之间应满足渗流和压缩模量逐步变化的原则。为了获得低压缩性和高抗剪强度,坝料应有适宜的级配。细料可以填充块石间的孔隙,避免架空,使填筑体达到密实、稳定,还能减小堆石体中岩块尖角接触集中力,避免再次破碎。但细料含量不宜过多,否则大块石之间的咬合力不明显,会导致内摩擦角和变形模量均明显下降,排水能力下降,容易发生滑动变形。

堆石体的填筑标准及参数一般根据工程的具体情况,参考同类工程经验确定,并在施工初期通过碾压试验验证做必要的修正。压实参数包括在既定振动碾(碾重)情况下,确定铺料层厚、碾压遍数、加水量等。堆石料的压实标准一般用孔隙率控制,砂砾石料采用相对密度控制。加水碾压有利于堆石料的压实,寒冷结冰时不能加水,以防冻胀破坏,应采取减薄层厚、加大压实功能等方法补偿。

### 4. 过渡区

过渡区位于主堆石区上游和垫层下游所夹的区间,其粒径、透水性和变形模量也在这两区之间起过渡作用,它支撑垫层、防止渗透水流或雨水把垫层细料带走流到 3B 区的空隙。过渡区 3A 应具有低压缩性、高抗剪强度和自由排水性能，一般采用级配连续的砂砾石或堆石砂砾料，最大粒径不超过300mm，施工每次铺设竖向层厚约0.4～0.6m，各区交接处并排同高程填筑碾压，不出现虚坡。

过渡区的水平宽度较灵活，一般为3～8m，视坝高、碾压机械的宽度以及材料的来源而定。当垫层区和主堆石区之间满足反滤准则时，可不必设置过渡区。当然，如果像砂砾石这样的过渡料来源很充足，造价比垫层和堆石体都便宜，或者当垫层区较薄时，可以考虑设置足够厚度的过渡区。

**5. 垫层区**

过渡区砂砾石或堆石砂砾料的上游面是很不平整的，而且空隙率很大，不能直接在其上浇筑面板混凝土，须在过渡区的上游侧设置垫层来平整上游坡面，为面板提供均匀、平整、可靠的支撑，以保证在其上浇筑面板混凝土的质量，避免面板出现应力集中以及过大的温度应力；当面板或接缝产生渗漏时，垫层还能发挥少量防渗作用；在施工期，当面板未浇筑时，能满足坝体临时挡水度汛的少量防渗要求。因此，垫层料应具有高抗剪强度、低压缩性、半透水性、内部渗透稳定性和良好的施工性能。垫层料选用质地新鲜、坚硬、具有较好耐久性、不易风化的石料，可以是开采经过筛分加工的砂石料，也可以采用天然砂砾料，或者是两者的混合料。要求垫层料应具有连续级配，最大粒径80～100mm；小于5mm的颗粒含量宜为35%～55%，小于0.075mm的颗粒含量宜为4%～8%，不能过多，否则若细粒含量多，抗剪强度和变形模量都将显著降低，排水困难。在严寒地区易因冻胀破坏面板，水位变化区的垫层小于0.075mm的颗粒含量应小于5%，压实后的渗透系数控制在$10^{-3}$～$10^{-2}$cm/s的范围；在南方多雨非寒冷结冰地区，因汛期不可预见的洪水可能漫过围堰威胁正在施工中尚未浇筑面板的堆石坝，为使垫层能起短时少量防渗作用，垫层料粒径小于0.075mm和0.5mm的颗粒含量宜分别增至8%和55%，压实后的渗透系数控制在$10^{-5}$～$10^{-4}$cm/s的范围。

在混凝土面板与趾板之间的周边缝下游侧的特殊垫层区2B，宜采用最大粒径小于40mm且内部渗透稳定的细反滤料，薄层碾压密实，压实标准应高于一般垫层，以尽量减少周边缝两侧的相对位移。

按照我国《混凝土面板堆石坝设计规范》(NB/T 10871—2021)[32]，垫层区2A、过渡区3A、堆石体3B、3C各区压实后的孔隙率不应超过表4-9所示的范围，括号内数值为软岩堆石料参考填筑压实标准，应通过试验和工程类比论证确定，砂砾石料压实后的相对密度不应低于表4-9所示的要求。

表4-9 硬岩堆石料或砂砾料填筑压实标准

| 分区或料物 | | 垫层 | 过渡区 | 上游主堆石区 | 下游次堆石区 | 砂砾石料 |
|---|---|---|---|---|---|---|
| 坝高≤70m | 孔隙率/% | 15～20 | 16～22 | 20～24(18～22) | 20～25(18～23) | |
| | 相对密度 | | | | | 0.75～0.85 |
| 70m<坝高<200m | 孔隙率/% | 15～19 | 16～21 | 17～22(17～20) | 18～23(17～20) | |
| | 相对密度 | | | | | 0.85～0.90 |
| 坝高≥200m | 孔隙率/% | 15～18 | 16～19 | 17～20 | 18～21 | |
| | 相对密度 | | | | | 0.85～1.00 |

为适于机械化施工，垫层区的水平宽度一般为2～4m。当采用汽车直接卸料、推土机平料施工时，垫层水平宽度以不小于3m为宜。对于高度超过100m的面板堆石坝，最低处的垫层区宜适当加宽，其宽度自上而下呈线性变化；对于高度低于100m的面板堆石坝，若垫层料来源较少，垫层区可上下等宽，或者在靠近坝顶30m高度的范围内，自下而上把垫层区的宽度由3m逐渐减至顶部的2m，若

碾压机械过宽，可与下游的砂砾石过渡区合并碾压。垫层与岸坡基岩的连接处宜适当加宽。

垫层区的上游边缘难以碾压密实，在初期的一些做法是预先向上游增加摊铺范围再削坡至压实区，或者利用索吊牵引振动碾在斜坡上下往返运行碾压，但在面板铺设钢筋及混凝土浇筑过程中仍然容易被踩松。为解决上述问题，有些工程在垫层斜坡上采用喷水泥砂浆、喷混凝土、喷涂乳化沥青等保护措施，后来我国有些工程引进采用"挤压边墙"的贫混凝土结构，其横断面大致如图 4-42 所示。

挤压边墙的横断面为不对称梯形，上游面坡度与垫层上游面设计坡度相同，下游面坡度较陡，约为 8∶1，每层高度与每层垫层压实后的高度相同，如 40cm，作为垫层的上游部分，起永久模板挡土墙的作用。在每一层垫层料摊铺之前，先在已完成碾压的下层挤压边墙上游面用道沿机挤压滑模生成新的挤压边墙，速度可达 40～60m/h。待终凝后即可进行垫层料的摊铺（有的工程为加快进度，在挤压边墙的混凝土中加入速凝剂），摊铺一段长度后，先对远离挤压边墙的垫层料用重型碾压机具碾压，再用轻型碾压机具沿平行于坝轴线方向对挤压边墙附近的垫层料碾压多遍。考虑到振动碾压向外的挤压变形，每层施工应做好测量放线，及时调整，控制总坡度等于面板的下游面坡度，并防止出现大的凹凸起伏。

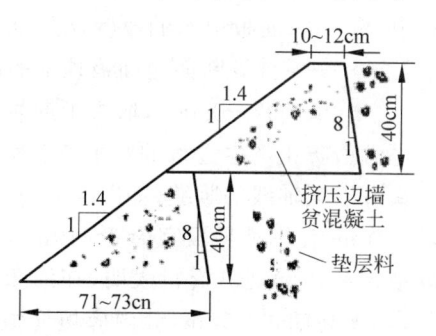

图 4-42 挤压边墙横断面示意图

1999 年巴西的埃塔(ITA)面板堆石坝首先借鉴道路园林工程的道沿机挤压滑模原理，形成挤压边墙护坡技术，并取得了成功。之后，该技术在世界各国得到推广应用。2002 年，我国公伯峡面板堆石坝施工成功地应用了该项新技术，后来在水布垭、郑家湾、白莲河上库、芭蕉河、西流水、那兰、寺坪、老虎潭等面板堆石坝工程也得到很好的应用。

经过实践总结，表明这项创新的施工技术具有如下一些明显的优越性：①由于挤压边墙的固定作用，垫层料不需要向上游超宽填筑碾压，省去后来的削坡处理、斜坡碾压和护坡处理，制造边墙的挤压机操作简便，使全程施工工序比各种护坡方式都大为简化，加快了施工进度，缩短了工期，节省了投资；②保证混凝土面板的几何尺寸满足设计要求；③挤压边墙在施工期间提供了一个可抵御冲刷的防护坡面，降低了度汛的难度，提高了导流度汛的安全性，避免了洪水或雨水对垫层料的冲刷，省掉了面板混凝土浇筑前对上游坝面的修复工作。但挤压边墙的弹性模量和刚度较大，对浇筑在其上的混凝土面板的温度变形会产生有较大的约束应力，如果挤压边墙本身施工不平整、或受到垫层料碾压外移错位，对面板的温度变形约束会更大，在面板温降收缩时会沿斜坡方向产生较大的拉应力，较容易出现水平向裂缝。

为了避免上述不利情况发生，建议采用以下一些措施：①挤压边墙 28d 弹性模量宜小于 8GPa、抗压强度宜小于 5MPa；②在面板绑扎钢筋之前，在挤压边墙的上游面铺设油毡或喷涂乳化沥青，不仅增加防渗效果，而且可大大地减轻边墙老混凝土对面板混凝土的约束拉应力，避免出现贯穿性裂缝；③按实际约束条件做应力变形分析，保证足够的抗裂安全余地，尽量缩小面板水平结构缝的间距，这种水平结构缝应按其作用水头设置止水，钢筋不过缝；④尽量选择不结冰、可以施工的较低温度季节浇筑面板混凝土，不要拖延至 4 月底、5 月初，否则应采取必要措施降低浇筑温度，加强洒水养护，防止太阳暴晒，以降低混凝土初期的最高温升，减小未来的温降值及其引起的拉应力。

### 6. 面板

面板混凝土的强度等级不低于 C25，1 级坝、特高坝不应低于 C30；抗渗等级不低于 W8，特高坝不应低于 W12；水泥宜采用 42.5 级中热或低热硅酸盐水泥；粗骨料拟采用二级配；抗冻等级不应低于 F100；详见我国《水工建筑物抗冰冻设计规范》(NB/T 35024—2014)[33]。

面板的厚度应大于水头的 1/200，为便于布置钢筋和止水，最小厚度不小于 30cm，一般的中低坝可用 0.3～0.4m 的等厚面板，高坝的面板厚度 $t$ 采用式(4-95)计算[31,32]：

$$t = t_0 + \eta H \tag{4-95}$$

式中：$t_0$——面板顶部的厚度，$t_0 \geqslant 0.30$m，对于 150m 以上的高坝或严寒地区应适当加厚；

$H$——计算断面至面板顶部的高差，m；

$\eta = 0.002 \sim 0.004$，取决于混凝土的抗渗标号、允许的渗透梯度、大坝和蓄水的重要性等。

为了防止产生过大的水平向温度应力，避免出现垂直于坝轴线的顺坡向裂缝，须在混凝土面板设置垂直于坝轴线的竖缝（如图 4-43 所示），这也是分段施工所需要的。竖缝的间距，在河床坝段宜为 12～16m，在岸坡坝段宜为 6～10m，岸坡越陡，面板宽度越小，以减小趾板工程量。从应力-变形计算结果和实际观测资料表明，在河床中间部位面板的垂直缝上边缘一般受挤压作用，称为 B 型垂直缝，若坝高超过 150m，缝内应填充泡沫塑料板，以防相邻面板因后来挤压力太大而被压坏；由于坝的变形，靠近岸坡的垂直缝上边缘和此处止水受到拉伸作用，称为 A 型垂直缝，如图 4-43 所示。

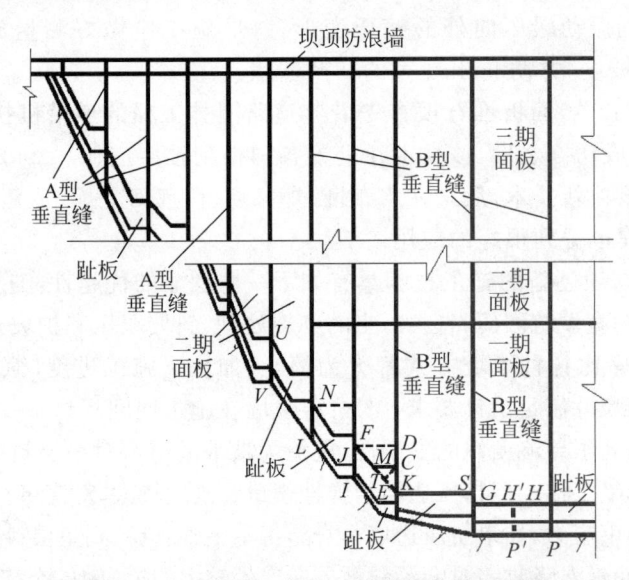

图 4-43 混凝土面板和趾板分缝上游立视图

垂直缝和周边缝下部应设置铜片止水，并相互连成封闭止水系统，铜片底面与水泥砂浆垫压紧，水泥砂浆应与面板混凝土同一强度级别，其下应有垫座防止砂浆流失和干裂，为防止铜片被踩踏或受其他物品碰撞松动，应加强保护。除了设置底部止水外，还应在缝的顶部，选用沥青玛蹄脂等柔性止水或无黏性细颗粒自愈性止水，外包氯丁橡胶条带，两边用长条形钢板和螺栓压紧，垂直缝与周边缝顶部止水相连构成封闭止水系统。若坝高超过 150m，宜在垂直缝和周边缝的中部或中上部再加一道铜片止水或橡胶止水，并连成封闭止水系统。

面板配置钢筋的主要目的是限制裂缝的扩展。有人主张钢筋布置在面板的一半高度处，但这种布置钢筋没能发挥它应有的作用，只有当面板开裂深达钢筋才起到一点点作用，实在浪费。对于一般的中低坝，面板可采用单层双向钢筋，但应布置在受拉区，顺坡向配筋率约为 0.4%～0.5%，保护层不应小于8cm,水平向配筋率约为0.2%~0.3%;100m以上的高坝在拉应力区、周边缝附近、分期施工缝附近一定范围以内应配置双层双向钢筋,以承受较多的弯矩和拉、压应力。高坝的压性垂直缝、周边缝及邻近周边缝的垂直缝两侧宜配置抗挤压钢筋。

**7. 趾板**

由于坝基地形和地质条件复杂多变,混凝土面板不可能直接坐落在犬牙交错的岩基表面上,也不太可能直接在面板上钻孔进行帷幕灌浆。在覆盖层不很深的情况下,宜在大坝的上游坝脚开挖至较好的岩基上浇筑混凝土趾板作为压重的灌浆平台。待固结灌浆和帷幕灌浆完成以及大坝堆石体、过渡层、垫层填筑碾压经过了较长时间的沉降变形,趋于稳定之后,用趾板作为支撑面板的底座,趾板面作为滑模浇筑混凝土面板的起始工作面。通过趾板这一纽带,把面板与坝基帷幕联合起来构成整个大坝的防渗体系。

趾板向上游的抗滑稳定一般不须核算,因为在空库情况下,面板沿坝坡向下滑动受到垫层表面的摩擦阻力的作用,剩余多出的滑动力已不很大,经已建的许多面板堆石坝的计算表明,趾板下面地基的抗剪断强度和向上游的抗滑稳定安全系数仍有较大的富余;在蓄水情况下,水压力垂直于面板,面板顺坝坡向下的滑动力更小,而趾板受到很大的正压力作用,稳定安全系数增加很多,故不必核算趾板向上游的稳定性。

趾板最小厚度为0.5m,在坝顶附近可降至0.3m;趾板沿顺河向的宽度$b$(参见图4-44)不宜小于3m,主要应满足帷幕灌浆施工宽度和坝基表面接触渗流稳定所要求的允许水力坡降。按规范[31,32]:帷幕灌浆要求水力坡降$J(=H/b,H$为计算点至最高水位的水深)不超过容许值$[J]$,对于新鲜或微风化的基岩$[J]\geqslant 20$,弱风化基岩可用$[J]=10\sim 20$,强风化基岩$[J]=5\sim 10$,全风化基岩$[J]=3\sim 5$。若岩基很差,按上述要求算得的$b$很大,为减少开挖量和趾板混凝土量,宜在趾板的下游岩基面浇筑0.3m厚的混凝土防渗板或喷射混凝土形成铺盖以延长渗径,它们与趾板用止水连接,如图4-44所示。趾板与防渗板都采用锚杆加固,在趾板上钻孔进行固结灌浆和帷幕灌浆,帷幕灌浆压力不宜小于该处作用水头的1~1.5倍,在不抬动趾板和损坏基岩的前提下宜取大值。

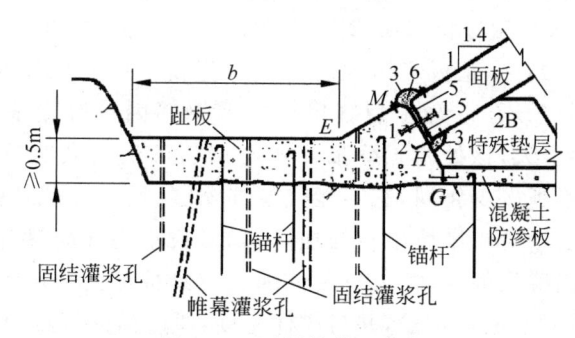

**图4-44 趾板结构示意图**
1—橡胶止水;2—止水铜片;3—氯丁橡胶条带;4—沥青砂填料;5—可压缩填料;6—沥青玛蹄脂

在河床或两岸低处,一般在岩基面高差不大的局部范围内设置同一表面高程的趾板,其顶部与面板表面的交线平行于坝轴线,如图4-43所示的$GH$、$KS$。在趾板与面板的连接处,面板下端至岩基面的竖向高度宜为0.7~1.0m以填筑2B特殊垫层,起缓冲作用,避免地基对面板的下端硬性支承引起面板下端过大的弯曲应力。如果面板混凝土浇筑使用滑动模板,则趾板在面板斜坡方向应留有足够尺寸的斜面,如图4-44中的斜面EM,以便在面板浇筑混凝土之前停放滑动模板,斜面长度EM称为滑模息止长度,一般大致为0.6~0.8m,具体数值以滑动模板尺寸的要求为准。

在岸边坝段,如果岩基表面坡度很陡,趾板顶部水平段不宜太长,以6~8m为宜。若其上等宽的面板混凝土采用滑模浇筑,与该面板交接的周边缝顶线与坝轴线平行,趾板两侧的岩基面高差很大,有的超过30m,这种趾板混凝土量很大,须核算其侧向抗滑稳定性,面板底部下面的2B特殊垫层很厚,须碾压密实,防止面板下端向下过大的剪切位移拉开止水。

为减小趾板混凝土量,减小特殊垫层的厚度,把趾板周边缝做成顺地形倾斜向下,与坝轴线斜交,如图4-43所示的周边缝KF。这种做法虽然节省趾板混凝土,但很难构成便于钻孔灌浆作业的平台,面板没有趾板垂直端面的有力支撑,容易下滑把止水撕坏或脱开,尤其是面板混凝土刚浇筑时处于流态,容易向下滑移,混凝土强度较低,包裹止水的能力较弱,容易脱开。为解决上述问题,建议将周边缝在适当位置转折成横河向,如图4-43的周边缝CM,与顺河向的垂直缝垂直,可以支撑面板不向下滑移,也容易构成便于钻孔灌浆作业的平台,如图4-43中的平台E、平台J等。

若趾板建造在较强约束的岩基上,为防止趾板因温降收缩受到横河向较大的拉应力而开裂,应沿横河向每隔20~35m在有利于趾板稳定和受力之处设置带有止水的顺河向伸缩缝。如图4-43所示的HP、FI和UV的位置适宜做伸缩缝,NL位置宜做临时施工缝,不宜做永久伸缩缝。有人主张伸缩缝与面板的垂直缝错开,未见有过硬的理由说明,估计模仿错缝砌砖。但这里面板与趾板的受力、稳定和搭接不同于砖墙,面板与趾板分开,其斜缝面各道止水在趾板垂直伸缩缝和面板垂直伸缩缝处应断开并与垂直伸缩缝止水连接,趾板和面板垂直伸缩缝应在同一断面,结合处止水才能自由变形。如果两者的伸缩缝错开,如图4-43所示的$H'P'$为伸缩缝,HP处无垂直伸缩缝,则面板垂直伸缩缝在H处的止水和趾板垂直伸缩缝在$H'$处的止水都难以自由变形,周边缝与垂直伸缩缝相交处的止水受到混凝土很大的粘接握裹拉力可能被拉裂,或者因粘接握裹力不大而可能脱开不起止水作用。虽然上面第一道橡胶止水条带因延展性很强可能未损,但其下铜片止水是否破坏或脱开难以判断。

有人担心伸缩缝止水做不好而主张取消趾板伸缩缝,这好比取消重力坝伸缩缝一样毫无道理。取消伸缩缝需要严格的温控措施,也难以保证混凝土不开裂,而且很多裂缝不规则,修补代价是很大的;相反,在伸缩缝位置认真做好止水防渗并不困难。洪家渡、水布垭等工程采用临时宽槽待趾板冷却后回填低温混凝土的办法,趾板未出现裂缝。天生桥一级坝的趾板采用钢筋穿过施工缝的做法,结果还是出现很多裂缝。在混凝土裂缝出现之前钢筋因拉应变很小,所承担的拉应力也很小,一旦混凝土的收缩变形很大,该处施工缝张开才使钢筋产生很大的拉应力,说明有钢筋穿过的施工缝在裂缝出现之前起不了多少作用,它不能代替伸缩缝,反而在此处张开后因钢筋很大的拉力使没有止水的其他部位开裂。对于岸坡很陡的坝段,如果找不到伸缩缝合适的位置,可采用临时宽槽待趾板冷却后回填低温混凝土的办法,可避免伸缩缝对趾板侧向稳定不利的负面作用。

趾板一般在其表面布置单层双向钢筋,并与锚杆连接,通过锚杆将趾板与基岩连接在一起。岩基上趾板钢筋的各向含钢率为0.3%,保护层厚度为10cm。锚杆参数可参照已建工程的经验选用,锚杆直径一般取24~36mm,间距1.2~1.5m,深入基岩3~5m。

在砂砾石覆盖层较深的情况下,趾板若建在岩基上,不仅增加很多开挖工程量,而且河床和两岸的地下水对浇筑趾板混凝土带来很多麻烦,坝内聚集的地下水向上游反渗对低处面板混凝土的浇筑极为不利。为避免上述情况,有的面板坝已将趾板建在河床砂砾石上,如:智利圣塔扬纳面板坝,高110m,砂砾石覆盖层厚度30m;智利帕克拉罗面板坝,高83m,砂砾石覆盖层厚度最大113m;我国柯柯亚面板坝(主坝体为砂砾料),坝高41.5m,砂砾石覆盖层厚度37.5m;铜街子大坝左侧的面板堆石坝,高48m,砂砾石和粉细沙夹层的覆盖层厚度66m;乌鲁瓦提面板坝,高138m,砂砾石覆盖层厚度16.5m;滩坑面板堆石坝,高162m,覆盖层厚度24m;九甸峡面板坝,高136.5m,覆盖层厚56m;还有梅溪、塔斯特、梁辉、察汗乌苏、那兰、多诺等混凝土面板堆石坝,都把趾板建在砂砾石覆盖层上,趾板下采用混凝土防渗墙,趾板与防渗墙之间采用柔性连接。这些大坝蓄水运行情况良好,表明如果覆盖层满足坝体变形和坝基渗流控制等要求,在砂砾石覆盖层上建造面板坝趾板是可行的。这就给面板坝的坝基选择提供了更多的余地,可免去或减少深厚砂砾石地基的开挖,加快施工进度,使混凝土面板堆石坝增添了更大的优越性,进一步扩大了这种坝型的应用前景。

若混凝土面板与垫层之间的摩擦系数 $f \geqslant \tan\alpha$ ($\alpha$ 为垫层表面坡角),在空库时面板能在坝面上自稳,在蓄水时因水压力法向作用增加了摩擦力,更不会对趾板产生下推力;但应核算水压力作用使趾板位移加大、周边缝拉开和错动对止水的影响,尤其是有些抽水蓄能电站上库混凝土面板堆石坝的趾板建在回填的石渣上,而不是经过漫长时间自重变形稳定的砂砾石上,更应引起关注。山东泰安抽水蓄能电站上池库底和面板堆石坝采用输水洞开挖的石渣分区填筑碾压而成,从最低填筑位置到坝顶全高105.3m,从库底表面到坝顶的高度为35.8m。库底表面及其上周围山坡采用土工膜防渗,正常高水位在坝顶以下3m,趾板建在库底表面经过压实的堆石和垫层上。作者在2000年对该坝做过三维有限元变形和应力计算,堆石体本构关系采用邓肯修正的E-B模型,混凝土面板与趾板之间、面板与面板之间分别为沥青填料单元和木板单元,它们与混凝土单元之间、面板单元与碎石垫层单元之间的接触面只承受压力和摩擦力,不承受拉力,若为拉力便分开再计算。若在浇筑趾板和面板混凝土之前,堆石自重变形已完成,只计算水压力作用,计算结果表明:在坝体最大高度断面的面板与趾板接触面拉开18.7mm,垂直沉降错开2.8mm,需要设置适应大位移变形的止水。

如果趾板不得不建在深厚的砂砾石上,则还要求趾板沿顺河向的宽度应满足趾板底部允许渗流坡降$[J]=2\sim3$的要求。对于趾板下面的砂砾石覆盖层的防渗处理,如采用混凝土防渗墙、水泥灌浆帷幕等,同4.7.2节所述,这里不再重复。

### 4.9.3 混凝土面板堆石坝应力-变形分析中的一些关键问题

#### 1. 大坝主体材料的应力-变形分析问题

目前全世界建造了不少150m以上坝高的混凝土面板堆石坝,在自重和水压荷载作用下,坝体应力应变状态不再保持弹性,而表现为非线性或弹塑性,分析方法有:邓肯-张(Duncan and Chang)模型以及后来经他们改进的邓肯-张 $E$-$B$ 模型;内勒(Naylor)提出的弹性非线性 $K$-$G$ 模型以及后来经我国许多学者修正补充的各种弹塑性 $K$-$G$ 模型。这些计算模型都已用来分析高土石坝,尤其是混凝土面板堆石坝的应力应变性态。4.5节已扼要介绍了其中有代表性的计算模型,这里不再重述。

研究者和设计者通过坝内埋设的位移变形监测装置,利用在施工期所实际测得的数据,反演分析和修正各种计算模型里的参数,然后重新计算和预测面板堆石坝完工期、进入蓄水运行阶段的变形和应力,这些工作对于大坝安全、对于不断完善各种计算模式都是很有意义的。

上述各种计算模型揭示了坝体变形和应力与应力-应变关系以及加载路径等因素有关,但材料的徐变因素未考虑。当然,材料的徐变参数需要长时间才能测定,气温、雨水等因素对其都有影响,这些都是很复杂的,需要很长时间的探讨和研究。

### 2. 混凝土面板的应力-变形分析问题

对坝体未来各种变形的计算都关系到对混凝土面板变形和应力的影响，这是人们较为关注的问题，因为这一问题会影响到面板是否开裂，止水是否被撕拉开裂，能否继续蓄水安全运行。

影响混凝土面板的应力和变形的因素很多，主要因素有：水压力和垫层反力；大坝的沉降变形；温度的变化和垫层的约束条件；面板表面湿度的变化。

这里须特别说明的是，在有限元法计算面板应力时，应反映混凝土面板与垫层接触面的力学特性，应反映面板与趾板之间、面板与面板之间接触面的力学特性，单元划分应体现面板分缝和充填物的作用。有些电算程序虽然将面板离散化为许多单元，在分缝处有结点联系，但没有体现上述分缝充填物的缓冲作用，实质上仍然是把全坝面板连成整体，仅仅划分为许多连续单元而已，并把这些单元的下面结点作为垫层单元的上结点直接相接，没有体现面板与垫层接触面受拉脱开的力学特性。这样计算即使在空库情况下，光是大坝的沉降变形就如同把整个混凝土大块面板向下拽拉一样，算得的面板水平向拉压应力很大，很不合理，计算条件和计算结果都与实际相差太大。很多面板坝的实测资料表明，在未蓄水之前，即使坝体沉降量很大，垫层碎石下沉与面板脱开，相邻的单元结点发生分离与滑移，垫层单元不会给面板单元向下很大的拽拉力；由于面板之间垂直缝充填物的缓冲作用，面板水平向应力不像有些电算程序所算的那么大。

### 3. 混凝土面板应分期浇筑并待其下游堆石体和垫层沉降基本稳定后进行

高坝工期很长，沉降量很大，面板也很长，不能等到最后从坝脚至坝顶一次浇筑面板混凝土，因为那样会延误先完成安装的机组提前发电的效益，到后来集中浇筑面板混凝土的工程量太大，两三个月时间完成不了，若拖延至5月气温太高不利于温控，下雨季节不利于施工；另外坝顶部位垫层的沉降远未达到基本稳定，面板混凝土浇筑后会发生很大的变形和应力。从有利于面板受力、施工安排和提前部分蓄水发挥效益来看，都须按高程分期浇筑面板混凝土，等待各期混凝土下游堆石体和垫层沉降基本稳定后，在2月中旬至4月中旬浇筑该期面板混凝土，各期上下面板之间应柔性连接并做好止水。这样可避免混凝土面板因不利的变形和应力而开裂，还可分期蓄水，提前部分发电和供水。

### 4. 混凝土面板的保温保湿问题，是防止面板出现裂缝的关键问题

在混凝土面板浇筑初期，应保持湿润和便于散热的条件；在干燥严寒地区，建议在混凝土水化热温升完成后，尽快在混凝土面板表面喷涂聚氨酯等永久防水保温保湿的材料。它对施工期尤其是寒冬期间的混凝土面板和运行期水位变化区及其上部的混凝土面板起到保温、保湿和防裂作用，并对运行期的水下混凝土面板加强防渗效果。

### 5. 继续研究高面板堆石坝的抗震问题

高面板堆石坝的应力-应变不是线弹性的变化关系，目前采用较多的研究手段是非线性有限元方法。但堆石体、过渡层、垫层等坝体材料毕竟不是连续体，在地震作用下其颗粒可重新排列，其变形复杂多样。另外，面板与垫层的接触面可以脱开和滑移，面板和止水的变形和应力也是很复杂的，目前还难以做准确计算。在本书前面4.8.1节中曾叙述过2008年"5·12"汶川8.0级特大地震对距震中约17km的紫坪铺混凝土面板堆石坝（最大坝高156m）的震害情况，虽然大坝没有发生滑坡等大的破

坏,但坝顶和面板等局部发生沉降、位移、裂缝和渗漏。这些都是震后观测到的,并非震前计算得出的结果。在震前如何能准确地计算和预测坝体可能发生的破坏,这是人们长期以来最关心而至今仍未解决的难题。当然,未来地震各处加速度、速度和位移的时间和空间的分布也很难预测,就难上加难了。目前人们一般采用类比法,通过相同或相近结构已遭受地震破坏的观测记录,来分析和预测相同结构未来在同样烈度的地震作用下能发生的破坏。但这样的观测记录目前不多,水布垭混凝土面板堆石坝(最大坝高233m),未经受过较大地震的考验,若未来发生9度烈度的地震,面板和止水将可能发生什么样的破坏,不好预估。可能因为这一原因,以往高地震烈度地区建造的高土石坝偏向选择黏土心墙堆石坝。在高地震区建造混凝土面板堆石坝向更高的高度发展,需要对地震作用做更精细、更深入的研究,其中包括:颗粒重新排列研究,面板与垫层接触面的研究,面板与趾板之间、面板与面板之间的接缝(包括充填物和止水)特性的研究,等等,任务很繁重。

## 4.10 土石坝的坝型选择

> **学习要点**
> 　　土石坝坝型选择的影响因素主要有:筑坝材料的分布、地形、地质、坝高、枢纽布置、气候、施工技术设备条件、枢纽管理运行条件,等等。
> 　　混凝土面板堆石坝有很多优越性,是在中上游高山多石地区建造土石坝首先考虑的坝型。

　　土石坝可用于筑坝的材料很多,能就近取材的材料越多、越近,就越经济;然而,各种筑坝材料的性质相差很大,将各种材料合理地利用于坝体的不同部位,选择合适的坝型关系到土石坝的质量、安全、工程量、工期和投资造价,是需要首先解决的重要问题。

　　土石坝坝型选择的影响因素主要有:筑坝材料的分布、地形、地质、坝高、枢纽布置、气候、施工技术设备条件、枢纽管理运行条件,等等。

　　在平原或丘陵低山地区筑坝,若坝址附近块石、砂砾石较少,须从远处运来,在坝址处砂壤土、粉质壤土、或粉质砂土较丰富,其渗透系数较小,施工期坝体内会产生孔隙水压力,土料的抗剪强度较低,所以坝坡较缓,大部分为30m以下高度的当地材料均质坝。但也有少数较高的均质坝,特别是具有较大内摩擦角的含黏性砂质和砾质土,在坝的中部设置竖向和水平排水,可大大降低坝体内的浸润线,减少孔隙水压力,这种均质坝可建得高些,如20世纪60年代后在巴西等地已建成一些均质坝高达60~80m,委内瑞拉建造的古里均质坝段,坝高100m。

　　在河流中段的山区,如果砂壤土、或粉质壤土、粉质砂土来源很少,而河床和低处山坡上砂砾石较多,在坝址附近的山上有足够的黏性土,则可选择土质防渗体的心墙坝或斜墙坝。河床大块石来源可能不多,可利用隧洞、溢洪道开挖和坝头岸边削坡产生的块石作为排水体和坝体护坡块石,若有富余的块石或石渣可填筑在坝体靠近外部的两侧,不一定强调专门生产块石或从远处运来块石作为大坝主要的支承体,可充分利用丰富的砂砾石作为大坝主要的支承体,大坝总造价可能还是最省的。

　　黏土斜墙下游的坝壳可以超前于防渗体进行填筑,而且不受气候条件限制,也不依赖于地基防渗墙或帷幕灌浆施工的进度,施工干扰小。但抗剪强度较低的斜墙位于上游面,上游坝坡较缓,坝的工程量相对较大。斜墙受坝体沉降变形的影响很大,与陡峻山体的连接较困难,坝不宜太高。

黏土心墙坝的防渗体位于坝体中央,适应变形的条件较好,但黏土心墙在施工时宜与两侧坝壳平起上升,施工干扰大,受气候条件的影响也大,在雨季或寒冻季节难以进行黏土心墙施工,严重地影响两侧砂砾石或堆石体坝壳施工;如果先对坝壳做临时断面的填筑和碾压,中间空缺很大的断面,待黏土心墙施工时再与心墙平起填筑碾压,这样与先填筑的上下游坝壳多出两条倾斜的纵缝,但旧坝壳在此处坝坡有相当厚的部位难以压实,需要削至实坡才能填筑碾压新坝壳,不仅浪费很多劳动力,而且也不如一次填筑碾压、不分临时施工纵缝的质量好,这是黏土心墙坝的一大缺点。另外,心墙土料的压缩性较坝壳料高,而且沉降速度很慢、时间很长,当下部黏土心墙继续向下沉降变形时,上部黏土心墙却被上、下游两侧高弹模砂砾石或堆石体具有拱效应的坝壳所夹持,向下沉降量远远小于下部黏土心墙,容易产生较大的竖向拉应力和水平裂缝,严重影响大坝安全。

黏土来源较好的高土石坝为解决黏土心墙和黏土斜墙的上述问题,宜采用黏土斜心墙,将下部黏土斜墙向下游移动约坝底厚度的 $1/6 \sim 1/4$,在坝中线处上接黏土心墙;其下部的下游一侧仍是大面积砂砾石坝壳,一年四季除了大暴雨几乎可全天候大面积施工,不必等待黏土防渗体填筑,可避免坝壳临时断面施工出现空缺和再次填筑所需的削坡等问题,上部黏土心墙安排避免在雨季或冬季施工,其下部砂砾石沉降速度较快,优于黏土心墙坝的变形和受力条件,上游坝坡陡于黏土斜墙坝。

在河流上游段河床,一般覆盖层较薄,砂砾石较少,块石较多,适宜建造以块石为主要支承体的堆石坝。若坝址附近黏性土来源太少,适宜建造混凝土面板堆石坝或沥青混凝土心墙堆石坝。以块石为主要支承体的混凝土面板堆石坝具有很多突出的优点:堆石体抗剪强度高,浸润线低,抗震稳定性好,坝坡比以往其他土石坝陡得多,坝体工程量明显减小,导流洞也明显减短,可提前导流,提前进行堆石体、过渡层、垫层或挤压边墙的施工,挤压边墙也可短时挡水,堆石体还可临时过水,拦洪度汛简单;混凝土面板的施工进度不影响其下游堆石体的填筑和碾压,不像黏土心墙那样受雨季和寒冻季节制约而严重影响两侧堆石体的施工;面板坝的堆石体可常年全天候施工,工程进度明显加快,工期明显缩短,提前收效;在我国土地资源很紧缺的情况下,用混凝土面板代替黏土心墙防渗体,对节省大量的土地资源做出重要的贡献;高山块石来源很丰富,从导流洞、溢洪道、地下厂房、输水洞、交通洞等开挖出来的岩块石渣均可分类填筑上坝,投资也明显得到节省;从受力条件来看,由于混凝土面板堆石坝在蓄水时受到的水压力是垂直于面板的,有利于面板稳定,地震时不易振松脱落,即使面板或堆石体有局部破坏,浸润线也很低,地震时块石受到的孔隙水压力很小,不至于垮坝,震后面板容易修复;而黏土心墙堆石坝的心墙受到的水压力几乎是水平方向的,而且上下游两侧壳体拱效应使黏土心墙容易出现水平裂缝,在黏土心墙里的浸润线较高,在地震时黏土的孔隙水压力很大,震后修复难度较大。所以从理论上来讲,在蓄水条件下,混凝土面板堆石坝的抗震性能优于黏土心墙堆石坝。实践证明混凝土面板堆石坝是在高山强震地区建造高土石坝首先考虑的坝型。

如果汛期洪峰流量很大,泄洪洞远远不能解决泄洪问题,可依据不同地形、地质和筑坝材料条件采用不同的坝型组合方案。

第一种情况是:如果河床覆盖层很厚或岩体很差,宜采用堆石坝,在两岸岩基较好的部位建造溢流重力坝或开挖建造岸边溢洪道。在岸边地形和地质条件允许的情况下,岸边溢洪道与堆石坝之间尽量保留一定厚度的岩体,有利于溢洪道的稳定,也有利于减小泄洪时闸室的振动对堆石坝的影响。若因地形、地质条件所限,溢洪道向山里布置难度很大,溢洪道与堆石坝之间的岩体宜全部或部分挖掉,溢洪道与堆石坝相邻一侧的翼墙和导墙混凝土应有足够的厚度,应做稳定计算和结构振动计算,尽量减小对堆石坝的影响。溢洪道与堆石坝混凝土面板应做好连接；若防渗体为黏土,溢洪道在与黏土接触面位置应增设混凝土齿墙,保证接触面有足够的渗径长度,齿墙向上游、下游和侧向的倾斜坡度不宜陡于 1:0.25,在与黏土防渗体接触面上宜凿毛处理,在填筑每一层黏土防渗体之前,在接触面上涂刷黏土浆液,随即填筑碾压；若振动碾难以接近碾压,应采用蛤蟆夯等碾压器具人工夯实。

第二种情况是：如果河床覆盖层较薄,而两岸山体覆盖层很厚,可考虑在河床中间部位采用溢流重力坝段、在两侧采用堆石坝段的组合坝型。这种布置使洪水在河道中间沿河向下泄,不在岸边转向,有利于泄洪消能,减小对两岸的冲刷破坏,并减少两岸的开挖工程量。溢流重力坝段与两侧堆石坝之间应设置翼墙、导墙,防止洪水对堆石坝冲刷,并起挡土墙作用,防止堆石坝向河床滑动。堆石坝防渗体与溢流重力坝连接要求同上面第一种情况所述的与岸边溢洪道连接要求。

## 思 考 题

1. 土石坝与其他坝型相比有哪些优点和缺点？
2. 土石坝的类型有哪些？各有哪些组成部分？
3. 土石坝的构造对各种材料有哪些要求？
4. 为什么要对土石坝做渗流分析？土石坝的渗流分析方法有哪些？
5. 土石坝的稳定分析方法有哪些？宜采用什么方法？
6. 为什么要对土石坝做应力分析？土石坝的应力分析方法与重力坝有哪些不同之处？
7. 怎样计算土石坝的沉降量？
8. 土石坝的裂缝有哪些类型？如何防治和处理？
9. 土石坝的地基需要做哪些处理？
10. 如何用拟静力法对土石坝做坝坡稳定分析？
11. 土石坝的抗震措施有哪些？
12. 混凝土面板堆石坝的构造组成有哪些？它与一般土石坝相比有哪些优越性？为什么？
13. 在各种具体条件下,如何选择合适的土石坝坝型？

# 第 5 章 岸边溢洪道

> **学习要点**
> 岸边溢洪道是土石坝主要的泄洪建筑物,本章重点是正槽式溢洪道,其次是侧槽式溢洪道。

对于土石坝或坝体泄洪能力受到限制的混凝土坝来说,常常设置岸边溢洪道泄洪,防止洪水漫溢坝顶,保证大坝及其他建筑物的安全。

溢洪道除了应具备足够的泄流能力外,还要保证其在工作期间的自身安全和下泄水流与原河道水衔接良好。土石坝的失事,往往是由于溢洪道泄流能力设计不足或运用不当而引起的,所以安全泄洪是水利枢纽设计中的重要问题,应充分掌握和认真分析气象、水文、泥沙、地形、地质、地震、建筑材料、生态与环境、坝址上下游规划要求等基本资料,并认真考虑施工和运行条件。

岸边溢洪道形式有正槽式溢洪道、侧槽式溢洪道、井式溢洪道和虹吸式溢洪道等。在实际工程中,一般依据两岸地形和地质条件选用。其中,正槽式溢洪道水流顺畅,应用较多,本章对此重点叙述,对其他形式的溢洪道只简要介绍。

## 5.1 正槽式溢洪道

正槽式溢洪道通常由进水渠、(溢流)控制段、泄槽、出口消能段及出水渠等部分组成。其中,(溢流)控制段、泄槽及出口消能段是溢洪道的主体。因堰上水流顺着泄槽纵向下泄,故称为正槽式溢洪道(见图 5-1)。

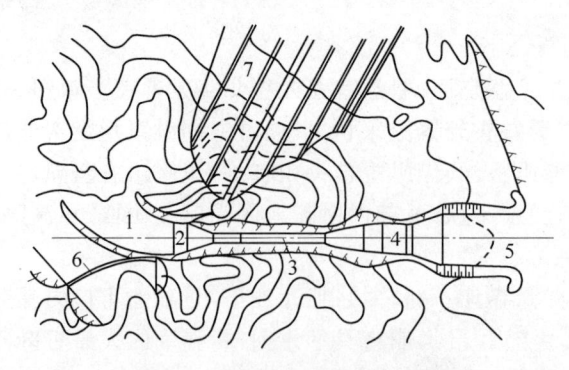

**图 5-1 正槽式溢洪道平面布置图**
1—进水渠;2—溢流堰;3—泄槽;4—出口消能段;5—尾水渠;6—非常溢洪道;7—土石坝

### 5.1.1 进水渠

为了提高溢洪道的泄流能力,进水渠中的水流应平顺、均匀,并在合理开挖的前提下减小渠中水流流速,以减轻冲刷和减少水头损失。流速应大于悬移质不淤流速,小于渠道的不冲流速,一般宜采用 3~5m/s。若岸边岩体山高坡陡,为了减少土石方开挖,宜缩小过水断面,采用 5~7m/s 的流速。

进水渠的水深和宽度应按地形地质条件以及工程量和造价等因素,从多种方案比较选优确定。

进水渠边墙和底板应平顺,避免断面突变和水流急剧转弯,把溢流堰两侧的边墩向上游延伸构成导水墙或渐变段[参见图 5-2(a)],使水流平稳、均匀,防止发生漩涡或横向水流影响泄流能力。若溢流堰紧靠水库,为保护坝坡应设置导水墙,并在平面位置布置呈喇叭口形状[参见图 5-2(b)]。

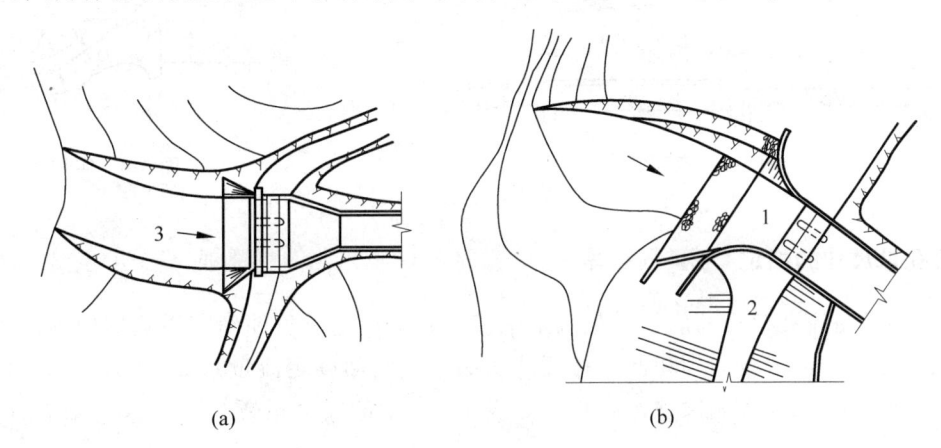

**图 5-2　岸边溢洪道引水渠的形式**
1—喇叭口;2—土石坝;3—进水渠

进水渠在平面上如需转弯时,其轴线的转弯半径不宜小于 5 倍渠底宽度,弯道至溢流堰宜有 2~3 倍堰上水头的直线段。

进水渠应根据地形地质、流速等条件确定是否需要砌护。岩基较好可不做砌护,但应开挖整齐,减小糙率,以免过多降低泄流能力。在较差的岩基上,若流速较大,为防止冲刷和减少水头损失,可用混凝土板或浆砌石护砌,边坡约为 1:0.5~1:1.0。在土基上应做浆砌块石衬砌,边坡一般为 1:1.5~1:2.5,厚度一般为 0.3~0.4m;若有防渗要求,需用混凝土衬护。

### 5.1.2 控制段

控制段是控制溢洪道泄流能力的关键部位,它包括溢流堰、闸门、闸墩、工作桥、启闭机、交通桥及两侧连接建筑物,应根据地形、地质条件和泄洪需要,合理选择控制段各种结构的形式和尺寸。

**1. 溢流堰的形式**

溢流堰的形式很多,常见的断面形状有宽顶堰和 WES 实用堰,在 20 世纪 80 年代以前较多的溢流堰断面采用克-奥型,其次是幂次曲线、驼峰形,有些工程因缺乏施工测量放线能力而采用梯形断面或矩形断面；后来出现 WES 溢流堰，因它有较大的流量系数和超泄能力，便于求找切点坐标和施工放线，逐渐越来越多地取代了其他类型断面。

(1) 宽顶堰。宽顶堰的顶部宽平，顺水流向的宽度约为堰上水头 $H$ 的 2.5~10 倍，如图 5-3 所示。宽顶堰结构简单，施工方便，但流量系数较低，为 0.32~0.385。由于宽顶堰较矮，荷载小，适用于承载力较差的地基，在泄量不大或附近地形较平缓的中、小型工程中应用较广。

(2) 实用堰。实用堰的断面如图 5-4 所示，其优点是：利用实用堰不设闸门可提高蓄水位；可以减小闸门的高度；流量系数比宽顶堰大，需要的溢流堰较短，工程量较小。大、中型水库，多采用这种形式，在 20 世纪 80 年代以来，逐渐较多地采用 WES 溢流断面，其断面设计详见 2.10 节。

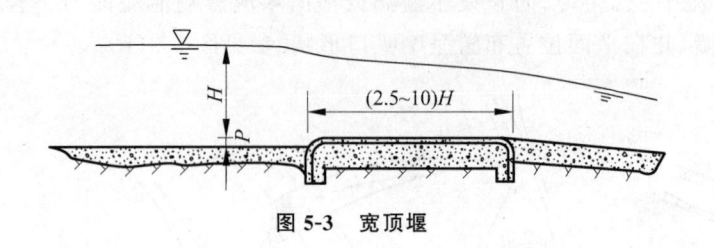

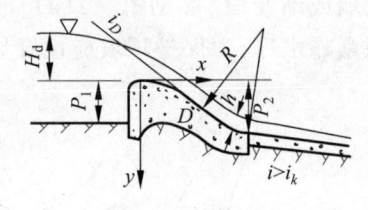

图 5-3 宽顶堰

图 5-4 实用堰

**2. 溢流孔口尺寸的拟定**

岸边溢洪道的溢流孔口尺寸应根据最大下泄流量和地形地质条件确定溢流堰堰顶高程和溢流前沿长度，其设计方法与溢流重力坝相同。按所选用的溢流断面确定流量系数，按式(2-69)拟定溢流堰长度并计算下泄流量，须使控制段顶部高程满足表 5-1 所示的安全超高。

表 5-1 控制段安全超高           m

| 控制段建筑物级别 | 1 级 | 2 级 | 3 级 |
| --- | --- | --- | --- |
| 正常蓄水位 | 0.7 | 0.5 | 0.4 |
| 校核洪水位 | 0.5 | 0.4 | 0.3 |

为了减小闸门的高度，可在溢流孔口设置胸墙。有时为了提高汛期限制水位，需要在洪峰之前的较低水位时也能提前宣泄较大的洪水，而将溢洪道挖得很深，因而需设置胸墙以减小闸门的高度。其缺点是在高水位时的泄洪超载能力不如开敞式溢洪道大，应按式(2-70)计算下泄流量，若开挖较深，胸墙加高，结构复杂，工程量加大，应慎重考虑。

WES 溢流堰的泄流量，可按 2.10.1 节的内容计算。宽顶堰的流量系数远远小于 WES 溢流堰，驼峰堰的流量系数在这两者之间，但不便于施工，很少采用。有关这三种类型溢流堰的设计和计算，详见我国《溢洪道设计规范》[34,35]。

控制段稳定计算、闸墩、胸墙、溢流堰、工作桥、交通桥等结构设计以及地基开挖、固结灌浆、帷幕灌浆、排水等要求，与较低的溢流重力坝相同或类似，可参阅本书第 2 章或《溢洪道设计规范》[34,35]。

### 5.1.3 泄槽

泄槽位于控制段下游，其作用是将下泄水流引到出口消能段，设计时要根据地形、地质、水流、安全与经济等因素合理确定泄槽的形式和尺寸。泄槽里的高速水流引起冲击波、脉动压力、空蚀和水流掺气等问题,均应认真考虑并采取相应的措施,如泄槽应建造在地基稳定的挖方地段,应有足够强度和抗冲刷性的钢筋混凝土护砌,等等。

**1. 泄槽的平面布置及纵、横断面设计**

泄槽平面布置应尽可能采用直线、等宽、对称布置,使水流平顺、结构简单、施工方便。从减少开挖和有利消能等方面考虑,溢流堰下游先接收缩段,再接等宽泄槽,最后接出口扩散段,如图5-1所示。设置收缩段的目的是优化泄槽过水条件,加大泄槽单宽流量、节省泄槽开挖量和衬砌工程量;设出口扩散段的目的是减小出口单宽流量,有利于下游消能和减轻水流对下游河道的冲刷。

泄槽纵坡必须保证泄槽中的水位不阻碍溢流堰自由泄流,使水流始终处于急流状态,泄槽纵坡$i$必须大于临界坡度$i_c$;在这种情况下,泄槽起点的水深等于临界水深$h_c$。

矩形泄槽单宽流量$q$从前面的堰流计算求得,设重力加速度$g=9.81\text{m/s}^2$,临界水深$h_c$为

$$h_c = (\alpha q^2/g)^{1/3} \quad (\text{m}) \tag{5-1}$$

式中:$\alpha$——动能修正系数或流速分布系数,取$\alpha=1.0$。

临界坡度$i_c$为

$$i_c = \frac{gh_c}{\alpha C^2 R_c} \tag{5-2}$$

式中:$R_c$——临界水深时的水力半径,$R_c = Bh_c/(B+2h_c)$,$B$为矩形泄槽断面的宽度,m;

$C$——谢才系数,$C=R_c^{1/6}/n$,$n$为粗糙系数,对于混凝土$n=0.014\sim0.016$。

为了减小工程量,泄槽沿程可随地形、地质变坡,但变坡次数不宜过多,而且在两种坡度连接处,要用平滑曲线连接,以免在变坡处发生水流脱离边壁引起负压或空蚀。当坡度由缓变陡时,应采用竖向射流抛物线来连接;当坡度由陡变缓时,采用反弧连接,反弧半径建议用式(2-75)和式(2-76)算得结果的最大值。变坡位置应尽量与泄槽平面弯道错开,尤其不要在扩散段变坡。刘家峡水电站的右岸溢洪道,其泄槽纵坡改变5次,1969年断续过水总时间324h,最大下泄流量2 350m³/s,最大流速约30m/s,泄槽破坏比较严重的有3处,都发生在泄槽底坡由陡变缓处,底板被掀走,地基被冲刷,最深达13m。实践证明,泄槽变坡处易遭动水压力破坏,设计时应予重视。为保证泄槽正常运行,泄槽应建在新鲜岩基上;如不得已需要建在较差的地基上,则应进行必要的地基处理和采用可靠的结构措施,泄槽底板起码应建在强风化下层岩基上,并做锚固和固结灌浆处理。

泄槽的横剖面,在岩基上接近矩形,以使水流分布均匀,有利于下游消能;若护坡建在土基上,边坡不缓于1:1.5,以防水流外溢和较大的不均匀流态。

**2. 收缩段、扩散段和弯曲段的水力计算**

泄槽各段始末断面的平均流速与平均水深可根据能量方程,按式(5-3)逐段试算求得:

$$(i-\bar{J})\Delta L_{1\sim2} = h_2\cos\gamma + \frac{\alpha_2 v_2^2}{2g} - \left(h_1\cos\gamma + \frac{\alpha_1 v_1^2}{2g}\right) \tag{5-3}$$

式中:$\Delta L_{1\sim2}$——分段长度,m;

$h_1$、$h_2$——分段始、末断面的平均水深,m;

$v_1$、$v_2$——分段始、末断面的平均流速,m/s;

$\alpha_1$、$\alpha_2$——流速分布不均匀系数,取 1.05;

$\gamma$、$i$——分段底坡角度和坡度,$i=\tan\gamma$;

$\bar{J}$——分段内平均摩阻坡降,$\bar{J}=n^2\bar{v}^2/\bar{R}^{4/3}$;

$n$——糙率系数,采用拼装良好的钢模或木模浇筑成壁面顺直的混凝土,$n=0.012\sim0.014$;

$\bar{v}$——分段平均流速,$\bar{v}=(v_1+v_2)/2$,m/s;

$\bar{R}$——分段平均水力半径,$\bar{R}=(R_1+R_2)/2$,m。

### 1) 收缩段

若收缩段很长,宜分多段计算,以控制段算得堰流下泄单宽流量 $q$ 代入式(5-1)求泄槽临界水深 $h_c$,作为泄槽收缩段起始断面的平均水深 $h_1$,以 $q/h_1$ 作为起始断面的平均流速 $v_1$,代入方程式(5-3),按恒定流量逐段试算依次求得各分段末端至收缩段末端平均水深 $h_2$ 与平均流速 $v_2$。

在收缩段的急流中,边墙改变方向,使水流沿横剖面分布不均,并对泄槽流态及消能不利,水流受到扰动产生冲击波,须增加边墙高度。设计的任务是尽量减小冲击波引起的扰动和增高。

收缩段边墙在平面上通常布置呈对称直线向下游收缩,有的在转角处局部修圆。在图 5-5(a)所示的直线边墙收缩段中,边墙向内偏转 $\theta$ 角,急流受边墙阻碍,迫使水流从收缩边墙起点 $A$ 和 $A'$ 开始沿边墙转向,发生水面局部壅高的正扰动,壅高的扰动线在 $B$ 点交汇后传播至另一侧边墙的 $C'$ 和 $C$ 再发生反射。在收缩段末端 $D$ 和 $D'$ 因边墙向外偏转,水流失去依托而发生水面局部跌落的负扰动,其扰动线也向下游传播,如图中虚线所示。由于这些作用叠加,将使下游流态更为复杂。

合理的收缩角和收缩段长度,应该使冲击波仅在收缩段范围内发展,使 $C$、$C'$ 分别与 $D$、$D'$ 重合,如图 5-5(b)所示,正扰动的反射和负扰动的反射同时发生在同一点,两者互相抵消,$CC'$ 断面以下的下泄水流与边墙平行,扰动减至最小。

泄槽收缩段边墙与泄槽中心线夹角 $\theta$ 按经验公式取[34,35]:

$$\tan\theta = 1/(KFr) \tag{5-4}$$

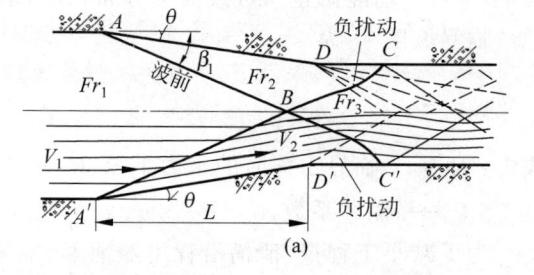

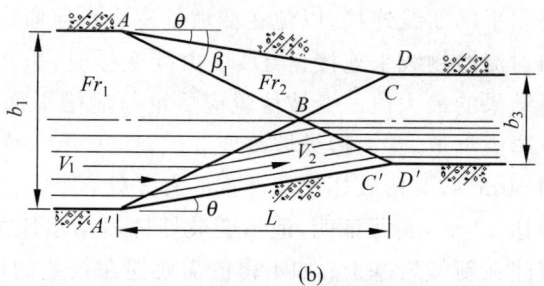

**图 5-5 直线收缩段冲击波计算简图**

式中:$Fr$——收缩段平均佛汝德数,$Fr=\bar{v}/(g\bar{h})^{1/2}$,$\bar{v}$、$\bar{h}$ 分别为收缩段平均流速与平均水深;

$K$——经验系数,一般取 $K=3.0$。

若矩形截面泄槽收缩段起始断面处的佛汝德数为 $Fr_1$,边墙按式(5-4)的 $\theta$ 向内偏转,由此产生冲击波的波角 $\beta_1$、水面线升高后的水深 $h_2$ 和流速 $v_2$ 可按以下方程组求得[34,35]:

$$\begin{cases} h_2/h_1 = (\sqrt{1+8Fr_1^2\sin^2\beta_1}-1)/2 \\ h_2/h_1 = \tan\beta_1/\tan(\beta_1-\theta) \\ v_2/v_1 = \cos\beta_1/\cos(\beta_1-\theta) \end{cases} \tag{5-5}$$

由前两方程等号右边相等,用试算法求得 $\beta_1$,再把 $\theta$ 和 $\beta_1$ 代入后两个方程求 $h_2$ 和 $v_2$。

设收缩段的长度为 $L$,从图 5-5(b)看出,由于对称性,$L\tan\theta + L\tan\beta_1 = b_1$,所以
$$L = b_1/(\tan\theta + \tan\beta_1) \tag{5-6}$$
收缩段下游的等宽泄槽的宽度 $b_3$ 应为
$$b_3 = b_1 - 2L\tan\theta \tag{5-7}$$

从理论上讲,对于矩形断面泄槽来说,最优断面的宽高比 $b_3/h_3 = 2$,同样的断面积,湿周或衬砌的三边总和最小,水力半径最大。但实际上由于地形地质条件对开挖工程量和总工程量影响很大,很难算到那么巧,若要完全做到这一点,须反复修改整个溢洪道的设计和计算,只能尽量近似按此设计而已,实际地形和地质条件是多种多样的,需要因地制宜才能节省工程量。

若 $b_1$ 很宽,$\theta$ 和 $\beta$ 很小,由式(5-6)可知需要 $L$ 很长的收缩段,后面的泄槽可能很短。泄槽并非越窄越好,因为太窄了反而需要开挖很深、需要很大的过水断面积才能满足下泄流量,太深反而降低过水能力和加大开挖量,加大单宽流量和对河道的冲刷,应优化设计。如果地形地质条件合适,不设置收缩段也可以节省工程量,泄槽与控制段等宽,反而水力条件简单,水流不受扰动。

2) 扩散段

扩散段可以减小水流的单宽流量,但边墙的布置应避免水流脱开边墙和冲击波扰动现象。目前对扩散段冲击波的研究还很不成熟,最好办法是通过模型试验,找出良好的边墙体形。在初步设计时,可根据急流边墙不发生分离的条件来确定扩散角 $\varphi$:
$$\tan\varphi \leqslant 1/(KFr) \tag{5-8}$$
式中:经验系数 $K$(一般取 3.0)与平均佛汝德数 $Fr$ 同式(5-4)的说明。在收缩段和扩散段,佛汝德数 $Fr$ 沿程变化,一般取平均值。工程经验和试验资料表明,边墙为直线的收缩角 $\theta$ 或扩散角 $\varphi$ 在 6°以下具有较好的流态。

3) 弯曲段

泄槽为了改变水流方向需设置弯曲段,通常采用圆弧曲线。因受离心力作用,弯道外侧水面升高,如图 5-6 所示。弯道半径宜≥6~10 倍槽水面宽,矩形断面可取小值,梯形断面宜取大值。

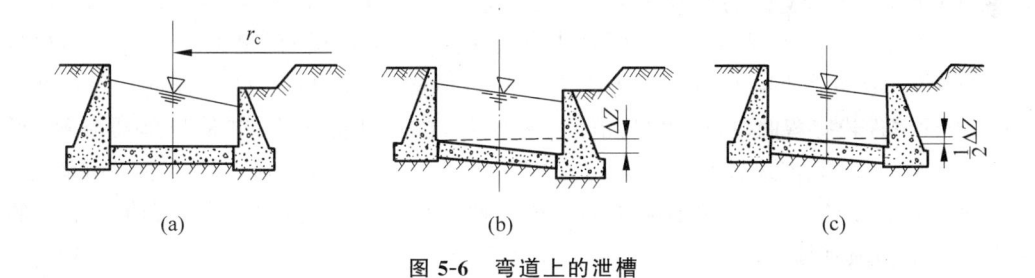

图 5-6 弯道上的泄槽

当急流一进入弯曲段,就产生冲击波,如图 5-7 所示。$ABA'$ 是水流未受影响的区域;在 $ABC$ 范围内,水面沿程升高,至 $C$ 点为最高;在 $A'BD$ 范围内,水面沿程降低,至 $D$ 点为最低。相应于 $C$ 点和 $D$ 点的圆弧转角可由式(5-9)确定:
$$\theta = \arctan\frac{b}{(r_c + 0.5b)\tan\beta} \tag{5-9}$$
式中:$b$——弯道泄槽宽度,m;

$r_c$——泄槽弯曲段中线的曲率半径,m;

$\beta$——波角,$\beta=\arcsin(1/Fr)$,$Fr=v/\sqrt{gh}$,$v$ 和 $h$ 分别为弯曲段进口的平均流速与平均水深。

在 $CBD$ 以后,不断发生波的反射、干涉与传播,形成一系列互相交错的冲击波。在圆弧转角 $3\theta$、$5\theta$、… 外侧墙各点和 $2\theta$、$4\theta$、… 内侧墙各点为水面高点;与其对应的另一侧墙各点则为水面低点。

冲击波在弯道里的传播及波高受很多因素干扰,难以做精确的理论计算,为简便起见,以矩形断面为例,设 $\rho$ 为弯曲段中心线的曲率半径,将弯曲段渠底外侧抬高,渠底形成与水面线平行的横向坡度,如图 5-6(b)所示。由水流自重沿横向坡度产生的分力与离心力的平衡方程,求得弯曲段槽底(或水面)外侧比内侧超高值 $\Delta Z$ 为

$$\Delta Z = 2\frac{v^2 b}{g\rho} \quad (\text{m}) \tag{5-10}$$

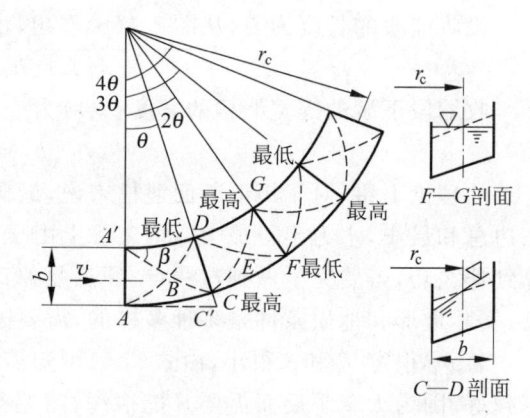

图 5-7 等宽泄槽弯曲段的冲击波

式中:$v$——所计算的断面平均流速,m/s;
　　　$b$——所计算的断面宽度,m;
　　　$g$——重力加速度,m/s$^2$。

对于圆弧弯曲段,$\rho=r_c$;直线段与圆弧段之间的缓和曲线过渡段中心线的平面曲率半径近似取 $\rho=r_c\theta/\varphi$,$\varphi$ 为从直线段开始进入弯曲段的断面算起至计算断面的转角($0<\varphi\leq\theta$)。

为便于对泄槽弯道底部施工放线,底面内侧比中线高程下降 $0.5\Delta Z$,而外侧则抬高 $0.5\Delta Z$,如图 5-6(c)所示。弯道底面横坡与上、下游直线段的底面衔接不能出现突变的底坎,底面横坡应由零逐渐变至圆弧段的横坡,其中心线和两侧边墙底线在与直线段连接处的曲率半径为无穷大,逐渐变小至圆弧段的曲率半径,其平面坐标的计算很复杂,也可近似按圆弧放线,只需将该段的 $\rho=r_c\theta/\varphi$ 代入式(5-10)计算 $\Delta Z$,取其一半作为转角 $\varphi$ 截面对应的底边中点与两侧点的高差。弯道下端与直线段的底面衔接与此相似,但因流速增大,外侧底仍须按式(5-10)核算 $\Delta Z$ 和决定边墙高度。

从式(5-10)可知,若有弯曲段,应尽量加大弯道半径,减小断面宽度,若地形地质条件允许,弯曲段应尽量选在纵坡较缓的、流速较小的上游高处,不宜选在纵坡较陡的、流速较大的下游低处。

泄槽弯曲段水面计算很复杂,对于重要工程还应通过模型试验选型验证。弯曲段相邻的下游直线段外侧边墙高度仍须延续一段长度,以适应水流的惯性下泄。

### 3. 掺气减蚀

水流沿泄槽下泄,流速沿程增大,水深沿程减小,由式(2-71)计算的水流空化数 $\sigma$ 小于试验确定的初生空化数 $\sigma_i$ 时,水流容易产生空化。空化水流到达高压区,因空泡溃灭而使泄槽壁遭受空蚀破坏。抗空蚀措施通常是:掺气减蚀、优化体形、控制溢流表面的不平整度和采用抗空蚀材料等。

掺气减蚀的机理很复杂,水流掺气可使过水边界上的局部负压消除或减轻,有助于制止空蚀的发生;过水边界附近水流掺气,水流内含有一定量空气气泡,起到气垫缓冲作用,可缓冲和减轻空穴溃灭时的破坏力。实际工程表明,若流速超过 30m/s 应紧接在容易空蚀部位的上游掺气。

掺气设施主要由两部分组成：一个是在射流下面形成掺气空间的装置，如挑坎、跌坎或掺气槽等；另一个是通气系统，为射流下面的掺气空间补给空气。掺气装置的主要类型有掺气槽式、挑坎式、跌坎式、挑坎与跌坎联合式、挑坎与掺气槽联合式、跌坎与掺气槽联合式(见图 5-8)，此外还有突扩式和分流墩式等。单纯挑坎高 0.5～0.85m，单宽流量大取大值。单纯跌坎高 0.6～2.7m，纵坡陡取小值。挑坎与跌坎组合，挑坎高度约为 0.1～0.2m，挑角以 5°～7°为宜，挑坎斜面坡度为 1/10 左右，不宜过陡，跌坎高度小于单纯跌坎高度。

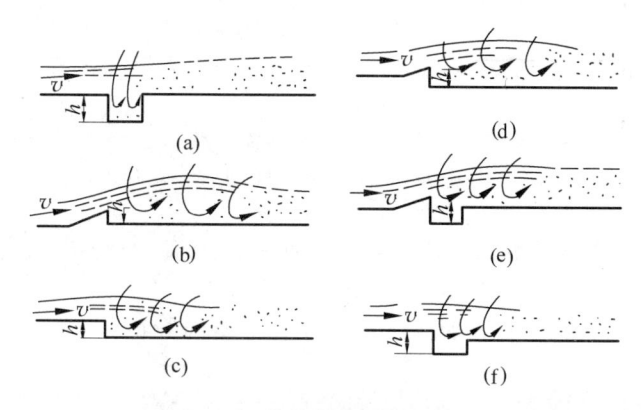

**图 5-8　掺气装置的主要类型**
(a) 掺气槽式；(b) 挑坎式；(c) 跌坎式；(d) 挑坎、跌坎联合式；(e) 挑坎、掺气槽联合式；(f) 跌坎、掺气槽联合式

向掺气空间补气，可由下泄水流形成的流体动力减压作用，促使空气自动进入掺气空间。如果掺气空间不直接与大气相通，则必须设置通气管，通气管可埋设在边墙中。通气量取决于泄水流量和射流拖曳掺气空间的大小。通气孔应有足够的尺寸能充分供气，掺气空间中的负压宜为 $-8\sim-5$kPa，底部通气设施的最大单宽通气量宜为 $12\sim15$m$^3$/(s·m)，按最大风速不宜超过 60m/s 设计通气孔截面积。通气系统有各种类型，如：墩后空间进气，两侧通气槽进气，两侧墙埋管通至挑坎(或跌坎)底部通气孔进气，两侧及底板折流(挑坎)进气，两侧及底板突扩(跌坎)进气等。它们中无论哪种类型都必须在泄洪运行中保持空气畅通、不积水、不被泥沙堵塞。

掺气水流的含气浓度从掺气空腔沿流程逐渐减少，直线段与凹曲线段每米减少 0.15%～0.2%，凸曲线段每米减少 0.5%～0.6%。第一个掺气装置设在空蚀破坏危险区的开端，第二个设在近壁水流空气含量下降到 3%～4%处，其后以此类推。根据已有的工程资料，设计良好的掺气装置可保护的长度为 70～100m(反弧段)或 100～150m(直线段)。

试验证明，掺气水流中空气含量为 1.5%～2.5%时，混凝土试件的空蚀就可大大减轻；有关掺气效果的资料指出，当空气含量为 6%～7%时，就可免于空蚀破坏。我国《溢洪道设计规范》[34,35]规定：在掺气槽保护范围内，当流速为 35～42m/s、近壁掺气浓度为 3%～4%时，垂直突体高度不得超过 30mm；近壁掺气浓度为 1%～2%时，垂直突体高度不得超过 15mm，对于高度超过 15mm 的突体，应将其迎水面削成斜坡，斜坡坡度可按图 5-9 选用。

**4. 泄槽边墙高度的确定**

泄槽边墙高度应包括：①泄槽宣泄最大流量时的水深，可按式(5-3)和式(5-5)所示的分段试算方法求得；②弯道离心力和冲击波引起的附加边墙水深，按式(5-10)算得的 $\Delta Z$ 作为弯道底板外侧比内

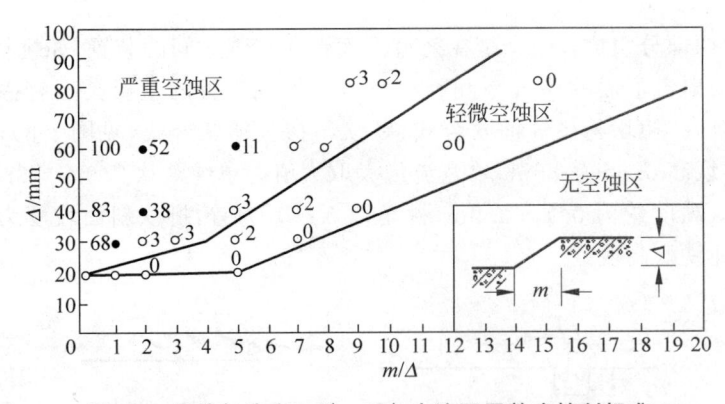

图 5-9　低掺气浓度(1%～2%)水流不平整度控制标准
(注：图中测点旁边数字为空蚀深度，以 mm 计)

侧高出的高差，其一半即为弯道外侧水面比中心线水面的高出值；③水流掺气引起水面升高，掺气后水深可按式(2-77)估算[34,35]；④安全超高，我国《溢洪道设计规范》[34,35]规定安全超高为 0.5～1.5m，对于扩散(收缩)段、过渡段、弯道等水力条件比较复杂的部位，以及可能出现的不利运行方式，超高宜取大值或适当增加。

**5. 泄槽的衬砌**

泄槽流速很大，为了保护槽底不受冲刷，使泄流顺畅，防止高速水流渗入岩石缝隙将岩石掀起，也为了保护岩石不受风化，泄槽一般都需要衬砌。对泄槽衬砌的要求是：衬砌材料能抵抗水流冲刷，在各种荷载作用下能够保持稳定；表面光滑平整，不致引起不利的负压和空蚀；采取措施降低温度应力，防止裂缝出现；合理分缝，做好接缝止水，防止高速水流侵入，并做好排水，以减小扬压力；避免因脉动压力引起的破坏；若在寒冷地区，对衬砌材料还应有抗冻要求。

作用在泄槽底板上的力有：底板自重，水压力(包括时均水压力和脉动水压力)，水流的拖曳力和扬压力等。其中，扬压力可能由于库区渗流水或者岸边溢洪道引渠段、控制段接缝处渗漏过来的渗流水形成较大的静水压力，很可能远远超过高速水流对衬砌表面的侧向压力；另外，脉动压力在时间和空间上都在不断变化，若接缝止水失效，高速水流浸入到底板下面，其脉动压力的最大值与底板表面的最大脉动压力并非相等，也并非同时发生，很可能在某一瞬时表面脉动压力最小而底面向上的扬压力达到最大，其合成达到最大的上举力，很可能把衬砌掀翻。刘家峡右岸溢洪道底板，于 1969 年 10 月运行过水时破坏，究其原因主要是由于排水失效使扬压力过大，接缝下游有垂直水流流向的升坎等多种因素导致。

衬砌的材料和尺寸主要根据水流流速、地基条件、材料来源和施工条件等。

在 20 世纪六七十年代以前，很多小型工程岸边溢洪道的流速较小，那时水泥和混凝土制造很困难，对于流速小于 10m/s 的小型水库溢洪道，采用石灰浆砌块石水泥浆勾缝；有些中、小型水库溢洪道，泄槽流速流速小于 15m/s，采用水泥浆砌条石或块石。对抗冲能力较强的坚硬岩石，如果浆砌块石砌得光滑平整，做好接缝止水和底部排水，也可承受约 20m/s 的流速。例如：福建石壁水库溢洪道，采用浆砌块石衬砌，厚度 30～60cm，建成后经受了过水流速 20m/s 的考验。

若流速超过 15～20m/s，泄槽底板和边墙一般多采用钢筋混凝土衬砌。混凝土厚度不应小于 30cm，并应满足抗渗、抗浮要求，在寒冷地区还应满足抗冻、抗裂要求，底板厚度不应小于 0.4m。为防止产生温度裂缝,需要设置横缝(垂直于水流方向)和纵缝(平行于水流流向)。若岩基的约束力较大,分缝距离宜取 10~15m,若温度变化较大,取小值。横缝比纵缝要求高,上游块应不低于下游块,横缝一般做成搭接缝,在良好的岩基上有时也可用键槽缝,纵缝可做成平接缝,如图 5-10 所示。

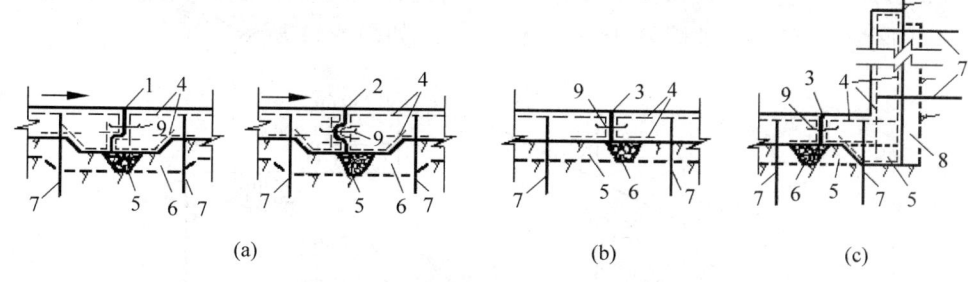

**图 5-10　泄槽的分缝、止水和排水构造**
(a)横缝、止水和排水;(b)纵缝、止水和排水;(c)边墙底板纵缝、止水和排水
1—搭接缝;2—键槽缝;3—平接缝;4—受力钢筋;5—横向排水沟;6—纵向排水沟;7—锚筋;8—边墙接缝排水槽;9—紫铜止水

为避免高速水流进入横缝和纵缝渗进基岩裂隙和岩表与衬砌接触面产生扬压力,纵缝和横缝内应做好止水,在其对应的岩基面都应设置排水设施,通常在接缝位置的岩表上开挖或在超挖的部位用块石砌成小沟、内断面为矩形或梯形,边长 20~30cm(可能略大些),沟内填不易风化的卵砾石,纵横向排水沟相互连通,以便将渗水集中到纵向排水沟排至下游。为防止排水沟被堵塞,各种排水沟宜将绝大部分内断面布置在先浇筑块一侧之下,不宜对半骑缝布置,在浇筑混凝土之前,排水沟上面应全部盖住废旧水泥袋纸,并在接缝处留有约 8cm 的富余向上弯折 90°压住伸缩缝的沥青模板或泡沫塑料板(浇筑后不拆除),在其上摊铺 3~5cm 厚的浓水泥砂浆,过 15~30min 浇筑混凝土,以防混凝土或水泥砂浆流进和堵塞排水沟。邻近后浇筑块对应的排水沟上口宽度虽然很小,但应在清基之前,用水泥袋纸弯折 90°盖住排水沟上口及伸缩缝垫板,在其上及周边岩基上摊铺 3~5cm 厚的浓水泥沙浆,以防清基掉入脏物以及后来浇筑混凝土流进水泥砂浆堵塞排水沟。若泄槽岩体地下水位很高,为尽量减小扬压力,底板和边墙岩基宜每隔 2~3m 钻排水孔,孔深 5~8m,孔口与附近纵横缝下的排水沟相连。为防止堵塞,岩基固结灌浆应在钻排水孔之前完成。

为了使衬砌与基岩紧密结合,防止过大的扬压力将衬砌顶开,增强衬砌的稳定性,常用锚筋将二者连在一起。锚筋直径 $d$ 不宜小于 25mm,间距 1.5~2.0m,锚固深度 2~3m,应核算锚筋与砂浆、砂浆与孔壁的最小抗拔力加上混凝土与基岩结合面总抗拉能力,并核算底板与锚固岩体总重乘以底板坡角余弦加上锚固岩体内端的法向总抗拉能力是否都大于扬压力,且有足够富余。

若基岩良好,弯道边墙尽量做成竖直的或陡于 1∶0.25 的坡度,因为缓边坡对弯道水的流态不好。边墙钢筋混凝土衬砌厚度应不小于 30cm,寒冷冰冻地区衬砌厚度应不小于 40cm。边墙横缝位置一般与底板横缝相应,并应做好止水和排水槽;在与边墙连接的附近底板设置纵缝和止水,在其下设置纵向排水沟,与底板横向排水沟和边墙竖向排水槽相通,将渗流水引至下游,见图 5-10(c)。若岩土侧压力和渗透水压力较大,应做成有排水孔的重力式挡土墙,核算其应力和稳定是否安全。

## 5.1.4　出口消能段及尾水渠

溢洪道出口有四种消能方式:挑流消能、底流消能、面流消能和消力戽消能,与溢流重力坝的消能方式基本相同,有关内容可参考 2.10 节。

在较好的岩基上,一般多采用挑流消能。挑坎有连续式和差动式两大类型。连续式挑坎横向连续,容易施工,水流下水点连续,挑射距离按式(2-81)计算。差动式挑坎是齿、槽相间的挑坎,齿、槽半径不同(见图 5-11)。射流上下分散,在空中的扩散作用充分,下水点分散,可减轻下游的冲刷,但齿的棱线和侧面施工麻烦,易遭受空蚀破坏,应增加通气设施,如图 5-11 所示。

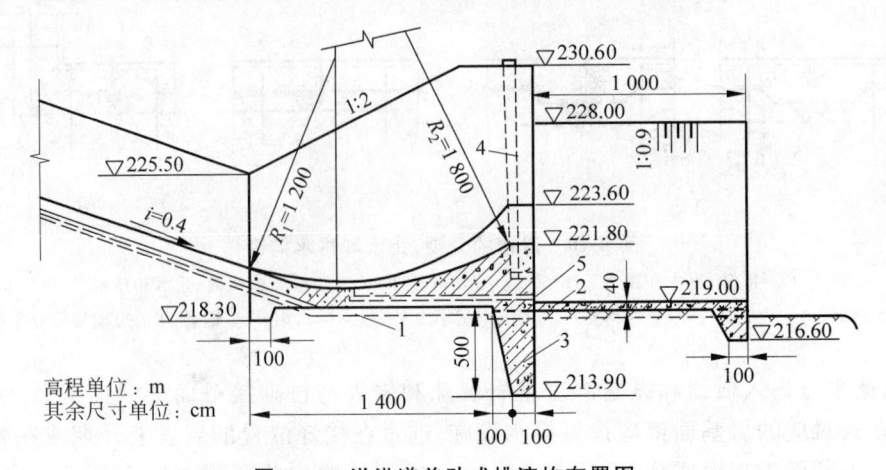

图 5-11 溢洪道差动式挑流坎布置图

1—纵向排水；2—护坦；3—混凝土齿墙；4—$\phi 500mm$ 通气孔；5—$\phi 50 \sim 100mm$ 通气兼排水孔

挑坎通常受到水流的离心力、水重、扬压力、脉动压力、混凝土自重等作用,应对挑坎进行强度和稳定验算。为了保证挑坎的稳定,常在挑坎的末端做一道深齿墙,见图 5-11。齿墙深度应根据冲刷坑的形状和尺寸决定,较深的达 5～8m。若冲坑再深,齿墙还应再加深,挑坎的左右两侧也应做齿墙插入两侧地基,齿墙下游做钢筋混凝土护坦和护坡。

为加强挑坎的稳定,常用锚筋将挑坎与基岩连成一体。为减轻小流量近挑距对挑坎下游岩基的冲刷,挑坎下游常做一段短护坦。为避免在挑流水舌的下面形成真空,产生对水流的吸力,减小挑射距离,应采取通气措施,如图 5-11 所示的通气孔或扩大尾水渠的开挖宽度,以使空气自然流通。

早期采用扩散式挑坎,减小入水单宽流量；近些年来,出现窄缝式挑坎、斜挑坎、扭曲挑坎等多种形式,强迫水流沿纵向、横向和竖向扩散,以及迫使水股之间互相冲击消能,促进紊动掺气,扩大射流入水面积,减小和均化河床单位面积上的冲击荷载,以减轻对下游地基的冲刷。

窄缝式挑坎与等宽挑坎的水流特性有明显不同,挑坎两侧墙的距离向下游收缩,使水流在出口处水深加大,水舌出射角由底部向上逐渐加大,底部的挑射角很小,接近于水平,或俯角向下射出,为 $-5° \sim 0°$,水舌上表面向上射出角约达 $45°$。窄缝式挑坎和等宽挑坎相比,水舌内缘挑距减小,外缘挑距加大,挑射高度增加,这样就造成水流收缩后沿竖向扩散,纵向拉长,空中扩散面积增大,减少了对河床单位面积上的冲击动能,而且由于水舌掺气和入水时大量掺气,水舌进入水垫后气泡上升,改变了水舌射入后的流态和深度,从而大大减轻了对下游的冲刷。

设挑坎收缩前的宽度为 $B$,收缩后的宽度为 $B_1$,若收缩前水流佛汝德数为 $4.5 \sim 10$,则收缩比 $B_1/B$ 可在 $0.4 \sim 0.15$ 范围内选取,挑角一般取 $0°$,收缩段长度 $L \geqslant 3B$ 较为适宜。侧墙在平面上宜布置成直线。侧墙高度通过计算冲击波的水面线来确定。采用窄缝式挑坎的工程实例很多,运用效果良好。由于窄缝式挑坎出口水深较大,侧墙较高,须保证侧墙的侧向稳定和解决振动等问题。

近年来，高坝大流量挑流消能造成强烈的雾化，对电站厂房运行、露天机电设备及出线、工厂生产、人们生活、交通安全以及下游边坡的稳定等均产生不利影响，应加强研究如何减小雾化强度。

## 5.2 其他形式的溢洪道

### 5.2.1 侧槽式溢洪道

若坝顶两侧岸坡很陡，正槽式溢洪道需要大量开挖，是很不经济的。为减少开挖量，宜将溢流堰及其后面收集水流的侧槽大致沿水库岸边等高线布置，侧槽也逐渐加宽、加深至泄槽，大致与泄槽首部同宽、同深；泄槽较窄，其轴向基本上平行于岸边等高线或河流流向。如果岸边山体陡峻难以开凿泄槽，则可设置无压泄水隧洞代替泄槽，利用导流隧洞作为下平段。

#### 1. 侧槽式溢洪道的特点

侧槽式溢洪道水流经过溢流堰泄入与堰大致平行的侧槽后，在槽内约 90°转向经泄槽（见图 5-12）或泄水隧洞流入下游。侧槽式溢洪道的水流条件比较复杂，过堰水流进入侧槽后，形成横向旋滚，同时侧槽内沿流程流量不断增加，旋滚强度也不断变化，水流紊动和撞击都很强烈，水面极不平稳。而侧槽又多是在坝头山坡上劈山开挖的深槽，其稳定性直接关系到大坝的安全，侧槽应建在完整坚实的岩基上，并应做好衬砌。

在两岸很陡、泄流量很大的情况下，侧槽式溢洪道具有以下明显的优越性：(1)比正槽式溢洪道减少很多开挖量；(2)溢流堰可适当加长，从而可提高堰顶高程，不设闸门可增加兴利库容；(3)通过加长溢流堰、降低堰顶高程，可降低校核洪水位和大坝高度，减少大坝工程量和淹没损失。

侧槽式溢洪道除了侧槽之外，其他部位与正槽式溢洪道没有多大差别。这里只叙述侧槽的设计，其他部位可参照正槽式溢洪道。

#### 2. 侧槽设计

侧槽设计应满足以下条件：

(1) 由于过堰水流转向约 90°，大部分能量消耗于侧槽内水体间的旋滚撞击，侧槽中水流的顺槽速度主要取决于侧槽的水面坡降，为使水流稳定，起码应保证在下泄设计洪水时，侧槽中的水流应处于缓流状态，侧槽底坡 $i$ 小于下泄设计洪水时侧槽末端断面临界水深 $h_{ke}$ 计算出的临界底坡 $i_{ke}$。

(2) 侧槽中的水面高程要保证溢流堰为自由出流，避免淹没出流影响泄流能力和侧槽出口流量分布不均以及由此引起泄水道内的折冲水流。为此，侧槽首端槽内水深超过堰顶的高差 $h_s$ 与堰顶水头 $H_0$ 之比应小于 0.5，以保证非淹没自由出流。

(3) 应保证溢流堰泄流量沿侧槽向下游均匀增加。为此，侧槽断面自上游至下游应逐渐变宽。起始断面底宽 $b_0$ 与末端断面底宽 $b_1$ 之比值 $b_0/b_1$，对侧槽的工程量影响很大。据实际工程统计分析表明，$b_0/b_1$ 大多取 0.5 附近，侧槽内水深增加不多，侧槽的开挖量较省。应根据地形、地质等具体条件比较确定经济的值，通常采用 $b_0/b_1=0.5\sim0.75$，并应适应开挖设备和施工的要求。

(4) 侧槽内和槽末断面处均不得产生水跃。当侧槽与泄槽直接相连时，$h_1$ 一般选用该断面的临

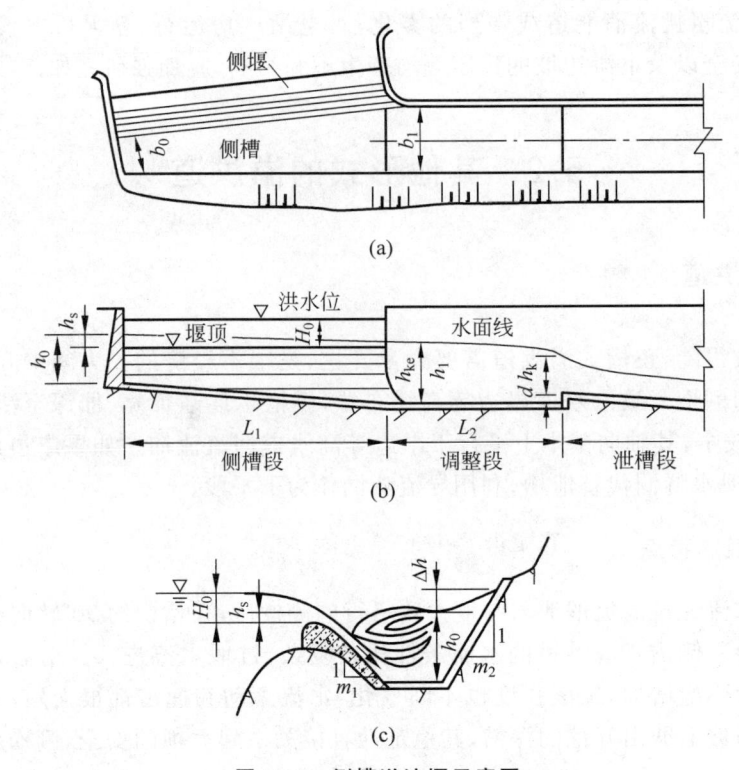

**图 5-12 侧槽溢流堰示意图**
(a) 平面图；(b) 纵断面图；(c) 侧槽首端横断面图

界水深 $h_k$；槽末宜设调整段，不宜紧接收缩段和弯道段，调整段长度 $L_2$ 可采用侧槽末端临界水深 $h_{ke}$ 的 2～3 倍，底坡宜水平，尾部升坎高度 $d$ 可采用泄槽首端断面临界水深 $h_k$ 的 0.1～0.2 倍。

(5) 若岸坡陡峻，窄深断面比宽浅断面节省开挖量，且窄深断面容易使侧向进流与槽内水流混合，水面较为平稳。因此，在工程实践中，多将侧槽做成窄而深的梯形断面。靠岸一侧的边坡在满足水流和边坡稳定的条件下，以较陡为宜，一般采用 1∶0.5～1∶0.3；在溢流堰一侧，溢流曲线下部的直线段坡度，一般可采用 1∶0.9～1∶0.5。据模型试验，侧槽水面较高，一般不出现负压。

(6) 侧槽段横向水面差应限制在一定范围内，靠山一侧水面壅高 $\Delta h$ 宜取平均水深 $h$ 的 10%～25%，必要时应经水工模型试验确定。

(7) 泄槽段边墙高度应根据计入波动及掺气后的水面线，再加上 0.5～1.5m 的安全超高。对于收缩(扩散)段，弯道段等水力条件比较复杂的部位，宜取大值。

根据以上要求，拟定侧槽断面和布置，拟定溢流堰、侧槽(包括调整段)和泄槽三者之间的水面衔接关系，进行以下各步的水力计算：

(1) 按下泄校核洪水流量 $Q$ 和堰上水头 $H_0$，计算侧槽下泄单宽流量 $q$ 和侧槽溢流堰总长度 $L_1$。

(2) 按上述要求初步拟定侧槽的首端底宽 $b_0$ 和末端底宽 $b_1$ 以及两侧边墙坡度，计算下泄设计洪水总流量在侧槽末端断面的单宽流量 $q_1$，用式(5-1)计算对应的临界水深 $h_{ke}$，作为侧槽末端或泄槽首部的水深 $h_1$，用式(5-2)计算相应的临界坡度 $i_{ke}$，侧槽底坡 $i$ 应小于 $i_{ke}$。

(3) 若需要调整段，则设置调整段长度 $L_2=(2\sim3)h_{ke}$，尾部升坎高度 $d=(0.1\sim0.2)h_{ke}$。

(4) 在槽中不发生水跃的缓流条件下，用侧槽末端的水深 $h_1$ 作为计算起点水深，向上游分段推算，每分段的上游断面记作断面 1，下游断面记作断面 2，按式(5-11)逐段试算以下各量[34,35]：

$$\Delta z = \alpha \frac{(v_1+v_2)}{2g}\left[(v_2-v_1)+\frac{Q_2-Q_1}{Q_1+Q_2}(v_1+v_2)\right]+\bar{J}\Delta x \tag{5-11}$$

式中：$\Delta z$——断面 1 和断面 2 之间的水面落差，m；

$v_1$、$v_2$——断面 1 和断面 2 的平均流速，m/s；

$Q_1$、$Q_2$——断面 1 和断面 2 的流量，$Q_2=Q_1+q\Delta x$，$q$ 为侧槽溢流堰单宽流量；

$\Delta x$——断面 1 和断面 2 之间的沿程距离，m；

$\alpha$——动能修正系数，可近似地取为 1.0；

$\bar{J}$——计算流段内平均摩阻坡降，$\bar{J}=n^2\bar{v}^2/\bar{R}^{4/3}$，$n$ 为糙率；$\bar{v}$ 为计算流段内的平均流速，$\bar{v}=(v_1+v_2)/2$；$\bar{R}$ 为计算流段内水力半径的平均值，$\bar{R}=(R_1+R_2)/2$。

自下游向上游推算得到侧槽首端水面高程，并判断侧槽首端是否满足自由堰流，即侧槽水面高出堰顶高差 $h_s \leqslant 0.5H_0$，若不满足，则应修改侧槽首端底面高程，使 $h_s \leqslant 0.5H_0$；用同样方法从侧槽上游首端向下游逐段推算侧槽各段的水面曲线和槽底高程，加以复核或调整。

### 5.2.2 井式溢洪道

当两岸很高且陡峭，开挖建造上述两种形式溢洪道的工程量很大，若在岸边或离岸边不远处有适宜的地形和良好的地质条件，可采用井式溢洪道。它由溢流喇叭口、渐变段、竖井、弯段、泄水隧洞和出口消能段等部分组成，前五部分如图 5-13 所示，后两部分很常见，将在第 6 章水工隧洞中介绍。

喇叭口的溢流断面可采用实用堰形式，比平顶堰的流量系数大。为提高蓄水位，可设置闸墩和闸门，闸门底与溢流堰顶同一圆弧，蓄水时相互压紧。有的采用漂浮式圆筒闸门，圆筒与环形门室侧壁设置 P 形橡胶止水（同一般闸门止水），打开从水库进水的开关向环形门室充水，对空心圆筒产生浮力，提升圆筒闸门挡水[见图 5-13(d)]；在泄洪时关闭进水开关，打开环形门室排水开关向竖井排水，闸门下降泄水，门顶周边外侧环形钢板压紧环形门室顶部的橡胶垫座以防库水进入到门室提升闸门；为使圆筒闸门较快和均匀升降，宜沿环形门室等间距布置 2～4 套进出水开关。

从堰流曲线的形式查得流量系数 $m$，初步粗略设定侧向收缩系数 $\varepsilon = 0.9$，由所拟定的堰上水头 $H_0$ 可算得溢流堰下泄的单宽流量 $q = \varepsilon m(2g)^{1/2}H_0^{3/2}$，根据已定最大的校核洪水下泄流量 $Q$，可算得所需要的溢流净宽 $B = Q/q$，若在溢流堰顶设置普通闸门和闸墩，则应再加上闸墩的总宽度 $B_{墩}$，即得溢流堰总长度 $L = B + B_{墩}$，堰顶轨迹的水平面半径为 $R = L/(2\pi)$。

除了须核算溢流堰顶或溢流堰前沿的总长度或半径是否满足下泄校核洪水的要求之外，还须核算渐变段、竖井、弯段和水平段隧洞是否具有下泄校核洪水的能力。例如：它们的断面是否满足无压自由下泄洪水的要求，对于渐变段、竖井来说，可计算洪水在自由落体状态下在某处的速度乘以该处的断面积是否大于所下泄的流量，若不满足说明断面积太小，会出现满管流的状态，甚至形成淹没堰流，下泄流量减小，须加大竖井半径和堰顶水平面半径；弯段和水平段隧洞若不满足无压泄流的要求，须按有压流核算下泄能力，若不满足下泄洪水的要求，也须加大断面或采取其他措施。

为防止竖井、弯段、水平段隧洞出现负压，应设置通气孔，其断面积约为过水断面积的 10%～15%。

因竖井流态很不稳定，国内外正在深入研究漩涡式竖井溢洪道，水流在蜗室内呈旋转运动，在离

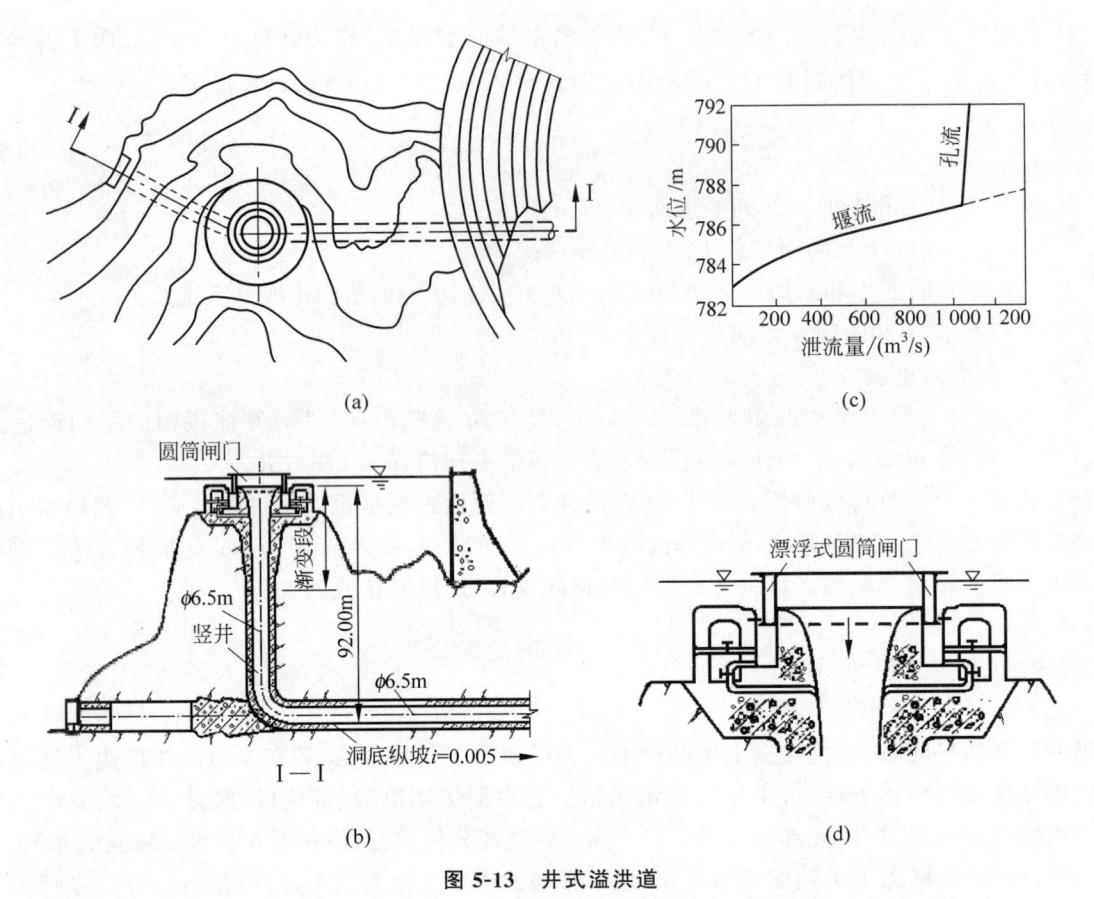

**图 5-13 井式溢洪道**
(a) 平面图；(b) Ⅰ—Ⅰ纵断面图；(c) 水位-泄流量关系曲线；(d) 漂浮式圆筒闸门及周围结构大样

心力作用下水流紧贴井壁,对井壁产生附加压力,同时沿竖井轴线形成气核,减小空蚀的危险,水流在蜗室内通过紊动、剪切以及掺气消除大量能量。在法国和意大利已建成20余座漩涡式竖井溢洪道,最大落差达142m,但施工制造工艺很复杂,泄流量都不大,其他国家很少采用。

若竖井高度不大,设计、施工和运行难度较小,可利用漂浮式圆筒闸门节省启闭机和启闭动力,有可取之处。但若竖井很高,设计、施工和运行都有些问题难以解决,相比可能不如正槽式溢洪道和侧槽式溢洪道优越。

### 5.2.3 虹吸式溢洪道

虹吸式溢洪道既可设置在河床坝段,也可设置在岸边高处,其构造如图5-14所示。虹吸溢洪道通常包括下列几部分:①断面变化的进口段;②虹吸管;③挑流坎;④通气孔;⑤泄槽及下游消能设备。虹吸管内的溢流堰顶即为正常蓄水位,当库水位上升至此水位之前不会发生溢流。喇叭形进口前端设置遮檐,位于正常蓄水位以下,其淹没深度应保证进水时不致挟入空气和漂浮物。

当库水位超过正常蓄水位开始发生溢流,在刚刚开始溢流时,虹吸管内的水面上仍有1大气压力,未发生虹吸作用,泄洪流量仍按溢流堰自由溢流计算。为了提前自动形成虹吸作用,在虹吸管

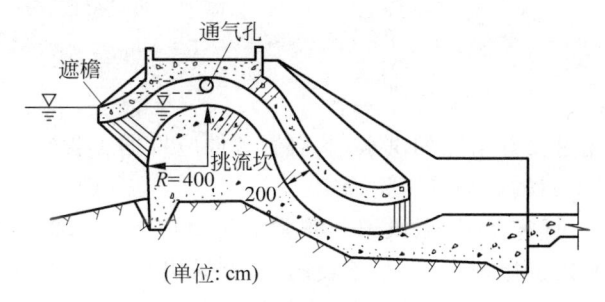

图 5-14 虹吸式溢洪道

内设挑流坎,产生挑流水帘封闭虹吸管的上部,随着水流下泄,虹吸管内的空气被掺入水中带走,管内很快减压,即使水流未充满虹吸管内空腔顶部,作用在库水面上的大气压力也会将库水压向虹吸管内,形成虹吸作用,在库水位不太高的情况下也能按满管有压管流下泄较大的流量。

在遮檐上或在大坝上游虹吸管之间的分水墙内、高于正常蓄水位的某一高程处沿水平向设置通气孔入口并设置开关,通气孔与堰上方的虹吸管相连通,见图 5-14。通气孔断面面积约为虹吸管顶部横断面面积的 2%～10%。当库水位未上升到通气孔高程之前,为了加快形成虹吸泄流,应关闭通气孔。若通气孔高程较低,库水位超过通气孔高程后,虹吸管内的挑流仍未自动形成负压虹吸,可打开通气孔注入库水,使虹吸管加快形成负压虹吸泄洪。当上游水位下降到通气孔入口后,空气由入口通到虹吸管内,不产生负压虹吸作用,虹吸泄流自动停止,变成低水头小流量溢流;但也可在库水位下降至通气孔之前关闭通气孔,在库水位下降至通气孔以下仍可以继续大流量虹吸泄洪。所以,虹吸溢洪道不用闸门可以很灵活地自动或人为调节上游库水位,这是它最大的优越性。

虹吸管喉道的真空值不允许超过 7.5～8m 水柱高,否则可能破坏水流的连续性。为了加大水位变化范围,可将虹吸管进口布置在允许范围内的不同高程上,以使各虹吸管依次投入工作。

虹吸式溢洪道的缺点是:①结构复杂,施工制造较难;②虹吸管内不便于检修;③进口容易被污物或冰块堵塞;④真空度较大时,混凝土容易发生空蚀;⑤洪水位较高时超泄能力较小。虹吸式溢洪道多用于水位变化不大、需要随时调节和保持某一水位范围的水库或河渠上泄洪或放水之用。

## 5.3 非常泄洪设施

如果校核洪水比设计洪水大很多,校核洪水位很高,需要加大坝高;若要降低校核洪水位,则要增设溢洪道,但长期很少使用,很不经济,应采用低造价的泄洪保坝非常设施,其原则如下:

(1) 非常泄洪设施很少使用,设计标准可适当降低,以节省造价,一旦需要可开口泄洪保坝;

(2) 非常溢洪道泄洪时,枢纽总下泄最大流量不应超过天然河道通过坝址处的同概率洪水流量;

(3) 非常泄洪设施的地基条件应较好,保证达到预期的泄洪效果,又不至于破坏严重;

(4) 对泄洪通道和下游可能发生的影响,应预先做好安排,确保能及时启用生效和减小损失;

(5) 对于规模大或具有两个以上的非常泄洪设施,应备用多种泄洪方案,根据上游洪水入库的各种情况分别先后启用各种非常泄洪设施,或按时分段泄洪,以控制下泄流量、减少破坏损失。

目前常用的非常泄洪设施有非常溢洪道和破副坝泄洪两大类型。

### 5.3.1 非常溢洪道

非常溢洪道用于宣泄超过设计情况的洪水，其启用条件应根据工程等级、枢纽布置、坝型、洪水特性及标准、库容特性及其对下游的影响等因素确定。

我国溢洪道设计规范[35]规定，非常溢洪道与正常溢洪道应分开布置，非常溢洪道宜选在库岸有通往天然河道的垭口处或平缓的岸坡上，一般不设闸门，宜采用开敞式，经论证可采用自溃式，控制段以下结构可结合地形地质条件适当简化，但不得影响主要建筑物的安全。非常溢洪道的运用概率很低，可以做得简单些，有的只做溢流堰和泄槽；在较好的岩体中开挖泄槽，可不做混凝土衬砌；若下泄超过设计标准洪水，可允许消能防冲设施发生局部损坏。为了增加泄流量，降低堰顶高程；或为了多蓄水，在堰顶填筑高于校核洪水位土埝，要求土埝正常蓄水不失事，在非常情况下能及时破开。

自溃式非常溢洪道按溃决方式可分为漫顶自溃和引冲自溃两种形式，分别如图 5-15 和图 5-16 所示。它们建在混凝土底板或较完好的岩基上，堤体可就近采用非黏性砂料、砂砾或碎石填筑，平时可以挡水，当水位超过一定高程时，又能迅速将其冲溃行洪，因结构简单、造价低和施工方便而采用较多，如大伙房、鸭河口和南山等水库采用的非常溢洪道。漫顶自溃式非常溢洪道的缺点是：过水口门形成时间难以确定；溃堤泄洪后，难以控制蓄水位，可能影响来年的效益。为了减小这种损失，可采用引冲自溃方式，用隔墩将自溃坝按不同高程分成数段，例如故意使中间坝段的砂砾石坝顶高程做得较低，可先漫顶或先引水自溃，但自溃后留下的混凝土溢流堰顶高程较高（见图 5-16），待洪水位下降后仍能保持较高的蓄水位；如若洪水位继续上涨，相邻的几个坝段也可依次自溃，它们的砂砾石坝顶高程依次递增，而遗留的混凝土堰顶高程则依次递减。

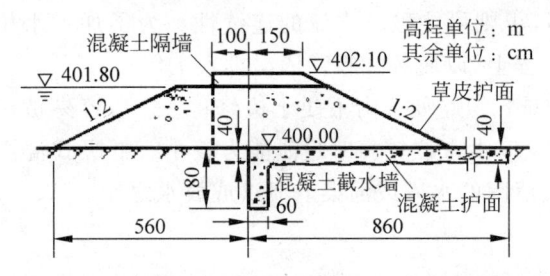

图 5-15  漫顶自溃式非常溢洪道平行水流向断面图

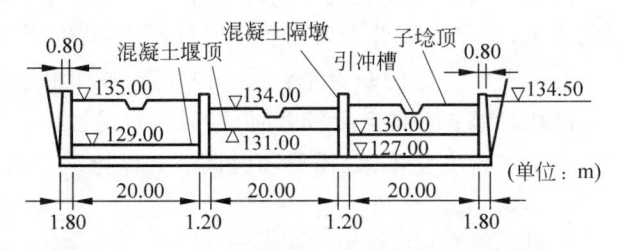

图 5-16  引冲自溃式非常溢洪道垂直水流向断面图

### 5.3.2 破副坝泄洪

若水库岸边没有垭口建造非常溢洪道的适宜条件，而有适于破开的副坝，则可考虑破副坝的应急措施，其泄洪原则与非常溢洪道相同或相似，也可采用爆破方式溃决，如图 5-17 所示。

被破副坝的位置，应选在山坳里，须有山头与主坝隔开，副坝溃决时不会危及主坝；还应综合考虑地形、地质条件、副坝高度、对山头和周围建筑物的破坏、对下游的影响和汛后副坝修复的工作量等因素慎重选定。

破副坝时，应控制决口下泄流量，不能下泄过快，使下泄流量的总和（包括副坝决口流量及其他泄洪建筑物的流量）不超过最大入库流量，使水库具有滞洪错峰能力，发挥防洪效益；待洪峰过后，在总下泄流量等于或大于入库流量以后，库水位下降至副坝决口底高程不致太低。如副坝较长，可预做中墩,将副坝分成数段,遇到不同概率的洪水,可分段泄洪,宜控制岩基面或混凝土护板高程较高的分段先溃决,其余类推,尽量使泄洪后具有较高的库水位。

非常泄洪设施至今很少经过实际运用考验,尚缺乏实践经验。目前在设计中如何确定合理的非常洪水标准、非常泄洪设施的启用条件、各种设施的可靠性、安全性、对下游的影响情况以及非常泄洪指挥系统的建立和健全等,尚有待进一步研究和解决。

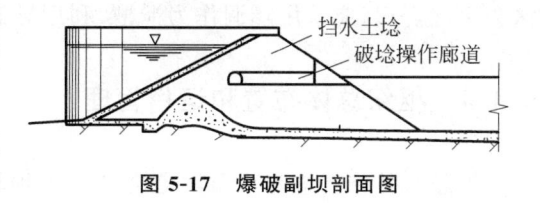

图 5-17 爆破副坝剖面图

## 5.4 岸边溢洪道的布置和形式选择

岸边溢洪道的布置和形式选择与水库水文条件、坝址地形、地质条件、枢纽布置、施工条件、管理要求以及造价等因素有关,分别叙述如下。

### 5.4.1 水库水文条件

从水文洪水资料来看,如果校核洪水洪峰流量很大,其水位超过正常蓄水位很多,宜采用带有溢流堰的正槽式或侧槽式溢洪道,只要溢流堰不受下游水位顶托,随着堰顶水头的增加,泄流量增加较快,与 $H^{3/2}$ 成正比($H$ 为堰上水头)。而井式溢洪道和虹吸式溢洪道在水位较低时处于堰流状态,但随着水位升高到某一水位后,水流从自由堰流变成管流,其泄流能力随着水头增加而泄流量增加缓慢,只与 $(\Delta H)^{1/2}$ 成正比($\Delta H$ 为上下游水位差),每增加同一泄流量,须升高库水位很多,因而加大坝高和淹没损失。所以,这类溢洪道不宜用在校核洪水较大的枢纽中。若岸边在坝头远处高程合适的位置有较宽的垭口,宜建造非常溢洪道,缩减大型溢洪道的规模。

如果库水位或河流水位变化不大,而且其水位需要随时调节,那么选用虹吸式溢洪道较为合适。

### 5.4.2 地形条件

地形条件对溢洪道开挖方量和溢洪道形式的选择影响很大。若岸边地形平缓或者在坝顶高程附近有较宽的垭口,其下游山沟能使下泄洪水很快回归河槽,则适合建造正槽式溢洪道。如果两岸山高坡陡,溢洪道布置在一岸开挖方量太大时,宜采用侧槽式溢洪道,其溢流堰大致沿水库岸边等高线布置,溢流前沿长而泄槽较窄,开挖方量较少;还可采用通过隧洞泄洪的侧槽式溢洪道或井式溢洪道。井式溢洪道的入口,应设在水库岸边易于开挖成平台处,以保持四周进水通畅。如果受地形限制,可将其入口布置成半圆形或扇形的溢流堰,下接隧洞泄槽,水平段可利用导流洞,以节省造价。

### 5.4.3 地质条件

岸边溢洪道除了流速不大的水平引渠之外,其他部位流速较大,一般须布置在较好的岩基上,并须考虑当水库蓄满以后,渗流对岩基稳定性的影响,避免把溢洪道布置在地质条件很差的地段。若覆盖层很厚、岩石表层风化严重或有软弱夹层,或者陡峻岸坡因开挖泄槽增加大量开挖方量以及开挖过深会引起坍塌,应采用隧洞作为泄槽,利用导流洞作为水平段泄洪。

### 5.4.4 枢纽总体布置和运用管理

枢纽总体布置应考虑溢洪道进口与土坝坝体之间宜有适当距离,以免泄洪时由于进口附近的横向水流冲刷上游坝坡。若因条件限制,必须与大坝紧接,则应建造混凝土导水墙将两者隔开,并应加强对邻近坝坡的保护和做好防渗连接。应尽量缩短引水渠的长度,减少水头损失。要特别注意溢洪道下游出口的布置,出口距坝脚及其他建筑物应有足够的距离或用隔离堤分开,以免水流或回流冲刷影响建筑物的安全,下泄洪水应不影响发电和通航等正常运行。

从出口消能、宣泄漂浮物和养护维修方面考虑,以正槽式溢洪道较为方便。

从管理方便、反应灵敏方面考虑,虹吸式溢洪道较好,它较适宜用在库水位和最大下泄流量变化不大、且需要随时调节库水位和流量的河流、渠道和溢洪道等水利工程中。

### 5.4.5 施工条件

溢洪道布置在离枢纽主体工程较远处,施工干扰少,有利于施工,但不易集中管理。在靠近主坝岸边修筑溢洪道,与坝身施工可能有些干扰,但可以利用开挖溢洪道的土、石料填筑坝体,对施工有利,还可降低造价。在施工布置时应仔细考虑出渣路线及堆渣场所,要做到相互协调,避免干扰。

井式溢洪道进口使用漂浮式圆筒闸门,用水的浮力控制闸门升降,操作简单方便,但整个工程的开挖、衬砌比较复杂;虹吸式溢洪道不用闸门,也不需动力电源控制蓄水泄洪,便于运行操作管理,但整个工程的混凝土衬砌也很复杂,衬砌表面都需要精准和光滑。一般施工技术队伍难以胜任这两种溢洪道的施工,而且工期较长,需要熟练的技工队伍和精良的施工机械。

若施工条件较差,校核洪水很大,宜考虑设置非常溢洪道,施工简单,节省工程造价。

以上各种条件对岸边溢洪道的选型和布置都有不同程度的影响,在实际工程中这些条件都应考虑到,对于各个具体工程如何选择,还应通过技术经济全面综合分析比较,才能确定较优化的方案。

## 思 考 题

1. 正槽式溢洪道有哪些组成?各起什么作用?
2. 对弯道上的泄槽应注意哪些问题?
3. 对高流速溢洪道应采取哪些减蚀措施和哪些消能措施?
4. 岸边溢洪道有哪些形式?各有哪些优缺点?各适用于什么情况?

# 第6章 水工隧洞

> **学习要点**
> 水工隧洞的工作任务、特点、布置、选线、选洞型、衬砌、减蚀和消能是本章的重点。

## 6.1 概　述

### 6.1.1 水工隧洞的类型和功能

水利水电工程在山体里开凿的各种过水隧洞统称为水工隧洞,按其功能用途分为以下几种。

(1) 导流隧洞,在水利水电工程施工期间起导流作用。

(2) 引水隧洞,起引水作用,将水库或河道里的水引至水轮机转动发电,或引至下游灌溉、城市供水等。

(3) 尾水隧洞,将地下水电站水轮机运转后排出来的尾水通过隧洞引至下游河道。

(4) 泄洪隧洞,用于排泄洪水,防止库水漫过坝顶破坏大坝。

(5) 排沙隧洞,用于排放水库泥沙,保证水电站等结构正常运行,延长使用年限。

(6) 放空隧洞,在人防、地震、或大坝出现事故等应急情况下,用于放空水库,利于安全和检修。

有些工程为便于表达或区分清楚,把引水隧洞细分为引水发电隧洞、灌溉隧洞和供水隧洞等。有些工程把放空隧洞和排沙隧洞合并为一个隧洞,称为排沙放空隧洞;有些工程把施工导流隧洞在施工将要结束之前,改建为排沙放空隧洞;有些工程利用导流洞下游部分改建为泄洪洞的下水平段或者发电站尾水洞。总之,一洞多用,节省造价。

按隧洞内的水流状态,又可分为有压隧洞和无压隧洞。从水库引水发电的隧洞一般是有压的;灌溉渠道上的输水隧洞常是无压的;其余各类隧洞根据需要可以是有压的,也可以是无压的。在同一条隧洞中可以设计成前段是有压的而后段是无压的。有压隧洞和无压隧洞在工程布置、水力计算、受力情况及运行条件等方面差别较大,对于一个具体工程,究竟采用有压隧洞还是无压隧洞,应根据工程的任务、地质、地形及水头大小等条件提出不同的方案,通过技术经济比较后选定。除了流速较低的临时性导流隧洞外,在同一洞段内应避免出现时而有压时而无压的明满流交替流态,以防引起振动、空蚀和对泄流能力的不利影响。

## 6.1.2 水工隧洞的工作特点

### 1. 水力特点

水工隧洞,除少数泄洪表孔外,大多数进水口是在水下的。深式进口能提前泄水,提高水库的利用率,减轻下游的防洪负担,但深式进口泄水隧洞的泄流能力与作用水头 $H$ 的 1/2 次方成正比,当 $H$ 增大时,泄流量增加较慢,不如表孔式进口超泄能力强。表孔式进口泄量与堰顶以上水头的 3/2 次方成正比,故常用来配合坝身溢洪道和岸边溢洪道宣泄洪水。泄水隧洞所承受的水头较高、流速较大,如果体形设计不当或施工存在缺陷、掺气条件不好,容易引起空蚀;水流脉动会引起闸门等建筑物的振动;如果出口单宽流量大、能量集中会造成下游冲刷。所以,应采取措施防止空蚀和冲刷。

### 2. 结构特点

隧洞开挖后破坏了原来岩体内的应力平衡,引起应力重分布,导致围岩产生变形甚至崩塌,一般须做临时支护或永久衬砌,以承受围岩压力。若水工隧洞承受较大的内水压力,则要求围岩有足够的厚度和衬砌,否则一旦衬砌破坏,内水外渗,将使岩坡滑动,影响附近建筑物的正常运行。若有很大的外水压力可使压力钢管失稳。故应做好勘探工作,选线应尽量避开不利的水文地质地段。

### 3. 施工特点

隧洞一般洞线长,从开挖、锚喷、模板、钢筋、混凝土浇筑到灌浆,工序多,干扰大,工期长。尤其是导流洞的施工进度往往控制总工期,采用新的施工方法,改善施工条件,确定衬砌方式,合理安排衬砌时间,加快施工进度和提高施工质量是水工隧洞工程建设应该关注和研究的重要课题。

## 6.1.3 水工隧洞的组成

水工隧洞主要包括下列三个部分:进口段、洞身段及出口段。

进口段位于隧洞进口部位,包括拦污栅、进水喇叭口、闸门室及渐变段等,用以控制水流量。

洞身段用以连接进口段和出口段,输送水流,洞身段一般较长,断面比较固定或变化不大。

出口段用以连接消能设施。压力泄水隧洞的工作闸门一般设置在出口,若洞身断面形状与闸门不一致,应加渐变段;无压泄水隧洞因工作闸门布置在洞身段的上游,出口段一般不再设置闸门。

# 6.2 水工隧洞的布置

## 6.2.1 水工隧洞总体布置

水工隧洞布置的工作主要有:
(1) 根据地形、地质条件,以及枢纽各建筑物的类型和布置,拟定每一水工隧洞的任务。

(2) 根据各水工隧洞的地形、地质及水流条件,选定进口位置、高程以及进口结构和闸门类型。

(3) 确定各水工隧洞的纵坡及洞身断面形状和尺寸。

(4) 根据地形、地质、下游水位等条件及建筑物之间的相互关系选定出口位置、高程及消能方式。

在水工隧洞的布置和设计中,最重要的一步是隧洞线路的选择,它关系到隧洞施工的难易程度、工程进度、工程造价、运行可靠性等方面。选择洞线应满足以下原则和要求[36,37]:

(1) 洞线的布置与地质条件关系密切,在选择洞线位置之前,应做好地质勘探工作。在选择洞线时,应考虑以下几点:①应尽量避开很差的岩层、很大的断层或破碎带;②尽量避开地下水位高、渗水量丰富的地段;③洞线与岩层、构造断裂面及主要软弱带走向的交角 $\beta$ 应尽量取大值,对整体块状结构的岩体及厚层并胶结紧密、岩石坚硬完整的岩体,$\beta$ 不宜小于 $30°$;对薄层岩体,特别是层间结合疏松的陡倾角薄岩层,$\beta$ 不宜小于 $45°$;④在高地应力地区,应使洞线与最大水平地应力方向尽量一致或夹角很小,以减小隧洞的侧向围岩压力;⑤隧洞的进、出口在开挖过程中容易塌方且易受地震破坏,应选在岩石比较坚固完整的地段,避开有严重的顺坡卸荷裂隙、滑坡或危岩地带。

(2) 洞线在平面上宜力求短直,以形成良好的流态、减小水头损失、便于施工、缩短工期、降低造价。若因地形、地质、枢纽布置等原因必须转弯,应控制流速小于 20m/s,无压隧洞弯道曲率半径不宜小于 5 倍洞径或洞宽,与曲线相连接的直线段长度不宜小于 5 倍洞径或洞宽,有压隧洞弯道曲率半径和两端相邻的直线段长度不宜小于 3 倍洞径或洞宽。对于流速大于 20m/s 的情况,按我国水工隧洞设计规范[36,37],无压隧洞不应设置弯道,有压隧洞的弯曲半径和转角宜通过试验确定。实际情况表明:当流速大于 20m/s 时,有压隧洞即使转弯半径大于 5 倍洞宽,由弯道引起的压力分布仍不均匀,有的影响到弯道末端 10 倍洞宽以外,甚至到出口流速仍分布不均;高流速的无压隧洞,弯道会引起强烈的水面倾斜和冲击波,水流流态更为不利,有极少数的无压泄洪洞不能避免弯道,虽然采用了复曲线布置(如石头河、石砭峪水库泄洪洞),在一定程度上减小了冲击波的影响,但弯道两侧的水面差仍高达 $4\sim 6m$,后面直线段流速分布不均的长度超过 5 倍洞宽。

对于重要的高流速有压隧洞,建议圆弧曲线两端加缓和曲线与直线段相连,缓和曲线是过渡性的回旋线,与圆弧段连接处的曲率半径为圆弧段的半径,逐渐连续变化到与直线段连接处的曲率半径为无穷大,总转角、圆弧段转角和半径、缓和曲线段转角由试验确定。

采用掘进机及有轨运输出渣的隧洞,弯道半径和转角还应满足掘进机和有轨运输的要求。

(3) 有压隧洞洞身的法向围岩最小厚度 $C_{RM}$(不包括覆盖层和全、强风化岩层)按式(6-1)计算[36,37]:

$$C_{RM} = F\gamma_W h_W /(\gamma_R \cos\alpha) \tag{6-1}$$

式中:$\gamma_W$——水的重度,$\gamma_W = 9.8 \text{kN/m}^3$;

$\gamma_R$——岩体重度,$\text{kN/m}^3$;

$h_W$——洞内静水压力水头,m;

$\alpha$——在隧洞断面附近岸坡的坡角,若 $\alpha > 60°$,取 $\alpha = 60°$;

$F$——经验系数,一般取 $1.30\sim 1.50$,地质条件较差时,宜取大值。

(4) 泄水隧洞的进口位置和地形应使进口水流顺畅,避免形成串通性或间歇性漩涡;出口位置和地形应使水流与下游河道平顺衔接,并与土石坝或下游围堰坡脚及公路、铁路、楼房等其他建筑物保持足够距离,以防施工干扰以及运行期水流冲刷影响正常工作。

(5) 水工隧洞的纵坡应根据运行要求和水力学条件、沿线建筑物的高程和上下游的衔接、施工和检修等条件确定。无压隧洞的纵坡应大于临界坡度;有压隧洞的纵坡主要取决于进口高程和出口高程,要求全线洞顶在最不利的条件下保持不小于 2m 的压力水头,沿程纵坡不宜变化过多;对于平洞,为便于施工有轨斗车人工运输,底坡一般为 3‰～5‰,不大于 10‰;汽车运输的坡度一般为 3‰～20‰,不超过 30‰;为便于施工期和检修排水,隧洞不宜采用平坡或反坡。

(6) 不同纵坡的区段需要竖曲线连接,对于流速超过 20m/s 的情况,竖曲线的形式和曲率半径宜通过试验决定;对于流速低于 20m/s 的无压隧洞,竖曲线的半径不宜小于 5 倍洞径或洞宽。

(7) 对于长隧洞,选择洞线时还应注意利用地形、地质条件,布置一些施工支洞、斜井、竖井,以便增加工作面,有利于改善施工条件,加快施工进度。

(8) 相邻隧洞之间的距离,应根据布置的需要、地形地质条件、围岩的应力和变形情况、隧洞的断面形状和尺寸、施工方法和运行条件(如一洞有水、邻洞无水)等因素,综合分析确定,相邻两洞之间岩体的最小厚度一般不宜小于 2 倍开挖洞径或洞宽。确因布置需要,经论证岩体最小厚度可适当减小,但不应小于 1 倍开挖洞径或洞宽,应保证运行期不发生渗透失稳和水力劈裂。

为了得出正确合理的选线,关键是能否得到真实的地质勘测结果,在此基础上,综合考虑各种因素,按照实际工程经验总结出来的上述各点要求,拟定不同方案,综合技术经济比较得出优化的方案。

土石坝工程因担心坝内设置输水管道开裂渗水破坏风险很大,而改用很多条水工隧洞输水的方案。如小浪底水利枢纽工程大坝为黏土斜心墙堆石坝,不设置坝内输水管道,但右岸山体平缓、岩体强度差,只好把 3 条明流泄洪洞、6 条发电引水隧洞、6 台发电机组(每台 300MW)的地下厂房及其附属洞室、3 条尾水洞、3 条直径 6.5m 压力排沙洞、1 条直径 3.5m 压力灌溉洞、3 条导流洞(每条开挖洞径 19.8m)及其改建的 3 条孔板消能泄洪洞等 100 多个地下洞室布置在左岸约 1(km)$^2$ 的单薄山体。

我国西南地区雨量充沛、河水流量大,山高水深、河谷狭窄,即使挡水建筑物是混凝土坝,也很难把水电站全部厂房和泄洪建筑物布置在坝内或坝后,如:溪洛渡水电站挡水建筑物为 285.5m 高的混凝土双曲拱坝,坝身已布置泄洪建筑物,水电站厂房布置在左右岸地下岩体,各安装 9 台发电机组,每台 770MW,总装机 13 860MW,仅次于我国三峡和后建的白鹤滩水电站以及巴西伊泰普水电站,居世界目前已建水电站第四位,引水发电隧洞,尾水洞、交通洞及其他附属洞室等地下洞室很多,还有导流洞、4 条泄洪洞(每条断面宽 17m、高 22m),在不到 1(km)$^2$ 内有近百条边墙高、跨度大的洞室,其中主厂房跨度 31.9m、长 443.3m、高 75.6m,尾水调压室高 95m,均为当时世界同类之最。为保证岩体稳定,两岸山体还开挖了各种监测洞、灌浆洞、排水洞等,连同原设计的地下洞室共 342 条,在空间里纵横交错,这些都使水工隧洞、地下厂房和附属洞室的布置、设计和施工增加了很大难度。

锦屏二级水电站将 150km 长的锦屏大河湾截弯取直,开挖建造 4 条引水发电隧洞,平均洞长约 16.67km,开挖洞径 12.4m,打穿锦屏山从西侧引水至东侧落差 310m,共 8 台机组发电,每台机组装机 600MW。另外还有 2 条交通洞和 1 条排水洞,共 7 条长隧洞总长近 120km,位于高山高地应力地区,地下水丰富,开挖时漏水坍塌严重,被国内外水电界公认为世界建设管理难度最大的水工隧洞群。

### 6.2.2 闸门在隧洞中的布置

泄水隧洞一般要设置两道闸门:一道是经常用来调节流量、可在动水中启闭的工作闸门;另一道是设置在进口的检修闸门,在检修工作闸门和隧洞时用来挡水。若隧洞出口低于下游水位,出口处还须设置叠梁检修门,防止下游河水反流向隧洞。单纯检修任务的检修闸门一般只在静水时下闸门关闭,以减轻门重、节省造价和启闭力;但为应急事故,还须设置很重的事故闸门在动水中立即关闭。有些工程将事故门和检修门合并为一个很重的事故检修闸门,在发生事故时能在动水中迅速关闭闸门,在事故处理后或在检修工作完成后,将下游的工作门关闭,待通水平压后提升事故检修闸门。

对于无压隧洞,工作闸门一般设在进口紧挨在检修门下游不远之处,在开启检修门时,可节省通水平压的用水量和时间。若进口采用表孔溢流式,与岸边溢洪道相似,只是用隧洞代替了泄槽(参见图 6-1,图中所示的上游水位并非正常蓄水位,而是设计洪水位或校核洪水位,正常蓄水位应低于工作门关闭时的门顶高程),国内外很多泄洪洞采用龙抬头的布置形式,下平段常与施工导流隧洞相结合,以达到一洞多用的目的,表孔进口有较大的超泄能力,但要求隧洞断面足够大,否则容易变成满流或明流与满流交替发生的不良流态,容易发生空蚀,增加水头损失,减小下泄流量。

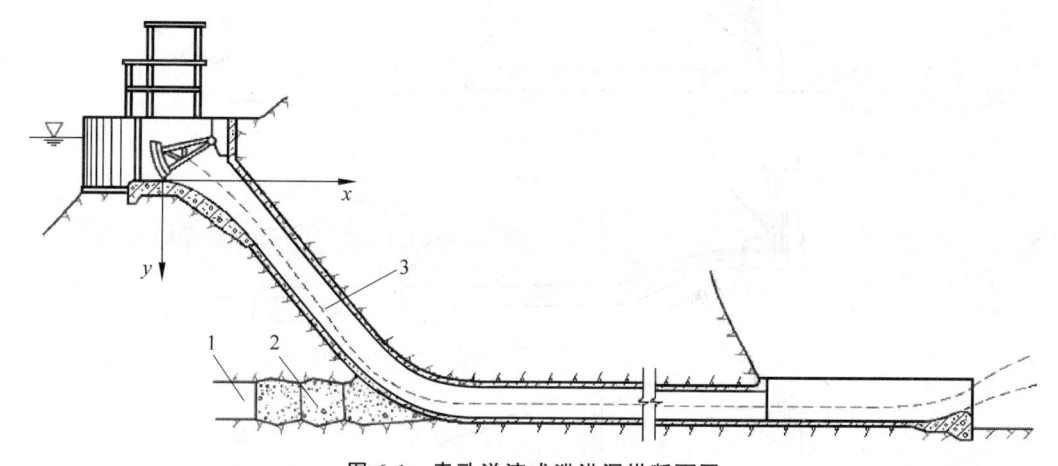

**图 6-1 表孔溢流式泄洪洞纵断面图**
1—导流洞;2—混凝土堵头;3—水面线

若工作闸门距离水下深处的进口很近[如图 6-2(c)和(d)所示],对工作闸门的安装和运行操作不便,为保证洞内为无压流态,门后洞顶应高出洞内水面一定高度,并需向闸门后通气。

有压隧洞将工作闸门布置在出口,如图 6-2(a)和(b)所示,其优点是:泄流时洞内流态平稳;工作闸门后通气条件好;工作闸门的控制结构也较简单,安装、管理和维修方便。但洞内经常承受较大的内水压力,一旦衬砌漏水,对岩坡及土石坝等建筑物的稳定将产生不利影响。实际工程中,常在进口设事故检修门,平时也可用以挡水,以免洞内长时间承受较大的内水压力。

工作闸门布置在洞内中部,闸门的上游段为有压洞段,闸门的下游段为无压洞段,如图 6-2(e)所示。有不少泄洪洞采用了这种布置,如三门峡泄洪洞、碧口左岸泄洪洞、新丰江泄洪洞等。采用这种布置的主要原因是:洞内中部比进出口处的地质条件好,将工作闸门室布置在洞内可以利用较强的岩体承受闸门传来的水推力,但对施工、管理和维修不便。

### 6.2.3 多用途隧洞的合并布置

导流洞在大坝竣工后将闲置不用,泄洪洞在运行期很少使用,这两种隧洞宜合并使用或与其他隧洞合并使用。类似的一洞多用,可减少隧洞数量,有助于布置,减小工程量,降低造价,但也必须妥善

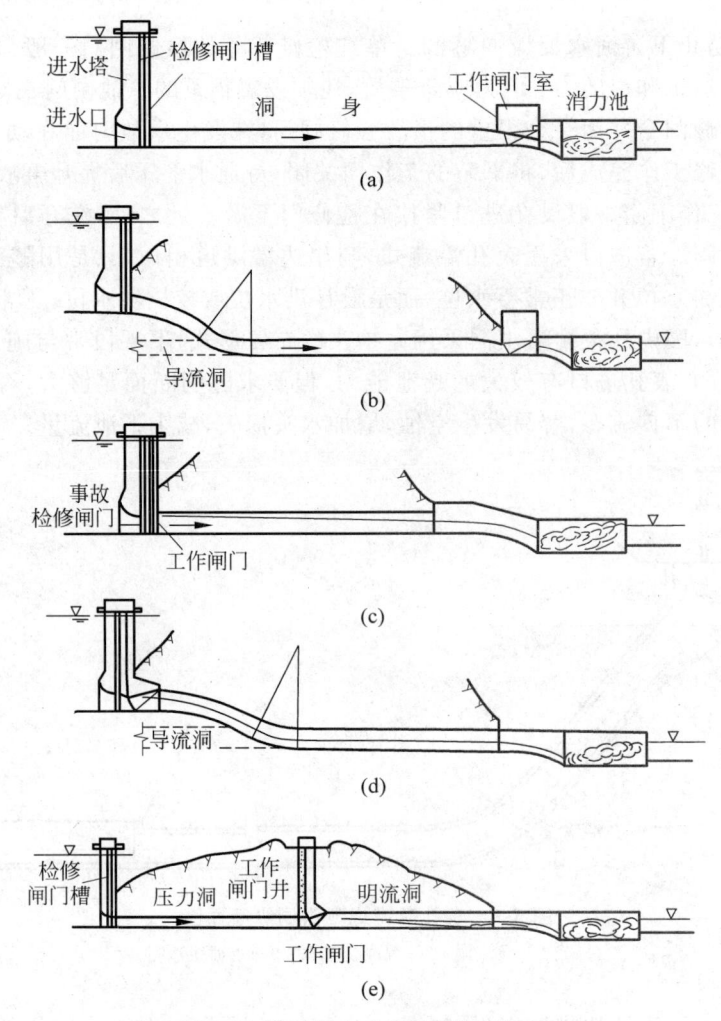

**图 6-2　进口深水式泄洪洞纵断面图**

(a) 压力流泄水隧洞；(b) 龙抬头压力流泄水隧洞；(c) 明流泄水隧洞；(d) 龙抬头明流泄水隧洞；(e) 压力流明流结合的泄水隧洞

解决一些问题。

### 1. 泄洪洞与导流洞合一布置

在导流洞完成任务后，选择合适时间将其进口封堵后，将导流洞的一部分改建为永久的有压或无压泄洪隧洞。如：刘家峡、碧口、石头河、毛家村等工程把导流洞改建为无压泄洪洞；响洪甸、南水、冯家山等工程把导流洞改建为有压泄洪洞。

对于高坝泄洪洞工程，为了减小作用在闸门上的水压力，降低进口结构造价，改善闸门的运行条件和解决淤堵问题，应在导流洞上方另设进口，布置成龙抬头的形式，在进口之后用抛物线段、斜坡段及反弧段与较低的导流洞相连接，斜坡段尽量靠近上游进口，与水平面的夹角达 50°以上，尽量多利用导流隧洞的长度，节省工程量，如图 6-1 所示。宜尽量将泄洪洞在平面上布置成直线，有利于泄洪高速水流有较好的流态，而导流洞使用年限短，流速小，不致因弯道产生大的影响，可将导流洞进口段偏转一个角度（如刘家峡导流洞进口段偏转 32°，碧口导流洞进口段偏转 14°），设置半径为 5 倍洞径或洞宽的弯道,位于导流洞与泄洪洞堵头至导流洞进口之间。

由导流洞改建为龙抬头式无压泄洪洞,常因导流洞宽度较大,需要设扩散段以解决泄洪洞与导流洞的衔接。扩散段应设在水流比较均匀平稳的部位,以防流态恶化。根据一些泄洪洞扩散段的统计资料,当流速大于 20m/s 时,边墙扩散角约为 2°~6°<7°;对于有压洞,边墙扩散角可增加到 6°~10°。碧口水库右岸泄洪洞,由 8m 扩散到 13m,分为两段,一段设在进口后的抛物线段上,另一段设在反弧下切点下游 48m 之后,其边墙扩散坡度均为 1:20。扩散段边墙两端与等宽段边墙相交处宜用圆弧曲线连接,对改善压力分布和平稳流态是有利的,它优于折线连接。

深孔进口的流速较大,短管型进水口后的抛物线段底板曲线应符合射流曲线,以便闸门在不同开度时均能保持一定的正压。反弧段是水流的转向部位,由于离心力很大,流态复杂,脉动强烈,一般采用圆弧曲线,反弧半径不应过小,宜采用最高水位与反弧最低点高差的 0.3~0.7 倍。

若导流洞进口在最高洪水位以下的水深不大,泄洪洞也可与导流洞共用进口段,不做成龙抬头式的泄洪洞,可节省投资,但在导流前除了完成洞挖和必要的部分衬砌外须完成事故检修门槽及其上游进口段钢筋混凝土衬砌(包括门槽的埋件和二期混凝土衬砌)、平压通水阀门部位的施工安装等,需要较长时间才能导流。对于急需提前发电或供水的工程,应尽量加快上述施工流程,尽快导流,导流后继续完成事故检修门和启闭机的安装,待下闸蓄水后,再继续抓紧完成作为泄洪洞的衬砌、工作门室的衬砌、工作闸门和启闭机的安装等工序。

**2. 泄洪洞与排沙洞、泄空洞、导流洞合一布置**

由于泄洪洞和排沙洞、泄空洞一般很少使用,单独设置多套平时很少使用的隧洞,显得投资多作用少,宜将它们部分隧洞合并共用,由导流洞改建成四合一隧洞。

对于高度小于 50m 的中低坝,泄洪洞进口和全洞可与其他三洞合用,但须尽快完成全洞开挖、必要的衬砌和进口段包括事故检修门槽、通水平压部位及阀门的施工才能导流。

对于高度超过 50m 的中高坝,将泄洪洞进口另外单独布置在高处,做成龙抬头式泄洪洞,只在水平段与导流洞、排沙洞和泄空洞下游直线段的一部分合用。因泄洪流速较大(但不宜太大),泄洪洞的平面位置应按直线布置;排沙洞一般在水位较低时对整个库底的排沙效果较好,排沙洞的流速较小,可减轻冲蚀和磨损。排沙洞、泄空洞和导流洞都是低水位运行的,从低处进口到出口可共用一洞,简称三合一洞。它与泄洪洞下平段水平偏转角宜小于 30°,岔口与泄洪洞反弧段下切点的距离、与隧洞出口的距离都宜超过洞宽的 10 倍以上,其内侧折角改用圆弧与直线段相切,圆弧半径宜大于 5 倍洞宽。三合一洞在岔口上游若须设置弯道,总转角不宜超过 60°,弯段圆弧半径不小于洞宽的 5 倍。

排沙后可能还有些泥沙残存在洞里,为避免泄洪时高速水流掀动残存在洞里的泥沙对隧洞衬砌和有关结构磨损破坏,在开始泄洪时应控制下泄流速和流量,待残存泥沙被冲走后,再加大下泄流量。

**3. 泄洪洞与水力发电引水洞部分合一布置**

泄洪洞若经过上述各种合并布置后仍不能满足泄洪要求,可考虑利用水力发电引水洞的一部分短时间泄洪,可节省或部分节省另建不常用的泄洪洞或其他泄洪设施的工程量,降低工程造价。但主要问题是:洞内岔尖附近水流流态复杂,容易产生负压和空蚀破坏,应选在Ⅰ、Ⅱ类岩体并做好高强度衬砌;泄洪洞有压段工作闸门应在岔尖下游 10 倍洞宽之外,应尽量采取措施减小其相互影响。

由于泄洪时洞内流速比平时发电流速大很多,采用主洞直线方向泄洪比支洞转向泄洪的流态好,平时关闭泄洪闸门发电,主洞流速比泄洪流速小很多,叉尖附近的负压相对较小,发电引水支洞回流强度弱,范围也小,岔口附近的水头损失较小,直线泄洪水流受叉尖影响较小。所以,如果泄洪流量较大、发电引水流量较小,应设计成主洞(直洞)沿直线方向直通出口泄洪、支洞(岔洞)转向发电;只有在发电流量比泄洪流量大很多或泄洪流速不大的情况,才设计成主洞(直洞)发电、支洞(岔洞)转向泄洪,但若泄洪流速很大,分叉转向泄洪流态复杂紊乱,具体分叉形式(如分叉位置、洞径比例、分叉角度、主支洞连接曲线等)应根据水头、流量及分流比确定,必要时应进行水工水力学模型试验论证。

分叉处的水力条件除了受流速、分流比的影响之外,还与分叉角有关。分叉角度越小,流态越好,岔尖水流分离区小,水头损失也小。但分叉角过小将使洞间岩壁单薄,对结构强度及施工不利。

由于分叉后的水流紊乱,流态复杂,在分叉后的各洞直线段长度宜大于洞宽的 10 倍。

为提高洞内及岔尖部位的压力,减免空蚀,应收缩泄洪洞出口面积或减小泄洪洞闸门开度。若主洞泄洪,应控制泄洪洞出口面积与洞身面积的收缩比 $\eta \leqslant 0.85$;若支洞泄洪,则取 $\eta \leqslant 0.7$。

对于与发电引水隧洞部分合用的泄洪洞,应严格控制其泄洪流量,其他泄洪洞和泄洪设施应承担主要的或绝大部分的泄洪任务,以确保正常发电。

**4. 经常使用的水力发电引水洞与灌溉(供水)洞合一布置**

地下水电站的尾水洞可与导流洞合一作为灌溉(供水)洞,地面水电站可利用导流洞改建成引水洞并在出口外接压力管道引至水电站,发电后的尾水用于灌溉和城市供水,只要能满足灌溉和城市用水需要,就不须另外凿建灌溉或供水洞,可节省投资。但由于水力发电具有很好的调峰能力,专门用于高峰用电时尽快放水发电,在低谷用电时须尽快关闸停止放水发电,以免转轮和转子在外界没有负荷或负荷很小的情况下飞逸运转而破坏。所以,放水发电与灌溉供水时间往往不一致,在不需要用水时却放水发电,在需要用水时却不能发电放水。为便于供水,可在发电引水隧洞或压力管道通向水电站之前的合适位置分叉引出灌溉或供水管道,并设置闸门或阀门,当不发电时,打开此门放水引至灌溉或城市供水;当发电时,关闭此门,将发电尾水引用灌溉或城市供水。若发电尾水流量小于所需流量,在发电时还可部分打开水电站上游的分叉管闸门控制放水流量,使加上尾水流量后的总下泄流量等于所需流量。若发电尾水流量比所需流量超过很多,在发电时将放弃掉很多水,是很可惜的。有些工程在下游合适的位置建造小坝或水闸,拦蓄发电尾水,形成调节池,在需要用水时,即使不放水发电也可从小坝或水闸放水灌溉和城市供水。

## 6.3 水工隧洞进口建筑物

### 6.3.1 进水口的形式

水工隧洞进水口的布置及结构形式,可分为斜坡式、塔式、岸塔式和竖井式等。

**1. 斜坡式进水口**

斜坡式进水口是在较为完整的岩坡上进行平整开挖、将闸门轨道和拦污栅轨道分别定位并与岩壁上的锚筋或钢筋混凝土墩上的插筋焊接后,再用二期钢筋混凝土固定而成的进水口闸门控制结构。其优点是:结构简单,施工、安装方便,稳定性好,工程量小。缺点是:若进口洞轴线水平则闸门面积加大;闸门轨道过于倾斜,闸门难以靠自重下降。为了减小闸门面积,把进口洞轴线改成垂直或接近垂直于闸门轨道方向,如图 6-3 所示;该工程原岩坡较缓,闸门很难靠自重沿此坡度下滑,为了解决此问题,在上部岩坡建造塔架,抬高顶部轨道,将轨道变陡。实际工程中岩坡凹凸不平,相差很大,很难找到平整、坚固、同一个坡度的大岩壁,有的岩壁上方岩表距离轨道太远,须做很高很大的钢筋混凝土墩。所以,斜坡式进水口的检修门轨道一般不会很高。

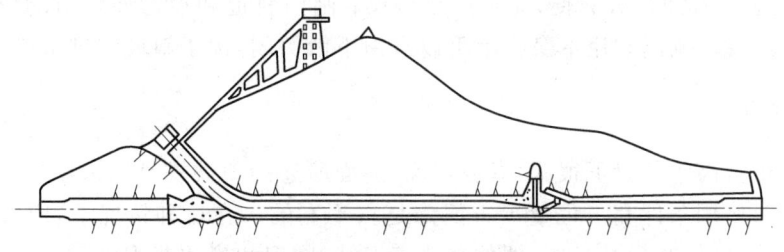

图 6-3 梅山水库泄洪洞纵断面简图

## 2. 塔式进水口

如果隧洞进口处的岩坡较缓,覆盖层较厚,岩体较差,很难依靠岩坡建造斜坡式轨道,宜在隧洞进口处建造竖直塔架,闸门轨道按竖直方向固定在塔架里,有利于闸门下滑关闭,但需要建造较长的交通桥与库岸或坝顶相连接。在塔架顶部设置操纵平台和启闭机室,有的工程在塔内设油压启闭机。塔式进水口有框架塔式[见图 6-4(a)]和封闭塔式[见图 6-4(b)],封闭式塔身一般采用矩形横断面的钢筋混凝土结构。框架式结构材料用量少,比封闭式经济,但结构过于单薄,受地震、冰压力、风浪压力的影响较大,稳定性相对较差,而且泄水时进口附近流态不好,容易引起空蚀,不宜作为大流量高流速的泄洪洞使用,多用于低水头低流速水工隧洞。高塔架因受力和稳定条件较差,一般很少采用。

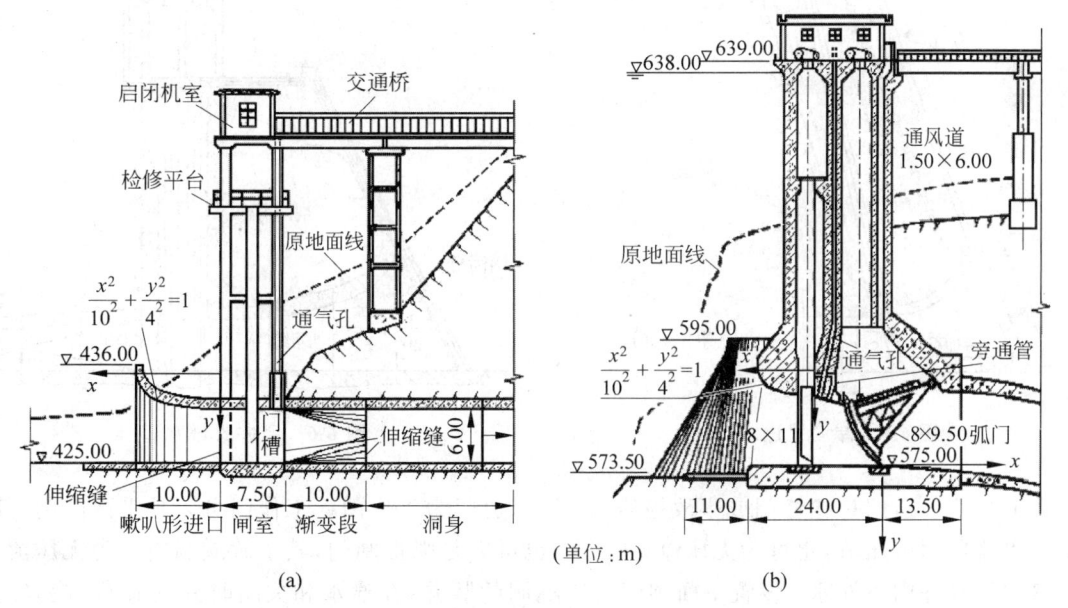

图 6-4 塔式进水口
(a)框架塔式进水口;(b)封闭塔式进水口

### 3. 岸塔式进水口

如果进水口处的岩坡较陡而且岩体强度和稳定性较好,可将岸坡表层强风化岩体开挖、平整后,紧靠其上建造直立的或倾斜的进水塔(如图 6-5 所示),这种进水口称为岸塔式进水口。由于岩坡起支撑作用,再加上锚索、锚筋的连接,岸塔式进水口的稳定性和抗震性能远远好于塔式进水口,所以可做得很高;其施工、安装工作也比较方便,无须接岸桥梁;闸门轨道和拦污栅轨道的位置和坡度可以在塔内调整,比岩坡陡一些,闸门利用本身自重可以自由下滑关闭,优于斜坡式进水口。

### 4. 竖井式进水口

如果进水口在正常高水位以下很深,岸坡很缓,前面所述的斜坡式、塔式、岸塔式进水口无论在结构稳定性、施工条件、使用条件和工程量等方面都是很不利的。在这种情况下,应考虑在隧洞进口附近的岩体中开挖竖井,做好闸门井衬砌、埋件和轨道安装、闸门和启闭机安装等工作,闸门不用时一般放置在井的底部附近,井的顶部操纵室安装启闭机械(如图 6-6 所示)。这种形式进水口称为竖井式进水口,其优点是:结构简单,不受风浪和冰的影响,抗震和稳定性好;当地形、地质条件适宜时,工程量较小,造价较低。缺点是:竖井式进口需要较好的地质条件,需要较强的施工设备和施工技术水平。

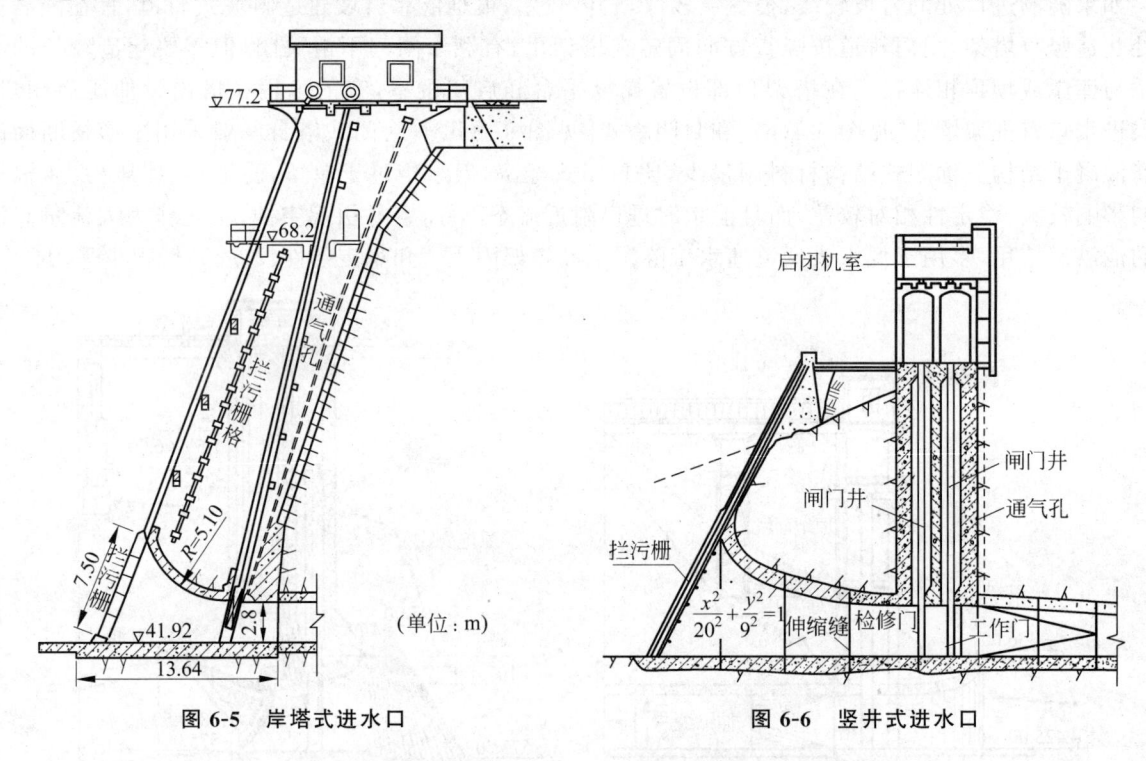

图 6-5 岸塔式进水口

图 6-6 竖井式进水口

竖井上游第一道门是检修门或事故检修门;第二道门为工作门。工作门可以是平面闸门,其下游隧洞内的水流可为有压流,也可为无压流;工作门也可以是弧形闸门,其下游隧洞内多为无压流,控制弧形门启闭的竖井内不充水;设置平面闸门有压隧洞的竖井,在通水和关闭时井内有水,检修时井内无水。井内无水时衬砌上的作用力有:外水压力、侧向围岩压力、温度和地震作用等,井内有水时还作用内水压力。但对衬砌最不利的是施工或检修时井内无水、而井外有水压力的情况。竖井结构分析可根据受力条件和地质条件沿井的不同高程截取断面,按单位高度的封闭式框架计算。

以上是进水口几种基本的形式,实际工程中常根据地形、地质、枢纽布置要求、施工等具体条件组合采用,例如:三门峡 1 号泄洪排沙洞的进口下半部为井式、上半部为塔式,如图 6-7 所示。

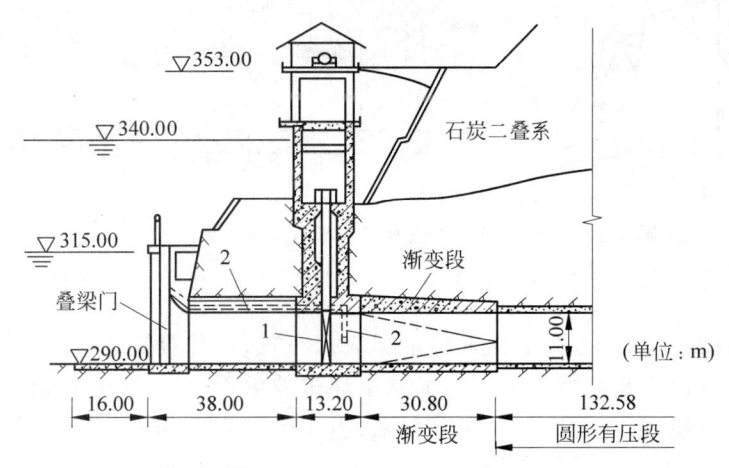

**图 6-7 三门峡 1 号泄洪排沙洞的进口简图**
1—事故检修门;2—平压连通管

## 6.3.2 进口段的组成部分

进口段包括进水喇叭口、闸门室、通气孔、平压连通管和渐变段等几个部分。

**1. 进水喇叭口**

为避免进口处产生不利的负压和空蚀破坏,减少局部水头损失,提高泄流能力,进水口常采用水平底面、其余三面沿水流方向收缩的喇叭口矩形断面,喇叭口的顶板和边墙的水流轨迹常采用椭圆曲线。对于重要工程,为保证喇叭口具有良好的体形,进口曲线应通过水工水力学模型试验确定。

据我国部分水利水电工程的统计,水下进水口基本上按有压流设计,即使是工作门下游的洞身段是无压隧洞,在工作门上游的进水口也为压力段,其长度为 1.5~2.5 倍闸门处的孔口高度,属于短管型进水口。目前这类进水口工作门多采用弧形闸门,其支铰处的推力一般宜传给隧洞岩体承受。

为使短管型进水口具有良好的压力分布,工作门前的顶板应有倾斜压坡,顶板纵断面有三种布置形式:①椭圆长轴倾向下游,如乌江渡水电站左岸泄洪洞进水口,椭圆长轴的倾角为 12°,见图 6-8(a);②长轴水平向,但在检修闸门槽之前以不缓于 1:10 的倾斜直线与顶板曲线相切,如刘家峡水电站泄洪洞进水口,见图 6-8(b),切点在检修门槽上游 1.169m 处,切线斜率为 1:5.2;③长轴水平向,顶板曲线下接切线斜率不缓于 1:10,但切点在检修门槽上游边缘处,如碧口水电站右岸泄洪洞进水口在此处的斜率为 1:5.2,见图 6-8(c)。据已建工程资料,切线斜率多为 1:10~1:4.5。

检修门槽前的入口段长度与工作闸门处的孔口高度之比宜为 0.8~1.0。为改善工作门附近的压力分布和水流流态,检修闸门槽与工作闸门之间为等宽的矩形断面,顶板向下游压坡的斜率应略陡于曲线顶板末端切向,一般为 1:6~1:4,多数采用 1:5~1:4。两门距离应满足启闭机的布置和闸门维修的要求,一般为 3~6m。

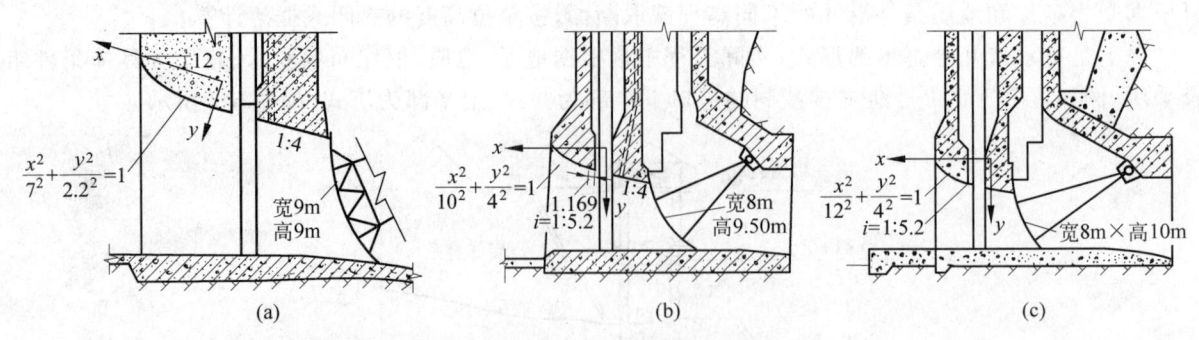

图 6-8 无压隧洞深式进水口纵断面简图（尺寸单位：m）

(a) 乌江渡水电站左岸泄洪洞进水口；(b) 刘家峡水电站泄洪洞进水口；(c) 碧口水电站右岸泄洪洞进水口

在早期闸门和启闭机较小，有些工程采用一洞双孔布置，每孔设置事故检修门和工作门，中墩及两侧收缩会引起明流洞内不利的冲击波。为了减小冲击波的影响，红山水库泄洪洞在闸门后的顶部加压板并延伸到闸墩下游，形成有压收缩段。后来，由于大型闸门和大功率启闭机的出现，不必采用一洞两孔的布置方式，使进口段的设计、施工和运行管理大为简化和方便，避免了很多问题和麻烦。

### 2. 通气孔

在水工隧洞中，通气孔的作用是：①在工作闸门的各级开度条件下承担补气任务，降低门后负压，稳定流态，避免发生振动和空蚀；②减小作用在闸门上的下拖力和附加水压力；③在检修时下放检修闸门之后放空洞内水流过程中用以补气；④在检修完成后，需要向检修闸门和工作闸门之间充水，才能平压开启检修闸门，在充水过程中需要通气孔排气。根据通气孔的这些作用，通气孔应紧接在进水口事故检修门之后；弧形工作门的下游为高流速无压洞，水面以上的空气容易被高速水流带向下游，为防止洞内出现负压空蚀破坏，还应在工作门后面设置通气孔。

对于工作门设置在出口的有压隧洞，尽管按规范要求洞内水压不低于 2m 水柱压力，但检修闸门的提升需要关闭工作门，须通水使检修门上下游两侧平压，为避免洞内气压升高引起爆炸性喷发，需在检修门之后设置通气孔排气。另外，在需要检修时，先关闭工作门，待洞内水流静止关下检修门，开启工作门排水，洞内出现负压；或者当事故门突然下降关闭时，随着水流下泄，事故门后也会出现负压，需要通气孔补气。通气孔的下端应在紧靠事故门或检修门下游的洞顶部，其上端应高出最高库水位，并应有护栏设施，远离启闭机室、进人孔或其他设施。

对于大中型隧洞和闸门，门后通气孔的允许风速一般取 $[v_a]=40\text{m/s}$，小型隧洞闸门取 $[v_a]=50\text{m/s}$。设闸门在一定开启度下的流量为 $Q_w$，水的平均流速为 $v_w$，闸门后过水通道面积为 $A$，门后通气孔的面积可按经验公式 $A_a=0.09v_wA/[v_a]$ 或按半理论半经验的式(6-2)及表 6-1 中的有关参数计算[38,39]：

$$A_a \geqslant \frac{Q_w}{[v_a]}\left[K(Fr-1)^{a\ln(Fr-1)+b}-1\right] \tag{6-2}$$

式中：$Fr$——闸门孔口处的佛汝德数，$Fr=v_w/(gh)^{1/2}$；$h$ 为工作门开启高度，m；$g=9.81\text{m/s}^2$；

$K$、$a$、$b$——计算系数，见表 6-1。

表 6-1　通气孔计算系数 $K$、$a$、$b$

| 平面闸门后面为压力隧洞（或管道） ||||| 弧形闸门后面为无压隧洞（或管道） |||||
|---|---|---|---|---|---|---|---|---|---|
| 门后管道长高比 | $Fr$ 的范围 | $K$ | $a$ | $b$ | 门后管道长高比 | $Fr$ 的范围 | $K$ | $a$ | $b$ |
| 6.10~10.66 | 3.96~20.30 | 1.158 | 0.112 | −0.242 | 6.10~10.66 | 4.57~32.59 | 1.342 | 0.173 | −0.438 |
|  | 3.87~3.96 | 1.015 4 | 0 | 0 |  | 3.49~4.57 | 1.015 3 | 0 | 0 |
| 10.66~27.40 | 1.94~6.29 | 1.015 0 | 0.035 | 0.004 | 10.66~27.40 | 1.70~18.06 | 1.054 | 0.019 | 0.013 |
|  | 1.61~1.94 | 1.015 2 | 0 | 0 |  | 1.56~1.70 | 1.051 5 | 0 | 0 |
| 27.40~35.78 | 1.91~17.19 | 1.042 | 0.039 | 0.008 | 27.40~35.78 | 2.45~10.81 | 1.073 | 0.053 | 0.070 |
|  | 1.38~1.91 | 1.041 3 | 0 | 0 |  |  |  |  |  |
| 35.78~77.00 | 1.08~15.67 | 1.130 0 | 0.028 | 0.144 | 35.78~77.00 | 2.33~8.310 | 1.170 | 0.182 | −0.019 |

有压隧洞的水流速 $v_w$ 一般不大，若和佛汝德数 $Fr$ 小于表 6-1 所示的范围，或算得通气孔断面积很小，建议按隧洞断面积的 3%~5% 或引水发电管道面积的 4%~7% 选用。

对于弧形工作门布置在洞内、其下游为无压泄水隧洞的情况，除了因启闭事故门或检修门需要在其后设置通气孔之外，在工作门下游洞内，因高速水流容易带走水面空气形成负压，仍需要在工作门后面设置通气孔。这种通气孔的风速往往很大，通气孔断面尽量少变化、少弯头，其上口应设置护栏，防止人或物品被吸入，通气孔应单独自成系统，与启闭机室及其他孔洞隔开。如果无压洞很长、流速很高，则要求通气量很大，通气孔的断面积宜按式（6-2）计算，计算系数应按表 6-1 无压洞选用。

据实际资料统计：当通气孔的风速达 20~30m/s 时，发出较大声响；风速达 40m/s 时，发出汽笛声；风速达 50m/s 时，通气孔发出不安的噪声。在大多数泄洪情况下，尽量使通气孔的风速小于 20~30m/s，但通气孔的断面积应按可能最高洪水位（如校核洪水位）时的最大下泄流量计算，因其发生概率很小，持续时间不长，通气孔的允许风速可取 $[v_a]=40\sim50$m/s。最后应将式（6-2）算得通气孔断面积 $A_a$ 与 $0.09Av_w/[v_a]$ 及各种情况的要求相比取大值。有些无压洞很长，断面或流速很大，通气孔即使采用很高的允许风速按式（6-2）算得通气孔断面积仍很大，宜分成几个较小的通气孔布置在几段无压洞内。

对于短无压隧洞，若按式（6-2）算得通气孔断面积 $A_a<0.09Av_w/[v_a]$，宜取两者较大的数值。

**3. 拦污栅**

拦污栅设置在水工隧洞进口最前沿部位，用来拦阻进入隧洞水流中的树木、树枝、水草、木板等杂物。引水发电的有压隧洞在进口前沿应设细栅，以防污物阻塞和破坏阀门及水轮机叶片。其他泄水隧洞一般不设拦污栅，若需要拦截较大浮沉物，可在进口设置固定的栅梁或粗拦污栅。

拦污栅及其所拦阻的物体影响入口水流速度，增加水头损失。为减轻这些影响，拦污栅应尽量设置在入口上游低流速的前沿远处，并定期清理。对于水力发电时间较多或连续发电时间较长的水电机组，拦污栅宜设置两排，以便在清理时，另一排工作，不停止进水和拦污，不停机、不影响发电。

**4. 渐变段**

如果洞身段水压力很大，一般多采用圆形衬砌，而进口检修门或事故检修门一般都为平面闸门，门框是矩形的，它与圆形洞身之间应设置由矩形至圆形的渐变段；另外，在有压洞出口一般由门框为矩形的弧形工作门控制，在圆洞和工作门之间应设置由圆断面变成矩形断面的渐变段。渐变段的长度一般采用洞径(或洞宽)的 1.5～2.0 倍,不宜小于 1.5 倍,圆锥角宜采用 6°～10°;在出口处渐变段的顶部还应做成向下的压坡,避免顶部出现负压,出口断面积宜为洞身断面积的 85%～90%,若洞内水流条件较差,宜压缩为 80%～85%,对于重要的工程,宜通过水工水力学模型试验验证。

## 6.4 洞 身 段

### 6.4.1 洞身断面形式

洞身段位于进口段和出口段之间,一般较长,其断面形式对施工难度、进度和工程造价有较大影响,须慎重选用。洞身断面形式取决于洞内水流流态、水压力、地质条件、施工条件和运行要求等。

**1. 无压隧洞的断面形式**

无压隧洞的水流对洞壁的侧压力很小,多采用直边墙上圆拱形(又叫城门洞形)断面[图 6-9(a)、(b)]。顶部为圆拱,可承受其上岩体较大的竖向压力,且便于开挖和衬砌,应用较广。城门洞形断面的顶拱中心角多为 90°～180°,断面的高宽比 $H/B$ 一般为 1～1.5。若围岩竖向压力较大,断面宽度宜小于高度,顶拱中心角取较大数值[图 6-9(a)]。若水平地应力大于竖向地应力,宜采用小于 1 的高宽比[图 6-9(b)],顶拱中心角常用 90°～120°,也可小于 90°(拱端推力较大)。若过水断面积不变,水深与直墙都为底板宽度的一半,则湿周最短,水力半径最大,总工程量是否最省还与顶拱有关。若两边墙下角缘应力较大,宜改用 45°小斜角[图 6-9(a)]或半径为 0.15B 的小圆角[图 6-9(b)]。若围岩稳定性较差,为减小或消除作用在边墙上的侧向围岩压力,宜采用马蹄形断面[图 6-9(c)]。若围岩太差,外水压力太大,可在洞周边采用排水措施并采用圆形断面[图 6-9(d)]。城门洞形和马蹄形断面比圆形断面施工方便,对施工进度影响较小。

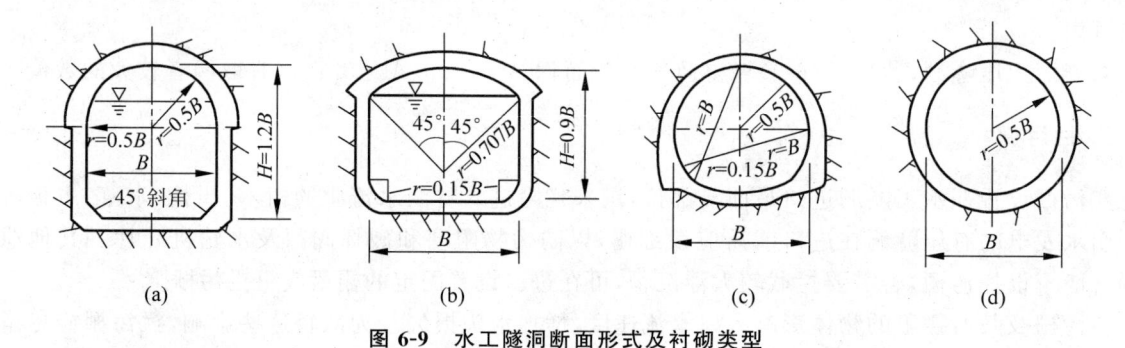

图 6-9 水工隧洞断面形式及衬砌类型

**2. 有压隧洞的断面形式**

有压隧洞一般采用圆形断面[图 6-9(d)],因为圆形断面对水流和结构受力都有利。若围岩较好,内水压力不大,为便于施工,可采用城门洞形或马蹄形断面;若外水压力大,应外加排水。

## 6.4.2 洞身断面尺寸

洞身断面尺寸应根据最大泄流量、最高作用水头、运用要求及纵剖面布置和长度,通过水力计算初步确定,必要时还须通过水工水力学模型试验验证。发电引水压力隧洞流速过大会使水头损失很多,发电效益大为减小,但流速过小则洞径和工程造价增加很多,一般按 3~7m/s 的经济流速确定隧洞的断面尺寸,如果洞径太大,宜取较大的流速以减小洞径。有压隧洞水力计算的主要任务是核算泄流能力及沿程压坡线或水头线。对于无压隧洞主要是计算其泄流能力及洞内水面线,当洞内的水流流速大于 15~20m/s 时,还应研究由于高速水流引起的掺气、冲击波及空蚀等问题。

有压隧洞泄流能力按管流计算,同式(2-90)和式(2-91),只是几何尺寸和各种系数不同而已,详见有关参考书。洞内的压力线,可根据能量方程分段推求。为了保证洞内水流处于有压状态,洞顶应有 2m 以上的压力水头,若不满足要求,可将压力水头较小的部位下移,或将洞线下移,直到满足要求为止。严禁出现明满流交替的运行方式(低水头、低流速、短暂的导流运行除外)。

无压隧洞的泄流能力,对于表孔溢流式进口,按堰流计算;对于深式短管型进口,泄流能力决定于进口压力段,仍用式(2-90)计算,但流速系数 $\mu$ 应随进口段的局部水头损失而定,一般在 0.9 左右,$A_c$ 则为工作闸门开口面积,$H$ 为库水位与工作闸门开口中心的高差。工作闸门之后的无压洞陡坡段,可用能量方程分段求出水面曲线。为了保证洞内为稳定的明流状态,水面以上应有一定的净空。当流速较低、通气良好时,要求净空不小于洞身断面面积的 15%,其高度不小于 40cm;对于流速较高的无压隧洞,还应考虑掺气和冲击波的影响,在掺气水面以上的净空面积一般为洞身断面面积的 15%~25%。对于城门洞形断面,水面线和冲击波波峰应限制在直墙范围之内。对于较长的、锚喷衬砌或不衬砌的隧洞,上述数值应适当增加。按照上述要求,反复修改各处洞底高程和断面尺寸。洞底坡度和断面尺寸宜尽量处处一致,减少不同的分段数,有利于水流流态,也便于设计和施工。

在确定隧洞断面尺寸时,还应考虑洞内施工和检查维修等方面的需要,断面尺寸不宜过小,圆形断面的内径不宜小于 2.0m,非圆形断面的高度不宜小于 2.0m,宽度不宜小于 1.8m。

## 6.4.3 洞身的支护和衬砌

**1. 支护与衬砌的作用**

对于泄水或输水的永久性水工隧洞,一般需要支护或衬砌,以使水工隧洞能安全施工和高效能耐久运行。具体来说,支护和衬砌有以下作用:①承受围岩压力、内水压力和外水压力等荷载,限制围岩变形,提高围岩的稳定性;②防止渗漏;③保护岩石免受水流、空气、温度、干湿变化等的冲蚀破坏作用;④减小表面糙率,改善水流条件,提高泄水或输水能力。对于较好的岩体,即使前两条作用不怎么显著,但后两条作用还是需要的。

**2. 衬砌的类型**

衬砌的类型可按作用阶段分为临时支护和永久支护,按其对变形的适应性分成柔性支护(如锚筋、锚索、锚喷混凝土等)和刚性支护(如钢筋混凝土等)。衬砌按其厚度和组成分为以下几种类型:

(1) 薄层平整衬砌,亦称护面或抹平衬砌。对于围岩稳定性和防渗性较好、过水流速和水压力很小的城门洞直墙和底板,用水泥砂浆、浆砌石或薄层混凝土将钻爆后的岩表凹处填平;对于顶部或边墙采用锚喷支护,它是锚杆支护与喷混凝土支护的总称,是20世纪70年代出现的新奥法(New Austrian Tunneling Method, NATM)逐渐发展起来的。一般用直径为16~32mm的钢筋锚固岩块,锚筋固定后在其外端焊接钢筋网,锚固危险岩块的锚筋用大直径,长度经计算确定,只为焊接钢筋网的锚筋长度1.2~1.8m(边墙用小值),间距1~1.5m,钢筋网的钢筋直径6~12mm,间距15~30cm(岩石破碎的用小值)。喷射豆石混凝土的粒径不宜超过12mm,厚度宜为10~15cm。薄层平整衬砌可减小表面糙率,减小渗漏,减缓岩表风化。若钻爆开挖后的岩表平均起伏度为0.3m,糙率$n=0.035$~0.045;经喷射混凝土后,在岩表突出处的喷层最小厚度为5cm,在凹处最大厚度20cm,喷层表面起伏度为15cm,糙率$n=0.025$~0.032。若加密洞周边炮孔,减少每孔炸药用量,钻爆开挖后岩表平均起伏度为15cm,糙率$n=0.025$~0.033;经喷射混凝土后,表面基本找平,$n=0.020$~0.026,是相当可观的。这种薄层平整衬砌突出的优点是:①不用模板;②及时支护可能塌落的岩块;③支护用料少;④施工速度快。但锚喷混凝土的长期允许流速不宜大于8m/s,临时导流的流速不宜大于12m/s。

(2) 单层衬砌,由混凝土、钢筋混凝土或浆砌石等做成,其厚度一般约为洞径或洞宽的1/12~1/8,单层钢筋的混凝土厚度应不小于30cm,双层钢筋的混凝土厚度应不小于40cm,通过受力和抗渗计算确定衬砌的厚度。它适用于中等地质条件,断面较大、水头及流速高于第(1)种类型的衬砌。

(3) 组合式衬砌,其形式有:①内层为钢板,外层为混凝土或钢筋混凝土;②外层为锚喷混凝土或浆砌石,内层为普通钢筋混凝土或环锚预应力混凝土。

从已开挖的洞壁和洞顶显露的断层和裂隙的产状判断,若在开挖掌子面(继续向前掘进须开挖操作的工作面在工程界常称为掌子面,下同)附近的顶部有容易掉落的危险岩块(如图6-10所示),其两侧裂隙3和裂隙4的黏聚力很小,应借助掌子面的支撑作用,先及时用锚杆或锚索将此岩块的重量传至上部乃至周围坚固岩体共同承担、联合作用,然后再向前开挖;否则,若急于向前开挖,失去掌子面的支撑,而后才对此大岩块钻孔和锚固的施工人员容易被此岩块掉落砸伤。若洞周岩体破碎,为防止岩块掉落伤人,可利用锚筋挂钢筋网喷射砂浆豆石混凝土,待开挖全部完工后,再与全洞一起衬砌钢筋混凝土。对于地应力很大的围岩,也先用锚喷支护,待围岩变形稳定后,再衬砌钢筋混凝土,可避免围岩对钢筋混凝土的挤压变形破坏。以上这两种情况都是常采用的组合式衬砌。

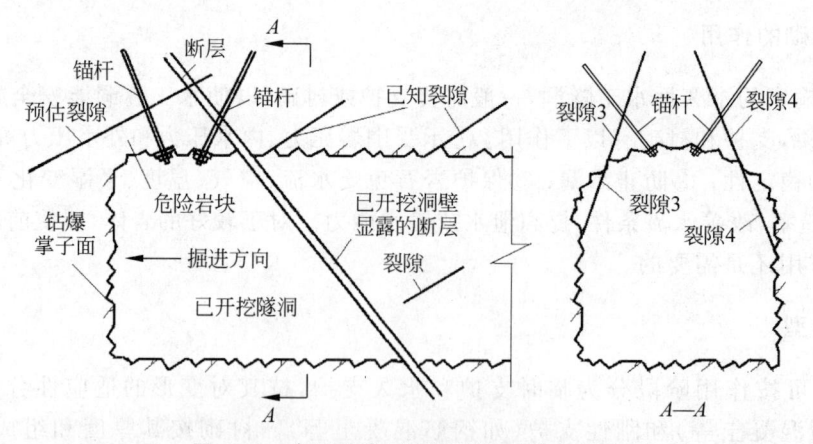

图6-10 在开挖掌子面附近及时锚杆作业

若围岩为Ⅲ类岩体以上,稳定性和防渗性较好,对于流速小于8m/s的无压洞,或者流速小于3m/s、水压力小于0.3MPa的压力洞,可采用起伏度小于15cm、强度等级不低于C20的锚喷支护,但它比混凝土衬砌的糙率大,须加大隧洞断面,应做技术经济全面对比选定。

对于围岩稳定性较好、不过水的隧洞(如交通洞、通风洞、电缆洞等),不存在糙率问题,若洞径或洞宽不超过5m,除了在洞口一段长度(不小于1倍洞宽,也不小于强风化厚度或卸荷带厚度)范围需支护,其余洞身可不支护;若洞宽超过5m的或者围岩为Ⅳ、Ⅴ类但洞宽小于5m,视围岩裂隙分布和严重程度采用锚喷混凝土或钢筋混凝土支护,局部稳定性差的应增加锚杆或锚索数量和深度。对于地应力和流变性很大的岩体,应采用锚喷钢纤维混凝土柔性支护(钢纤维含量3‰~6‰,直径0.3~0.5mm,长度20~25mm,钢纤维抗拉强度不低于380MPa),外面再喷3~5cm厚的砂浆以保护钢纤维混凝土。

对于较长的隧洞(如长度超过3km),若找不到旁支洞增加开挖工作面,有条件的宜采用掘进机开挖,比钻爆开挖的好处是:施工进度快;避免爆破产生有毒气体和粉尘;若围岩自身稳定不掉块,漏水很少,流速不超过15m/s,洞身光滑,则可不衬砌,糙率$n \approx 0.017$。但若遇到裂隙发育破碎地段,应采用装配式混凝土管片衬砌,相邻管片应确保连接紧密,管片与围岩之间应回填豆砾石并灌满水泥砂浆或用混凝土泵压入豆砾石混凝土,待其干缩并达到设计强度后再用压力灌进水泥浆至密实。

若低水头、低流速引水发电隧洞不衬砌,应设置聚石坑,停机时加强清理,以防块石流进水轮机。

综上所述,选择洞身衬砌类型或者不衬砌,应根据隧洞的任务、地质条件、水流流速、断面尺寸、受力状态、施工条件等因素,经过综合分析比较后确定。

**3. 衬砌分缝**

锚喷混凝土宜连续作业,一般不分缝。对于钢筋混凝土衬砌,因为洞长量大需要分段分块浇筑;为适应混凝土沿纵向伸缩变形,须沿纵向分段浇筑,分段长度视结构尺寸特点、浇筑能力和温度变形特性等因素而定,一般为6~12m。底板、边墙、顶拱的环向伸缩缝沿洞轴向的位置应一致,不应错开;缝面不凿毛,缝内充填沥青油毡或泡沫塑料板等软材料。若无防渗要求,不设止水,纵向分布钢筋不穿过接缝,见图6-11(a);有压隧洞和有防渗要求的无压隧洞,环向缝应设置环向封闭止水,纵向分布钢筋也不应穿过伸缩缝,见图6-11(b),以免此缝受拉反而使无止水部位拉应力过大而开裂。纵向施工缝应设在拉、剪应力较小的部位,对于圆形隧洞常设在与中心竖向夹角45°的位置,见图6-11(c);对于城门洞形隧洞,纵向缝常设在边墙与底板、顶拱交界的部位,以便施工。纵向施工缝需要凿毛处理,受力钢筋应穿过纵缝,必要时增设加强筋穿过纵缝,缝内设键槽,若有防渗要求则还应设置止水。

隧洞穿过较宽的断层破碎带或软弱带,为防止衬砌因受力改变很大而出现不可预估的无规则开裂,衬砌需要加厚,在衬砌厚度突变处应设置环向永久缝(图6-12)。在进口闸门室与渐变段、渐变段与洞身交接处,以及因流态和受力条件不同须改变衬砌的形式和厚度可能产生相对位移的部位,也需要设置环向永久缝;缝面不凿毛,纵向分布钢筋也不穿过缝面,缝内应填1~2cm厚的沥青油毡或其他软材料。对有压隧洞及有防渗要求的无压隧洞,应在缝内设置环向封闭止水。

**4. 灌浆**

隧洞顶部钢筋混凝土衬砌即使采用混凝土泵输送,衬砌顶部与岩石表面之间往往仍然存在空隙,在较大的内水压力作用下,这些空隙对衬砌结构和围岩的受力是不利的。为了充填衬砌与围岩之间

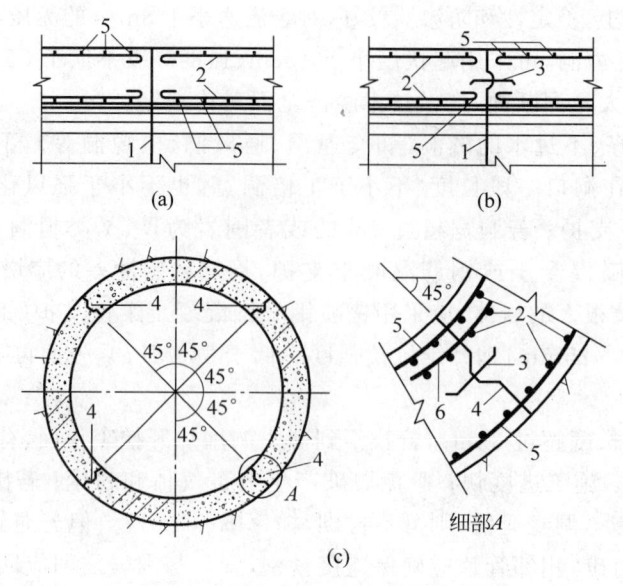

**图 6-11 环向伸缩缝和纵向施工缝**
1—环向伸缩缝；2—纵向分布钢筋；3—止水片；4—纵向施工缝；5—环向受力筋；6—纵缝环向加强筋

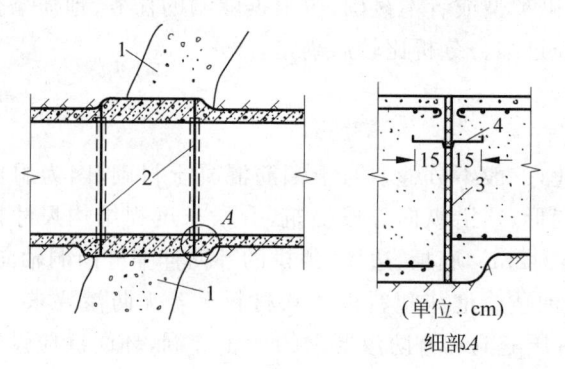

**图 6-12 环向永久缝**
1—断层破碎带；2—环向永久缝；3—沥青油毡厚 1~2cm；4—止水片或止水带

的空隙，使之结合紧密，共同受力，充分发挥围岩的弹性抗力作用，并减少渗漏，需要回填灌浆和接触灌浆。在浇筑顶拱混凝土时，可预留灌浆管，待衬砌完成并达到设计强度的 70% 以上，通过预埋管进行灌浆。回填灌浆范围，一般在顶拱中心角 90°~120° 以内，孔距和排距为 2~4m，采用逐级检测加密办法，灌浆孔应深入围岩 30cm，灌浆压力为 0.2~0.3MPa。

　　由于爆破振动，洞周边围岩有所松动，有些裂隙比原来有所张开，为了加固围岩，提高围岩的整体性和稳定性，减小渗漏，保证围岩的弹性抗力和承载能力，根据结构受力与变形特性和技术经济的分析比较，对于裂隙发育、严重破碎和渗漏的围岩，或水压力很大的有压隧洞，尤其是在出口部位内水压力如果很大，容易渗透到洞外围岩，引起滑动破坏，需要加强固结灌浆处理。固结灌浆孔深一般为 2~5m，有时达 8~10m，不宜小于隧洞半径或半宽的 1~1.5 倍，高压隧洞或岔口部位取大值，根据对围岩的加固和防渗要求而定。固结灌浆孔排距 2~4m，每排不宜少于 6 孔，洞径越大孔数越多，均匀对称布置于洞周围,相邻排孔错开排列,逐步加密灌浆。固结灌浆压力对于无压洞一般为0.4~0.8MPa,但不宜超过围岩初始应力场的最小主应力;对于高压隧洞或岔口部位高压固结灌浆以1.2~1.5倍的内水压力为宜,但不应超过衬砌和围岩允许的承受能力。固结灌浆应在回填灌浆7~14d之后分区分时进行,相邻灌浆孔宜前后错开施压,并应加强观测,以防洞壁变形破坏。

**5. 排水**

对于城门洞形无压隧洞,外水压力若很大,使衬砌的应力严重恶化,尤其是当洞内无水时更为不利,应尽量减小洞外水压力。若洞顶围岩需要衬砌,可在洞内水面线以上的衬砌设置径向排水孔。排水孔的间距和排距一般为2~4m,深入围岩2~4m,将地下水直接引入洞内,如图6-13所示。在直墙外侧和底板下分别设置竖直排水槽和水平横向排水槽,将围岩排水孔的外水引至洞底衬砌下面的纵向排水沟。排水槽和排水沟深度约15~20cm,宽度约20~30cm,沟槽内放置碎石。

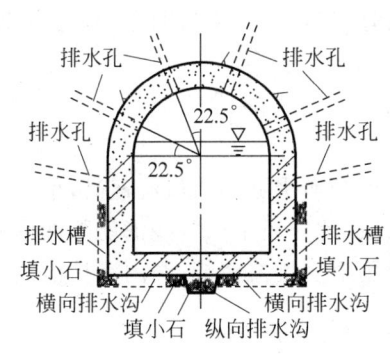

**图6-13 无压隧洞排水布置**

对于有压圆形隧洞,外水压力对抵挡内水压力是有利的,即使在洞内无水情况下,圆形隧洞钢筋混凝土衬砌承受外水压力的能力是很大的,若外水压力不大,可不必设置排水。除非外水压力超过内水压力很多,当洞内无水时,外水压力对衬砌设计起控制作用,可在衬砌底部两外侧设纵向排水沟,将渗透水排至下游。必要时,还可对围岩增设排水孔和环向排水槽,并与纵向排水沟相连通。

## 6.5 出口段及消能设施

### 6.5.1 出口段的结构布置

有压隧洞在出口设置工作闸门、启闭机室,出口之后即为消能设施。为了将洞身从圆形断面渐变为闸门处的矩形孔口,须在工作闸门的上游设置渐变段。

有压泄水隧洞在出口处若自由出流,因水重作用,水面下跌,洞顶出现负压,并向上游延伸。为防止出现负压,出口顶面应向下倾斜,若沿程水平底坡和洞宽无显著变化,出口面积与洞身面积的收缩比可取0.85~0.9;若底坡或洞变宽较多,水流条件较差,出口断面积应减至0.8~0.85。渐变段底部如有反坡而末端顶底部水平布置,也会引起负压。云南渔洞水库直径4.5m的圆形有压隧洞出口段做了模型试验比较,原方案出口渐变段长10m,四面按1:20的坡比收缩为断面3.5m×3.5m的方形,再加2m长的平段[如图6-14(a)所示],洞顶负压达14m水柱;取消2m平段后[如图6-14(b)所示],洞顶负压减至1.93m水柱;后将渐

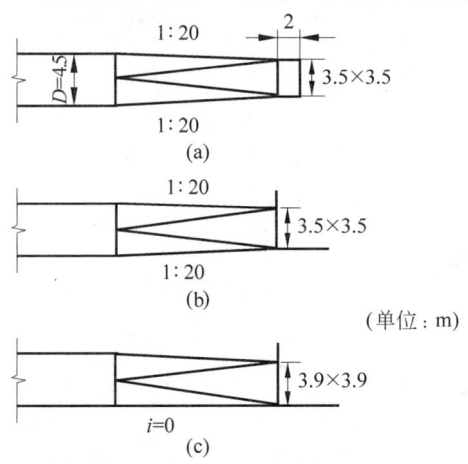

**图6-14 渔洞水库有压洞出口段试验模型**

变段改为顶面和侧面收缩，底部水平，出口断面增大到 3.9m×3.9m[如图 6-14(c)所示]，虽收缩比由 0.77 加大为 0.956，洞顶反而均为正压[12]。有的研究资料也得到类似的结论，即有压隧洞出口渐变段以顶板、侧墙三面收缩、底板水平的形式为好。若洞身为圆洞，直径为 $D$，有的研究资料建议出口断面选用高、宽均为 $0.867D$ 的正方形，虽收缩比已达 0.957，出口洞顶仍有 $0.22D$ 水柱的正压[13]。考虑水力条件及闸门结构，出口断面应采用正方形或接近正方形。

无压隧洞工作门布置在上游段，在工作门的前面也须将顶部向下压缩，无压洞若流速不大、围岩较好，仅须加固出口洞脸，并与消能设施相衔接。

### 6.5.2 消能设施

若泄水隧洞出口流速高，单宽流量大，对下游冲刷严重。为了减小单宽流量，常在出口后设置扩散段，此外还采取一些消能防冲措施。早期主要采用挑流消能，其次是底流消能，后来国内已研究和采用窄缝挑流消能、洞内突扩消能等。

**1. 挑流消能**

挑流消能的原理、挑射角和挑距等内容已在重力坝一章 2.10 节中叙述过，所不同的是，水工隧洞出口挑流消能的布置和设计与出口处的地形、地质条件有关。若出口高程高于下游水位，且地形、地质条件允许，采用扩散式挑流消能比较经济合理。若隧洞轴线与河道水流交角较小，可采用斜切挑流鼻坎的消能形式（如图 6-15 所示），靠河床一侧鼻坎较低，使挑射主流偏向河床中心，上下游均匀分布，以减轻对岸边的冲刷。

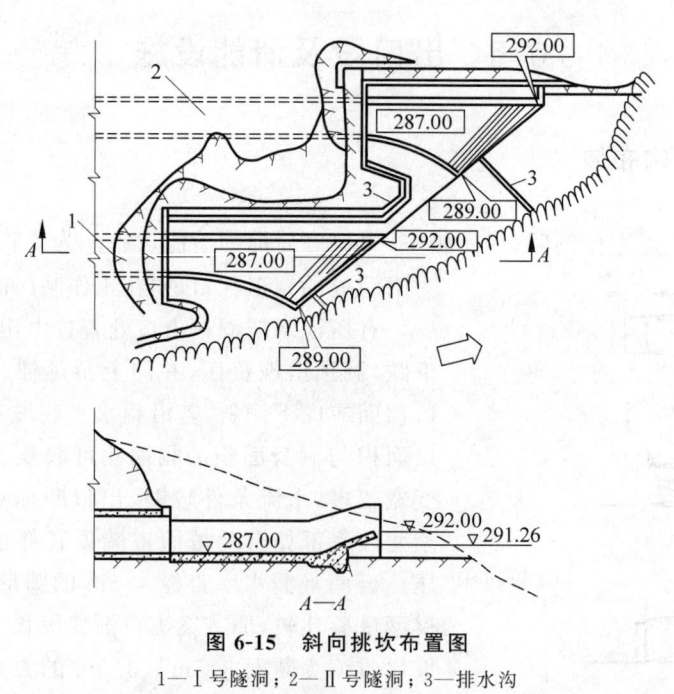

**图 6-15 斜向挑坎布置图**
1—Ⅰ号隧洞；2—Ⅱ号隧洞；3—排水沟

挑流消能也可采用收缩式窄缝挑坎，其消能原理类似于图 2-67 所示的宽尾墩的消能原理。窄缝挑坎特别适用于岸坡陡峻、河谷狭窄的情况。陕西省石砭峪水库泄洪洞出口采用窄缝挑坎(图 6-16)，根据试验，在设计及校核泄流情况下，水舌的纵向入水长度分别达到 52m 和 71m，冲刷深度不仅小于等宽挑坎，也小于横向扩散挑坎的冲刷深度[13]。西班牙阿尔门德拉的两条并列泄水隧洞，末端也采用了窄缝挑坎。

设 $b$ 为挑坎末端宽度，$B$ 为始端宽度，$L$ 为收缩挑坎的长度，试验研究表明，收缩式窄缝挑坎合适的收缩比 $b/B$ 及长宽比 $L/B$ 与佛汝德数 $Fr$ 有关。当 $b/B$ 较小而 $L/B$ 较大时，不仅挑流水舌扩散不好，甚至在收缩段内产生强制水跃；经研究表明，以 $b/B=0.35\sim0.5$、$L/B=0.75\sim1.5$ 为适宜[13]。石砭峪泄洪洞窄缝挑坎 $Fr=2.87\sim3.81$，$b/B=0.385$，$L/B=0.913$。实际工程的挑坎尺寸应通过水工水力学模型试验来确定，要求冲击波交汇于挑坎出口附近获得良好的扩散水舌。

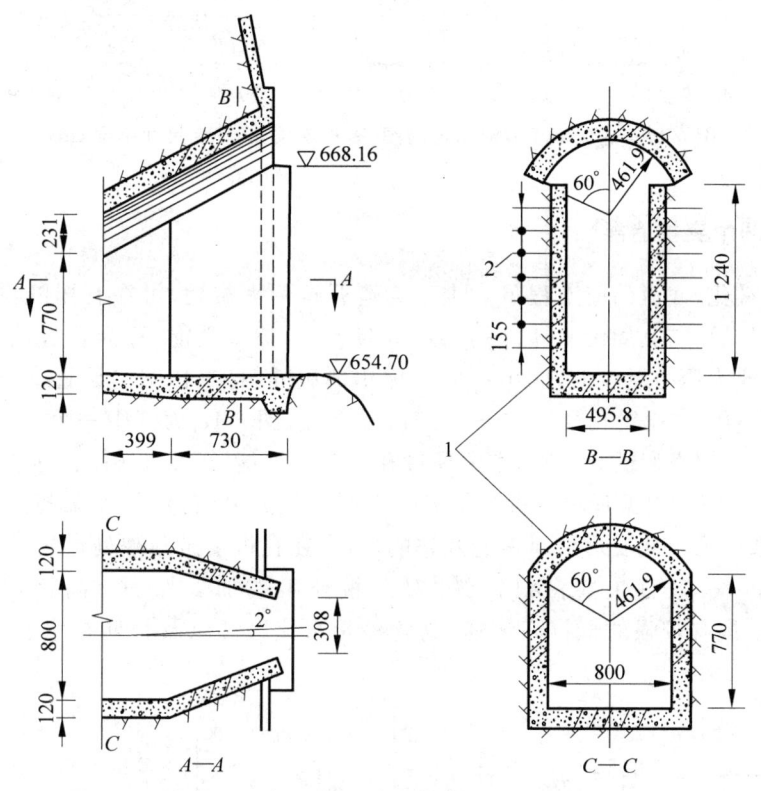

**图 6-16** 窄缝挑坎布置简图(高程单位 m，其余尺寸单位 cm)
1—钢筋混凝土衬砌；2—锚筋

### 2. 底流消能

若隧洞出口的下游河床平缓，出口高程与下游水位接近，可采用底流水跃消能(图 6-17)。为了减小进入消力池的单宽流量，缩短消力池的长度，在隧洞出口与消力池之间设置扩散段，其底面可由水平段、抛物线段、斜坡段和反弧段组成，有的隧洞出口后取消水平段，直接为抛物线段，视地形条件而定。若出口底高程与下游水位相差很小，斜坡段很短，坡度小，可不设置反弧段。有关消力池的尺寸设计可参看 2.10 节的有关内容。隧洞出口因地形、地质条件使消能设计难度更大，设置扩散段虽然可缩短消力池长度，但扩散段宽度和消力池宽度增加，工程量不见得节省，应全面分析对比才能得出最优的设计方案。

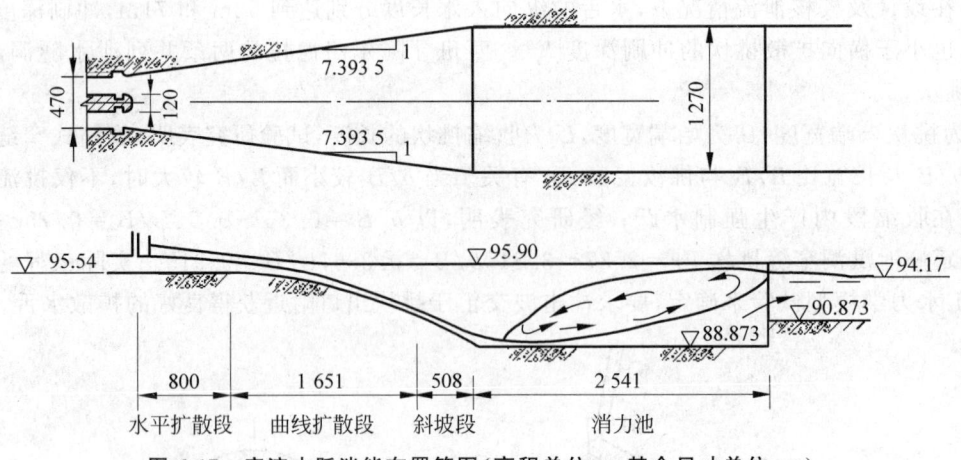

图 6-17 底流水跃消能布置简图（高程单位 m，其余尺寸单位 cm）

### 3. 孔板消能（洞中突扩消能）

挑流消能引起雾化，底流消能工程量太大。为避开这两大难题，可在有压隧洞中分段设置孔板，造成孔板出流突然扩散，与其周围水体之间形成大量漩涡、掺混消能，称为孔板消能。黄河小浪底水利枢纽将导流洞改建为压力泄洪洞，因出口段岩体单薄破碎，将工作闸门设置在洞内中间部位，在其上游直径为 14.5m 的洞中设置孔径为 10~10.5m 的孔板，图 6-18 为其中一个三级消能方案，孔板的间距为 $3D=43.5m$。由模型试验得知，水流通过孔板突扩消能，可将 140m 的水头削减 80%，洞壁最大流速仅为 10m/s 左右。根据理论分析和水力学模型试验成果，孔板环尖端磨蚀最严重。为避免孔板环尖端磨蚀、空蚀以及由此变形引起消能效率的降低，在孔板上游角隅处设置消涡环。经过比较论证，决定采用高铬铸铁（又称抗磨白口铸铁）对孔板环尖端加以保护。高铬铸铁含铬量 12%~15%，硬度 50~58，具有较强的抵抗高流速、高含沙量水流磨蚀以及长期在水和潮湿环境中的抗腐蚀性能。

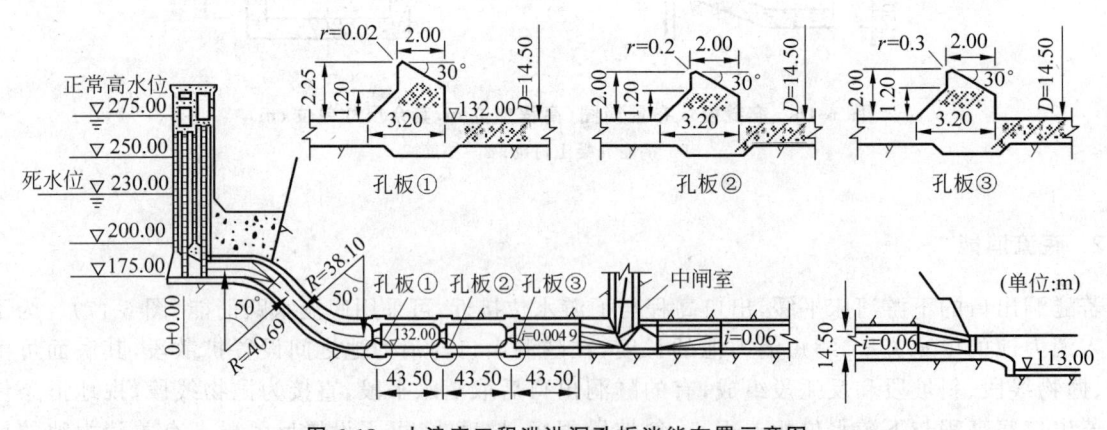

图 6-18 小浪底工程泄洪洞孔板消能布置示意图

## 6.6 高流速泄水隧洞的空蚀及减蚀措施

### 6.6.1 脉动压力、空化与空蚀

洞内水流当流速超过 30m/s 时，会对衬砌表面产生较大的脉动压力，其负峰值会降低瞬时压强促使水流发生空化，另外，还可能引起建筑物的振动。

高流速的泄水隧洞常因空蚀而遭受破坏。美国胡佛坝泄洪洞设计流量为 5 500m³/s，直径 15.3m，流速 46m/s，初期宣泄 380m³/s，运行 4 个月之后，经泄放 1 070m³/s 流量数小时，在龙抬头下部与导流洞结合的反弧段就遭到了严重的空蚀破坏（参见图 6-19），剥蚀坑长 35m，宽 9.2m，深 13.7m，冲去混凝土和基岩共 4 500m³。其空蚀原因是衬砌表面施工放线不准确，混凝土存在突体、冷缝、蜂窝等缺陷。我国刘家峡水电站泄洪洞，城门洞形断面宽 13m，高 13.5m，在 1972 年运行中实际落差 105m，流速 38.5m/s，因残留钢筋头、突体等原因在龙抬头下部的反弧段及其下游整个洞宽范围内遭到空蚀，出现长 24m，深 3.5m 的大坑。高流速的泄水隧洞由于体形不良、施工缺陷、运行不当发生空蚀破坏的事例很多，所以，在设计、施工和运行中必须给以充分的重视。空蚀常发生在溢流面及挑流鼻坎附近，龙抬头的反弧段及其下游，有压段的岔洞、弯道部位，进、出口及门槽附近和消力墩上，以及表面存在着突体、错缝、错台和残留钢筋头等不平整的部位。

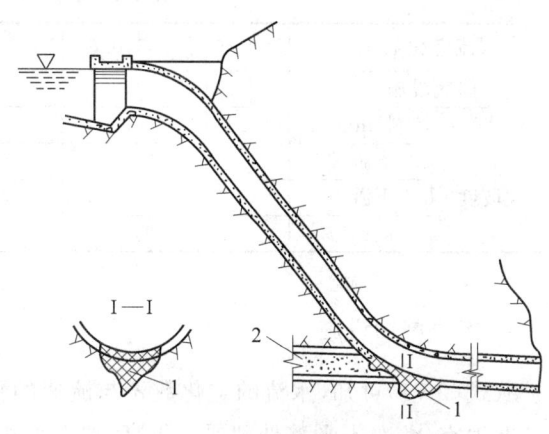

**图 6-19 泄洪洞的空蚀破坏部位**
1—空蚀破坏区；2—导流洞堵塞段

当水流若按式(2-71)计算的空化数 σ 小于体形的初生空化数时，容易发生空蚀。设计中应使水流的最小空化数大于其初生空化数。

### 6.6.2 减蚀措施

**1. 做好体形设计**

为防止空蚀的发生和减轻空蚀破坏的程度，须对那些容易发生空蚀的部位（如进口、门槽、渐变段、弯道、龙抬头曲线段、岔洞及出口等）做好体形设计，在以前有关章节中已述及，这里不再重述。

**2. 不平整度的控制要求**

过流边界的不平整体，会使水流与边界分离，形成漩涡，发生空蚀。一旦形成空蚀破坏区，又成为新的空化源，在下游产生另一破坏区，呈跳跃式破坏，这是空化破坏与泥沙磨损冲刷等其他形式冲刷破坏所不同特点。前面所讲的胡佛坝泄洪洞、刘家峡泄洪洞，还有不少高流速的泄水隧洞，常是由于模板错台、升坎、凹陷、残留钢筋头、管头、混凝土残渣等一小片不平整引起大范围严重的空蚀破坏。

因此,在设计、施工中对不平整体给以限制是十分重要的。有些泄洪洞空蚀破坏后在修复时对施工质量、错台和突体的高度、磨坡等提出了严格的要求和控制,后来就没有发生问题或基本运行正常。

如何确定不平整度的允许值,至今尚无理论计算方法,基本上靠实际工程经验总结和工程类比方法拟定,各国要求也有差别。我国《水工隧洞设计规范》(NB/T 10391—2020)[36]提出,按水流空化数及掺气与否进行控制和处理较为全面,具体要求见表6-2。

表 6-2 表面不平整度控制和处理标准

| 水流空化数 $\sigma$ | | >0.60 | [0.35,0.6) | [0.30,0.35) | [0.20,0.30) | | [0.15,0.20) | | [0.10,0.15) | | <0.10 |
|---|---|---|---|---|---|---|---|---|---|---|---|
| 掺气设施 | | — | — | — | 不设 | 设 | 不设 | 设 | 不设 | 设 | 修改设计或充分掺气 |
| 突体高度控制/mm | | ≤25 | ≤12 | ≤8 | <6 | <15 | <3 | <10 | 修改设计 | <6 | |
| 磨成坡度 | 上游坡 | — | 1/10 | 1/30 | 1/40 | 1/8 | 1/50 | 1/10 | | 1/10 | |
| | 下游坡 | — | 1/5 | 1/10 | 1/10 | 1/4 | 1/20 | 1/5 | | 1/8 | |
| | 侧面坡 | — | 1/2 | 1/3 | 1/5 | 1/3 | 1/10 | 1/3 | | 1/4 | |

**3. 掺气减蚀设施**

从式(2-71)可知,水流的空化数 $\sigma$ 与流速的平方成反比,当流速大于 35～40m/s 时,$\sigma$ 明显减小,容易发生空化,对不平整处理要求很高,要花费很多人力物力,延误工期,施工质量不易达到要求。自20世纪60年代初以来,国内外很多工程采用了掺气减蚀设施,证明掺气减蚀效果十分显著。

美国黄尾泄洪洞直径 9.75m,反弧末端在库水位以下 147.7m,1967 年泄洪时多处遭到空蚀破坏,最严重的一段是在龙抬头反弧段下游,坑长 14m,宽 5.95m,深 2.14m,穿入岩层。后将破坏部位回填修补并在反弧起点上游 4.9m 处设置一道掺气槽,经 1969 年、1970 年两次过水原型观测,再未发生空蚀破坏。冯家山左岸泄洪洞反弧段流速达 29.6m/s,在反弧上切点上游 6.4m 处设上掺气槽,在下切点处设 0.3m 高的掺气挑坎,是我国隧洞首次采用的掺气试验,经三次放水进行原型观测,虽布置了一些人工突体,经声测,监听到突体下游出现空穴,但事后检查,无空蚀痕迹。

掺气设施的形式、尺寸和位置,可通过局部模型试验,或对比已建工程的原型观测资料决定。石头河泄洪洞最大下泄流量为 850m³/s,反弧末端的水头为 93.25m,最大流速为 40.6m/s,上掺气槽设于反弧起点前 9.37m 处,在反弧末端设下掺气槽。根据水工水力学模型试验,在各级流量下,掺气槽均能充分供气,形成稳定的空腔,自 1981 年运行以来效果良好。

自底部掺气槽向其上水舌空腔通入空气,射流底缘紊动,将空气不断地卷入水流,形成水气掺混带并逐渐变厚,含气水流形成可压缩的弹性体,起缓冲作用,空泡在溃灭时传到边壁上的冲击力可大大地减小,降低了剥落空蚀的可能性。根据试验,掺气量为 2% 时,其空蚀破坏程度是不掺气情况的 1/10,而掺气量达到 7%～8% 时,就足以消除空蚀。

根据我国《水工隧洞设计规范》[36,37]规定,若水流空化数 $\sigma$ 小于 0.30,应按以下原则设置掺气减蚀设施:①选用合理的掺气形式,并进行大比尺的模型试验论证;②应有足够的通气量,以达到必需的掺气浓度,近壁层掺气浓度应大于 4%～5%;③掺气保护长度根据泄水曲线和掺气结构型式确定,曲线段可采用 70～100m,直线段可采用 100～150m,长泄水道应多级掺气减蚀。

掺气设施有掺气槽、挑坎、跌坎三种基本形式,以及由它们组合成的其他形式,如图 6-20 所示。掺气设施一般设在过流底面边界,若在两侧边墙表面设置挑坎掺气,会形成水翅,恶化流态,可利用弧形闸门的压紧止水门框在启门后作为边墙和底坎的突扩掺气之用[图 6-20(e)]。

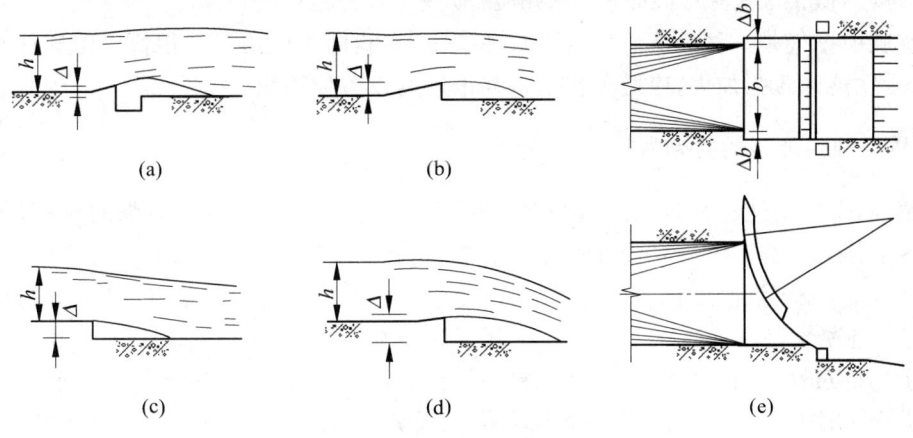

图 6-20 常用的掺气设施类型
(a) 挑坎掺气槽式；(b) 挑坎式；(c) 跌坎式；(d) 挑坎跌坎式；(e) 突扩突跌式

掺气槽和挑坎布置简单，施工方便。掺气设施要起到减蚀作用，应当做到：①有足够的通气量，在设计运行的水头范围内能形成稳定的空腔，保证供气；②水流流态较平稳，不影响正常运行；③空腔内不出现较大的负压，一般负压不超过 0.5m 水柱。

挑坎单独使用或与掺气槽结合使用，高度多在 10～85cm，有的资料认为高度为最大水深的 1/15～1/12 较好，若单宽流量大则采用较高的挑坎，挑坎的挑角可取 5°～7°。坡度越大，挑坎越高，则空腔和通气量越大，但对下游的流态不利，所以坎高和坡度不宜过大。若挑坎与跌坎结合，挑坎高度宜采用 10～20cm。

掺气槽常用梯形断面。冯家山水库泄洪洞的上掺气槽，底宽 0.9m，由两侧边墙内直径为 0.9m 的通气孔供气；石头河水库泄洪洞上、下掺气槽底宽均为 0.8m，由两侧边墙内 0.8m×0.8m 的通气孔供气。现有工程的跌坎高度一般为 0.6～2.75m，也有更高的跌坎，如加拿大的麦加泄洪洞反弧末端的跌坎高达 4.33m。突扩突跌掺气设施若与弧形闸门门框相结合，侧向突扩还要满足压紧止水门框的要求。一般两侧各突扩 0.4～1.0m，也有达到 1.5m 的，每边扩宽与孔宽之比一般为 0.06～0.16。据研究，为保证供气畅通并减小水翅高度，每边扩宽与孔宽之比宜为 0.06～0.09。

掺气跌坎的下游宜采用较大的坡度，以避免低水位时回水填满底部空腔，但也不能过陡，否则将产生较强的冲击波，恶化流态。有人建议可在 1.5 倍空腔长度的范围内将坡度变陡，其后底坡变缓。如石砭峪泄洪洞掺气跌坎高 95cm，在其下游 30m 以内的底坡 $i=0.143$，在 30m 以外，$i=0.095$。

自底部掺气槽或跌坎向水流掺气，与前面 6.3.2 节中所述的在洞顶设置通气孔通气，是两件不同的事情，其通气的部位不同，作用不同，通气量也不同。底部掺气量目前也没有公认统一的计算式，一般参考已有工程的经验。据冯家山、乌江渡等工程原型观测掺气量资料统计，对于底部掺气在水舌空腔负压小于 0.5m 水柱属正常供气的情况下，当水流单宽流量 $q_w=10\sim220\text{m}^2/\text{s}$ 时，掺气系数 $\beta=q_a/q_w=0.7\sim0.045$。$q_w$ 虽变化幅度较大而单宽掺气量 $q_a$ 却在 7～10m²/s 范围内。这个数据可作为粗略估算总掺气量之用。掺气通气孔中的风速宜小于 50m/s，由此计算掺气通气孔断面积。

掺气设施常设于龙抬头式泄水隧洞反弧起点上游一定距离或同时也设于反弧段下切点的下游不远处，不能设在反弧上，以免因离心力的影响而使掺气槽内充水。一般认为当陡坡上的水流流速大于

35m/s时,从安全经济出发应该用掺气设施。掺气浓度沿程递减,对于较长的无压隧洞或陡坡,为保证水流掺气浓度不低于3%~5%,每50~80m就应该布置一道掺气设施。

向水舌空腔中掺气是一种经济而有效的减蚀措施,在我国的应用发展很快。但应注意,掺气增加了水深,使水舌跌落区压强加大,应避免在水舌冲击区内设置伸缩缝。

**4. 选用抗空蚀性能强的衬砌材料**

若流速很高,采用上述三种减蚀措施仍把握性不大,拟采用抗空蚀性能较强的材料,分述如下。

(1) 高标号混凝土是工程中常采用的抗空蚀材料,根据试验研究,混凝土强度等级不低于C30才有较好的抗蚀性能,浇筑混凝土仍需要光滑模板,用腻子或胶泥抹平模板接缝,以防出现凸台。

(2) 钢纤维混凝土是在混凝土中掺入一定数量直径0.3~0.5mm、长度20~25mm的短钢丝,用以增强混凝土的抗裂性能,提高强度,改善材料的韧性和抗冲击能力,已用于修补工程。

(3) 钢铁砂混凝土也是一种新材料,是用不同粒径和比例的钢铁砂和水泥、石子配合而成的混凝土,具有强度高、抗空蚀、耐磨损的特点,也已用于修补工程和防护高流速的边界表层。

(4) 钢板的抗空蚀能力强而抗腐蚀能力低,多用于门槽、岔洞等体形变化易于空蚀的部位。

(5) 在普通混凝土或钢纤维混凝土表面注入单分子化合物聚合形成浸渍混凝土,大大提高了抗蚀和抗冲能力,但工艺复杂,增加了施工难度。

(6) 环氧砂浆为表层抹护材料,由环氧树脂与砂子按一定要求拌和而成,具有较好的韧性、抗空蚀和抗磨性能,均质性好,表面粗糙度小,但因其有毒且价格较贵,与混凝土面的连接工艺比较复杂,只用于修复混凝土表面局部的破坏部分,不应大面积使用。

(7) 高标号水泥石英砂浆的抗磨损能力次于环氧砂浆,可做护面,施工和修理方便,较为经济。

(8) 辉绿岩铸石板是以辉绿岩为原料在工厂制成某些尺寸的板块,用黏结材料将其粘砌在过水边界上以抵抗磨损,由于它具有较高的硬度指标,是较好的抗磨材料,但性脆易碎,易被漂浮物或大粒径推移质撞击破碎,且很难保证这些板块与混凝土黏结牢靠,易被漂浮物撞开后随水流冲走。

## 6.7 隧洞衬砌设计

### 6.7.1 隧洞周边岩体的应力变化和稳定问题

岩体在洞室开挖前的应力称为初始应力或地应力。地应力是瑞士地质学家海姆(Heim,A)首先提出的概念,后来金尼克(Динник,A.H)根据弹性理论分析指出,初始应力的竖向分量$\sigma_z$基本上等于上覆岩体的重力,$\sigma_z \approx \gamma_R z$,$\gamma_R$为岩体的容重,$z$为地表以下的深度;水平应力与竖向应力的比值$\lambda = \sigma_x/\sigma_z = \sigma_y/\sigma_z = \mu/(1-\mu)$,$\mu$为岩体的泊松比(一般为0.2~0.3),$\lambda$称为侧压力系数。在很深的地层中,岩体处于塑性状态,$\mu$接近于或等于0.5,$\lambda$接近于或等于1.0。

初始地应力包括重力应力场和构造应力场。$\lambda$较小说明构造应力较小,反之则说明构造应力较大。我国实测的资料表明:初始地应力的竖向分力往往高于上覆岩体的重力,说明有构造应力的成分;如果水平应力很小,竖向应力很接近上覆岩体的重力,说明岩体的构造应力很小;反之,则构造应力很大;在地层深处,水平向应力接近于或小于竖向应力,即$\lambda \approx 1.0$、$\lambda \to 1.0$或$<1.0$,也有一部分的

$\lambda \geqslant 1.2$，这主要是构造运动影响的结果。初始应力场可以通过一些测点的实测资料，建立有限元的数学模型，应用数理统计原理反演初始应力场的回归分析法来计算。关于这部分的内容，以及岩体的应力应变模式，已在岩体力学的许多书籍和论文中论述过，这里不再重复。

在洞室开挖时，开挖单元不再存在，出现自由边界，洞周边界应力急剧变化为零，相当于在洞室边界上加上与原有应力相反的荷载。可用这样的荷载计算洞室开挖后围岩的变形和应力的变化，再叠加原有的初始应力，即为洞室开挖后围岩的总应力。

如果在洞室开挖前，岩体的初始压应力很大，一旦开挖，则相当于在洞室边界上加上很大的反向荷载，岩块会产生突发性脆性破裂、飞散，伴随着巨大的声响，形成"岩爆"现象，可能危及人身安全，影响施工。为避免或减轻这种影响，须在布置和设计隧洞之前，弄清初始地应力的大小和方向，尽量使洞轴线与岩体初始最大主压应力方向一致或夹角很小。

在岩体中开挖洞室，破坏了洞室周围岩体的原有应力平衡状态，引起围岩应力重分布。这种应力重分布与初始应力状态、洞室断面形状和尺寸、岩体结构面产状和性质等因素有关。

这一应力重分布，在开挖洞室的周边上最为显著，严重地影响周边岩体的稳定。经大量研究表明，在距离洞边超过3倍洞径的远处，才可近似认为对原有的地应力影响很小。

1938年智利地质学家芬纳提出分析方法，假设隧洞开挖前各向地应力大小都为 $p$，开挖前后岩体均为连续、均匀、各向同性介质，按此假设推导出圆形断面隧洞开挖后的应力应变塑性状态判别式及塑性区范围。虽然后人又做了补充和发展，但这些理论计算式至今只限应用于连续、均匀、各向同性的岩体在开挖前各向地应力大小都为 $p$ 的圆形隧洞。

目前全世界所有已建和在建的水利水电工程地下结构，绝大部分建造在地球岩层浅区，尚未见到建筑在地球岩层初始各向地应力都相等、完全处于塑性状态的深处。实际上由于裂隙、层理面和断层等结构面切割，岩体是不连续的，也并非均匀各向同性。以往很多学者采用连续、均匀、各向同性假定的弹塑性理论分析方法导出弹塑性区的范围和应力的计算式很难作为实际判断围岩稳定的依据。例如在洞顶自由边界附近常常出现"人"字形的两组互相切割的结构面，若它们的走向与洞轴线夹角都很小，用上述弹塑性理论分析方法很难判断此岩块是否稳定，须按块体平衡法进行分析。

洞室围岩稳定与开挖时的应力重分布及围岩强度有关，而应力重分布状态则主要取决于初始应力的特征、洞室断面的形状和尺寸及岩体结构面性质等因素。初始应力的大小和方向是判断地下洞室岩体变形与稳定的决定性因素。经验表明，若水平地应力很低，则围岩变形、失稳，具有自重塌滑的特征，而水平地应力较高则表现为强烈挤压、塑性变形或产生岩爆现象。在许多高地应力区，其最大主应力是水平向的，洞室轴线若和最大水平应力方向垂直，往往会产生严重的边墙变形和洞体失稳破坏。某矿区在上百例的塌方事故中，有80%以上是由于洞轴线与最大水平应力接近垂直的缘故。因此，布置洞轴线时应尽量使之与最大水平应力相平行。当然也应使轴线与主要节理、断层等结构面的走向有较大的交角（大于30°~40°）以利洞室的稳定。洞室的断面形状和尺寸对围岩的应力重分布有重要影响。当初始应力的竖直分量较大时，应采用高宽比较大的具有半圆顶拱的断面；当水平初始应力较大时，宜采用高宽比较小的近似扁椭圆的断面，这样可避免或减轻周边应力集中。

岩体结构及岩体特性对洞周应力也有重要影响，岩体中的节理使岩体成为不连续介质，节理产状的不同将引起洞周应力发生变化，而节理的抗剪强度很低。分析围岩稳定应综合考虑地应力状态、岩石的力学性质、岩体的结构和特性、洞线布置、洞室形状、地下水情况、施工方法和支护方式等因素。

影响围岩稳定的因素很多，而且地质条件错综复杂，计算结果很难完全反映实际情况，目前还不能完全依靠理论计算,尚需借助许多工程的实践经验,查阅有关文献资料,或现场量测做出判断。在施工期主要是利用多点位移计测量各点的位移和两点之间的相对位移,画出位移过程线。当位移量超过允许值,或位移曲线有突然变化时,都表明围岩将要失稳,据此确定支护时间或修正支护参数。利用现场位移观测资料,作为信息反馈,用有限元方法可近似求得围岩应力及反推分析岩体力学参数,更好地控制围岩稳定。

### 6.7.2 隧洞衬砌承受的荷载及其组合

衬砌上的作用力有:围岩压力、内水压力、外水压力、衬砌自重、灌浆压力、温度作用和地震力等。其中,内水压力、衬砌自重容易确定,而其他荷载通常需在一些假定的前提下做近似计算。

#### 1. 围岩压力

隧洞爆破使洞周地应力释放、结构面松动,某些岩块若结构面黏聚力和摩擦力的合力小于重力产生的下滑力,将对衬砌作用围岩压力,其计算太复杂,至今尚无统一的理论计算公式。

在早期,曾采用普罗托基雅柯诺夫(Протодьяконов, M. M.)提出的塌落拱方法计算围岩压力。但普氏塌落拱法来源于散体理论,实践证明它不符合大部分岩体的特性。我国《水工隧洞设计规范》(SL 279—2016)[37]在总结国内一些工程设计实践经验和规范的基础上,提出以下7条规定:

(1) 自稳定条件好,开挖后变形很快稳定的围岩,可不计围岩压力。

(2) 洞室在开挖过程中采取支护措施,使围岩处于稳定或基本稳定,围岩压力取值可适当减小。

(3) 不能形成稳定拱的浅埋隧洞(包括土洞),宜按洞室顶拱的上覆岩体重力作用计算围岩压力,再根据施工所采取的支护措施予以修正。

(4) 块状、中厚层至厚层状结构的围岩,可根据围岩中不稳定块体的重力作用来确定围岩压力。

(5) 薄层状及碎裂散体结构的围岩,作用在衬砌上的竖向围岩均布压力强度$q_v$和水平向围岩均布压力强度$q_h$可分别按式(6-3)、式(6-4)计算:

$$q_v = (0.2 \sim 0.3)\gamma_r B \quad (kN/m^2) \tag{6-3}$$

$$q_h = (0.05 \sim 0.10)\gamma_r H \quad (kN/m^2) \tag{6-4}$$

式中:$\gamma_r$为岩体容重或重度,$kN/m^3$;$B$、$H$分别为隧洞的开挖宽度及高度,m。

(6) 采取掘进机开挖的围岩,根据围岩条件,围岩压力取值可适当减小。

(7) 具有流变或膨胀等特殊性质的围岩,对衬砌结构可能产生变形压力时,应进行专门研究。

#### 2. 内水压力及外水压力

对于有压引水隧洞,其内水压力的控制值是作用在衬砌上的全水头与水击压力增值之和。对于无压隧洞只要算出洞内水面线再加掺气水深即可计算衬砌上各点的内水压力分布。

外水压力是作用在衬砌外缘的地下水压力,其数值取决于水库蓄水后的地下水位线,它与地形、水文地质等条件以及防渗、排水等措施有关。若隧洞进、出口之间无防渗帷幕,则进口处外水压力用库水位计算,出口处为零,其间近似按直线变化计算;若围岩渗漏严重,宜做防渗处理,按渗流分析计算渗透压力。若天然地下水位线较高时,应按天然地下水位线计算外水压力。

考虑到隧洞围岩渗漏情况、固结灌浆、衬砌与围岩紧贴程度等因素的影响,将地下水位线以下的水柱高乘以折减系数 $\beta$ 作为外水压力的计算值。按照我国《水工隧洞设计规范》[36,37]，$\beta$ 值可从地下水活动情况及其对围岩的影响对照表 6-3 选用。围岩裂隙发育时取较大值，否则取较小值；若有内水压力作用组合，则 $\beta$ 取较小值，在放空检修情况 $\beta$ 取较大值。

表 6-3 地下外水压力折减系数 $\beta$ 值

| 级别 | 地下水活动状态 | 地下水对围岩稳定的影响 | $\beta$ 值 |
| --- | --- | --- | --- |
| 1 | 洞壁干燥或潮湿 | 无影响 | 0~0.20 |
| 2 | 沿结构面有渗水或滴水 | 地下水软化结构面充填物质，降低结构面的抗剪强度，软化软弱岩体 | 0.10~0.40 |
| 3 | 沿结构面有大量滴水、线状流水或喷水 | 地下水泥化结构面充填物质，降低其抗剪强度，对中硬岩体发生软化作用 | 0.25~0.60 |
| 4 | 严重滴水，沿软弱结构面有小量涌水 | 地下水冲刷结构面充填物质，加速岩体风化，对断层等软弱带软化泥化，使其膨胀崩解及产生机械管涌；有渗透压力，鼓开较薄的软弱层 | 0.40~0.80 |
| 5 | 严重股状流水，断层等软弱带有大量涌水 | 地下水冲刷带出结构面的充填物质，分离岩体，有渗透压力，能鼓开一定厚度的断层等软弱带，并导致围岩塌方 | 0.65~1.00 |

对于洞周有固结灌浆和排水设施的水工隧洞，可根据这些设施的可靠性和效果，通过工程类比法或渗流计算分析，对 $\beta$ 值可适当折减。

对于工程地质、水文地质条件复杂以及外水压力较大的隧洞，应进行专门研究。

#### 3. 衬砌自重

衬砌自重是最容易计算而又较为精确的荷载，为节省篇幅，不必在此讨论各种计算方法所用的自重计算公式。这里只需说明一下，为安全考虑，在计算自重荷载所用到的衬砌厚度应包括 0.1~0.3m 超挖回填的影响，增加折算值；而在计算衬砌的内力时，只用衬砌的设计厚度（不包括超挖回填，即在围岩表面突出处衬砌可能的最小厚度）。

#### 4. 灌浆压力

对于有压隧洞，其顶部混凝土衬砌与围岩间难以填满，需要回填灌浆，其压力一般为 0.2~0.3MPa，分布在顶拱中心角 90°~120°范围内。在施工时可拉开孔距和时间间隔，只要不在短时间内集中某一处回填灌浆，对顶拱的应力影响是很小的。由于水泥浆干缩，回填灌浆之后，衬砌顶部与围岩表面之间出现微量空隙，回填灌浆压力对衬砌产生的微小应力会逐渐减小或消失。对于有压隧洞还须在回填灌浆之后进行固结灌浆，其压力一般控制在内水压力的 1.0~1.5 倍范围（以 1.2 倍为宜），超过回填灌浆压力很多，而且分布在全洞周围。回填灌浆只要施工安排得当，可不计算其对有压隧洞衬砌的应力，只按实际的固结灌浆压力计算衬砌在未有内水压力情况下的应力。

对于无压隧洞，若围岩顶部稳定性很好，可不衬砌；若围岩裂隙发育、稳定性较差或洞内流速较大，需要钢筋混凝土衬砌，宜在衬砌达到设计强度之后，在衬砌两侧自下而上、对称地进行固结灌浆，压力控制在 0.4~0.8MPa，不超过围岩初始应力场的最小主应力，并核算衬砌能否承受，若不满足要求，应减小灌浆压力或错开邻孔灌浆的时间。

### 5. 温度作用

隧洞中的混凝土衬砌,在浇筑初期混凝土弹性模量很低,在水化热温升时受到围岩约束引起的压应力很小。在最高温升之后,混凝土弹模升高很多,在温降时受到围岩约束产生较大的拉应力,尤其是在拆了模板和隧洞两头打通之后长时间流过很冷的穿堂风,或者在运行期隧洞过水温度很低,衬砌温降收缩量很大,受到围岩约束产生很大的拉应力而开裂,甚至出现贯穿裂缝。水力发电引水隧洞等有压隧洞对混凝土衬砌有防裂防渗要求,应采用有限单元法计算混凝土浇筑前的围岩温度分布,输入混凝土的浇筑温度计算水化热温升过程、拆模前后洞内气温的变化、湿度的变化和干缩的影响、运行期隧洞过水的水温变化、混凝土自始至终弹性模量的变化,还要考虑混凝土的徐变,计算混凝土衬砌的温度应力。不确定的因素太多,很难准确计算,一旦算得拉应力很大,需要加大衬砌厚度,还需要重新进行很多时段的计算,计算工作量非常庞大。有人主张增加钢筋,代替温控设计和计算,但在混凝土开裂之前,钢筋的应变和应力很小,钢筋需用量很多,很不经济;还有人由于担心止水失去作用,不对施工队伍严格要求,而主张将纵向钢筋穿过伸缩缝以此限制伸缩缝张开,但事与愿违,只有混凝土在此处张开,钢筋才产生很大拉应力,反而使两伸缩缝之间的混凝土增加纵向约束的拉应力,使没有止水、不该开裂的部位开裂。若有防渗要求,为避免或减小温降拉应力,不应将纵向钢筋穿过横向伸缩缝,而应认真做好接缝止水;应采用工程类比法,参照已有工程的经验,采取有效的施工温控措施,如:对衬砌合理分缝和合理的浇筑顺序;混凝土掺用外加剂、减少水泥用量、降低水化热温升;降低浇筑温度、加强养护、隔断穿堂风等各种措施,避免裂缝发生。

对于重要的水工隧洞工程,除了采用上述温控措施之外,应随时采用有限元方法,模拟温控措施,输入实际的初始条件和边界条件核算衬砌的温度变化和温度应力,并及时修改温控措施。

个别水工隧洞穿过的岩层可能因为距离熔岩较近,岩体地热温度较高,使混凝土浇筑后温度升高很多,隧洞后来过水温度一般远远低于这些部位混凝土衬砌的温度,可能使衬砌产生很大的拉应力而开裂,对有防渗要求的压力隧洞应进行专门的研究。

### 6. 地震作用

关于地震作用,实际大量震害表明:在良好地质条件下,地下结构的震害比地面结构轻。地表加速度小于 0.1g(g 为重力加速度)和地表速度小于 20cm/s 时,岩基中的隧洞基本上无震害发生。所以我国《水电工程水工建筑物抗震设计规范》(NB 35047—2015)[6]和《水工建筑物抗震设计标准》(GB 51247—2018)[7]只对设计烈度为 9 度的地下结构或 8 度的 1 级地下结构,应验算建筑物和围岩的抗震安全和稳定性,对设计烈度为 7 度及 7 度以上的地下结构应验算进、出口部位岩体的抗震稳定,验算基岩上方土体内 1 级地下结构的抗震安全及其地基的震陷。对于其他地震烈度和级别的洞身衬砌,只要与围岩紧密结合,受地震影响很小。但由于未来地震的震源、地震波传播方向、加速度等诸多因素的不确定性,加上岩体和结构面的影响,地震响应的计算很复杂,很难计算出未来地震响应的真实性,为安全起见,隧洞线路应尽量避开晚、近期活动性断裂,在设计烈度为 8 度及 8 度以上的地区,不宜在风化和裂隙发育的傍山岩体中修建大跨度的隧洞,对高边坡进、出口洞脸,应仔细分析其稳定性,若不稳定应改换位置,或采用锚索加固等合理有效措施。

### 7. 荷载组合

在隧洞衬砌上作用的荷载有长期或经常作用的基本荷载和偶尔作用的特殊荷载,应根据荷载特点和同时作用的可能性,按对结构应力或稳定最不利的情况进行组合。

(1) 正常荷载组合。正常蓄水位及调压井中产生最高涌浪时水力发电引水洞的内水压力+最低外水压力+围岩压力(包括主动压力和弹性抗力)+衬砌自重+最低温水流引起的温度荷载。

(2) 施工或检修期荷载组合。洞内无水或水压最小+围岩压力+衬砌自重+可能出现的最大外水压力+当时可能出现的最低水温或最低气温(如冬天过堂风)引起的温度荷载。

(3) 特殊荷载组合Ⅰ。下泄校核洪水时泄洪洞有压段和无压段最大的内水压力+围岩压力+衬砌自重+当时可能出现的最小外水压力。

(4) 特殊荷载组合Ⅱ,即正常荷载组合(1)+地震荷载。

以上(1)(2)两种组合,是经常出现的或出现次数较多的,属于基本组合情况,用于设计衬砌的厚度、材料标号和配筋量等。(3)(4)两种特殊组合,出现概率很小,用于校核。

在外水压力较难确定的情况下,为安全起见,在计算无压隧洞或内水压力相对较小的隧洞衬砌时,应取可能发生的最大外水压力计算(如地下水位最高,围岩固结灌浆和排水失效等);在计算承受较大内水压力的隧洞衬砌时,应取可能发生的最小外水压力计算(与前者相反)。

### 6.7.3 衬砌的设计和受力计算

各种衬砌的设计、施工和受力计算在各种不同条件下应采用不同的方法,分别简述如下。

**1. 锚喷支护**

锚喷支护可将个别容易散落的岩块及时拉住,使其周围的岩块不易松散塌落[如图 6-21(a)所示,为简略说明原理,图中裂隙垂直于层理面]。若等全洞开挖完成才浇筑混凝土,图中所示两个岩块很可能因多次爆破振动力作用使黏聚力和摩擦力变小、在自重力作用下滑落,其周围的岩块也将很容易滑下,给后续的施工带来很多困难和危险。所以,在刚刚爆破之后若发现有容易滑落的岩块,就应该及时进行锚杆支护,而且可利用掌子面和两侧边墙的三面约束和支撑作用[参见图 6-10 和图 6-21(a)],裂隙面的黏聚力和摩擦力还未减小太多,钻孔和锚杆施工比以后施工安全一些。

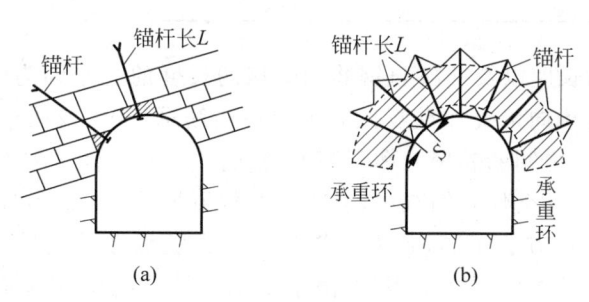

**图 6-21 锚喷支护的工作原理**

对于单个危险岩块的锚固(若周围岩块稳定),锚筋的截面积 $A$ 可近似偏大估算,取 $A=KW/(f\cos\alpha)$,其中:$K$ 为安全系数;$W$ 为所锚岩块的重力;$f$ 为锚筋的抗拉强度;$\alpha$ 为锚筋与竖向的夹角。由 $A$ 可算得锚筋直径 $d$,按标准型号取略大一点的直径,一般取 16~32mm。锚筋应深入至稳定岩体里足够的长度,早期采用光面圆钢筋,在最内一端沿轴向锯开一条缝,长度约 10cm,向缝里插入铁楔子,将它送进锚孔底部,用大锤用力向孔内敲打锚筋外露的一端,最里端的铁楔子受到孔底压力把锚筋内端缝撑开,压紧孔壁而被固定(有些工程为防止分叉端受潮锈蚀引起锚固失效而再灌注浓水泥砂浆),然后在锚筋外露的一端垫压板拧紧螺母、张拉锚筋,压紧岩块。后来改用螺纹筋或月牙纹筋,不用开缝夹铁楔,先用风压枪向钻孔内灌满强度等级不低于 M20 的浓水泥砂浆,水灰比以 0.38~0.45 为宜,尽量用小值以免从锚孔内向下外流,避免水泥砂浆干缩量大而降低与孔壁的粘接强度。灌满水泥砂浆后应立即插入锚筋,并用早强速凝浓水泥砂浆加楔形石块封堵孔口。对较危险岩块须尽快锚固,宜满孔灌注早强速凝浓水泥砂浆或采用快硬水泥卷端头锚固锚杆(终凝时间≤12min,达设计强度时间≤8h)。若孔坡较陡难以灌满水泥砂浆,则先插入锚筋后注浆,将外径 6mm、内径 4mm 的排气管轻轻绑于锚筋,管内口至锚筋内端约 3cm,连同锚筋一起送进孔底,孔口放置内径为 16~18mm 的注浆管(钻孔的孔径比锚筋直径大 20mm 以上),伸入孔口内约 15cm,用早强速凝浓水泥砂浆封堵孔口,待凝固变硬后,用风压枪灌入浓水泥砂浆,直到从排气管流出,关闭注浆风压力,拔出排气管和注浆管,用早强速凝浓水泥砂浆封堵两管孔口。螺纹筋或月牙纹筋与水泥砂浆握裹力一般较大,只要锚筋直径超过 25mm,水泥砂浆达到设计强度,一般不会先从锚筋拔出,而是先从光滑的孔壁接触面滑出。水泥砂浆与钻孔壁粘接面的允许抗剪强度乘以内部稳定岩块孔段孔壁的粘接面积,应满足该段抗拔力的要求。以此设计水泥砂浆的强度和锚固到内部稳定岩体里的长度 $L_a$ 为

$$L_a = KN_t/(c\pi D) \quad (\text{mm}) \tag{6-5}$$

式中:$K$——与内部稳定岩体胶结长度的安全系数,按表 6-4 选用;

$N_t$——锚杆承受的设计拉力,$N_t = W/\cos\alpha$,$\alpha$ 为锚筋与竖向夹角,$W$ 为被锚岩块重量,kN;

$D$——钻孔直径,mm;

$c$——水泥砂浆与钻孔孔壁的黏结强度,MPa 或 N/mm$^2$,参考已有工程数据或通过现场拉拔试验确定。

表 6-4 内锚固段胶结长度安全系数 $K$

| 工程性质 | 永久支护 | | 临时支护 | |
|---|---|---|---|---|
| 钻孔方向 | 仰孔 | 俯孔 | 仰孔 | 俯孔 |
| 安全系数 $K$ | 1.8 | 1.5 | 1.5 | 1.2 |

$L_a$ 加上被锚岩块段的长度以及外露与钢筋网焊接的长度的总和即为锚筋总长度。若被锚岩块很大很重,可采用多根锚筋用向量叠加反复试算求得各锚筋总长度,或改用锚索加固,计算方法和公式同上。这里均未考虑岩块之间的黏聚力和摩擦力,它们的大小和合力的方向很难确定,前前后后许多次爆破振动和钻孔的振动都会使它们减小,但减小的数值很难估计;另外,水泥砂浆虽要求灌满锚孔,但各孔的缓陡程度和灌注方法不同,各人操作带有很大随意性和离散性。为安全和计算方便起见,忽略这些很不确定的正负影响因素。当然,由于施工人员重视和技术提高,水泥砂浆能尽量充满锚孔,相比之下,上述方法算得锚筋或锚索用量偏大,有利于安全。

若隧洞穿过较宽的破碎带岩体,应放慢向前开挖进度,利用掌子面对其附近顶部围岩的支撑作用(又称掌子面的空间效应),及时钻孔锚固。通过一系列锚杆的拉紧作用,把围岩中被结构面切割的岩块集结起来,共同工作,联合形成较完整的自承拱或承重环[如图 6-21(b)所示]。它有一定的刚度,支撑顶部围岩,又有一定的柔性,经受邻近掌子面爆破的振动力,可有灵活的变形仍为整体不散落。其锚筋的用量目前没有准确的理论计算方法,可借助于工程类比法,或相近的工程经验。

钢筋网沿洞轴线纵向钢筋直径 6~8mm，间距 200~300mm；环向钢筋直径 8~12mm，间距 150~250mm，洞宽大的钢筋直径用大值。钢筋网结点采用隔点焊接、隔点绑扎。喷射豆石混凝土的强度等级不应低于 C20；喷层与围岩的黏结强度，Ⅰ、Ⅱ类围岩不宜低于 1.0MPa，Ⅲ类围岩不宜低于 0.8MPa。喷射混凝土达到设计强度后，与围岩紧贴，保护小块岩石不脱落，共同起整体作用更强，即使因爆破振动或飞石撞击使锚喷混凝土局部受损，也不至于整体或大范围塌落，还可在后期补充喷射豆石混凝土，不过水部位的钢筋保护层不应小于 5cm。对于洞内过水流速小于 8m/s 的无压隧洞，或者内外水压力较小的低流速有压隧洞，若不需做普通钢筋混凝土衬砌，可按防渗要求适当增加锚喷混凝土的厚度，如增至 9~15cm；若无防渗要求，而需减小糙率，对于水下部位，因钢筋保护层需要 7cm，锚喷混凝土在洞壁突出处的最小厚度应为 9cm（包括纵向和横向钢筋的直径），在局部凹处喷层厚度可加至 15~20cm，以减小混凝土表面的起伏度和糙率。

因洞壁表面形状不规则，喷层混凝土的应力难以准确计算。若所有锚杆都牢固地锚进稳定岩体中，外露端都焊接钢筋网，锚喷混凝土达到设计强度后，原外表岩块不会掉落。

**2. 普通钢筋混凝土衬砌**

目前对普通钢筋混凝土衬砌采用的计算方法，大致有两类。一类是将衬砌与围岩分开，衬砌上承受各项有关荷载，考虑围岩的抗力作用，按结构力学中的超静定结构解算衬砌内力。另一类是将衬砌与围岩作为整体进行计算，主要是有限元法。有限元法可模拟复杂的围岩地质构造及衬砌和岩体的弹塑性特性以及蠕变特性。在目前一般计算机容量的条件下，有限元法计算有三种考虑：①将衬砌连同计算范围内的围岩分成若干层实体单元，衬砌厚度较薄，可分为 3~7 层单元，如果有锚索或锚杆，还加上杆单元，可考虑衬砌和围岩的弹塑性特性；②有人建议用梁单元模拟衬砌，可得出衬砌的弯矩和剪力；③对于蠕变特性较大的围岩，须考虑蠕变对变形和应力的影响。

若围岩较完整、坚固，衬砌与围岩结合紧密，衬砌之后对围岩做了回填灌浆和固结灌浆，那么衬砌和围岩可以连成整体，具有很大的刚度。在这种情况下，若按结构力学方法计算，尽管考虑围岩的弹性抗力作用，但衬砌单独的刚度比衬砌和围岩联合整体的刚度小得多。笔者在 1991 年对隔河岩水电站导流洞在进口关闭后、在外水压力和围岩抗力作用下的受力做过计算研究，按结构力学方法算得衬砌加厚之后的内力和所需钢筋量比相同条件的隧洞衬砌用有限元方法算得结果大很多。考虑到衬砌与围岩结合紧密、整体刚度比分开计算的衬砌小刚度大变形合理，决定按有限元法的计算结果对进口段衬砌加厚加固配筋。导流洞在进口关闭后至今没有被外水压力压坏漏水，经受了考验。

若在隧洞衬砌的周围是断层破碎带或松散岩体，很难与衬砌联成整体增加刚性，可用结构力学方法计算衬砌的内力和配筋。但如果断层破碎带或软弱岩层的分布范围很不规则，是任意分布的，厚薄不均，两侧不对称，若按结构力学方法计算，弹性抗力很难准确计算。若用有限元方法，可将围岩划分为很多块任意形状的区域，每个区域都有不同的变形模量和物理、力学等参数，较为准确地模拟围岩复杂的地质构造及衬砌和岩体的弹塑性变形特性以及蠕变特性，是结构力学方法难以做到的。

三维有限元方法可以较好地求得水工隧洞的三维应力应变分布，但要占用大容量的计算机和较多的计算时间，如果减少单元数量，则单元很大，计算精度很差。对于轴线较长的隧洞，为节省计算单元所占用的容量和机时，大多采用平面有限元方法；如果沿纵向岩性不均或断面不同，可选择一些有代表性的断面做平面有限元计算，衬砌单元可分 5~9 层，计算精度可提高很多。

一般来说，水工隧洞穿过的岩体大部分是较好的，只有少数或极少数穿过断层破碎带或山沟附近的碎石土层,适合于使用结构力学方法计算的断面很少,衬砌周边条件往往很复杂,两侧岩性或变形模量的分布可能相差很大,采用结构力学方法手工计算很烦琐,却不能反映应力应变的非线性关系,很难算得准确。应采用有限元方法计算能较好地模拟衬砌周边复杂的条件,虽然输入单元结点编码、结点坐标和输出结果的处理工作较多,但在我国当今几乎所有设计、科研部门已普及计算机应用,并有很好的有限元计算程序和前后处理程序,完全有理由放弃使用结构力学方法。所以,这里不再花很多篇幅罗列以往有关各种结构内力计算所采用的结构力学方法计算式和计算图表。至于有限元方法的计算原理和计算式,已有很多书籍做了论述和介绍,也不在此重复,读者可参看有关文献和书籍。这里只讨论有关水工隧洞普通钢筋混凝土衬砌采用有限元方法计算应力常遇到的一些问题。

有人在使用有限元方法计算衬砌的应力和位移时考虑全部岩体的重力,算得位移和应力都很大,这是不符合实际的。因为岩体重力引起的变形作用在很久很久以前已完成,并形成初始应力状态,在隧洞开挖后,洞周边应力释放为零,相当于在洞周边加上与初始应力相反的荷载,形成新的位移场(向洞中心位移)和应力场。正确的算法需用三步:①计算隧洞开挖前的岩体初始应力;②计算隧洞开挖后围岩的应力释放和变形,按 6.7.2 节所述,按规范[37]所规定的 7 种情况确定作用在衬砌外壁上的围岩压力;③计算在衬砌自重、围岩压力、内外水压等需要考虑的荷载作用下衬砌和围岩联合体的应力。第③步可求得衬砌的应力分布,由衬砌各截面上拉应力图形面积计算受拉钢筋;至于围岩的应力应为这三步应力之和。

用有限元方法算得城门形隧洞混凝土衬砌底板两侧角缘在弹性阶段有很大的应力集中,须按主应力图形面积、沿主应力方向或 45°方向配置斜向钢筋。若角缘拉应力特别大,宜将直角改用 45°小斜角[如图 6-9(a)所示]或如图 6-9(b)所示设置半径为 0.15B 的小圆角,按此重新划分单元做有限元计算和配筋计算。

对于大型或重要的隧洞,或者围岩地质条件较差,应进行非线性有限元计算。

如果岩体的原始地应力很大,或者具有很强的蠕变性能,则应在开挖后等到洞周边的向心位移趋于稳定才能衬砌;如果岩体相当完整或仅有少量密闭裂隙,而且地应力和蠕变性能都很小,一般在全洞开挖后再按开挖顺序立模衬砌,围岩的变形也已趋于稳定,对衬砌的压力已很小。

关于外水压力作用面的问题,宜按不同情况处理。如果洞壁岩石表面清洗得很干净,混凝土衬砌与之黏结很牢固,外水压力不至于穿透这些结合面直接作用于整个衬砌的外表面。如果做好衬砌顶部回填灌浆以及洞周围岩固结灌浆处理,外水压力应作用在固结灌浆外围岩体的结构面上,可按灌浆质量适当修改外水压力作用范围。如果衬砌周边做好排水,外水压力强度可适当减小。

关于有限元在远处固定边界的范围,经大量计算表明,取围岩的计算厚度约为洞径或洞宽、洞高的 3 倍,算得衬砌的位移和应力与围岩单元取至远处算得的结果误差约小于 6%,远小于选取弹模、内摩擦系数、黏聚力等参数的误差,满足工程关于计算精度的要求。

国内外有些电算程序采用无穷元法,只需用很少的单元数目就可以达到无穷远处作为固定边界的目的,可节省很多存储量和机时。有些电算程序采用边界元法,也有类似的作用。但也应注意上述方法的计算条件,如果隧洞外围岩体并非很厚,或者岩层分布很不均一,或在隧洞附近有断层破碎带等切割周围岩体,都不宜采用边界元或无穷元方法。若围岩构造复杂,各向异性或各种性质不均匀,宜划分很多的、具有不同弹模等不同性质的单元。

**3. 预应力混凝土衬砌**

对于高压隧洞,为防止衬砌因受到很高的内水压力而开裂,对防渗要求较高的隧洞,通过技术经济比较,可采用预应力混凝土衬砌。若上覆岩体满足抗水力劈裂要求,可采用灌浆式预应力衬砌;否则,宜采用机械式预应力衬砌。灌浆式有内圈环形灌浆式、环形管灌浆式、钻孔灌浆式等多种,我国多采用钻孔灌浆式。机械式预应力衬砌有钢索式、钢箍式、拉筋式、挤压式等多种,我国多采用钢索式。

高压水工隧洞多采用圆形隧洞,预应力混凝土的强度等级应不低于C30,施加预应力时混凝土强度应大于设计强度的75%,衬砌的厚度应根据施加预应力时衬砌不被压坏、在运行中衬砌的拉应力小于混凝土允许拉应力的原则决定。灌浆式预应力混凝土衬砌的厚度宜采用洞径的1/18～1/12,不宜小于0.3m;机械式预应力混凝土衬砌的厚度宜采用洞径的1/12～1/10,不宜小于0.6m。

若混凝土衬砌各处的厚度相差较大,会使预应力分布很不均匀。为了提高预应力效果,应采用光面爆破,若有个别因岩体破碎而超挖的,应回填混凝土或浆砌石、砂浆等修补为规则的圆形断面,使浇筑后要施加预应力的混凝土衬砌厚度均匀。

灌浆式预应力混凝土衬砌因灌浆后水泥浆干缩以及混凝土的徐变使预应力损失,其损失量很难预先准确计算。据已有工程的实际经验来看,注浆材料宜采用膨胀水泥,注浆压力不宜小于最大内水压力的2倍,起码应保证在最大内水压力作用时衬砌不出现拉应力为原则。注浆孔应沿衬砌周边均匀布置,间距、排距宜采用2～4m,直径5m以下的隧洞每排宜设8～10孔;直径5～10m可设8～12孔,注浆段的长度宜采用2～3倍洞径。施工工艺及灌浆参数应通过试验确定,其工序是:①围岩固结灌浆,以增加围岩的完整性和抵抗内水压力的性能;②注入清水,先以0.5MPa的水压力冲洗钻孔,待单位吸水率稳定时,逐渐加压,直至开环(环形衬砌与洞壁脱开);③开环后回水变清即可进行水泥灌浆,浆液充满开环形成的环缝,在所需要的稳定高压下形成水泥结石,达到所需要的预压应力效果。

在施加最大灌浆压力时并无内水压力,须核算此时混凝土衬砌的最大压应力。设衬砌的内半径为$a$,外半径为$b$,$\varepsilon=a/b$,施加给外边缘上的灌浆压力强度为$p_o$,此时衬砌与围岩已脱开,按弹性理论推导,混凝土衬砌在半径为$r$处的切向应力$\sigma_\theta$和径向应力$\sigma_r$分别为

$$\sigma_\theta = -p_o[(a/r)^2+1]/(1-\varepsilon^2) \tag{6-6}$$

$$\sigma_r = p_o[(a/r)^2-1]/(1-\varepsilon^2) \tag{6-7}$$

式中的荷载$p_o$用正值计算,计算结果若是负值为压应力,若其绝对值超过允许值,则应提高混凝土的强度或加大衬砌厚度。对于承受特高水压力的水工隧洞,为避免衬砌出现过大的拉应力,应在竣工前做接触灌浆处理,使衬砌紧贴围岩连成整体,发挥整体刚度作用,减小径向位移和切向拉应力。

环锚索后张拉预应力在早期采用有黏结后张预应力方法;后来小浪底水利枢纽工程采用无黏结后张预应力新技术,在混凝土浇筑之前预先将钢绞线放入装满油脂的塑料套管内,在混凝土达到设计强度之后进行张拉,张拉时的摩擦力比黏结锚索大为减小,每个锚具可增加一圈锚索长度,提高了张拉效率,使钢丝断裂率大为减小,具有经济合理、可靠性高、效率高、施工简便等突出优点,已被广泛认同和优先采用。

为使混凝土衬砌有较大的部分断面受到预压作用,环向预应力钢绞线应布设在衬砌的外缘,仅在锚具张拉槽附近采用回旋缓和曲线由外缘曲率逐渐变到直线引至位于衬砌内壁附近的张拉槽,避免锚索在通道里双向弯曲引起张拉力损失。张拉槽沿洞轴向的间距由计算决定,但不宜大于0.5m,因为间距太大使预应力分布不均匀;但也不宜小于0.3m,因为间距太小,使锚具和锚具槽太多、太密,会削弱衬砌本身的整体性,使应力恶化。相邻锚具所处的环向位置应错开布置在下半部两侧,径向夹角宜为90°～120°。张拉完毕应及时将张拉槽回填微膨胀混凝土。

预应力混凝土的设计参数应通过试验确定。根据一些工程的实际经验,考虑到张拉力的损失,在

计算钢绞线用量、选用混凝土的强度等级和厚度时,建议环形锚索的张拉控制应力以钢绞线抗拉强度标准值的 0.7～0.75 倍为宜,按此计算沿洞轴向每延米衬砌所需张拉钢绞线的截面积 $A$:

$$A = H\gamma_w r_i / \sigma_{ac} \tag{6-8}$$

式中:$H$——内水压力设计作用水头,m;

$\gamma_w$——水的重度,近似取 $10\text{kN/m}^3 = 10^4 \text{N/m}^3$;

$r_i$——混凝土衬砌的内半径,m;

$\sigma_{ac}$——钢绞线张拉控制应力,$\sigma_{ac} = (0.7 \sim 0.75) f_{ptk}$,$f_{ptk}$ 为钢绞线抗拉强度标准值,$\text{N/mm}^2$。

按上式各量的单位算得每延米隧洞钢绞线截面积 $A$ 的单位为 $\text{mm}^2$,按此截面积配置 2 束或 3 束锚索(相应间距 0.5m 或 0.33m),选用钢绞丝的直径和根数。

沿洞轴向取 1m 长的衬砌核算,在预应力施加过程中混凝土衬砌的应力是否在允许范围内。宜采用有限元方法计算,将钢绞线划分为很多个小弧形柱体单元,沿钢绞线的轴向是连接的,与混凝土不直接连接,采用无黏结锚索,有塑料套管和润滑油隔开,但传递压力和摩擦力。混凝土采用三维 20 结点二曲面等参单元。因压力较大,考虑摩擦系数 $\mu$,忽略很小的黏结力。钢绞线单元与混凝土单元不能有公共结点,可以有相对滑动位移,相互作用着一对大小相等、方向相反的正压力和一对大小相等、方向相反的摩擦力,摩擦力等于摩擦系数 $\mu$ 乘以正压力。有限元方法还可模拟锚具槽作用力的边界条件,如锚具施加于钢绞线端部的张拉力和锚具压板反作用于混凝土槽面的压力分布荷载。

设钢绞线小弧形柱体单元两端径向的夹角为 $d\theta$,沿钢绞线轴向拉力分别为 $T$ 和 $T + dT$,在与混凝土接触面上相互作用的正压力为 $p$,摩擦力为 $f = \mu p$,如图 6-22 所示。作用在钢绞线微单元上的径向分力平衡方程为

$$T \sin(d\theta/2) + (T + dT) \sin(d\theta/2) - p = 0 \tag{6-9}$$

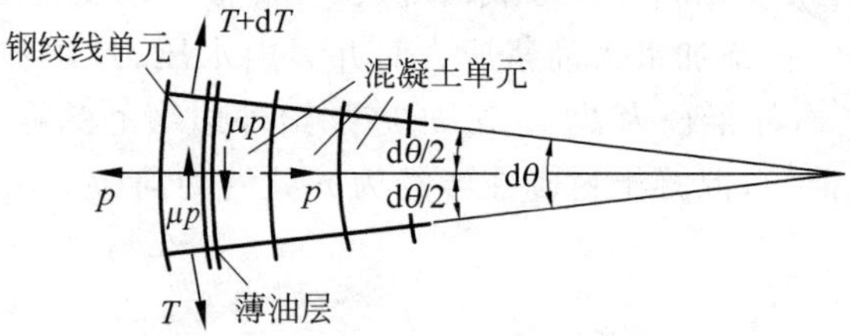

当 $d\theta$ 很小时,$\sin(d\theta/2) \approx d\theta/2$,略去高阶微量 $dT \sin(d\theta/2)$,经整理得

$$p = T d\theta \tag{6-10}$$

图 6-22 钢绞线微单元作用力

作用在钢绞线微单元上的切向(垂直于径向)分力平衡方程为

$$(T + dT) \cos(d\theta/2) - T \cos(d\theta/2) + \mu p = 0 \tag{6-11}$$

$d\theta$ 很小,$\cos(d\theta/2) \approx 1$,利用式(6-10),整理得

$$dT/T = -\mu d\theta \tag{6-12}$$

解此微分方程,等号两侧积分,

$$\int_{T_0}^{T} \frac{dT}{T} = -\mu \int_0^{\theta} d\theta$$

代入积分上下限,得

$$\ln T - \ln T_0 = -\mu\theta \quad \text{或} \quad \ln(T/T_0) = -\mu\theta$$

即

$$T/T_0 = e^{-\mu\theta} \tag{6-13}$$

式中:$T_0$——钢绞线在端部的张拉力;

$\theta$——自钢绞线张拉的端部径向量起到计算点径向的夹角(简称包角),rad;

$T$——所求钢绞线单元(即 $\theta$ 所对应位置的钢绞线单元)的张拉力。

从式(6-13)可知,由于钢绞线与混凝土管道的摩擦阻力,各点的张拉力随着 $\mu\theta$ 的增加而减小,所以应尽量采用无黏结预应力锚索。若无黏结锚索与管套之间的摩擦系数 $\mu=0.05$,代入式(6-13)算得包角 $=\pi/2,\pi$ 两处钢绞线张拉力 $T$ 与锚具槽处张拉力 $T_0$ 的比值 $T/T_0$ 依次为 0.924 和 0.855。

为使衬砌应力分布尽量均匀,建议锚索间距采用 0.33m。一环锚索围绕混凝土衬砌绕一圈。采用无台座张拉锁定方式,将同一锚索伸到同一张拉槽两端的钢绞线固定于一个可移动使受力平衡的锚板,当千斤顶施加作用力时,实际上对两端同时起张拉作用,两端点的张拉力都为 $T_0$,两半圈锚索的拉力是对称分布的,只需求出一端半圈锚索的拉力分布,就可求得另一半圈的拉力分布。

若需锚索力很大,宜尽量减小摩擦系数 $\mu$,每束锚索可绕两圈,两端点对拉的最大张拉力都为 $T_0$,与两端点径向的最大包角为 $2\pi$。若所需锚索力不大,张拉槽纵向间距可取 500mm,每延米衬砌有 4 圈锚索,张拉力为每延米 3 圈锚索方案的 3/4,可减少张拉槽、锚头的数量和操作工作量。

在核算混凝土的应力时,设钢绞线各单元的轴向长度为 $ds$,其中心点的曲率半径为 $r$,将 $d\theta=ds/r$ 代入式(6-10),并利用式(6-13),导出钢绞线各单元施加给邻近混凝土单元的压力 $p$ 为

$$p = T_0 e^{-\mu\theta} ds/r \tag{6-14}$$

应按式(6-14)算得各点的压力 $p$ 以及由此算得的摩擦力 $\mu p$ 作为衬砌索道各点受到的切向摩擦力,用有限元方法计算在张拉无黏结钢绞线时因张拉力损失后的混凝土应力分布。由于钢绞线挤压的混凝土单元和锚具压板挤压的混凝土单元及其附近单元的应力较大,一般须采用高标号混凝土,其强度等级不宜低于 C35;对于内水压力和锚索力很大的混凝土衬砌,混凝土应采用更高的强度等级。

锚索预应力损失,主要由以下 4 个原因引起:①钢绞线与孔道的摩擦力引起张拉力损失;②锚具变形和夹持松弛使钢绞线回缩;③钢绞线经过一段时间后应力松弛;④混凝土收缩徐变引起预应力损失。要准确计算这 4 种预应力损失,都需要先从试验测出有关参数,如:第①项孔道摩擦力引起的预应力损失,虽然在用式(6-14)算得的 $p$ 和 $\mu p$ 代入有限元计算混凝土衬砌的应力已包括了这一因素,但摩擦系数与钢绞线表面形状、孔道尺寸和成型的质量、钢绞线接头的外形、钢绞线与孔道的接触程度等因素有关,可由钢绞线绕过包角 $\theta$ 的张拉试验,反算钢绞线与孔道的平均摩擦系数 $\mu$;第②③④项应力损失都应通过试验测出有关的变形参数,再采用有限元方法计算混凝土衬砌从钢绞线张拉以后经过各项预应力损失到竣工期末、运行期初未受到其他荷载情况下的应力分布。

在运行期设计内水压力作用下,混凝土衬砌的应力计算应按不同的情况处理。锚索张拉完毕后混凝土衬砌可能与洞壁岩表脱开,按照我国水工隧洞设计规范[36,37],应对衬砌与围岩之间进行全断面接触灌浆;若接触良好,在内水压力作用下,混凝土衬砌还将进一步压紧洞壁,发挥整体刚度作用,比单独的混凝土圆环的刚度大很多,不宜单独计算,而应与围岩联合作用,采用有限元方法计算。

若衬砌与围岩接触不好,或者围岩很破碎松软,从最不利情况考虑,假定衬砌与围岩脱开,成为独立结构,可把内水压力作用于单独的圆环状衬砌所引起的应力,叠加到前面算得的竣工期末的应力,即为合成应力。设衬砌的内半径为 $a$,外半径为 $b$,$\eta=b/a$,按弹性理论推导,在内水压力 $p_i$ 作用下,在半径 $r$ 处的切向应力和径向应力分别为

$$\sigma_\theta = p_i[1+(b/r)^2]/(\eta^2-1) \tag{6-15}$$

$$\sigma_r = p_i[1-(b/r)^2]/(\eta^2-1) \tag{6-16}$$

荷载 $p_i$ 用正值计算,计算结果以负值为压应力。与竣工期末的应力叠加,总应力应在允许值之内。

另一种不利的情况是水库正常蓄水、隧洞外水压力很大、洞内无水的情况,应核算混凝土衬砌的

最大压应力是否在混凝土所能承受的范围内。在外水压力作用下,混凝土衬砌与围岩是否脱开,与围岩联合作用到什么程度,也很难估计。为安全和便于计算,在高水头的外水压力作用下,将混凝土衬砌近似看成与围岩脱开的独立结构,外水压力作用于圆环状混凝土独立结构的外侧壁所产生的应力,可用式(6-6)、式(6-7)计算,只需把灌浆压力 $p$ 换成外水压力即可。与竣工期末的应力叠加,若总的最大压、拉应力在混凝土允许压、拉应力范围内,是安全的;若超过混凝土的允许值不多,则应提高混凝土的强度等级,比较容易做到,若增加衬砌厚度,可能须试算多次,不见得节省多少钱;若压应力超过允许值很多,则应在洞壁岩体固结灌浆之后、在浇筑混凝土衬砌之前,在两侧洞壁岩表设置竖向和纵向排水,在竖向排水位置的围岩钻排水孔,并记下位置桩号,在浇筑混凝土衬砌后,若须回填接触灌浆,注意离开排水一定距离,并控制灌浆压力,以免堵塞排水。如果后来发现这些排水设施被堵,外水压力太大,经核算对结构造成破坏,应在合适位置开挖排水洞、钻排水孔,以减小外水压力,保证结构安全。对于环锚式预应力混凝土衬砌,若能单独承受内水压力,不需围岩共同作用,在没有内水压力作用时,为避免很大的外水压力作用引起衬砌超大的压应力,宜将衬砌与岩体分开,在衬砌之外的围岩之内做好排水设施。

对于岔洞或龙抬头封堵等部位空间形状和受力条件很复杂、容易发生滑动破坏的结构,应在开挖过程中随时观察和选择强度较高、构造面有利于稳定的岩体作为该结构的位置,做必要的设计修改,并加强对岩体的锚固和灌浆,采用高强度材料衬砌。围岩和衬砌材料性能差异可能很大,岩体结构面性质及分布多样,混凝土上下周边与岩石接合紧密程度不一,在内、外水压力单独作用或共同作用下,其应力、变形和稳定分析应采用有限元方法,因涉及内容太多,不在此叙述,可参阅有关文献。若计算条件不具备,应按我国水工隧洞设计规范[36,37]的规定和有关内容进行设计和计算。

## 思 考 题

1. 水工隧洞有哪些工作特点?
2. 水工隧洞的布置和线路选择一般应考虑哪些因素?
3. 水工隧洞进口的型式有哪些?各适用于什么条件?
4. 有压隧洞和无压隧洞各应用于什么情况?各有什么优缺点?各种闸门应布置在何处?
5. 水工隧洞的断面有哪些形式?各适用于有压隧洞还是无压隧洞?
6. 高速水流的水工隧洞需要采取哪些消能措施和减蚀措施?
7. 水工隧洞的衬砌类型有哪些?各适用于什么条件?
8. 水工隧洞的荷载主要有哪些?应如何取值计算衬砌的应力?
9. 锚喷支护起哪些作用?应注意哪些问题?
10. 水工隧洞各种衬砌的受力计算在各种不同条件下应采用什么方法?

# 第7章 水闸

> **学习要点**
>
> 水闸的工作特点,水闸枢纽布置,闸室的设计,闸基渗流计算,水闸的消能与防冲设计,结构稳定计算、应力计算和地基沉降计算是本章的重要内容。

## 7.1 概 述

### 7.1.1 水闸的功能和分类

在平原或丘陵地区的河道、渠系、湖边、海边等处,由于地形、地质条件和当地可筑坝材料有限,为了蓄水和引水,建造水闸比建造水坝往往较为经济实用,尤其在夏季河流流量很大时,打开闸门放水,比较灵活方便。水闸是低水头挡水、泄水建筑物,关闭闸门,可以拦洪、挡潮、抬高水位以满足上游引水和通航的需要;开启闸门,可以泄洪、排涝、冲沙或根据下游用水需要调节流量,所以水闸在平原或丘陵地区应用较多。

我国在公元前6世纪就开始建造水闸,据《水经注》记载,在公元前598年至公元前591年位于今安徽省寿县城南的芍陂灌区中建造了进水和供水用的5个水门(现在称为水闸)。新中国成立后大力兴修水利,平原地区兴建的水闸星罗棋布,据不完全统计,自1949—1997年共建成水闸3.1万座,其中,大型水闸340座。1988年建成的葛洲坝二江泄洪闸,共27孔,闸高33m,最大泄流量达83900m$^3$/s,位居全国之首,至今运行情况良好,不仅抬高水位供葛洲坝水电站发电,而且在三峡特大型水电站调峰发电期间,稳定葛洲坝至三峡电站之间的河道水位和流速,对航运发挥了巨大效益。目前世界上最高和规模最大的荷兰东斯海尔德挡潮闸,共63孔,闸高53m,闸身净长3000m,连同两端的海堤,全长4425m,被世界公认为海上长城。

水闸按其所承担的任务分类,有以下几种,如图7-1所示。

(1)节制闸。用于控制下泄流量、调节上游水位的水闸称为节制闸(建在河道上的节制闸又称拦河闸)。关闭闸门,可以拦洪、蓄水,壅高上游水位,满足上游引水或航运需要;开启闸门,可以调节放水流量,保证河道安全,适应下游用水与通航需要。

(2)进水闸(又称取水闸或渠首闸)。建在渠首,从河道、水库或湖泊的岸边取水,控制引水流量,以满足灌溉、发电和供水的需要。

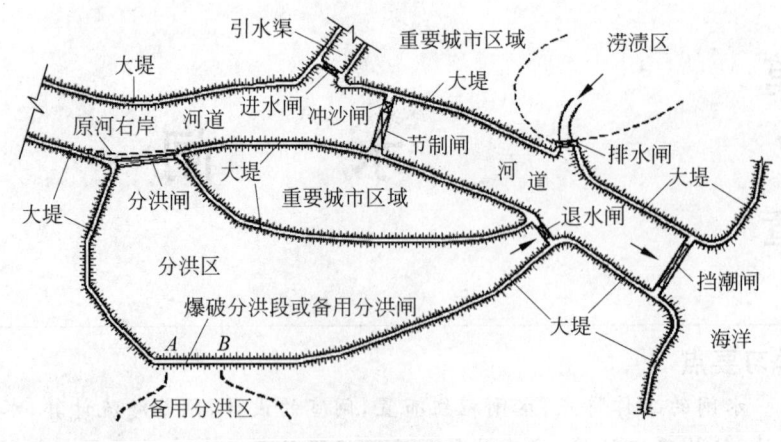

图 7-1 水闸分类示意图

(3) 分洪闸。常建在河道一侧,将超过下游河道安全泄量的洪水泄入分洪区(蓄洪区或滞洪区),以保障原河道下游大堤及周围人身生命财产安全,保护下游水闸等重要建筑物。若分洪区邻近还有地势更低的洼地区域,而且人口稀少,没有重要城市、厂矿等重大财产资源,可以比较这两个分洪区域被淹的损失,以损失较小的作为第一分洪区域;如果靠近主河道的分洪区域损失较小,考虑到该区域退水方便,宜作为第一分洪区,远离主河道的低洼区域作为第二分洪区,在较高处建造分界大堤,在合适之处建造备用分洪闸。分洪闸用得很少,备用分洪闸用得更少,为节省投资,宜采用临时爆破分洪方法,如图 7-1 中的 AB 一段大堤内可预留洞室,待需要分洪时,安放炸药爆破分洪。

(4) 退水闸。建于分洪区、洼地或湖泊的下游出口处,当主河道的水位回落到很低时,开启退水闸,把分洪区的洪水和地里的积水排放回到主河道。

(5) 排水闸。采用自流或抽排方式排除支流内河或低洼地区对农作物有害的渍水。当主河道水位上涨时,可以关闸,防止外水倒灌;也可关门蓄水或从江河引水,具有双向挡水、双向过流的作用。

(6) 挡潮闸。建在河口入海附近,涨潮时关闸,防止海水倒灌;退潮时开闸泄水,具有双向挡水、单向过流的作用。

(7) 冲沙闸(又称排沙闸)。常与节制闸并排布置,建在靠近进水闸的一侧,排除进水闸、节制闸前的泥沙,防止渠道和闸前河道淤积,减少引水水流的含沙量。为加大泄洪和排沙能力,在泄洪时,节制闸和排沙闸都宜尽量打开。各孔都同时起泄洪和排沙作用。

此外还有排冰闸、排污闸等,起排除冰块、漂浮物等作用。若按闸室结构形式分类,可分为开敞式、胸墙式及涵洞式等,如图 7-2 所示。有泄洪、过木、排冰或其他漂浮物要求的节制闸、分洪闸大都采用开敞式。若上游水位变幅较大,常在低水位过闸,在高水位需用闸门控制流量,而闸门高度不够,宜用胸墙式,如进水闸、排水闸、挡潮闸多用这种形式。穿堤取水或排水一般多采用涵洞式。

按闸室底板的形状可划分为平底式[如图 7-2(a)、(b)所示]和低堰式[如图 7-2(c)所示]。

按地基类型可分为岩基水闸和非岩基水闸。岩基水闸仅在覆盖层很薄的上中游河道建造,两岸一般有山体,在岩基上建造 15m 以上高度不设闸门可溢流的混凝土坝比建造 10m 以下高度的岩基水闸单位蓄水量的投资造价便宜,所以岩基水闸的数量比广大平原地区兴建的非岩基水闸少很多。岩基水闸除非岩基里有不利于稳定的结构面,其他问题如:闸室和岩基的应力、稳定、沉降、冲刷和地基处理问题都比非岩基水闸容易解决,其计算和处理方法与岩基重力坝的溢流坝段和岸边溢洪道的岩

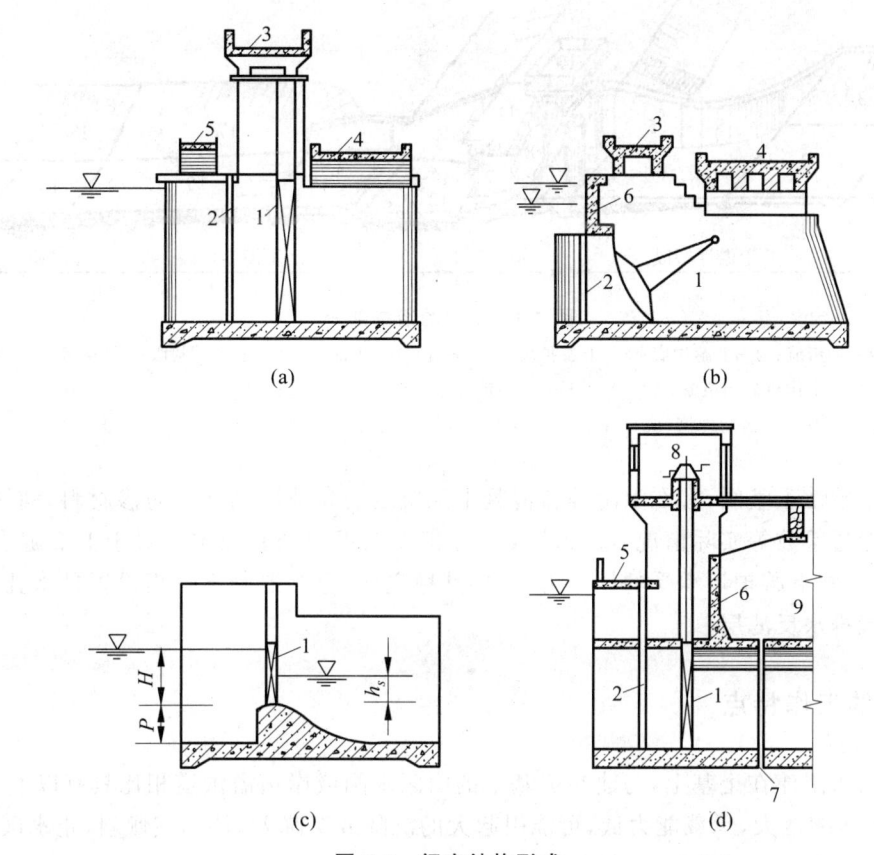

图 7-2 闸室结构形式

(a) 开敞式；(b) 胸墙式；(c) 低堰开敞式；(d) 涵洞式

1—工作闸门；2—检修门槽；3—工作桥；4—交通桥；5—便桥；6—胸墙；7—沉降缝；8—启闭机室；9—回填土

基闸室基本相同或相近，本章不再重述，而只叙述非岩基水闸的相关内容。

## 7.1.2 水闸的组成部分及其主要作用

水闸一般由上游连接段、闸室和下游连接段三大部分组成，如图 7-3 所示。

(1) 上游连接段由以下结构组成：防冲齿墙、护底、铺盖、两岸护坡和翼墙。其中前三者的作用是保护河床免受冲刷，增加渗径，防渗和防止渗透破坏；两岸护坡和翼墙的作用是保护河堤、免遭冲刷，引导水流平顺地进入闸室，并与护底和铺盖等共同构成防渗轮廓，防止渗漏和渗透破坏。

(2) 闸室由以下结构组成：闸门、闸墩、边墩（或包括岸墙）、底板、胸墙、工作桥、交通桥、启闭机等。闸门用来挡水和控制过闸流量。闸墩用以分隔闸孔和支承闸门、胸墙、工作桥、交通桥。底板是闸室的基础，用以将闸室上部结构的重量及荷载（包括水荷载）传至地基，并兼有防渗和防冲作用。在工作桥上安装启闭设备、操作闸门，交通桥用来联系两岸交通。闸室是水闸的中心和控制部分。

(3) 下游连接段，包括：护坦、海漫、防冲槽以及两岸的翼墙和护坡等。前两者用来消减过闸水流的能量，并调整流速分布，引导出闸水流均匀扩散，防止水流出闸后对下游冲刷。

为了增强水闸的防渗、防渗透破坏的能力，应从上游护底至下游护坦之间（包括翼墙）的分缝之处

**图 7-3 水闸的组成部分**

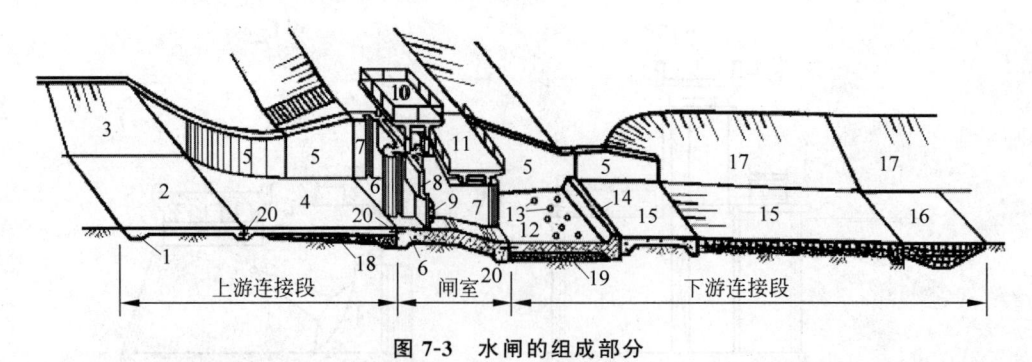

1—上游防冲齿墙；2—上游护底；3—上游护坡；4—铺盖；5—翼墙；6—底板；7—闸墩；8—胸墙；9—闸门；
10—工作桥启闭机室；11—交通桥；12—消力池护坦；13—排水孔；14—消力坎；15—海漫；
16—下游防冲槽（块石）；17—下游护坡；18—防渗黏土；19—反滤排水；20—止水

设置止水。对于砂性土基闸，宜在上游铺盖混凝土浇筑之前先铺压黏性土防渗材料，铺压范围视砂性土基的分布和渗透系数等实际情况，经计算或参考相关工程的经验而定。对于上下游水位相差较大的水闸，为了减小闸下游护坦承受的扬压力，增加其稳定性，应在混凝土护坦设置排水孔，在护坦之下按反滤要求设置排水反滤层。

### 7.1.3 水闸的工作特点

平原大多数水闸建在土基上，与建在岩基上的山区水闸或岸边溢洪道相比具有以下不同的特点。

（1）土基的压缩性大，承载能力低，可能引起大的沉降或沉降差，使闸室倾斜，止水破坏，土基被冲刷，闸底板断裂，甚至闸室可能被水冲断和崩溃。

（2）水闸泄流时，虽然流速一般较低，但土基容易被冲刷，抗冲能力远低于岩基。加之，闸下游水位一般变幅很大，闸下出流可能从下游低水位时的远驱水跃，经过临界水跃过渡到下游水位很高时的淹没水跃。所以，要求消力池、消力坎等消能防冲设施在各种水位时都能满足设计要求。

（3）土基在渗透水流作用下，容易产生渗透破坏，特别是粉细沙地基，在闸下游易出现翻沙冒水管涌，甚至被掏空，在地震时粉细沙容易液化。上述情况容易引起水闸沉降、倾斜、断裂甚至倒坍。

针对上述特点或难点，设计中需要通过以下工作加以解决。

（1）选择合适的闸址，避开活动断裂带，避免粉细沙液化和软土坍陷。
（2）选择与地基条件相适应的闸室结构，使沉降小且尽量均匀，保证地基和闸室稳定。
（3）做好防渗设计，特别是上游两岸连接建筑及其与铺盖的连接部分，要在空间上形成防渗整体。
（4）做好排水设计，减小闸室及其下游结构承受的扬压力，增加其稳定性能。
（5）做好消能、防冲设计，避免发生危害性的冲刷和掏空。

### 7.1.4 水闸设计的内容和所需的基本资料

水闸设计的内容主要有：
（1）根据水闸的任务和地形、地质、水文、施工等条件以及管理要求等因素选择闸址和枢纽布置。
（2）对闸室和两岸连接建筑的型式和尺寸，进行选择和设计，其中包括孔口数目、孔口尺寸设计和过流能力计算，消能和防冲设计计算，地基处理设计、防渗和排水设计计算。

(3) 对结构和地基进行应力计算、稳定计算和沉降计算。

经过上述设计工作，使水闸安全可靠、经济合理、技术先进、运用方便。

设计所需的基本资料包括：河流规划、运用要求、地形、地质、水文、气象、泥沙、地震烈度等方面的资料，建筑材料的来源，施工及交通运输条件等。

## 7.2 闸址选择和闸孔初步设计

### 7.2.1 闸址选择

闸址选择直接关系到水闸建设的成败和经济效益的发挥，是水闸设计中不可缺少的第一步。应根据水闸的功能、特点和运用要求，综合考虑地形、地质、水文、水流、泥沙冲淤、冰情、冻土、潮汐、淹没、拆迁、环境、施工、管理等因素，经技术经济分析比较，选定最佳闸址。

不同性质的水闸，对闸址选择的要求不尽一致，作为一般性的要求有以下几点。

(1) 大型节制闸或泄洪闸，宜尽可能选在河道河势相对稳定的直线段上，这样对闸室、上下游连接段以及进出口河段的水流都较为有利。

(2) 进水闸、分水闸或分洪闸宜选在河岸基本稳定的顺直河段或弯道凹岸顶点稍偏下游处。拦河节制闸上游附近的进水闸引水渠与主河道中心线的夹角宜为 $70°\sim75°$；若无节制闸则此夹角不宜超过 $30°$。分洪闸不应选在险工堤段和被保护重要城镇的下游堤。

(3) 排水闸（或挡潮闸）应尽可能将闸址选择在河口附近，该处应岸坡稳定、冲淤变化较小，在主河道水位（或海水位）较高期间，排水闸（或挡潮闸）的上游应可存放较多容积的上游来水。

(4) 应尽量将闸址选择在土质均匀密实、压缩性小的地基上，尽量避开淤泥质土或粉、细沙地基，避开地基内的高承压水层，必要时，采取妥善的处理措施，如振动密实、围堵加压、降低地下水位等。

(5) 为避免车辆振动对地基和闸室结构造成不良影响，自闸室轴线至铁路桥或重载车辆通行的高等级公路桥的距离尽量不小于 $100m$；闸墩上设置的交通桥应低于工作桥，一般只允许通过载重较轻的小型车辆，若需建造高等级公路桥，应进行分析论证。

(6) 闸址的选择，还应考虑到有足够的施工场地，施工水电供应和对外交通运输方便，有利于就地取材、施工导流、基坑排水、工程管理维修和防汛抢险等条件。

(7) 为解决施工导流问题，有时将闸址选在弯曲河段的凸岸部位，利用原河道导流，裁弯取直建新闸，尽量使新开河道的进、出口与原河道平顺衔接；但若新开河道工程量很大，或者新开河道需要很大的拆迁费用，表明这种方案不可取；如果冬春季节河水流量远远小于夏季流量，应安排在冬春季节施工，须另外选线开挖小的导流渠道，水闸位置仍在原来的大河道上选择；如果冬春季节河道流量很大，可利用分洪区的低洼荒地修建河道导流，通过退水闸将河水回流到主河道的下游（参见图 7-1）。

### 7.2.2 闸孔型式和尺寸的选择

闸孔型式和尺寸的选择包括以下内容：选择闸孔的堰型、选定堰顶（或底板顶面）高程、闸顶高程、单孔的几何尺寸以及闸室总宽度。

### 1. 闸孔堰型的选择

宽顶堰如图7-2(a)和(b)所示,结构简单,施工方便,泄流能力稳定,有利于冲沙,在水闸中常用,但流量系数较小,容易产生波状水跃。若正常挡水位较高,没有排冰和树枝等漂浮物要求,但有排沙要求,而过闸单宽流量又有一定限制,为减小闸门高度和启闭力,可设置胸墙,利用胸墙挡水。

低实用堰如图7-2(c)所示,水流条件较好,选用适宜的堰面曲线可以消除波状水跃,但当下游水位大于堰顶的高差超过堰上水头的0.6倍时,泄流能力将急剧降低。若上游水位较高,下游水位较低,无排沙要求,但须排冰和树枝等漂浮物,为减小闸门高度,常选用开敞式低实用堰,在高水位的情况下,其超泄洪能力高于水平底板宽顶堰加胸墙的型式。实用堰的形状在早期有梯形和驼峰形,后来较多采用WES形状(参见图2-58),它具有流量系数大的优点。

### 2. 闸底板高程的选定

闸室底板(或堰顶)高程与水闸承担的任务、过水流量、上下游水位及河床地质条件等因素有关。

拦河闸和冲沙闸的底板高程一般与河底齐平,冲沙闸应采用平底板形式;进水闸的底板高程在满足引用设计流量的条件下,应尽可能高一些,以防止推移质泥沙进入渠道;分洪闸底板高程宜略高于河床,但应满足分洪泄流量的要求;退水闸底板高程应能够排干净分洪区滞蓄的洪水;排水闸的堰顶高程则应尽量定得低些,以保证将渍水迅速降至计划高程,但也不能太低,应能向主河道排水,要避免排水出口被泥沙淤塞;挡潮闸的底板高程应高些,有利于挡潮和减小闸门高度;但对于兼有排水闸作用的挡潮闸,其底板高程应满足将汛期可能最大的内陆河水排出大海的要求。

闸底板应置于经开挖至合格后的地基。如下游地基低于上游地基,闸室底板可采用折线形宽顶堰,下游深处做成消力池;若闸室底板地基有软弱带,须挖除并回填与邻近土层性质相同或相近的土料;若整层地基都为软弱土层,则应挖除并采用低堰底板;若软弱地基太深,则采用箱式平底板,加大底板刚性,减小沉降量和不均匀沉降量。在地基强度能够满足要求的条件下,底板高程定得高些,闸室宽度加大,减小单宽流量,有利于抗冲刷。在大、中型水闸中,由于闸室工程量所占比例较大,因而适当降低底板高程,加大单宽流量,减小闸室总长度,总造价可能较低。但如果底板高程定得太低,基坑开挖困难;若上游水位仍然很高,闸门高度增加,启闭设备容量也随之加大;因单宽流量加大,将会增加下游消能防冲的工程量。所以,闸室底板高程应经全面对比,择优选定。

### 3. 闸顶高程的确定

闸顶高程在挡水和泄洪两种情况下有不同的含义。在蓄水或挡水时,闸顶高程通常是指开敞式闸门顶高程或胸墙挡水线、上游闸墩和岸墙的顶部高程,它不应低于正常蓄水位(或最高挡水位)加波浪计算高度与安全超高之和。这里的波浪高度应考虑正交入射的驻波作用,对于平原、滨海地区水闸,宜采用莆田试验站公式,按式(2-6)计算$h_m$。在泄洪时,开敞式闸门全开泄洪,闸室水面不对闸门产生涌浪和驻波,交通桥底高程不应低于设计洪水位(或校核洪水位)与相应安全超高值之和,可不计算涌浪和驻波,但它应高出洪水面0.5m以上,若冬季排冰,还应高出冰面0.2m以上[40,41]。对于闸室两侧的堤顶和有胸墙的闸室,仍考虑风浪和驻波的影响,并应加安全超高。上述各种安全超高值如表7-1所示[40]。

表 7-1　水闸安全超高的下限值　　　　　　　　　　　　　　　　　　m

| 运用情况 | | 水闸级别 | | | |
|---|---|---|---|---|---|
| | | 1 | 2 | 3 | 4 或 5 |
| 蓄水或挡水时 | 正常蓄水位 | 0.7 | 0.5 | 0.4 | 0.3 |
| | 最高挡水位 | 0.5 | 0.4 | 0.3 | 0.2 |
| 泄洪时 | 设计洪水位 | 1.5 | 1.0 | 0.7 | 0.5 |
| | 校核洪水位 | 1.0 | 0.7 | 0.5 | 0.4 |

闸顶高程还应考虑下列因素：①软弱地基上闸基沉降的影响；②多泥沙河流上、下游河道变化引起水位升高或降低的影响；③对于防洪或挡潮堤上的水闸，须考虑今后还继续加高大堤的长远计划，其闸顶高程不应低于大堤顶(包括计划加高的堤顶)高程。

最后选各种运用情况下的闸顶高程最高值确定为闸顶高程。

**4. 计算闸孔总净宽**

1) 开敞式堰流

有排漂、排冰、排沙要求的水闸，宜采用开敞式平底闸，闸孔总净宽为

$$B_0 = \frac{Q}{\sigma \varepsilon m H_0 \sqrt{2gH_0}} \quad (\text{m}) \tag{7-1}$$

式中：$Q$——过闸流量，$\text{m}^3/\text{s}$；

$g$——重力加速度，近似取 $g=9.81\text{m}/\text{s}^2$。

$H_0$——堰上水头(闸前不宽的水面计入行近流速水头，较宽河面则不计入)，m；

$\sigma$、$\varepsilon$、$m$——淹没系数、侧收缩系数和流量系数，由《水闸设计规范》[40,41]附录 A 查算。

对于开敞式平底闸，若下游水面超过闸室底板的水深 $h_s \geq 0.9H_0$，为高淹没状态，下泄能力明显变小，闸孔总净宽应为[40,41]

$$B_0 = \frac{Q}{\mu_0 h_s \sqrt{2g(H_0-h_s)}} \quad (\text{m}) \tag{7-2}$$

式中：$\mu_0$——淹没堰流的综合流量系数

$$\mu_0 = 0.877 + [(h_s/H_0) - 0.65]^2 \tag{7-3}$$

2) 孔流

挡水位变化较大或挡水位高于泄洪水位很多，宜采用胸墙式平板宽顶堰，其闸孔总净宽为

$$B_0 = \frac{Q}{\sigma' \mu a \sqrt{2gH_0}} \quad (\text{m}) \tag{7-4}$$

式中：$a$——闸门开度或胸墙下孔口高度，m；

$\sigma'$、$\mu$——宽顶堰上孔流的淹没系数和流量系数，由《水闸设计规范》[40,41]附录 A 查算。

决定闸孔总净宽 $B_0$，还须选用适宜的最大过闸单宽流量。根据我国的经验，对粉沙、细沙地基，单宽流量宜选取 $5\sim10\text{m}^2/\text{s}$；砂壤土地基，取 $10\sim15\text{m}^2/\text{s}$；壤土地基，取 $15\sim20\text{m}^2/\text{s}$；坚硬黏土地基，取 $20\sim25\text{m}^2/\text{s}$。若过闸水流落差较大、下游水深较小，单宽流量分别取上述范围的小值。

过闸水位差的选用，关系到上游淹没和工程造价，如过分壅高上游水位，将会增加上游河岸堤防

的负担,使地下水位升高,加大下游消能防冲的工程量。设计中,应结合工程的具体情况选定,在平原地区设计过闸水位差以选用 0.1～0.3m 为宜,山区、丘陵区水闸的过闸水位差可适当加大。

水闸过水能力与上下游水位、地形地质条件及其所允许的单宽流量、底板高程和闸孔总净宽等数据有关,还要考虑减少淹没损失的要求,须通过对不同方案进行技术经济比较后才能最终确定。

#### 5. 确定闸室单孔宽度和闸室总宽度

闸室单孔净宽度 $b_0$,根据闸门形式、启闭设备条件、闸门的制造、运输和安装条件、闸室分缝和温度应力控制、闸孔的运用要求(如泄洪、排冰或树枝等漂浮物)和工程造价等因素综合比较选定。岩基水闸分段长度不宜超过 20m,土基水闸分段长度不宜超过 35m。我国大、中型水闸的单孔净宽度 $b_0$,对于弧形闸门一般采用 6～18m;对于平面闸门一般采用 4～16m。

按计算闸孔孔数 $n=B_0/b_0$,应取略大于计算值的整数,总净宽不宜超过 3‰～5‰;孔口尺寸宜参考定型闸门的尺寸选用。

闸室总宽度 $B_1=nb_0+(n-1)d$,其中,$d$ 为中墩厚度,其大小与闸门的宽度、高度和闸门承受的水头有关。平面闸门的闸墩在门槽处的最小厚度不宜小于 0.4m,门槽水平宽深比宜为 1.6～1.8。含有横缝的闸墩总厚比不含横缝的闸墩略厚。闸墩厚度可参考表 7-2 的所列数值初选。

表 7-2　闸墩厚度 $d$ 的参考值　　　　　　　　　　　　　m

| 闸孔宽度 | 3～6 | 6～12 | >12 |
|---|---|---|---|
| 不含横缝的闸墩厚度 | 0.9～1.2 | 1.2～1.8 | 1.8～2.5 |
| 含有横缝的闸墩厚度 | 2×(0.7～0.8) | 2×(0.8～1.1) | 2×(1.1～1.5) |

## 7.3　水闸的防渗、排水设计

水闸的防渗与排水设计是水闸设计重要的关键一步。水闸建成挡水或蓄水后,在闸基及边墩和翼墙的背水一侧产生渗流,可能产生以下严重问题:①水量流失;②降低了闸室的抗滑稳定性及两岸翼墙和边墩的侧向稳定性;③使地基内的可溶物质加速溶解;④可能引起地基的渗透变形,严重的渗透变形会使地基受到破坏,甚至使闸室坍塌。所以,必须做好防渗、排水设施的构造设计。

### 7.3.1　水闸的防渗长度及地下轮廓的布置

若在护坦中设置排水孔,在护坦的下面设置排水层,闸基内的渗流,将从护坦上的排水孔逸出。那么上游相对不透水的铺盖、板桩及底板是防渗结构,其下与地基的接触线,即是闸基渗流的第一根流线,称为地下轮廓线,其长度即为水闸的防渗长度。水闸的各种防渗布置如图 7-4 所示。

根据《水闸设计规范》(SL 265—2016)[40],闸基轮廓线水平和垂直防渗部分长度的总和应满足:
$$L \geqslant CH \tag{7-5}$$

式中:$H$——上、下游水位差,m;

$C$——渗径系数,见表 7-3,若闸基设置垂直防渗体,可用表中相应地基类别里的小值。

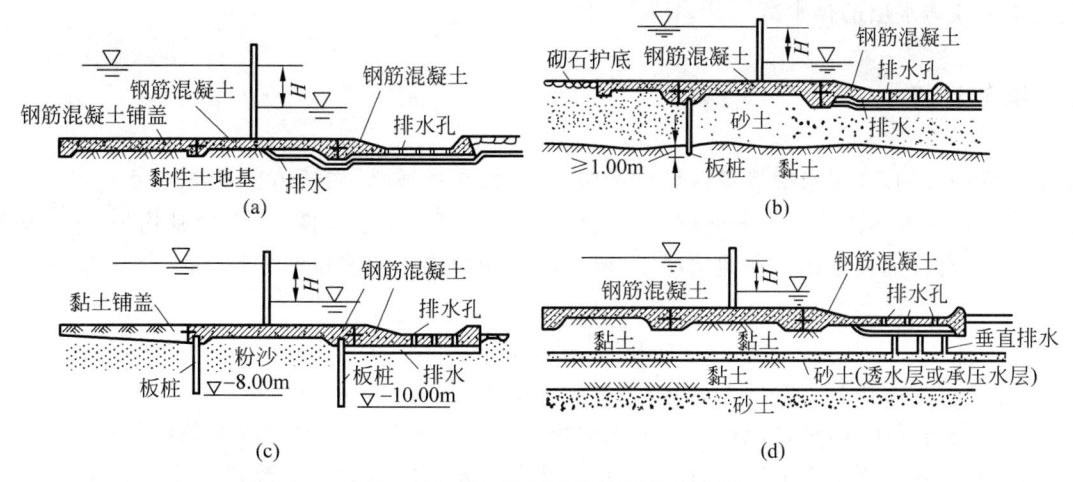

**图 7-4　水闸各种闸基的地下轮廓布置**

(a) 黏性土地基的地下轮廓线布置；(b) 砂性土地基的地下轮廓线布置；
(c) 粉沙地基的地下轮廓线布置；(d) 闸基下含有承压水层的排水布置

**表 7-3　允许渗径系数值**

| 地基类别 | 粉沙 | 细沙 | 中砂 | 粗砂 | 中砾细砾 | 粗砾夹卵石 | 轻粉质砂壤土 | 轻砂壤土 | 壤土 | 黏土 |
| --- | --- | --- | --- | --- | --- | --- | --- | --- | --- | --- |
| 有滤层 | 13～9 | 9～7 | 7～5 | 5～4 | 4～3 | 3～2.5 | 11～7 | 9～5 | 5～3 | 3～2 |
| 无滤层 | — | — | — | — | — | — | — | — | 7～4 | 4～3 |

我国《水闸设计规范》(NB/T 35023—2014)[41]则按 $L=H/[J]$ 拟定闸基防渗总长度，其中[J]为闸基土的允许渗透坡降，由试验确定，若无试验资料，可参照该规范附录 D 查表 D.0.2-1 选用。

水闸的地下轮廓按照防渗与排水相结合的原则，在上游侧采用水平防渗（如铺盖）或垂直防渗（如齿墙、板桩、混凝土防渗墙、灌浆帷幕等），延长渗径以减小作用在底板上的渗透压力，降低闸基渗流的平均坡降；在下游侧设置排水反滤设施，如面层排水、排水孔、减压井，使地基渗水尽快排出，降低渗透水对闸室底板和护坦的扬压力，并防止在渗流出口附近发生渗透变形破坏。

黏性土地基不易发生管涌破坏，但底板与基土间的摩擦系数较小，应主要考虑如何降低作用在底板上的渗透压力，以提高闸室的抗滑稳定性。因打桩易破坏黏土的天然结构，在板桩与地基间造成集中渗流通道，故对黏性土地基一般不用板桩，宜在闸室上游设置较长的水平防渗铺盖[见图 7-4(a)]。若闸基为中壤土、轻壤土或重砂壤土，闸室上游宜设置钢筋混凝土或黏土铺盖，或土工膜防渗铺盖，水平防渗铺盖渗透系数与地基土渗透系数的比值应小于 0.01；铺盖长度根据闸基防渗需要的渗径而定，宜采用上、下游最大水位差的 3～5 倍；在闸底板下游段至消力池底板下应布置排水。

若地基为砂性土，因其渗透系数较大，抵抗渗透变形的能力较差，应以防止渗透变形和减小渗漏为主。若砂层较薄，且下面有不透水层，最好在铺盖或闸室底板上游端采用齿墙或板桩切断砂层，截水墙或防渗墙嵌入黏性土深度不应小于 1.0m，嵌入岩体深度不应小于 0.5m，并在消力池下设排水，见图 7-4(b)。对砂层很厚的地基，如为粗砂或砂砾，可采用铺盖与悬挂式板桩相结合；对于细沙、粉沙或粉细沙地基，为了防止液化，大多采用封闭式布置，将闸基四周用板桩封闭起来，见图 7-4(c)。

若透水地基内有承压水或透水层，为了消减承压水对闸室稳定的不利影响，可在消力池底面设置深入该承压水或透水层的排水减压井,见图 7-4(d)。

### 7.3.2 渗流计算

渗流计算的目的,在于求解渗流区域内的渗透压力、渗透坡降、渗透流速及渗流量。

闸基渗流属于有压渗流。在研究闸基渗流时,一般按平面问题考虑,假定地基均匀、各向同性,渗水不可压缩,并符合达西定律。在此情况下,闸基渗流规律满足拉普拉斯方程:

$$\frac{\partial^2 h}{\partial x^2} + \frac{\partial^2 h}{\partial y^2} = 0 \tag{7-6}$$

式中:$h$——渗透水流在某点的计算水头,是坐标的函数,称为水头函数。

对于简单的边界条件,可按流体力学方法得出理论解。但实际工程的边界条件很复杂,很难求得理论解,因而在实际工程中常采用一些近似而实用的方法,如:流网法;改进的阻力系数法;对于地下轮廓比较简单,地基又不复杂的中、小型工程,可考虑采用直线法;对于复杂地基宜采用电拟试验法或数值计算方法。因篇幅所限,这里仅叙述常用的前三种方法。

**1. 流网法**

闸基渗透流网的特点是:①流线与等势线正交;②流线与等势线组成近似正方形的网格;③闸基地下轮廓线和不透水边界分别是最上和最下的流线;④上、下游地基表面是两条边界等势线。

根据流网的特点,可以通过手绘或实验绘制流网。前者适用于均质地基上的水闸,虽需经反复多次修改,但仍属简单易行的方法,而且具有较高的精度。在开始绘制时,将闸基地下轮廓(作为第一根流线,如图 7-5 的折线 1-2-3-4-5-6-7-8-9)的长度划分为 $n$ 份,每一份代表上下游水位差的 $1/n$,过每一分点画等势线,这些等势线尽量与渗流方向垂直,一般需同时画出等势线和流线,边画边修改,使其相互正交,同一格内相邻边长尽量相等。画出流网后,可根据流网计算水闸底板的渗压分布(如图 7-5 所示),用它进一步计算水闸的抗滑稳定安全系数。

**2. 改进的阻力系数法**

1) 基本原理

这是一种以流体力学解为基础的近似方法。从板桩与底板或铺盖相交处和桩尖画等势线,将整个渗流区域分成几个典型流段。

设第 $i$ 渗流段内流线的平均长度为 $l_i$,其分段水头损失值为 $h_i$,透水层深度为 $T$,各段地基渗透系数均为 $k$,根据达西定律,任一流段的单宽渗流量 $q$ 为

$$q = (h_i/l_i)kT \quad \text{或} \quad h_i = (l_i/T) \cdot (q/k)$$

令 $l_i/T = \xi_i$,为第 $i$ 渗流段的阻力系数,它只与渗流段的几何形状有关,由上式可得

$$h_i = \xi_i \frac{q}{k} \tag{7-7}$$

水闸上下游水位差即总水头 $H$ 应为各分段水头损失值之和,即

$$H = \sum_{i=1}^{n} h_i = \sum_{i=1}^{n} \xi_i \frac{q}{k} = \frac{q}{k} \sum_{i=1}^{n} \xi_i \tag{7-8}$$

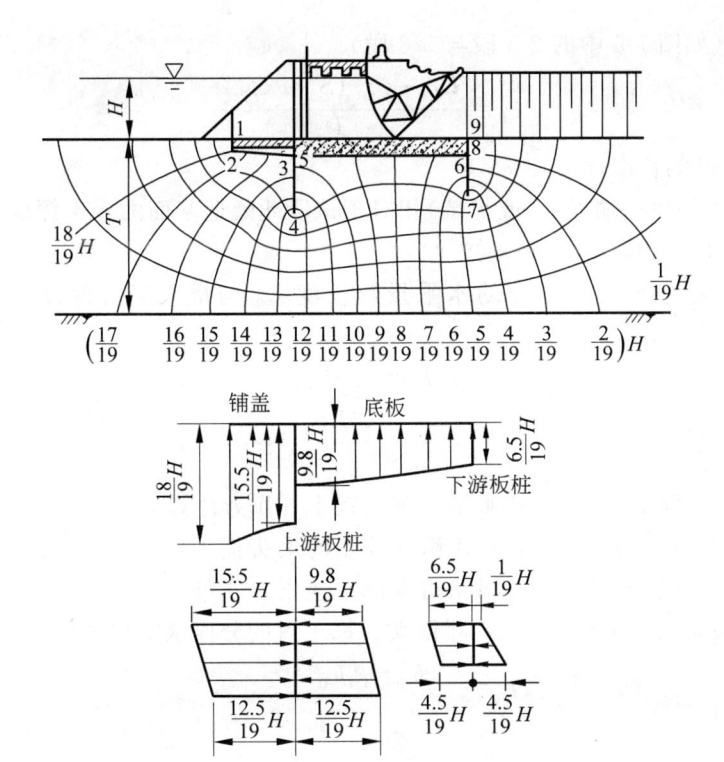

图 7-5 水闸闸基的渗透流网及渗压分布

或

$$q = kH / \sum_{i=1}^{n} \xi_i$$

将式(7-8)代入式(7-7),可得各流段的分段水头损失值为

$$h_i = \xi_i \frac{H}{\sum_{i=1}^{n} \xi_i} \tag{7-9}$$

这样,只要已知各个典型流段的阻力系数,即可算出任一流段的分段水头损失值。将各分段的水头损失值由出口向上游推算,即可求得各段分界线处的渗透压力以及其他渗流要素。

2) 渗透压力的确定

按照我国《水闸设计规范》[40,41],典型流段的阻力系数 $\xi$ 如下。

(1) 进口段和出口段(如图 7-5 中的 1-2 段与 7-8-9 段)

$$\xi_0 = 1.5 \left(\frac{S}{T}\right)^{3/2} + 0.441 \tag{7-10}$$

式中:$S$——齿墙或板桩的入土深度,m;

$T$——地基透水层深度,m。

(2) 内部垂直段(如图 7-5 中的 3-4 段、4-5 段与 6-7 段)

$$\xi_v = \frac{2}{\pi} \ln \left\{ \cot \left[ \frac{\pi}{4} \left( 1 - \frac{S}{T} \right) \right] \right\} \tag{7-11}$$

(3) 内部水平段(如图 7-5 中的 2-3 段与 5-6 段)

$$\xi_h = \frac{L_h - 0.7(S_1 + S_2)}{T} \tag{7-12}$$

式中：$L_h$——该水平段的长度，m；

$S_1$、$S_2$——该水平段两端板桩(或齿墙)相对于该段此处地基面的入土深度，m；

$T$——地基透水层计算深度，m。

若地基透水层较深，应按闸下轮廓的水平投影长度 $L_0$ 与最大竖直深度 $S_0$ 之比，计算有效深度 $T_e$：

当 $L_0/S_0 \geq 5$ 时
$$T_e = 0.5 L_0 \tag{7-13}$$

当 $L_0/S_0 < 5$ 时
$$T_e = \frac{5 L_0}{1.6(L_0/S_0) + 2} \tag{7-14}$$

本节各式中的 $T$ 应取 $T_e$ 与实际透水层深度的较小者作为计算深度[40,41]。

各分段的阻力系数确定后，按式(7-9)计算各分段的水头损失值 $h_i$，假设各分段内的水头损失值按直线变化，自下游向上游依次迭加，即可求得闸基渗透压力分布。

上述进、出口分段水头损失值 $h_0$ 比实际偏大。修正后的分段水头损失值 $h_0'$(见图 7-6)为[40,41]

$$h_0' = \beta' h_0 \tag{7-15}$$

式中：$\beta'$——阻力修正系数，

$$\beta' = 1.21 - \frac{T}{[12(T'/T)^2 + 2](S' + 0.059T)}$$

当 $\beta' > 1.0$ 时，取 $\beta' = 1.0$；

$S'$——底板埋深与其下的板桩入土深度之和(见图 7-6)，m；

$T'$——板桩另一侧底板下的地基透水层深度(见图 7-6)，m。

修正后进、出口段水头损失值的减小量 $\Delta h$ 为

$$\Delta h = h_0 - h_0' = (1 - \beta') h_0 \tag{7-16}$$

水力坡降呈急变形式的长度 $a$ 可按式(7-17)计算[40,41]：

$$a = \frac{\Delta h}{H} T \sum_{i=1}^{n} \xi_i \tag{7-17}$$

根据 $\Delta h$ 及 $a$ 值，可定出修正后水力坡降线的 $P$ 点及 $O$ 点，如图 7-6 所示。有关出口段齿墙不规则部位分段水头修正值更详细的计算，可参阅《水闸设计规范》[40,41]。

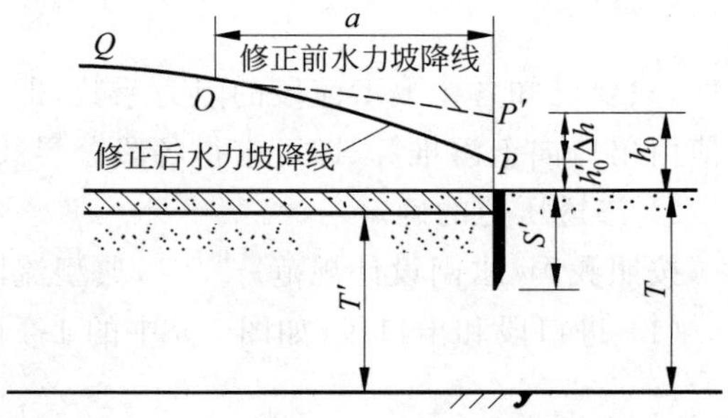

**图 7-6 进出口水头损失的修正**

3) 水平段渗流坡降和出口段逸出坡降的计算

闸底板与地基土接触面水平段和出口段通常最容易发生渗流破坏，要求它们的渗流坡降不得超过其允许值。用出口段竖向高度 $S'$ 和修正后的分段水头损失值 $h_0'$ 可计算出口处的逸出坡降 $J_0$：

$$J_0 = h_0'/S' \tag{7-18}$$

用式(7-9)计算各水平段水头损失值 $h_i$ 除以相应水平段长度 $L_{hi}$ 得各水平段的渗流坡降 $J_i = h_i/L_{hi}$。为保证闸基的抗渗稳定性，防止流土破坏，各水平段和出口段渗透坡降都应小于容许坡降值

$[J]$。允许坡降值应通过土工试验求得,若无试验资料,可按表 7-4 取值[40]。

表 7-4　水平段和出口段的容许坡降值

| 地基土质类别 | 粉沙 | 细沙 | 中砂 | 粗砂 | 中砾细砾 | 粗砾夹卵石 | 砂壤土 | 壤土 | 软黏土 | 坚硬黏土 | 极坚硬黏土 |
|---|---|---|---|---|---|---|---|---|---|---|---|
| 水平段容许坡降 | 0.05~0.07 | 0.07~0.10 | 0.10~0.15 | 0.15~0.17 | 0.17~0.22 | 0.22~0.28 | 0.15~0.25 | 0.25~0.35 | 0.30~0.40 | 0.40~0.50 | 0.50~0.60 |
| 出口段容许坡降 | 0.25~0.30 | 0.30~0.35 | 0.35~0.40 | 0.40~0.45 | 0.45~0.50 | 0.50~0.55 | 0.40~0.50 | 0.50~0.60 | 0.60~0.70 | 0.70~0.80 | 0.80~0.90 |

注：当渗流出口处有反滤层时,表列数值可加大 30%。

对于中小型水闸工程,若无渗流破坏试验资料,我国《水闸设计规范》(NB/T 35023—2014)[41]建议用以下方法判断。设：$d_5$、$d_{15}$、$d_{85}$ 依次表示小于该粒径的土重占总量的百分比相应为 5%、15% 和 85%；$d_f=1.3(d_{15}d_{85})^{1/2}$ 为闸基土粗细颗粒分界粒径,mm；$P_f$ 为粒径小于 $d_f$ 的土粒含量的百分数；$n$ 为闸基土的孔隙率。若 $4P_f(1-n) > 1.0$,出口渗流破坏为流土破坏型；若 $4P_f(1-n) < 1.0$,则为管涌破坏型。防止出口段管涌破坏的容许坡降值$[J]$为[41]

$$[J]=\frac{7d_5}{Kd_f}[4P_f(1-n)]^2 \tag{7-19}$$

式中：$K$——防止管涌破坏的安全系数,可取 1.5~2.0。

**3. 直线法**

直线法假定渗流沿地基轮廓的水头损失按直线变化,即假定渗流沿地基轮廓的坡降相同,若渗流总水头 $H$ 及防渗长度 $L$ 已定,则可按直线比例求出地下轮廓各点的渗透压力,距离出口渗径为 $x$ 的任一点的渗压水柱 $h_x$ 近似为

$$h_x=(H/L)x \tag{7-20}$$

直线法是勃莱于 1910 年在调查了印度一些闸坝工程破坏实例和成功实例的基础上,得出各种土基上建造闸坝的地下轮廓线防渗长度和水头的安全比值(即允许渗径系数)。然而勃莱不加区别地按地下轮廓线等量地计算防渗长度,显然是不合理的。因为水平底板与垂直防渗体(板桩或截水墙等)的防渗效果是不相同的,后者的防渗效果远胜于前者。勃莱于 1934 年根据对更多的实际工程资料分析后认为,竖向渗径的消能效果为水平渗径的 3 倍。设水平和竖直渗径总长分别为 $L_h$ 和 $3L_v$,折算的有效渗径总长度改为 $L'=L_h+3L_v$,各点至出口的渗径改为 $x'$,其中的竖直段长度应乘以 3,各点渗压水柱应为

$$h'_x=\frac{H}{L'}x' \tag{7-21}$$

实际上,沿地下轮廓的渗透压力并不是直线变化的,即使采用修改后的式(7-21)计算,仍是近似的。在可行性研究阶段,或对于地下轮廓比较简单的中、小型工程,近似采用式(7-21)可较快地计算渗压水柱,以便核算渗透稳定、水闸结构的抗滑稳定和应力是否满足安全要求。

### 7.3.3　防渗及排水设施

防渗设施是指闸室上游的铺盖、底板下的地基板桩及齿墙。排水设施是指铺设在护坦、海漫底部

的砂砾石反滤层,并在适当部位设置排水孔;有些工程为了减小闸室底板的扬压力,除了在闸室上游加设铺盖或竖直防渗板桩之外,还在闸室底板下游段设置导渗反滤排水层。

**1. 铺盖**

铺盖主要用来延长渗径,减小渗流坡降和流速。铺盖材料应具有相对的不透水性,常用黏土、黏壤土、防渗土工膜、沥青混凝土、钢筋混凝土等;铺盖材料的渗透系数与地基土渗透系数的比值应小于0.01,最好小于0.001。若地基软弱,容易变形引起不均匀沉陷,铺盖应采用柔性材料。

1) 黏土和黏壤土铺盖

铺盖长度由地下轮廓设计方案比较确定,一般为闸上水深的2~4倍。铺盖厚度由 $\delta = \Delta H / [J]$ 确定,其中:$\Delta H$ 为铺盖顶、底面之间的水头,$[J]$ 为材料的容许坡降,黏土为4~8,壤土为3~5。此外还应考虑施工条件,一般厚度为0.6~0.75m。铺盖与底板连接处是薄弱部位,该处铺盖应加厚,将底板前端做成倾向上游的斜面,利于黏土下压与底板紧贴;在连接处铺设油毛毡和止水,一端用螺栓固定在混凝土底板的斜面上,另一端埋入黏土中,如图7-7的细部 A 所示。为防止铺盖在施工期遭受破坏和运行期间冻裂或被水流冲刷,应在其表面铺砂层,在砂层上再铺设单层或双层块石护面。

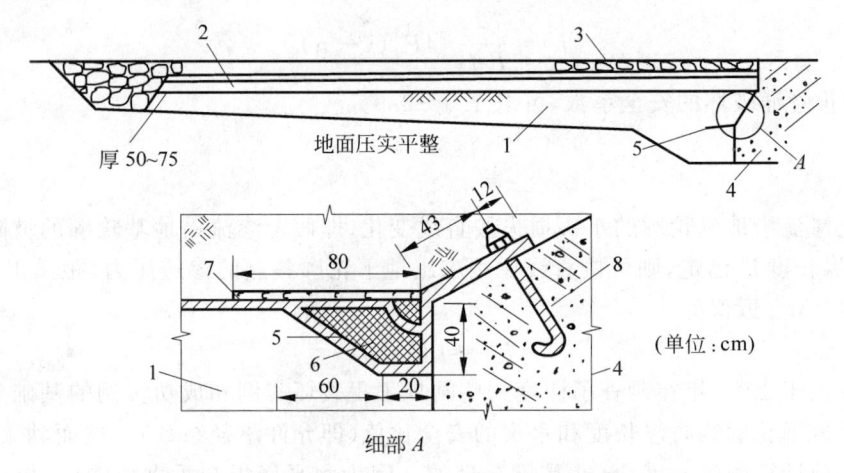

**图 7-7 黏土铺盖与闸室底板接合处的细部构造**

1—黏土铺盖;2—垫层;3—浆砌石(或混凝土)保护层;4—闸室底板;5—沥青麻袋;6—沥青填料;7—木盖板;8—锚筋螺栓

2) 沥青混凝土铺盖

若闸址附近没有或严重缺少适宜的黏性土料,可采用沥青混凝土做铺盖,它的渗透系数为 $10^{-9} \sim 10^{-8}$ cm/s,铺盖厚度一般为5~10cm,在与闸室底板连接处应适当加厚,接缝多为搭接形式。为提高铺盖与底板间的黏结力,可在底板混凝土面先涂一层稀释的沥青乳胶,再涂一层较厚的纯沥青。沥青混凝土的柔性和延展性较大,可不分永久缝,但要分层浇筑压实,各层垂直的临时浇筑缝要错开。

3) 钢筋混凝土铺盖

若缺少适宜的黏性土料,或者闸室稳定性较差,需要铺盖兼作阻滑板,常采用钢筋混凝土铺盖。其厚度不宜小于0.4m,在与底板联接处应加厚至0.8~1.0m,并设止水。若利用铺盖兼作阻滑板,还须与闸室在接缝处配置铰接轴向受拉钢筋,见图7-8(b)。铰接钢筋断面面积按受力要求还要适当加大;为防锈蚀,接缝处放置沥青油毛毡,止水上方回填沥青马蹄脂和部分水泥砂浆加盖,见图7-8细部 A。

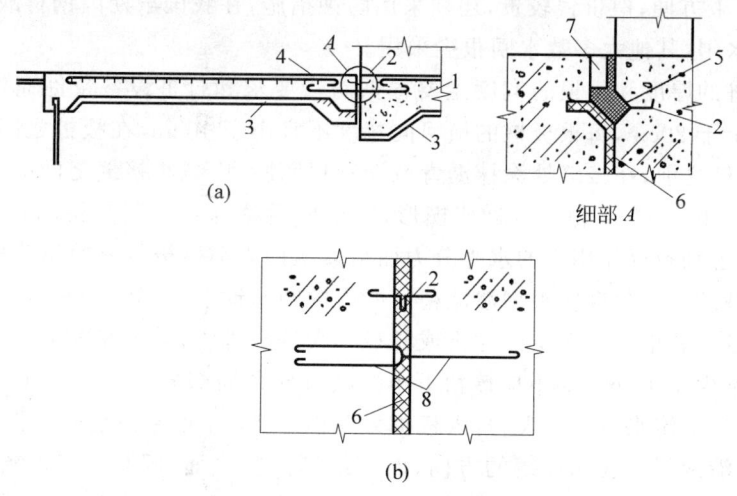

**图 7-8 钢筋混凝土铺盖**

1—闸室底板；2—止水片；3—垫层；4—钢筋混凝土铺盖；5—沥青马蹄脂；6—油毛毡两层；7—水泥砂浆；8—铰接钢筋

为抵抗个别闸室的滑动提供足够的阻滑力，钢筋混凝土铺盖的尺寸应尽量加大，横河向伸缩缝和沉降缝宜尽量不设或少设，应设施工缝以减少温度应力，加大伸缩缝或沉降缝的间距。

4）土工膜防渗铺盖

近些年来土工膜已用于闸底或水库底防渗铺盖，积累了一些经验。水利工程常用组合型土工膜，如：聚氯乙烯薄膜渗透系数一般小于 $10^{-8}$ cm/s，两侧用丙纶编织布覆盖，以提高其强度，或是两侧用土工织物覆盖以提高其与垫层的摩擦系数。土工膜具有重量轻、整体性好、产品规格化、强度高、耐腐蚀性强、储运方便、施工简易、节省投资等优点。若闸址附近没有或严重缺少适宜的黏性土料，沥青材料来源都很远，缺少沥青混凝土的施工设备，而闸室稳定性较好，不需要钢筋混凝土阻滑板，在这些情况下宜选用土工膜防渗铺盖。

防渗土工膜的厚度应根据作用水头、膜的应变和强度等因素确定，宜大于 0.5mm，其下面应有压实平整、沉降量较小的垫层，防止尖角块石或树枝等突尖硬物顶破，其上面应铺设 25~30cm 厚的砂土或小粒径砂砾石保护层，以防日照快速老化；若流速较大，应再在其上铺设块石保护层，以防冲走小颗粒土料。土工膜之间的连接以往主要有热焊接、粘接、针缝接三种方式，其中热焊接采用多种大小不一的机器，温度 180~220℃，焊接时间经过试验设定，由机器控制，一般约用 1s 时间同时完成两道平行的焊缝，每道焊缝长 1~2m，宽 10mm，两道相隔 12~15mm，焊接进度主要取决于焊接机设定焊缝尺寸的大小和操作人员的配备。热焊接方法一般比粘接法和针缝法速度快、质量好，故近来采用较多。土工膜与周边混凝土结构的连接一般多在混凝土斜坡上预埋螺栓用螺母将土工膜固定，类似于图 7-7 细部 A 所示，将图中螺母所夹持的沥青麻袋换成土工膜即可。

**2. 板桩**

板桩是水闸底部垂直防渗结构，其类型有木板桩、钢板桩、钢筋混凝土板桩。木板桩在我国早期用得较多，但容易劈裂折断和腐烂，不耐用，加之后来木材缺乏，环保植树需要，除了抢险工程须立即临时支护的应急需要之外，基本不用作闸底部永久性垂直防渗结构。钢板桩强度高，钢板厚 10~

15mm，容易打入，施工方便，但价钱较贵，还须采用防蚀措施，在我国早期因钢材缺乏，用得很少，只用于快速施工的大型水闸，其他大多数水闸很少采用。

钢筋混凝土板桩的厚度和每根的宽度主要根据防渗要求和打桩设备条件而定。据工程经验，其顺河向的厚度不宜小于20cm，每根板桩的横河向宽度不宜小于40cm，在板桩之间的接头部位应设置梯形榫槽，在打入板桩之前，在接缝处涂抹沥青或沥青玛蹄脂，以减小接缝之间的摩擦力，增加其抗渗性。在板桩最底下端40~50cm范围内做成楔形，并偏向后续外延一侧倾斜（如图7-9所示），以便打入地基，并受到地基土颗粒反作用力的水平分力而被紧压向先前已被打入的相邻板桩。

钢筋混凝土板桩的打入深度应根据渗流稳定所需的闸基地下轮廓线的竖直分段长度以及地基可打入的经济深度而定。若地基为薄层砂性土或粒径不大的砂砾土，其下是相对不透水的黏性土，则板桩应深入黏性土层不少于1.0m，而不应该留下小的缺口导致局部集中渗流破坏；但如果闸下透水层很厚，而闸上水深或上下游水位差不大，打入板桩太深很不经济；如果前后两排板桩距离不大，而板桩却很深，渗流将主要沿两板桩底端连线的方向，而不绕到闸室底面，闸基实际渗流的地下轮廓线并不增加很多，板桩没有起到应有的作用；如果闸基中较大粒径的砾石含量较多，钢筋混凝土板桩是很难被打入的，有的不得不采用悬挂式板桩，其下采用水泥灌浆措施。据江苏省水闸统计，钢筋混凝土板桩大多数深度为3~5m，最深为8m。

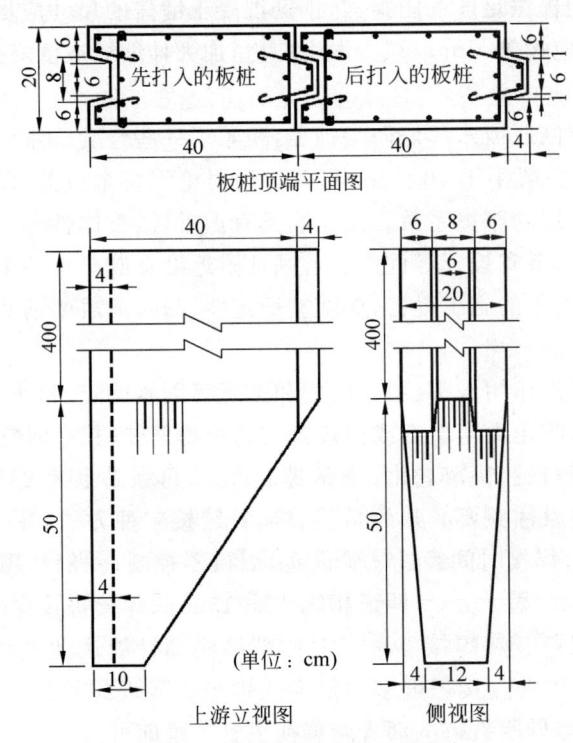

图7-9 钢筋混凝土板桩构造

板桩与闸室底板的连接形式有两种：①把板桩紧靠底板上游齿墙前缘，在板桩顶部利用黏土铺盖包裹一定长度，见图7-10(a)，它适用于板桩尖已插入坚实土层、而闸室后续沉降量较大的情况；②把已打入地基的板桩顶部周围清理并回填黏性土垫层，压实至板桩顶部外露约10cm，在两侧距离板桩侧面5cm处用混凝土预制板围成一个20cm深的槽,在槽内灌注沥青等相对不透水的柔性材料,然后在其上浇筑闸室齿墙和底板,见图7-10(b),它适用于板桩桩尖未达到坚实土层、而闸室后续沉降量不大的情况,板桩和闸室可能还有些沉降量,但两者相差不大。根据统计资料,板桩顶部与闸室水平向位移差小于5cm,沉降差5～10cm。

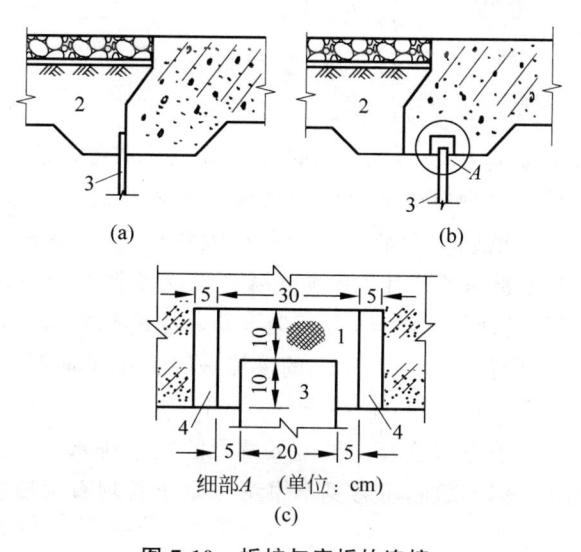

图 7-10 板桩与底板的连接
1—沥青;2—黏土铺盖;3—板桩;4—混凝土预制板

### 3. 齿墙

闸室底板的上、下游端一般宜设置齿墙,它是最常见的垂直防渗设施,可延长渗径,并用来增强闸室的抗滑稳定性。齿墙深度大多数为0.8～1.5m。

### 4. 其他垂直防渗设施

若闸基土是砂性土或粒径较小的砂砾石土,通常设置钢筋混凝土板桩,可明显地增加渗径和渗透稳定性;但在山区水闸的闸基,粒径较大的砾石含量较多,钢筋混凝土板桩是很难打入的,须采用水泥灌浆或混凝土防渗墙等垂直防渗设施,尤其是河床砂砾石层厚10～70m、渗漏很严重的情况,需要采用混凝土防渗墙,嵌入黏性土层宜不小于1.0m,或嵌入岩基宜不小于0.5m;考虑到技术和经济的合理性,深度超过60m的河床砂砾石,宜采用高压旋喷灌浆技术。混凝土防渗墙、灌注式水泥砂浆帷幕以及高压旋喷灌浆等垂直防渗设施在我国有较大进展和应用,有关技术性的详细内容可参阅本书第五章土石坝地基处理的部分内容或其他参考文献。

近年来,有些工程考虑到下游生态用水的需要,若渗流稳定和结构稳定满足规范要求,垂直防渗不宜做得太深,这样可节省垂直防渗设施的部分费用,还可有利于满足下游生态用水的需要。

### 5. 排水及反滤层

为减小闸室底板和护坦的扬压力,应从闸室底板下游端的底部至护坦底部一直通向海漫底部设置排水。在排水与地基接触处(即渗流出口附近)容易发生渗透变形,应做好反滤层。反滤层设计最基本的要求是被保护的闸基土不流失至反滤层使反滤层堵塞,从而影响反滤料的透水性和稳定性,失去排水作用。我国《水闸设计规范》[40,41]推荐采用美国垦务局提出的反滤层级配要求,具体如下。

设:$d_{15}$、$d_{50}$、$d_{85}$依次为被保护土小于此粒径的土粒质量占该土总质量的15%、50%、85%;$D_{15}$、$D_{50}$依次为反滤料小于此粒径的土粒质量占该反滤料总质量的15%、50%。它们应满足:

$$D_{15}/d_{85} \leqslant 5 \tag{7-22}$$

$$D_{15}/d_{15} = 5 \sim 40 \tag{7-23}$$

$$D_{50}/d_{50} \leqslant 25 \tag{7-24}$$

满足式(7-22)是为了防止被保护土料的颗粒流失;满足式(7-23)是为了使反滤料有较好的透水性;满足式(7-24)是为了使反滤料颗粒级配曲线与被保护土颗粒级配曲线尽量平行。美国垦务局还要求反滤料中粒径小于0.1mm的颗粒含量小于5%,最大粒径小于8mm。

如果反滤层颗粒很细,容易被渗流带走,仍须以第一层反滤料作为被保护土,按上述要求设置第二反滤层。向下游各反滤层的设计如此类推,直到最下游一层的颗粒较粗,不被带走为止。各反滤层的厚度为20~30cm,滤层的铺设长度应使其末端的渗流坡降值小于地基土在无反滤层保护时的允许渗流坡降值。下游最外一层一般采用粒径1~3cm的卵石、砾石或碎石平铺在护坦和浆砌石海漫的底部,有的从闸室底板下游齿墙稍前方部位直到护坦下游段的竖向排水孔引出,或通至海漫的底部。有关各层反滤排水颗粒更详细的设计原理,可参见本书第4章土石坝有关反滤排水的内容。

**6. 土工织物或土工布反滤材料**

土工合成材料具有重量轻、强度大、施工简便、节省劳动力和造价低等优点,它不仅能用于防渗,还用于反滤、排水。土工织物或土工布已成功用作土石坝和水闸的反滤材料,它可根据被保护材料的不同种类和性质,选用不同材料强度的土工织物做成不同形式和不同孔径的反滤排水结构。有些工程在海漫或护坦底面用土工织物代替砂石料反滤层,均收到了良好效果。葛洲坝水利枢纽二江泄水闸,为降低作用在底板上的扬压力和保护地基内的软弱夹层,在闸基内设排水井,贴井壁采用直径60mm的聚丙烯硬质塑料花管,套以环形聚氯脂软泡沫塑料,再包以有纺斜纹土工织物的柔性组合滤层,运行至今,工作正常,排水降压效果良好。

土工织物或土工布除了具有很好的反滤排水功能外,还具有很强的土体加筋、柔性变形、隔离和保护功能,常用于抢险工程中。江苏江都扬水站西闸,由于超载运行(过闸流量超过设计值的2.65倍),流速加大,致使河道受严重冲刷(上游冲深6~7m,下游冲深2~3m)。为阻止冲刷继续扩展,曾考虑采用块石护砌方案,但因造价高和影响送水抗旱,后来采用由聚丙烯编织布、聚氯乙烯绳网以及放置于其上面的混凝土块压重三种材料组成的软体沉排,沉放在预定需要防护的地段。从1980年整治后至今,沉排稳定,覆盖良好,上游落淤,下游不冲,有效地保护了河床。采用软体沉排不仅保证了施工期间扬水站不停止工作,而且工程费用比块石护砌方案节约了近90%。

用于反滤、排水、隔离和保护的编织物,要求其孔径与被保护土粒径相匹配,具有足够的保土性,防止被保护土骨架颗粒流失,并具有足够的强度、透水性、防堵性和耐久性,保证在长期工作中不应因细小颗粒、生物淤堵或化学淤堵而失效。有关土工织物用于反滤排水结构的详细要求(包括材料强度、透水率、导水率等)和做法很多,详见《土工合成材料应用技术规范》(GB/T 50290—2014)[42]。

## 7.4 水闸的消能防冲设计

土质河床抗冲刷能力一般较低,若设计或运行管理不当,在下泄水流时容易使土质河床及两岸遭受冲刷。所以,正确的消能与防冲设计和运行管理是关系到水闸安全运行的重要环节。

为了防止对河床和两岸的有害冲刷,保证水闸的安全使用,应选用合适的最大过闸单宽流量,平面布置合理,制定正确的运行方式,严格按规定操作运行,避免或减轻回流冲刷,做好消能防冲设计,消除水流的多余能量,保护河床和岸坡。

水闸消能防冲设计应根据水力条件、闸基地质情况和闸门控制运用方式等因素综合分析确定。

### 7.4.1 过闸水流的特点

初始泄流时,闸下水深较浅,随着闸门开度增大而逐渐加深,闸下出流从孔流到堰流,从自由出流到淹没出流,水流形态不断变化,比较复杂。

**1. 闸下易形成波状水跃**

如果水闸上、下游水位差较小,下泄流速不大,相应的佛汝德数 $Fr=v_c/(gh_c)^{1/2}$ 较小,容易发生波状水跃,在平底板的情况下更是如此。试验表明,当下游河床与底板顶面齐平时,如果共轭水深比 $h''/h_c \leqslant 2, 1.0 < Fr < 1.7$,容易出现波状水跃。此时水跃旋滚不强烈,消能效果差,下泄水流在下游仍具有较大的冲刷能量;另外,在扩散段水流处于急流流态,不易向两侧扩散,使局部单宽流量增大,在扩散段下游两侧产生回流,加剧对河床及岸坡的冲刷,参见图 7-11。

**2. 闸下容易出现折冲水流**

若拦河闸的宽度只占河床宽的一部分,水流过闸时先在闸前收缩、出闸后扩散。如果布置或操作运行不当,出闸水流不能均匀扩散,容易形成集中的折冲水流(如图 7-12 所示),冲刷河床及岸坡,危及有关建筑物的安全。

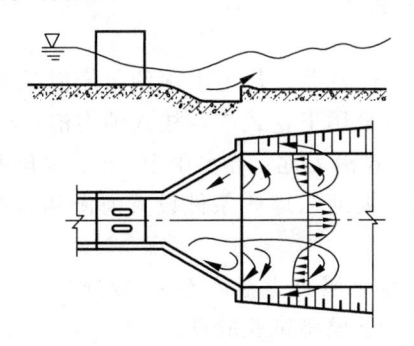

图 7-11 波状水跃示意图    图 7-12 闸下折冲水流

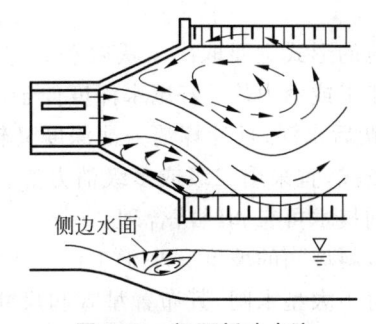

### 7.4.2 底流消能工设计

水闸在闸门开启时水流处于底流状态,所以水闸宜采用底流消能。对于小型水闸,还可根据地质、河道含沙量、运行情况和经济等条件,选用更为简易的消能方式,如:在闸底板末端设置格栅和梳齿板消能,并在其下游河床铺石加糙,消减水流的余能。

**1. 底流消能工的布置**

若闸下尾水位变化很大,将明显影响底流消能效果。如尾水位过低,泄水时产生远驱水跃,须加长河床的保护范围,应设法避免;如果淹没度过大,水舌将潜入底层,表面旋滚剪切和掺混作用减弱,消能效果也很差。淹没度(下游水深与跃后共轭水深之比)宜为 1.05~1.10。

若尾水深度不满足要求,通常做法是:①降低护坦形成消力池;②在护坦末端设消力坎,在坎前形成消力池;③既降低护坦又建造消力坎形成综合式消力池。采用这三种措施,使水流在池内产生一定淹没度的水跃,如图 7-13 所示。有时还可在护坦上设置消力墩等辅助消能工。

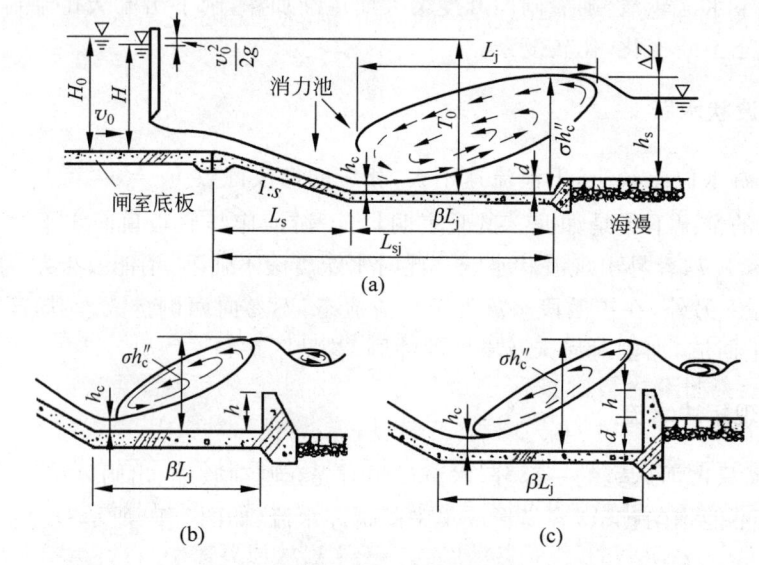

**图 7-13 消力池的形式**

消力池的形式主要取决于跃后水深与实际尾水深的相对关系。若尾水深约等于跃后水深,宜采用辅助消能工或消力坎;若尾水深度低于 90% 跃后水深,可采用下挖式或突槛式消力池;若尾水深度低于 50% 跃后水深,且计算消力池深度又较深,宜采用综合式消力池;若水闸上、下游水位差较大,且尾水深度较浅,宜采用二级或多级消力池。所有方案均应根据河床地质条件设置海漫和防冲槽(或防冲墙),做到技术可靠和经济合理。

消力池斜坡面的坡度宜小于 1∶4,消力池的斜坡段与水平段宜为整体连接,若分开应分别核算其稳定性。对于大型水闸,其布置型式和尺寸应通过水工水力学模型试验验证。

**2. 消力池的主要尺寸和构造**

消力池的深度和长度与单宽流量和相应的下游水深有关,应当选择几个泄流量分别计算其跃后

水深 $\sigma h''_c$，将其与实际尾水深相比较，选取最不利情况对应的流量进行计算和对比选用。

消力池的深度 $d$ 应为

$$d = \sigma h''_c - (h_s + \Delta Z) \quad (\text{m}) \tag{7-25}$$

式中：$\sigma h''_c$——考虑淹没影响的跃后水深；$h''_c$ 见式(7-27)；$\sigma$ 为淹没系数，一般取 $1.05 \sim 1.10$；

$h_s$——为出池河床水深，m；

$\Delta Z$——出池的水流落差，如图 7-13(a)所示，按下式计算[40,41]：

$$\Delta Z = \frac{\alpha q^2}{2g\varphi^2 h_s^2} - \frac{\alpha q^2}{2g(h''_c)^2} \quad (\text{m}) \tag{7-26}$$

式中：$\varphi$——流速系数，近似取 $\varphi = 0.95$；

$\alpha$——水流动能校正系数，$\alpha = 1.00 \sim 1.05$；

$q$——单宽流量，m²/s；

$h''_c$——跃后共轭水深，按式(7-27)计算[40,41]。

$$h''_c = \frac{h_c}{2}\left(\sqrt{1 + \frac{8\alpha q^2}{g h_c^3}} - 1\right)\left(\frac{b_1}{b_2}\right)^{1/4} \tag{7-27}$$

式中：$b_1$——消力池的首端宽度，m；

$b_2$——消力池的尾端宽度，m；

$h_c$——在消力池斜坡底处的收缩水深，从能量方程两侧乘以 $h_c^2$ 导出的三次方程(7-28)求得。

$$h_c^3 - T_0 h_c^2 + \frac{\alpha q^2}{2g\varphi^2} = 0 \tag{7-28}$$

式中：$T_0$——从消力池底板顶面算起的总势能高差[如图 7-13(a)所示]，m。

求三次方程(7-28)的理论解须做很多复杂的复数运算，宜用迭代法：设 $x = h_c$，方程(7-28)左侧为曲线 $y(x)$，以小于闸门开度的某一正数作为 $x$ 代入，若 $|y(x)| \geqslant 0.01$，则计算该点一阶导数 $y'_x = 3x^2 - 2T_0 x$，将 $x - [y(x)/y'_x]$ 作为下次试算的根，只需将新的 $x$ 代入运算几次，前后两次求得的 $x$ 相差就小于 $0.001$m，$y \to 0$。大量计算表明，第 2 根略小于 $T_0$，第 3 根为负数，都不可取。

将 $h_c$ 代入式(7-27)计算跃后共轭水深 $h''_c$，用式(7-26)计算 $\Delta Z$，用式(7-25)计算消力池深度 $d$。

水跃长度按式(7-29)计算[40,41]

$$L_j = 6.9(h''_c - h_c) \tag{7-29}$$

消力池的总长度为

$$L_{sj} = L_s + \beta L_j \tag{7-30}$$

式中：$\beta$——水跃长度校正系数，一般取 $0.7 \sim 0.8$；

$L_s$——消力池斜坡段的水平投影长度，m。

大型水闸的消力池深度和长度，应做水工水力学模型试验，使各种下泄的水跃都在消力池内。

根据抗冲要求，消力池底板起始端厚度 $t_1$ 可按式(7-31)计算[40,41]：

$$t_1 = k_1 q^{1/2} H^{1/4} \quad (\text{m}) \tag{7-31}$$

式中：$q$——水闸下泄单宽流量，m²/s；

$H$——泄水时的上下游水位差，m；

$k_1$——消力池混凝土底板抗冲厚度系数，$k_1 = 0.15 \sim 0.2$。

按抗浮要求，消力池底板厚度应为

$$t_2 = k_2(U - \gamma_w h_d + p_m)/\gamma_c \quad (m) \tag{7-32}$$

式中：$U$——作用在消力池底板底面的平均扬压力强度，kPa；

$\gamma_w$——水的重度或容重，kN/m³；

$h_d$——消力池内的平均水深，m；

$p_m$——作用在消力池底板向上的脉动压力，kPa，可近似取跃前收缩断面流速水头值的 5%；

$\gamma_c$——消力池底板的饱和重度或饱和容重，kN/m³；

$k_2$——消力池底板抗浮安全系数，规范[40,41]建议取 1.1～1.3。

按式(7-32)计算时，应考虑到可能最不利的情况，如闸上游蓄水位最高，而消力池无水的情况，式中的 $h_d$ 和 $p_m$ 应为零，计算结果取各种情况下最大的 $t_2$。

消力池钢筋混凝土底板的厚度主要根据抗冲和抗浮的要求，取 $t_1$、$t_2$ 两者中的最大值。

为增强护坦板的抗滑稳定性，常在消力池的末端设置齿墙，深入地基一般为 0.8～1.5m，底宽为 0.6～0.8m。为降低护坦底部的扬压力，应在其下设置排水反滤层或排水沟，排水沟的间距为 1.5～3m，沟内断面为 20cm×20cm。可在护坦水平段的后半部设置排水孔，孔径宜为 0.20～0.25m，间距 1.0～3.0m，呈梅花状排列，孔内放置石子、块石，与护坦底面排水外层的石子、小块石相连通。

大型水闸消力池底板的顶、底面均需配筋，中、小型的可只在顶面配筋。消力池的底板应分块，一般地基土质好的分块水平长度或宽度不超过 25～30m，土质差的不超过 20m。在消力池与闸室底板、翼墙及海漫之间，均应设置沉降缝。

为防止护坦混凝土受基岩约束产生温度裂缝，在护坦内应设置温度伸缩缝，顺河流流向的缝一般与闸墩中心线对应，横河流向缝的前后间距为 10～15m，最下游一段护坦末端应有齿坎或齿墙以增加稳定性。护坦一般因受高速水流冲刷和泥沙颗粒的磨损，应采用高强度的混凝土，其强度等级不低于 C20；若护坦上的水流流速很高，应采用抗蚀耐磨混凝土，以防止空蚀及磨损破坏。

**3. 辅助消能工**

消力池内可设置消力墩、消力梁等辅助消能工，加强水跃中的紊流扩散，起到稳定水跃、减小和缩短消力池深度和长度的作用。为防止产生折冲水流，还可在消力池前端设置散流墩。设在前部的消力墩，对急流的反力大，辅助消能作用强，缩短消力池长度的作用明显，但易发生空蚀，且承受较大的水流冲击力。设在后部的消力墩，消能作用较小，主要用于改善水流流态，调整流速分布，减小水流底部的流速。辅助消能工的作用与其自身的形状、尺寸、在池内的位置、排数以及池内水深、流速等因素有关，应通过水工水力学模型试验确定。图 7-14 为不同形式的尾槛，槛高 $P = H/12 \sim H/8$，$H$ 为上下游水位差，其余尺寸为：$t = (1.1 \sim 1.5)P$，$b = 2.5P$，$Z = (0.1 \sim 0.35)P$，可供选用时参考，最终应由水工水力学模型试验来确定。若尾水较浅，消能效果视尾槛的形式而异；若尾槛淹没较深，则其功效无甚差异。消力墩设两排或三排交错排列，墩顶应有足够的淹没水深，墩高约为跃后共轭水深 $h_c''$ 的 1/5～1/3。若出闸水流流速较高，宜在护坦下游部位设置消力墩。

### 7.4.3 海漫

水流经过消力池后，一般具有少量剩余动能，特别是流速分布不均，脉动仍较剧烈，具有一定的冲

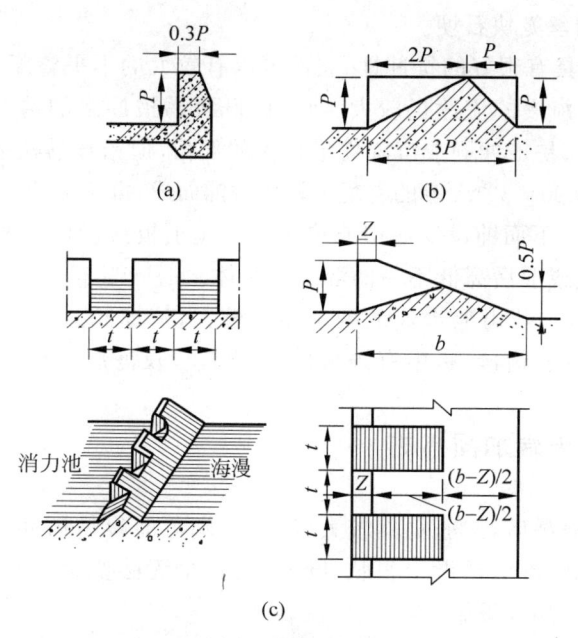

图 7-14 尾槛的形状

刷能力。所以,在护坦下游仍需设置海漫等防冲加固设施,以使水流均匀扩散,并将流速分布逐步调整到接近天然河道的水流形态。

**1. 海漫的长度**

海漫长度应根据最不利的水位和流量设计,它与海漫里的单宽流量及水流扩散情况、上下游水位差、地质条件、尾水深度以及海漫本身的粗糙程度等因素有关。按照我国《水闸设计规范》[40,41]建议,若 $q^{1/2}H^{1/4}=1\sim 9$,海漫的长度 $L_p$ 为

$$L_p = k_s q^{0.5} H^{0.25} \quad (\text{m}) \tag{7-33}$$

式中:$q$——消力池出口处的单宽流量,$\text{m}^2/\text{s}$;

$H$——上、下游水位差,m;

$k_s$——河床土质系数,若河床为粉沙、细沙,取 14~13;中砂、粗砂及粉质壤土,取 12~11;粉质黏土,取 10~9;坚硬黏土,取 8~7。

**2. 海漫的布置和构造**

对海漫的要求:①表面有一定的粗糙度,有利于消除余能;②透水性好,以便渗水自由排出,降低扬压力;③有较大的柔性,以适应下游河床可能的冲刷变形。所以,海漫通常有以下几种做法。

(1) 浆砌石海漫。用水泥砂浆把粒径大于 30cm 的块石,砌成 0.4~0.6m 厚的浆砌石面层,砌石内设排水孔,下面铺设反滤层或垫层。浆砌石海漫的抗冲流速可达 3~6m/s,一般用于出池流速不超过此值的海漫上游部位约 10m 范围内。其顶面高程可在消力池尾坎顶以下 0.5m 左右,水平段后做成不陡于 1:10 的斜坡,以使水流均匀扩散,调整流速分布,保护河床不受冲刷。

(2) 干砌石海漫。块石粒径一般大于 30cm,厚度 0.4~0.6m,其下为碎石、粗砂垫层,厚 10~15cm。干砌石海漫的抗冲流速为 2.0~4.0m/s,常用在海漫的下游段。为了加大其抗冲能力,宜每隔

6～10m设一浆砌石埂或铅丝笼块石埂。

（3）铅丝石笼海漫，它具有很好的抗冲性，表面可以有较大的不平整度，有利于消能；而且它还具有很好的透水性和柔性，在海漫的流速仍较大、河床砂砾容易被冲走的情况，铅丝石笼能适应较大的冲刷变形，多用于流速较大、易被冲刷或沉降变形较大的部位，但铅丝易锈蚀，需经常维修。

（4）混凝土板海漫。由20～30cm厚的混凝土板块拼铺而成，每块板的边长2～5m，顺水流向的接缝宜前后错开。板中有排水孔，下面铺设反滤层或垫层。混凝土板海漫的抗冲流速可达6～8m/s，为增加表面糙率，可采用斜面式或前后高低不一的混凝土块体。

（5）钢筋混凝土板海漫。若出池水流的剩余能量较大，流速超过8～10m/s，宜在尾槛下游5～10m范围内设置钢筋混凝土板海漫，板中有排水孔，下面铺设反滤层或垫层。

### 7.4.4 防冲槽、防冲墙末端加固措施

若水流经过消力池和海漫后，流速仍然较大，海漫末端可能容易被冲刷，尤其是细沙河床。如果要求河床完全消除冲刷，则海漫必须做得很长，既不经济，也无必要。较好的办法通常是在海漫末端设置防冲槽或防冲墙等其他加固设施。

**1. 防冲槽**

防冲槽的深度应根据河床土质、海漫末端单宽流量、下游水深及河床冲刷深度等因素综合确定。

我国《水闸设计规范》[40,41]参照和总结已建水闸工程的试验和实测结果，建议海漫末端的河床冲刷深度 $d_m$ 为

$$d_m = k \frac{q_m}{[v_0]} - h_m \tag{7-34}$$

式中：$q_m$——海漫末端的单宽流量，$m^2/s$；

$[v_0]$——河床土质允许的不冲流速，m/s；

$k$——河床冲刷深度系数，$k=1.1$；

$h_m$——海漫末端河床水深，m。

参照已建水闸工程的实践经验，海漫下游防冲槽深度一般为1.5～2.5m，上下游坡度一般为1:4～1:2，具体由河床土料性质而定；回填块石的粒径宜大于30cm，抛石量应满足在下游河床冲至最深时，石块可能坍塌后完整地覆盖在冲刷坑上游坡面的要求。

水闸进口段由于受上游翼墙或导流墙的约束，使单宽流量和行近流速增大，也会引起上游河底的冲刷，其冲刷深度计算式与式(7-34)相仿，式中各变量指水闸上游此处对应的变量，根据上游水流特点，河床冲刷深度系数$k=0.8$。通常水闸上游防冲槽深度一般为1.0～1.5m，小于海漫下游防冲槽的深度。防冲槽内的抛石数量可根据上游河床冲至最深时，块石可能坍塌的情况而定。

**2. 防冲墙**

防冲墙有齿墙、板桩、沉井等形式。齿墙的深度一般宜为1～1.5m，适用于冲坑深度较小的工程；若深度超过2m，因地下水影响，施工难度明显加大，宜采用深度≤1.5m的齿墙与防冲槽组合结构。若河床为粉沙、细沙，冲深再大，应采用较深的板桩、井柱或沉井，在下游再加防冲槽。

## 7.5 闸室的布置和构造

闸室结构的型式应按下列原则选用：①闸槛高程较高、挡水高度较小的水闸,泄洪闸或分洪闸；有排漂、排冰要求的水闸,宜采用开敞式,如图 7-2(a)、(c)所示；②闸槛高程较低,挡水高度较大的水闸,或者闸上水位变幅较大,须减小闸门高度和启闭力,限制过闸单宽流量而无排冰排漂要求的水闸,宜采用胸墙式或涵洞式,如图 7-2(b)、(d)所示；③若闸上游水位和下泄流量变化很大,因闸室结构受力或闸门布置需要采用双层式,如图 7-15 所示的葛洲坝泄水闸,因挡水位很高,泄洪流量变化很大,制造、安装和运行 24m 高的闸门很困难,为了下泄大洪水,胸墙不能使用而设置双层闸门；上层为 12m 高的平面闸门,平时关下平面闸门起胸墙作用,只有在下泄大洪水时,才开启泄洪；下层是 12m 高的弧形闸门,平时使用最多,随时调整开启高度,使水闸上游保持发电和通航需要的水位。

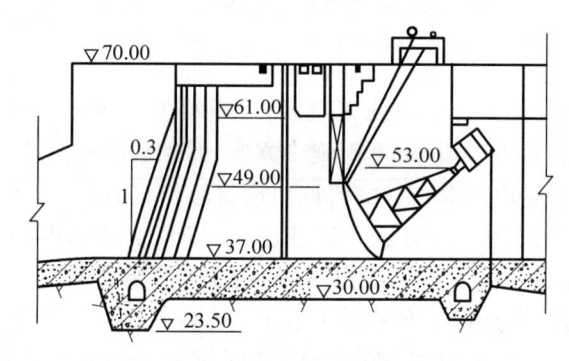

图 7-15 葛洲坝泄水闸双层闸门示意图

闸室一般采用钢筋混凝土,应满足强度、抗渗、抗冻和环境等要求。淡水位变动区的混凝土强度等级不宜低于 C20；处于四类环境(海水位变化区,海浪以上大气区,距离涨潮岸线 50～500m 的内陆室外轻度盐雾作用区,中度化学侵蚀性环境)的混凝土强度等级不宜低于 C25；处于五类环境(设计最高海水位下减 1.0m 至上加 1.5m 之间的海水浪溅区,距离涨潮岸线 50m 以内的内陆室外重度盐雾作用区,使用除冰盐的环境,严重化学侵蚀性环境)的混凝土强度等级不宜低于 C30[43]。

对多孔水闸,为适应地基横河向不均匀沉降和减小闸室混凝土横河向温度应力,需要用顺河向永久横缝将闸室分成若干段,每段可为单孔、两孔,个别的达三孔或四孔。

横缝设在闸墩中间[如图 7-16(a)所示]适用于横河向不均匀沉降较大的情况；但闸墩需要加厚,若水闸总长度受河宽所限,则泄水净宽因闸墩加厚而减小,单宽流量加大。

若地基坚硬、紧密、沉降量很小,为减小闸墩总厚度、增加泄水净宽,将横缝设置在闸室底板,见图 7-16(b)和(c)。其中,图(b)所示的倒 T 形结构也可每两个合并成一个倒 Π 形结构,图(c)所示的底板与墩单独受力。

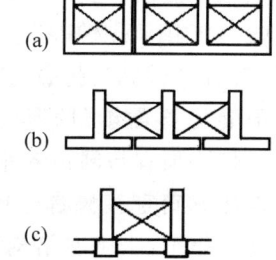

图 7-16 闸室分缝布置

### 7.5.1 底板

闸室底板通常用得较多的是水平底板,其次是低实用堰底板。前者结构简单,施工方便,有利于冲沙、排污,但容易产生波状水跃;后者多用于上游水位较高,而过闸单宽流量又受到限制的情况,须将堰顶抬高,做成低实用堰底板,可以减小闸门的高度,在自流泄水时有较好的水流条件,消除波状水跃,泄水流量与堰上水头的3/2次方成正比,明显加大高水位的泄水能力。

闸室底板顺水流向长度应根据闸室地基条件和结构布置要求,以满足布置闸墩及上部结构的要求,满足闸基渗流稳定、分段闸室整体稳定和地基允许承载力为原则,使全部向下作用力的合力在闸室底板中心的上游附近,尽量使闸室底板作用在地基上的压力分布均匀,以免产生过大的不均匀沉降。若地基承载力较差而闸室下压力较大,则须考虑采用刚度大的钢筋混凝土箱式底板。

### 7.5.2 闸墩与闸门

闸墩材料多采用钢筋混凝土。为加快施工进度,可用混凝土预制构件作为闸墩的永久模板。若沉降缝设在闸墩中间,墩头多采用半圆形,不仅施工方便,而且也不易损坏。

闸门形式的选择,应根据运用要求、闸孔跨度、启闭机容量、工程造价等条件对比确定。

闸门在闸室中的位置与闸室稳定、闸墩和地基应力、以及上部结构的布置有关。对于大中型水闸,平面闸门一般作为检修闸门,位于弧形工作门的上游侧,其净距离不宜小于1.5m;有时为了充分利用水重对闸室底板的压力以增加闸室的抗滑稳定性,可将平面闸门向下游移动。但弧形闸门也得向下游移动,若弧形门的半径不能再减小,则使闸墩过长,须全面对比和选择。

平面闸门的门槽应设在闸墩水流较平顺的部位,其宽深比宜取1.6~1.8,门槽处最小厚度(若为缝墩应从槽底算至分缝处)不宜小于0.4m,具体尺寸取决于闸门的大小和闸门的支承形式。

在严寒冰冻季节,应在闸门旁边开凿冰沟或漂浮芦柴捆、水面吹气以消除或减小冰压力。

### 7.5.3 胸墙

胸墙采用钢筋混凝土材料做成板式或梁板式,若孔宽不大于6m,一般采用板式,或者做成上薄下厚(0.3~0.6m厚)的楔形板[图7-17(a)];若孔宽大于6m,多采用板梁式,由墙板、顶梁和底梁组成[图7-17(b)]。当胸墙高度大于5.0m,且跨度较大时,可增设中梁及竖梁构成肋形结构[图7-17(c)]。

胸墙顶宜与闸顶齐平,胸墙底高程应根据孔口泄流量要求计算确定。胸墙与闸墩的连接方式可根据闸室地基、温度变化条件、闸室结构横向刚度和构造要求等采用简支式或固支式。简支胸墙与闸墩分开浇筑,缝间涂沥青,以避免约束过大产生裂缝,但在水压力作用下,胸墙跨中弯矩大。固支式胸墙与闸墩同期浇筑,胸墙钢筋伸入闸墩内,形成刚性连接,胸墙跨中弯矩较小;但受温度变化和闸墩变位

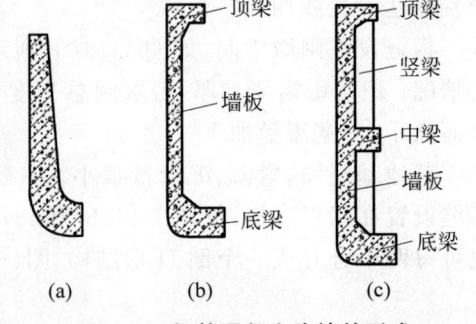

**图7-17 钢筋混凝土胸墙的形式**

影响,容易因固支端约束产生很大的结构次应力而破坏,若地基变形很大,或一年里最高温度和最低温度相差很大,或者闸室永久缝设置在底板上,都应采用简支式胸墙,只需各水平梁跨中下游侧多配置些钢筋,胸墙上游面都是受压后,只要满足抗压、抗渗和抗冻要求,不需加厚。

板式胸墙顶部厚度一般不小于20cm。梁板式的板厚一般不小于15cm;顶梁梁高约为胸墙跨度的 1/15~1/12,梁宽常取40~80cm;底梁由于与闸门顶接触,要求有较大的刚度,梁高约为胸墙跨度的 1/9~1/8,梁宽为60~120cm,以免变形过大、破坏胸墙与闸门顶之间止水的密封性。为使水流下泄平顺,增加流量系数,胸墙上游面底部宜做成流线形或圆弧形。

若胸墙底位于水位变动区,胸墙下部迎水面应留有排气孔通向胸墙顶面。以免在上游水位略低于胸墙底部时,较大的涌浪冲击形成巨大的气囊冲击压力使胸墙或弧形闸门支臂失稳破坏。

### 7.5.4 工作桥与交通桥

在闸门的上方需要启闭机以及固定启闭机的工作桥,工作桥多支承于闸墩顶的排架上。闸门开启后,门底应高出上游校核洪水位0.50m以上,并高出流冰面0.2m以上。工作桥的高程一般超过闸墩顶部很多。工作桥的结构型式,可视水闸的规模而定。大、中型工作桥多采用钢筋混凝土梁板式结构,由主梁、次梁、面板等部分组成。工作桥的主梁、次梁布置应根据启闭机机座的平面尺寸、地脚螺栓的平面尺寸、地脚螺栓位置及闸门的吊点位置等而定。主梁通常设置两根,多采用T形(分离式或装配式)或Ⅱ形(整体式)截面。梁高一般取跨径的1/10~1/8,肋宽取梁高的1/4~1/2.5,一般为25~40cm。检修闸门通常多孔合用一套移动的启闭机排架。

交通桥是连接水闸两岸交通的主要通道,供行人、拖拉机和允许载重量的车辆等通行。交通桥一般设在闸墩顶部的下游一侧。跨径为3~6m的交通桥常采用预制钢筋混凝土板梁;跨径为6~20m的常采用预制钢筋混凝土T形梁;跨径为20~25m的宜采用预应力钢筋混凝土T形梁桥。水闸交通桥多采用跨度20m以内的简支在闸墩上的预制钢筋混凝土T形梁桥,设计和施工较为简便,单位长度造价较低。交通桥的设计应符合我国《公路桥涵设计通用规范》(JTG D60—2015)[44]的要求。

## 7.6 闸室地基接触面应力与稳定分析

> **学习要点**
> 闸室地基接触面应力与稳定分析是水闸设计的关键,也是水闸设计能否成功的重要依据。

### 7.6.1 闸室荷载及其组合

闸室承受的荷载有:自重、水重、水平水压力、扬压力、泥沙压力、土压力、温度荷载、冰压力、风压力、浪压力及地震力等。其中仅后两项的计算公式与前面各章所叙述的略有不同,分述如下。

**1. 浪压力**

按照《水闸设计规范》[40,41],浪压力与波浪破碎临界水深 $H_k$ 有关,$H_k$ 采用式(7-35)计算:

$$H_k = \frac{L_m}{4\pi} \ln \frac{L_m + 2\pi h_p}{L_m - 2\pi h_p} \tag{7-35}$$

式中：$h_p$——相应于波列累计概率 $p$ 的波高，m，查表7-5并经换算求得。

表7-5　$h_p/h_m$ 值

| 水闸级别 | | 1 | 2 | 3 | 4 | 5 |
|---|---|---|---|---|---|---|
| | $p/\%$ | 1 | 2 | 5 | 10 | 20 |
| $h_m/H_m$<br>（$H_m$ 为上游平均水深） | 0.0 | 2.42 | 2.23 | 1.95 | 1.71 | 1.43 |
| | 0.1 | 2.26 | 2.09 | 1.87 | 1.65 | 1.41 |
| | 0.2 | 2.09 | 1.96 | 1.76 | 1.59 | 1.37 |
| | 0.3 | 1.93 | 1.82 | 1.66 | 1.52 | 1.34 |
| | 0.4 | 1.78 | 1.68 | 1.56 | 1.44 | 1.30 |
| | 0.5 | 1.63 | 1.56 | 1.46 | 1.37 | 1.25 |

$h_m$ 为水闸上游的平均波浪高度，$T_m$ 为平均波浪周期，$L_m$ 为平均波长，它们的计算式分别与第2章"重力坝"的式(2-6)、式(2-7)和式(2-8)相同。但各式中的吹程 $D$ 取水闸上游法向至对岸最远水面直线距离且不超过水闸前沿水面宽度 $B$ 的5倍。重力坝因坝前水深比 $L_m/2$ 大很多，浪压力按深水波计算；而水闸须按以下三种不同情况的公式计算浪压力。

(1) 当闸上游水深 $H \geqslant H_k$ 和 $H \geqslant L_m/2$ 时，单宽浪压力按深水波计算：

$$P_l = \gamma L_m (h_p + h_z)/4 \quad (\text{kN/m}) \tag{7-36}$$

式中：$\gamma$——水的重度，$\gamma = 9.81 \text{kN/m}^3$；

$h_z$——波浪中心线超出计算水位的高度，按式(2-5)计算，式中 $h_l = h_p$，$L = L_m$。

(2) 当 $H_k \leqslant H < L_m/2$ 时，单宽浪压力按浅水波计算：

$$P_l = 0.5\gamma\{(h_p + h_z)[H + h_p \text{sech}(2\pi H/L_m)] + H h_p \text{sech}(2\pi H/L_m)\} \quad (\text{kN/m}) \tag{7-37}$$

(3) 当 $H < H_k$ 时，单宽浪压力按破碎波计算：

$$P_l = 0.5 K_i \gamma h_p [(1.5 - 0.5\eta) h_p + (0.7 + \eta) H] \quad (\text{kN/m}) \tag{7-38}$$

式中：$\eta$——闸室底面浪压力强度折减值，若 $H \leqslant 1.7 h_p$，取 $\eta = 0.6$；若 $H > 1.7 h_p$，取 $\eta = 0.5$；

$K_i$——闸前的河（渠）底坡影响系数，如表7-6所列，表中 $i$ 为闸前平均底坡。

表7-6　$K_i$ 值

| 闸前平均底坡 $i$ | 1/10 | 1/20 | 1/30 | 1/40 | 1/50 | 1/60 | 1/80 | $\leqslant 1/100$ |
|---|---|---|---|---|---|---|---|---|
| $K_i$ | 1.89 | 1.61 | 1.48 | 1.41 | 1.36 | 1.33 | 1.29 | 1.25 |

### 2. 地震力

根据《水电工程水工建筑物抗震设计规范》(NB 35047—2015)[6]和《水工建筑物抗震设计标准》(GB 51247—2018)[7]，水闸地震作用效应的计算可采用动力法或拟静力法；设计烈度为Ⅷ～Ⅸ度的1、2级水闸或地基为可液化土的1、2级水闸，应采用动力法进行抗震计算；采用拟静力法计算水闸的

地震作用效应时,各质点 $i$ 的水平向地震惯性力代表值 $E_i$ 按式(7-39)计算:

$$E_i = K_H \xi \alpha_i G_{Ei} \tag{7-39}$$

式中:$K_H$——水平向设计地震加速度代表值与重力加速度的比;

$\xi$——地震作用效应折减系数,除采用动力法计算钢筋混凝土结构外,应取 0.25;

$G_{Ei}$——集中在质点 $i$ 的重力标准值;

$\alpha_i$——质点 $i$ 的地震惯性力的动态分布系数,应按表 7-7 的规定取值。

表 7-7 水闸地震惯性力的动态分布系数 $\alpha_i$

| 水闸闸墩 | 闸顶机架 | 岸墙、翼墙 |
| --- | --- | --- |
| 竖向及顺河流方向地震 | 顺河流方向地震 | 顺河流方向地震 |
| 垂直河流方向地震 | 垂直河流方向地震 | 垂直河流方向地震 |

作用于闸室的地震动水压力可按式(2-17)、式(2-18)计算[6]。

在采用动力法计算闸室地震作用效应时,应把闸室段作为整体三维体系结构,宜计算弧形闸门的刚度对闸室结构抗震性能的影响并应对其支承牛腿做动力分析。

**3. 荷载组合**

荷载组合分为基本组合和特殊组合。基本组合由同时出现的基本荷载组成,如:结构自重、正常蓄水状态下的水压力、地基反力、渗透水扬压力、淤沙压力、土压力、冻土压力、风压力、浪压力或冰压力。在设计阶段很难准确计算施工和运行期由不同的浇筑温度和周边温度变化引起的温度应力,须随时采取温控措施解决。车辆和人群等活荷载在核算闸室结构和地基土的变形和承载能力时应按可能发生的最大荷载考虑;但在核算闸室抗滑稳定时,则不应考虑这些活荷载。特殊组合由同时出现的基本荷载叠加单一特殊荷载,如校核洪水、地震等偶然出现的不利荷载。在设计洪水或校核洪水作用时,一般要求所有闸门完全打开,对闸室的水平压力明显减小,而水重压力明显加大,因洪水时间短暂,扬压力上升很小,抗滑稳定安全系数往往大于正常蓄水情况。而在检修时关下检修门,水重压力小于工作门蓄水的情况,抗滑力减小,再叠加地震荷载,是对抗滑稳定最不利的特殊组合。

## 7.6.2 闸室地基接触面应力与稳定性及其安全指标

对于孔数较少而未分缝的小型水闸,可取整个闸室(包括边墩)作为计算单元;对于设置永久缝的水闸,则应取两缝之间的结构作为计算单元。

**1. 验算闸室地基接触面应力**

计算单元底面沿水流向和垂直水流向的中和轴分别设为 $x$、$y$ 轴,底面最大和最小压应力为

$$\sigma_{\min}^{\max} = \frac{\sum W}{A} \pm \frac{x_{\max}\sum M_y}{I_y} \pm \frac{y_{\max}\sum M_x}{I_x} \quad (\text{kPa}) \tag{7-40}$$

式中：$\sum W$——计算单元竖向荷载的总和,kN;

$A$——计算单元闸室与地基接触面的面积,m²;

$\sum M_x$、$\sum M_y$——作用在计算单元的全部荷载对 $x$ 轴、$y$ 轴的力矩,kN·m;

$I_x$、$I_y$——计算单元底面对 $x$ 轴、$y$ 轴的惯性矩,m⁴。

对于结构布置及受力情况不对称的闸孔,如多孔闸的边闸孔或左右不对称的单闸孔,应按双向偏心受压公式计算闸室基底压应力,要求在非地震荷载作用下,闸室地基面没有拉应力。

闸室上、下游端地基反力的比值 $\eta = \sigma_{\max}/\sigma_{\min}$ 若很大,闸室的沉降差和倾斜度也很大,就会影响安全和正常使用。我国《水闸设计规范》[40,41] 规定：土基上闸室底的平均压应力不大于地基允许承载力,最大压应力应小于地基允许值的 1.2 倍,最大与最小应力之比 $\eta$ 应小于表 7-8 所列的允许值;对于特别重要的大型水闸,$\eta$ 值应适当减小;若地基特别坚实,可不受此限制,但不允许出现拉应力。

表 7-8 $\eta = \sigma_{\max}/\sigma_{\min}$ 的允许值

| 地 基 土 质 | 荷 载 组 合 ||
| :---: | :---: | :---: |
| | 基 本 组 合 | 特 殊 组 合 |
| 松软 | 1.50 | 2.00 |
| 中等坚实 | 2.00 | 2.50 |
| 坚实 | 2.50 | 3.00 |

**2. 验算闸室的抗滑稳定**

按水闸设计规范[40,41],若缺少地基资料,可用式(7-41)计算水闸沿地基面的抗滑稳定安全系数：

$$K = \frac{f\sum W}{\sum H} \tag{7-41}$$

式中：$\sum H$——作用在计算单元底板底面以上全部水平荷载的总和,kN;

$\sum W$——作用在计算单元底板底面以上全部竖向荷载的总和,kN;

$f$——底板与地基土间的摩擦系数。

初步计算时,若没有试验数据,各种地基土的 $f$ 近似值为：软弱黏土 0.20～0.25；中等硬度黏土 0.25～0.35；坚硬黏土 0.35～0.45；粉质壤土 0.25～0.40；砂壤土、粉砂土 0.35～0.40；细砂 0.40～0.45；中粗砂、砂砾石 0.45～0.50；砾石、卵石 0.50～0.55；砾石土 0.40～0.50；软质岩石 0.40～0.60；硬质岩石 0.60～0.70。上述各类地基中,较密实、较硬的取较大值。

按式(7-41)算得的安全系数 $K$ 应不小于表 7-9 所列的数值。这些数值明显小于实际的安全系

数,式(7-41)没有考虑接触面上的黏聚力,是因为没有实测数据而只好采用的简化处理。

**表 7-9　不考虑黏聚力的闸基面抗滑稳定安全系数允许值**

| 荷载组合 | | 水闸级别 | | |
|---|---|---|---|---|
| | | 1 | 2,3 | 4,5 |
| 基本组合 | | 1.10 | 1.08 | 1.05 |
| 特殊组合 | 施工、检修及校核洪水情况 | 1.05 | 1.03 | 1.00 |
| | 基本组合＋地震情况 | 1.00 | | |

若有条件测试地基面的摩擦角和黏聚力,计算单元与地基接触面积 $A$(包括边墩外侧接触面积)是很容易求得的,宜采用较为接近实际的式(7-42)计算 $K'$:

$$K' = \frac{\tan\phi \cdot \sum W + cA}{\sum H} \tag{7-42}$$

式中:$\phi$——底板与地基土间的摩擦角,按《水闸设计规范》[40,41],黏性土地基的 $\phi$ 取室内饱和固结快剪试验值的 90%,砂性土地基的 $\phi$ 取饱和快剪试验值的 85%～90%;

$c$——底板与地基土间的黏聚力,按《水闸设计规范》[40,41],黏性土地基的 $c$ 取室内饱和固结快剪试验值的 20%～30%,砂性土地基不计 $c$。

若黏性土基折算的综合摩擦系数 $f = (\tan\phi \sum W + cA)/\sum W > 0.45$,或砂性土基的 $\tan\phi > 0.50$,应对 $\phi$ 和 $c$ 进行论证。

采用式(7-42)算得闸基面的抗滑稳定安全系数应满足表 7-10 规定的数值[40,41]。

闸底与岩石地基之间的抗剪断摩擦系数 $f'$ 及抗剪断黏结力 $C'$ 值可根据试验或 GB 50487—2008 的规定选用,但选用的 $f'$ 及 $C'$ 值不应超过闸室底板混凝土本身的抗剪断参数值。

**表 7-10　考虑黏聚力的闸基面抗滑稳定安全系数 $K'$ 的容许值**

| 荷载组合 | | 土基水闸级别 | | | | 岩基水闸 |
|---|---|---|---|---|---|---|
| | | 1 | 2 | 3 | 4,5 | |
| 基本组合 | | 1.35 | 1.30 | 1.25 | 1.20 | 3.00 |
| 特殊组合 | 1. 施工、检修及校核洪水位情况 | 1.20 | 1.15 | 1.10 | 1.05 | 2.50 |
| | 2. 基本组合＋地震情况 | 1.10 | 1.05 | 1.05 | 1.00 | 2.30 |

若闸室底板上下游两端有齿墙,应核算两齿墙底连线方向的抗滑稳定性,取此连线相关的材料抗剪断参数计算其抗滑稳定安全系数。若这两齿墙底连线与水平面夹角为 $\beta$,倾向上游为正,倾向下游为负,沿此面的抗滑稳定安全系数为

$$K' = \frac{\tan\phi \cdot (\sum W\cos\beta + \sum H\sin\beta) + cA}{\sum H\cos\beta - \sum W\sin\beta} \tag{7-43}$$

式(7-42)或式(7-43)算得的 $K'$ 应等于或略大于表 7-10 的容许值。若不满足,则宜采用下面措施:

(1)将闸室底板和上游铺盖向上游延伸,以便多利用水重向下的压力;在不影响抗渗稳定的前提

下，将排水设施尽量向闸室底板的上游一侧靠近，以减小作用在底板的扬压力。

（2）增加闸室底板的齿墙深度，尤其是上游齿墙深度，或者设置垂直防渗板。

（3）利用上游钢筋混凝土铺盖作为阻滑板，但考虑到土体变形及钢筋拉长对阻滑板阻滑效果的影响，阻滑板效果应采用0.8的折减系数，其抗滑力 $S$ 为

$$S = 0.8f(W_1 + W_2 - U) \tag{7-44}$$

式中：$W_1$——阻滑板上的水重，kN；

$W_2$——阻滑板的自重，kN；

$U$——阻滑板底面的扬压力，kN；

$f$——阻滑板与地基土间的摩擦系数。

把阻滑板提供的阻滑力 $S$ 分别叠加到式(7-41)~式(7-43)的分子，核算相应条件的安全系数。

重要的大型水闸，应对地基做详细的勘察和试验，采用《水闸设计规范》(NB/T 35023—2014)[41]附录 G 所述的分项系数极限状态设计方法。若地基面的水平向和竖向推力较大，或者闸基有软弱土层，可能发生深层滑动。可按2.4节中叙述的等 $K$ 法求解双斜滑裂面的抗滑稳定安全系数；按4.4节中叙述的圆弧法或折线法核算地基深层抗滑稳定性。

## 7.7 闸室结构应力计算

---

**学习要点**

闸室结构应力计算是水闸设计的主要内容之一。

---

闸室基本上采用钢筋混凝土材料，除应满足材料强度和裂缝控制要求外，还应根据所在部位的工作条件、气候和环境等，分别满足抗渗、抗冻、抗侵蚀、抗冲刷等耐久性要求。闸室为空间结构，应力分析比较复杂，可用有限元法对两道沉降缝之间的一段闸室进行整体分析。在没有计算机和计算程序的情况下，为简化计算，可近似将其分解为若干板条和墩条计算，并考虑它们的相互作用。

### 7.7.1 闸室底板结构应力计算

水闸绝大多数建在平原和丘陵河道覆盖层地基上，各分段闸室底板与闸墩整体结构在顺河向的刚度很大，可忽略底板沿该方向的弯曲变形，假定地基反力呈梯形分布，将各种不利情况下可能出现的全部作用力按竖向力平衡和弯矩平衡条件，用偏心受压公式计算顺河向地基反力分布。横河向板条与墩条处的刚度相差很大，地基横河向弯曲变形明显影响地基反力分布。按照我国《水闸设计规范》[40,41]，对黏性土或相对密度 $D_r > 0.5$ 的砂性土地基，横河向地基反力分布应采用弹性地基梁法；对于相对密度 $D_r \leqslant 0.5$ 的砂性土地基，因地基松软，变形很快调整到直线分布，横河向地基反力分布可采用反力直线分布法；对小型水闸，可用倒置梁法；对于大型水闸或地基复杂的水闸，宜采用有限元方法。以下简述各种方法的要领和对比。

**1. 弹性地基梁法**

在关门蓄水时,闸门底止水的上下游底板水压力荷载是有突变的,而地基反力是假定近似于梯形连续变化的,所以,在板条及墩条上下游的两侧应该作用有剪力 $Q_u$ 及 $Q_d$,并由其差值 $\Delta Q = Q_u - Q_d$ 来维持板条及墩条上力的平衡。

不平衡剪力 $\Delta Q$ 应由闸墩及底板共同承担,各自承担的数值,可根据剪应力分布图面积按比例确定。为此,需要绘制计算板条及墩条截面上的剪应力分布图。对于简单的板条和墩条截面,可直接应用积分法求得。以图 7-18 所示的二孔一联闸室在门槽处的截面为例,图中 $L$ 为永久横缝间距,$d_c$、$d_s$ 分别为中墩和每侧缝墩在门槽处的厚度,$o$-$o$ 为整个截面的水平中性轴,$f$、$e$ 分别为底板上表面和底面至水平中性轴的距离。

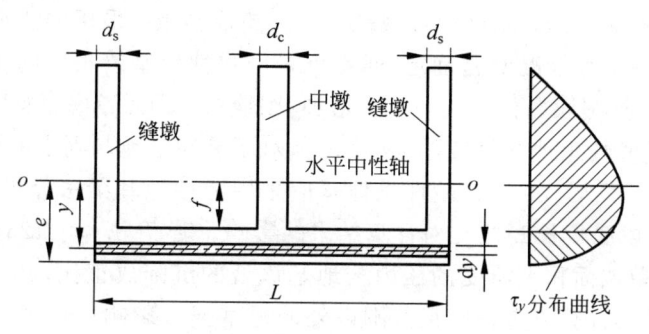

**图 7-18 不平衡剪力及其剪应力分布简图**

在矩形截面上 $y$ 坐标处的剪应力 $\tau_y$ 为

$$\tau_y = \frac{\Delta Q}{bJ} S \quad (\text{kPa}) \tag{7-45}$$

式中:$\Delta Q$——不平衡剪力,kN;

$b$——截面在 $y$ 处的宽度,底板 $b = L$,闸墩 $b = d_c + 2d_s$,m;

$J$——全截面惯性矩,$m^4$;

$S$——计算截面 $y$ 坐标至同号边缘的矩形面积对全截面水平中性轴的面积矩,$m^3$。

底板条块承担的不平衡剪力 $\Delta Q_板$ 按其剪应力分布图形的面积计算:

$$\Delta Q_板 = \int_f^e \tau_y L \, dy = \int_f^e \frac{\Delta Q S}{JL} L \, dy = \frac{\Delta Q}{J} \int_f^e S \, dy$$

$$= \frac{\Delta Q}{J} \int_f^e (e - y) L \left( y + \frac{e - y}{2} \right) dy$$

$$= \frac{(2e^3 - 3e^2 f + f^3)L}{6J} \Delta Q \tag{7-46}$$

闸墩门槽承担的剪力为 $\Delta Q_墩 = \Delta Q - \Delta Q_板$,各墩承担量按其在门槽处的厚度成比例分配。

对于弧形门,可在门底止水位置取单宽板条和墩条分析,方法同上,但此处没有门槽,只需把门槽厚度改为闸墩厚度即可。

将板条和墩条所分配的不平衡剪力与原先算得的荷载(包括地基反力)叠加,即为调整后的总荷载。在荷载叠加时,应注意以下两个问题。

(1) 底板自重对地基的变形与其他荷载不同时发生,其变形值能否与整体其他所有作用力产生的变形共同起作用叠加,并参与和影响不平衡剪力 $\Delta Q$ 的分配,视闸基土的性质而异。对于砂性土地基,因地基变形很快就完成,但底板自重引起地基的变形对刚浇筑未凝固的底板混凝土并未产生应力,此后在闸墩及其上荷载和水压力等荷载作用下,在底板内力或应力计算中,有关荷载组合计算(包括不平衡剪力 $\Delta Q$ 的计算和分配),就不应再考虑底板自重对地基变形和地基反力的作用;对于黏性土浅挖厚层地基,因固结缓慢,宜约取底板自重的一半计算;对于黏性土深挖薄层地基,宜按底板混凝土浇筑时向下变形的快慢程度,在计算底板内力时,酌情考虑一半以下的底板自重作用。

(2) 考虑边荷载的影响。边荷载是指计算闸段底板两侧的闸室或边墩背后回填土及岸墙等作用于计算闸段上的荷载,如相邻闸孔的闸基压应力,或岸边回填土的重力和侧向土压力及其对边墩底部所产生的弯矩、压力和剪力。边荷载对底板内力的影响,与地基性质和施工程序有关,很难准确考虑边荷载的影响。为安全考虑,我国《水闸设计规范》[40,41]建议:计算采用的边荷载作用范围可根据基坑开挖及墙后土料回填的实际情况研究确定,通常可采用弹性地基梁长度的 1 倍或可压缩层厚度的 1.2 倍。如果边荷载使计算闸段底板不利的应力增加,则应按 100% 考虑;如果边荷载使计算闸段底板不利的应力减小,对于砂性土地基只考虑减小 50%,对于黏性土地基则不考虑边荷载作用。

对于黏性土或相对密度大于 0.5 的砂性土地基应采用弹性地基梁法分析闸底板内力,须考虑可压缩土层厚度 $T$ 与计算段底板长 $L$ 之比对计算结果的影响。若 $T/L < 0.125$,可按基床系数法(文克尔假定)计算,假定地基单位面积上所受的压力与地基该处的沉降成正比,其比例系数称为基床系数或垫层系数,基底应力值的计算未考虑底板范围以外的地基变形影响;若 $T/L > 1.0$,可按半无限深的弹性地基梁法计算,按半无限大弹性体的沉降公式计算地基的沉降,再根据底板和地基变形协调一致的原则,求解地基反力,并可计及底板范围以外边荷载作用的影响;若 $T/L = 0.125 \sim 1.0$,可按有限深的弹性地基梁法计算。对于开敞式闸室,可将板条和墩条受到的荷载转换为各种矩形和三角形分布荷载,按照水闸设计规范[40]附录 H~I 或水闸设计规范[41]附录 L~N,也可由《水闸》[45]第五章第四节有关计算式和附录Ⅱ~Ⅴ所列附表计算地基应力、地表反力,进而计算板条内力。

闸门底止水上游和下游两段闸室沿水流向在各段中央取 1m 宽板条及墩条用同上方法做内力分析。据上述三个板条的内力分析计算各段底板配筋。

对于涵洞式、双层式或胸墙与闸墩固支的胸墙式闸室,在框架结构未形成之前,闸室底板承受部分闸墩荷载,可按上述方法做应力分析;在框架结构形成整体以后,继续增加的荷载则应按弹性地基上的整体框架做应力分析,最终应力是这两个阶段应力的总和。

**2. 反力直线分布法**

若砂性土地基的相对密度不大于 0.5,可近似假定地基反力为直线分布。其计算步骤如下:
(1) 按竖向力平衡和弯矩平衡条件,用偏心受压公式计算闸底沿水流向的地基反力分布;
(2) 计算蓄水时闸门底止水位置单宽板条及墩条的不平衡剪力;
(3) 将不平衡剪力对板条和墩条进行分配;
(4) 按反力直线分布法计算板条垂直于水流方向的荷载分布;
(5) 计算板条内力和底板配筋。

这里第(4)步,板条沿横河向的变形和地基反力分布不是弯曲,而是直线的,这是与弹性地基梁法的主要区别,其他内容基本相同。墩条竖向力和侧向弯矩作为集中荷载作用于板条交点上,按竖向力平衡、弯矩平衡条件求得横河向直线分布的地基反力,合成后求得板条沿横河向的荷载分布和内力分布。经过几条有代表性板条的内力分析后,可进行底板配筋计算。

### 3. 倒置梁法

倒置梁法把闸室倒置,将闸墩当作底板支座,利用竖向力平衡原理,地基反力的合力等于竖向荷载总压力,不考虑地基变形,把地基反力假定简化成直线分布荷载计算连续梁底板内力。此方法虽然简便,但缺点是:①没有考虑底板与地基间的变形相容条件;②假设底板在横河向的地基反力为直线分布与实际情况不符;③这种计算方法把闸墩看成不动的支座,与各闸墩实际变位不符。由于此方法缺点多、误差大,只用于相对密度不大于 0.5 的砂性地基上的小型水闸。

### 4. 有限元法

上述三种方法都属于结构力学方法,在有限元法出现之前,都用于不同水闸的结构受力分析。严格来讲,闸室结构应按空间问题分析其应力分布状况,但早期因计算工具不能适应复杂的计算,加之很多影响因素都很难确定,只好近似地简化成平面问题来计算。即使是弹性地基梁方法仍有一些假定是很粗略的,与实际有明显差异,而且人工手算仍然是很复杂、很费时的。随着计算机和计算技术的发展,应采用有限元法计算,可以较好地符合实际结构和地基的变形条件,得出较为接近于实际的结构应力和内力分布,可按此内力做出合理的配筋计算。

随着有限元前后处理的软件出现和应用,使用空间有限元方法对闸室结构进行位移和应力分析,已不再是很困难的事情,建议设计部门尽量采用空间有限元方法对闸室结构进行位移和应力分析,可以得到比较符合实际的位移和应力分布,也有利于对稳定和沉降做出正确合理的分析。

若水闸孔数很多,不必把所有闸室都放在一起划分单元一次计算,因为那样划分单元总数太多,若计算机容量不够大,则须减少单元总数,加大单元尺寸,计算精度反而下降。对于较长的水闸,一般须分段设置温度收缩缝或沉降缝。两岸边墩应考虑侧向作用力,计算范围应向外扩大至位移为零或接近于零的远处边界。其他分段可单独做空间有限元分析,横缝处为侧向边界面,横河向位移为零,其他两向自由;上下游和底部边界面设置在位移为零的远处。距离闸室远的单元划分得大些,底板和闸墩沿厚度方向,可划分 6～10 层或更多层单元,以便提高计算精度。

将底板和闸墩各单元高斯点的计算应力整理成各种应力沿厚度的分布曲线,根据这些应力分布曲线可以计算轴向力、弯矩和剪力。根据算得的内力分布和钢筋混凝土设计规范进行配筋计算。也可根据应力图形的面积进行配筋计算。这两种方法目前未见有统一的规范意见,为安全起见,建议两者都取相同的安全系数进行配筋计算,最后选两者算得结果的最大值,常用的受力钢筋直径为 16～28mm,不宜小于 12mm,也不宜超过 32mm,间距常为 150～250mm;若两种方法算得的钢筋用量最大值仍很小,应满足最小配筋率的要求,常用的构造钢筋直径为 12～16mm,每米不宜少于 4 根。

在采用空间有限元方法对闸室结构做位移应力分析中,还可根据地基各种材料变形模量的分布输入地基单元信息,还可考虑材料应力应变的非线性关系,比上述结构力学方法合理得多。

在底板应力分析的有限元计算中应注意:①地基材料的密度或重度应为零,因为建闸之前,地基材料的重力经过很长时间的作用,自重引起的地基变形早已完成,不应再起变形作用;②底板混凝土浇筑后,砂性土地基很快完成底板重力引起的变形,而底板此时没有多大应力,在此后其他荷载作用引起地基反力才使底板产生应力,所以在计算后续荷载作用下的底板应力时,底板的密度或重度不应起作用,其输入值应为零;对于黏性土地基,视其薄厚程度和变形快慢程度,底板密度或重度宜约取20%~50%计算。在计算后续结构应力时,它和先前结构的自重也应按上述原理处理。

### 7.7.2 闸墩结构应力计算

闸墩主要承受本身自重和上部桥梁及设备、车辆、人群等重,还受到水压力和闸门传来的推力等荷载,若在地震区,还需计入地震力特殊荷载。

闸墩固接于底板,其上部的桥梁因跨径不大一般采用简支梁,闸墩为静定结构。

**1. 平面闸门的闸墩**

对于使用平面闸门的闸墩,应计算关下闸门时的门槽应力和墩底水平截面上的应力。当闸门关闭时,闸墩主要承受上、下游水压力、自重及工作桥和交通桥等传来的荷载,如图 7-19(a)所示;在一孔关闭、相邻一孔闸门开启时两孔之间的中墩,以及分缝的中墩和边墩,除上述荷载外,还将承受侧向水压力或土压力以及不平衡的闸门压力等荷载作用,其合力(并非集中力)位置如图 7-19(b)所示,可忽略闸墩上下游两端顺河向水压力之差引起闸墩微小的竖向应力。

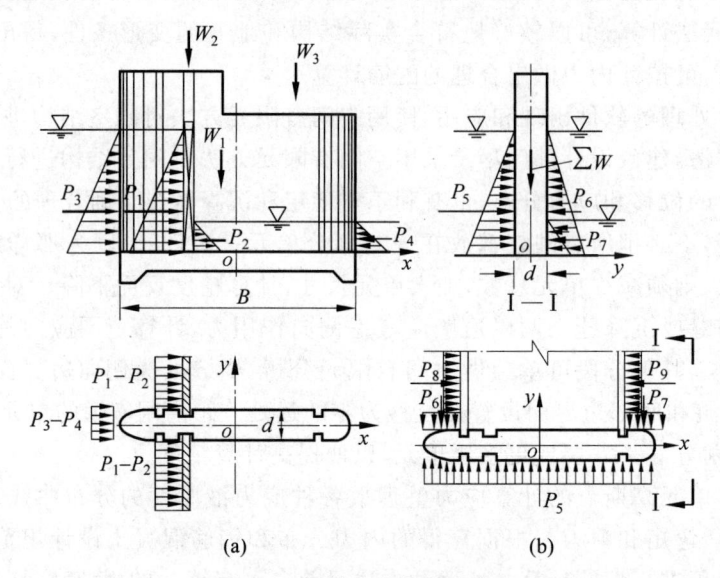

**图 7-19 闸墩结构荷载示意图**

1)闸墩水平截面上的正应力和剪应力

设闸墩在水平截面上经过形心的顺河向轴线为 $x$,横河向形心轴为 $y$,截面上的正应力可为

$$\sigma = \frac{\sum W}{A} \pm \frac{\sum M_x}{I_x} y \pm \frac{\sum M_y}{I_y} x \quad \text{(kPa)} \tag{7-47}$$

式中:$\sum W$——计算截面以上竖向力的总和,kN;

$A$——计算截面的面积,$m^2$;

$\sum M_x$——计算截面以上各力对截面形心轴 $x$ 的力矩总和,kN·m;

$\sum M_y$——计算截面以上各力对截面形心轴 $y$ 的力矩总和,kN·m;

$I_x$、$I_y$——计算截面分别对其形心轴 $x$ 和 $y$ 的惯性矩,m⁴。

计算截面上沿水流方向和垂直水流方向的剪应力分别为

$$\left.\begin{array}{l}\tau_x = \dfrac{Q_x S_y}{I_y d} \\ \\ \tau_y = \dfrac{Q_y S_x}{I_x B}\end{array}\right\} \quad (\text{kPa}) \tag{7-48}$$

式中：$Q_x$、$Q_y$——分别为计算截面上顺水流流向和垂直水流流向的剪力,kN;

$S_x$、$S_y$——分别为计算点 $y$ 坐标、$x$ 坐标至同号边缘的面积对 $x$ 轴和 $y$ 轴的面积矩,m³;

$d$——闸墩厚度,m;

$B$——闸墩长度,m。

对缝墩或一侧闸门开启另一侧闸门关闭的中墩,各水平力对水平截面形心还将产生扭矩 $M_T$,最大扭剪应力 $\tau_{T\max}$ 位于闸墩边缘 $x=0$、$y=\pm d/2$ 的位置,其方向平行于 $x$ 轴,其大小为

$$\tau_{T\max} = \dfrac{M_T}{\alpha B d^2} \tag{7-49}$$

式中 $\alpha$ 与 $B/d$ 有关,如表 7-11 所示。若闸墩中间设置横缝,以上两式中的 $d$ 应取一半计算。

表 7-11　矩形截面杆扭矩作用系数 $\alpha$

| $B/d$ | 4.0 | 6.0 | 8.0 | 10.0 | ∞ |
|---|---|---|---|---|---|
| $\alpha$ | 0.282 | 0.299 | 0.307 | 0.313 | 0.333 |

2) 门槽应力计算

中墩两侧平面闸门全部下闸挡水后,在最高蓄水位时,门槽颈部承受拉应力最大。若有计算机和有限元电算程序,宜采用空间有限元方法计算此时门槽应力分布,按此做配筋设计。

若没有条件进行有限元分析,可采用以下近似方法,如图 7-20 所示,取 1m 高闸墩分析,设两侧在此高度范围内闸门传来的水压力相等,合力为 $P$,单位为 kN/m;在上、下水平截面上的剪力分别为 $Q_U$ 和 $Q_D$,与 $P$ 的关系为 $Q_D = Q_U + P$。设闸墩水平截面的总面积为 $A$,门槽上游部分闸墩水平截面的总面积为 $A_1$,其上、下水平截面上分担的剪力分别近似为 $Q_U A_1/A$ 和 $Q_D A_1/A$,由门槽上游部分闸墩的受力平衡条件求得此 1m 高门槽颈部竖直面所受的水平向拉力 $P_1$ 为

$$P_1 = (Q_D - Q_U) A_1/A = P A_1/A \quad (\text{kN/m}) \tag{7-50}$$

设门槽颈部厚度为 $b$,1m 高颈部竖直面水平向拉应力为

$$\sigma = P_1/b \quad (\text{kPa}) \tag{7-51}$$

若拉应力小于混凝土的容许拉应力,按构造配筋;否则按实际受力情况配筋。越靠近底板,$P$ 越大,门槽颈部应分段配筋。缝墩有关量应分开取值计算。

从式(7-50)看出,在关门蓄水时,门槽越靠上游,门槽颈部所受的水平向拉力 $P_1$ 越小,但闸室底板受到竖向压力也越小,不利于抗滑稳定,故门槽位置应全面兼顾,合理选择。

大型闸门的滚轮或滑块集中力引起门槽的局部应力分布,还须补充有限元方法验算混凝土的局部承压强度。在门槽滚轮或滑块行走的部位,须准确放线固定角钢滑轨埋件,再浇筑二期混凝土,使

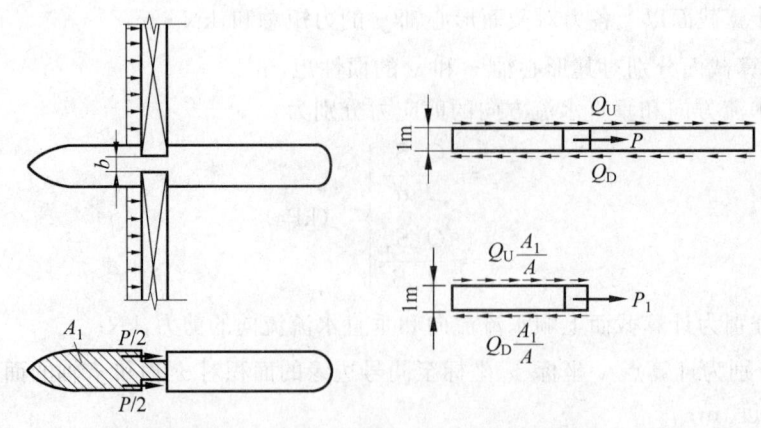

图 7-20 闸墩在门槽附近的应力计算简图

滚轮或滑块行走良好,并有利于承受和分散滚轮或滑块集中力,使门槽抗磨耐用。对于水头不高的中小型水闸门槽,一般参照已有工程的经验设计,可不再做复杂的局部应力计算。

**2. 弧形闸门的闸墩**

弧形闸门支座"牛腿"与闸墩交界面(简称牛腿界面)长边方向应与闸门最大总推力方向一致,与水平面的夹角一般为 15°~22°,牛腿界面沿此方向的厚度 $h$ 不小于 80~100cm,宽度 $b$ 不小于 50~70cm,一般做成等宽的;牛腿外端面头部沿 $h$ 方向的高度不应小于 $h/3$,尾端做成约 1∶1 的斜坡。

设混凝土轴向抗拉强度的标准值为 $f_{tk}$,根据我国《水工混凝土结构设计规范》(DL/T 5057—2009)[43],弧形门支座牛腿截面宽度 $b$ 和闸墩厚度 $D$ 应满足局部受拉区裂缝控制的要求如下:

1) 若闸墩每一侧各受到弧门支座推力的标准值 $F_k$ 作用,

$$bD \geqslant 1.43 F_k / f_{tk} \tag{7-52}$$

2) 若闸墩只有一侧受到 $F_k$ 作用,

$$bD^2 \geqslant 1.82(e+0.2D) F_k / f_{tk} \tag{7-53}$$

式中:$e$——弧门支座推力对闸墩厚度中心线的偏心距,$e$ 宜小于 $0.5D+0.3h_0$,$h_0$ 为牛腿上游面受拉钢筋中心至牛腿截面受压区外边缘的距离;闸墩厚度 $D$ 可参照前面各节所述的要求及上述两式的各量做些调整。

牛腿截面应满足抗裂要求,$bh \geqslant 1.43 F_k / f_{tk}$,即 $bh$ 和 $bD$ 都应满足式(7-52)。

在弧门支座推力的设计值 $F$ 作用下,支座支承面上的局部压应力不应超过混凝土轴心抗压强度设计值 $f_c$ 的 0.9 倍,否则应加大承压面尺寸、提高混凝土强度等级或增设钢筋网等有效措施。

作用在弧形闸门上的水压力通过闸门支臂和支座牛腿传递给闸墩,在牛腿与闸墩的结合部位承受力矩、剪力和对闸墩的扭矩作用;另外,因支座推力偏心距 $e$ 受到限制,牛腿突出闸墩的外露长度 $l$ 与牛腿界面高度 $h$ 之比 $l/h$ 一般约为 0.3,界面应力图形呈非线性分布,不能按受弯杆件计算内力和配筋。若采用弹性力学的方法(或有限单元法)进行应力分析和配筋计算,由于结合部位各点三维空间主拉应力方向不同,计算很烦琐。在实际工程中很难逐一按各点主拉应力的方向配筋,为便于设计和施工,受拉钢筋一般垂直于闸墩与牛腿结合面,尽量靠近牛腿上游面。根据规范[43],每一牛腿垂直伸进闸墩侧壁的受拉钢筋总截面积为

$$A_s = \frac{\gamma_d F a}{0.8 f_y h_0} \quad (\text{mm}^2) \tag{7-54}$$

式中：$\gamma_d$——钢筋混凝土结构系数，取 1.20；

$F$——每侧弧门支座推力设计值，N；

$a$——支座推力至闸墩边缘距离（宜小于 $0.3h_0$），mm；

$f_y$——钢筋抗拉强度设计值，N/mm$^2$；

$h_0$——受拉钢筋中心至牛腿截面下游边缘距离，mm。

牛腿受拉钢筋的配筋率不应小于 0.2%。对于不分缝的中墩，牛腿受拉钢筋宜贯穿中墩至另一侧牛腿外端面钢筋保护层位置转 90°平行于外端面弯向下游，至牛腿尾端斜面保护层位置再转弯平行于此斜面伸入闸墩内不短于 15 倍钢筋直径，同一中墩两侧支座牛腿受拉钢筋应完整连成对称布置；对于边墩或分缝的中墩，牛腿上游面的受拉钢筋应伸过边墩或各面侧墩的中心线再延长一段受拉钢筋最小锚固长度（与钢筋型号和混凝土强度等级有关，一般为 30~40 倍钢筋直径），若超出墩边或缝边构造钢筋，应在此处直角转弯延长。

支座牛腿受拉钢筋应配置箍筋，其直径不应小于 12mm，间距为 150~250mm。垂直于牛腿外端面的箍筋宜伸过边墩对边或缝墩内边钢筋连成封闭箍筋，对于不分缝的中墩，宜与另一侧同位箍筋构成整根箍筋。位于牛腿上游 $0.667h_0$ 范围内的箍筋总截面积不宜小于受拉钢筋总截面积 $A_s$ 的 1/2。因要求 $a<0.3h_0$，斜向钢筋起作用很小，若弧门推力较大，宜加设平行于牛腿外端面的箍筋。

若牛腿距离墩顶和下游端较近，宜在此处至牛腿上游和牛腿之下 1 倍牛腿宽度处的闸墩两侧面、顶面和下游侧面各布置 1~2 层水平和竖向限裂钢筋网，钢筋直径 16~25mm，间距 150~200mm。

三向偏光弹性试验结果表明：在牛腿前的闸墩沿支座推力反向上游长约 $2.5h$、宽约 $2.5b$ 范围内的主拉应力较大，须增加配置扇形方向受力钢筋，直到闸墩上游和底部主拉应力很小的部位。

设第 $i$ 根扇形分布钢筋的截面积为 $A_{si}$，钢筋与弧门支座推力方向的夹角为 $\alpha_i$（不宜超过 30°），钢筋抗拉强度的设计值为 $f_y$，根据我国《水工混凝土结构设计规范》（DL/T 5057—2009）[43]，钢筋混凝土结构系数 $\gamma_d = 1.20$，若闸墩每侧弧门支座推力设计值均为 $F$，扇形分布钢筋截面积应满足

$$\sum_{i=1}^{n} A_{si} \cos\alpha_i \geqslant \gamma_d F / f_y \tag{7-55}$$

若闸墩只有一侧受到 $F$ 的作用，则应满足

$$\sum_{i=1}^{n} A_{si} \cos\alpha_i \geqslant \frac{e + 0.5D - a_s}{D_0 - a_s} \gamma_d F / f_y \tag{7-56}$$

式中：$e$——弧门支座推力对闸墩厚度中心线的偏心距；

$D$——闸墩厚度；

$D_0$——扇形受拉钢筋中心至闸墩另一侧边缘距离；

$a_s$——扇形受拉钢筋中心至闸墩最近一侧边缘距离；其余符号同前所述。

根据规范[43]要求，扇形分布钢筋应全部伸过牛腿与闸墩结合面高度中线并在中部 $2b$ 宽度范围内，其中至少应有一半伸过牛腿与闸墩结合面下游端，并采取可靠的锚固措施；自弧门支座承压面算起，扇形分布钢筋向上游延伸长度不应小于 $2.5h$、且至混凝土主拉应力很小的部位长短相间截断。

对于大型弧形闸门的闸墩，其配筋计算须进行专门深入研究。若门轴推力 $F$ 很大，闸墩须用高强度预应力钢丝锚索加固，将门轴推力传至闸墩的上游部分，牛腿最好用钢牛腿，预应力锚索一端系

在牛腿钢梁上,另一端有垫板,相邻两根预应力锚索的端部应前后错开布置,其连线为锯齿状。应采用有限元法计算,在预应力钢丝锚索端部作用拉力,核算端部周围混凝土的应力。

除上述钢筋外,闸墩全部外层钢筋须按弧门提升不受水压推力时的其他可能不利荷载计算配置。

### 7.7.3 胸墙结构内力计算

胸墙承受自重、水压力、浪压力和风压力等荷载,应根据其结构形式和边界支承条件计算内力。

(1) 板式胸墙。一般选取1m高的板条,以板条中心高程处的静水压力、浪压力和风压力等作为板条的平均荷载强度,按简支或固端支承条件计算内力,并进行配筋。

(2) 梁板式胸墙。梁板式胸墙横断面如图7-17(b)和(c)所示,若闸孔不大,一般采用双梁式结构,板的上、下端支承在梁上,两侧支承在闸墩上;若闸孔很大,可在中间加中梁和竖梁。

若板的长边与短边之比不大于2,为双向板,可按承受三角形荷载的四边支承板计算内力。若板的长边与短边之比大于2,为单向板,可沿长边方向截取单宽1m的板条,计算内力和配筋。

若胸墙经常处于水下,必须严格限制裂缝开展的宽度。

### 7.7.4 工作桥与交通桥结构内力计算

作用在工作桥上的荷载主要有自重、启闭机重、启门力以及面板上的活荷载。工作桥的面板、主梁和次梁,分别按其承受的荷载及边界支承条件用结构力学方法计算内力。大、中型水闸的工作桥多采用钢筋混凝土或预应力钢筋混凝土装配式梁板结构,由主梁、次梁(横梁)、面板等部分组成。

水闸闸顶的交通桥主要承受自重、来往车辆、人群等荷载作用。交通桥通常支承在闸墩上,若跨径不大,采用钢筋混凝土板桥或梁式桥单跨简支的形式。板桥适用于跨径小于6m的小型水闸;梁式桥多用于跨径较大(8～25m)的大、中型水闸。交通桥应按我国《公路桥涵设计通用规范》(JTG D60—2015)[44]的要求设计、进行内力计算和配筋计算。

## 7.8 闸室沉降校核和地基处理

> **学习要点**
> 闸室沉降校核和地基处理主要是为了避免地基出现过大的沉降量和沉降差。

水闸竣工刚刚蓄水时,地基沉降变形较大。过大的沉降,特别是不均匀沉降,将使地基破坏、闸室倾斜、开裂、止水破坏,影响水闸的正常运行,所以还要核算闸基的沉降量和沉降差。

### 7.8.1 闸室沉降校核

闸室沉降量与地基土层的性质和受力条件有关,而地基土层的性质、土层的分布以及地基的应力分布都是很复杂的。关于闸室沉降分析,目前较准确、较好的方法是有限单元法,它较方便、较准确地模拟地基土层的分布、各土层的力学指标和建闸过程,比其他方法较准确地算出各点的位移。

用有限元计算地基在建闸过程和建闸后的变形,输入地基材料重度应为零。因为在建闸很久之前,地基重力作用产生的变形早已完成,在建闸之后,地基重力不会再使地基发生变形了,若输入地基的重度,意味着在建闸之后,地基的重力又重复起一次变形作用,比真实变形加大很多。地基在建闸后的应力分布,可将计算各种荷载作用下的地基应力叠加地基初始应力,即为建闸后的地基总应力。

以往在没有条件做有限元分析的情况下,地基沉降计算一般采用粗略的分层总和法,每层厚度一般为1m,在不同土层交接处的零碎厚度不宜超过1m。设土体平均自重竖向应力为$\sigma_s$,其他后来施加荷载产生的附加竖向应力为$\sigma_z$,根据实践经验,计算深度宜取至$\sigma_z \leqslant (0.1 \sim 0.2)\sigma_s$处,软土取小值。

由于在建闸之前地基自重的变形作用早已完成,每层应计算初始应力状态的孔隙比与建闸后总应力状态的孔隙比之差,才能反映地基在建闸后的沉降量。设:$e_{1i}$为闸室底板以下第$i$层土在平均自重应力作用下,由压缩曲线查得的相应孔隙比;$e_{2i}$为闸室底板以下第$i$层土在平均自重应力加建闸后的平均附加应力作用下,由压缩曲线查得的相应孔隙比;$h_i$为底板以下第$i$层土的厚度。如果将计算土层分为$n$层,每层的沉降量为$S_i$,则总的沉降量应为

$$S = \sum_{i=1}^{n} S_i = \sum_{i=1}^{n} m_i \frac{e_{1i} - e_{2i}}{1 + e_{1i}} h_i \tag{7-57}$$

式中:$m_i$——实测沉降量修正系数,考虑到计算地基最终沉降量一般小于实测沉降量,所以再乘以$m_i = 1.0 \sim 1.6$(坚实地基取较小值,软土地基取较大值)。

对于一般土质地基,若基底压力小于或接近于水闸闸基未开挖前作用于该基底面上土的自重压力,土的压缩曲线宜采用$e$-$p$回弹再压缩曲线,这是因为水闸闸基开挖较深,在建闸过程中基底压力小于或接近于水闸闸基未开挖前作用于该基底面上土的自重压力,该基底面土体略有回弹现象,采用$e$-$p$回弹再压缩曲线,可使计算结果比较符合实际情况。根据江苏、安徽等省的建闸经验,对于一般土质地基上的水闸工程,采用$e$-$p$回弹再压缩曲线计算地基沉降量,可以消除开挖土层的先期固结影响。但对于软土地基上的水闸工程,则不宜采用$e$-$p$回弹再压缩曲线作为地基沉降量计算的依据,因为软土在其自重压力作用下一般并未得到相应的固结,宜采用$e$-$p$压缩曲线。

对于重要的大型水闸工程,有条件时也可采用$e$-$\lg p$压缩曲线,能较好地反映地基土受压历史对沉降计算方法的影响,但为了绘制该曲线,对土样压缩试验要求高,最终加荷量要求至少达到1MPa,往往受到仪器、设备和试验时间等条件限制,对于一般中小型水闸工程不要求那么高。

从一些水闸的实测沉降资料分析,闸室两端的沉降差如果不超过闸室底宽的0.2%,尚不致妨碍闸室的正常运行。我国《水闸设计规范》[40,41]根据一些水闸的实测沉降量和运行情况,建议天然土质地基最大沉降量不宜超过150mm,相邻部位的沉降差不宜超过50mm。

为了减小不均匀沉降,主要采用以下措施:①尽量减小相邻结构的重量之差;②重量大的或沉降量大的结构先施工,使地基先行预压,减小施工后期的沉降量,与后期施工的相邻结构尽量有相同或接近的沉降量;③尽量使地基反力均匀分布,其最大与最小值之比不超过规定的容许值;④对沉降量较大的地基做加固处理(具体详见下小节的内容)。

地基沉降与时间的关系比较复杂,它与地基土层的厚度、压缩性、渗透性、排水条件、附加应力以及土层的位置和建筑物的施工进度等因素有关,在计算中尚难准确考虑,计算结果是近似的。对砂砾地基,由于压缩性小、渗透性强、压缩过程短,建筑物完工时地基沉降已基本稳定,故一般不考虑其沉

降过程。而对于黏性土地基,因在施工过程所完成的沉降量,一般仅为稳定沉降量的50%~60%,故须考虑施工过程对地基沉降的影响。

由于黏性土地基最终沉降量很大,在施工过程以及施工完成之后可能需要很长时间才能达到稳定,其影响因素很多,而且很难预先准确计算,尽管要采用一些措施减小总沉降量和相邻结构的沉降差,实际工程中难免还会出现预想不到的沉降量和沉降差,所以还要设置沉降缝。若沉降缝两侧地基土层的性质相差很大,如一侧是黏性土,另一侧是砂砾石或岩基,若黏性土一侧最终总沉降量比另一侧沉降量超过50mm,即使设置沉降缝,也很可能破坏沉降缝的止水,发生严重渗漏破坏闸基,危及水闸安全,所以需要安排黏性土闸基一侧先施工,等待其沉降基本完成后才能进行另一侧水闸的施工。如果需要等待的时间太长,则应对黏性土地基进行处理。

### 7.8.2 闸室地基处理

水闸地基处理的目的主要有以下三个方面:一是增加地基的承载能力;二是提高地基的稳定性;三是减小或消除地基的有害沉降,防止地基渗透变形。在经过反复多次修改上部闸体结构的设计后,若天然地基仍不能满足承载力、稳定和变形三方面中任何一个方面的要求,就要根据工程具体情况因地制宜地进行地基处理,以满足结构稳定和控制沉降变形的要求,保证水闸安全、正常运行。

我国绝大部分水闸建在平原、滨海区的第四纪覆盖层上,常遇到疏松的砂性土或软弱的黏性土地基。工程实践表明,软弱黏性土、淤泥或淤泥质土的标准贯入击数≤5,粉沙、细沙地基的标准贯入击数≤8,允许承载力都小于100kPa,很难满足承载力、抗滑稳定和沉降方面的要求,须进行地基处理。故这里主要针对粉细沙和软黏土地基介绍一些常用的处理方法。

#### 1. 换土垫层

若软弱土层或不均匀土层地基分布较浅(如在地表附近厚度1~3m),可采用换填垫层法。把水闸地基上部的松软基土、软弱黏性土(包括淤泥质土)部分或全部挖除,然后换填强度高、压缩性小、含泥量小于5%的砂砾性土料作为垫层,把水闸底面的压力通过垫层扩散,使下卧松软土层的强度能满足承载力要求;砂砾土摩擦系数较大,还具有良好的排水作用,降低扬压力,有利于提高抗滑稳定安全系数,并加快地基土的固结,使水闸后期的沉降和总沉降有较大的减小。

垫层土料应有足够的强度,要求垫层土料的容许承载力$[R]$大于或等于水闸闸室底面平均压力,并能将底面的压力有效地扩散到下卧层。垫层厚度$h$应由垫层底面的平均压力不大于地基容许承载力的原则确定。垫层的传力扩散角,对压实的中壤土及含砾黏土,可取20°~25°;对中砂、粗砂,取30°~35°;砂砾石35°~45°。垫层厚度过小,作用不明显;过大,基坑开挖困难,一般垫层厚度为1.5~3.0m。垫层的底宽,通常选用建筑物基底压力扩散至垫层底面的宽度再加2~3m。

垫层应有良好的级配,含水量应控制在最优含水量附近,宜分层振动压实,相对密度不应小于0.75,大型水闸垫层压实系数不应小于0.96,中、小型水闸垫层压实系数不应小于0.93。垫层压密效果应根据地基土质条件及选用的垫层材料等进行现场试验验证。

垫层不应采用粉沙、细沙、轻沙壤土、轻粉质沙壤土等易液化或不易压实的土料,更不应含树皮、草根及其他易腐烂的杂质。

## 2. 预压加固

对排水性差的软弱土基,可于建闸前设置砂井,在地基表面堆土或堆石预压,使预压荷重为1.5~2.0倍水闸荷载(但不能超过地基的承载能力)。促进地基中的水经砂井排出,加速排水固结,使地基在水闸荷载施加以前,即达到一定的固结度,从而提高地基强度,增加承载力和抗滑稳定的性能,并减小水闸的沉降量。预压地基的范围应大于水闸底的面积,要考虑到水闸底压力在预压层中的扩散角。待沉降基本稳定后,将荷重移去,再正式建闸。此法适用于软弱黏性土,对略有砂性的软弱黏性土,效果更好。

堆土预压的施工进度不能过快,以免地基发生滑动或将基土挤出地面。根据经验,堆石土施工须分层堆筑,每层高1~2m,待地基沉降稳定后,或者等孔隙水压力消散到50%以下,再进行下一次堆筑。预压施工时间约需半年。

对含水量较大的黏性土地基,为改善软土地基的排水条件,加快固结过程,缩短预压施工时间,可在地基中设置砂井。普通砂井是用活底钢管打入土基中成孔,在管中灌注中砂,拔出钢管即成砂井。砂井的直径为20~30cm,井距2~3m,在平面上呈梅花形排列。如软土层较薄,砂井深度应穿透软土层;如软土层较厚,砂井深度应根据增加承载力和抗滑稳定以及减小沉降量的要求超过预压层厚度,但不能与承压含水层连通。也可改用袋装砂井,先用钢管打入土基中成孔,在管中放入预先装好砂料的细长透水化纤袋子,拔出钢管,即成袋装砂井。袋装砂井直径为5~10cm,井距1~2m,在平面呈梅花形排列。袋装砂井直径小,井距密,有利于排水。

黏土地基在预压卸荷后会发生回弹,应尽量使卸荷后地基的暴露时间缩短。堆土预压料宜采用砂砾石或块石;若在平原地区缺乏砂砾石或块石,起码在砂井顶部应铺设厚0.5~1m的砂层,以利于排水和施工。砂井的中砂和铺砂层的中、粗砂含泥量应小于5%,不应含有树根草皮等杂质。由于预压荷载材料需要量很大,所需预压时间较长,目前趋向于采取强夯等方法代替。

## 3. 振冲砂石桩

振冲砂石桩的原理是利用一个直径为0.3~0.8m、长约2m的振冲器,在很大的振冲动力及端部射水的联合作用下,以0.5~3m/min的速度挤入地基中,逐渐上移振冲器,然后一边向下灌注碎石、砂、砾石、矿渣等填料,一边向下振动挤压密实,重复上述工作使砂石桩下沉到加固设计高程,使每段填料均达到要求的密实度,形成很多条与地基土啮合的碎石柱桩。桩的深度根据设计要求和施工条件确定,一般为8~10m。振冲桩的砂石料应有足够的强度、较好的水稳定性和抗腐蚀性。振冲砂石桩法操作简单、施工进度快、工期短及造价低,是适用于松砂或软弱的黏壤土地基较好的处理方法。

桩径和间距应根据地基土质情况、成桩方式、成桩设备和振冲器功率等因素确定,桩径一般为0.5~1.0m,间距1.25~2.5m,呈梅花形布置;对于砂性土地基,若采用较大功率的振冲器,桩径宜采用0.8~1.2m,间距宜为1.5~3.0m。填筑料应有良好的级配,以利于压实,对于一般功率的振冲器,碎石最大粒径不宜大于5cm。我国《水闸设计规范》(NB/T 35023—2014)[41]建议:对于30kW振冲器,填料粒径宜为20~100mm;对于75kW振冲器,填料粒径宜为20~150mm。

砂石桩复合地基处理范围宜在地基外缘扩大1~3排桩。若地基容易液化,在地基外缘扩大宽度应大于基底下可液化土层厚度的1/2,且应大于5m。

桩长可根据工程要求和地质条件确定。若相对硬土层埋深较浅,可按相对硬土层埋深确定;若相对硬土层埋深较大,要按建筑物地基变形允许值确定;对按稳定性控制的工程,桩长要不小于最危险滑动面以下2.0m的深度;对可液化地基,桩长要按要求处理液化的深度确定,一般不小于4m;但若穿越承压水层,应在周围钻孔加强排水。

振动水冲法处理设计目前尚处于半理论半经验状况,某些设计参数也只能凭经验选定,对于地质条件复杂的大型水闸工程,采用的各项设计数据以及振冲后的效果应经现场试验验证。

若用水振冲,因含水量加大,对黏性土地基加固效果不及砂类土地基,软黏土地基不宜采用;另外,使用高压水流可能会污染周围场地或对周围场地的施工有干扰。为避免这些影响,也可采用干振碎石桩,即制桩过程中不冲水,只利用偏心块振动成孔及捣实碎石。

**4. 深层搅拌桩**

我国在大中型水利工程中已采用深层搅拌桩法加固软弱地基,并积累了一些经验。该法利用水泥作为固化剂,也可以掺入适量的粉煤灰、减水剂和速凝剂等外掺剂,通过深层搅拌将软土和固化剂强制拌和,使固化剂和软土通过物理、化学反应硬结成为有一定强度的水泥土桩,可用于各种软土地基加固及基坑围护。对桩长深度的要求同振冲碎石桩。采用深层搅拌桩法加固地基既能提高其容许承载力、减少沉降量,也能提高地基的抗振动液化能力,其最大加固深度可达30m左右。但若穿越承压水层,应在周围钻孔加强排水。

深层搅拌桩在设计计算上处于半理论半经验状况,搅拌桩加固地基对施工质量要求较高。因此选用深层搅拌桩法加固地基时,应根据不同的地基土质情况和工程的重要性,严格控制施工质量,进行必要的室内和现场试验。深层搅拌桩的设计包括计算单桩竖向承载力和复合地基承载力,必要时还须验算下卧层的地基强度以及沉降量。

**5. 预制桩和灌注桩**

在早期常采用打入预制桩或在钻孔中灌注混凝土桩的方法,利用桩周侧面与地基土之间的摩擦力、黏聚力和桩底支承反力共同承担上部荷载,减少沉降量。此法适用于各种松软土基,尤其适用于上部为厚度大于4m的松软土层、下部为硬土层或岩基的地基,或闸室底压力较大、用其他处理方法在承载力、抗滑稳定或沉降量方面不能满足要求的情况,往往采用预制桩或灌注桩效果较好。

桩的根数和尺寸应考虑承担底板以上的全部荷载、桩侧面黏聚力、摩擦力和桩底反力,经论证后可适当考虑地基土承担部分荷载;此外,还应考虑地基土质情况、成桩方式和成桩设备等因素。

预制桩一般采用钢筋混凝土,在选用桩径和桩长方面比较灵活,用得较多。若桩径和桩长较小,宜在工厂里成批加工预制,工效较高,为便于运输,桩径 $d$ 一般为 $20\sim30$ cm,桩长不超过12m;若直径较大,桩长超过12m,宜在现场预制,桩长可达 $25\sim30$ m,$d\geqslant40$ cm,中心距不小于 $3d$。

灌注桩全称应为钻孔灌注桩,是先钻孔、安放钢筋笼、后灌注混凝土而形成的。灌注桩直径 $d$ 一般都超过60cm,中心距不小于 $2.5d$。采用钻孔灌注桩工程量小,投资省,但不宜穿越承压水层。

桩基在平面采用三角形、矩形或正方形布置,应尽量使群桩的重心与闸室底板底面以上基本荷载组合的合力作用点接近,使各桩实际承担的荷载尽量相等,有利于减少地基的不均匀沉降,维护水闸结构安全和正常使用。上下游单桩的竖向荷载最大值与最小值之比不宜大于表7-8的允许值。在同一块底板下,不应采用直径、长度不同的摩擦桩,也不应同时采用摩擦桩和端承桩。

若闸基上部为厚度较大的软弱黏性土层,其顶面的沉降量比桩顶的沉降量大很多,容易与闸室底面脱开,引起接触渗流冲刷破坏,危及闸室安全,在实际工程中曾出现过这种情况。为防止底板与地基土间产生接触冲刷,应采取有效的基底防渗措施,如在底板上游端设置防渗板桩或截水墙,加强底板永久缝的止水结构等。为安全计,闸室底面在浇筑时应高于桩顶,留有沉降余地,使闸底连同地基表面继续下沉至桩顶后,地基后续沉降很小。但这需要准确地计算闸基土与闸底接触面的沉降量,既要使桩基较多地承受上部闸室传来的荷载,又要使闸室底面与整个地基表面始终保持受压状态。

### 6. 沉井

若地基为厚层流沙或淤泥,可把在地面择机分节浇筑的筒式钢筋混凝土沉井对准地表井口位置,一边在井内挖土,一边靠井筒结构自重克服沉井外壁摩擦力和刃脚下面小部分地基土的抵抗力下沉到坚硬土层或岩层上,作为闸墩或岸墙的深层基础,解决地基承载力不足和沉降或沉降差过大的问题。沉井在我国东部沿海地区的水闸工程中使用较多,其处理效果比较理想。但若地基承压水层水压力很高,因人工排水降低水压力的难度较大,沉井不宜穿到高水头承压水层。

根据水闸结构特点,通常采用矩形或正方形柱式沉井,长边不宜超过 30m,长宽比不宜大于 3。沉井井壁、隔墙厚度以及井壁所分隔的井口尺寸应根据结构强度和刚度、下沉需要的重量以及施工要求等因素确定,井壁外侧面应尽量做到平整光滑。隔墙底面应高于井壁刃脚 0.5m 以上。井壁刃脚底面宽度不宜小于 0.2m,刃角内侧斜面与底平面的夹角宜采用 45°～60°。沉井分节浇筑高度应根据地基条件、控制下沉速度等因素确定。为了保证沉井顺利均衡下沉到设计标高,须验算自重是否满足下沉要求,下沉系数(沉井自重与井壁摩阻力之比)可采用 1.15～1.25。

沉井是否需要封底,应根据工程具体情况研究决定,主要取决于沉井下卧土层的容许承载力。若容许承载力能满足要求,宜尽量不封底,因为沉井开挖较深,地下水影响较大,施工很困难。若沉井不封底,应注意防渗问题,特别是多联式沉井之间的止水缝处理问题。不封底沉井内的回填土,应选用与井底土层渗透系数相近的土料,必须分层夯实,以防止因渗透变形和过大的沉降而脱开闸底。

### 7. 强夯法

强夯法是由重锤夯实法发展起来的。锤重和落距应根据地基土质情况和施工设备条件等因素确定,锤重可采用 100～600kN,落距可采用 10～40m[40],其底面形式宜采用圆形或多边形,锤底面积宜按土的性质确定,锤的底面宜对称设置若干个与其顶面贯通的排气孔,孔径可取 300～400mm,锤底面静压强可取 25～80kPa,以很大的冲击能在土基中产生强烈的冲击波和动应力,压缩土基中的孔隙,并在夯实点周围产生裂隙,便于孔隙水外流,加速固结并加固地基。该法适用于含卵石、漂石、块石、细砂、中砂、砂壤土等强透水砂性土层。对于淤泥质土、软弱黏性土,在强夯下孔隙水压力消散缓慢,效果很差,甚至会形成"橡皮土",须设置砂井排除孔隙水。

强夯地基面的范围应大于闸室底面积,每边超出地基外缘的宽度宜为基底下设计处理深度的 1/2～2/3,且不宜小于 3m。对可液化地基,扩大范围不应小于可液化土层厚度的 1/2,且不应小于 5m。

夯击点位置可根据基底平面形状,采用正方形、等边或等腰三角形布置。第一遍夯击点间距可取夯锤直径的 2.5～3.5 倍,第二遍夯击点位于第一遍夯击点之间,以后各遍夯击点间距可适当减小。当地下水位较高时,应有良好的排水措施,并适当延长间歇时间。

夯点夯击遍数、每遍击数、前后两遍的间歇时间等,均应经现场最佳夯击能试验确定。

强夯地基时振动很大,影响范围可达 10～15m,要注意强夯对邻近建筑物的影响。施工中应先强夯地基后,再修建水闸的各种建筑物,包括铺盖、护坦等在内都应在强夯之后才能修建。

强夯加固地基在我国有许多成功的实例。这种加固措施不需要材料,施工较为简便,但需要加强试验研究和理论分析,在施工中要重视现场测试,测定各项参数,控制施工质量。

#### 8. 高压旋喷法

高压旋喷法是用钻机以高压喷射水旋转钻进至孔底,然后由安装在钻杆下端的特殊喷嘴把高压水、压缩空气和水泥浆(宜采用强度等级不低于 42.5 级的普通硅酸盐水泥)或其他化学浆液喷出,搅动土体,同时钻杆边旋转边提升,使主体与浆液混合,凝固后形成桩柱,以达到加固地基的目的。也可根据需要,经过试验加入适量的外加剂和掺合料。使用三重管的水泥浆压力宜取 2～4MPa,气流压力宜取 0.7MPa,喷浆管的提升速度宜为 0.1～0.3m/min,旋转速度宜为 20～40r/min。若旋喷法压力很大(30～50MPa),喷射速度很快(100～200m/s),则多用来加固深层黏性土或含有较大砾石的砂性土地基,尤其适用于土石坝深度超过 60m 的砂砾石地基防渗措施,可参见第 4 章土石坝的图 4-36。

水闸地基处理的各种方法有各自的适用范围,在一个闸基上可能有几种适用的加固方法,应进行方案比较,选择费用少、工期短、效果好的方案,必要时应做现场试验进行比较。

## 7.9 水闸与两岸连接的建筑物

水闸与河岸连接的建筑物有:边墩、岸墙、上下游翼墙(或导墙),有时在背后填土的一侧增设防渗刺墙,以增加渗径,降低渗流坡降,防止渗透破坏。这些连接建筑物的主要作用是:

(1) 挡住两侧填土,维持土堤及两岸建筑物的稳定;
(2) 引导水流平顺进闸,使出闸水流均匀扩散,减少冲刷;
(3) 保护两岸土堤边坡不受过闸水流的冲刷;
(4) 增加渗径,控制闸身两侧的渗流,防止与其相连的岸坡产生管涌或流土等渗透变形;
(5) 边墩连同背后填土和刺墙等建筑物一起支承闸门推力、启闭力和水压力;
(6) 在两岸软弱地基上设置独立岸墙,可减少地基沉降对边墩和闸室的影响。

两岸连接建筑对水闸的水流、渗流、稳定和沉降都有影响,对两岸连接建筑的形式选择和布置,应予以足够的重视,两岸连接建筑物应有足够强度,承受荷载后能保持抗滑和沉降稳定。

### 7.9.1 连接建筑物的形式和布置

#### 1. 边墩和岸墙

边墩承受迎水面的水压力、背水面的土压力和渗透压力,以及自重、扬压力等荷载。若地基松软,闸室和边墩会产生不均匀沉降,使边闸孔倾斜,甚至靠近边墩的第二、第三个闸孔都可能产生倾斜,使闸门启闭困难,闸底板、闸顶桥梁、胸墙等发生裂缝。在实际工程中发生过这种问题,在设计中应予以重视,边墩应建在较为坚实地基上。

若闸身较高且地基软弱,则边墩与闸身地基所受的荷载相差悬殊,可能产生较大的不均匀沉降,影响闸门启闭，在底板内引起较大的应力，甚至产生裂缝。可在边墩背面设沉降缝分开，边墩只起支承闸门及上部结构的作用，而土压力则由岸墙承担。

边墩或岸墙的结构型式主要视地基条件择宜选用，可做成重力式、悬臂式、扶壁式和空箱式，分别如图 7-21 中的(a)、(b)、(c)和(d)所示。重力式墙可用浆砌石或混凝土建造，其优点是结构简单，施工方便，缺点是耗用材料较多。悬臂式和扶壁式墙通常采用钢筋混凝土，用土石料回填于其背后，代替重力式挡土墙中的大部分混凝土或浆砌石。扶壁式由于扶壁水平向受拉钢筋的作用，可减小挡水挡土垂直墙的厚度和配筋量。空箱式采用钢筋混凝土，若地基沉降变形较大，空箱里不填土石料，以减轻竖向压力和沉降量；若地基沉降量很小，空箱里可加土石料，增加边墩的抗滑稳定性，可承受较大的土压力并作为岸墙与边墩分开，减小土压力对边墩的影响，如图 7-21(e)所示。

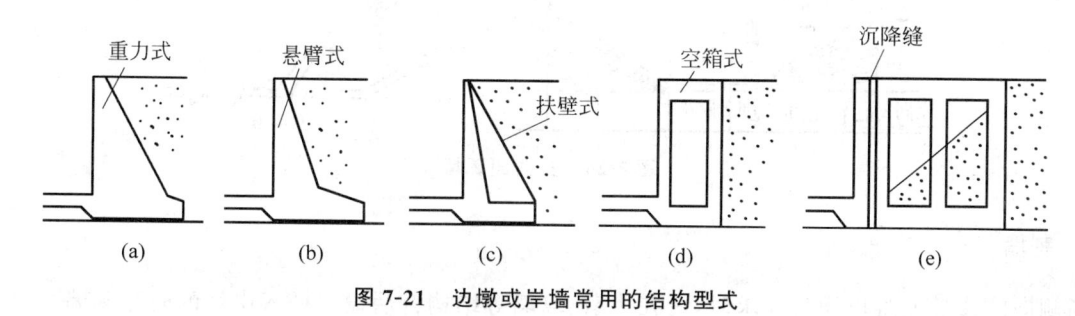

**图 7-21　边墩或岸墙常用的结构型式**

## 2．翼墙

翼墙通常用于边墩的上、下游与河岸护坡相接，见图 7-3 的 5。

上游翼墙除挡土外，主要作用是将上游来水平顺地导入闸室，其次是起防渗作用，其平面布置要与上游进水条件和防渗设施相协调。顺水流流向的长度应满足水流条件的要求，一般为水闸水头的 3~5 倍。翼墙上游端插入岸坡，墙顶要超出最高水位至少 0.5~1.0m。若铺盖前端设置板桩，还应将板桩顺翼墙底延伸到翼墙的上端。

下游翼墙除挡土外，主要作用是引导出闸水流沿翼墙均匀扩散，避免出现回流漩涡等不利流态。翼墙每侧的平均扩散角宜采用 7°~12°，顺水流流向的投影长应大于或等于消力池长度。墙顶一般要高出下游最高泄洪水位。为降低作用于边墩和岸墙上的渗透压力，可在下游翼墙设排水孔，或在墙后底部设排水暗沟，将渗水导向下游。

根据地基条件，翼墙可做成重力式、悬臂式、扶壁式或空箱式等形式。在松软地基上，为减小边荷载对闸室底板的影响，在靠近边墩的一段，宜用空箱式。

常用的翼墙布置有以下几种形式：

（1）反翼墙。如图 7-22(a)所示，翼墙向上、下游延伸一定距离后，转弯 90°插入河岸，向上游延伸至铺盖，与闸基防渗设施相接，可增加墙后渗径，但工程量较大，翼墙和边墩附近水的流态不好。

（2）圆柱面或椭圆柱面翼墙。如图 7-22(b)所示，翼墙从边墩开始，向上、下游用圆柱面或 1/4 椭圆柱面与岸边连接。其优点是：水流条件好，适用于上、下游水位差及单宽流量较大的大、中型水闸。

（3）扭曲面翼墙。从边墩端部的铅直面，向上、下游延伸渐变为与其相连的河岸坡度，将翼墙做成扭曲面，如图 7-23 所示。其优点是：进、出闸水流平顺，工程量较省，但模板施工复杂。

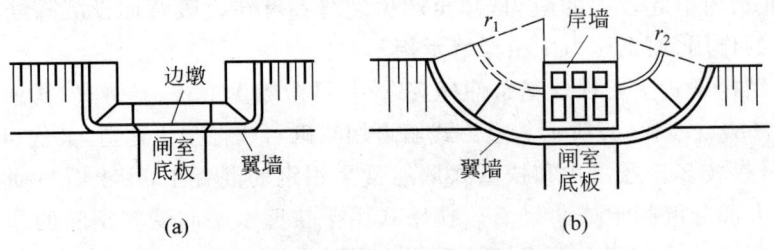

图 7-22 反翼墙和圆（或椭圆）柱面翼墙

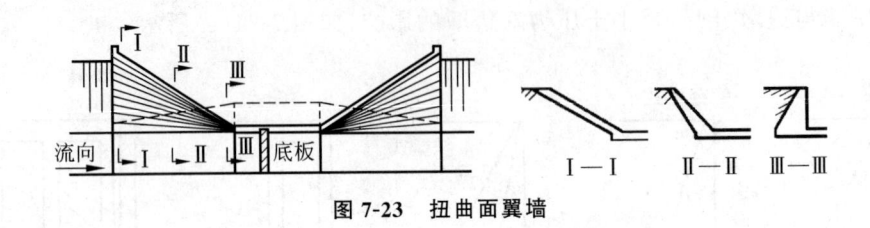

图 7-23 扭曲面翼墙

**3. 刺墙**

当侧向防渗长度难以满足要求时，可在边墩、翼墙等结构背后设置插入岸坡的防渗刺墙。

刺墙应嵌入岸坡一定深度，伸入的长度可通过绕流计算确定。墙顶应高出由绕流计算求得的浸润面。刺墙一般用混凝土或浆砌石筑成，其厚度应满足强度要求，单个刺墙厚度不宜小于 0.5m，总数目应满足许可渗透梯度的要求。刺墙对防渗虽有一定的作用，但须将填土压实并与刺墙接触紧密，增加用工，减慢施工进度，造价较高，应与其他方案进行比较后才能确定。

### 7.9.2 侧向绕渗及防渗、排水设施

水闸因上下游有水位差，也可从翼墙土堤发生绕渗。绕渗会增加渗漏损失，影响翼墙、边墩或岸墙的结构强度和稳定，有可能使填土发生危害性的渗透变形和破坏。

绕渗是一个三维的无压渗流问题，可用电比拟实验求得解答。若岸坡土质均一，透水层下有水平不透水层，可将三维问题简化为沿各水平面渗流的二维问题，用解析法或有限元方法求得解答。

截取若干个水平面进行分析，边墩及上游沿流向的翼墙相当于闸室的底板和铺盖，反翼墙及刺墙相当于板桩和齿墙，连接建筑物背面轮廓即为第一根流线，上、下游水边线为第一条和最后一条等势线。按 7.3 节所述的闸基渗流计算方法，可求得翼墙和边墩背面的渗透压力和渗流坡降。

两岸防渗布置应与闸底地下轮廓线的布置协调，上游翼墙和翼墙插入岸坡部分应与铺盖的防渗布置在空间上连成一体。若铺盖长于翼墙，在岸坡上也应设铺盖，或增加防渗措施，以保证有效防渗长度，防止侧面渗漏。

上游翼墙及反翼墙在消减水头方面起着主要作用，而下游反翼墙引起壅水，使边墩上的渗压加大。可在下游翼墙的墙身上设置排水设施，降低边墩及翼墙后的渗透压力。排水设施多种多样，可根据墙后回填土的性质选用不同的形式，如：①在下游翼墙稍高于底板位置预留排水孔，孔径 5~7cm，间距约 2~3m，这种布置适用于透水性较强的砂性回填土；②在墙背上铺设连续排水垫层，这种布置

适用于透水性很差的黏性回填土,按照回填土性质、渗流量大小、可选用砂砾石或碎石等作为排水材料,采用竖向和水平向连续排水垫层,经过一段距离后采用排水管或排水孔引走。

### 7.9.3 连接建筑物的破坏形式和稳定计算内容

边墩、岸墙和翼墙等连接建筑物的稳定破坏形式有以下几种:
(1) 滑动破坏。在墙后填土水平压力作用下,沿墙底向前滑动。
(2) 浅层剪切破坏。若地基压力超过其容许承载力,地基中某一浅层面上的剪应力过大而破坏。
(3) 深层地基剪切破坏。墙身连同墙后填土沿地基内较深的软弱黏土层滑动。
(4) 下沉破坏。因地基压力分布不均或相邻地基土的性质相差很大引起墙身过度倾斜。

针对上述可能出现的破坏形式,边墩、岸墙和翼墙等连接建筑物的验算一般包括:①抗倾覆稳定;②抗滑稳定(包括深层滑动稳定);③地基承载力验算等。计算方法同前面各章节的相应内容。

## 7.10 其 他 闸 型

### 7.10.1 装配式水闸

小型装配式水闸的预制件主要有:中墩、边墩、翼墙、岸墙、工作桥及其框架、交通桥等。底板因现场浇筑很容易,不作为预制件装配。若闸墩底部需要配置竖向受力钢筋,则底板应在此处预埋这些插筋,然后与其上闸墩的竖向受力钢筋相接,这部分高度的闸墩应为现场浇筑的钢筋混凝土。其上不须竖向受力钢筋的闸墩可按其外形和搬运吊装能力分开做成带有肋板的钢筋混凝土框架预制件,闸墩两外侧外表光滑的钢筋混凝土板与其之间的钢筋混凝土肋板一起浇筑固定连接,预制件高度和肋板数目及其大小,取决于吊装搬运的能力。闸墩空心部位是否回填土石料,取决于闸室抗滑稳定要求。闸墩顶部承受工作桥支座、交通桥支座传来的作用力较大,闸墩顶部须配置封顶的钢筋混凝土预制件;若很高很重,宜在现场浇筑混凝土。装配式闸墩难以配置扇形分布钢筋和加强钢筋以及连接钢筋,只适用于使用平板闸门的小型水闸。门槽上下游1~2m应为现浇钢筋混凝土并预留插筋,以便准确定位和固定滑轨角钢,然后浇筑门槽二期混凝土,共同承受水压力经过闸门传来的荷载。

装配式闸墩中心线距离一般小于6m,工作桥和交通桥宜采用预制钢筋混凝土T形梁或板梁。

装配式水闸的优点是:①构件可在施工条件较好的工厂里预制,不受季节、气候影响,可常年施工,成批定型生产,质量易于控制和保证;②节省大量模板木材和劳动力,一般可节约木材60%~80%、节省劳力20%~30%;③施工进度快,可缩短工期,提前运行受益;④节省总工程投资造价。

### 7.10.2 浮运水闸

浮运水闸适用于在沿海地区河口建造挡潮闸,其施工程序是:先预制并装配成整体闸室单元,单元长度一般为15~25m,用封口板将上、下游封闭,形成空箱;在退潮期间,清理闸基表层松软土层,基面用土工布或编织布、上加砾石保护,夯实、整平,以防潮水冲刷;然后,在涨潮期利用海水或从上游向下游放水提高水位将空箱自动浮起，用拖船拖运至建闸地点，定位、向箱内灌水或填砂石料、沉放就位；最后，完建护坦、护坡和工作桥、交通桥等结构。各部件的结构尺寸和配筋，应按各阶段最不利的受力情况确定。闸室底板与护坦止水很难在水下做好，闸室靠闸底板长度来满足防渗要求，宜预留底板灌浆孔对闸基接触面灌水泥砂浆，在涨退潮时应限制闸门两侧水位差和流速，使闸室地基短周期双向渗流速度很小，防止闸基的渗流破坏，可在已做好反滤的地基上浮运定位护坦混凝土箱格，然后内填卵石或块石沉放，与闸室底板无止水连接，海漫采用抛石结构。浮运水闸是装配式水闸的进一步发展，其优点是：①可不要求断流施工，若在枯水期间河口无水更好，可不做围堰待河口有水时安排浮运和沉放；②对地基承载力的要求较低；③可节约土方开挖和人工费用；④现场施工时间短。

采用浮运水闸须注意解决好以下几个问题：①若清基在水下进行，基面平整度难以控制；②底板与护坦间没有连接，整体抗滑稳定和防渗性能较差；③若水上作业多，需要有一定容量的拖船和其他水下施工设备。

### 7.10.3 水力自控翻板闸

水力自控翻板闸门为平板门，可以是钢结构，也可采用钢筋混凝土结构，与支墩铰接（参见图 7-24）。当上游水位超过门顶某一高度时，作用于闸门上的水压力与门自重的合力作用点上移至铰轴的上方，闸门向下游返转泄水；当上游水位降至正常蓄水位以下，闸门自行关闭。

翻板门适用于高度为 2～4m 的小型水闸，其工作特点是：①不需要启闭机，简化闸室结构和操作人员，降低造价；②由于门的高度较低，可以采用较大的跨度；③运行中，闸门淹没在水下，不利于排放较大的漂浮物；④不设检修门，检修不便；⑤当闸门下部淤积泥沙较多时，难以开启和检修。这种水闸一般建在泥沙少、冬季无水或水少时可以检修的河道。

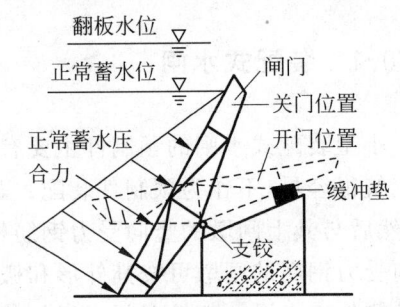

图 7-24 水力自控翻板闸主要结构示意图

内蒙古乌兰哈达引水枢纽的拦河闸共 6 孔，采用液压启闭翻板钢闸门，可控制闸门较平稳地停留在任意角度，容易控制水位，避免闸门振动，枢纽运行正常，收到了较好的经济效果。

### 7.10.4 橡胶坝水闸

用抗拉强度很高的合成纤维做胎（布）层，用橡胶粘合成高强度合成橡胶，再弯成大的橡胶袋，锚固在闸室底板上，用水泵或气泵向胶袋里充水或充气胀起胶袋（如图 7-25 所示），起挡水、抬高水位作用。当水位高出胶袋顶部时，多余的河水漫过胶袋顶部下泄；若须泄洪加大下泄流量，可从胶袋里向外排水或排气，降低胶袋顶部高程，直到最低。橡胶袋鼓起像个小坝，在它出现初期人们习惯称它为橡胶坝，但它的高度比普通水坝低很多，其顶部可下降，起下泄和调节水位的作用，其功能和作用水头与水闸相近，故称为橡胶坝水闸或橡胶水闸，这里将它作为其他类型水闸一起介绍。

橡胶坝水闸是 20 世纪 50 年代中期，随着高分子合成材料的发展而出现的一种新型水工建筑物，于 1957 年美国洛杉矶建成了世界上第一座橡胶坝水闸，坝高 1.52m，长 6.1m。此后，世界各国开始研究和兴建，1966 年 6 月在北京右安门护城河建成我国第一个橡胶坝，高 3.4m，坝顶长 37.6m。实践

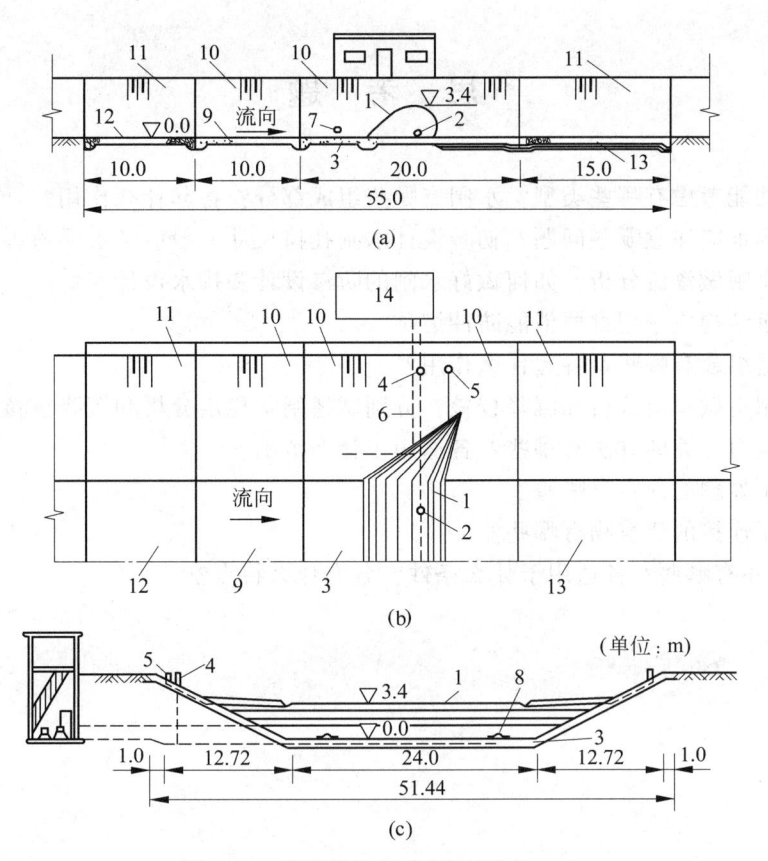

图 7-25 橡胶坝水闸布置图(单位：m)

(a)横剖面图；(b)平面图；(c)纵剖面图

1—胶袋；2—进出水口；3—钢筋混凝土底板；4—溢流管；5—排气管；6—泵吸排水管；7—泵吸排水口；
8—水帽；9—钢筋混凝土防渗板；10—混凝土板护坡；11,12—浆砌石；13—铅丝石笼；14—泵房

表明：橡胶坝水闸具有结构简单、施工方便、施工期短、操作灵活、跨度可大可小、抗震性能好、节省很多三材(水泥、木材、钢材)和人工、工程造价低等优点。地震频发的日本尤其看好这种闸坝，从1965—1995年的30年时间，日本已建成2 500多座，我国在1966年以前已建水闸基本上是钢筋混凝土水闸，自1966—2006年建成橡胶坝水闸2 000多座。已建成的橡胶坝水闸高度大多数为0.5～3.0m，单跨最长176m，多跨最长1 135m，还有少数为双层的，高度为4～7m。橡胶坝水闸的缺点是：橡胶材料易老化，要经常维修；易磨损，不宜建在多泥沙河道上。目前已建橡胶坝约经过15～25年须更换一次，约用3～15d 安装完毕。

橡胶坝水闸有单袋、多袋(以加高蓄水位)、单锚固和双锚固等形式。在没有冰冻的季节，胶袋可用水充胀；在冰冻地区或冰冻季节，应改用充气。

橡胶坝水闸除了胶袋及其安装、固定、充水(气)、排水(气)等设备代替闸墩和闸门之外，其余土建部分，与一般水闸相同。

胶袋设计工作主要是：根据给定的挡水高度和挡水长度，拟定胶袋充水(气)所需的内水(气)压力，进而计算胶袋周长、充胀容积和袋壁拉力，并据以选定橡胶帆布的型号。计算方法可采用壳体理论或有限元法。随着高分子合成工业的发展，橡胶坝水闸有着广阔的发展前途。

## 思 考 题

1. 水闸按其功能考虑有哪些类型？水闸有哪些组成部分？各起什么作用？
2. 选择水闸闸址应注意哪些问题？初步设计水闸孔口尺寸一般应考虑哪些因素？
3. 为什么对水闸做渗流分析？如何做好水闸的防渗设计和排水设计？
4. 对闸室下游结构应采用哪些消能防冲措施？
5. 闸室的构造组成有哪些？各起什么作用？
6. 为什么对闸室做稳定分析和沉降校核？分别试述闸室稳定分析和沉降校核的方法。
7. 闸室结构应力计算的方法有哪些？各适用于什么范围？
8. 对水闸地基处理的内容有哪些？
9. 水闸与两岸连接的建筑物有哪些？
10. 其他闸型还有哪些？各适用于什么条件？各有什么特点？

# 第8章 水工闸门

> **学习要点**
> 水工闸门是水工建筑物发挥效益和保证安全不可缺少的重要结构。平面闸门和弧形闸门是最常用的两大类闸门,应掌握其结构受力特点和应用条件。

## 8.1 概　述

水工闸门安装于水闸、溢流坝、岸边溢洪道、泄水孔、输水孔、泄洪洞和输水隧洞等建筑物的孔口,其主要作用是挡水和泄水,以闸门的开启度调节泄水流量,控制上、下游水位,是水工建筑物要发挥效益和保证安全不可缺少的重要结构。

### 8.1.1 水工闸门的组成和类型

水工闸门的组成按其功能大致有四个部分：①门叶,是承受水压力的挡水结构,要有足够的强度和刚度,以保证安全运行；②支承部分,是支承门叶的结构,如次梁、横隔板、主梁、边梁、滑动支承、滚轮、埋设在混凝土门槽里的钢埋件、弧形闸门的支臂、支承铰和支承牛腿等；③水封,用来封堵门叶与周围结构之间的缝隙,防止漏水；④启闭设备,用来调节门叶的位置和开度,调节流速或流量,控制水位。

水工闸门按其工作性质可分为：工作闸门、事故闸门和检修闸门。工作闸门是在正常工作状态中使用的,根据工作需要调节水流流速或流量,控制水位。在泄水和发电引水的工作闸门上游应设置事故闸门,当工作闸门或水轮发电机等其他设备出现事故时,在动水中快速关闭孔口(但在接近底坎时其下降速度不宜大于8cm/s)；在事故排除后,若工作闸门可正常使用,应先关下工作闸门,在事故闸门与工作闸门之间充水平压,在静水中提升事故闸门到原来专有的位置,然后正常运行。事故闸门可当检修闸门使用,称为事故检修闸门,但因太重,若检修次数较多,须消耗较多动力,不如在静水中启闭的检修门,对挨在一起的泄水系统或发电引水系统宜在事故闸门上游设置可移动多次使用的检修闸门,如每10个泄水孔配置1~2个检修闸门；每3~6台发电机组配置1套进口检修闸门和2套尾水检修闸门,6台以上每增加4~6台各增设1套。对于小断面泄水孔(洞),若事故造成损失很小,经论证可把每2~3个挨在一起的泄水孔(洞)平时很少使用的事故门和检修门合并成一个移动使用的事故检修门。

水工闸门按门叶的材料可分为钢闸门、钢筋混凝土闸门、钢丝网水泥闸门、木闸门及铸铁闸门等。钢材性质均匀,易加工焊接、强度高,用料少,重量轻,但须做好防锈、防蚀保护。使用钢筋混凝土可节省钢材,但闸门较重,制造较难,质量不容易保证,仅用于低水头的中小型水闸,或者用作施工截流关闭孔口的一次性闸门;木闸门容易腐烂,木材消耗很多。我国现在不像新中国成立初期那样缺乏钢材,已很少采用钢筋混凝土闸门和木制闸门,目前最常用的是钢闸门,故本章是针对钢闸门而写的。

水工闸门按结构形状、结构受力特点和启闭特征可命名为叠梁闸门、平面闸门、弧形闸门、自动翻板闸门、圆筒闸门、扇形闸门、鼓形闸门、圆辊闸门、锥形阀、空注阀、针形阀、蝴蝶阀、高压滑动阀门,等等。上述闸门按其关闭时门叶所在的位置可分为露顶式闸门和潜孔式闸门。露顶式闸门的门叶顶部不设置水封(如图 8-1 所示),当关闭闸门时,其顶部应超过正常蓄水加风浪壅高和安全超高,这种闸门用于坝顶泄洪表孔、岸边溢洪道、河道或渠道水闸等水工建筑物。潜孔式闸门在关闭时,门叶顶部都在水下,须设置水封,如图 8-2 所示。潜孔式闸门按其所在的水深或工作水头又可分为浅孔闸门和深

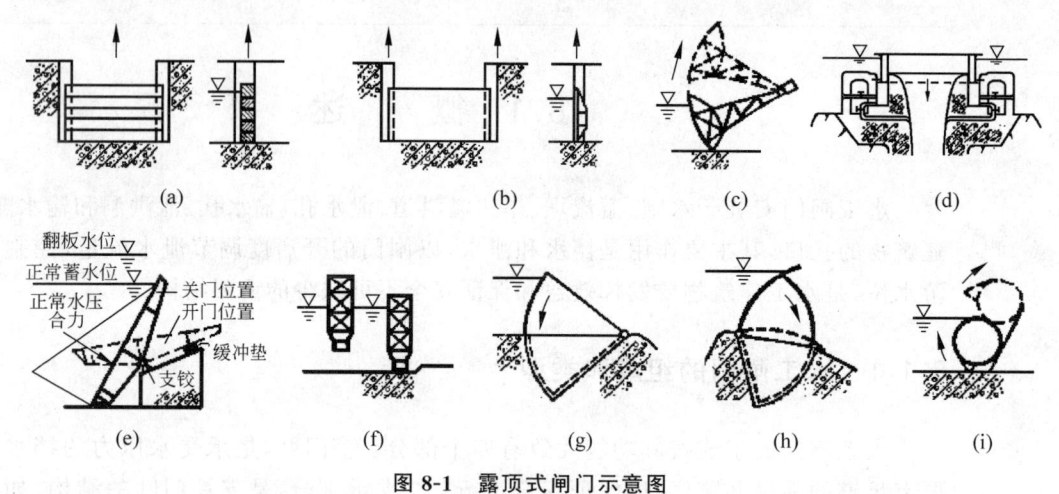

图 8-1 露顶式闸门示意图

(a) 叠梁闸门;(b) 平面闸门;(c) 弧形闸门;(d) 漂浮式圆筒闸门;
(e) 水力自控翻板闸门;(f) 浮箱闸门;(g) 扇形闸门;(h) 鼓形闸门;(i) 圆辊闸门

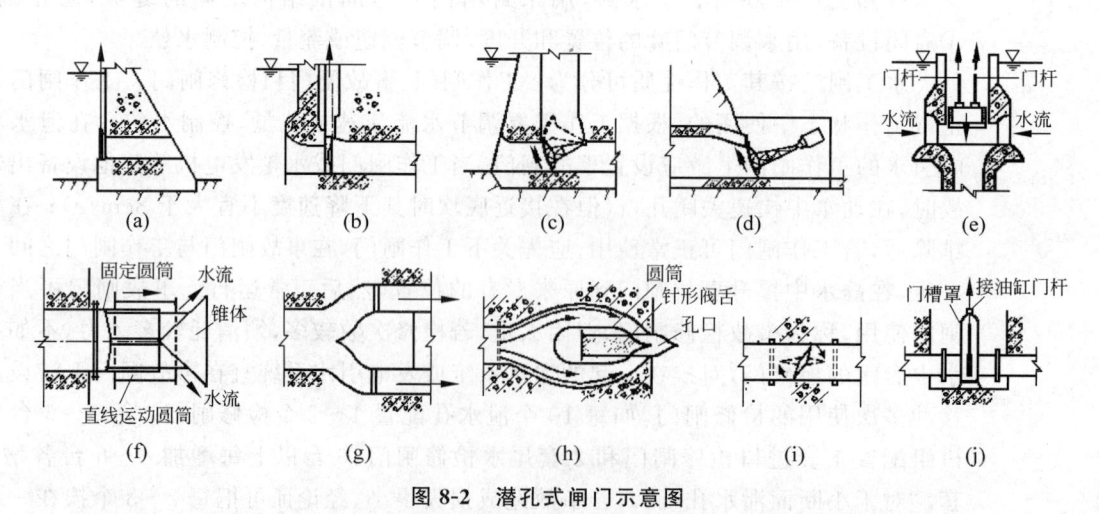

图 8-2 潜孔式闸门示意图

(a) 进口平面闸门;(b) 竖井平面闸门;(c) 进口段弧形闸门;(d) 出口弧形闸门;(e) 潜孔圆筒闸门;
(f) 锥形阀;(g) 空注阀;(h) 针形阀;(i) 蝴蝶阀;(j) 高压滑动阀门

孔闸门。浅孔闸门如：溢洪道胸墙或水闸胸墙下面的闸门，大坝中水深不大的泄（输）水孔闸门或岩体隧洞中水头不大的泄（输）水洞闸门。深孔闸门是水头很高的上述闸门，承受水压力很大，制造难度较大，而且还需要特殊加固的闸墩和很大启闭力的启闭机设备。

其中一些闸门按其主要特点简述如下：

(1) 叠梁闸门，将单个梁逐根放入门槽内叠起来挡水，可使用较小的启闭机，但全部放下关闭或全部提升开启须用较长时间，一般多用于检修闸门，在静水中启闭，或用于小型涵闸的工作门。

(2) 平面闸门，其制造、安装和使用都很简便，虽然在上下游水位差较大的情况下难以启闭，但在静水中启闭是很方便的，故目前在检修门中应用得最多，在露顶式工作闸门中有不少因水压力小也使用平面闸门，而且形式多样，本章即将着重介绍这种类型的闸门。

(3) 弧形闸门，门叶挡水面的竖向截面是圆弧形的，各点所受的水压力沿径向作用，合力指向支承铰或与支承铰中心的距离（力臂）很小，而提升弧形门的钢丝绳或拉杆的拉力对支承铰中心的力臂较之大很多，所以启闭力很小，容易在动水中启闭，广泛用于工作门。

(4) 水力自控翻板闸门，是围绕水平轴翻转的平面闸门，水平轴安装在闸墩上，其位置略高于闸上游正常蓄水深度的 1/3，在闸上游水位等于或低于正常蓄水位时，水压力与门自重合力在此水平轴的下面，闸门关闭，如图 8-1(e)所示。若上游水位上升，总合力上移在水平轴之上，闸门就向下游翻转泄水。一旦闸上游水位下降到某一水位，闸门在自重和水压力作用下，闸门向上游翻转，关闭而蓄水。这样，可节省水闸启闭设备和启闭能源以及运行管理人员。但在泥沙沉积较多时，这种闸门不易打开泄水，一般建造在泥沙少、冬季水少或无水时可以检修的河道。

(5) 浮箱闸门，一般用钢板焊接成空箱[如图 8-1(f)所示]，在水中可以浮动运到要安放的门框位置，向箱内充水，门即在静水或低流速情况下沉就位，可像叠梁门那样用作检修门，或用于临时封堵挡水，它不用启闭机，在抢修完工后还可由内向外抽水上浮移动到足够水深的其他工程反复使用。

(6) 圆筒闸门，其门叶是直立的圆筒，放在竖井孔口上，对于露顶式闸门，圆筒顶升至水面以上，整个圆筒起挡水作用，阻挡水流入竖井，如图 5-13 和图 8-1(d)所示。对于潜孔式闸门，则竖井高出水面，圆筒降到竖井侧壁的孔口处，利用圆筒门叶挡水；提升圆筒门叶，则库水从竖井侧壁的孔口流入竖井和隧洞，如图 8-2(e)所示。由于水压力是径向对称地作用于圆筒门叶的，合力基本为零，不会有大的偏心水压力和大的偏心变形，故启闭时所需的启闭力很小。露顶式闸门还可采用漂浮式圆筒闸门，向环形门室灌水和排水，利用浮力控制圆筒闸门升降挡水和泄水，其原理详见 5.2.2 节井式溢洪道及图 5-13。若竖井不高，设计、施工和运行问题较小，可利用漂浮式圆筒闸门节省启闭机和启闭动力，有些优越性。但若竖井很高，受地形地质条件限制，设计、施工和运行中有些问题难以解决，建造竖井可能比一般平洞进口方案增加难度和造价，故圆筒式闸门在高坝泄洪建筑物中应用很少。

(7) 扇形闸门和鼓形闸门，外形上近似弧形门，但它有封闭的顶板，并铰支在底板上。若支铰位于下游侧，当闸门绕其上升挡水时，从侧面看去，闸门上升至顶部所处位置与放至最底部所处位置合起来构成的总图形像扇形，故称为扇形闸门，如图 8-1(g)所示。当支铰位于上游侧、闸门绕其上升挡水时，从侧面看去，闸门上升至顶部所处位置与放至最底部所处位置合起来构成的总图形像鼓形，故称为鼓形闸门，如图 8-1(h)所示。这两种闸门使用水压或气压控制闸门升降，下降泄水时，顶板是溢流面的一部分，只有全部放空才能检修，在我国很少采用。

(8) 圆辊闸门，整个闸门形状像横卧圆管，用于表孔，可沿门槽内轨道滚动，由机械操作，滚到底即可封闭孔口。为了改善其水流条件，在底部和顶部往往加设檐板，如图 8-1(i)所示。圆辊闸门因机械设备大，用钢材较多，我国很少采用。

(9) 阀门，如图8-2所示的锥形阀、空注阀、针形阀、蝴蝶阀、高压滑动阀等，其特点是门叶安装在管道内部，将门叶、外壳、启闭机械组成一体，通过机械或液压传动控制门叶的相对位置和开度，以控制通过管道的流量。阀门常作为发电引水孔洞或供水管道中的工作闸门。

### 8.1.2 闸门的设计要求

水工闸门是水工建筑物发挥效益和保证安全不可缺少的重要结构。许多工程实践表明，水工建筑物失事原因及其造成的灾害损失与水工闸门工作的可靠性和运用的灵敏性密切相关。1975年8月河南省一些土石坝被洪水漫顶垮坝造成灾难，除了因为降雨强度太大，设计溢洪道泄洪能力过小的主要原因之外，有些溢洪道的闸门启闭机失灵打不开，人工操作的提升设备因露天年久失修也动不了，导致土坝被洪水漫顶冲垮。2009年8月17日俄罗斯的萨扬-舒申斯克水电站(САЯНО-ШЕНСКАЯ ГЭС)坝后厂房2号机组顶盖振动加剧，水封被撕裂，当地时间8时13分喷出水柱、发出巨响，中控台发出声光信号，切断厂用电源，导致原设计的进口事故闸门未及时下，高压水向上喷射22分钟后，直到8时35分才开始用人工方法关闭事故闸门，结果酿成10台机组全部被淹，75人死亡，13人失踪，8台机组线圈短路，电气设备包括主变压器都受到不同程度的损坏。

这些都说明闸门工作可靠性和运行操作方便灵敏性是非常重要的，在闸门设计中必须首先考虑这两个原则，然后考虑闸门制造的经济性和安装的方便性。据此，对水工闸门的设计要求具体如下。

(1) 应满足水工建筑物运行的各项要求，根据建筑物的重要性及其失事造成灾害损失的严重程度决定是否需要每孔专用或可移动使用事故闸门，并决定其启闭机是否须配置第2套电源，是否还需要手工操作设备，保证在第2套电源或备用电源未能应急供电时，能及时用人工操作启闭，在各种开度下工作。我国钢闸门设计规范[38,39]强制规定，具有防洪功能的泄水工作闸门的启闭机必须设置应急电源，必要时设置失电应急液控启闭装置，水电站进水口的事故闸门或快速闸门的启闭机应能现地操作和远方闭门，并应配有可靠电源和准确的开度指示控制器。

(2) 保证在各种水位和闸门的各种开度下泄所要求的流速和流量，闸门出流平顺，避免振动、空蚀和冲刷。对于须短时间内全部开启或均匀泄水的多孔工作闸门，须采用闸门启闭机固定布置。

(3) 选择合适的闸门，使其所需要的启闭力要小，闸门安装和操作运行简便、灵活。

(4) 保证在各种开度和水位条件下，闸门和支承结构应有足够的强度和足够的刚度。

(5) 计算所需要的最大启闭力，选择合适的启闭机型号，选择时除了考虑启闭力外，还应考虑它所能提升的高度，它的外形尺寸、工作桥尺寸和吊点位置等是否适合周围建筑物，不发生干扰。

(6) 闸门和启闭机各部件的设计应适应工厂制造能力、交通运输条件、安装水平，满足运用、检修及养护等方面的要求。

(7) 在闸门与孔口接触的周边处，应有固定的与活动的止水设备，封水严密，符合要求。

(8) 若在潜孔式闸门的门后不能充分通气，必须在紧靠闸门下游的孔口顶部设置通气孔，其上端应与启闭机室分开，并应有防护设施[38,39]。

## 8.2 平面闸门

平面闸门有结构简单，制造、安装、运行方便，可移动换位使用等优点，广泛应用于各种泄水建筑物和输水建筑物中。由于钢材性质均匀、易加工焊接、强度高，尤其是工字钢、槽钢等各种现成的型钢材料可承受很大的弯矩，平面闸门基本上采用钢材。

### 8.2.1 平面闸门的组成、布置与提升方式

平面闸门活动部分由承重结构、支承移动装置、水封装置、吊耳等组成。其中承重结构包括：面板、梁系、竖向联结系或隔板、门背（纵向）联结系和支承边梁等。平面闸门梁系结构组成如图 8-3 所示。

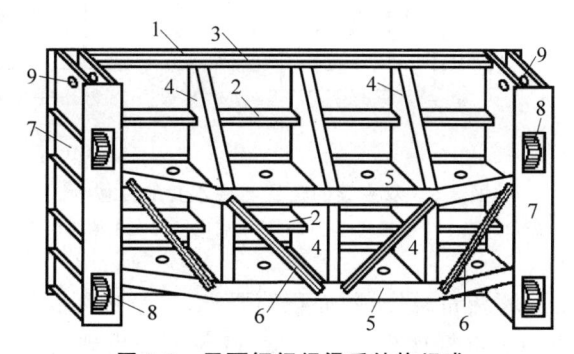

图 8-3 平面钢闸门梁系结构组成
1—面板；2—水平次梁；3—顶梁；4—竖向次梁（或称横隔板）；5—主梁；6—联结系；7—边梁；8—滚轮；9—吊耳孔

梁系布置形式通常采用普通式，如图 8-4（a）所示，水平向主梁数目一般为两个，多用于表孔或浅孔。面板承受的水压荷载先由水平次梁传到垂直次梁，再传到水平主梁。为提高闸门的整体刚度，还设置横向连接系和竖向连接系。一般次梁用型钢，主梁用板梁或桁架结构。

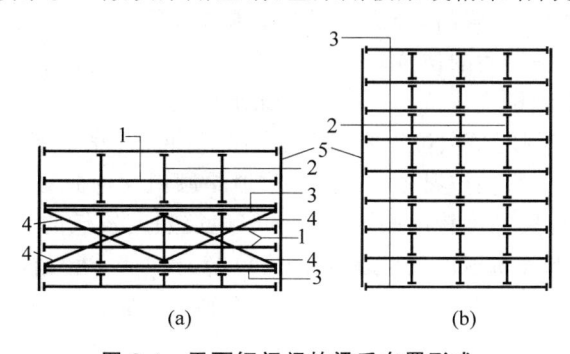

图 8-4 平面钢闸门的梁系布置形式
（a）普通式；（b）多主梁式
1—水平次梁；2—竖向次梁；3—主梁；4—联结系；5—边梁

对于跨度较小而门高较大的平面闸门则采用多主梁方式布置,如图 8-4(b)所示,多用于深孔。面板承受的水压荷载通过垂直次梁直接传至水平主梁,再传至边梁。

主梁位置一般按等荷载原则布置,全部主梁的截面相同,便于计算和制造。为使露顶式闸门悬臂部分有足够的刚度,上主梁到门顶的悬臂长度宜小于门高的 0.45 倍,且不宜大于 3.6m[38,39];为使门下水流不冲击主梁,门底不发生真空和振动,工作闸门和事故闸门的底主梁到底水封的距离,应满足图 8-5 所示的要求,即底主梁的上游翼缘与底水封连线的倾角为 45°~60°,宜采用 60°,底主梁的下游翼缘与底水封连线的倾角大于等于 30°,如若满足不了,则应采用补气措施[38,39]。

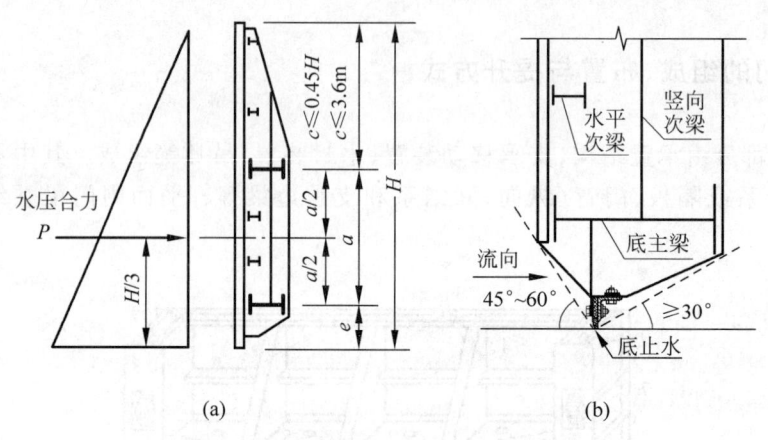

**图 8-5 双主梁的位置与底水封的位置**
(a) 露顶式双主梁检修闸门;(b) 动水启闭闸门底主梁与底水封

闸门的尺寸应根据水深、过水流量、过水断面积等要求,尽量选用我国钢闸门设计规范[38,39]推荐的标准尺寸,因为这样可减少很多重复计算的工作量,避免不必出现的计算误差,提高设计和制造的速度和精度。设计时须做多种方案比较和优选,才能使设计合理,达到安全耐久、节约材料、制造和安装简单、使用方便等要求。

平面闸门通常每孔一扇,但如果须排泄漂浮物或冰凌,可设置两扇或多扇,每扇闸门高度以满足排泄漂浮物或冰凌的要求为宜,一般取 4m 以下,每两扇门之间用螺栓或销轴连接水平主梁,使成为整体,在门叶接头处设置上下挤压的水封,如同单扇门一样升降工作。当仅仅排泄漂浮物或冰凌时,可只提升上面一扇闸门,仍关闭下面闸门,既可顺利地排泄漂浮物或冰凌,又可减少下泄水量。

平面闸门按提升方式及提升后的位置划分为直升式和升卧式,分别如图 8-6(a)和(b)所示。直升式平面闸门须建造很高的启闭机工作桥。升卧式平面闸门提升后,可以平放在闸墩上,可降低工作桥排架的高度,对抗震有利;但闸门吊点位于闸门上游面的门底部(靠近下主梁的位置),启闭机的动滑轮组和钢丝绳长期浸泡在水中容易被腐蚀;其上部轨道是倾斜和弯曲的,闸墩门槽和埋件轨道的安装施工有些难度,一般只用于地震烈度较高的地区。对于地震烈度较低的大多数地区,建造直升式平面闸门仍然占多数,因为闸门槽和轨道的安装施工较简单容易一些,运行操作也简单方便一些,对于露顶式平面闸门,启闭机的动滑轮组和钢丝绳不在水下,不容易被腐蚀。

### 8.2.2 结构设计与计算原理

过去平面钢闸门的结构计算,一般采用平面体系假定和允许应力方法。实际上,平面钢闸门是空

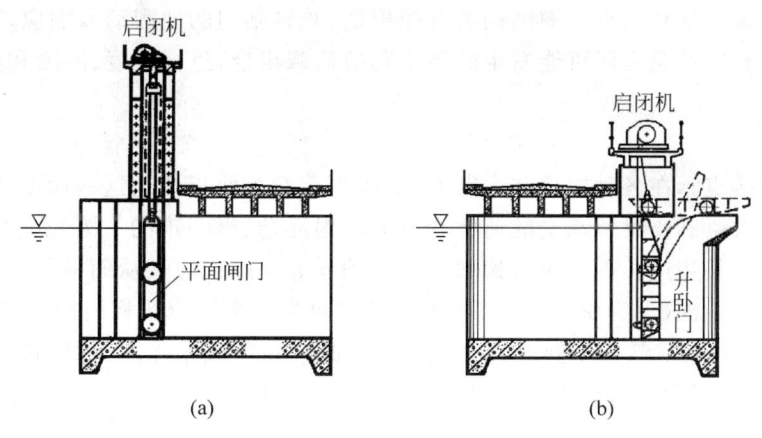

**图 8-6　平面闸门的提升方式**
(a) 直升式；(b) 升卧式

间结构，后来已开始采用有限元法对闸门进行空间体系变形和应力分析。

闸门经常受到的基本荷载组合有闸门自重、正常水位的静水压力、水流脉冲压力、泥沙压力、浪压力、风压力、温度荷载，启闭力等；很少出现的第一种特殊荷载组合是校核洪水位时对应的静水压力、水流脉动压力、泥沙压力、浪压力、风压力、温度应力、启闭力等；很少出现的第二种特殊荷载组合是基本荷载组合叠加地震荷载。有关静水压力、泥沙压力、浪压力、风压力等荷载的计算已在前面有关章节中介绍过，这里不再重述。

关于水流脉冲压力，按照我国钢闸门设计规范[38,39]，在高水头作用下经常动水操作或经常局部开启的工作闸门，应考虑闸门各部件承受不同程度的动力荷载，其值为各部件承受的静荷载乘以不同的动力系数，其范围是 1.0~1.2；对于大型工程中水流条件复杂的重要工作闸门应做专门研究。

闸门在制造、安装至运行期间因气温和水温变化引起的变形受到内外约束而产生温度应力，起码每年都遇到最低温度或最高温度的时候，闸门因某些部位出现最大拉或压应力，所以温度荷载是经常发生的基本荷载之一。有的文献把它列为特殊荷载，意味着类似校核洪水、地震荷载很少发生，因而其作用力系数或安全系数取得偏小，这是对温度荷载的误解所致。温度荷载的计算很复杂，虽然闸门在运行期的最低温度或最高温度可以计算或近似估计，用有限元法做近似的应力分析，但在设计阶段对闸门在制造、安装时的温度是很难预估的，而且焊接对闸门温度和应力的影响比运行期出现的温度应力大许多倍，更是很难预估的。为减小闸门的温度应力，除了尽量选在合适的季节制造和安装之外，最重要的是应尽量减小焊接引起的变形和应力，应根据闸门的性质、操作条件、连接方式、工作温度等不同情况选择其钢号和材质，选用合适的焊接工艺，具体详见我国《水电工程钢闸门制造安装及验收规范》(NB/T 35045—2014)[46]。工程实践表明，只要符合规范要求，闸门的焊接安装未出现裂缝，闸门在运行期出现的温度应力远小于焊接安装产生的温度应力，可免去这一复杂的应力分析。

至于地震荷载，目前仍然很难预测未来的地震发生在哪里，震中、震级、震源深度、场地烈度、地震发生的时刻和持续时间、地震加速度传播的规律等，很多因素都未知，很难准确计算地震对闸门产生的应力，一般采用拟静力法近似计算，地震动水压力的计算详见式(2-17)、式(2-18)。

对于重要的大型闸门或深水闸门，宜再将它与周围结构一起进行动力有限元分析，以便对比找到最大应力部位，核算弧形门支臂的刚度对稳定的影响，研究采取加固措施，或者改变闸门刚度，使其自振周期远离场地卓越周期和远离周围结构的自振周期，减轻闸门的地震动力响应。

闸门的结构计算应按照实际可能发生的最不利的荷载组合，进行强度、刚度和稳定验算。

### 1. 面板的计算

由于面板被焊接支承在各种次梁和主梁上，水压力荷载由面板传至这些次梁和主梁上，准确地计算面板及其周围的次梁和主梁所承受的荷载和应力是很复杂、很困难的。为充分利用面板的强度，梁格布置时应使面板的长边边长 $b$ 与短边边长 $a$ 的比值 $b/a>1.5$（边长从面板与梁的焊缝算起），并使长边平行于水平梁的轴向（设为 $x$ 向，垂直于水平梁方向为 $y$ 向），以梁格内的面板中心点的水压强度 $q$ 作为该梁格面板的均布荷载强度做近似的计算。在此均布荷载 $q$ 作用下，四边固定（或三边固定一边简支，或两邻边固定另两邻边简支）的面板厚度 $\delta$ 按式(8-1)计算（单位与边长的单位相同）：

$$\delta = a\sqrt{\frac{K_y q}{\lambda[\sigma]}} \tag{8-1}$$

式中：$\lambda$——弹塑性调整系数，$b/a>3$ 时 $\lambda=1.4$，$b/a\leqslant 3$ 时 $\lambda=1.5$；

$[\sigma]$——面板钢材的抗弯允许应力，厚度≤16mm 的碳素结构钢 Q235、低合金结构钢 Q355、Q390 的抗弯允许拉压应力分别为 160MPa、230MPa 和 245MPa；若 16mm＜厚度≤40mm，上述三者分别为 150MPa、225MPa 和 240MPa；其余详见规范[38,39]；

$K_y$——弹性薄板在支承长边中点的弯应力系数，见表 8-1，表中 $K_x$ 为短边中点弯应力系数[38,39]。

表 8-1 矩形弹性薄板在支承边中点的弯应力系数 $K_y$、$K_x$（$x$ 为长边方向）

| $b/a$ | | 1.0 | 1.1 | 1.2 | 1.25 | 1.3 | 1.4 | 1.5 | 1.6 | 1.7 | 1.75 | 1.8 | 1.9 | 2.0 | 2.5 | 3.0 | ∞ |
|---|---|---|---|---|---|---|---|---|---|---|---|---|---|---|---|---|---|
| 四边固定 | $K_y$ | 0.308 | 0.349 | 0.383 | | 0.412 | 0.436 | 0.454 | 0.468 | 0.479 | | 0.487 | 0.493 | 0.497 | 0.500 | 0.500 | 0.500 |
| | $K_x$ | 0.308 | 0.323 | 0.332 | | 0.338 | 0.341 | 0.342 | 0.343 | 0.343 | | 0.343 | 0.343 | 0.343 | 0.343 | 0.343 | 0.343 |
| 三边固定长边简支 | $K_y$ | 0.328 | | | 0.472 | | | 0.565 | | | 0.632 | | | 0.683 | 0.732 | 0.740 | 0.750 |
| | $K_x$ | 0.360 | | | 0.425 | | | 0.455 | | | 0.465 | | | 0.470 | 0.470 | 0.471 | 0.472 |
| 三边固定短边简支 | $K_y$ | 0.360 | | | 0.448 | | | 0.473 | | | 0.489 | | | 0.500 | 0.500 | 0.500 | 0.500 |
| | $K_x$ | 0.328 | | | 0.341 | | | 0.341 | | | 0.341 | | | 0.342 | 0.342 | 0.342 | 0.342 |
| 两邻边固定两邻边简支 | $K_y$ | 0.407 | 0.459 | 0.506 | | 0.549 | 0.585 | 0.616 | 0.640 | 0.662 | | 0.680 | 0.695 | 0.708 | | | |
| | $K_x$ | 0.407 | 0.425 | 0.441 | | 0.452 | 0.459 | 0.463 | 0.467 | 0.468 | | 0.470 | 0.471 | 0.472 | | | |

按式(8-1)算得各梁格面板的厚度常常不相等，不可能按此下料制造面板。为制造简单方便，整个闸门面板宜用统一厚度的连续钢板，应取各梁格面板厚度计算结果中最大的厚度。如果各梁格计算面板厚度相差较大，宜再调整梁格的布置，直到各梁格的面板厚度差别不大，从中用最大厚度再整取至钢板规格厚度，一般不宜小于 6mm；计算所得面板厚度 $\delta$ 还应根据防锈、防腐条件和工作环境（如淡水、海水、泥沙、单面或双面过水、是否经常使用）等因素，增加 1~2mm 腐蚀裕度[38,39]。

### 2. 梁系计算

平面钢闸门的水平次梁、竖向次梁和水平主梁受到面板传来的水压荷载是很复杂的，很难准确计算。可按图 8-7(a)所示的近似方法，把各梁格面板的水压荷载按 45°方向分割成梯形荷载和三角形分布荷载给邻近梁；水平次梁承受相邻梁格面板传来的梯形分布水压荷载，还受到竖向次梁的弹性支承,如图 8-7(c)所示;竖向次梁承受相邻梁格面板传来的三角形分布水压荷载和水平次梁传来的集中力荷载,还受到水平主梁的弹性支承,如图 8-7(b)所示;水平主梁承受相邻梁格面板传来的梯形分布水压荷载和竖向次梁传来的集中力荷载,还受到两侧边梁的弹性支承,如图 8-7(d)所示。

**3. 面板作为梁的翼缘参与梁向变形与受力**

面板一般与梁焊接,靠近梁的部分面板作为梁的翼缘参与梁向变形与受力,翼缘的有效工作宽度与梁格长宽比、焊接程度、附近周围梁板的支承性质等因素有关,面板与梁交界处的真实应力很难准确计算。我国钢闸门设计规范[38,39]建议采用近似方法验算面板梁格边缘中点的折

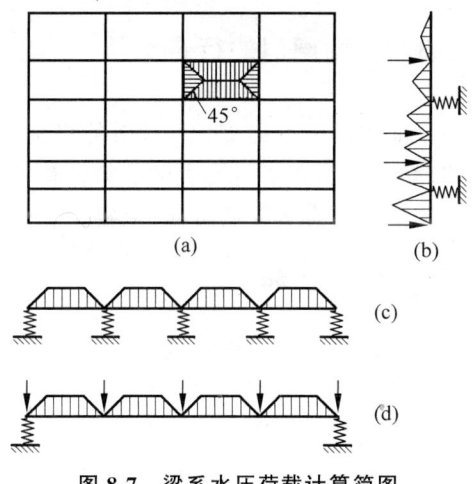

图 8-7 梁系水压荷载计算简图

算应力 $\sigma_{zh} \leqslant 1.1\lambda[\sigma]$,$\lambda$ 和 $[\sigma]$ 的含义同式(8-1)的说明,不同支承条件对应的 $\sigma_{zh}$ 及其有关量的计算详见这两个规范的附录 H。

在 20 世纪 90 年代,我国黄河委员会勘测规划设计研究院和清华大学联合研究和开发平面钢闸门 CAD 系统,研制成可移植性好、易于完善提高的交互式平面钢闸门 CAD 软件,结构分析采用有限元法,绘图采用 AutoCAD 作图支撑软件,完成常用平面钢闸门的技施设计(即包含施工图纸更精准的技术设计),把计算机的高速计算、大容量存储和设计人员的工作经验、创造能力相结合,人机交互及时修改和完善设计,不断扩充新功能,可节省大量的人工计算工作和绘图工作,而且程序一旦经过验证,可以避免人工计算和绘图的误差。该软件后来经过多家工程的实际应用和检验,在 1999 年河南省科学技术委员会组织的科技成果鉴定会和水利部水利水电规划设计总院组织的成果验收会上,与会专家一致认为,该系统的研究与开发达到了当时该领域的国际领先水平,已在昆明院、四川院等全国十几家水电设计院使用;后来又在此基础上开发增加了结构优化设计功能。随着计算机容量和计算速度的发展以及各种软件的开发,有限元法可以很方便地划分很多单元,计算精度和速度远高于以往半经验、半理论、人工手算的近似方法,有条件的设计单位宜尽量采用,并不断完善。

闸门的结构计算应按照实际可能发生的最不利的荷载组合,进行强度、刚度和稳定验算。

闸门构件的长细比不应超过表 8-2 所列的允许值[38,39]。

表 8-2 闸门构件的允许长细比

|  | 主 要 构 件 | 次 要 构 件 | 联 系 构 件 |
| --- | --- | --- | --- |
| 受压构件 | 120 | 150 | 200 |
| 受拉构件 | 200 | 250 | 350 |

对于受弯构件,其最大挠度与计算跨径之比应在以下范围内[38,39]:对于潜孔式工作闸门和事故闸门的主梁应为 1/750;对于露顶式工作闸门和事故闸门的主梁应为 1/600;对于检修闸门和拦污栅的主梁应为 1/500;对于一般次梁应为 1/250。

受弯、受压和偏心受压构件,应按我国钢闸门设计规范[38,39]的附录 G 及 GB50017 验算整体稳定和局部稳定性。

### 8.2.3 平面闸门的行走支承

平面闸门的行走支承部件既能将闸门所承受的全部荷载传递给闸墩，又要保证闸门沿门轨平顺地移动。为此，在闸门的边梁上除设有主要行走支承外，还需有导向装置，如反轮、侧轮等辅助件，以防闸门升降时发生前后碰撞、歪斜、滑出或卡阻等故障。为减小施工误差，应采用二期钢筋混凝土。

**1. 滑道式支承**

在早期滑动支承使用铸铁或木材，但它们与门槽钢板之间的摩擦系数较高，只用于检修门或小型工作闸门。20世纪70年代开始使用酚醛树脂胶木（压合胶木），顺木纹端面方向抗压强度达20MPa，与不锈钢接触的摩擦系数约为0.05～0.18，构造简单，重量轻，容易加工和安装，滑道式支承再度得到推广。制造时应布置成顺木纹端面受压，如图8-8所示。支承方钢的顶部呈圆弧形，表层为不锈钢，磨光至6∇光洁度，厚度不少于2～3mm。但压合胶木在浑水中或干湿交替的环境中，摩擦系数会变大。后来渐渐采用新型滑道材料，如：水磨石，玄武岩铸石，增强聚四氟乙烯（抗压强度120～180MPa，对不锈钢摩擦系数0.05～0.15），各种高强度工程塑料，含油润滑树脂及低摩擦系数、耐腐蚀的陶瓷材料等。只改用新的滑道材料，其他结构仍可采用。

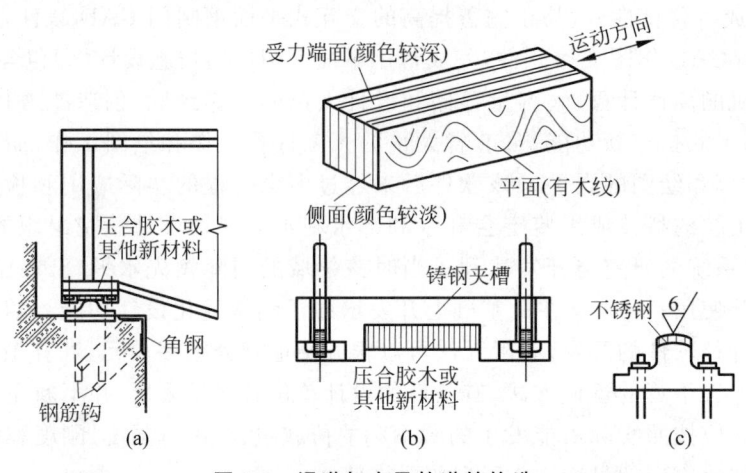

图8-8 滑道与支承轨道的构造

**2. 轮式支承**

轮式支承是利用滚轮支承平面闸门传来的水压力，再传至轨道上，滚轮在轨道上滚动行走，滚动摩擦力小而且稳定，启闭省力，运行安全可靠，所以广泛应用于大中型平面闸门。缺点是：滚轮常在水下，须做防腐防锈处理，构造复杂，重量较大。轮式支承有定轮、台车和链轮三种形式。

1) 定轮式支承

定轮式支承一般在闸门两侧各布置两个定轮。按其与支承边梁连接的方式，还可分为以下三种。

(1) 悬臂式。用悬臂轴将滚轮装在双腹式边梁的外侧[图8-9(a)]，滚轮轴布置在二主梁与边梁的结点之外。要求做到在承受最大水压力时，各轮受力相等，一般每个轮压力可达500～1000kN。

(2) 简支式。滚轮以简支轴方式装在双腹板式边梁的腹板之间，其位置与主梁错开[如图8-9(b)

所示],简支式支承适用于孔口或水头较大的闸门,每个轮压可达1 000~1 500kN。

（3）轮座式。滚轮装置在单腹式支承边梁的下缘处,轮座可对准主梁[如图8-9(c)所示],直接传力给滚轮,边梁受力小,构造简单；但闸门槽比前两种方式加宽。

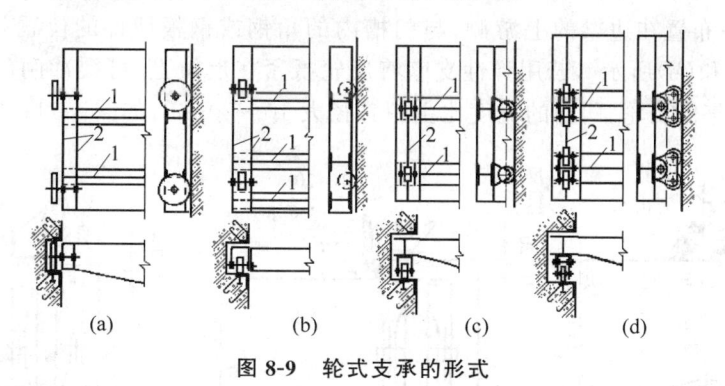

图 8-9　轮式支承的形式

1—主梁；2—支承边梁

悬臂轮比简支轮装配调整容易,主轮可兼作反轮,所需门槽尺寸较小；缺点是轮轴弯矩大、边梁受扭而腹板受力不均,轮压不能过大。双向受力较小的闸门和升卧式闸门宜用悬臂轮。

2）台车式支承

对于深孔、轮压过大(如超过1 500kN)的情况,若滚轮的直径受到限制,宜增加轮子数目,改用台车式支承[如图8-9(d)所示],将水压荷载传到多个轮子分担(作用在滚轮上的最大设计荷载,应按计算最大轮压考虑一定的不均匀系数,对于简支轮和设有偏心轴的多滚轮,不均匀系数可采用1.1),台车式支承构造复杂,重量大,只用于孔口尺寸较大的深孔平面闸门。

3）链轮式支承

链轮式支承是由一串滚柱形成的环形链(履带),因滚柱多而均匀密布,单柱承压小,履带与门槽轨道的接触面积比轮子与轨道直接接触的面积大很多,可以承受很大的水压力荷载；但对链轮闸门的刚度及轨道的平直度要求高,对滚柱加工精度要求很高,制造、安装难度大,造价昂贵,目前只适用于特别深孔平面闸门布置多主轮非常困难的情况。我国东江水电站的链轮式平面闸门尺寸为7.5m×9m,最大水头为100m。法国谢尔蓬松坝链轮闸门为6.2m×11.0m,水头达126m。我国小湾拱坝两侧底孔各设一扇尺寸为5m×12m(宽×高)的事故检修门,设计承压水头160m,闸门支承采用整挂式链轮,链轮直径$\phi$300mm,整个链轮平面闸门的结构模型如图8-10所示。

**3. 侧向和反向导承**

为了避免闸门启闭时歪斜而碰撞门槽或被卡住,需要设置侧向和反向导承,主要有滑轮、滑块。

侧轮或侧向滑块的具体位置有三种：①安装于轮座式定轮支承的平面闸门竖直边梁的最外侧,与门槽内边埋件扁钢的距离为10~15mm,如图8-11(a)所示；②安装于简支式定轮支承的闸门上游面板两侧靠近孔口竖直边墙的角钢埋件,间隙为10~20mm,如图8-11(b)所示,止水可安装

图 8-10　小湾拱坝底孔链轮平面闸门模型

在深入至门槽内的面板上游面;③侧轮安装在悬臂式定轮支承的闸门竖向边梁的下游一侧,与门槽下游侧的竖向边墙角钢埋件的间隙为10~20mm[如图8-11(c)所示],可避免侧轮长时间浸泡在水下。

反轮(或反滑块)布置在边梁的上游侧,与门槽内的角钢或钢板埋件的位置相应,其间隙为10~20mm[如图8-11(a)和(b)所示],若用弹性支座将反轮抵紧在反轨上,可缓冲闸门振动。若悬臂式定轮直径较大,可用它兼作反轮,门槽的宽度比主轮直径大10~20mm,如图8-11(c)所示。

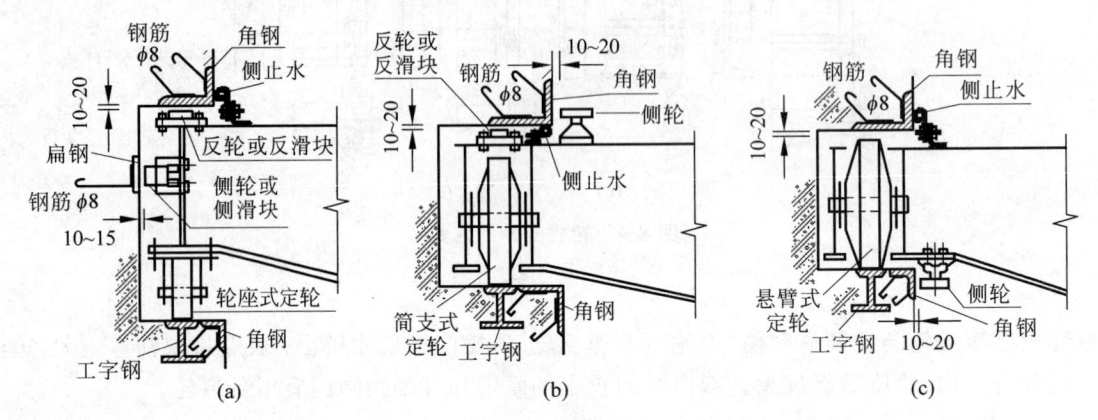

**图 8-11 侧轮、反轮和侧止水布置简图(尺寸单位:mm)**

为了减小侧轮、反轮、滑块在闸门歪斜时的受力,应尽量加大它们上下的距离。

**4. 门槽埋件**

平面闸门门槽埋件包括:①主轨,即主轮或主滑块的轨道,常用型钢或板梁制成;②侧轨和反轨,分别为侧轮(或侧滑块)和反轮(或反滑块)的轨道,常用型钢、扁钢或钢板制成;③止水埋件,其中顶止水的埋件称为门楣,底止水的埋件又称为底坎,止水埋件常用角钢、扁钢和或钢板制成,因其表面平整光滑,有利于密封止水,减小摩擦力,防止橡胶水封和混凝土被磨损;④门槽护角、护面,常用角钢或钢板,保护混凝土不受滑块或滚轮、侧轮磨损,不受漂浮物的撞击和空蚀剥落。

由于闸门埋件位置要求精度很高,而混凝土浇筑模板容易挪动和变形,偏离值往往超过20mm,所以要求闸墩分两期浇筑。在第1期混凝土浇筑时应预留足够的出露钢筋和锚栓,以便在第1期混凝土浇筑之后、在第2期混凝土浇筑之前,充分利用这些插筋精确安装就位,从三个方向固定上述埋件和第2期混凝土模板,并细心浇筑和养护二期混凝土,保证二期混凝土的变形在允许范围之内。

### 8.2.4 平面闸门的止水

为防止闸门周边漏水和喷水以及由此引起的闸门振动和空蚀破坏,须在闸门周边设置止水。在选择止水材料、形式与布置时,要做到关闸门后止水严密,闸门开启时摩阻力小,止水材料应有良好的弹性,必要的强度、硬度、延伸性、耐磨性、安装方便、更换容易。常用的止水材料(又称为水封)是橡胶、合成橡胶、橡塑复合材料等。

橡胶水封的定型产品形式如图 8-12 所示。图 8-12(a)的圆头 P 形水封用于侧止水和顶止水,常安装在门叶上,在关门时应压紧在门槽或门楣二期钢筋混凝土埋置的不锈钢板或角钢;图 8-12(b)和(c)所示的方头 P 形和钝角形水封常用于弧形门侧止水;图 8-12(d)所示的条形水封用压板固定在门叶的底缘或分段门叶的水平接缝处,利用门重将其压紧。若水封内部夹有高强尼龙帆布条带[如图 8-12(a)、(b)、(c)水封内的双虚线或双细线所示],可承受较大的剪拉应力。

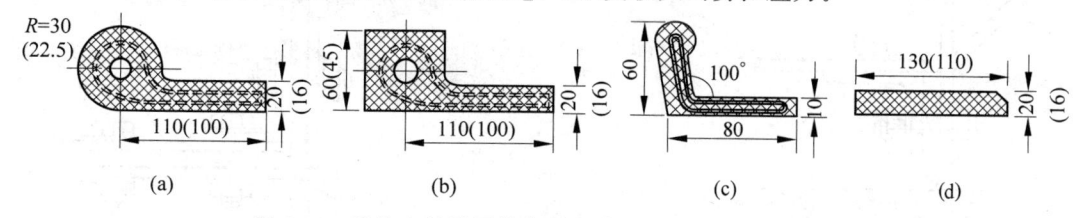

图 8-12 橡胶水封常用的定型尺寸(图中尺寸单位:mm)

露顶式平面闸门,一般将侧水封安装在门叶挡水面板的上游侧,如图 8-13(a)所示。检修闸门在静水中启闭,底水封可直接设置在上游挡水面板下端,在两侧向上游转弯 90°与侧水封搭接压紧,如图 8-13(b)和(c)所示。

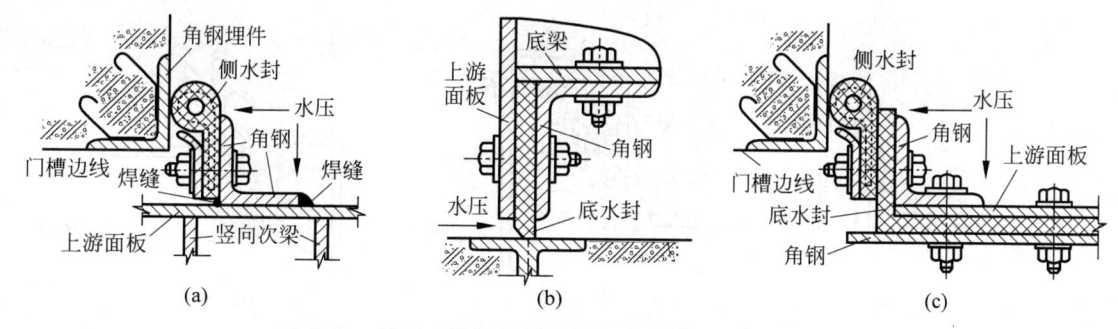

图 8-13 露顶式检修门侧水封和底水封及其搭接示意图
(a) 侧止水水平截面图;(b) 底止水竖向截面图;(c) 底水封与侧水封搭接部位水平截面图

工作门、事故门或事故检修门在动水中操作,门底水封在挡水面板的下游一段距离,其位置如图 8-5(b)或图 8-14(a)所示,在靠近两侧边墙处的底水封需要弯 90°转向上游延伸,用角钢、钢夹板、垫片、螺栓等固定。固定在面板上的侧水封位置仍同图 8-13(a)所示,须向下延伸至闸室底板埋件,另外用钢夹板和螺栓把它与拐弯延长过来的底水封搭接压紧,如图 8-14(b)所示。

为防止侧水封与孔壁脱开,被高压高流速水流翻卷或撕裂,应尽量安装精确,每侧水封与孔壁应有 2～4mm 的预压量[38,39]。

对于潜孔式平面闸门应设顶止水。因闸门上下行走,顶水封不能压在孔内的顶面,而应按图 8-15(a)所示的位置设置;因门叶受水压变形后,顶水封难以压紧门楣上的埋件角钢,大跨径、大高度或高水头闸门应采用柔韧的橡胶垫条,在水压力作用下可转动角度 $\theta$ 使水封压紧埋件角钢[如图 8-15(b)所示]。为避免顶水封在闸门启闭过程中因受高速水流冲击而翻卷,将水封压板靠近水封头的一端做成翘头形状。

潜孔式平面闸门的侧水封不宜压在孔内壁,而应布置在伸入门槽内的门叶上游面,图 8-15(a)也可看成是侧止水的水平断面图。如果顶止水须设置在下游挡水面板的下游面,水压力将水封压紧在进

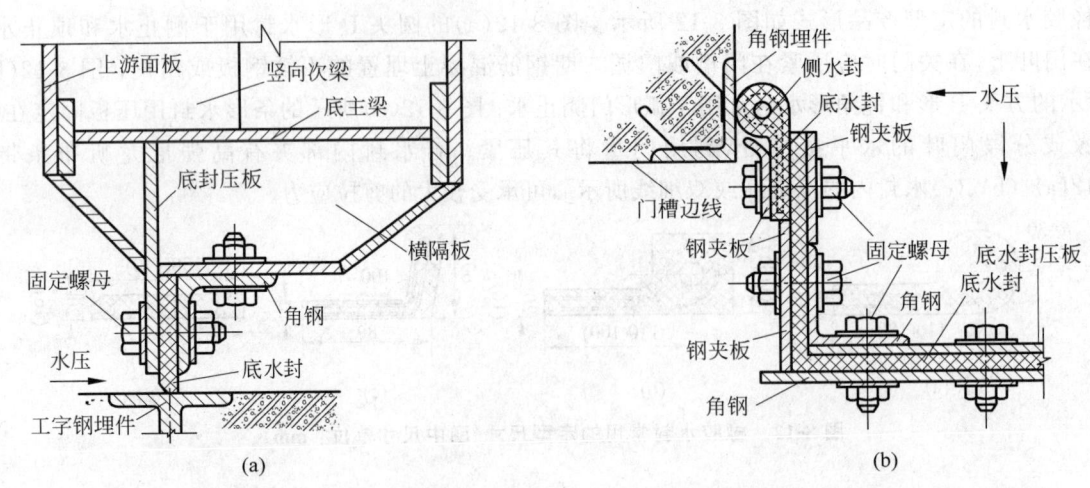

**图 8-14　露顶式动水启闭闸门底水封及其与侧水封搭接示意图**
(a) 底止水位置竖向截面图；(b) 底水封与侧水封搭接部位水平截面图

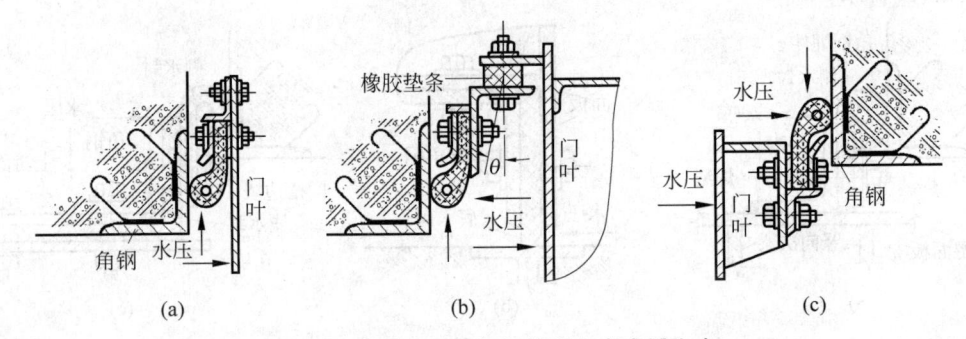

**图 8-15　潜孔式平面闸门的顶止水或侧止水**

口上缘埋件角钢，如图 8-15(c) 所示。侧水封设置在下游挡水面板两侧的下游面，被水压紧在进口两侧门槽埋件角钢。顶水封两侧在拐角处采用 90°转角的定型橡胶水封与侧水封连接，如图 8-16 所示。工作门在动水中启闭，其底水封与侧水封不在一个平面上，采用类似于图 8-14(b) 所示的方法，将底水封靠近边墙的两端向下游弯转 90°，延伸至侧水封处再向门槽内弯转 90°与侧水封搭接压紧。因门顶受到向下的水压力大于门底受到向上的水压力，在开启时需增加启门力。

若低水头小断面输水隧洞的工作门距离检修闸门很近（但不小于 1.5m），平压开启检修门所需充水量较少，或者这两门之间不便于布置旁通管使检修门平压启闭，可改用如图 8-17 所示的带有充水阀的潜孔式检修门，挡水面板和止水须安装在检修门的下游面。在检修工作完成后，关下工作门，先适量提升检修门阀管的压块橡胶，通过阀管向下游充水，待上下游平压后再向上提升检修门。

岸边斜坡式轨道的平面闸门，止水也布置在闸门的下游面。

各种止水与门叶的连接，常采用螺栓压紧钢条压板的办法连接和固定，螺栓直径为 14~20mm，间距 150~250mm，钢压板厚度 6~12mm，尽量采用较大的厚度，使螺母拧紧的压力尽量均匀分散，以免局部拧压应力集中，损坏橡胶水封。

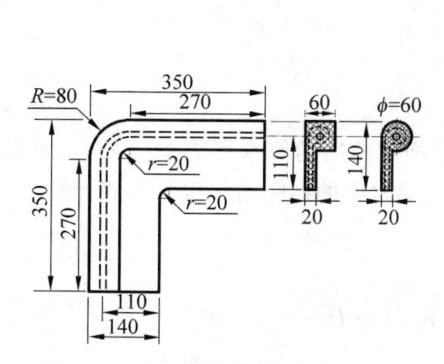

图 8-16 转角橡胶水封(单位：mm)

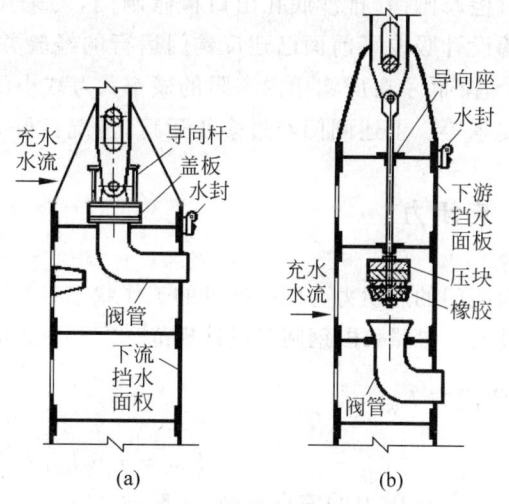

图 8-17 闸门充水阀和水封示意图
(a) 盖板式；(b) 柱塞式

## 8.2.5 设置在闸墩外端的反钩门

葛洲坝、万安、隔河岩和三峡等水利枢纽工程相继推广和应用了在我国丹江口工程首次使用的反钩门。这种平面闸门位于进水喇叭口前面的上游坝面[如图 8-18 所示]，或在尾水管出口闸墩的下游面，不在闸墩内设置门槽。研制这种平面闸门的起因是为了避免高速水流在门槽中发生空蚀破坏。苏联布赫塔尔明水电站泄流底孔，1959 年投入运用，因门槽设置不当，运行不足 1 年门槽产生严重的空蚀破坏且难以修复。为避免此类事件发生，我国首次对丹江口水利枢纽泄洪深孔(孔口宽 6.8m、高 8m，设计水头 60m，最大流速超过 30m/s)的事故检修闸门采用反钩门设计和原型试验，反钩起前后左右侧轮定位的作用，反钩门槽很小，它设置在喇叭形进口的上游坝面，那里的流速远小于孔内门槽处的流速，避免了孔内门槽引起的水头损失，运行至今均未发生空蚀破坏。

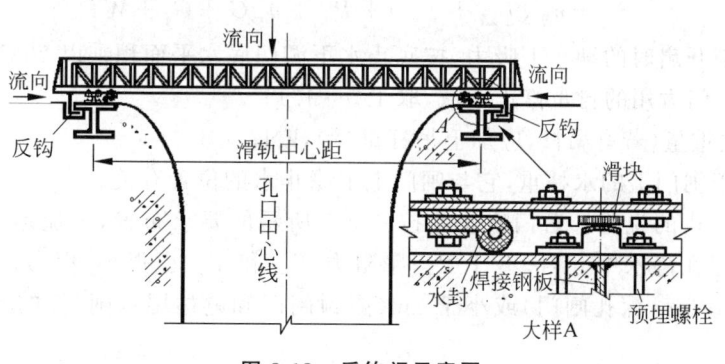

图 8-18 反钩门示意图

万安水利枢纽泄洪底孔事故检修闸门、葛洲坝船闸下游出口检修闸门、隔河岩水电站泄洪深孔事故检修闸门和三峡大坝泄洪深孔进口检修闸门、导流底孔进口封堵检修门、导流底孔出口检修闸门、电站进口检修闸门、排沙底孔出口检修闸门,均采用了反钩平面闸门、反钩叠梁闸门型式。这些后建反钩门的设计吸取了前面已建反钩门运行的经验并加以改进。例如:闸门反钩数量由每侧3个减为每侧2个,降低了在反钩槽内卡阻的概率;为减小深孔事故闸门启闭力,支承形式由胶木滑道支承改为滚轮支承等。上述闸门经过多年运行,情况良好,表明设置反钩闸门是成功的。

### 8.2.6 启闭力

平面闸门的启闭力与闸门所处的工作状态有关,当平面闸门前后两侧水压力差最大时,所需要的启闭力也最大。参照我国钢闸门设计规范[38,39],平面钢闸门在动水中的启闭力按以下各式计算。

**1. 闭门力 $F_W$**

$$F_W = n_T(T_{zd} + T_{zs}) - n_G G + P_t \tag{8-2}$$

式中:$n_T$——摩阻力的安全系数,一般取1.2;

$T_{zd}$——支承摩阻力,参照钢闸门设计规范[38,39]及有关附录计算,kN;

$T_{zs}$——水封摩阻力,参照钢闸门设计规范[38,39]及有关附录计算,kN;

$n_G$——闸门自重修正系数,计算闭门力时取0.9~1.0;

$G$——闸门自重,kN;

$P_t$——上托力(若顶止水和侧止水在闸门上游侧,关闭闸门时最大上托力为底止水上游门底受到向上的水压力;若顶止水和侧止水在闸门下游侧,参照规范[38,39]的附录D计算),kN。

若 $F_W$ 为负值,表示闸门能依靠自重关闭;若 $F_W$ 为正值,则需要加压力闭门。如用油压启闭机或螺杆启闭机加压,应当按 $F_W$ 验算加压杆的稳定性,如为卷扬式启闭机,则需改变闸门布置,利用闸门顶部受到的水柱重力 $W_s$ 加压,或者设加重块压力 $G_j$。

**2. 启门力 $F_Q$**

$$F_Q = n_T(T_{zd} + T_{zs}) + P_x + n'_G G + G_j + W_s \tag{8-3}$$

式中:$P_x$——闸门刚开启时的动水下吸力,按底止水下游门底水平面积乘以20kN/m² 计算;

$n'_G$——计算启门力用的自重修正系数,取1.0~1.1;

$G_j$——加重块重量(若有吊杆,应加上吊杆重量),kN;

$W_s$——作用于闸门上的水柱重,它与闸门上下缘止水的位置有关。

其他符号同前一式的说明。若门底止水按图8-5所示的要求布置,水流形态好,通气充分,$P_x$ 可适当减小。检修门在静水中开启,不计 $P_x$,摩阻力 $T_{zd}$ 和 $T_{zs}$ 也很小,但考虑到下游工作门的水封可能漏水,可按1~5m(深孔闸门)或小于1m(露顶闸门和电站尾水闸门)的水位差计算摩阻力。

### 8.2.7 吊耳、吊杆和锁定器

吊耳是闸门同启闭吊具直接连接的部件,安装于闸门的吊点处,应按最大启闭力核算该处强度。平面闸门的吊点应根据孔口的大小、宽高比、启闭力、闸门类型和启闭机布置特点等因素综合考虑确定。一般当闸门很宽且宽高比大于 1 或启闭力很大时，宜采用双吊点。

直升式平面闸门的吊耳一般设置在竖向梁或竖向隔板的顶部，如图 8-19(a)和(b)所示。吊点的前后左右位置应使吊耳作用力的合力与闸门重力处于同一垂线，以免悬吊时闸门歪斜。升卧式平面闸门的吊耳应布置在面板的上游面对应于竖向梁（或竖向隔板）的下部位置［图 8-19(d)、(f)］。

吊耳的构造形式，按其所在位置、启闭力和启闭机的吊具类型而定。若启闭力不大，可在闸门顶梁上焊接吊耳板或直接在竖向隔板或竖向梁的腹板上镗出吊耳孔，同吊具的销轴（或称吊轴）相连接。

对于升卧式闸门，因吊耳在挡水面板的上游侧，为了减少吊耳座的悬臂尺寸，采用转向节使动滑轮的直径平面转过 90°，与闸门面板相平行，如图 8-19(f)所示。

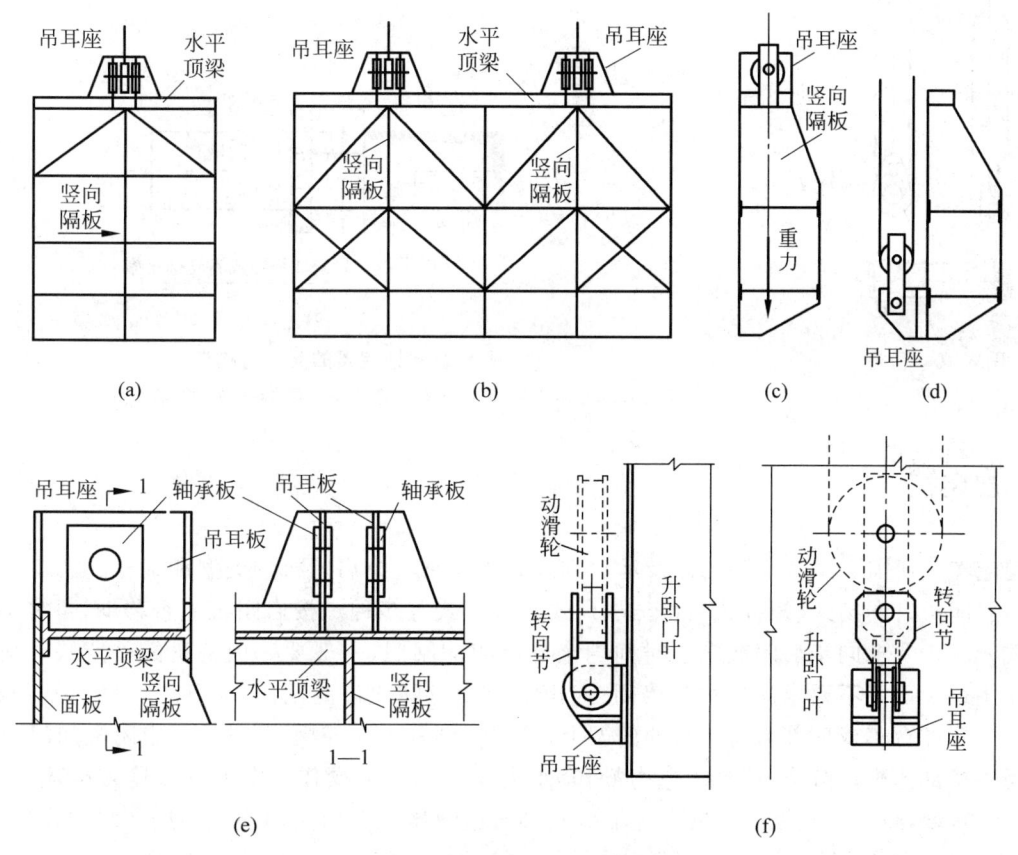

图 8-19 吊耳的位置及结构简图

对于深水闸门，若动滑轮行程有限，很难直接与吊耳连接，需用吊杆上接动滑轮、下接吊耳；或者因为闭门力很大，需用液压启闭机和吊杆下压闸门。吊杆之间的连接采用栓销铰接的方式，如图 8-20 所示，吊杆应满足启闭力、扬程、孔口高度和装拆方便等要求，分段长度一般采用 2～5m。

若闸门较长时间打开而不须移动，为解除启闭机负荷，或将启闭机移动至其他闸室使用，须设置锁定器将开启的闸门固定在指定位置上。常用的锁定器有：翻转式悬臂锁定梁，如图 8-21(a)所示；平移式悬臂锁定梁，如图 8-21(b)所示；平移式简支锁定梁，如图 8-21(c)所示。利用这些锁定梁别住焊在闸门或吊杆上的牛腿，将闸门锁定就位。此外，还可在油压启闭机配置自动锁定器。

图 8-20 吊杆

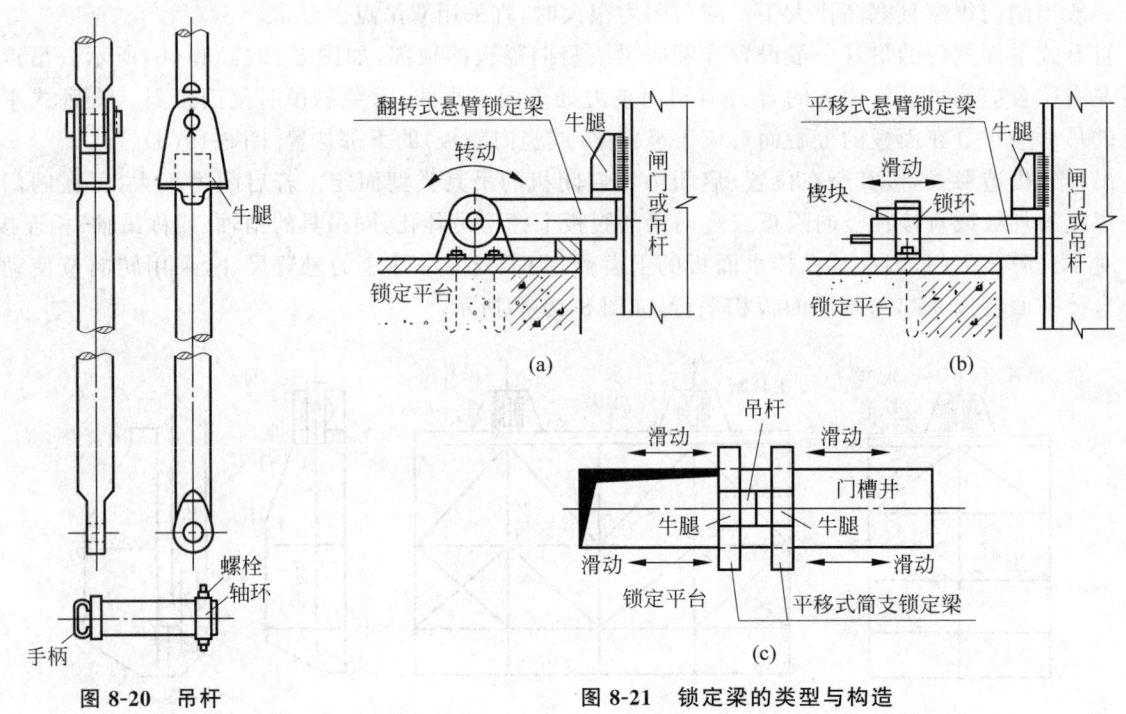

图 8-21 锁定梁的类型与构造
(a) 翻转式悬臂锁定梁；(b) 平移式悬臂锁定梁；(c) 平移式简支锁定梁(平面图)

### 8.2.8 启闭机

闸门应按其所需的最大启闭力以及运动方式和距离来选择启闭机的类型和型号。

闸门启闭机有卷扬式、螺杆式、台车式、门式和液压式等多种。按启闭机能否移动，可分为固定式及移动式。对于要求同步启闭或在短时间内全部启闭的闸门，一般要一门一机的固定式。对于孔数很多但使用很少而又不要求同步均匀启闭、经论证启闭时间允许的闸门，尤其是检修门常用移动式，把启闭机安置在台车或底部带有轮轨的门架上，可移动到各闸室使用，节省很多启闭机和门架。

启闭机按动力来源分类，可分为电力操作、水力操作和人力操作。电力操作输入电流，使电动机(又称马达)转动，经过变速带动机械直接牵引或再通过液压机牵引闸门慢速启闭。水力操作如图 8-1(d)所示的漂浮式圆筒闸门，图 8-1(e)所示的水力自控翻板闸门，图 8-1(g)和(h)所示的扇形闸门和鼓形闸门，通过水力充胀起来挡水(类似于橡胶坝)。人力操作多用于动力较小的备用启闭机；若启闭力要求很大，应备用相应功率的快速发电机，在外界电源断开时能应急供电。

电力操作最常用的是卷扬式启闭机，它通过减速箱齿轮传动，使电动机的高速转动变为卷扬机卷筒(又叫绳鼓)的低速转动，并由此带动钢丝绳、滑轮组、吊杆和闸门等缓慢升降，如图 8-22 所示。我国有定型产品，选用时应注意型号、启门力、启门高度、吊点中心距、有无备用人工启闭装置，等等。选用启闭机的启闭力不应小于计算启闭力[38,39]。

启闭机选用单吊点或双吊点，应根据门的大小和宽高比而定。当闸门较大、宽高比大于 1 时，一般用双吊点。吊具通过销轴与闸门的吊耳相连。选用启闭机还应考虑提升范围，以适应门架高度和闸门提升后的位置。露顶闸门应提出水面以上 1～2m，以免水面上漂浮物撞击闸门；事故闸门应提到孔口以上距离孔口 0.5~1m，以便缩短到达孔口的时间；闸门检修应提到检修平台以上 0.5~1.0m。所有启闭机的最大扬程，应使平面闸门提出闸门槽以便检修更换。

升卧式闸门采用卷扬式启门机，动滑轮组浸于上游水体中；若取消动滑轮组，须增大启闭机功率和启闭力，启闭机和工作桥的造价也相应提高。须全面衡量利弊，才能选择合适的方案。

需要下压力的小型闸门宜选用螺杆式启闭机，如图 8-23 所示。螺杆式启闭机多用于小型平面闸门，定型产品起重量一般为 3~100kN。若下压力很大，需要液压式启闭机，用电带动马达，再带动压缩机压缩液体（多用油质液体）推动活塞、连杆等启闭闸门（如图 8-24 所示），其机体（油缸与活塞杆）小、重量轻，并能集中操纵，易于实现遥控及自动化，操作平稳、安全，并对闸门有减震作用；但启闭行程小，这种启闭机多用于坝内深孔工作门，启闭机位于坝内距离工作门不远的上方。

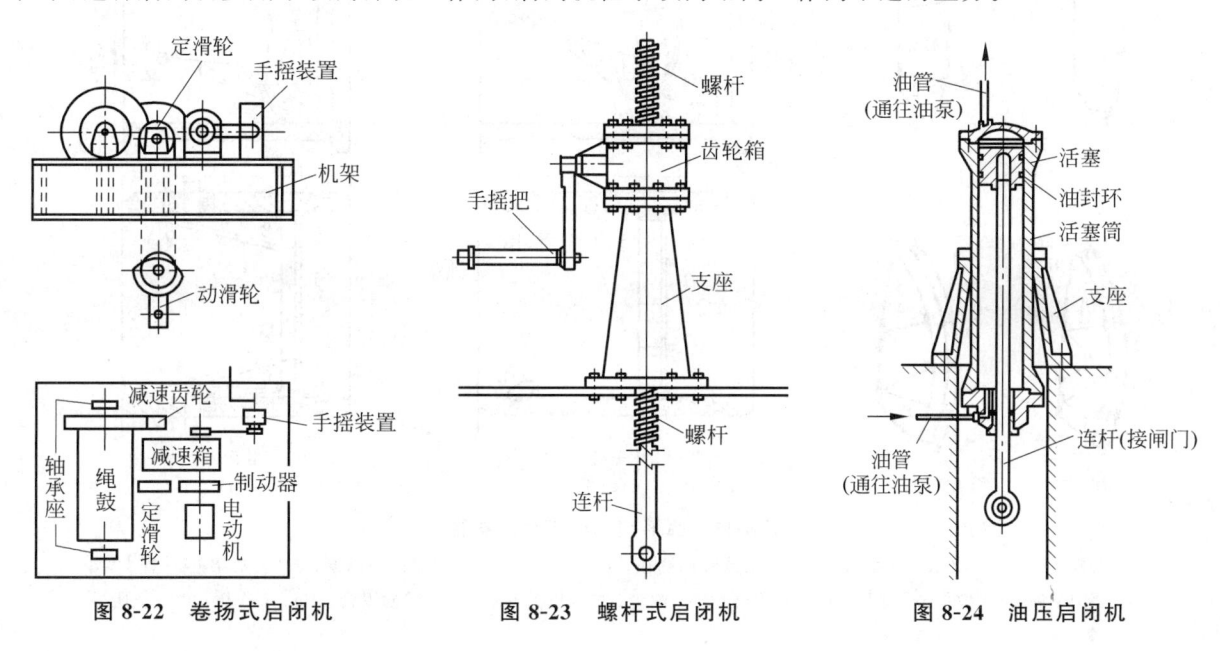

图 8-22　卷扬式启闭机

图 8-23　螺杆式启闭机

图 8-24　油压启闭机

## 8.3　弧形闸门

弧形闸门的挡水面为圆柱面的一部分，支承铰在圆柱面的圆心轴上，启闭时闸门绕支承铰转动。作用在闸门上的总水压力通过转动中心，对闸门启闭的阻力矩以及支承铰与铰链的摩擦阻力矩都很小，而启闭力对圆心的力臂很大，故启门省力，从而可降低启闭机和工作桥的荷载。弧形门不设门槽，不易产生空蚀破坏，局部开启水流条件好，所以弧形闸门常用于工作闸门。

### 8.3.1　总体布置

弧形闸门的结构组成有弧形面板、主梁、次梁、竖向联结系或隔板、起重桁架、支臂和支承铰等，各主次梁的连接方式类似于平面闸门。露顶式弧形门的宽高比一般较大，梁格长度方向多为水平向，水平次梁或水平主梁先受到面板传来的水压力荷载,若跨径不大可直接传至两边的主纵梁或桁架,如图 8-25(a)和(b)所示。潜孔式弧形门若单位面积的面板承受水压力较大,须增加纵梁,横梁和纵梁采用层叠连接方式,由纵梁传来的水压力荷载传至主横梁,再由主横梁传至两边的主纵梁或桁架,如图 8-25(c)和(d)所示。两边纵梁或桁架传来的荷载通过支臂传至铰座、牛腿和支墩。若弧形门在动水中关闭不需要下压力,多采用卷扬机钢丝绳启闭方式,如图 8-25(e)所示;若弧形门在动水中关闭需要下压力,则采用液压式启闭方式,如图 8-25(f)所示。

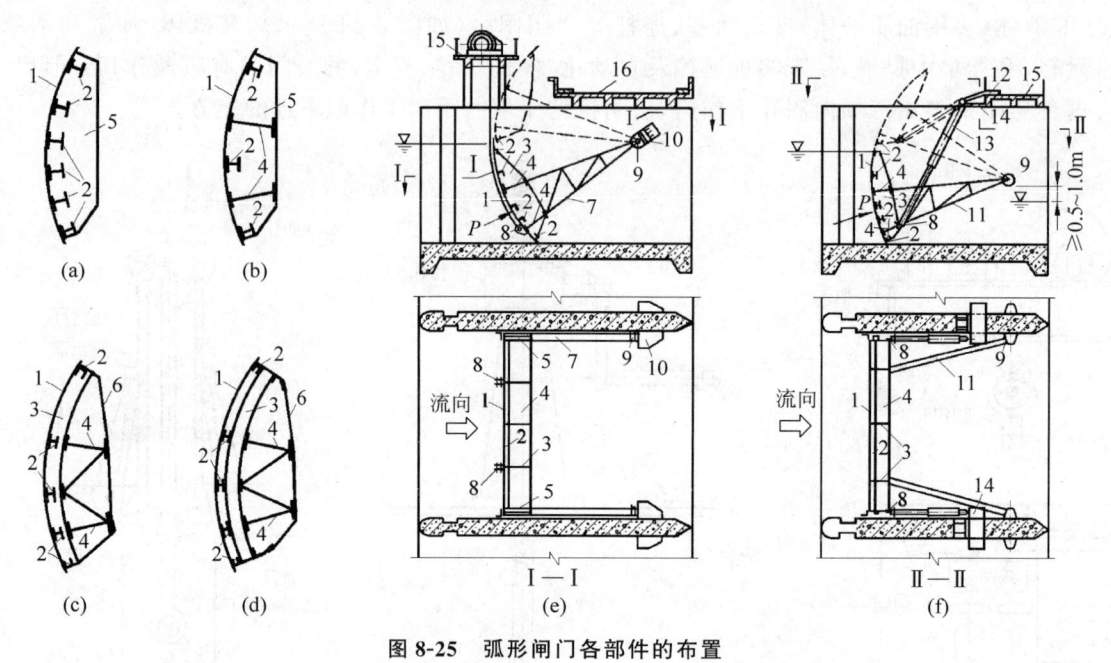

**图 8-25 弧形闸门各部件的布置**

1—面板;2—小横梁(水平次梁);3—小纵梁或竖向隔板;4—主横梁;5—边纵梁或主纵梁;6—主桁架;7—直支臂;8—吊耳;9—支承铰;10—牛腿;11—斜支臂;12—油管;13—压力油缸;14—检修平台;15—工作桥;16—交通桥

弧形闸门的支承铰应布置在不受水流及漂浮物冲击的高程上。溢流坝上的露顶式弧形闸门,支承铰布置在(1/2~3/4)门高处,水闸的弧形闸门支承铰布置在(2/3~1)倍门高处;潜孔闸门应更高些。弧形闸门面板的曲率半径与门高的比值,露顶弧门为 1.1~1.5,潜孔弧门为 1.2~2.2。

### 8.3.2 结构选型及结构计算模式

弧形闸门的主框架有三种类型,如图 8-26 所示。为了减小主横梁的正向弯矩,使主横梁受力合理,若支承条件许可(例如在无压隧洞或大坝无压流孔口内的顶部设置铰座支墩,如图 8-31 所示),应尽可能采用图 8-26 中所示的Ⅰ型框架;若支承在较厚的侧墙或隧洞侧壁坚固的岩体上,则应尽可能采用Ⅱ型框架;只有当孔口净空不适合采用上述两种类型的框架时,才用第Ⅲ型框架。前两种类型的支臂桁架不与纵向边梁连接,而直接支撑主横梁,主横梁两端双悬臂,悬臂长度 $l_1$ 为主横梁长度 $L$ 的 0.2 倍,悬臂处有小量的负弯矩,有利于减小主横梁跨中的正弯矩。但第Ⅱ型框架(即斜支臂)支承铰对闸墩或侧墙的侧推力较大且构造复杂,闸墩常需要加厚。在溢流坝上,为改善铰座周围结构的受力和稳定条件,为保证坝体稳定和减小坝踵竖向拉应力,都须加大闸墩厚度和重量,这样可采用斜支臂,减小主横梁中部的正弯矩和应力,或减小主横梁断面尺寸。

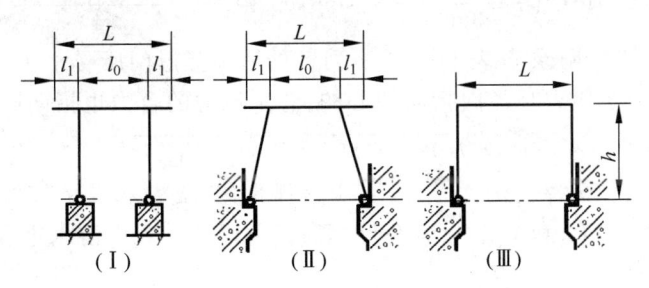

图 8-26 弧形闸门结构框架类型

弧形闸门由圆柱形面板与次梁、主梁和支臂等构成三维空间结构,它们之间的连接很复杂。在 20 世纪 70 年代之前,很难精确地计算各部件的内力和应力,而采用近似方法,如将弧形面板按梁格布置分成若干部分,每一部分的水压力荷载近似按 45°斜线组成的梯形和三角形面积的比例分配给周围的水平梁和纵梁,类似于平面闸门(见图 8-7);有的将面板各分段荷载采用力多边形图解法求水压荷载的总合力或者两支臂轴向力。但人为因素作图精度较差,图解法与真实解的误差较大。

20 世纪 80 年代已有学者开始对弧形闸门采用有限元法进行空间体系分析研究。随着大型快速的电子计算机及其计算技术和计算软件(包括前后处理软件)的发展和应用推广,较多地应用较精确的方法对弧形闸门做结构静动力计算和计算机辅助设计。

为不耽误牛腿和支墩等结构设计,可先按以下方法计算弧形门总水压力的理论值。

设:水的重度为 $\gamma$,弧形门半径为 $R$,上游水压力作用面的高度为 $h$,其上点与支承铰中心连线向上游的倾角为 $\phi_1$,其下点(即弧门底)至上游水面的深度为 $h_u$,与支承铰中心连线向上游的倾角为 $\phi_2$(参见图 8-27),弧形门上任一点与支承铰中心连线向上游的倾角为 $\phi$,作用在该点的上游水压强度为 $p=\gamma[h_u-h+R(\sin\phi-\sin\phi_1)]$,宽度为 $b$ 的弧形门承受上游水压力总荷载的水平分量 $H_u$ 和竖向分量 $V_u$ 可通过以下积分式导出:

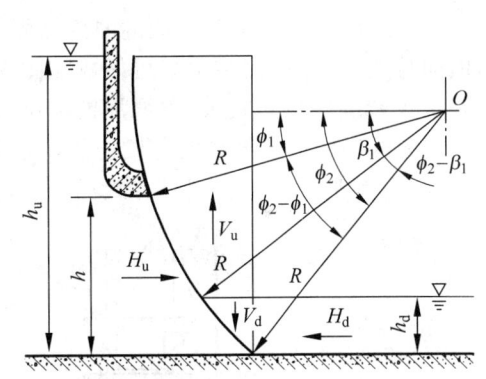

图 8-27 弧形门静水压力计算简图

$$H_u = \int_{\phi_1}^{\phi_2} pbR\cos\phi \, d\phi = \gamma bh(h_u - 0.5h) \tag{8-4}$$

$$V_u = \int_{\phi_1}^{\phi_2} pbR\sin\phi \, d\phi = \gamma bR^2 \left[ \frac{\pi(\phi_2-\phi_1)}{360} + \sin\phi_1\cos\phi_2 - \frac{\sin 2\phi_1 + \sin 2\phi_2}{4} + \frac{h_u-h}{R}(\cos\phi_1 - \cos\phi_2) \right] \tag{8-5}$$

式中各角用角度单位;露顶式弧形门,$h_u=h$;若 $\phi_1$ 倾向下游,$\phi_1$ 取负值;$V_u$ 大于 0 为向上托力。

若弧形门下游面有水压作用,水深为 $h_d$,水面线与弧形门下游面交点的法线倾向上游,倾角为 $\beta_1$(参见图 8-27),仍可套用上两式的推导原理和推导结果计算下游总水压力的水平分力 $H_d$(正值指向上游)和竖向分力 $V_d$(正值向下),只需将 $h_u$ 和 $h$ 都换成 $h_d$、将 $\phi_1$ 换成 $\beta_1$,即

$$H_d = 0.5\gamma b h_d^2 \tag{8-6}$$

$$V_d = \gamma b R^2 \left( \frac{\pi(\phi_2 - \beta_1)}{360} + \sin\beta_1 \cos\phi_2 - \frac{\sin 2\beta_1 + \sin 2\phi_2}{4} \right) \tag{8-7}$$

上述 4 式涵盖规范[38,39]附录 D 表 D.0.1 所列各种情况弧形门所受水压力分力的 14 个计算式。作用于弧形门每分段水压力是径向指向圆心的,总水压力的合力也指向圆心,其大小为

$$P = \sqrt{(H_u - H_d)^2 + (V_u - V_d)^2} \tag{8-8}$$

若下游处于有水和无水交替变化状态,为了求得弧形门、支臂和支承铰的最大受力,应按下游无水压力的情况处理,不计算 $H_d$ 和 $V_d$;只有在计算启门力时才计入下游水重和门重的影响。

### 8.3.3 支承铰

为了将弧形闸门所受的水压力传给支墩,而且还能使闸门上下活动启闭,需要借助支承铰连接弧形门支臂和支墩。支承铰的大小型号应根据水压力总荷载选定。

支承铰主要由三部分组成:支承轴、活动铰链和固定铰座。活动铰链与弧形门支臂相连,固定铰座与牛腿支墩相连,如图 8-28 所示。支承铰按支承轴的形状划分为三种形式。

(1) 圆柱铰。水平轴是圆柱形的[如图 8-28(a)所示],其构造简单,安全可靠,制造、安装容易;但由于支承轴很难给予铰链很大的水平向摩擦阻力,弧形闸门主框架结构不能做成如图 8-26 所示的Ⅱ型框架,若没有条件做成该图所示的Ⅰ型框架,只能做成该图所示的Ⅲ型框架,水平主梁和支臂都未能处于良好合理的受力状态,所以圆柱铰多用于在跨度不大的表孔弧形闸门。

(2) 圆锥铰。支承轴与铰链的接触面是圆锥面[如图 8-28(b)所示],支承轴锥面能承受支臂较大的横向分力,弧形闸门主框架可做成如图 8-26 所示的Ⅱ型框架,有利于减小主横梁跨中的正弯矩;缺点是支承铰固端弯矩较大,须增加铰座尺寸和造价,埋设定位较复杂,只用于大跨度弧形门。

(3) 球形铰或双圆柱铰。铰链能作水平和垂直转动[如图 8-28(c)所示],以保证闸门主框架支点处为铰接,有利于支臂、牛腿和闸墩的受力,但因构造复杂,仅大跨度的弧形闸门才考虑采用。

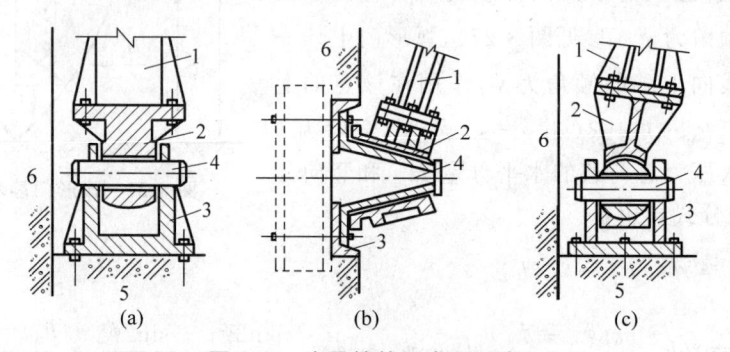

图 8-28 支承铰的组成和形式
(a) 圆柱铰;(b) 圆锥铰;(c) 球形铰
1—支臂;2—铰链;3—铰座;4—支承轴;5—牛腿;6—闸墩

### 8.3.4 止水和止水钢板埋件

露顶式表孔弧形闸门的侧止水可布置在弧形闸门面板的上游面,其形式如图 8-29 所示,其中

图(a)所示的圆头 P 形水封摩擦力较小,但当它与侧壁间隙较大时容易翻卷,只用于中小型露顶式弧形闸门侧水封,并要求水封下游侧夹板与侧壁钢板埋件间隙≤10mm。图 8-29(b)和(c)所示的 L 形和方头 P 形水封与埋件钢板的接触面积大,止水效果较好,但摩擦力较大,须经常添加润滑油,以减小摩擦力和磨损。孔壁钢板埋件须处处定位精确,焊接牢固,要求侧水封安装后上下滑动与孔壁钢板处处都有 2～4mm 预压量[38,39],既要防止漏水,也要防止挤压力过大。

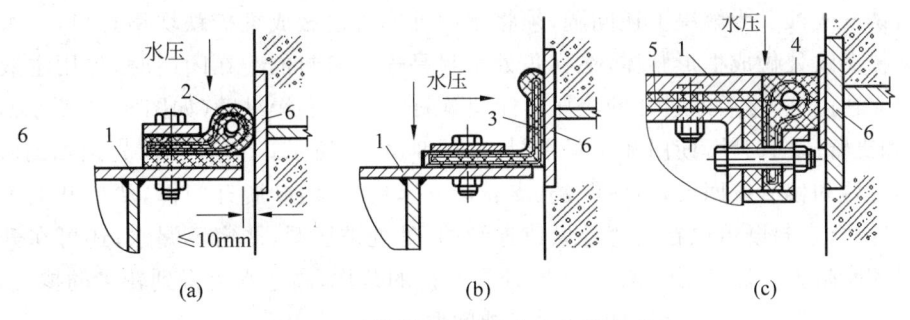

**图 8-29 弧形闸门侧止水的布置方式**
1—门叶;2—圆头 P 形水封;3—L 形水封;4—方头 P 形水封;5—底水封;6—止水座钢板埋件

潜孔式弧形闸门须在孔口上方的门楣上设置固定的顶止水,如图 8-30 所示。对于水头较小的潜孔,可设一道止水,如图 8-30(a)所示的顶水封利用闸门的自重压紧,结构简单,不易磨损,但在安装时须反复调整顶水封与底水封的位置,使两者都能压紧不漏水为止,难度较大。另外,当弧形闸门起吊后,与顶止水脱开,水从门楣处漏出,这种止水只适用于一次拉到顶的弧形闸门,不适用于部分开度的弧形闸门。为了避免上述问题,应采用图 8-30(b)所示的顶止水,利用水压力把门楣上的水封压在弧形门面板上。当弧形门下降要关闭时,顶止水不会对弧形门的下降有多大的约束,比图 8-30(a)所示的止水应用范围广泛得多。只是水封容易磨损,须经常检修换新。

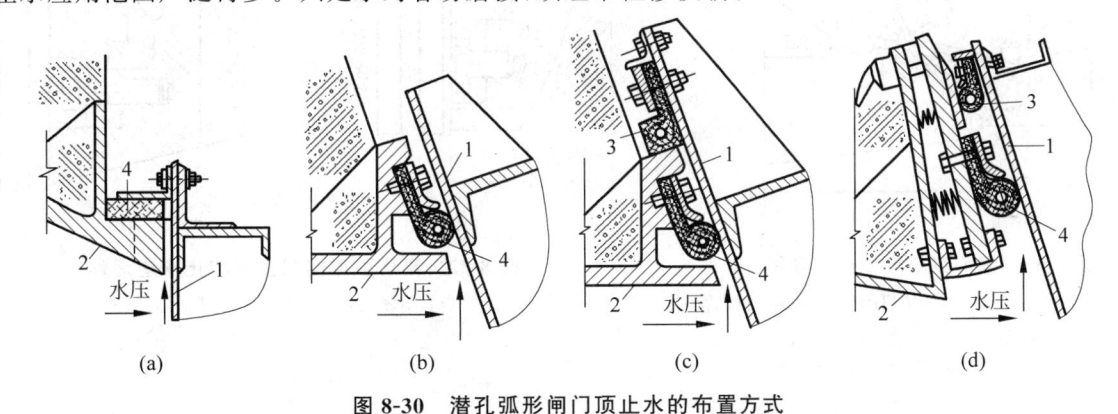

**图 8-30 潜孔弧形闸门顶止水的布置方式**
1—门叶;2—门楣;3—安装在门叶上的顶水封;4—安装在门楣上的顶水封

潜孔弧形闸门的侧止水应采用方头 P 形水封安装在门叶两侧,上游面与弧形门面板的上游面齐平,如图 8-29(d)所示,使得弧形门在升降过程中,侧止水不受门楣上的顶止水干扰。

对于中高水头的潜孔弧形闸门,宜采用两道顶止水,在门楣和门叶上各设置一道,如图 8-30(c)和(d)所示,闸门提升后,仍有一道止水起作用,防止出现严重的喷水或漏水。

在弧形闸门启闭过程中,在向上的吊拉力和闸门自重的作用下,弧形门上部面板向上的弯曲变形容易使面板脱开水封而漏水。为使顶水封的橡胶压头在水压力作用下能继续向上压紧弧形门面板,须在钢夹板与门楣钢板埋件之间安装弹簧[如图 8-30(d)所示],并经常调整或更换。

对于水深超过 85m 的弧形闸门,止水防渗是其中一大难题,尤其是在顶水封与侧水封交接的拐角处和侧水封与底水封交接的拐角处,水封的形状难以满足密封的要求,甚至发生撕裂,引起喷水、振动、尖叫噪声,诱发气蚀。为解决上述问题,须将闸门处的流道做成突扩跌坎型孔口,止水和止水座埋件都设置在突扩突跌处做成框形整体,在拐角处水封是连续密封的。在闭门时,先用主液压机带动连杆下降弧形门盖住门框,然后通过辅助液压启闭机连杆带动偏心操纵臂(如图 8-31 所示),使偏心铰转动,迫使铰链和支臂压向门叶,使门叶压紧水封,如图 8-32(a)所示;在启门时,先用辅助液压启闭机连杆带动偏心操纵臂和偏心铰回转,迫使铰链、支臂向支座后移,门叶脱开门框,然后开动主液压启闭机提升弧形门。这样,水封既可以在拐弯处做成连续的,处处被压紧,严密不漏水,还可在升降门叶时大大地减小磨损和摩阻力;而且,由于流道在此处是突扩的跌坎,高速水流得到较多的掺气,较好地解决特深孔、高水头、大流量和高流速引起的空化气蚀问题。

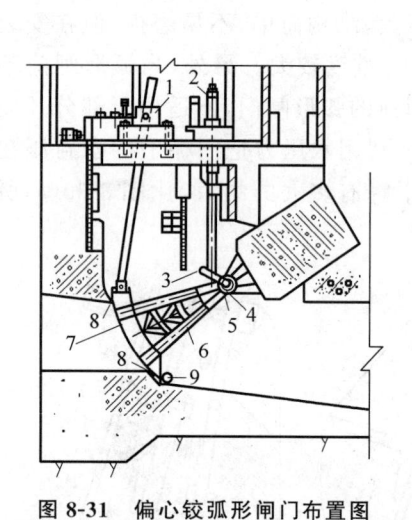

**图 8-31 偏心铰弧形闸门布置图**
1—主液压启闭机;2—辅助液压启闭机;3—偏心操纵臂;
4—偏心铰;5—铰链;6—支臂;
7—弧形门叶;8—止水;9—通气孔

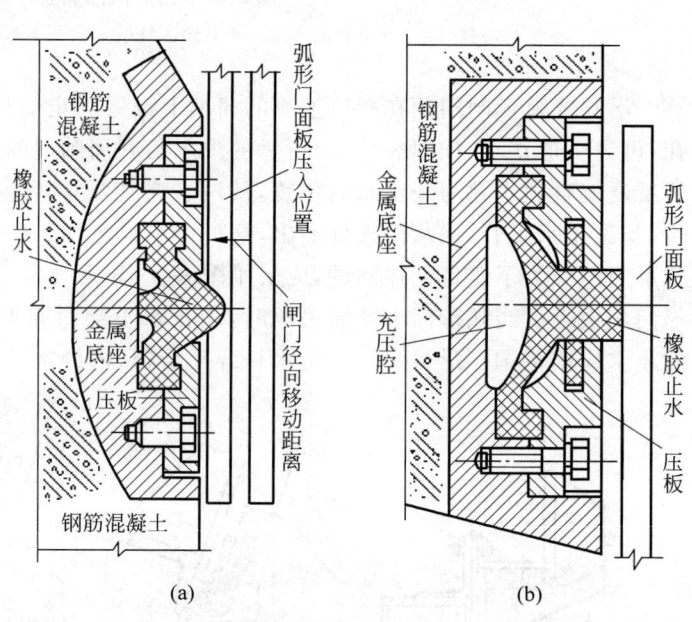

**图 8-32 高压弧形闸门止水和止水座埋件**
(a)压紧式止水;(b)充压式止水

偏心铰弧形闸门已成功地应用于国内外一些特高水头的泄洪底孔或泄洪洞的工作闸门。如:龙羊峡水电站泄洪底孔宽 5m,高 7m,设计水头为 120m;小浪底枢纽工程孔板泄洪洞中闸室工作闸门采用偏心铰弧形闸门,孔口宽 4.8m×高 5.4m,闸门设计水头 142m;巴基斯坦塔贝拉工程 3 号泄洪洞设置偏心铰弧形闸门,宽 4.9m,高 7.3m,设计水头 136m。

偏心铰压紧方式需要设置两套启闭机装置,闸门结构复杂,启闭机须根据闸门位移情况进行联动,其控制系统复杂,对制造、安装调试及运行要求也高,总的综合造价较贵。

另一种压紧方式是充压伸缩式,整个止水结构由橡胶水封、压板、充压腔及金属底座等部件组成,橡胶水封由压板固定在突扩跌坎的门槽上,利用高压水或高压气体将橡胶水封压紧到弧形门面板,如图 8-32(b)所示。在启门时,先排掉充压腔里的水或气体,橡胶水封弹回离开面板,以免摩擦磨损。

充压伸缩式止水优点是相对偏心铰闸门而言,省去辅助液压机、偏心操纵臂和偏心铰等设备装置,结构简单,制造安装精度要求不高,操作方便,造价较低。在我国,深孔弧形门采用充压伸缩式止水的水电站工程较多,如:宝珠寺(孔口宽 4m、高 8m、水头 80m),东风(孔口宽 5m、高 6m、水头 80m),二滩(孔口宽 6m、高 5m、水头 80m),小湾(孔口宽 6m、高 5m、水头 106m),漫湾(孔口宽 3.5m、高 3.5m、水头 90.5m),洪家渡(孔口宽 6.2m、高 8m、水头 86.3m),天生桥一级(孔口宽 6.4m、高 7.5m、水头 120m),等等。多数工程利用库水压力挤压橡胶水封。

在寒冷地区冬季或库水位变幅较大的情况下,难以利用库水压力,可采用压缩空气作为充压介质。但采用压缩空气作为充压介质容易破裂泄漏,须随时补充压缩空气保压,以保证止水效果,并须及时检查、检修和更换破裂的充气袋;也可在不结冰的适当高处建造蓄水池或蓄水箱,库水位高时自流充水,库水位低时用水泵灌水,使其保持一定水位和水封压力。

在高水位开启弧形门时,须先将偏心铰压紧式止水或充压式止水脱开弧形门面板,但此时喷射出高速水流容易产生强烈振动、嘶叫高音和气蚀破坏。为避免或减轻这些现象,宜在两侧和顶部的外侧再增设辅助止水,如图 8-30(d)所示的弹簧钢板夹持橡胶水封,在弧形门启闭或非全开定位过程中阻滞漏水或减缓喷水流速,在闸门关闭时,再压紧内侧的高压止水(又称主止水)。

### 8.3.5 启闭机、吊耳和启闭力

弧形闸门的启闭机一般有以下三种形式:卷扬式、螺杆式、液压式。

若弧形闸门靠自重可以自由降落,一般可采用卷扬式启闭机;若弧形门起吊力较小,可不配置滑轮组,钢丝绳直接与弧形闸门的吊耳相连接。

若弧形门靠自重不能自由降落,但所需的下降压力不大,可采用螺杆式启闭机。有些小型弧形门也可用螺杆式启闭机作为停电时靠人力操作的备用启闭机,如图 8-23 所示。

若弧形门需要很大的压力才能下降,应采用液压式启闭机,它还具有减震作用,但行程较小。

吊耳如果布置在门叶的顶梁上,则须把启闭机安装在高处,起码应高出全开启时的弧形门顶部,对于卷扬式启闭机并不难,但对于螺杆式或液压式启闭机,需要足够长度的拉杆,如图 8-31 所示;如果液压启闭机的位置有限,拉杆的行程不够,应把吊耳布置在支臂合适的位置,如图 8-25(f)所示。

弧形闸门所需启闭机的闭门力和启门力分别按式(8-9)和式(8-10)计算[38,39]。

**1. 闭门力 $F_W$**

$$F_W = [1.2(T_{zd}r_0 + T_{zs}r_1) + P_t r_3 - n_G G r_2]/R_1 \tag{8-9}$$

式中:$T_{zd}$、$r_0$——支承铰转动摩阻力及其对弧形闸门转动中心的力臂;

$T_{zs}$、$r_1$——水封摩阻力及其对弧形闸门转动中心的力臂,详见规范[38,39];

$P_t$、$r_3$——底水封至弧形门叶底的门底部位受到的水压上托力及其对弧门转动中心的力臂;

$G$、$r_2$——弧形闸门自重及其对弧形闸门转动中心的力臂;

$n_G$——弧形闸门自重修正系数,计算闭门力时取 0.9~1.0;

$R_1$——闭门力对弧形闸门转动中心的力臂。

计算结果为正值时,需要加压力闭门;如为负值,表示闸门能依靠自重关闭。

2. 启门力 $F_Q$

$$F_Q = [1.2(T_{zd}r_0 + T_{zs}r_1) + n'_G G r_2 + G_j R_j + P_x r_4]/R_2 \qquad (8\text{-}10)$$

式中:$n'_G$——计算启门力用的自重修正系数,取 1.0~1.1;

$G_j$、$R_j$——加重块重量及其对弧形闸门转动中心的力臂;

$P_x$、$r_4$——闸门刚开启时门底下吸力及对弧门转动中心力臂,见式(8-3)对下吸力的说明;

$R_2$——启门力对弧形闸门转动中心的力臂。

其他符号同式(8-9)的说明。

弧形闸门在启闭过程中,各力的大小、作用点、方向和力臂随闸门开度而变,须按过程逐步分析,得出启闭力变化过程线,按其峰值决定启闭机负荷,应选略微偏大的启闭机型号。

### 8.3.6 弧形闸门与平面闸门的比较和选用

弧形闸门与平面闸门是水利水电工程中最常用的两种闸门,各有优缺点。

平面闸门结构制造和安装简单,结构紧凑,不需要很长的闸墩,闸墩配筋简单,包括闸墩单孔造价比同尺寸的其他闸门便宜,可把事故闸门和检修闸门合并成事故检修平面闸门,利用闸门加重在动水中下降,在静水中上升;平面闸门可移动换位、做成移动式启闭机和移动式平面闸门,一台启闭机和一个平面检修闸门可移动供多孔使用;还可做成不需要启闭机的水力自控翻板闸门;平面闸门运行方便,可做成升卧闸门、减小其存放空间的高度;等等。但缺点是:需要门槽支承闸门,须加大闸墩厚度;对于深孔高速水流,在门槽处容易发生空化气蚀破坏;在上下游水压力不平衡时,门槽滑块和止水一侧受压摩擦力很大,需要很大的启闭力,尤其是在深孔两侧压力相差很大的情况下,更难以用很大的启门力提升闸门,一般须在闸门的上、下游两侧平压、在静水中启闭,以减小振动、磨损和启闭力。由此看来,平面闸门宜应用于表孔和水头较小的各种泄水建筑物和输水建筑物;对于深孔,如果经论证门槽可以用于高速水流的情况下,可使用平面闸门作为检修门、事故闸门或事故检修闸门(即两者的结合),后两种闸门常常需要加重才能在动水中下降关闭,这三种闸门都宜在平压和静水中开启和上升;如果因门槽不能用于高速水流,则应采用反钩门(如图 8-18 所示)作为检修门或事故检修门,闸门位于喇叭口的上游面,局部流速远小于孔口内的平均流速,而且门槽很小,不易发生气蚀破坏。

与平面闸门相比,弧形闸门水压力的合力一般指向支承铰中心或附近,其合力矩很小,支承铰转动接触面上的摩擦力对支承铰中心的力臂很小,阻力矩也很小,启闭力至支承铰中心的距离很大,在上、下游不平压的情况下,弧形闸门所需的启闭力远远小于同样大小、同样水头压力作用的平面闸门所需的启闭力;此外,弧形门不设门槽,不影响孔口水流流态,不易产生空蚀破坏,局部开启条件好。所以对于高流速、上下游压差大的工作闸门,一般选用弧形门,而不选用平面闸门。

但弧形闸门并非十全十美,其使用也受到一些条件因素的限制。由于弧形闸门面板的曲率半径一般为闸门高度的 1.1~1.5 倍(露顶门)或 1.2~2.2 倍(潜孔门),在闸门很高情况下,支臂和闸墩都较长,且支座受到支臂很大推力,牛腿传给闸墩很大的集中力,闸墩在此附近需要配置大量钢筋或预应力锚索;此外,弧形闸门不能提出孔口,检修维护不如平面闸门方便,也不能移动多孔使用。

上述有关平面闸门和弧形闸门的选用是指一般多数情况而言,但不是绝对一成不变的,须根据具体情况和运行要求做具体分析。以下通过两个工程实例来说明。

三峡大坝需要在泄洪坝段设置 23 孔泄洪深孔和 22 孔泄洪表孔。其中泄洪深孔是经常使用的,工作闸门使用弧形闸门,事故检修门采用反钩平面闸门。泄洪表孔堰顶高程 158m(如图 8-33 所示),在汛期只有当库水位超过 158m 时,表孔才起泄洪作用。根据设计时所定的防洪和防止泥沙淤积的要求,汛期限制水位为 145m,所以,在汛期表孔应该始终是敞开的,只有在汛后为了得到高水头发电而关闭表孔闸门,使正常蓄水位达到 175m。如果表孔工作门按一般规律采用弧形闸门,那么需要做很长很高的闸墩和很大的牛腿,也不利于抗震。根据运行要求,表孔工作门不须在动水中启闭,可采用平面闸门。在汛期来临之前,当库水位下降至 158m 以下,在无水压的情况下,只需用几台门机就可以从容地开启 22 扇平面闸门;在汛后需要蓄水,当库水位上升至 158m 之前,在无水压的情况下,只需用几台门机就可以从容地下降关闭 22 扇平面闸门。这样,完全可用平面闸门作为工作门,而不用构造复杂的弧形闸门和长长的闸墩,也不必每孔设置一台启闭机,可节省部分投资。

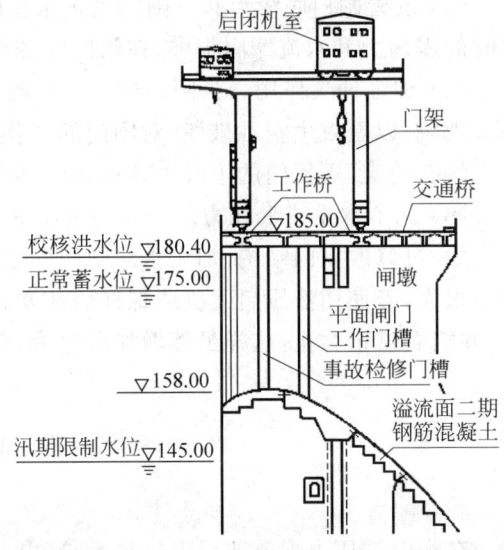

图 8-33 三峡大坝泄洪表孔顶部简图(单位:m)

在三峡电站发电高峰和低谷的两个不同时段,下游河道流量变化很大,为不影响河道航运,需要在下游建造葛洲坝提高水位,使三峡电站至葛洲坝之间的河道水深和流速不至于有很大的变化,河道保持较为平缓的水面,以利通航。为了尽量弥补三峡水电站因抬高下游尾水位而带来的发电量损失,葛洲坝水利枢纽既要尽量多地建造水电站机组利用下游高水位的落差再次发电,又要满足泄洪要求而建造 27 孔大单宽流量的泄水闸,每孔净宽 12m、净高 24m。如果工作门采用那么高的弧形闸门,则弧形门半径很大,闸墩很长。考虑到葛洲坝下泄设计洪水和校核洪水的概率很小,故采用上平板门、下弧形门的双门组合方案,如图 7-15 所示。在大多数情况下关下平板门作为活动性胸墙,开启弧形门作为常用的工作门泄水控制上下游水位;只在下泄较大的洪水时,才打开所有弧形闸门和平面闸门。这样大型的组合闸门是我国首次自行设计、制造和安装的。

## 8.3.7 减小启闭力的一些措施

(1) 合理选择门型。同一水头和孔口面积的闸门,采用不同的门型,所需的启闭力相差很大。如:水头 58m,孔口面积 36m²,若采用胶木滑道平面闸门,则启闭机容量约需 4 000kN;若采用弧形闸门,则启闭机容量仅需 700kN。可见合理选择门型是减轻启闭力的主要途径。

(2) 减小支承的摩擦阻力。采用摩擦系数较小的钢基铜塑复合材料、增强聚四氟乙烯、陶瓷、不锈钢等作为滑动支承材料,或者采用滚轮代替滑动支承,都可明显地减小支承摩擦阻力。

(3) 减小水封的摩擦力。橡胶水封材料与止水座钢板的摩擦系数变化范围大致是 0.05~0.70,

宜尽量使用橡塑复合水封聚四氟乙烯和不锈钢止水板，并经常添加润滑油，其摩擦系数可减小至 0.05～0.20。但需要严格按规范要求加工，安装时需处处精确定位，既要达到止水目的，又要起到减小正压力和摩擦力的效果。

（4）改善闸门底缘形状。闸门底止水至闸门底梁上下游翼缘底连成的斜面应有好的形态，减小泄水时的震荡力和水流摩阻损失，在闭门时减小对门底的上托力，在启门时减小对门底下吸力。

（5）加强通气作用。当闸门部分开启时，门下高速水流往往使闸门底缘产生负压，甚至可能发生空穴现象，以至发生空蚀破坏，对闸门的工作条件很不利，会增加启闭力。若能保证充分通气，则门下水流流态稳定，可使门的下吸力减小 20% 左右。

（6）调节水重或上托力。若算得所需的启门力很大，闭门力为负值，闸门可自行下压，而且有较大的余地，可修改闸门结构，加大水对闸门的上托力，减小启门力。如果算得所需的闭门力很大，而启门力不很大，若使用液压启闭机或螺杆启闭机的压杆不够长，可考虑加大水重的作用，直到可以自行下降，并略有富余为止，这样虽然增加启门力，但启闭机容量尚能接受。

## 8.4 阀 门

在水电站压力管道或城市供水系统，常用阀门作为开关调节流量，如高压平面滑动阀门、蝴蝶阀、锥形阀、空注阀、针形阀、球形阀，等等。

### 8.4.1 高压平面滑动阀门

高压平面滑动阀门由门叶、门壳、门套和液压启闭机组成，门叶有方形和圆形两种，安装在门壳之中，门壳上方有门套，门叶由液压启闭机操纵，液压启闭机安装在门套的上方（如图 8-34 所示），阀门关闭时，门叶停在中间的门框内，开启时门叶被提升到与门框连在一起的套壳中。门框前后有与之连在一起的一段钢管，便于与泄水管道联结，整套系统一般由工厂定型整体生产。

高压滑动阀门布置简单、可有不同的开度、工作可靠、止水严密漏水量少，可作为工作门、事故门和检修门；但价格高，容易产生空蚀损害，尤其是在长期开度很小的情况下，容易发生震荡气蚀，应避免小开度长期运行，门叶底部宜用不锈钢材料。

我国梅山水电站泄水孔的滑动阀门尺寸为 2.25m×2.25m，水头 70m。美国比佛滑动阀门高 3.18m，宽 2m，水头达 285.9m。

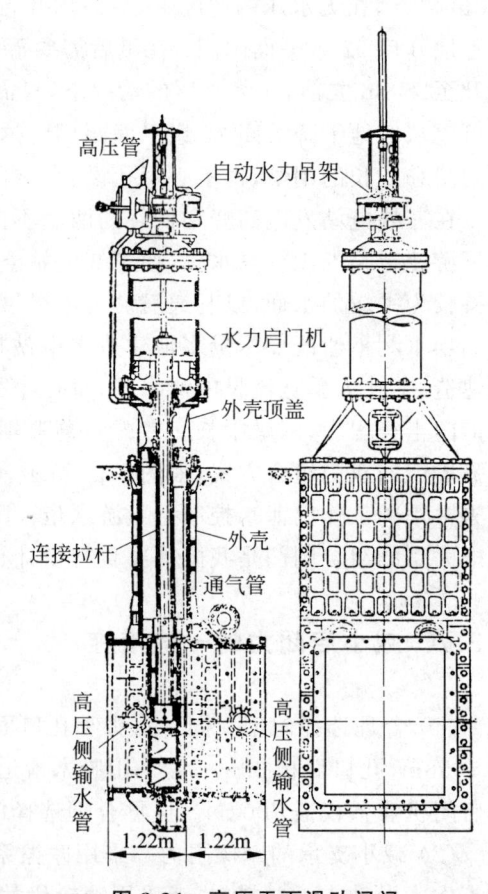

图 8-34 高压平面滑动阀门

### 8.4.2 蝴蝶阀

蝴蝶阀由圆筒形阀壳、圆盘形或双平板形阀叶和操作机械组成。阀叶(又叫阀舌)可以绕水平轴或垂直轴旋转，以截断水流或控制水流的流量。旋转轴线的方向一般布置成与水流方向垂直。

蝴蝶阀只在全开位置时，流线才是最平顺的；局部开启时，阀叶背水面可能形成低压涡流区，出现分离涡流和真空(如图 8-35 所示)，导致阀门振动和空蚀。

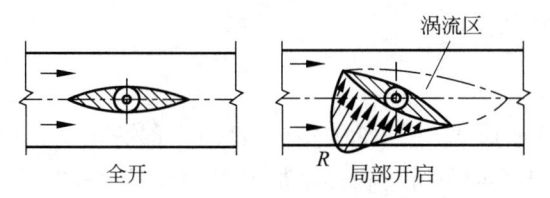

**图 8-35 蝴蝶阀示意图**

蝴蝶阀尽管在局部开启时水力条件较差，即使全开时的流量系数只有 0.6，但这种阀门布置紧凑，结构轻便，操作简便，启闭迅速，在压力输水管道中广泛使用，尤其是水电站压力引水管道常用它作为工作阀门和事故阀门。苏联英古力水电站装有水头 120m、直径 6m 和水头 175m、直径 5m 的蝴蝶阀；查尔瓦克水电站的蝴蝶阀直径 5m，水头 223m。

### 8.4.3 锥形阀

锥形阀由固定的圆筒形阀壳、锥体、径向肋片、止水环座和活动的钢阀套筒、止水环以及操作机械等组成(如图 8-36 所示)。锥体固定在尾端，椎面与轴线的夹角一般为 $45°$，阀壳与椎体之间用 3～6 个肋片焊接固定在一起，肋片布置成等夹角径向辐射状。外套筒由螺杆机构操纵沿阀体移动，即可控制泄水流量。

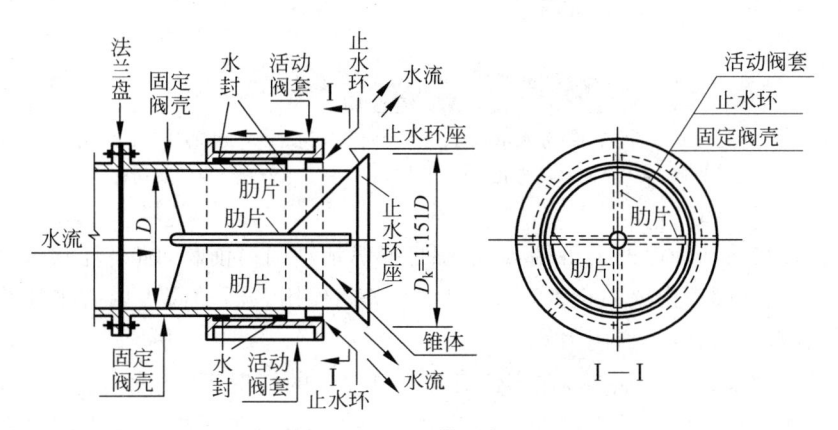

**图 8-36 锥形阀**

止水环和止水环座用高强度耐磨不锈钢合金材料，以防锈蚀和空蚀。为防止在阀壳和阀套之间渗漏，在阀套的上游端的内壁或者在阀壳的下游出口一端的外侧安装氟塑软止水；在水头很高的情况下,两者都设置,以加强防渗作用。

锥形阀的优点是构造简单,启闭力小,操作方便,可用于泄水孔出口工作门,水流条件好,全开时流量系数达 0.85,泄水时水流环形扩散射出,有利于消能、减小冲刷,但容易雾化影响周围环境。为防止雾化,可加罩子,使水流集中平射。为减轻负压和振动,罩子应有足够的通气孔。

广东枫树坝水电站放水管采用内套式(内套筒活动)锥形阀,直径 4m,设计水头 70m,使用情况良好,振动很小[12]。国外锥形阀系列产品直径 0.2~2.74m,水头 274~128m,水头小,可用直径大的;若水头大,则应该用直径小的。

### 8.4.4 空注阀

空注阀主要由阀壳、针锥形阀舌、止水和启闭装置四个部分组成。阀壳进口内径与管道内径一致,两者用螺栓法兰盘连接,阀壳向下游直径逐渐加大,其上、下、左、右各用一对肋板与圆筒门套焊接固定,每对肋板上游间距小,下游间距大(如图 8-37 的 $C—C$ 断面所示),外表加工成流线形,以减小对水流的阻力,两肋板内的空隙用于给水流通气,更易于掺气雾化,起消能、减小冲刷的作用。对于高水头、大流速或大流量的情况,可把其余 4 个单肋板改成双肋板,使水流掺气更充分。

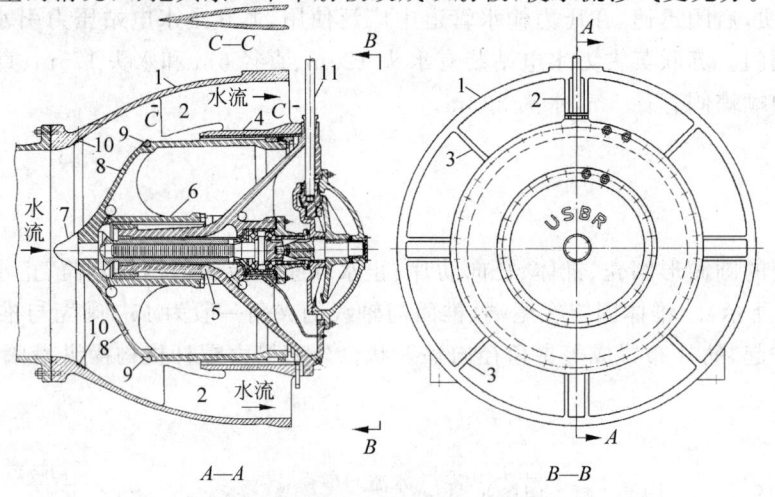

**图 8-37 空注阀**

1—阀壳;2—空心分水双肋板;3—分水单肋板;4—中间圆筒门套;5—中心圆管;6—中心双套管;
7—针阀;8—平衡水压力孔;9—止水环;10—止水环座;11—驱动杆

针锥形阀舌安装在活动圆筒的上游端,通过螺杆操纵活动圆筒前移,缩小环状过水断面以调节流量,直到阀舌止水环紧抵阀壳内壁的止水环座,起止水关闭作用。活动阀舌内有平压管与上游管道连通,以平衡阀舌外表水压力,减小启闭力。

空注阀全开时流量系数约为 0.70,在阀门开度小于 5% 的情况下,止水环座附近可能发生空蚀,应避免小开度长时间运行。已有的空注阀直径为 0.61~2.44m,美国格兰峡坝泄水孔的空注阀直径 2.44m,水头 163m,是当时世界上水头最大的空注阀。我国佛子岭水库泄水管出口采用的空注阀,直径 1.25m,水头 50m。我国河流泥沙含量多,洪水流量大,多用过流量较大的平面闸门和弧形闸门;水电站压力管道内多使用高压平面滑动阀门和蝴蝶阀门;小流量供水的小直径压力管道一般倾向于使用普通日常用的、便于安装和操作的阀门,不必使用结构如此复杂的、出水扩散雾化的空注阀和锥形阀。今后,我国水利水电工程的规模、泄洪流量、发电或其他供水流量都很大,空注阀、锥形阀、针形阀和球形阀将用得很少,在国外有些工程用到,只需对此有所了解即可,不必占用过多篇幅介绍。

## 思 考 题

1. 闸门按其形式和工作特征考虑有哪些类型?各适用于什么情况?
2. 试述平面闸门的结构组成。
3. 平面闸门的行走支承有哪些?各适用于什么条件?
4. 怎样计算平面闸门的启闭力?
5. 弧形闸门的支承铰有哪些形式?
6. 试述平面闸门和弧形闸门的止水装置和特点。
7. 试述弧形闸门的布置和结构受力特点。怎样计算弧形闸门的总推力和启闭力?
8. 平面闸门和弧形闸门各有哪些优缺点?在水利水电工程中如何选用?

# 第9章 大坝设计与安全监测管理

在水利水电枢纽中,起拦洪、蓄水、抬高水位等主体作用的水工建筑物是大坝,其工程量和造价往往是整个枢纽工程最高的。大坝能否安全正常工作,对整个枢纽的安全运行、对下游的生命和财产安全至关重要。为了使水利水电枢纽安全、经济、更好地发挥效益,做好大坝设计和安全监测管理工作,是水利水电科技工作人员理应首先要做好的头等任务。

## 9.1 大坝设计工作的主要内容

大坝设计工作按其先后次序排列,大致有以下一些主要内容。

### 1. 确定工程等别和建筑物级别

根据多年水文来水量资料和经济发展建设的需要论证兴建水利水电枢纽项目的必要性,拟定水库库容、水力发电装机容量、防洪保护人口、保护农田面积、保护区当量经济规模、灌溉面积、供水对象重要性、年引水量等数据,参照表1-1所列的水利水电工程分等指标,确定工程等别;并参照表1-2,确定主要和次要的永久性水工建筑物级别,参照表1-3,确定临时性水工建筑物级别。

### 2. 坝址和坝型选择

大坝的选型和选址是对水利水电枢纽布置和整个枢纽的造价、工期和运行影响较大的重要内容。在选择坝址、坝型和枢纽布置时,主要是根据地质、地形、建筑材料及施工条件等因素,初选几个坝型和坝轴线,经过论证,找出其中比较有利的几个坝型和坝轴线,并进行枢纽布置和比较。此外,还须考虑投资、工期和运行条件、综合效益以及远景规划等综合指标,才能找出最优方案。

1) 地质条件

地质条件是选择坝址和坝型的重要条件。若地基覆盖层较薄浅,基岩较好,没有容易滑动的断层、破碎带或裂隙等结构面,一般都宜建造拱坝或重力坝。若坝址处覆盖层较厚,或基岩很差,全风化或强风化的岩层很厚,宜建造土石坝,在岸边另建溢洪道或泄洪洞。在平原或小丘河道的土基上,宜建造水闸,关闭闸门蓄水,开启闸门泄水。在工程设计中需通过勘探研究,将工程区的地质情况了解清楚,并作出正确评价,以便决定取舍或定出妥善的处理措施。

坝址选择中要注意以下几个方面的问题:①要查明断层破碎带、软弱夹层的产状、厚度、充填物和胶结情况,测出这些结构面的物理力学参数,并分析其对建筑物的应力和稳定的影响;②若软弱结构面的倾角较陡,在地形上存在临空面,这种岸坡极易发生滑坡;③对于岩溶地区,要掌握岩溶发育规律,特别要注意潜伏溶洞、暗河、溶沟和溶槽,必须查明岩溶对水库蓄水和对建筑物的影响;④应尽量避开细沙、软黏土、淤泥、分散性土和湿陷性黄土等地基。

2)地形地貌条件

若河谷很宽,岸坡很缓,覆盖层很厚,坝址附近土石料来源充足,宜选用土石坝,但需要岸边有合适的地形条件设置溢洪道;若覆盖层很薄,岸边没有合适的地形建造溢洪道,则宜考虑选择混凝土重力坝方案,可在河道上直接布置溢流坝段、水电站厂房坝段、靠近岸边布置船闸及其他建筑物。

若河谷很窄、地基覆盖层不厚、两岸高而陡、岩体稳定性很好,宜建造拱坝,坝体工程量小;但如果坝身泄洪能力不够,则需要另外布置岸边溢洪道或泄水隧洞;如果布置不了坝后式厂房则应考虑建造地下厂房及其引水系统和尾水系统。如果两岸岩体强度很低或有不利于岩体和拱坝稳定的断层、破碎带、裂隙等结构面,拟考虑改用重力坝或因岸坡很陡改用整体式重力坝。如果表层岩体很破碎,很深处岩体才可建重力坝,可考虑与土石坝方案比较。对于这种地形和地质条件,如果选用土石坝,开挖建造岸边溢洪道的工程量很大,地下厂房须建在离地表较远的深处较好的岩体里,需要很长的引水系统和尾水系统,坝体还须对两坝头削坡,开挖工程量很大,应全面对比各种坝型方案的投资造价和优缺点。在土石坝里,宜利用削坡石渣做堆石坝,比砂砾石坝节省材料和所有各种隧洞的长度。

对于多泥沙及有漂木的河道,还应注意河流的水流形态,在选择坝址时,应当考虑如何排沙和漂木并防止泥沙和漂木进入取水建筑物。

3)天然建筑材料的分布

天然建筑材料的分布是坝型和坝址选择的重要依据之一。坝址附近应有足够数量符合质量要求的天然建筑材料。例如:在宽河谷、覆盖层较厚、两岸较缓的坝址附近,若有足够数量和符合质量要求的砂砾石材料以及黏性土防渗材料,在岸边有建造溢洪道合适的地形和建造水电站厂房合适的位置,那么选择以黏土为防渗材料的土石坝可能是节省投资的较好的坝型;如果黏性土料来源很少,宜采用沥青混凝土心墙土石坝;如果砂砾料来源不多,而开挖溢洪道或地下厂房出来的块石较多,宜采用沥青混凝土心墙堆石坝(如果黏性土材料较多可考虑采用黏土斜心墙或黏土心墙堆石坝);如果地基覆盖层不太深,砂砾石来源不足以填筑土石坝,岸边溢洪道和地下厂房因工程量太大或山体岩石很破碎而难以开挖和建造,块石来源不够填筑堆石坝,在这些情况下宜采用混凝土重力坝方案,在主河道中心坝段设置泄洪建筑物,在两侧坝后设置水电站厂房,比土石坝方案合理。

4)施工条件

大坝施工需要在坝址下游有较开阔的场地,可供布置施工设备和临时工棚,且距交通干线较近,可与永久电网连接,便于施工运输、施工用电和用水,这是坝址选择的其中一个依据。

气候也是施工条件之一,它对坝型的选择有影响。例如:在严寒地区或下雨很频繁的地区,混凝土浇筑、黏土填筑和碾压都很困难,若这种气候占很长时间,需要搭棚保温或挡雨,严重影响施工进度,增加投资,推迟效益。对于这样不利的气候环境,若块石来源充足,包括坝肩削坡开挖、岸边溢洪道和地下厂房开挖的石渣,将某一粒径以下的石渣直接填筑坝体,不需筛分,只需在坝面上用推土机或再加人工将偏大的块石推到下游坝面附近,一年四季不论下雨严寒都可全天候筑坝和碾压,在南方每年2、3月份,在北方每年3、4月份是少雨、气温适宜的季节,宜集中在此时浇筑面板混凝土。这种施工安排可明显加快施工进度,节省投资,所以在上述条件下应首选混凝土面板堆石坝。

汛期洪水情况也是应考虑的施工条件之一。如果汛期洪水很大,或很难准确预估,导流洞泄洪能力估计难以胜任,则应选择混凝土拱坝或重力坝,其抵御洪水漫顶过坝的能力较强;其次是混凝土面板堆石坝,可利用其上游的下部坝脚兼做施工围堰。

5) 综合效益和枢纽布置因素

对于有多种综合效益的水利水电枢纽工程,与此相应的枢纽布置对大坝的坝型和位置有影响,对有些大坝甚至影响很大。如三峡水利水电枢纽工程,肩负防洪、发电、航运等重大任务,它位于长江主干流中游,汛期洪峰流量很大,需要很大的防洪库容和很大泄洪能力的泄洪坝段,还要充分利用长江水发电,需要摆下 32 台、每台 700MW 的水轮发电机组,还需布置两条五级船闸和升船机坝段。如果选在河谷最窄处建造拱坝,虽然大坝工程量很小,但坝体泄水建筑物很难下泄洪峰流量 124 000 $m^3/s$,须在很高的岸边凿建溢洪道和船闸,须凿建很多地下厂房,很费工程量和投资,很费工时,对泄洪和通航都很不利,显然不是合理的方案。所以三峡大坝选择河道很宽、地质条件较好的三斗坪坝址,选用重力坝坝型,在主河道中间部位相间布置 22 个泄洪表孔和 23 个泄洪深孔,在适当部位布置冲沙孔,两侧还需要开挖部分山体才能布置水电站厂房、船闸和升船机等建筑物。

三峡水电站在外界高峰用电时发电,低谷用电时不发电,为适应通航要求,需要控制大坝下游河道水位和流速不能变化太大,所以在其下游提前兴建了起调节池作用的葛洲坝,坝顶高程 70m,其泄洪、通航、排沙等要求与三峡大坝基本相同,要布置两个净宽各为 34m 的 1 号、2 号大船闸和一个净宽 18m 的 3 号船闸,要布置很多低水头大流量的水轮发电机组和很多冲沙闸,所以坝址选在南津关下游河道很宽、地质条件允许的位置,在河道中部布置 27 孔大型水闸,每孔净宽 12m;为了增加发电机组,除了挖掉大江和二江之间的葛洲坝小岛建电站坝段之外,还须对水闸加强温控措施,采用三孔一联的方式,每 3 孔设置 1 个缝墩,减少缝墩个数和闸墩总厚度,并且水闸全部采用开敞式,上设平板门,下设弧形门(参看图 7-15),平时大多数时间全部关下平板门,用弧形门调节库水位,大洪峰泄洪时上下门全开,最大下泄流量 83 900 $m^3/s$,加上 15 孔冲沙闸全开泄洪,最大下泄流量 114 400 $m^3/s$,满足泄洪要求。所以,坝型和坝址的选择与运行需要和整个枢纽布置的要求密切相关。

### 3. 确定特征高程及相应的库容

对选好的一个或几个较好的坝址,根据库区地形图绘制水位库容曲线,根据水文资料的多年平均来水量,各月入库流量特征和发电调峰要求,发电最高和最低工作水头、发电用水流量、多年平均年或月发电小时数等指标,确定水电站装机容量,选择机组型号、机组数量,根据发电放水量、灌溉和城市需水量要求,确定水库兴利库容,从发电最低工作水头初定最低汛期限制水位,向上算得对应的最高蓄水位,再加上考虑竖面驻波或斜面爬坡的浪高和安全超高,作为坝顶部的防浪墙顶高程之一。

设计洪水位和校核洪水位通过调洪演算求得。先初拟各种泄洪建筑物位置、高程和主要尺寸,根据洪水资料拟定设计洪水过程线和校核洪水过程线,细分很多时段列表调洪演算,以初定汛期限制水位作为起调水位,从洪水入库开始逐一计算各时段入库流量、下泄流量、所增加的入库水量和时段末库容,从水位库容曲线查得新的库水位,计算下一时段有关泄水建筑物的下泄流量,如此循环计算,直到某一时段洪水入库流量等于和开始小于该时段下泄流量、库水位由上升至开始下降为止,此时对应的库水位即为设计洪水位(按设计洪水过程线演算)或校核洪水位(按校核洪水过程线演算),加上相应的坝前浪高和安全超高,作为这两种情况下对应的防浪墙顶高程之二、之三。这两个高程若低于正常蓄水位的防浪墙顶高程较多,说明初定的汛限水位太低,汛期运行效益较差,应提高汛限水位或减少泄洪建筑物重新演算;这两个高程若超过正常蓄水所要求的坝顶高程较多,说明初定的汛限水位太高,应降低起调水位,但不低于发电要求的最低水位,若汛后其他月份入库水量很小,为长时间发挥高水头发电效益,也不应降低汛限水位,而应加设泄洪孔或泄洪洞在洪水入库初期及时泄洪,降低最高洪水位。经多次演算使这三个水位的防浪墙顶高程很接近,选最高的作为防浪墙顶高程,对应的起调水位即为最后确定的汛期限制水位。为加快和精确调试,宜编制电算程序,并再细分时段,由计算机很快且更精确地完成很多重复运算,避免人工手算误差。

将防浪墙顶高程减去防浪墙高度暂定为坝顶高程,但不得低于其相应的静水位,黏土斜墙应高出正常运行静水位 0.6～0.8m,黏土心墙应高出正常运行静水位 0.3～0.6m,高坝或地震设计烈度≥Ⅷ度的黏土防渗墙超高取相应类型的大值[27],且都不应低于校核洪水静水位,寒冷地区还应加上保温层厚度,应按这些要求选定坝顶和防浪墙顶高程。为安全和便于叙说,宜将坝顶高程向上取整至米或分米单位;汛期限制水位宜向下取整,但若影响发电则宜向上取整。

### 4. 拟定建筑物尺寸,做水力计算、渗流分析、应力稳定分析、地基处理设计和安全监测设计

根据工程等别和各建筑物级别要求的安全性,拟定各建筑物尺寸。对泄洪建筑物和输水建筑物应核算它们的最大泄洪和输水能力,做好消能设计;对各建筑物及其地基要做渗流分析,计算渗透压力分布和渗流量,对土石坝和土石地基再加做渗流稳定分析;对各建筑物及其地基要做应力和抗滑稳定分析;做好地基处理设计;对大坝及相关主要建筑物做好施工期和运行期的安全监测设计。

### 5. 施工导流和施工组织设计

在水利水电枢纽工程可行性研究报告和设计报告里需要提供施工导流方案和整个工程的工期,是设计方案对比和审批的重要依据之一。施工导流方案对施工进度影响很大,甚至是施工成败的关键。为了提供准确的工期,论证施工导流方案能否实施,需要做好施工导流和施工组织设计。

施工组织设计的主要内容是:拟定枢纽中各建筑物的施工进度表横线图,标注开始日期、完成日期、各时段所需工种劳动力和施工设备数量,完成土石方量、混凝土浇筑量等,这种施工进度表便于安排和统计各时期各工种需要的劳动力和施工设备等;有的工程还把各建筑物的施工日期安排画成施工流程图或施工流线图,从最早施工到最后完成的流线作为控制整个工程进度的主要矛盾线,在整个施工过程中尽量采取一切可能采用的措施,加快有关结构的施工,缩短这条主要矛盾线的进程。

土石坝工程施工导流方案通常采用较多的是开挖导流洞和填筑上下游围堰,并考虑尽量将导流洞的中下游段与龙抬头永久泄洪洞的中下游段共用,或者与电站尾水洞共用,上下游围堰尽量作为坝身的一部分。这样可节省部分工程量,但导流洞进口封堵之后,库水位可能很快上升超过龙抬头泄洪洞进口高程,进口段开挖、钢筋混凝土浇筑、事故检修门的门槽、轨道、有关埋件、弧形工作闸门及其支座、有关埋件和启闭机安装等项目施工需要安排在导流洞进口封堵之前完成,封堵后应尽快完成龙抬头斜坡段的开挖和钢筋混凝土衬砌,满足下一年汛期泄洪需要。

我国北方一些中小型混凝土坝或浆砌石坝工程,在汛后枯水期河水流量很小,可采用坝身导流孔方案,在汛前或汛期宜尽快完成岸边坝身导流孔位置开挖和清基工作,汛期结束后,立即安排坝身导流孔的钢筋混凝土浇筑,尽快安排导流。导流孔还可兼做灌溉输水孔、泄洪底孔、排沙底孔或放空底

孔等,一孔多用,但在导流之前应完成所有进口段闸门有关项目的施工。

我国南方一些大河流上建坝,如果施工期需要通航,导流方式与上述方式有很大区别,如在三峡大坝施工期,长江干流不能断航,大坝须分三期施工:第 1 期在左岸抓紧双向五级船闸的开挖、高边坡岩体锚索、混凝土浇筑,同时抓紧在右岸边开挖导流明渠,浇筑纵向围堰混凝土,达到某一强度后,将长江水引向导流明渠并通航;第 2 期在大江从纵向围堰至左岸填筑上下游土石围堰,在围堰达到所要求的高程后,立即在围堰上进行混凝土防渗墙施工,选择大江下泄流量最小的时机将围堰合拢,继续完成全部防渗墙施工,在汛后围堰外的大江水位较低以及混凝土防渗墙具有足够强度时抽排围堰所围的江水,完成溢流坝段导流底孔、泄洪深孔、左侧水电站厂房坝段和临时船闸的施工,并继续抓紧完成双向五级船闸施工,同时完成右岸地下厂房进口部位施工;第 3 期待船闸具备通航条件以及大江导流底孔具备导流条件和泄洪深孔具备泄洪条件之后,炸掉第 2 期工程所需的上下游土石围堰,利用导流底孔导流,在导流明渠上游先填筑小的土石围堰,然后在其下游填筑碾压混凝土围堰至 140m 高程(主要为了提高水位,保证双向五级船闸通航,使部分机组提前发电),在原来导流明渠的地基之上完成右侧水电站坝段和右岸地下厂房施工。

施工导流设计应选用施工期的防洪标准和洪水过程线,初拟导流洞、导流孔或导流明渠进出口底高程、断面和长度等主要尺寸,算出下泄流量与上下游水位关系,利用库容和库水位关系曲线,进行多方案调洪演算,选择最优导流方案(包括围堰类型),得到施工期库内最高洪水位和下游河床水位,各加上其相应坝前浪高和安全超高,确定上、下游围堰顶的高程以及导流工程量和施工时间安排。

若导流洞很长,只有进出口两个开挖面施工,需要较长时间,是控制整个工期的关键性环节,作为主要矛盾线的开始段,应尽早安排,如与搭建工棚等施工前期准备工作同时进行。

**6. 论证大坝对环境的影响及环保措施**

大坝设计的审批需要评价大坝对环境保护的影响,其内容主要如下。

(1) 水库淹没耕地、树木、建筑物等,须移民,河岸原来的两栖动物须迁移,可能有些鱼类向上游产卵繁殖后代的条件被拦截破坏,原有的生态环境发生改变,应分析由此可能对生态环境、对人类和经济持续发展带来的损失。

(2) 从水库建筑物施工过程和蓄水后的山体滑坡、崩塌体的稳定性,估算滑坡崩塌入库方量、涌浪高度及影响范围,评价其对航运、工程建筑物、周围城镇和居民区环境的影响。

水电工程一般都兼有防洪、发电、灌溉和城市供水等效益,大江大河的水电工程(如三峡水利水电枢纽工程)还具有航运效益,吨公里运输消耗的燃料远小于陆路运输。水力发电可减少燃煤、燃油、燃气发电产生的 $CO_2$ 及其他有害气体对大气的温室效应和污染,其防洪、灌溉、城市供水等效益对下游生态环境的保护作用远大于其负面作用。尽管如此,我们还是应该使其负面作用降到最小,采用一些行之有效的措施保持生态平衡。由于建造水库后,洪峰下泄流量有所减小,可将水库下游河床两侧以及岸边推平,填土造地,尽量恢复原有耕地面积,尊重移民当地生活的意愿,就地附近移民,减小搬迁费用;将水库上游库水位以上的山坡植树造林,形成树木丛生的湖畔新家园,使原来两岸的动物有栖息之地;对珍稀濒危植物或其他有保护价值的植物,应采取移栽引种繁殖栽培、种子库保存和管理等措施;对珍稀濒危或有保护价值的水生动物若需要游向水库上游繁殖后代,应提出预留迁徙通道,或在水库下游修建养殖场等新栖息地加以保护和繁殖,等等。对于库区山体滑坡问题应加强监测,若加固措施工程量和投资很大,或很难加固,容易滑坡,应在蓄水之前将其安全卸掉。

大坝能否兴建,需要对淹没区拆迁移民和恢复生态环境支付费用,为保证环保防灾措施贯彻执行,应把各种措施费用和材料设备列入设计项目和投资概算。

### 7. 列出总工程量、三材设备数量、各工种劳动力数量和设计总投资概算

大坝能否建成,还须兴建施工场地、搭建工棚、开挖导流洞或导流明渠,或做导流底孔、填筑围堰等;大坝能否安全正常发挥效益,还须建造水电站、输水孔或输水隧洞、溢洪道、泄洪洞或泄洪孔等建筑物,应综合整理和计算整个枢纽工程的土方开挖、石方开挖、普通混凝土、钢筋混凝土等工程量及其所需的钢筋和型钢用量,木材用量,水泥用量,各种机械设备数量,各阶段施工和生活用电量、用水量,各时段各工种用工数量,设计总投资概算等项内容。

### 8. 对工程总概算、工程效益、施工年限、投资回收年限等进行经济分析

在水利水电工程设计报告或可行性研究报告里,应对工程设计概算、工程效益、施工年限、投资回收年限等进行经济评估分析。例如水库建成后平均每年发电量、灌溉面积、供水量等,需多少年才能收回总投资,回收时间越短越好。以往有的工程针对不同效益,还采用总库容或兴利库容每 $1m^3$ 的投资,或者总装机容量每千瓦的投资,进行对比和评估,单位库容或单位装机容量投资越小,说明越经济合算,效益越好,越容易获批兴建。但有些工程为审批通过或竞争中标,少报概算;等审批通过后,在编制施工预算或施工过程中发现资金不够,就申请补充概算,这是很不应该的。为杜绝这种情况,要求设计概算准确,实事求是;还要求签署承包罚款合同,如对概算编少了要罚款。

由于原材料和劳动力的单价比二三十年以前都有较大的提升,单位库容或单位装机容量的投资概算单价也应有较大的提升,不能拿过去的标准来编制和衡量今天的设计概算和施工预算,应该用最接近于当前和当地的行业材料单价和允许比准确数略微大一点的工程量计算概算。由于各工程各建筑物地基的清理开挖、地下厂房和各种隧洞开挖的难易程度不同,混凝土骨料开采难易程度和运距等条件不同,应考虑到这些因素编制设计概算,得到单位库容或单位装机容量的设计投资概算,用此评估工程效益、进行经济分析才有实际意义。

工程能否如期完成,能否提前发挥效益,提前回收总投资,这也是评估工程效益的重要依据。如三峡枢纽工程由于施工安排得好,抢在2003年汛前在导流明渠上游建造碾压混凝土坝围堰(顶高程为140m),可以提高库水位使永久船闸过船通航,使先安装好的机组提前发电,从2003年第1台机组发电至2010年已安装机组累计发电量达 $4527.4 \times 10^8 kW \cdot h$,至2017年3月1日12时28分三峡水电站累计发电量达 $10000 \times 10^8 kW \cdot h$,仅水力发电这一项,如果按平均每度电0.25元计算,那时就已回收原设计概算静态总投资的两倍多,效益是很可观的;此外,每年过坝船运量比筑坝前提高数倍,汛期不断航,而且提高了很大的安全性;有几年汛期长江中下游水位较高的时候,三峡大坝都拦截上游洪水,减小下泄流量,多次避免动用千军万马对长江中下游两岸大堤抢险加固所花大量的人力、物力和财力。在其上游很多大型水电站建成后,增加拦洪作用,减轻对三峡大坝的压力,加上气象卫星使天气预报趋于快速和准确,三峡大坝在汛期没有大量洪水入库的大部分时间里,库水位可比原设计的汛期限制水位适当提高,以多发电;可据天气预报和上游水库的拦洪调度计算洪水何时到达三峡大坝,还须多开几台机组发电和多开几个泄洪深孔放水,赶在洪水到达坝前把库水位降至汛期限制水位,不影响原设计的防洪效果。因上游很多大型水电站拦蓄洪水再发电,也将增加三峡水库有效的入库水量和发电量。综合上述有利条件,可望三峡水电站每年发电超过 $1000 \times 10^8 kW \cdot h$,这是高峰用电

使用的优质清洁电能,每年可减少 $3150\times10^4$ t 标准煤燃烧及其排放的二氧化碳和二氧化硫。综上所述效益,三峡枢纽是"一本万利"、千秋万代多方面都收益很高的重大工程。

中国古代建造的几座砌石坝至今有几百年至两千多年仍保留下来使用,欧美等国早期建造的一些混凝土坝至今有一百至一百六七十多年仍然在使用。但并非全部如此,由于泥沙淤积、特大洪水、库区山体滑坡、地震和战争等因素对大坝的影响作用,都很难预估,所以需要我们做好研究工作,对大坝正确设计,保证施工质量,认真做好安全监测并及时检修,才能保证和尽量延长大坝寿命,充分发挥水和水电的宝贵作用,保障人类和社会发展的需要,保护人类共同的地球家园。

## 9.2 大坝安全监测管理

### 9.2.1 大坝安全监测管理的意义和任务

大坝建成后,须进行安全监测,分析监测结果与原设计值差别的原因,判断是否须修改原设计参数还是须采取工程措施,通过实时监控和及时处理工作,防止事故发生,保证大坝及其相关建筑物的安全正常运行,才能实现预期的工程效益。由于大坝及其相关建筑物种类繁多,功能和作用又不尽相同,所处客观环境也不一样,所以安全监测工作具有综合性、整体性、随机性和复杂性的特点。若安全监测工作稍有疏忽,得出差错或相反结论,就可能引起大坝破坏和严重损失,花费昂贵的修复费用。大坝安全监测应引起人们最高度关注,应作为大坝管理工作的中心和重点。1991 年,国务院颁布的《水库大坝安全管理条例》规定,"必须按照有关技术标准,对大坝进行安全监测和检查"。可见,这里所讨论的管理,绝非仅理解为开闸放水、关闸蓄水的简单事情,除了日常运行所需的值班操作之外,还应进行许多大量认真的"安全监测和检查"工作,其主要任务大致如下。

(1) 安全监测。枢纽管理人员进行巡视检查和仪器监测,分析和总结各种监测数据的变化规律,为正确管理运用提供科学依据;经检测分析若及时发现不正常迹象,采用正确措施,防止事故发生,保证工程安全运行;通过原型监测,对建筑物原设计的计算方法和计算数据进行验证;根据水质变化动态做出水质预报。检查监测的项目一般有:巡视检查,变形监测,渗流监测,应力监测,混凝土建筑物温度观测,河流和过水建筑物水流和水质监测,冰情观测,水库泥沙观测,岸坡渗漏、滑动和崩塌观测,库区浸没观测,大坝及相关建筑物抗震监测,隐患探测,以及所测资料的整编及分析等。

(2) 对大坝及相关建筑物、机电设备、管理设施以及其他附属结构等日常养护维修,并定期检修、岁修或组织很强的专业力量抢修,以保持结构完整,设备完好和安全正常运行。

大坝及其相关的建筑物长期与水接触,承受水压力、渗透压力,有时还受侵蚀、腐蚀等化学作用;泄流时可能产生冲刷、空蚀和磨损;若设计考虑不周或施工过程中对质量控制不严,在以后的运行中可能又出现空蚀破坏等问题;大坝及其相关的建筑物遭受特大洪水、地震、气温骤降等预想不到的情况而引起破坏,如裂缝、滑动等,所以需要经常检查,若发现问题,须及时处理。

对大坝及其相关的建筑物养护和修理的基本要求是:严格执行各项规章制度,加强防护和事后的修整工作,以保证建筑物始终处于完好的工作状态。要本着"养重于修,修重于抢"的精神,做到小坏及时小修,不等岁修和大修。

(3) 调度运行。根据已批准的调度运行计划和调度指标,参照气象预报与河道各级水文站监测数据,综合利用水资源,制订优化调度运行方案,充分发挥上下游各级大坝工程的联合作用和效益,确保各级大坝安全和经济合理运行。

(4) 枢纽自动化管理创新。与科研和生产单位合作,对枢纽管理自动化革新,主要项目有:大坝安全监测和警报自动化系统,水文监测与预警自动化系统,防洪调度自动化系统,调度通信自动化系统,供电、供水自动化系统,等等。

(5) 科学实验研究。为保证大坝安全,延长其使用年限,提高社会经济效益,降低运行管理费用,需要在新技术、新材料、新工艺等方面进行试验研究。

(6) 对所测资料进行研究分析、整理和建立技术档案。

大坝安全监测所用的埋件材料大多数需要在施工过程中埋设和监测,大坝安全监测的意义和任务除了体现在上述的运行期之外,还体现在下述施工期的几方面。

(1) 在施工期间根据监测数据安排施工进度,例如:①监测混凝土坝的温度变化,以及各种纵缝、横缝的张合状况,为混凝土坝的温控和接缝灌浆时间提供依据;②监测土石坝黏性土防渗体沉降量、固结速度和孔隙水压力的变化,以便合理安排坝体各部位填筑进度等。

(2) 在施工期因大洪水或提前发电使库水位升高,有些重力坝上部的纵缝或拱坝上部的纵横缝来不及灌浆形成整体,库水位就超过灌浆区域较多,在未灌浆区域每根悬臂梁坝体的上下游面可能产生较大的梁向拉压应力,已灌浆区域顶部拱圈上下游坝面的拱向拉压应力可能较大,应对这些部位及其下坝底部位加强应力和测缝计监测,根据监测结果,分析应力分布和下部接缝灌浆的效果,随时控制库水位,以免拉应力较大部位的接缝被拉开。如果开裂而未监测到,坝体有效断面减小,造成很大隐患。可见对这些部位认真监测是很重要和很必要的。

(3) 利用施工期大坝监测数据做些研究工作,实际上就是很多难得的1:1原型试验,比原先所做的计算或小比尺的模型试验更符合实际、更有说服力。例如:坝体和地基变形模量在设计阶段很难准确测定,很多是估算的,可利用施工期间不同坝高的自重或再加上不同水压力作用下监测的位移经反分析、反演计算或最小二乘法求得各种材料的综合变形模量。这些数值对拱坝应力影响较大,应增加应力监测值连同位移一起反算坝体和地基的变形模量才比较接近实际;若与原先估算的变形模量相差较大,应及时修正,以此重新计算各种条件下的位移和应力,与后来相同条件下的监测结果对照,才有真实可比的意义,若有必要和可能,还可来得及对未施工的那部分坝体和其他建筑物的设计做必要的修改。正因为原型试验观测比模型试验和理论计算更接近于实际情况,所反映的因素更多,所观测的结果更重要,所以大坝安全监测对精度和可靠性要求更高,观测仪器的布点就更要斟酌,考虑到施工监测和研究工作需要,在施工过程中应对监测埋件和仪表定位等加以百倍的关注和保护。

## 9.2.2 大坝安全监测工作的主要内容

大坝安全监测包括巡视检查和仪器监测两个部分。

### 1. 巡视检查

巡视检查是用直觉方法观察大坝及相关结构外表、坝基附近地表和远处指定范围外表,分析判断这些部位是否出现问题。一些大坝失事的很多原因是地基断层、破碎带、裂隙等结构面发生错动,或者土石坝的土石料地基发生管涌或滑动而引起的。但由于人的认识水平、地质勘测资料、安全监测设备等都很有限,大坝或地基破坏的部位,不一定在监测仪器所布设的位置。所以,巡视检查,及时发现问题并及时处理,是大坝安全监测不可缺少的重要常规监测工作。

巡视检查工作的内容主要是:在蓄水时检查坝内廊道、坝顶(包括防浪墙)、坝面和周围坝基有无裂缝、错动、滑动、渗漏、管涌、流土、隆起和塌陷等现象,排水孔或下游排水体有无堵塞,土石坝护坡或堆石坝面板有无损坏,寒冻地区还应检查混凝土迎水面的冻融破坏情况,对重力坝和混凝土面板堆石坝还应检查各种伸缩缝开合、错动、止水渗漏、排水量、析钙等情况;在泄水时检查进出水口周围、下游坝脚和岸边有无冲刷破坏,泄水后检查过水面和闸墩的磨损、空蚀、剥落、露筋等情况;所有水库在初次蓄水和运行期间都应检查库区有无大体积山体滑坡或崩塌等迹象,以防山体滑落引起涌浪危及坝体。在竣工后的初次蓄水或初次泄洪期间,应尽量安排足够人员,每1~2天完成一次巡视检查;若发现问题,对该部位应专门安排人员值班关注或设置仪器监控,尽快研究解决。经正常高水位蓄水1年或未达正常高水位运行3年后,对仍有疑虑的部位,宜每周完成1~2次巡视检查,对没有发现问题的其他部位,宜每月完成1~2次巡视检查,高水位和汛期应增加巡视检查次数。

### 2. 仪器监测

仪器监测一般属于常规监测,它包括变形监测、渗流监测、应力监测和温度监测。根据大坝的类型和级别,对大坝进行仪器监测的内容如表9-1所列[47],其中主要的内容和要求分述如下。

表9-1 大坝安全监测项目分类和选项

| 监测类别 | 监测项目 | 混凝土坝级别 1级 | 2级 | 3级 | 4级 | 5级 | 土石坝级别 1级 | 2级 | 3级 | 4级 | 5级 |
|---|---|---|---|---|---|---|---|---|---|---|---|
| 变形监测 | 坝体表面水平位移 | ● | ● | ● | ● | ● | ● | ● | ● | ○ | ○ |
|  | 坝体表面竖向位移 | ● | ● | ● | ● | ● | ● | ● | ● | ○ | ○ |
|  | 坝体内部变形 | ● | ● | ○ | ○ |  | ● | ● | ○ | ○ | ○ |
|  | 坝基变形 | ● | ● | ● | ○ |  | ● | ● | ○ |  |  |
|  | 倾斜 | ● | ○ |  |  |  |  |  |  |  |  |
|  | 界面位移 |  |  |  |  |  | ● | ○ |  |  |  |
|  | 接缝、裂缝开合度 | ● | ● | ○ | ○ |  |  |  |  |  |  |
| 渗流监测 | 渗流量 | ● | ● | ● | ○ |  | ● | ● | ● | ● | ● |
|  | 扬压力 | ● | ● | ● | ○ |  |  |  |  |  |  |
|  | 坝体渗透压力 | ○ | ○ | ○ | ○ |  | ● | ● | ○ | ○ | ○ |
|  | 坝基渗透压力 |  |  |  |  |  | ● | ● | ○ | ○ | ○ |
|  | 绕坝渗流 | ● | ● | ● | ○ |  | ● | ● | ● | ○ | ○ |
|  | 水质分析 | ● | ● | ○ | ○ |  | ● | ● | ○ |  |  |
| 应力应变及温度监测 | 应力 | ● | ○ |  |  |  |  |  |  |  |  |
|  | 应变 | ● | ○ |  |  |  |  |  |  |  |  |
|  | 孔隙水压力 |  |  |  |  |  | ● | ○ |  |  |  |
|  | 土压力 |  |  |  |  |  | ● | ○ |  |  |  |
|  | 混凝土和坝基温度 | ● | ● | ○ |  |  |  |  |  |  |  |
|  | 应力应变及温度 | ● | ● | ○ |  |  | ● | ○ |  |  |  |

注:1. 表中"●"为必设监测项目;"○"为可选监测项目,根据需要而定;空格为不作要求。
2. 对于高混凝土坝或坝基有软弱岩层的混凝土坝,建议进行深层变形监测。
3. 若1~3级混凝土坝出现裂缝,需要设裂缝开合度监测项目。
4. 坝高70m以上的1级混凝土坝,应力应变监测为必选项目。

1) 变形监测

大坝变形监测包括水平位移及竖向位移、倾斜度变化、接缝和裂缝开合度、地基变形等,以判断大坝是否正常工作,是很重要的监测项目。高坝应分期蓄水、随时监测,若有问题,及时处理。

(1) 水平位移监测

大坝位移监测应在坝址周围稳定不动的基准点或工作基点架设仪器监测大坝和周围地基测点。为提高准确性和精度,大中型大坝宜连同施工期位移监测在不受大坝和坝基变形影响的稳定基岩上选取基准点组成同一套位移监测三角测量控制网;小型工程可从下游稳定基准点引至坝址附近稳定基岩设置工作基点,并由基准点校测工作基点的稳定性。

坝体和周围地基水平位移监测点应设置在坝顶和坝基附近,高坝段在两者间增加测点。若坝顶为直线且短于300m,可用视准线法,在两岸稳固不动、便于观测的位置设置工作基点,在坝顶和坝坡上布置测点,利用工作基点间的经纬仪视线作为视准线,通过视准线的竖直面作为视准面或基准面。对于重力坝和土石坝,为便于测量和计算,一般使视准面与坝轴线重合或平行,测量各测点到视准面距离的变化计算测点沿库水压力方向的水平位移。若坝顶较长或曲线形状(如拱坝),为减小测量计算误差,应从两岸工作基点导出三角网测量坝上和周围地基各测点坐标及其变化计算其位移。

各种大坝和周围地基水平位移监测点按坝型结构特点选取位置。混凝土重力坝在河床溢流坝段宜每3~5个坝段布置一个监测断面,两侧非溢流坝段宜各选择布置1个监测坝段,厂房坝段宜每2~4个坝段布置1个监测坝段,尽量选在坝较高、地形地质复杂或有特殊要求的部位。混凝土拱坝位移监测位置宜选在拱冠和拱座部位,对较高的1级、2级拱坝宜结合地质条件,在1/4拱、3/4拱附近增设监测断面,特高拱坝总监测断面不宜少于7个[21]。1~3级土石坝宜布置不少于4条平行于坝轴线的位移测线,其中坝顶1条,上游坝坡蓄水位以上1条,下游坝坡1/2坝高以上1~3条,其下1~2条,若坝下覆盖层深厚或软弱,在坝脚下游增设1~2条;4~5级土石坝顶部不应少于1条[47]。

1~3级混凝土拱坝坝体内部的水平位移监测可用正垂线法、倒垂线法,重力坝可用引张线法或真空激光准直法。

① 正垂线法是在坝内观测竖井顶部一个固定点上悬挂一条带有重锤、始终保持竖向的不锈钢丝,测量挂钢丝点的位移和坝内不同高程测点与竖向钢丝的相对位移可求得各测点的真实位移。正垂线通常布置在最大坝高、地质条件较差或计算位移的坝段内(以便计算值与实测值对比)。

② 倒垂线法是将不锈钢丝锚固在坝下基岩深处,顶端自由,借液体对浮子的浮力将钢丝拉紧保持竖向。底部应固定在计算位移小到可忽略的基岩深处,若无计算结果,按规范[47]要求,孔底固定端至建基面深度取1/4~1/2坝高,且不小于10m,钢丝位移接近于零,可测定各测点的真实水平位移。

③ 引张线法是将不锈钢引张线布置在坝体直线廊道内或在坝顶预留直线沟槽内,两端固定在同高程的两岸灌浆排水隧洞深处位移等于或接近于零的稳固岩基,将不锈钢丝拉紧,以其作为基准线来测量廊道或沟槽内各点的水平位移。若钢丝长度为300~500m,宜采用浮托式,以减小钢丝下垂量;若钢丝长度超过500m,宜分段设置,分段端点均宜设置倒垂线作为量测基准。

④ 真空激光准直法是在坝内直线廊道伸进两岸灌浆排水隧洞深处位移等于或接近于零的稳固岩基分别设置激光发射器和接收器,将坝内廊道位移测点与激光穿过的波带片连接固定,测点的水平位移和竖向位移由穿过波带片的激光放大到对岸固定的接收器成像读取,整个光路置于真空管道中,避免气流、气温、湿度、雾、雪、雨、扬尘等影响,千米长廊道测点的位移读取误差只有0.1mm。这种方法难度和费用很大,目前只用于像三峡大坝这样重要的重力坝。

拱坝水平位移监测宜采用坝内垂线法和坝面测点边角交会法，一般在坝顶拱冠和拱端附近的竖向断面设置垂线；若坝轴线较长，还在两侧四分点的竖向断面加设垂线。垂线与各高程（宜在坝高的1/3、1/2、2/3）廊道相交处应设置垂线观测点，当正、倒垂线结合布置时，正、倒垂线宜在同一个观测墩上衔接[47]。坝内垂线孔可在浇筑混凝土时精准预埋管或拔模形成内径≥500mm的孔道。倒垂线应在坝基固结灌浆和防渗帷幕灌浆合格后，在蓄水前从坝下廊道向坝基垂直钻孔安装固定于孔底。

小湾、二滩、溪洛渡等200m以上高度的拱坝监测结果表明，在初次蓄水时，坝肩位移和拱坝弦长明显加大。所以，200m以上高度的拱坝应在两岸坝肩上下游侧成对布置测点，在蓄水时进行谷幅、弦长监测[47]。

(2) 竖向位移监测

各种水坝均可在坝面设置位移测点，既可利用经纬仪测定水平位移，又可采用精密水准仪测定竖向位移，最后计算各测点的合成位移。

1～3级混凝土坝坝内廊道测点的竖向位移，可用连通管原理的静力水准法量测。高坝应根据需要在中间高程廊道内增设测点。坝顶和不同高程廊道的竖向位移应做高程传递连接。

若坝基附近有较大断层、破碎带、夹层、裂隙等结构面，宜设置重点监测断面，用测斜仪、滑动测微计、多点位移计监测该处岩体变形，测孔方向应根据结构面产状和岩体变形方向布置。

1～2级土石坝应在坝内设置水平向和竖向位移监测，在最大坝高部位、河床与两岸交界部位、地形地质条件复杂部位等横断面内，上下每隔20～50m，在1/3、1/2、2/3坝高处布置3～5条水平监测线，在其上每隔20～40m、坝体每个分区至少设置1个测点，埋设水管式沉降仪和引张线式水平位移计，上下层对应相近位置的测点宜在同一条竖线以形成竖向测线，埋设电磁式沉降仪和测斜仪至地基位移很小的深处，测算各测点真实位移，可反算水平测线各点真实位移；也可通过三角网测算水平测线伸至坝面测点的位移来反算坝内该水平测线上各点的真实位移，两种方法的结果相互验证，若偏差较大，分析原因加以纠正；若偏差很小，取平均值提高把握性。通过逐层测量各测点的高程变化计算沉降量和固结量，了解坝体各部位的固结程度，再加上监测和分析孔隙水压力的分布及消散情况，以便在施工期合理控制土石坝填筑进度，在运行期验算坝体位移和判断坝坡的稳定性。

高堆石坝面板挠度监测宜用电平器，间距5～10m，电缆线可接到室内远程监测；中低坝可用测斜仪，底部伸至趾板或基岩内，最高测点在面板顶部与之对应，其间测点间距0.5m，在现场顶部量测。

2) 接缝和裂缝监测

在重力坝和拱坝须灌浆的纵、横缝每个灌浆区中心宜布置测缝计，高拱坝宜在距上下游面2.5m至止浆片之间再各布置一支测缝计。在坝踵、较陡的岸坡坝段基岩与混凝土结合处宜布置测缝计；在宽槽缝一期、二期混凝土结合面处宜布置测缝计；堆石坝的混凝土面板垂直缝、周边缝或有周边缝的拱坝应在缝面处布置测缝计；对施工和运行中出现的危害性裂缝，修复后应布置测缝计。

若需要观测空间变化，如拱坝坝基结合面、面板坝周边缝处埋设"三向标点"。裂缝长度、宽度、深度的测量可根据不同情况采用测缝计、设标点、千分表、探伤仪以至坑探、槽探或钻孔等方法。

若土石坝的裂缝宽度大于5mm，或虽不足5mm但较长、较深或穿过坝轴线的，以及弧形裂缝、垂直错缝等都须进行监测，监测次数视裂缝发展情况而定。

对于高面板堆石坝，当坝体沉降量较大时，面板顶部与垫层料接触面容易脱空，在库水压力作用下，面板在斜坡方向容易产生较大的拉应力而出现水平裂缝，除了应加强堆石体和垫层碾压、合理安排面板混凝土浇筑日期之外，还应对每期面板顶部加密监测点[47]，一旦发现脱空现象，应灌填浓水泥砂浆或灌进水灰比较低的一级配小粒径碎石混凝土。

在库水压力作用下,堆石坝面板和趾板接触的周边缝张开量较大,缝的上中部位止水容易被拉开,应在最大坝高断面底部、两岸坡1/3、1/2、2/3坝高处和坝顶附近的周边缝布置测缝计,在高趾墙、岸坡较陡、地形突变及地质条件复杂的部位加密布置[47]。

若在趾板前设置防渗墙和连接板,应在防渗墙与连接板之间、连接板与趾板之间布置单向或双向测缝计,布置断面不宜少于3个[47]。

3) 渗流监测

混凝土坝渗流监测项目包括扬压力、渗透压力、渗流量、绕坝渗流、近坝岸坡地下水位和水质分析等。坝基扬压力对混凝土坝的应力和稳定影响较大。坝基浅层缓倾角的软弱结构面(断层、裂隙、破碎带等)和坝体与地基接触面如果清理不干净,在大坝蓄水后往往容易沿着这些结构面和结合面发生渗流,产生很大的渗透压力和扬压力,对坝体和地基的应力和稳定影响很大,须重点关注,用测压管或渗压计监测扬压力,监测点在建基面以下不宜超过1m的裂隙处,不应与排水孔互换代用。

1～4级混凝土坝每一坝段的坝基面附近宜至少布置1个扬压力监测点,位于防渗帷幕后的第1道排水幕线上,若坝基有大断层或强透水带,宜在灌浆帷幕和第1道排水幕之间增加测点;若下游还有第2道排水孔幕,宜在其幕线上再布置1个测点。顺河向重点监测断面不应少于3个,一般布置在坝高最大断面和河床与两岸交界处的建基面附近,若坝轴线较长(如大于400m)或地质条件复杂应适当增加监测断面;每个断面宜布置3～4个测点,靠近上游的1～2个测点位于第1～2道排水幕上,地质条件复杂的应适当加密,若下游有防渗帷幕,应在抽排系统最下游的排水幕布置测点。

对于常态混凝土坝,因水泥胶结材料含量较高,若仓面冲毛处理和浇筑振捣合格,层间缝结合很好,一般测不到渗透压力,建议仅对碾压混凝土坝的层间缝埋设差动电阻式渗压计做此项监测,测点宜布置在上游坝面至坝体排水管之间,与上游坝面距离不小于20cm,向下游测点间距逐渐加大。

渗透水流进排水管后,一般引到坝内廊道排水沟,可用量水堰或流量计监测其渗流量。若渗流量很小,可用容积法测算。坝体和坝基渗流量应分开监测,各自还可分区、分段监测。

对于绕坝渗流监测宜采用测压管或渗压计,测点应根据地形、枢纽布置、渗控措施及绕坝渗流区域水文地质条件布置,宜在两岸帷幕后沿流线方向布置2～3个监测横断面,每个断面3～4个测点,靠近坝肩应布置较密一些;帷幕的两岸端头宜各布置1个测点;必要时帷幕前可布置少量测点[47]。

土石坝的渗流监测宜采用渗压计、测压管、量水堰等;监测项目包括坝体与坝基渗透压力、绕坝渗流、渗流量和水质分析等。测点布置应根据大坝和坝基的防渗类型、结构型式、渗压分布及浸润线等渗流场特征确定。

面板堆石坝典型监测断面沿坝基面在帷幕后周边缝处、垫层区、堆石区布置5～6个渗压测点,堆石区不宜少于2个;高坝段在蓄水位以下布置2～4个层面(坝越高,层面越多),在垫层和过渡层布置测点;在周边缝之下的坝基面宜按地质条件增设测点,间距宜为20～50m。

在土质心墙坝和斜墙坝的典型横向监测面上,防渗体渗透压力测点宜在正常蓄水位以下布置3～6层(包括底层)监测面,坝断面越高,监测层面越多,每层上游侧布置1～2个测点,其中1个与上游反滤层接壤;在防渗体内与土压力计成对布置,以监测有效土压力,下游侧宜布置2～3个渗压计,其中1个与下游侧反滤层接壤。

均质坝在正常蓄水位以下宜布置2～3层监测面,在横向监测面上每层不少于3个测点,坝轴线上游坝基面至少应布置1个渗压计,下游排水体前缘布置1个测点,其间宜布置2～3个测点。

沥青混凝土心墙坝、土工膜心(或斜)墙坝宜在典型横向监测断面的防渗体底部上游侧布置1~2个渗压计,其中1个与上游反滤料接壤;下游侧宜布置2~3个测点,其中1个与下游反滤料接壤。

土石坝宜在每个典型监测断面地基的中、下游和渗流出口附近布置渗压计不少于3个。在防渗墙或灌浆帷幕的上、下游侧对应布置渗压计。其下游坝基若设置减压井(沟),应在其上、下游侧和井间适当布置测点。若在上游设置铺盖,则应在其末端之下布置1个测点,其余部位适当增补。

坝基若存在贯穿上下游的断层、破碎带、软弱带、岩溶或强透水层等地质情况,则应沿其走向在坝体坝基接触面或截渗墙(槽或帷幕)的上、下游侧和出口等合适的位置布置2~3个测点。

埋设在坝基的渗压计或测压管应在此处及附近所有灌浆合格后、在蓄水前设置。

在土石坝与混凝土等建筑物接触面应选择不同高程合适位置布置一些渗压计。

土石坝除了监测渗透压力之外,还须监测渗流量,若在防渗结构下游合适的位置设置坝内排水检查廊道,宜将防渗体下游侧的反滤层、过渡层的渗透水引到廊道内,分区、分段量测渗透流量。

对于均质坝、防渗体下游为砂砾石的土质心墙坝和斜墙坝,主坝体颗粒很小,渗透系数远远小于面板坝堆石体的渗透系数,浸润线很高,对下游坝坡稳定很不利,一般须采用测压管,用测深锤、电测水位计等量测测压管水位,监测浸润线的变化。测压管用金属管或塑料管,由进水管段,导管和管口保护三部分组成。进水管段应渗水通畅、不堵塞,在管壁上应钻有足够的进水孔,并在管的外壁包扎过滤层;导管在进水管段上方延伸到坝面,管壁不透水,管口保护应防止雨水、地表水、块石等杂物进入管内。测压管应在大坝填筑碾压后、蓄水之前钻孔设置。测压管虽然比渗压计成本高很多,但它能有效和比较准确地监测浸润线,这是必须的,由水面线高程可计算其下各点的渗透水压力,利用沿同一流线布置的一些测压管的距离和水位差可以推算各段坝体材料的渗透系数和单宽渗流量,还可取样检查渗透水的水质,分析各种颗粒流失程度,判断渗漏的危害性等,测压管的优越性很多。

若土石坝下游河床覆盖层很厚,地下水位低于河床覆盖层表面很多,宜在河床中间沿渗流方向约隔20m设置测压管,以获得10cm以上的地下水位差计算单宽渗流量。若大坝下游河床覆盖层很薄,下游尾水位较高,宜设置截水墙穿过透水层伸进相对不透水层汇集渗流水到量水堰监测渗流量。

4) 应力、应变及温度监测

应力、应变测量常采用应力或应变计、钢筋(或钢板)应力计、锚索测力器等,都需要在施工期埋设在大坝内部,对施工干扰较大,且易损坏,更难进行维修与拆换,须认真做好。应力、应变计等需用电缆接到集线箱,再使用二次仪表进行定期或巡回检测。在取得测量数据推算实际应力时,还应考虑温度、湿度以及化学作用、物理现象(如混凝土徐变)的影响。把这些影响去掉才是实际的应力或应变,为此还需要同时进行温度等一系列同步测量,并安装相应的埋件。

应力(或应变)计一般埋设在坝体拉、压应力较大的部位,如:混凝土坝常在最大坝高断面、地形地质条件复杂的坝段或有泄水孔口的坝段几个关键部位高程的上下游坝面附近、坝踵、坝趾附近、纵缝两侧(宜距离缝面1.0~1.5m)以及孔口周边应力较大的部位设置应变[应力]计,并在其旁1~1.5m处埋设与外表等距离的无应力计,以扣除外表温度变化的影响;拱坝还应在坝顶、中下部应力较大的拱冠、拱端和梁基附近设置应变计和等外表距离的无应力计,因外表附近温度受气温日变化和中间气温变化影响很大,监测结果常受无规则干扰,所以应变计和无应力计测点距离坝面不应小于1.0m,并应大于冰冻深度。岩基角缘点应力集中和节理裂隙张开对应变计读数影响很大,应变计和无应力计测点还应距离基岩面不小于3.0m,必要时在靠近基岩结合面附近布置测点,分析和处理这些影响。拱座附近的应变计(组)支数和方向应满足监测剪力和推力的需要,应在拱端推力方向布置压应力计。

拱坝坝厚中部的空间应力状态宜布置7或9向（需要时可达13向）应变计组；坝面附近的平面应力状态宜布置4或5向应变计组；主应力方向明确的可布置单向或双向应变计组。

混凝土面板的应力应变监测仪器宜成组布置成2～4向应变计组。周边缝附近的应力应变较复杂部位宜布置4向应变计组，在测点附近对应布置无应力计。面板下游的垫层、过渡区和堆石区的土压计布置应与内部变形测点布置相结合，选择应力可能较大的一些测点布置土压计。

黏土心墙坝、黏土斜墙坝、黏土斜心墙坝、沥青混凝土心墙坝常把应力计埋设在这些防渗体拉压应力较大的上下游侧和与两岸开挖基岩表面或混凝土垫座接触面附近。对于均质坝或以黏土为防渗材料的土石坝，防渗体内的土压力与孔隙水压力密切相关，土压计应与渗压计成对布置，以监测总土压力和有效土压力。对于1～2级和坝高大于100m的高土石坝，宜根据需要，在防渗体内部设置应力应变监测项目，将土压计、渗压计与施工期的孔隙水压力和位移沉降监测结合布置，其他部位在应力可能较大的测点布置土压计。

在土石坝与溢洪道或水闸的边墩、翼墙等混凝土建筑物接触处，常采用土压计监测土压力的变化，并与渗压计监测结果分析总压应力和有效压应力，便于稳定计算。

混凝土坝和坝基温度监测的结果用于了解混凝土坝和坝基在施工期和运行期温度场的变化规律，反算混凝土坝和坝基的导温系数、导热系数、表面散热系数等热学参数，计算混凝土坝和坝基的温度场和温度应力，以便研究和采取必要的温控措施，减小混凝土温度应力，避免产生裂缝。

温度计一般采用埋入式铜电阻温度计，埋设在混凝土温度变化敏感部位，引出导线监测，以便研究温度场变化规律、反算热传导参数和研究温控措施。

在混凝土坝温度监测断面上下游坝脚附近的坝基面上，宜各向下钻10～15m深孔，在孔内不同深处（如距离孔口0.2m、0.5m、1.0m、2.0m、5m、10～15m等）布置测温计，由浇筑混凝土前所测温度变化及气温变化，反算基岩热学参数。在混凝土坝浇筑和运行期用坝内和坝基监测温度反算和修正各种材料的热学参数，研究坝体温度场和温度应力，及时采取有效的温控措施以防裂缝产生。

施工期新浇筑混凝土的变形和应力受岩基或长时间间歇的老混凝土约束影响较大，该处新浇筑混凝土应埋设应变计和无应力计，监测温度变化和温度应力。若混凝土坝纵缝或拱坝横缝两侧1.5m处不设置应变计和无应力计，则应在接缝两侧约3m处上下设置3排、每排3个温度计，宜按灌浆区高度和长度的二分点、四分点布置，监测接缝两侧坝体温度是否满足灌浆要求。

在温度梯度变化较大的混凝土坝面附近，宜适当加密温度测点，如测点距离坝面的距离宜依次为0.1m、0.3m、0.5m、1.0m、2.0m，向内测点间距可为5m、10m等；在距离坝面超过10～15m处，测点的温度变化已很小，再向内各点的稳定温度基本上与该高程上下游坝面的年平均温度呈线性关系，只需在该高程坝厚中心再布置一个测点，以便相互验证即可。不同高程坝体浇筑日期和浇筑温度不同，其后各高程内部的温度也不同，建议内部温度测点的高程差为10～15m，或按需而定。

为监测不同高程库水温的变化，将测温计埋设在混凝土坝或混凝土面板距上游坝面法向5～10cm处，高程差约为0.05～0.1倍坝高，根据需要而定。按半无限体温度场计算和实测表明：距离上游坝面5～10cm的测点蓄水时温度与该高程坝面水温相差1.5%～3%，基本上一致。

高堆石坝面板的温度监测布置，除了利用应变计和无应力应计监测面板局部应力和监测局部温度变化以外，还应在典型监测条块增加温度计测点，水位变动区应加密布置，正常蓄水位以上至少布置1个测点，才能较为接近实际地计算混凝土面板的温度应力。

在受日晒影响严重的拱坝下游坝面,宜适当布置一些测温计,若两岸日晒相差很大,宜分别布置测点,按下游坝面实际温度变化的差别核算拱坝温度应力。

### 9.2.3 大坝安全监测自动监控系统

大坝安全监测自动监控系统由在线监控系统和离线监控系统两部分组成。

**1. 在线监控系统**

在线监控系统由安装或埋设在大坝上的观测传感器、遥测集线箱和自动监控微机系统组成。

观测传感器埋设在大坝内部或安装在大坝和廊道的表面,是采集大坝和坝基有关点位特定观测结果的仪器,例如温度计、应变计、无应力计、各种位移计、测缝计、孔隙压力计等,以及位移、挠度、转角、扬压力、渗透压力、漏水量和水质分析等观测项目的遥测仪器。

遥测集线箱通常安装在观测传感器附近,是切换观测传感器实现巡回检测的观测设备。有一种类型的遥测集线箱还具有模数变换能力,如将观测传感器的电模拟量变换为数字量向微机系统传输。

自动监控微机系统安装在坝上或附近观测室中,以微型计算机为核心,由专用接口联结不同类型传感器测量仪表和相应的外部设备,在检测管理软件和数据处理软件支持下,实现下述功能:

(1) 根据需要,可采取不同的测量方式,如单点测量、选点测量和系统巡回测量;
(2) 对观测数据进行检验和误差修正,发现异常值及时报警;
(3) 将正常观测数据计算成各种观测项目的观测成果,按需要输出或存储;
(4) 运用观测成果和已建立的数学模型,进行控制大坝安全特征值的预报;
(5) 将实测值和预报值比较,当二者的差值超过设定的安全监控指标时报警,显示相应措施;
(6) 当传感器或设备发生故障时,自动检查和诊断,显示故障位置,经处理后,恢复正常工作。

**2. 离线监控系统**

离线监控系统通常设置在观测资料分析中心或有关的管理机构内,主要由计算机、相应的外部设备和专用的数据管理软件组成。

离线处理在线监控系统的观测数据和观测成果用磁带、软盘或采用其他传输方式传送到主机进行离线处理。其工作内容有下述几方面:

(1) 检验、修正和管理观测资料及各项观测成果,存入数据库;
(2) 对长系列观测资料进行初步分析,研究观测量之间的相对性及长期变化趋势;
(3) 对长系列观测资料进行系统分析,建立安全监控数学模型,并定期进行校正;
(4) 用数学模型进行观测量预报,并进一步和实测资料比较分析;当大坝设置在线监控系统时,这一步工作由在线监控系统实现,此时离线处理即作为复核程序;
(5) 根据管理机构的要求,输出规定的图形和报表,编制工程管理文件。

通过现场观测及数据处理得到的大坝性态实测值 $E_0$(例如实测位移值)和预测值 $R_e$ 比较,如二者之差值小于允许偏差 $t$,表示大坝性态正常。如差值超出预定范围,可能有下列情况发生:

(1) 大坝性态异常,根据差值大小及大坝宏观状态变化(如裂缝、漏水)采取不同的应急措施,如降低水位、放空水库、维修加固等;

（2）荷载或结构条件变化，如大坝承受超高水位、超高和超低温，或材料老化等，正常条件下的大坝性态数学模型已失去代表性，应进一步对大坝检查测试，并利用新条件下的观测资料重新校正数学模型的参数；

（3）观测系统不正常，例如某些仪器失效、电缆或集线箱损坏、检测装置和微机系统产生故障等，应对观测系统进行检查维修。

在大坝性态正常的情况，也应定期地对数学模型的参数进行校正，根据工程勘测设计资料结合实际运行经验修正安全控制指标，使允许偏差 $t$ 满足安全监控要求。

大坝安全监控自动化的发展趋向是：使大坝安全监控自动化技术更为全面、准确、可靠，例如研究应力、渗流的确定性模型，考虑材料的非线性应力应变关系的数学模型，研制考虑各种不安全因素的监控程序，研制更加优越的软件和硬件系统等；在微型电子计算机辅助下，能够实现大坝观测数据自动采集、处理和分析计算，对大坝性态正常与否做出初步判断和分级报警的监测系统。这种自动化的监测系统是保证大坝安全的重要手段，和人工观测系统相比，具有以下特点。

（1）能够快速及时察觉大坝的异常性态，提高大坝安全监控的工作效率。自动化监测系统能够对大坝埋设安装的各种观测传感器进行巡回检测，必要时可以反复进行，及时计算和分析比较，判断大坝性态是否异常。全部工作可在很短时间内完成，人工观测系统无法与之相比。

（2）监测成果准确可靠。自动化监测系统，能够对监测数据自动进行检验复测或修正误差。在自动化监测系统工作过程中，因很少人工操作，可减少人为因素所引起的观测和计算误差。

（3）降低管理费用。国内已有较多水电站实现了对应力、变形、渗流、环境等全面的监测自动化，测点数达几百甚至上千。自动化监测系统节省观测和分析计算的人力，降低了工程管理费用。

## 9.2.4　GNSS 系统在大坝安全监测工作的应用和展望

20 世纪 90 年代初，美国的全球定位系统（GPS）投入运行，90 年代中期，俄罗斯的 GLONASS 系统完成构建，21 世纪初开始出现欧盟的 Galileo 和中国的北斗卫星导航系统，这些系统统称为全球导航卫星系统（Global Navigation Satellite System，GNSS）。为了进一步提高定位精度和扩大 GNSS 技术的应用领域，广大科技工作者及测量人员多年来进行了不懈的努力和精心研究，取得了可喜的成果。现有测量成果表明，GNSS 平面定位的精度达到 $\pm 1\sim\pm 2mm$，用于安全监测的相对定位精度可以达到 $\pm 1mm$。中国在隔河岩水电站拱坝变形监测、三峡工程、丹江口大坝加高的监测网观测中的位移量精度均优于 $\pm 2mm$，满足水电站大坝安全监测的要求[47]。

对于高拱坝尤其是双曲拱坝，为了加强位移监测，采用倒垂连接分段正垂线的方法。这里存在倒垂线底部埋设深度的问题，使倒垂钻孔有很大难度，造价十分高；当垂线很长时，为了减小垂线本身的复位误差，要求浮体很大，从而进一步降低了垂线的灵敏度；考虑倒垂线及其底部锚块本身的稳定性，其观测误差不可能小于 $\pm 1mm$；正垂线由于其顶挂钩或对应坝顶位移观测的误差，整个监测系统的误差不小。因此，GNSS 技术尤其对于高拱坝或曲线形大坝的位移监测更显出快而准的优越性。

GNSS 技术可对多个测点 $x$、$y$、$z$ 三个方向位移同步监测，数据采集速度快，各测点和基准点之间无须通视（但每个测点和基准点须对天开敞），可全天候、全自动化稳定工作，观测精度高，特别是在汛期大洪水入库和大流量泄洪的不良环境下，能全面、快速、精准监测大坝各部位及周围建筑物和山体位移，对保护大坝和下游安全做出决策及时提供重要数据。

通常,大坝安全监测、高边坡及滑坡监测的测点很多。目前已研制和开发一机多天线的 GNSS 监测系统,通过微波开关切换技术,经光纤传输,不必每个测点专配 1 台接收机,只需 1 台接收机测控多达 10 台以上的天线,从而大大降低了工程费用。一机多天线系统还十分有利于高边坡、滑坡体的监测。许多大坝的近坝库区岸边山体容易滑坡引起巨浪危及大坝安全,为找到稳定点作为基准,须绕很远的路或跨越宽阔水面到对岸观测,有些观测距离长达几千米,不仅观测精度很低,而且每次观测中设置棱镜及照准标志很困难,工作量很大。采用 GNSS 一机多天线系统对于大坝及库区高边坡滑坡体的远程自动监测具有很好的应用潜力。

坝区及周边区域的地壳变形、构造和断层的变形、坝区附近地震的预测、水库蓄水对库区周围地层的影响等对大坝的安全监控有重要意义。因此,有必要建立较大范围的坝区安全监控网,进行定期或不定期的监测,可以根据需要加强对不良地质条件的构造带、大断层、大破碎带等活动情况的监测。大区域的 GNSS 网,采用精密解算软件例如 GAMIT 等,可以有效地克服大气电离层和对流层误差,使基线向量的相对误差为 $10^{-8} \sim 10^{-7}$。

随着科学技术发展,GNSS 技术的观测精度和自动化程度继续提高,每台接收机将可能接收测控更多测点的天线信号,降低监测费用,GNSS 技术将会越来越多地应用于大坝安全监测。

## 思 考 题

1. 大坝坝型设计和坝址选择主要考虑哪些因素?
2. 大坝安全监测管理工作的意义和任务有哪些?
3. 大坝安全监测的主要工作及其采用的方法有哪些?

# 主要专业词汇中英文对照和索引

（按中文汉语拼音字母及声调顺序排列，后面的数字表示中文词汇所在的主要页码）

安全监测　safety monitoring　404～414
安全系数　safety factor　13,27,35,139,212～216 等
坝底　dam bottom　17,19,20,29,42,49 等
坝顶　dam crest,dam top　17,22,29,33 等
坝高　dam height　8,11,17,24,33,45,49 等
坝基　dam foundation　19,20,24～37,41～45,76～78,
　80～82 等
坝坡　dam slope　27,30,46,47,181～186,213 等
坝型　dam type　2,17,111,115,244,255～257 等
坝址　dam site　2,3,41,44,81,115 等
坝趾　dam toe　20,24～26,32,39,48～54 等
坝踵　dam heel　20,24～27,32,37,48～57 等
坝轴线　dam axis　16,17,54,56,123,149,246～252 等
板桩　sheet pile　322～331 等
鼻坎　bucket lip　92,94,95,166～168,172,296 等
闭门力　closing force　382,391 等
毕肖普法　Bishop method　208,209 等
边墩　side pier　87,167,360～363 等
变形模量　deformation modulus　28,54,219,221 等
冰压力　ice pressure　23,26,122,285,343 等
剥离　desquamation　187,204
侧槽式溢洪道　side channel spillway　258,269 等
差动式挑坎　differential bucket lip　167,168
沉降　settlement　184～188,221～227,354～361 等
齿墙　key wall　16,82,228,268,331,345 等
冲（排）沙闸　silt-flushing sluice　316,320,400
吹程　fetch　20,21,183,342
纯拱法　independent arch method　129,174 等
大头坝　massive-head buttress dam　174～177
单宽流量　flowrate per 1m width　84,92～95,171 等
单曲拱坝　single-curvature arch dam　123,124,150
单一安全系数法　method with single safety factor　13,
　35,36
挡潮闸　tidal sluice　316,319,320,363
导流洞　diversion tunnel　280～284,298,299,309 等

倒悬度　overhang degree　124,127,128,150,153
地基变形　foundation deformation　53,135,348 等
底流消能　energy dissipation by bedflow　94,334 等
地下厂房　underground plant　3,280,399,402 等
地形条件　topographic condition　114,275,297 等
地应力　crustal stress　279,290,293,302,303 等
地震作用　seismic action　24,121,239～242,306 等
地质条件　geologic condition　3,162～165,263 等
垫层　sublayer　181,188,195,244～256,329,356 等
垫座　cushion abutment　115,126,159,160,250 等
吊耳　bail,lifting lug　371,382～384,386,391
吊杆　hanger rod　382～384
迭代　iteration　145,151,209,241,335
叠梁　drop bar　85,281,368,369,382
动强度　dynamic strength　238
动水压力　hydrodynamic pressure　18,24～26,82,87,
　90,122,172,261,343,373 等
动应力　dynamic stress　359
断层　fault　5,8,37,42,77,81,141～143,145,148,
　150,161,164,165,303,305,309,310 等
堆石坝　rock-fill dam　178～181,186～190,243～249 等
多拱梁法　multi-arch-cantilever method　134
二道坝　after-bay dam　95,172,173
阀门　valve　156,283,368,370,394～397 等
防浪墙　wave wall　33,70,71,184,185,194,246 等
防渗铺盖　impervious blanket　42,234,245,323,329
非常溢洪道　emergency spillway　181,273～276 等
非线性有限元法　non-linear finite element method　24,
　40,121,137,145,147
分叉　fork　284,308
分洪闸　flood diversion sluice　316,319,320,339
分散性土　dispersive soil　191,399
分项系数极限状态设计法　design method by limit state
　with partial factors　13,15,36,38
封拱温度　arch closure temperature　138,140,157

风速　wind velocity　21,23,25,105,183,265,289,301
浮箱闸门　floating tank gate　85,368,369
副坝　auxiliary dam　274,275
刚体极限平衡法　limit equilibrium method for rigid block　27,34,40,51,141,144~147,207,213
拱坝　arch dam　113~118,120~129,132~134,136~142,144~173 等
拱冠梁法　crown cantilever method　131~134,136,151
拱梁分载法　method by analysis of loads on arches and cantilevers　116,119,131,134,136~140,150,153 等
工作桥　operating bridge　87,259,317,341 等
固结灌浆　consolidation grouting　77~80,164 等
灌溉(隧)洞　irrigation tunnel　277,280
灌浆帷幕　grout curtain　78,81,165,233,234 等
管涌　piping　181,199,204~206,234,318,327 等
海漫　pitching　111,318,332,337,338 等
横缝　transverse joint　56~58,65,66,87,155~159 等
虹吸式溢洪道　siphon spillway　272,273,275 等
蝴蝶阀　butterfly valve　368,370,394~396
弧形闸门　radial gate　103,170,287,385~393 等
护坡　slope protection　193~196,224,243,249 等
护坦　apron　96,97,111,268,318,322,334,336 等
滑雪道式溢洪道　ski-jump spillway　99,167,168 等
化学管涌　chemical piping　197,204
化学灌浆　chemical grouting　43,78,230
环境保护　environment protection　4,7,402
回填灌浆　backfill grouting　78,294,305,309 等
混凝土防渗墙　concrete cut-off wall　202,231,232 等
混凝土面板堆石坝　concrete faced rock-fill dam　189,237,243~246,253~256,400,406 等
基本断面　primary section　27~29,31~33,92,182 等
简化毕肖普法　simplified Bishop method　212,213 等
浆砌石拱坝　stone masonry arch dam　128,154
浆砌石重力坝　stone masonry gravity dam　105~107 等
交通桥　traffic bridge　87,259,317~320,341,354 等
校核洪水位　checked flood level　26,33,83,400 等
节制闸　check sluice　315,316,319
接触冲刷　contact erosion　190,194,204~206,359
接触灌浆　contact grouting　78,163~165,294,311 等
接缝灌浆　joint grouting　67,132,137,157,405 等
截水槽　cut-off trench　187,228,230,231
进水口　water inlet　22,102,103,283~288 等
进水闸　inlet sluice　315,316,319,320 等
井式溢洪道　shaft spillway　258,271,272,275 等

静水压力　hydrostatic pressure　18,25~30,116 等
均质坝　homogeneous dam　184~186,193~195,255 等
抗滑稳定分析　analysis of sliding stability　34,35,37,51,109,114,116,144,146,401
抗滑稳定性　stability against sliding　41,44,124 等
空腹拱坝　hollow arch dam　172
空腹重力坝　hollow gravity dam　105,109,110,111
空化　cavitation　87~89,92,264,299,300,392 等
空蚀　cavitation erosion　86~90,92,95~97,100~103,105,167,172,298~300,302,381 等
空注阀　hollow jet valve　368,370,394,396 等
宽缝重力坝　slotted gravity dam　105,107~109,111
宽尾墩　flaring pier　99,100,172,173,296
拦河闸　sluice across river　315,320,333,364 等
廊道　gallery　68~70,76,78~81,407~410 等
浪压力　wave pressure　21,22,25,30,341,342 等
棱体排水　prism drainage　193~195
理论分析　theoretic analysis　35,298,302,303
沥青混凝土　asphalt concrete　179,187~189,328 等
砾石土心墙堆石坝　rockfill dam with gravelly clay core　186,187
连拱坝　multi-arch dam　173~176
连续式挑坎　plain bucket lip　268
流土　soil flow　181,190,204~206,327,406 等
流网法　flow net method　198,202,203,204,324
露顶式闸门　emersed gate　368,369,372
螺杆式启闭机　screw hoist　385,391
锚杆　anchor rod　251,252,292,293,307~309
面板　face slab　179~181,188~190,237,243~256 等
面流消能　energy dissipation by surface flow　94,97~99,268
模型试验　model experiment　40,45,51,81,90,95 等
泥沙压力　silt pressure　22,31,116,122,373 等
碾压混凝土坝　Roller Compacted Concrete Dam　68,70~72,74~76,112,124,176,403,409
牛腿　corbel　86,352~354,383,386~388,392 等
排沙隧洞　silt-flushing tunnel　277
排水　drainage　19,20,29,68~71,75~77,79~82,165,190~196,198~202,206,234~236,267 等
排水闸　outlet sluice　316,319,320
喷混凝土　sprayed concrete　173,228,292,309 等
漂浮式圆筒闸门　floating barrel gate　271,272 等
平板坝　flat-slab buttress dam　175,176
平面闸门　plane gate　84~87,103,367~369,371~373,

# 主要专业词汇中英文对照和索引

376~383,385,392,393 等
破碎带 crushed zone 77,81,165,228,293,308~310 等
铺盖 blanket 163,201,232,234,318,323,328,331 等
启闭机 hoist 85~87,285~289,369,370,382~385 等
启门力 lifting force 382,384,388,391,392,394 等
砌石护坡 stone pitching 181,195,196
人工材料面板坝 artificial material faced dam 179
人工材料心墙坝 artificial material-core dam 179
溶洞 karst cave 78,81,82,230,399
软基重力坝 gravity dam on soft foundation 110,111 等
软弱夹层 soft interlayer 43,81,82,110,115,137 等
软土 soft soil 240,355~358,363
设计洪水位 design flood level 25,185,213,320,400 等
湿陷性黄土 collapsible loess 187,226,230,236 等
实用断面 practical section 29,30,33,34
试载法 trial-load method 56,133,134
竖向位移 vertical displacement 221,406~408
双曲拱坝 double curved arch dam 8,114~116,121,123~127,133,137,167,170~172,280,413
水工建筑物 hydraulic structures 1~3,8~13,18,24 等
水工隧洞 hydraulic tunnel 225,277~280,309~311 等
水力发电引水洞 hydropower tunnel 244,283,307 等
水利枢纽 hydrocomplex 5,42,82,112,258,311,381 等
水力学方法 hydraulics method 198,201,202
水平施工缝 horizontal joint 61,68,75
水平位移 horizontal displacement 237,243,406~408
水闸 sluice 315~327,329~346,348,349,352,354~365 等
弹性模量 elastic modulus 53,54,58,60,123,306 等
挑流消能 ski-jump energy dissipation 94,268,296 等
土工膜 geomembrane 189,232,329,410 等
土石坝 earth-rock dam 178~187,189~193,195~198,201~204,212~214,216,217,221,223~227,230~234,236~246,255,256 等
土质斜墙坝 earth dam with inclined clay wall 179,185,200
土质斜心墙坝 earth dam with inclined clay core wall 179,185
土质心墙坝 earth dam with clay core wall 179,190 等
帷幕灌浆 curtain grouting 70,77~80,109~111,161,164,165,228~230,233,251 等
温度荷载 temperature load 57,116,117,120,137 等

温度控制 temperature control 17,52,61,68,76 等
温度应力 temperature stress 23,55~60,116,117 等
温度作用 temperature action 23,114,145,306 等
无压隧洞 free level tunnel 279~281,287~291 等
消力池 stilling pool 96~100,297,323,334~338 等
消力戽 energy dissipating bucket 94,97~100 等
消能工 energy dissipater 84,94,96,99,334,336 等
泄洪隧洞 spillway tunnel 83,99,171,174,277,282
泄水建筑物 discharge structure 1,82,90,99,165 等
泄水孔 outlet hole 82~84,101~105,169~171 等
新奥法 NATM (New Austrian Tunneling Method) 292
胸墙 head wall 84,91,260,316~318,339~341,354 等
扬压力 uplift 17~20,25~27,33,35,176,266,336 等
溢洪道 spillway 99,167,168,255~263,367~370 等
溢流坝 overflow dam 62,64,65,83~87,89~92,167 等
翼墙 wing wall 256,317,318,322,360~363,411 等
应力分析 stress analysis 24,44,45,51,136~139 等
优化设计 optimal design 115,148~152,263,375 等
有限元法 finite element method 45,48,49,137,309 等
有压隧洞 pressure tunnel 277,288~291,305,309 等
闸墩 pier 84~89,138,166~168,317~320,339~341 等
闸门 gate 85~92,100~103,170,260,271,340,367~394 等
闸门槽 gate slot 86,90,103,287,372,377,385 等
整体式重力坝 monolithic gravity dam 56~58,66 等
正槽式溢洪道 normal channel spillway 258,269 等
支墩坝 buttress dam 2,43,173~178
趾板 toe slab 245,248,250~255,408,409
重力坝 gravity dam 16~20,24,27,31~35,38~63,65~68,70~77,80,82~84,89,91~96,99~102,105~111 等
重力墩 gravity abutment 115,126,137,160,161 等
周边缝 peripheral joint 159,160,248,250~253 等
驻波 standing wave 20~22,33,320
锥形阀 cone valve 368,370,394~397
自由跌流 free drop 166
自重 own load 16,137,142,176,190,222,310,348 等
纵缝 longitudinal joint 32,52,61,67,157,267 等

# 参 考 文 献

[1] 中华人民共和国水利部.水利水电工程等级划分及洪水标准 SL 252—2017[S].北京：中国水利水电出版社,2017.
[2] 中华人民共和国国家标准.水利水电工程结构可靠性设计统一标准 GB 50199—2013[S].北京：中国计划出版社,2013.
[3] 中华人民共和国国家标准.水工建筑物荷载标准 GB/T 51394—2020[S].北京：中国计划出版社,2020.
[4] 中华人民共和国国家能源局.混凝土重力坝设计规范 NB/T 35026—2014[S].北京：中国电力出版社,2015.
[5] 中华人民共和国水利部.混凝土重力坝设计规范 SL 319—2018[S].北京：中国水利水电出版社,2018.
[6] 中华人民共和国国家能源局.水电工程水工建筑物抗震设计规范 NB 35047—2015[S].北京：中国电力出版社,2015.
[7] 中华人民共和国水利部.水工建筑物抗震设计标准 GB 51247—2018[S].北京：中国计划出版社,2018.
[8] 朱伯芳.大体积混凝土温度应力与温度控制[M].北京：中国水利水电出版社,2012.
[9] 曹楚生,中国的坝工.见：钱正英主编.中国水利[M].北京：水利电力出版社,1991.
[10] 张光斗,王光纶.水工建筑物[M].北京：水利电力出版社,1994.
[11] 中华人民共和国水利部.碾压混凝土坝设计规范 SL 314—2018[S].北京：中国水利水电出版社,2018.
[12] 吴媚玲.水工建筑物[M].北京：清华大学出版社,1991.
[13] 林继镛.水工建筑物[M].5 版.北京：中国水利水电出版社教育出版分社,2008.
[14] 陈椿庭.高坝大流量泄洪建筑物[M].北京：水利电力出版社,1988.
[15] 中华人民共和国水利部.砌石坝设计规范 SL25—2006[S].北京：中国水利水电出版社,2006.
[16] 张楚汉,金峰,王光纶等.水工建筑学[M].北京：清华大学出版社,2011.
[17] 麦家煊.拱坝温度场和温度荷载的计算(Ⅰ)、(Ⅱ)[J].水利学报,1981,(6);1982,(1).
[18] 华东水利学院.水工设计手册·5·混凝土坝[M].北京：水利电力出版社,1987.
[19] 朱伯芳,高季章,陈祖煜,等.拱坝设计与研究[M].北京：中国水利水电出版社,2002.
[20] 中华人民共和国水利部.混凝土拱坝设计规范 SL 282—2018[S].北京：中国水利水电出版社,2018.
[21] 中华人民共和国国家能源局.混凝土拱坝设计规范 NB/T 10870—2021[S].北京：中国水利水电出版社,2022.
[22] 麦家煊,张宪宏.拱坝两岸有时间差的振动[J].地震工程与工程振动,1988,8(3).
[23] 朱伯芳,黎展眉,张璧城.结构优化设计原理与应用[M].北京：水利电力出版社,1984.
[24] 汪树玉,刘国华,杜王盖,等.拱坝多目标优化的研究与应用[J].水利学报,2001,(10).
[25] 陈秋华.碾压混凝土拱坝成缝新技术[J].水力发电,2002,(1)：23-26,36.
[26] 中华人民共和国水利部.碾压式土石坝设计规范 SL 274—2020[S].北京：中国水利水电出版社,2021.
[27] 中华人民共和国国家能源局.碾压式土石坝设计规范 NB/T 10872—2021[S].北京：中国水利水电出版社,2022.
[28] 王清友,孙万功,熊欢.塑性混凝土防渗墙[M].北京：中国水利水电出版社,2008.
[29] 中华人民共和国建设部.岩土工程基本术语标准 GB/T 50279—2014[S].北京：中国计划出版社,2014.
[30] 中华人民共和国建设部.水力发电工程地质勘察规范 GB 50287—2016[S].北京：中国计划出版社,2016.
[31] 中华人民共和国水利部.混凝土面板堆石坝设计规范 SL 228—2013[S].北京：中国水利水电出版社,2013.
[32] 中华人民共和国国家能源局.混凝土面板堆石坝设计规范 NB/T 10871—2021[S].北京：中国水利水电出版社,2022.

[33] 中华人民共和国国家能源局.水工建筑物抗冰冻设计规范 NB/T 35024—2014[S].北京:中国电力出版社,2015.
[34] 中华人民共和国水利部.溢洪道设计规范 SL 253—2018[S].北京:中国水利水电出版社,2018.
[35] 中华人民共和国国家能源局.溢洪道设计规范 NB/T 10867—2021[S].北京:中国水利水电出版社,2022.
[36] 中华人民共和国国家能源局.水工隧洞设计规范 NB/T 10391—2020[S].北京:中国水利水电出版社,2021.
[37] 中华人民共和国水利部.水工隧洞设计规范 SL 279—2016[S].北京:中国水利水电出版社,2016.
[38] 中华人民共和国水利部.水利水电工程钢闸门设计规范 SL 74—2019[S].北京:中国水利水电出版社,2020.
[39] 中华人民共和国国家能源局.水电工程钢闸门设计规范 NB 35055—2015[S].北京:中国电力出版社,2016.
[40] 中华人民共和国水利部.水闸设计规范 SL 265—2016[S].北京:中国水利水电出版社,2017.
[41] 中华人民共和国国家能源局.水闸设计规范 NB/T 35023—2014[S].北京:中国电力出版社,2015.
[42] 中华人民共和国国家标准.土工合成材料应用技术规范 GB/T 50290—2014[S].北京:中国计划出版社,2014.
[43] 中华人民共和国国家能源局.水工混凝土结构设计规范 DL/T 5057—2009[S].北京:中国电力出版社,2009.
[44] 中华人民共和国交通部.公路桥涵设计通用规范 JTG D60—2015[S].北京:人民交通出版社,2015.
[45] 陈宝华.张世儒.水闸[M].北京:中国水利水电出版社,2003.
[46] 中华人民共和国国家能源局.水电工程钢闸门制造安装及验收规范 NB/T 35045—2014[S].北京:中国电力出版社,2015.
[47] 中华人民共和国水利部.水利水电工程安全监测设计规范 SL 725—2016[S].北京:中国水利水电出版社,2016.